DICTIONNAIRE

DE

POMOLOGIE

ANGERS, IMPRIMERIE P. LACHÈSE, BELLEUVRE ET DOLBEAU.

DICTIONNAIRE

DE

POMOLOGIE

CONTENANT

l'Histoire, la Description, la Figure

DES

FRUITS ANCIENS ET DES FRUITS MODERNES

LES PLUS GÉNÉRALEMENT CONNUS ET CULTIVÉS

PAR

ANDRÉ LEROY

PÉPINIÉRISTE

Chevalier de la Légion d'honneur, Administrateur de la Succursale de la Banque de France,
Ancien Président du Comice horticole d'Angers,
Membre des Sociétés d'Horticulture de Paris, de Vienne, de Londres, des États-Unis
Et de plusieurs autres Sociétés agricoles et savantes de la France et de l'Étranger.

TOME IV — POMMES

M – Z

VARIÉTÉS Nᵒˢ 259 A 527

SUIVI

D'UN SUPPLÉMENT SYNONYMIQUE ET D'UN ERRATA

PARIS

DANS LES PRINCIPALES LIBRAIRIES AGRICOLES ET HORTICOLES

Angers, chez l'Auteur

1873

M

259. Pomme MAC BRIDE'S WAXEN.

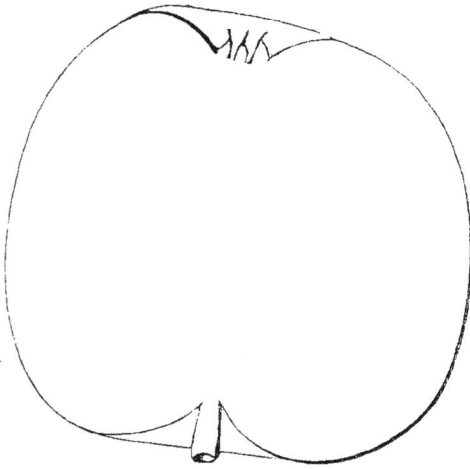

Description de l'arbre. — *Bois :* assez fort. — *Rameaux :* peu nombreux, très-étalés, longs, gros, bien coudés, des plus cotonneux, brun clair verdâtre. — *Lenticelles :* grandes, allongées ou arrondies, abondantes. — *Coussinets :* larges et aplatis. — *Yeux :* volumineux, ovoïdes, sensiblement duveteux, légèrement écartés du bois. — *Feuilles :* moyennes, rondes, très-courtement acuminées, à denture ou crénelure large et irrégulière. — *Pétiole :* court, très-gros, fortement cannelé. — *Stipules :* longues et de largeur peu commune.

FERTILITÉ. — Abondante.

CULTURE. — Pour le plein-vent il se greffe à hauteur de tige afin que sa tête, toujours irrégulière, le soit un peu moins. La forme naine lui convient mieux; quand on l'y destine le paradis est le sujet sur lequel il faut l'écussonner; sa vigueur se trouvant alors tempérée, il devient à la fois plus productif et plus facile à conduire.

Description du fruit. — *Grosseur :* moyenne et parfois plus volumineuse. — *Forme :* variant entre la conico-cylindrique et la globuleuse irrégulière et contournée. — *Pédoncule :* fort et généralement un peu court, droit ou arqué, inséré dans un assez vaste bassin. — *OEil :* grand ou moyen, ouvert ou mi-clos, à cavité unie, large mais rarement bien profonde. — *Peau :* lisse, jaune-cire ou jaune-beurre, plus ou moins lavée de rouge-brun clair, légèrement striée, à l'insolation, de carmin vif, tachée de gris verdâtre dans le bassin pédonculaire, puis ponctuée de blanc et de brun. — *Chair :* blanche, brunissant très-vite à l'air, fine, ferme, un peu marcescente. — *Eau :* suffisante, très-sucrée, parfumée et savoureuse, quoiqu'entièrement dépourvue d'acidité.

MATURITÉ. — Janvier-Mars.

QUALITÉ. — Deuxième, mais première pour les amateurs de pommes douces.

Historique. — La Mac Bride's Waxen apple, ou pomme Cire de Mac Bride, me fut envoyée des Etats-Unis en 1862. John Warder est le seul pomologue américain qui l'ait encore mentionnée, et seulement de nom, dans l'Index du volume sur le Pommier qu'il fit paraître en 1867. Je la crois complétement identique avec la variété BELMONT ou WAXEN, caractérisée et figurée par Charles Downing (1869) dans ses *Fruits of America*. Ma description semble effectivement copiée sur celle de cet auteur. Cependant je ne saurais, n'ayant pu comparer l'arbre, duquel il parle à peine, réunir formellement ces deux pommes. Les Américains, à l'aide de mon article, pourront aisément résoudre la question. En attendant, voici l'origine attribuée par Downing à la Waxen ou Belmont, qui compte au moins une quarantaine d'années :

« Cette variété provient des environs de Strasburgh, au comté de Lancastre (Pensylvanie). Poussée à la porte même du jardin d'une dame Beam, elle fut d'abord, pour ce fait, appelée *Apple Gate* [Pomme Porte], puis aussi *Mamma Beam* [Maman Beam]. Enfin, bientôt propagée dans l'Ohio et le comté de Belmont, elle devint en ce dernier, si populaire, qu'on lui en donna le nom, qui depuis lui est généralement resté.... » (Page 92.)

Downing constate qu'en plusieurs localités la Belmont, dont la peau, dit-il, est à fond « *waxen-yellow* » [jaune-cire], porte le surnom Waxen. Ce caractère extérieur, je dois le faire observer, n'apparaît toutefois, bien marqué, que sur les fruits placés à l'ombre; mais il est d'une telle vérité, qu'on trouve alors cette dénomination parfaitement justifiée.

POMME MADAME. — Synonyme de *Reinette du Canada*. Voir ce nom.

POMME MADELEINE *ou* FAUX CALLEVILLE D'ÉTÉ. — Synonyme de *Passe-Pomme d'Été*. Voir ce nom.

260. POMME MADELEINE BLANCHE.

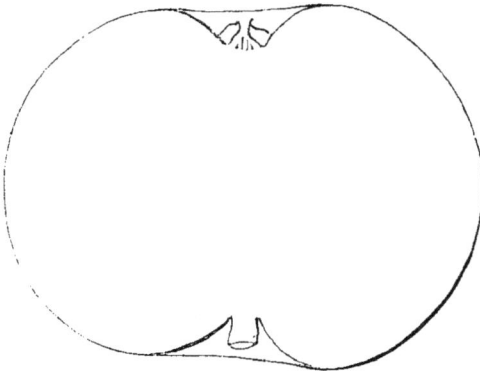

Description de l'arbre. — *Bois :* peu fort. — *Rameaux :* assez nombreux, généralement un peu étalés, de grosseur et longueur moyennes, légèrement coudés, très-duveteux, brun clair nuancé de rouge terne et de gris. — *Lenticelles :* plus ou moins allongées, assez grandes et clair-semées. — *Coussinets :* bien développés. — *Yeux :* volumineux, ovoïdes, couverts de duvet et complétement collés sur l'écorce. — *Feuilles :* moyennes, ovales-arrondies, acuminées pour la plupart, planes et à bords régulièrement dentés. — *Pétiole :* très-court, gros, tomenteux, largement cannelé et lavé de rouge violacé. — *Stipules :* très-petites.

FERTILITÉ. — Abondante.

CULTURE. — Sa croissance est trop lente pour qu'il fasse même de passables plein-vent; les formes naines, sur doucin, sont donc celles qu'on doit uniquement lui donner.

Description du fruit. — *Grosseur :* au-dessous de la moyenne. — *Forme :* sphérique fortement comprimée aux pôles. — *Pédoncule :* court ou très-court, généralement arqué, gros ou assez gros, planté dans un bassin rarement bien développé. — *Œil :* grand, mi-clos, à larges et courtes sépales, à cavité unie, étendue, mais peu profonde. — *Peau :* vert clair grisâtre sur le côté de l'ombre et vert brunâtre à l'insolation, où elle est en outre faiblement marbrée de rose terne, maculée de roux autour du pédoncule et ponctuée de blanc et de carmin. — *Chair :* verdâtre, tendre et fine. — *Eau :* suffisante, peu sucrée, acidulée et même légèrement astringente.

Maturité. — Depuis la mi-juillet jusqu'à la fin de ce mois.

Qualité. — Troisième.

Historique. — Le nom Madeleine blanche a souvent été donné à la *Passe-Pomme d'Été*, fruit conique-allongé et côtelé que nous décrivons plus loin (p. 530). La pomme ici caractérisée n'a donc aucun rapport avec cette dernière variété, si répandue, si commune, particulièrement en Normandie. De tout temps on a possédé dans les pépinières de ma famille le pommier Madeleine blanche qui maintenant nous occupe. Il doit sa dénomination à l'époque de maturité de ses produits, mangeables dès le 15 juillet, et parfaitement mûrs le 22, jour où l'on fête sainte Madeleine. Faut-il le regarder comme appartenant à l'Anjou?... Rien ne permet de l'affirmer; seulement il y est localisé depuis de longues années. Je ne l'ai vu mentionné dans aucun ouvrage un peu connu. Du reste le mérite de ce pommier est trop faible, sa grande précocité exceptée, pour que jamais il soit abondamment propagé.

Pomme MADELEINE BLANCHE. — Synonyme de *Passe-Pomme d'Été*. Voir ce nom.

Pomme MADELEINE ROUGE. — Synonyme de pomme *Fraise*. Voir ce nom.

---

261. Pomme MAGENTA.

Description de l'arbre. — *Bois :* très-vigoureux. — *Rameaux :* peu nombreux, presque érigés, gros, très-longs, des plus flexueux et duveteux, brun verdâtre amplement lavé de rouge sombre. — *Lenticelles :* petites, arrondies ou allongées, très-abondantes. — *Coussinets :* saillants. — *Yeux :* assez gros, coniques-arrondis, cotonneux, en partie plaqués sur le bois. — *Feuilles :* moyennes, ovales, longuement acuminées, vert clair en dessus, gris verdâtre en dessous et ayant les bords légèrement dentés ou crénelés. — *Pétiole :* gros, de longueur moyenne, rosé, surtout à la base, et presque dépourvu de cannelure. — *Stipules :* de grandeur et largeur moyennes.

Fertilité. — Abondante.

Culture. — Greffé au ras de terre il devient un très-bel arbre pour plein-vent, à tige droite et de notable grosseur. En l'écussonnant sur paradis, sujet qui le rend moins vigoureux et plus fertile encore, il fait de jolis cordons et buissons.

Description du fruit. — *Grosseur :* volumineuse. — *Forme :* sphérique, sensiblement aplatie aux extrémités. — *Pédoncule :* court, gros ou de moyenne force, droit ou arqué, profondément inséré dans un très-vaste bassin. — *OEil :* grand, mi-clos et généralement très-enfoncé dans une cavité unie et bien développée. — *Peau :* jaune clair légèrement grisâtre, faiblement lavée de rouge-brun pâle sur la face exposée au soleil, tachée de fauve squammeux autour du pédoncule et abondamment ponctuée de roux. — *Chair :* blanchâtre, mi-fine, ferme, croquante et quelque peu marcescente. — *Eau :* abondante, sucrée, agréablement acidulée, assez savoureuse.

Pomme Magenta.

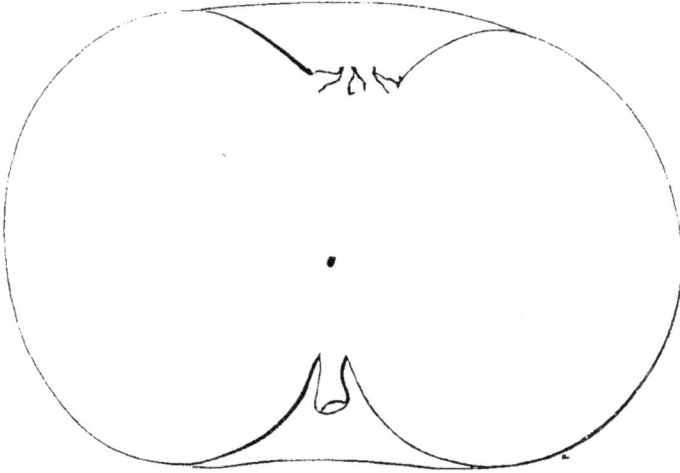

Maturité. — Décembre-Mars.

Qualité. — Deuxième pour le couteau, première pour la cuisson.

Historique. — Le 8 décembre 1861, en séance du Comice horticole d'Angers, dont j'étais alors président, je dégustai une jolie pomme, provenue d'un semis sans numéro fait dans notre Jardin fruitier (voir *Annales* de ce Comice, 1861, p. 274, et *Album de dégustations*, f° 13). Cette pomme, la première que le pied-mère eût encore donnée, m'ayant paru mériter la culture, je pris des greffons de ce dernier et la fis multiplier. Mais comme il lui fallait un nom pour être cataloguée, M. Henri Desportes, directeur des cultures de mon établissement, la nomma Pomme Magenta, en souvenir de la mémorable victoire remportée sur les Autrichiens, le 4 juin 1859, par l'armée française

———————

Pomme MAGNIFIQUE. — Synonyme de pomme *Impériale ancienne*. Voir ce nom.

———————

Pomme MAGNUM BONUM. — Synonyme de pomme *Bonum*. Voir ce nom.

———————

Pomme MALACRIA. — Synonyme de pomme *de Malingre*. Voir ce nom.

———————

Pomme MALAPEAR. — Synonyme de pomme *Malapia*. Voir ce nom.

———————

262. Pomme MALAPIA.

Synonyme. — *Pomme* MALAPEAR (Pépinières belges de la Société Van Mons, *Catalogue général*, 1854, t. I, p. 57).

Description de l'arbre. — *Bois :* très-fort. — *Rameaux :* nombreux, très-étalés à la base, gros, assez longs, peu géniculés, sensiblement cotonneux, rouge-brun ardoisé. — *Lenticelles :* très-grosses, arrondies, des plus clair-semées. — *Coussinets :* aplatis. — *Yeux :* moyens, coniques-arrondis, bien duveteux, noyés dans l'écorce. — *Feuilles :* très-grandes, ovales-arrondies, courtement acuminées, vert foncé en dessus, gris verdâtre en dessous, à bords légèrement dentés. — *Pétiole :* de grosseur et longueur moyennes, rigide et faiblement cannelé. — *Stipules :* courtes pour la plupart, mais assez larges.

FERTILITÉ. — Abondante.

CULTURE. — Sa grande vigueur et sa belle ramification en font un des pommiers les plus propres à la greffe ras terre, pour haute-tige; ainsi traité, il pousse admirablement; son tronc devient très-gros et sa tête très-touffue, très-régulière. Sous formes naines il fait également de jolis arbres, quand on lui a donné le paradis pour sujet, car sur doucin sa végétation serait beaucoup trop active.

Description du fruit. — *Grosseur :* au-dessus de la moyenne. — *Forme :* conico-sphérique, généralement contournée dans son ensemble et moins volumineuse d'un côté que de l'autre. — *Pédoncule :* long, bien nourri, surtout à son point d'attache, arqué, profondément inséré dans un vaste bassin. — *OEil :* très-grand, très-ouvert, à cavité unie et peu développée. — *Peau :* jaune pâle, semée de quelques points roux, tachée de fauve dans le bassin pédonculaire et lavée de rouge plus ou moins foncé sur la face exposée au soleil. — *Chair :* excessivement blanche, fine et tendre. — *Eau :* abondante, sucrée, acidule, légèrement parfumée, très-savoureuse.

MATURITÉ. — Novembre-Février.

QUALITÉ. — Première.

Historique. — Pline, au livre XV de son *Historia naturalis*, mentionnait il y a dix-huit siècles des pommes MELAPIA, tirant leur nom, disait-il, « de leur « rapport avec les poires. » Était-ce rapport de forme ou de saveur? L'extrême concision du texte ne permet aucune réponse. Si notre Malapia ne possède ni facies ni goût de poire, son nom rappelle tout au moins d'une notable façon celui de la variété citée par Pline. Je le constate sans pouvoir toutefois, même hypothétiquement, parler de l'âge et du pays de cette Malapia, que je possède depuis mon plus jeune âge. Henri Hessen, pomologue allemand, l'a comprise en 1690 dans une liste de « pommes françaises » publiée sans nul détail page 289 de son *Gartenlüst*. En 1780 Manger, autre écrivain allemand, nous montre aussi ce nom Malapia, seulement il le regarde comme synonyme d'Api blanc (*Systematische Pomologie*, p. 32). L'Api blanc, ou mieux le Gros-Api caractérisé plus haut, page 343, diffère complétement, arbre et fruit, de la Malapia, le renseignement de Manger ne saurait donc être utilisé. Quant à la qualification de pomme « *française* » donnée par Hessen audit fruit, on ne peut non plus s'en prévaloir en faveur de notre pomone indigène, cet auteur — je l'ai vérifié — ayant dressé la nomenclature qu'il a publiée en langue française, à l'aide des recueils spéciaux imprimés chez nous, de son temps. La *Nouvelle instruction pour connaître les bons fruits*, du moine Claude Saint-Étienne et datant de 1670, fut la principale source où il puisa. Et précisément ce moine est le seul de nos anciens pomologues qui non-seulement ait décrit, mais même cité, la Malapia. « Elle est — dit-il — longuette, grosse comme la « Caleville, et rouge d'un rouge brun ; blanche dedans, bonne dès l'Avent jusqu'au « Caresme ; aussi bonne ou meilleure que Rainette. » (Pages 213-214.) Voilà bien le fruit que nous venons d'étudier. Je m'étonne cependant, vu sa grande bonté, de ne pas le retrouver dans les Pomologies qui suivirent celle de Saint-Étienne. Il y est sans doute sous un pseudonyme qu'un chercheur moins pressé que moi finira probablement par découvrir. En attendant, je vais signaler certain synonyme tout moderne — *Malapear* — dont les Belges l'ont favorisé. Des greffons de pommier m'arrivaient ainsi étiquetés, en 1853, des pépinières de la Société Van Mons, et plus tard me reproduisaient mon Malapia. Je crois au reste que le Comice horticole d'Angers, qui souvent offrit nombre d'arbres fruitiers à nos voisins, a pu leur envoyer celui-là, et qu'ils auront lu, sur l'étiquette, Malapear au lieu du nom Malapia, très-peu répandu et de nature à sembler défiguré. Les Anglais cultivent aussi cette variété ; elle figurait en 1842 sur le *Catalogue* du Jardin de la Société d'Horticulture de Londres (p. 24, n° 422), rédigé par Thompson, mais comme aucune note de dégustation n'y suit son nom, cela nous indique qu'elle appartenait à la série de leurs fruits nouveaux.

Pomme **MALER**. — Synonyme de pomme *Rouge de Stettin*. Voir ce nom.

---

263. Pomme de MALINGRE.

Synonymes. — *Pommes :* 1. Malacria (Ruel, *de Natura stirpium*, 1536, n° 9). — 2. Lincker (J. Bauhin, *Historia fontis et balnei Bollensis*, 1598, p. 73 ; — et *Historia plantarum universalis*, avant 1613, t. I, p. 12). — 3. D'Angleterre (Merlet, *l'Abrégé des bons fruits*, 1667, p. 154). — 4. Malingre d'Angleterre (*Idem*, édition de 1690, p. 137). — 5. Calville Malingre (Victor Paquet, *Traité de la conservation des fruits*, 1844, p. 284). — 6. Calville normande [*par erreur*] (Thompson, *Catalogue of fruits cultivated in the garden of the horticultural Society of London*, 1842, p. 9, n° 115).

Description de l'arbre. — *Bois :* fort. — *Rameaux :* nombreux, érigés au sommet, légèrement étalés à la base, de grosseur et longueur moyennes, peu coudés et peu duveteux, brun clair cendré. — *Lenticelles :* grandes, allongées, très clair-semées. — *Coussinets :* larges, saillants et se prolongeant en arête. — *Yeux :* gros ou moyens, bombés, obtus, ovoïdes, à peine cotonneux, entièrement collés sur l'écorce, ayant les écailles mal soudées. — *Feuilles :* grandes, ovales-arrondies, acuminées, à bords dentés ou crénelés. — *Pétiole :* gros et de longueur moyenne, profondément cannelé. — *Stipules :* longues et larges.

Pomme de Malingre.

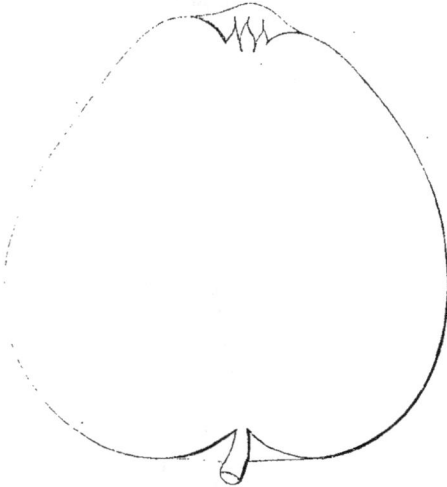

FERTILITÉ. — Très-grande.

CULTURE. — Il fait de beaux arbres sous toute forme et sur toute espèce de sujet; néanmoins on doit, pour le plein-vent, le greffer en tête plutôt que ras terre.

Description du fruit. — *Grosseur :* moyenne et parfois plus volumineuse. — *Forme :* conique-allongée, fortement côtelée, surtout près du sommet. — *Pédoncule :* court, assez gros, arqué, planté dans un bassin peu développé. — *Œil :* grand, mi-clos ou fermé, à cavité de dimensions moyennes mais à bords très-accidentés. — *Peau :* jaune blafard, nuancée de vert, abondamment ponctuée de blanc grisâtre et parfois, à bonne exposition, rougeâtre çà et là sur la partie frappée par les rayons solaires. — *Chair :* jaunâtre, très-ferme, légèrement marcescente. — *Eau :* suffisante, assez sucrée, à saveur âpre et très-vineuse.

MATURITÉ. — Décembre-Juin.

QUALITÉ. — Deuxième pour le couteau, première pour la cuisson.

Historique. — Jean Ruel, médecin de François Iᵉʳ, est le plus ancien auteur qui ait décrit la pomme de Malingre. Il le fit en ces termes, dans son *de Natura stirpium*, imprimé à Paris en 1536 :

« Notre pomme aigre communément appelée *Malacria*, de son âcre saveur, est de forme assez allongée, a la chair dure, acerbe, mais d'un aigrelet agréable. Elle se conserve souvent une année. Parfois on la prescrit aux malades pour réveiller chez eux l'appétit, s'il devient languissant. » (Chapitre Pommier, n° 9.)

Charles Estienne, reproduisant en 1540 (*Seminarium et plantarium*, etc., p. 55) ce passage de Ruel, ajouta que le nom Malacria répondait, en langue vulgaire, à celui POMME DE MALINGRE. C'est en effet la seule, la véritable traduction qu'on en puisse présenter, puisqu'il est formé des deux mots *malum ægrum*, signifiant pomme de malade, et que malingre, en bas langage, est synonyme de ce dernier. Depuis lors Malingre resta la dénomination usuelle de cette variété. Il était nécessaire de bien préciser cette étymologie, Poiteau, en 1846, ayant cru pouvoir, sans remonter aux sources ici indiquées, émettre l'opinion suivante, que depuis on a souvent invoquée :

« Je pense, dit-il, qu'on a donné à cette pomme le nom de *Malingre*, parce que dès le mois de septembre il en tombe beaucoup, de l'arbre, qui n'atteignent pas le degré de maturité convenable. » (*Pomologie française*, t. IV, n° 23.)

Merlet, venu un siècle après Charles Estienne, comprit la pomme de Malingre en son *Abrégé des bons fruits;* dans la première édition, parue en 1667, il lui attribua un surnom de nature à faire supposer qu'elle serait une variété anglaise :

« La pomme *d'Angleterre* ou de Malingre — écrivit-il — est grosse, très-longue, d'un suc fort aigre, se garde longtemps, est bonne cuite pour les malades. » (Page 154.)

Merlet ne dit pas d'où il a tiré ce nouveau nom donné au pommier Malingre; mais je n'en suis pas moins convaincu que l'Angleterre n'a rien à réclamer là. Aussi nul de ses pomologues ne revendique cette variété, qui leur est à peine connue, et seulement des modernes. Dès 1536 et 1540, je le répète, Ruel et Charles Estienne la décrivirent à Paris, puis Bauhin en 1598 et 1613, et tous la considérèrent comme un fruit français. Bauhin (*Historia plantarum*, t. I, p. 12) indiqua même qu'il l'avait rencontrée à Montbéliard (Doubs) ainsi qu'à Wall, canton de Bâle, et à Boll, canton de Fribourg, en Suisse. Si donc elle n'était pas originaire de la France, la Suisse serait plutôt sa patrie, que l'Angleterre. Les Chartreux la multipliaient dans leurs pépinières de Paris, et, d'accord avec les anciens auteurs que nous avons cités, la qualifiaient « d'aigre et de très-bonne, étant cuite, pour « les malades. » (*Catalogue de 1775.*) Comme au temps de Bauhin on la cultive encore, actuellement, sur les confins de notre pays et de la Suisse. Pour m'en procurer des greffes, c'est de ce côté que j'ai dû m'adresser, à Chambéry, d'où l'un de mes confrères et correspondants, M. Charles Burdin, me l'a envoyée en 1868. On devrait aussi la trouver en Normandie, peut-être parmi les pommiers à cidre, car je lis dans la *Maison rustique* de Charles Estienne, édition de 1589 : « qu'entre les cidres aigrets, les plus sains sont ceux qui sont faits de pommes « de Malingre. » (Livre III, f^{et} 234, verso.)

Observations. — Étienne Calvel, en son *Traité sur les pépinières*, a décrit en 1803, dans les termes ci-après et sous le nom Malingre, une pomme qui n'est en rien celle ainsi appelée depuis 1536 :

« La pomme *de Malingre d'Angleterre* — dit-il — est très-grosse, allongée et à côtes, comme le Calville blanc. Sa peau est fine, un peu tiquetée, et se colore d'un beau rouge au soleil. La chair en est fine, d'une eau agréablement acidule. Elle se conserve une partie de l'hiver. » (Tome III, p. 42, n° 23.)

Victor Paquet, dans son *Traité de la conservation des fruits*, a mentionné en 1844 (p. 284) une pomme Malingre ou Calleville malingre qui est bien la nôtre; mais Poiteau en 1846, et le directeur des *Annales de pomologie belge* en 1855, à leur tour décrivirent et figurèrent un *Calville Malingre* qui ne s'y rapporte aucunement. Il possède, selon eux, une saveur légèrement acidulée, suave, une chair fine et blanche, mollissant promptement; sa peau, presque entièrement rouge-cerise, est fouettée d'un carmin très-foncé. Pareils détails sont donc suffisants pour montrer qu'il diffère entièrement de notre Malingre, et qu'on doit se garder d'en réunir les noms aux synonymes de cet antique pommier. Du reste, les Belges reconnaissent eux-mêmes que leur Calleville Malingre ressemble beaucoup, extérieurement, au Calleville rouge d'Été, et pourrait bien être identique avec la *Dantziger Kant* des Allemands, ou Calleville de Dantzick ci-dessus caractérisé par nous (p. 181). Je ne partage pas leur opinion, car le Calleville de Dantzick, généralement sphérique et non vergeté, me paraît s'éloigner fortement de ce « Calville Malingre, » qu'eux et Poiteau représentent conique-allongé, et fouetté.

— Enfin le *Calleville normand*, de Merlet, est également un faux synonyme de la pomme de Malingre, quoi qu'en ait dit le *Catalogue* de Thompson (1842, p. 9, n° 115), puisque Merlet (1690, p. 135) dépeint ainsi ce Calleville : « tout rouge « dedans et d'un rouge-brun dessus. »

POMME MALINGRE D'ANGLETERRE. — Synonyme de pomme *de Malingre*. Voir ce nom.

POMME MALTRANCHE ROUGE. — Synonyme de pomme *de Châtaignier*. Voir ce nom

POMME DE MALVOISIE. — Synonyme de pomme *Petit-Bon*. Voir ce nom.

POMME MAMMOTH. — Synonyme de pomme *Joséphine*. Voir ce nom.

POMME MANDELREINETTE. — Synonyme de *Reinette Amande*. Voir ce nom.

264. POMME MANGUM.

Synonymes. — *Pommes :* 1. MAXFIELD (Charles Downing, *Fruits and fruit trees of America*, édition de 1863, p. 87). — 2. SEAGO (*Id. ibid.*). — 3. ALABAMA PEARMAIN (*Idem*, édition de 1869 p. 205). — 4. BLAKELY (*Id. ibid.*). — 5. CARTER OF ALA (*Id. ibid.*). — 6. CARTER'S WINTER (*Id. ibid.*). — 7. CHEESE (*Id. ibid.*). — 8. GULLY (*Id. ibid.*). — 9. JOHNSTON'S FAVORITE (*Id. ibid.*).

Description de l'arbre. — *Bois :* de moyenne force. — *Rameaux :* nombreux, habituellement étalés, quelquefois arqués, peu longs, assez gros, sensiblement coudés, duveteux, d'un vert brunâtre légèrement lavé de rouge terne. — *Lenticelles :* arrondies, grandes, très clair-semées. — *Coussinets :* saillants. — *Yeux :* volumineux, ovoïdes-allongés, faiblement collés sur le bois et rarement bien cotonneux. — *Feuilles :* petites ou moyennes, ovales, acuminées, souvent contournées sur elles-mêmes, ayant les bords finement dentés. — *Pétiole :* peu long, assez gros, à peine cannelé. — *Stipules :* de moyenne grandeur.

FERTILITÉ. — Abondante.

CULTURE. — Pour le plein-vent il se greffe en tête, autrement sa tige laisse beaucoup à désirer; la forme naine est celle qui lui convient le mieux; alors on l'écussonne sur doucin et il fait, soit en cordon, pyramide, gobelet ou espalier, de très-beaux arbres.

Description du fruit. — *Grosseur* : moyenne. — *Forme* : conico-sphérique ou globuleuse irrégulière, toujours assez fortement côtelée au sommet. — *Pédoncule* : long, grêle, renflé au point d'attache, inséré dans un assez vaste bassin de forme souvent triangulaire. — *OEil* : petit, mi-clos, faiblement enfoncé, à cavité irrégulière et très-gibbeuse sur les bords. — *Peau* : jaune d'or, ponctuée de roux, maculée de fauve verdâtre autour du pédoncule et lavée, à l'insolation, de rose pâle fouetté de carmin. — *Chair* : blanchâtre, fine, ferme, croquante. — *Eau* : abondante, sucrée, acidule, savoureuse, mais ayant parfois un arrière-goût herbacé.

Maturité. — Décembre-Mars.

Qualité. — Deuxième.

Historique. — Cette pomme qui porte en Amérique, son pays natal, une douzaine de noms dont nous avons cité les principaux, est peu commune en France. Elle me fut envoyée du district de Georgie en 1860. Charles Downing l'a décrite pour la première fois en 1863, puis en 1869; tout en la déclarant originaire des États du Sud, il n'a pu désigner celui auquel elle appartient. Dans son recueil sur le *Pommier*, John Warder la disait en 1867 (p. 723) provenue de l'Alabama. Ces deux pomologues la classent parmi les très-bons fruits. Chez moi, je ne saurais lui donner que le second rang.

Pomme MANKS CODLIN. — Voir *Mirabelle*, au paragraphe Observations.

Pomme du MARÉCHAL. — Synonyme de pomme *de Neige*. Voir ce nom.

Pomme MARGARET. — Synonyme de pomme *Marguerite*. Voir ce nom.

Pomme MARGIL *ou* MARGILLE. — Synonyme de *Reinette musquée*. Voir ce nom.

---

265. Pomme MARGUERITE.

Synonymes. — *Pommes* : 1. Margaret (Langley, *Pomona*, *or the fruit-garden illustrated*, 1729, pl. 74, fig. 1re). — 2. Early red Margaret (Lindley, *Guide to the orchard and kitchen garden*, 1831, p. 8, no 13). — 3. D'Ève (*Id. ibid.*). — 4. Rother Jacob's (*Id. ibid.*). — 5. Striped Juneating (*Id. ibid.*). — 6. Striped Quarrenden (Thompson, *Catalogue of fruits cultivated in the garden of the horticultural Society of London*, 1842, p. 24, no 425). — 7. Reinette Quarrendon (Bivort, *Album de pomologie*, 1851, t. IV, p. 147). — 8. Maudlin (C. A. Hennau, *Annales de pomologie belge et étrangère*, 1857, t. V, p. 71).

Description de l'arbre. — *Bois* : très-fort. — *Rameaux* : nombreux, presque érigés, gros et longs, sensiblement géniculés, cotonneux, brun clair verdâtre. — *Lenticelles* : arrondies ou allongées, grandes et abondantes. — *Coussinets* : saillants. — *Yeux* : volumineux, ovoïdes-allongés, légèrement duveteux, collés en partie sur le bois. — *Feuilles* : assez grandes, ovales et acuminées, canaliculées pour la plupart, ayant les bords assez fortement dentés ou crénelés. — *Pétiole* : long, bien nourri, rosé, surtout à la base, et largement cannelé. — *Stipules* : étroites et longues.

Fertilité. — Ordinaire.

Culture. — La grande vigueur de ce pommier le recommande spécialement pour le plein-vent; cette forme, sous laquelle il fait de très-beaux arbres, lui est aussi plus avantageuse que les autres, pour la fertilité. Si cependant on veut le destiner à la basse-tige, il faut uniquement le greffer sur paradis, et encore la force de sa végétation l'y rendra bien peu productif.

Pomme Marguerite.

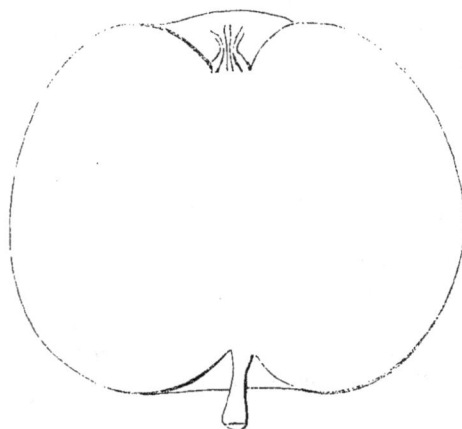

Description du fruit. — *Grosseur :* moyenne. — *Forme :* globuleuse irrégulière, faiblement côtelée au sommet et généralement plus bombée sur une face que sur l'autre. — *Pédoncule :* assez court, mince à son milieu, renflé à ses extrémités, planté dans un bassin rarement bien développé. — *OEil :* grand, mi-clos ou fermé, à longues sépales, à cavité étroite, de profondeur variable mais toujours fortement plissée. — *Peau :* peu épaisse, onctueuse, jaune sale, presque entièrement lavée, marbrée et fouettée de carmin à l'insolation, et ponctuée de gris cendré. — *Chair :* jaunâtre, demi-fine, inodorante, assez ferme, devenant aisément pâteuse. — *Eau :* suffisante, sucrée, acidulée, plus ou moins parfumée.

MATURITÉ. — Depuis la mi-juillet jusqu'à la fin d'août.

QUALITÉ. — Deuxième.

Historique. — La présente variété, très-répandue en Europe ainsi qu'en Amérique, et souvent confondue avec le pommier *Fraise*, décrit plus haut (p. 310), est d'origine anglaise et remonte au commencement du XVIII° siècle. Le pomologue Langley la fit connaître le premier, en 1729, dans le recueil intitulé *Pomona, or the fruit-garden illustrated* (pl. 74). Deux pommes de ce nom existent en Angleterre : l'EARLY RED MARGARET [Marguerite rouge précoce], qui nous occupe, puis une autre, plus ancienne, plus hâtive, seulement appelée Margaret, et que Miller décrivit dès 1724 dans son *Dictionnaire des jardiniers*, imprimé à Londres. Cette dernière m'est inconnue. La maturité de la pomme Marguerite coïncidant généralement avec l'époque — 20 juillet — où l'Église fête la sainte ainsi nommée, il est assez probable que ce fut là ce qui lui valut sa dénomination. Chez moi, elle mûrit plutôt après cette date, qu'avant; je suis donc surpris d'avoir lu dans quelques Pomologies qu'on pouvait la manger dès la fin de juin.

Observations. — *Red Juneating* n'est aucunement synonyme de Marguerite, mais d'*Early Strawberry*, notre pomme Fraise d'Été, native des environs de New-York. Je l'ai vérifié maintes fois, et me trouve, en cela, parfaitement d'accord avec le pomologue américain Downing. (Voir cet auteur, édition de 1869, p. 157.) — C'est également par erreur qu'on l'a, dans quelques ouvrages allemands, réunie à la pomme de Madeleine, qui lui ressemble si peu.

266. Pomme MARIÉ MOYER.

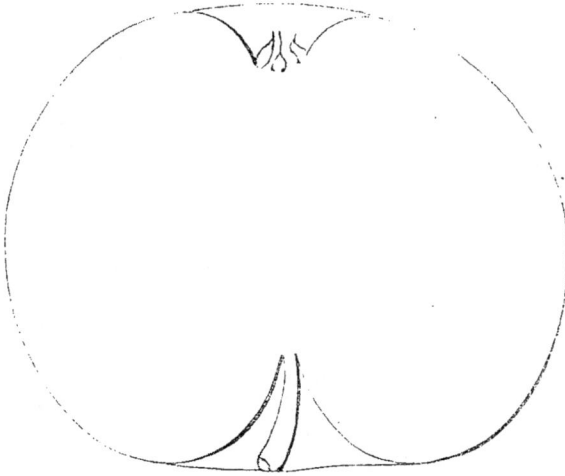

Description de l'arbre. — *Bois :* fort. — *Rameaux :* nombreux, légèrement étalés, gros et de longueur moyenne, peu coudés, très-cotonneux, d'un rouge-brun ardoisé. — *Lenticelles :* allongées ou arrondies, grandes et abondantes. — *Coussinets :* larges et aplatis. — *Yeux :* assez petits, arrondis, duveteux, fortement plaqués sur le bois. — *Feuilles :* moyennes, uniformément ovales, longuement acuminées, épaisses, à bords régulièrement et profondément dentés. — *Pétiole :* de grosseur et longueur moyennes, flasque, à cannelure rarement bien accusée. — *Stipules :* étroites et longues.

Fertilité. — Abondante.

Culture. — Il est très-avantageux comme plein-vent, tant pour sa fertilité que pour sa beauté ; ainsi, même greffé ras terre, cet arbre devient remarquable par sa riche ramification, par son tronc gros et des plus droits. Quand on désire le placer en espalier ou le diriger en cordons ou en gobelet, le paradis est le sujet qu'il exige, autrement l'excès de sa végétation le rend presque improductif.

Description du fruit. — *Grosseur :* au-dessus de la moyenne. — *Forme :* globuleuse légèrement aplatie aux pôles. — *Pédoncule :* assez long et assez gros, surtout à son point d'attache, arqué, très-profondément inséré dans un vaste bassin. — *OEil :* grand, mi-clos ou fermé, entouré de plis et de petites bosses, à cavité de dimensions variables. — *Peau :* fine, lisse, vert clair, nuancée de gris sur le côté de l'ombre et de brun rougeâtre à l'insolation, ponctuée de blanc sale et légèrement tachée de fauve dans le bassin pédonculaire. — *Chair :* blanche, très-tendre et très-fine. — *Eau :* abondante, bien sucrée, peu acidulée, ayant un parfum savoureux et prononcé.

Maturité. — Fin d'août et courant de septembre.

Qualité. — Première.

Historique. — Ce pommier me fut envoyé d'Amérique en 1864 ; il est très-rare chez nous et mérite qu'on l'y propage. Je le suppose d'assez récente obtention, car les pomologues américains, sauf Warder (1867), n'en font aucune mention ; ce dernier même le nomme seulement (table, p. 725) et le dit originaire des États du Sud.

Pomme MARIETTA RUSSET. — Synonyme de pomme *Boston Russet*. Voir ce nom.

---

267. Pomme MARIGOLD.

Synonyme. — *Pomme* MARIGOLD CREED'S (Robert Hogg, *the Apple and its varieties*, 1859, p. 65).

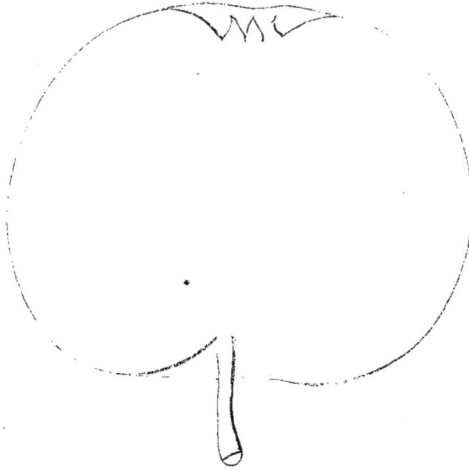

Description de l'arbre. — *Bois :* peu fort. — *Rameaux :* assez nombreux, érigés au sommet, étalés à la base, de grosseur et longueur moyennes, à peine géniculés, légèrement cotonneux et d'un brun olivâtre. — *Lenticelles :* grandes, arrondies, clair-semées. — *Coussinets :* très-accusés. — *Yeux :* moyens, duveteux, ovoïdes, collés fortement sur le bois. — *Feuilles :* de grandeur moyenne, ovales, acuminées pour la plupart, à bords faiblement crénelés. — *Pétiole :* gros, assez long, carminé, surtout à la base, et rarement bien cannelé. — *Stipules :* petites ou très-petites.

FERTILITÉ. — Satisfaisante.

CULTURE. — Il croît trop lentement pour faire, même étant greffé ras terre, de convenables plein-vent. Les formes naines sont celles qui lui profitent le mieux, n'importe sur quel sujet.

Description du fruit. — *Grosseur :* moyenne. — *Forme :* sphérique, légèrement aplatie aux pôles. — *Pédoncule :* long, grêle à son milieu, plus fort à ses extrémités, planté dans un bassin modérément développé. — *Œil :* grand, mi-clos, à larges sépales, à cavité peu profonde et plissée. — *Peau :* assez épaisse, jaune fortement orangé, nuancée de gris près du pédoncule, légèrement rougeâtre et veinulée à l'insolation, généralement striée de fauve dans le bassin pédonculaire et semée de quelques petits points bruns. — *Chair :* jaunâtre, fine, ferme et croquante. — *Eau :* abondante, acidule, parfumée, très-savoureuse.

MATURITÉ. — Octobre-Décembre.

QUALITÉ. — Première.

Historique. — Le pommier Marigold, nous dit Robert Hogg (1859), son premier descripteur, « provient d'un semis de la variété Non-Pareille écarlate « [*Scarlet Nonpareil*] fait par M. Creed, horticulteur à Norton-Court, près « Faversham, comté de Kent (*the Apple*, p. 66). » Cette excellente pomme me fut donnée en 1851 par le docteur Bretonneau, de Tours, et depuis je l'ai constamment multipliée. Elle devait être alors de récente obtention, puisque ni les Recueils pomologiques ni les Catalogues arboricoles anglais ne l'avaient encore mentionnée. Le nom qu'elle a reçu — Marigold signifie, souci — lui vient de la couleur de sa peau, qui est d'un jaune très-vif.

Observations. — Les Anglais et les Américains cultivent un pommier Orange Pippin, ou Marygold Pippin, qu'il ne faudrait pas confondre avec celui décrit ici. Il est fort ancien, possède d'assez nombreux synonymes, et ses produits, assure-t-on, quoique bons pour la table sont surtout recherchés pour le pressoir.

POMME MARIGOLD CREED'S. — Synonyme de pomme *Marigold*. Voir ce nom.

POMME DE MAROQUIN. — Synonyme de *Reinette grise*. Voir ce nom.

POMME MARTRANGE. — Synonyme de pomme *de Châtaignier*. Voir ce nom.

POMME MARYGOLD PIPPIN. — Voir *Marigold*, au paragraphe OBSERVATIONS.

POMME MAT. — Synonyme de pomme *Rouge de Stettin*. Voir ce nom.

POMME MATCHLESS. — Synonyme de pomme *Adams Pearmain*. Voir ce nom.

POMME MATE-BRUNE. — Synonyme de pomme *de Bohémien*. Voir ce nom.

POMME MATRANGE. — Synonyme de pomme *de Châtaignier*. Voir ce nom.

POMME MATTHIAS. — Synonyme de pomme *de Fer*. Voir ce nom.

POMME MAUDLIN. — Synonyme de pomme *Marguerite*. Voir ce nom.

POMME DE MAURE. — Synonyme de pomme *de Bohémien*. Voir ce nom.

268. POMME MAVERACK.

Synonymes. — *Pommes :* 1. MAVERACK SWEET (Charles Downing, *the Fruits and fruit trees of America*, 1863, p. 170). — 2. MAVERICK SWEET (Ellwanger et Barry, pépiniéristes à Rochester (États-Unis), *Descriptive Catalogue of fruits*, 1866, p. 17).

Description de l'arbre. — *Bois :* fort. — *Rameaux :* assez nombreux, érigés ou légèrement étalés, gros et de longueur moyenne, bien coudés, très-cotonneux, brun-rouge foncé et lavé de gris. — *Lenticelles :* grandes, arrondies, clair-semées. — *Coussinets :* larges et saillants. — *Yeux :* gros, ovoïdes, plaqués sur l'écorce et couverts de duvet. — *Feuilles :* grandes ou moyennes, ovales plus ou moins allongées, sensiblement acuminées, ayant les bords régulièrement et très-profondément dentés. — *Pétiole :* gros, peu long, tomenteux, à peine cannelé. — *Stipules :* bien développées.

FERTILITÉ. — Ordinaire.

CULTURE. — La grande vigueur de ce pommier fait que, même greffé ras terre, il devient rapidement un très-beau plein-vent à tronc gros et droit. Écussonné sur paradis, pour basse-tige, il prospère convenablement sous toute espèce de forme.

Pomme Maverack.

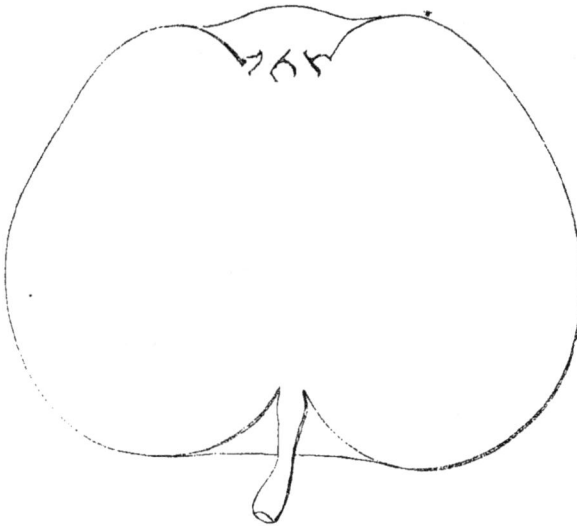

Description du fruit. — *Grosseur :* au-dessus de la moyenne. — *Forme :* conique fortement ventrue et plus ou moins pentagone. — *Pédoncule :* assez long, mince à son milieu, souvent très-renflé à ses extrémités, arqué, planté dans un bassin large et profond. — *Œil :* grand, mi-clos, à cavité pro-noncée et dont les bords sont ondulés ou bossués. — *Peau :* vert clair jau-nâtre, presque entière-ment lavée et fouettée de rouge terne, tachée de fauve squammeux autour du pédoncule et semée de très-gros points bruns, rugueux pour la plupart et généralement formant étoile. — *Chair :* blanchâtre ou quelque peu verdâtre, fine, assez tendre. — *Eau :* suffisante, sucrée, savoureusement acidulée et parfumée.

Maturité. — Décembre-Mars.

Qualité. — Première.

Historique. — Ce pommier, récemment introduit dans mes pépinières, provient des États-Unis. Il a paru pour la première fois dans mon *Catalogue de 1868* (p. 48, n° 253). C'est un gain tout moderne du docteur Samuel Maverack, de Pendleton, dans la Caroline du Sud, lisons-nous page 185 des *Procès-Verbaux de l'American pomological Society*, session de 1867.

Pommes MAVERACK'S *et* MAVERICK SWEET. — Synonymes de pomme *Maverack*. Voir ce nom.

Pomme MAXFIELD. — Synonyme de pomme *Mangum*. Voir ce nom.

269. Pomme MAY.

Synonymes. — *Pommes :* 1. May of Myers (Charles Downing, *the Fruits and fruit trees of America*, 1869, p. 270). — 2. Pillkin (*Id. ibid.*). — 3. Plymouth Greening (*Id. ibid.*). — 4. Rhenish May (*Id. ibid.*). — 5. Winter May (*Id. ibid.*).

Description de l'arbre. — *Bois :* de force moyenne. — *Rameaux :* nombreux, légèrement étalés, longs, assez gros, peu géniculés, très-cotonneux, brun clair jaunâtre. — *Lenticelles :* petites, arrondies, clair-semées. — *Coussinets :*

larges mais aplatis. — *Yeux :* volumineux, ovoïdes-arrondis, bien duveteux et collés en partie sur le bois. — *Feuilles :* petites, ovales ou arrondies, minces, sensiblement acuminées, planes et à bords régulièrement dentés. — *Pétiole :* de moyenne longueur, grêle, tomenteux, profondément cannelé. — *Stipules :* étroites et longues.

Pomme May. — *Premier Type.*

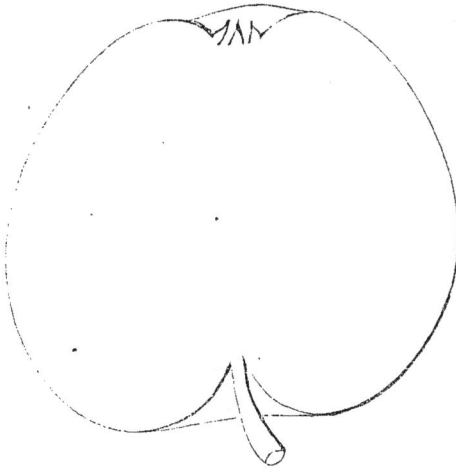

Deuxième Type.

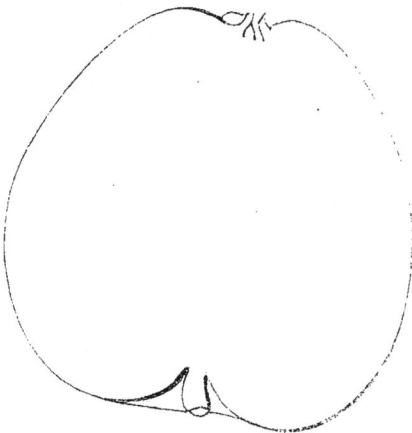

FERTILITÉ. — Abondante.

CULTURE. — Tout sujet, toute espèce de forme lui conviennent.

Description du fruit. — *Grosseur :* moyenne et parfois beaucoup plus volumineuse. — *Forme :* conique assez régulière. — *Pédoncule :* court et fort, ou grêle et un peu long, planté dans un bassin généralement de faibles dimensions. — *Œil :* moyen, fermé, entouré de légères gibbosités et placé à fleur de fruit ou dans une petite cavité. — *Peau :* fine, lisse, jaune clair nuancé de vert, quelque peu striée de rose violacé sur la partie exposée au soleil, semée de points bruns cerclés de blanc sur le côté de l'ombre, et de points noirâtres cerclés de carmin foncé, sur l'autre face. — *Chair :* blanchâtre ou verdâtre, mi-fine, tendre et assez marcescente. — *Eau :* suffisante, acidulée, peu sucrée, ayant un arrière-goût herbacé.

MATURITÉ. — Janvier-Mai.

QUALITÉ. — Deuxième.

Historique. — L'unique mérite de cette pomme gît dans sa longue conservation; on la garde aisément au fruitier jusqu'à la fin de mai. — Voilà de longues années déjà que les Américains, ses obtenteurs, la cultivent abondamment, surtout dans les États de l'Ouest. D'après John Warder (*Apples*, 1867, p. 725), elle est originaire de la Virginie. Pour moi, je la possède depuis 1862.

Observations. — Ne pas confondre cette variété avec les deux autres pommes américaines, May Seek-no-Farther et White Paradise, ou May d'Automne, qui ne lui ressemblent aucunement.

POMME MAY D'AUTOMNE. — Voir *May*, au paragraphe OBSERVATIONS.

Pomme MAY OF MYERS. — Synonyme de pomme *May*. Voir ce nom.

Pomme MAY SEEK-NO-FARTHER. — Voir *May*, au paragraphe Observations.

Pomme MEIG'S. — Synonyme de pomme *Buncombe*. Voir ce nom.

Pomme MELAPPIE PIRIFORME. — Synonyme de *Pomme-Poire*. Voir ce nom.

Pomme MELLE. — Voir *Api*, au paragraphe Historique.

270. Pomme MELON.

Synonymes. — *Pommes :* 1. Melonen (Lucas, *Illustrirtes Handbuch der Obstkunde*, 1859, t. 1, p. 57, n° 13). — 2. De Prince (*Id. ibid.*). — 3. Prinzen (*Id. ibid.*).

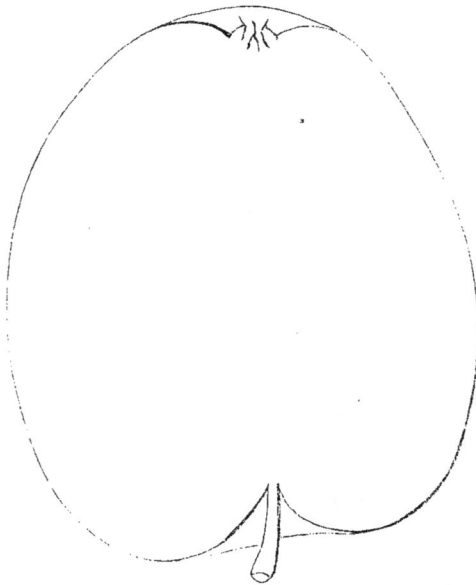

Description de l'arbre.
— *Bois :* très-fort. — *Rameaux :* érigés, assez nombreux et des plus gros, peu géniculés, cotonneux, brun olivâtre lavé de rouge ardoisé. — *Lenticelles :* grandes, arrondies, très clairsemées. — *Coussinets :* presque nuls. — *Yeux :* gros, ovoïdes, duveteux, entièrement collés sur le bois. — *Feuilles :* moyennes, ovales, épaisses, planes, vert brillant et foncé en dessus, blanc verdâtre en dessous, courtement acuminées et à bords largement crénelés. — *Pétiole :* peu long, très-gros et très-cotonneux, carminé, presque toujours dépourvu de cannelure. — *Stipules :* étroites mais assez longues.

Fertilité. — Abondante.

Culture. — La grande vigueur de ce pommier le rend particulièrement propre au plein-vent, soit greffé ras terre, soit greffé en tête ; ce dernier mode est néanmoins préférable, quand on désire avoir de très-beaux arbres. Toutes les formes naines lui sont également profitables, quelque sujet qu'on lui donne.

Description du fruit. — *Grosseur :* au-dessus de la moyenne. — *Forme :* passant de la conique-allongée et légèrement ventrue, à la cylindrique irrégulière et parfois assez contournée. — *Pédoncule :* peu fort et de longueur moyenne, planté dans un bassin généralement large et profond. — *Œil :* grand ou moyen, mi-clos ou fermé, à faible cavité légèrement plissée. — *Peau :* mince, lisse, jaune clair verdâtre, amplement marbrée et rubannée de carmin terne, et ponctuée de blanc grisâtre. — *Chair :* d'un jaune rosé comme celle du melon, fine, compacte, quoique très-tendre. — *Eau :* abondante, bien sucrée, délicieusement acidulée et parfumée.

MATURITÉ. — Novembre-Janvier.

QUALITÉ. — Première.

Historique. — Cette pomme Melon, que je tiens des Wurtembergeois, est dans mes pépinières depuis 1866. Elle porte différents noms en Allemagne, dont on la croit originaire, et où sa culture est déjà ancienne. Je n'ai cité que les principaux, pomme de Prince ou pomme Melon, qui ont particulièrement cours dans le Hambourg, le Wurtemberg et le Holstein. On la connaît également en Angleterre, en Norwége et en Belgique, mais ce sont les Allemands, nous le répétons, qui semblent en avoir été les vrais propagateurs.

Observations. — Diverses pommes ayant eu pour synonyme ou dénomination le terme *Melon*, il devient urgent de ne pas les confondre ; j'indique ci-après celles dont la culture est la plus générale, et qui toutes se trouvent décrites dans ce DICTIONNAIRE. — Comme le nom *Prinzen*, ou de *Prince*, est commun aussi à diverses variétés de pommier, nous faisons, à son égard, la même recommandation que pour celui de Melon, dont il se trouve, ici, le synonyme, et renvoyons pour tout renseignement de nomenclature à la lettre *P*, aux mots *Prince* et *Prinzen*.

POMMES MELON. — Synonymes des pommes *de Canterbury* et *Joséphine*. Voir ces noms.

POMME MELON DE NORTON. — Synonyme de pomme *Norton*. Voir ce nom.

POMME MELONEN. — Synonyme de pomme *Melon*. Voir ce nom.

POMME MELONNE. — Synonyme de *Calleville blanc d'Hiver*. Voir ce nom.

POMME MÈRE DE MÉNAGE. — Synonyme de pomme *de Livre*. Voir ce nom.

POMME MÈRE DES POMMES. — Synonyme de *Rambour de Flandre*. Voir ce nom.

POMME MERIT. — Synonyme de pomme *Bachelor*. Voir ce nom.

POMME MERVEILLE PEARMAIN. — Synonyme de pomme *d'Hereford*. Voir ce nom.

271. Pomme MERVEILLE DE PORTLAND.

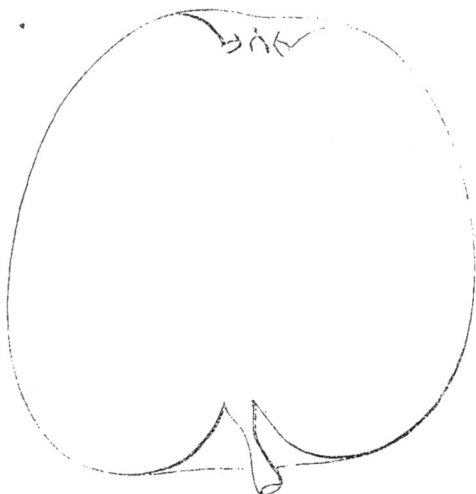

Description de l'arbre. — *Bois :* de force moyenne. — *Rameaux :* assez nombreux, légèrement étalés, gros et peu longs, à peine coudés, très-cotonneux, brun olivâtre foncé et lavé de rouge ardoisé. — *Lenticelles :* grandes, arrondies, clair-semées. — *Coussinets :* larges et saillants. — *Yeux :* moyens, ovoïdes-arrondis, des plus duveteux, faiblement écartés du bois.—*Feuilles :* petites, ovales, rarement acuminées, planes ou quelque peu cucullées, à bords légèrement dentés ou crénelés. — *Pétiole :* long, assez gros, tomenteux, modérément cannelé. — *Stipules :* étroites et longues.

FERTILITÉ. — Abondante.

CULTURE. — Il prospère parfaitement sous formes naines, mais uniquement quand on l'a écussonné sur doucin ; le paradis paralyse en effet beaucoup trop sa végétation. En le greffant à hauteur de tige on peut aussi l'utiliser pour le plein-vent.

Description du fruit. — *Grosseur :* au-dessus de la moyenne. — *Forme :* conique plus ou moins régulière et allongée. — *Pédoncule :* de longueur moyenne, mince à son milieu, renflé à ses extrémités, profondément inséré dans un vaste bassin. — *Œil :* très-grand, bien ouvert, cotonneux, modérément enfoncé, entouré de gibbosités. — *Peau :* jaune pâle, semée de très-petits points fauves, lavée de brun-rouge à l'insolation et maculée de roux verdâtre autour du pédoncule. — *Chair :* blanche, fine, assez tendre mais très-marcescente. — *Eau :* abondante, acidulée, peu sucrée et sans parfum.

MATURITÉ. — Janvier-Avril.

QUALITÉ. — Troisième pour le couteau, deuxième pour la cuisson.

Historique. — La Merveille de Portland, comme son nom l'indique, appartient à la pomone britannique ; jamais fruit ne fut plus mal nommé, puisqu'il vaut à peine la culture. Les Anglais le consacrent uniquement aux usages culinaires. Je suis étonné de sa grande propagation. L'Allemagne, la Hollande, la Belgique et la France le possèdent, et cependant je ne lui trouve aucun synonyme ! avantage évidemment dû à son manque de qualité. Il est d'un âge déjà fort respectable, car je le vois cité comme variété nouvelle dans l'année 1762 du recueil hollandais intitulé *Almanak der Hoveniers* [Almanach des Jardiniers].

272. Pomme MESTAYER.

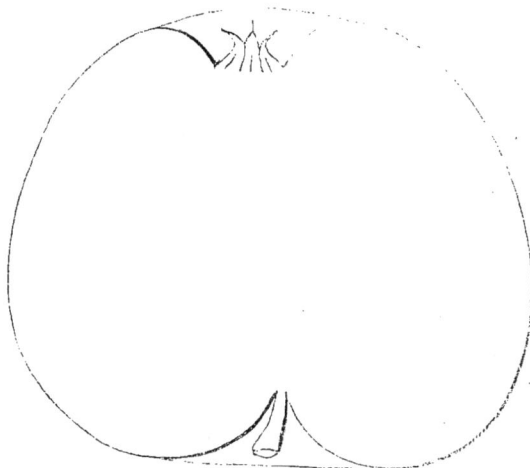

Description de l'arbre. — *Bois :* de moyenne force. — *Rameaux :* assez nombreux, généralement érigés, gros et longs, très-coudés et très-cotonneux, vert brunâtre nuancé de rouge sombre. — *Lenticelles :* grandes, abondantes, arrondies ou allongées. — *Coussinets :* assez saillants. — *Yeux :* volumineux, coniques, des plus duveteux et noyés dans l'écorce. — *Feuilles :* grandes, ovales, courtement acuminées, très-profondément dentées sur leurs bords. — *Pétiole :* gros, de longueur moyenne et faiblement cannelé. — *Stipules :* bien développées.

Fertilité. — Abondante.

Culture. — Il fait de très-beaux plein-vent et prospère non moins bien sous les formes basses-tiges, surtout quand on l'a greffé sur paradis.

Description du fruit. — *Grosseur :* au-dessus de la moyenne. — *Forme :* conique-arrondie, généralement assez régulière. — *Pédoncule :* court, assez fort et duveteux, arqué, profondément inséré dans un vaste bassin. — *OEil :* très-grand, mi-clos ou fermé, plissé sur ses bords, à longues sépales et à cavité prononcée. — *Peau :* épaisse, lisse, légèrement onctueuse, ponctuée de marron foncé, d'un beau vert-pré sur le côté de l'ombre, brun clair verdâtre sur l'autre face, où elle est en outre faiblement striée de rose pâle. — *Chair :* blanche ou quelque peu jaunâtre, fine, tendre et croquante. — *Eau :* abondante, douce, sucrée, assez savoureuse quoiqu'ayant un arrière-goût légèrement herbacé.

Maturité. — Décembre-Mars.

Qualité. — Deuxième.

Historique. — Des greffons de ce pommier, localisé depuis longtemps déjà dans les environs de Chemillé (Maine-et-Loire), me furent donnés en 1845 par M. Mestayer, propriétaire habitant cette petite ville. Depuis lors, après l'avoir dédié — il était innommé — à son propagateur, je l'ai constamment multiplié, sa grande fertilité et la longue conservation de ses produits le rendant très-propre à l'alimentation de nos marchés.

Pomme METZGER CALVILL. — Synonyme de pomme *Linnœus Pippin*. Voir ce nom.

273. Pomme de MEUNIER.

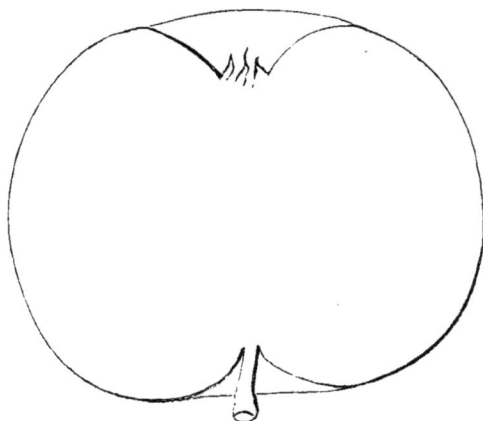

Description de l'arbre. — *Bois :* très-fort. — *Rameaux :* assez nombreux, étalés, longs et des plus gros, très-géniculés et très-cotonneux, brun verdâtre lavé de rouge ardoisé. — *Lenticelles :* abondantes, grandes, arrondies ou allongées. — *Coussinets :* larges et aplatis. — *Yeux :* moyens, ovoïdes, couverts de duvet et complétement collés sur l'écorce. — *Feuilles :* grandes, épaisses, ovales-allongées, rarement acuminées, un peu canaliculées, ondulées sur leurs bords, qui sont irrégulièrement et très-largement crénelés. — *Pétiole :* gros, de longueur moyenne, flasque, tomenteux, à cannelure prononcée. — *Stipules :* duveteuses et très-développées.

Fertilité. — Ordinaire.

Culture. — Le plein-vent est la forme qui lui convient le mieux ; toutefois on peut aussi, en le greffant sur paradis, l'élever pour la basse-tige.

Description du fruit. — *Grosseur :* moyenne. — *Forme :* sphérique ou cylindro-globuleuse, mais toujours sensiblement aplatie aux pôles. — *Pédoncule :* assez court, bien nourri, droit ou arqué, souvent renflé à son point d'attache, implanté dans un large et peu profond bassin. — *Œil :* moyen, ouvert ou mi-clos, à cavité unie et très-vaste. — *Peau :* mince, lisse, vert clair nuancé de jaune sur le côté de l'ombre, vert brunâtre à l'insolation, tachée de fauve autour du pédoncule et abondamment ponctuée de marron foncé. — *Chair :* blanc verdâtre, mi-fine et mi-tendre. — *Eau :* abondante, sucrée, faiblement acidulée, sans parfum bien prononcé.

Maturité. — Février-Avril.

Qualité. — Deuxième.

Historique. — Dans sa *Description des fleurs et des fruits nés dans le département de Maine-et-Loire*, M. Millet disait en 1835 (p. 116) que cette variété provenait de l'arrondissement de Beaupreau. Elle y est effectivement, et cela depuis un très-long temps, communément cultivée, surtout sur le territoire des communes de Montrevaux et de Chaudron. J'ignore quel motif put lui valoir le nom Pomme de Meunier, le seul qu'actuellement elle porte encore chez nous.

Pomme de MIGNON. — Synonyme de pomme *Mignonne d'Hiver*. Voir ce nom.

Pomme MIGNONNE. — Synonyme de pomme *Mignonne d'Automne*. Voir ce nom.

---

274. Pomme MIGNONNE D'AUTOMNE.

Synonymes. — *Pommes* : 1. Mignonne (le Lectier, d'Orléans, *Catalogue des arbres cultivés dans son verger et plant*, 1628, p. 22). — 2. Kleiner Favorit (Diel, *Kernobstsorten*, 1801, t. IV, p. 172). — 3. Petite-Favorite (*Id. ibid.*).

Pomme Mignonne d'Automne.

Premier Type.

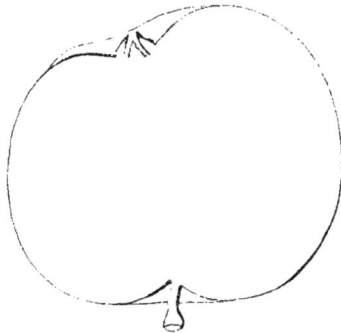

Deuxième Type.

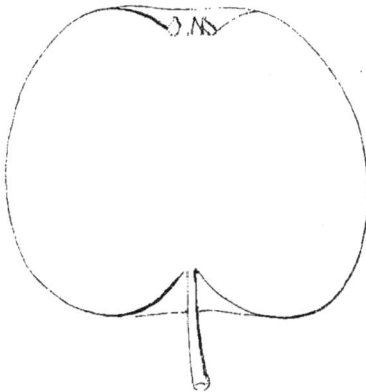

Description de l'arbre. — *Bois :* très-faible. — *Rameaux :* peu nombreux, étalés, grêles, assez longs, coudés, légèrement cotonneux au sommet, à longs mérithalles et rouge-brun clair. — *Lenticelles :* clair-semées, très-petites, allongées. — *Coussinets :* saillants. — *Yeux :* moyens, obtus, rarement bien duveteux, en partie collés sur le bois. — *Feuilles :* très-petites, ovales-arrondies, un peu coriaces, ayant les bords régulièrement dentés. — *Pétiole :* long, des plus grêles, rouge en dessous et non cannelé. — *Stipules :* à peine développées et souvent même faisant entièrement défaut.

Fertilité. — Grande.

Culture. — C'est un pommier trop dépourvu de vigueur pour le destiner au plein-vent; les formes naines lui conviennent uniquement; en le greffant sur doucin il fera de petits mais d'assez beaux gobelets, espaliers ou cordons.

Description du fruit. — *Grosseur :* petite. — *Forme :* irrégulièrement globuleuse ou cylindrique-arrondie. — *Pédoncule :* de longueur variable, grêle, inséré dans un bassin généralement de faibles dimensions. — *OEil :* petit ou moyen, mi-clos ou fermé, à cavité unie, large et peu profonde. — *Peau :* jaune clair sur le côté de l'ombre, jaune-brun à l'insolation, légèrement marbrée et réticulée de roux foncé, surtout près de l'œil et du pédoncule, puis semée de gros et nombreux points brunâtres. — *Chair :* blanc jaunâtre, fine et compacte, quoique assez tendre. — *Eau :* suffisante, très-sucrée, faiblement acidulée et possédant une saveur parfumée vraiment exquise.

Maturité. — Octobre-Janvier.

Qualité. — Première.

Historique. — Au commencement du xviie siècle le nom de cette variété avait déjà rang, chez nous, dans la nomenclature pomologique. Le Lectier, d'Orléans, l'inscrivait en 1628 sur le *Catalogue* (p. 22) des nombreux arbres fruitiers dont il était possesseur; et plus tard, en 1653 et 1670, nous le retrouvons page 107 du *Jardinier français* de Bonnefond, et page 213 de la *Nouvelle instruction pour connaître les bons fruits*, du moine Claude Saint-Étienne. Jamais pomme ne fut mieux baptisée, car elle est à la fois exquise, charmante de forme et de couleur. Cependant, et j'attribue cette indifférence à son faible volume, on l'a beaucoup moins propagée que sa congénère, la Mignonne d'Hiver, dont l'article va suivre. Les Allemands nous en sont redevables, et l'estiment infiniment. Elle est dans leurs jardins depuis près d'un siècle, comme le démontrent les lignes suivantes, empruntées au docteur Diel, qui faisant du nom Mignonne un synonyme, le remplaça par les mots *Kleiner Favorit* [Petite-Favorite], rendant assez bien le sens figuré de notre terme Mignonne.

« Cette *Kleiner Favorit* — écrivait Diel en 1801 — que je ne vois décrite par aucun de nos pomologues, m'est venue de la résidence palatine de Selters (près Mayence), grâce à l'obligeance de M. Süsmaier, jardinier de la Cour. » (*Kernobstsorten*, t. IV, p. 172-176.)

Observations. — Dans l'arrondissement d'Yvetot (Seine-Inférieure) j'ai rencontré en 1866, étiquetés *Favout Kleiner*, plusieurs pommiers qui, arbres et fruits, n'étaient autres que le Kleiner Favorit des Allemands, ou Mignonne d'Automne. Je signale le fait afin qu'on soit à même, dans cette contrée privilégiée des pommes, de rendre à celle-ci son véritable nom.

POMME MIGNONNE DE BEDFORD. — Synonyme de pomme *Bedfordshire Foundling*. Voir ce nom.

275. POMME MIGNONNE D'HIVER.

Synonymes. — *Pommes* : 1. IGNONNETTE (Comice horticole d'Angers, *Catalogue de son Jardin fruitier*, 1852, p. 7, n° 56). — 2. MIGNONNETTE (André Leroy, *Catalogue descriptif et raisonné des arbres fruitiers et d'ornement*, 1865, p. 51, n° 210).

Premier Type.

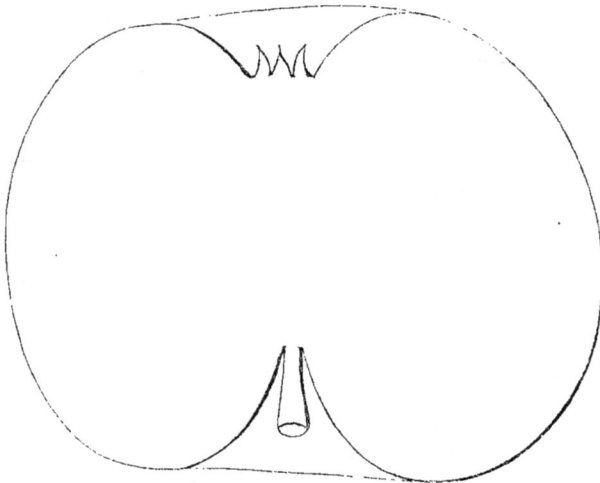

Description de l'arbre. — *Bois* : assez fort. — *Rameaux* : nombreux, érigés au sommet, généralement étalés à la base, gros et longs, sensiblement géniculés, très-cotonneux, et d'un rouge-brun foncé. — *Lenticelles* : abondantes, petites, arrondies. — *Coussinets* : très-peu développés. — *Yeux* : gros, ovoïdes-arrondis, duveteux, plaqués sur l'écorce.

— *Feuilles* : petites, ovales, vert clair en dessus, gris verdâtre en dessous, bien rarement acuminées, ayant les bords légèrement crénelés. — *Pétiole* : gros, assez court, à peine cannelé. — *Stipules* : des plus petites.

FERTILITÉ. — Abondante.

CULTURE. — La vigueur et la grande fertilité de ce pommier le désignent tout naturellement pour le plein-vent, d'autant mieux que sa tige est très-droite, grosse, et sa tête touffue, régulière. Sous forme buisson, cordon, espalier, pyramide, il fait également, écussonné sur paradis, des arbres irréprochables.

Pomme Mignonne d'Hiver. — *Deuxième Type.*

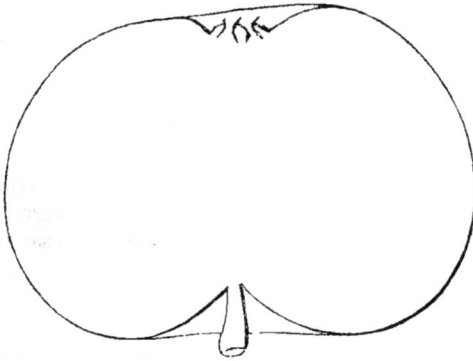

Description du fruit. — *Grosseur* : moyenne ou volumineuse. — *Forme* : sphérique, plus ou moins comprimée aux pôles et habituellement ayant un côté plus gros que l'autre. — *Pédoncule* : peu long, droit ou arqué, bien nourri, surtout au point d'attache, profondément planté dans un vaste bassin. — *Œil* : grand, mi-clos ou très-ouvert, à larges et souvent longues sépales, à cavité irrégulière, unie, mais ordinairement assez considérable. — *Peau* : épaisse, luisante, à fond vert clair jaunâtre, lavée et panachée de rouge sur la face exposée au soleil, nuancée de fauve autour du pédoncule et semée de quelques points grisâtres cerclés de carmin. — *Chair* : jaune verdâtre, mi-fine, assez tendre. — *Eau* : suffisante, très-sucrée, à peine acidulée, de saveur délicate et aromatique.

MATURITÉ. — Février-Mai.

QUALITÉ. — Première, pour les amateurs de pommes douces.

Historique. — Assez généralement cultivée dans le département de Maine-et-Loire, on l'y regarde depuis longtemps comme une variété angevine. Pierre Leroy, mon grand-père, la multipliait déjà en 1790 (voir son *Catalogue*, p. 26). M. Millet, qui l'a décrite en 1835, page 115 de son étude sur les fruits originaires de l'Anjou, n'a pu dire de quelle localité elle est provenue; et mes recherches à cet égard n'ont pas eu meilleur succès. Notre ancien Comice horticole ayant par inadvertance étiqueté ce pommier, Ignonnette, pour Mignonnette ou Mignonne, il en résulta plus tard l'inconvénient, chez moi, que les pseudonymes Ignonnette et Mignonnette figurèrent induement, mais passagèrement, comme variétés nouvelles dans mon *Catalogue* (1868, pp. 48-49, nᵒˢ 212 et 259). Sans ce *Dictionnaire* et les examens comparatifs qu'il a nécessités, peut-être n'aurais-je jamais reconnu cette double erreur, que j'explique et signale pour montrer combien un pépiniériste, quelle que soit sa bonne foi, est exposé à commettre de telles méprises.

Observations. — Il me semble difficile de confondre entr'elles les pommes Mignonne d'Automne et Mignonne d'Hiver, puisque la première atteint rarement la fin de janvier, tandis que l'autre mûrit seulement en février, et se conserve jusqu'en mai. Néanmoins, vu leur conformité de nom, je crois sage de les recommander quand même à l'attention des jardiniers.

Pomme MIGNONNETTE. — Synonyme de pomme *Mignonne d'Hiver*. Voir ce nom.

Pomme MILLCREEK VANDEVERE. — Synonyme de pomme *Smokehouse*. Voir ce nom.

276. Pomme MILLER.

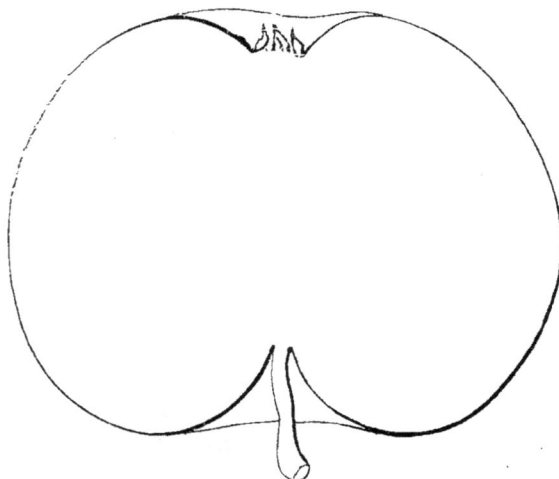

Description de l'arbre. — *Bois :* fort. — *Rameaux :* assez nombreux, érigés, gros et des plus longs, très-coudés et très-cotonneux, brun verdâtre amplement lavé de rouge ardoisé. — *Lenticelles :* abondantes, petites et arrondies. — *Coussinets :* peu saillants. — *Yeux :* moyens, ovoïdes, légèrement duveteux, collés en partie sur le bois. — *Feuilles :* petites ou moyennes, ovales, vert clair, courtement acuminées, planes, à bords finement dentés. — *Pétiole :* gros, assez long, tomenteux, sensiblement rayé. — *Stipules :* de longueur et largeur moyennes.

Fertilité. — Ordinaire.

Culture. — Greffé ras terre il pousse vite et fait de très-beaux sujets pour plein-vent. En l'écussonnant sur paradis il se prêtera convenablement à toute espèce de forme naine.

Description du fruit. — *Grosseur :* au-dessus de la moyenne. — *Forme :* globuleuse plus ou moins régulière et généralement aplatie à ses extrémités. — *Pédoncule :* long ou assez court, bien nourri, droit, arqué ou contourné, profondément inséré dans un vaste bassin. — *Œil :* grand ou moyen, ouvert ou mi-clos, à cavité gibbeuse, plissée, large et peu profonde. — *Peau :* unie, jaune-citron, lavée à l'insolation de brun-rougeâtre fouetté de rouge violacé, ponctuée de fauve et çà et là réticulée de marron grisâtre. — *Chair :* blanc verdâtre, surtout auprès des loges, fine, compacte. — *Eau :* suffisante, acidulée, sucrée, savoureuse, non parfumée.

Maturité. — Octobre-Décembre.

Qualité. — Deuxième.

Historique. — Dans mes pépinières depuis 1860, ce pommier me fut envoyé des États-Unis. Charles Downing, qui le décrivit en 1863 puis en 1869 (*Fruits of America*), nous apprend que M. James O. Miller, de Montgomery, dans le comté d'Orange, en a été l'obtenteur. Il ne dit pas à quelle époque, mais je sais qu'au moment où je le reçus, on le regardait comme une variété récemment gagnée.

Observations. — Les Américains possèdent un second pommier Miller dont les produits, mûrissant au commencement de septembre, atteignent difficilement la fin d'octobre ; ils le déclarent peu vigoureux, très-fertile et originaire du comté de Berks (Panama). Je le signale ici pour éviter, au cas où son importation aurait lieu chez nous, qu'on le confonde avec celui que nous venons de caractériser ; ce qui deviendrait facile, les deux pommes Miller ayant d'assez grands rapports extérieurs ; je le vois, pour cette dernière, par la description qu'en a donnée Charles Downing (1869, p. 275).

Pomme MILTON GOLDEN PIPPIN. — Synonyme de pomme *d'Or d'Angleterre*. Voir ce nom.

277. Pomme MIRABELLE.

Synonymes. — *Pommes :* 1. De Rosée (Poiteau, *Pomologie française*, 1846, t. IV, n° 16).
2. D'Ève (de quelques pépiniéristes).

Pomme Mirabelle. — *Premier Type.*

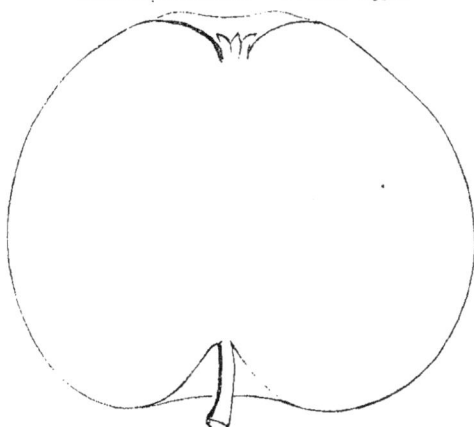

Deuxième Type.

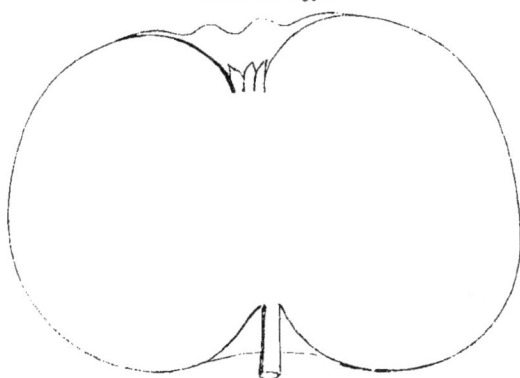

Description de l'arbre.
— *Bois ;* peu fort. — *Rameaux :* assez nombreux, presque érigés, grêles, de longueur moyenne, très-sensiblement géniculés, des plus cotonneux et d'un rouge ardoisé très-foncé. — *Lenticelles :* arrondies ou allongées, grandes ou moyennes, très-nombreuses. — *Coussinets :* bien saillants. — — *Yeux :* gros, ovoïdes, duveteux, légèrement écartés du bois. — *Feuilles :* petites ou moyennes, ovales - arrondies, minces et coriaces, longuement acuminées, ayant les bords irrégulièrement dentés. — *Pétiole :* long, grêle, roide, carminé, à cannelure profonde. — *Stipules :* longues et larges.

Fertilité. — Très-abondante.

Culture. — Sa vigueur plus que modérée conseille de le destiner à la basse-tige et de lui donner le doucin pour sujet. Ainsi traité, il fait d'assez jolis petits arbres pour cordon, pyramide, buisson et espalier.

Description du fruit. — *Grosseur :* moyenne. — *Forme :* toujours sensiblement côtelée, mais passant généralement de la conique irrégulière et raccourcie, à la globuleuse fortement aplatie aux extrémités. — *Pédoncule :* assez court et assez mince, droit ou arqué, implanté dans un bassin étroit et profond. — *OEil :* moyen, mi-clos ou fermé, à cavité de dimensions moyennes, fortement inégale et plissée sur ses bords. — *Peau :* assez mince, à fond jaunâtre, ponctuée de gris, presque entièrement lavée de rose carminé, fouettée de rouge-cerise, surtout à l'insolation, et généralement recouverte d'une épaisse efflorescence violacée. — *Chair :* blanche, plus ou moins veinée de rose, odorante, fine et tendre. — *Eau :* abondante, bien sucrée, acidule, savoureusement parfumée.

MATURITÉ. — Depuis la fin d'août jusqu'au commencement d'octobre.

QUALITÉ. — Première.

Historique. — Connu de toute antiquité chez les bas Normands, surtout à Caen, Vire, Falaise, Lisieux, etc., ce délicieux et très-joli fruit paraît être là dans sa terre natale. Poiteau qui l'y remarqua, et s'en éprit, le décrivit et figura en 1846 (*Pomologie française,* t. *IV, n° 16*), le nommant scientifiquement *Malum Roris* [Pomme de Rosée], dénomination sous laquelle il est, du reste, généralement vendu dans le Calvados, et qui sans doute lui fut donnée à cause de l'humide efflorescence dont sa peau se recouvre. Dès 1653 je vois cité par Bonnefond (*Jardinier français*, p. 107) un Pommier « Rozée, » dit à maturité hâtive ; mais comme aucune description n'en suit le nom, il est impossible de se prononcer sur son identité avec celui de Poiteau. Introduite depuis un assez long temps dans l'Anjou, la pomme de Rosée ne s'y cultive plus sous cette appellation, remplacée par le surnom Mirabelle, que je lui conserve. L'ancien Comice horticole d'Angers ne la nommait pas autrement et la possédait dans son Jardin, où elle portait le n° 162 ; c'est là que je l'ai prise vers 1840. J'ignore par qui elle fut débaptisée. Si la couche poussiéreuse et bleuâtre dont son éclatant coloris est voilé, rappelle à l'œil celle de même nature particulière à la majeure partie des prunes, rien de caractéristique ne rapproche toutefois, extérieurement, cette pomme Mirabelle de la prune jaune d'ambre ainsi nommée. Je ne saurais donc, non plus, fournir aucun éclaircissement sur l'origine de ce surnom.

Observations. — J'ai vu parfois dans les expositions ce fruit étiqueté pomme *d'Ève*, et même le docteur Bretonneau m'adressa de Tours, sous ce pseudonyme, il y a vingt ans au moins, des greffons d'un pommier qui n'était autre que notre Mirabelle. Ceci nous conduit alors à recommander de ne pas confondre la Mirabelle ou pomme de Rosée, avec les variétés Doux d'Argent, Manks Codlin et Marguerite, dont le nom d'Ève est un des principaux synonymes.

POMME DE MOLDAVIE. — Synonyme de pomme *Dominiska*. Voir ce nom.

---

278. POMME MOLLY.

Synonyme. — Pomme REINETTE MOLLY (Von Flotow, *Illustrirtes Handbuch der Obstkunde,* 1859, t. I, p. 521, n° 244).

Description de l'arbre. — *Bois :* fort. — *Rameaux :* nombreux, érigés, très-longs, gros, sensiblement coudés, peu duveteux et d'un brun olivâtre amplement lavé de rouge ardoisé. — *Lenticelles :* arrondies ou allongées, grandes et abondantes. — *Coussinets :* presque nuls. — *Yeux :* petits, arrondis, légèrement cotonneux, entièrement collés sur le bois. — *Feuilles :* petites ou moyennes, ovales, courtement acuminées, ayant les bords profondément dentés. — *Pétiole :* gros, assez court, carminé, à cannelure peu marquée. — *Stipules :* étroites et longues.

FERTILITÉ. — Ordinaire.

CULTURE. — Il réussit admirablement en plein-vent, même greffé ras terre; pour formes naines on devra l'écussonner sur paradis, plutôt que sur doucin.

Pomme Molly.

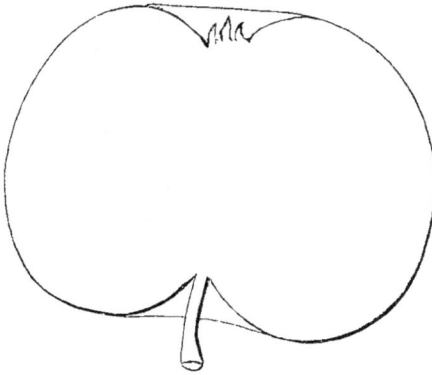

Description du fruit. — *Grosseur :* au-dessous de la moyenne. — *Forme :* globuleuse, plus ou moins comprimée aux pôles. — *Pédoncule :* de longueur moyenne ou assez court, peu fort mais généralement renflé au point d'attache, inséré dans un bassin de faibles dimensions. — *OEil :* grand ou moyen, ouvert ou mi-clos, à cavité unie et rarement profonde. — *Peau :* mince, unicolore, jaune-citron, finement ponctuée de brun. — *Chair :* blanche, ferme et croquante. — *Eau :* abondante, très-sucrée, à peine acidule, assez savoureuse.

MATURITÉ. — Janvier-Mai.

QUALITÉ. — Deuxième.

Historique. — Ce pommier, qui me fut envoyé d'Augusta (Amérique, État de Georgia) en 1862, sans note d'origine, par M. Berckmans, pépiniériste, n'est pas mentionné chez les principaux pomologues américains. Cependant il doit être déjà d'un certain âge, puisque les Allemands le cultivent depuis une quinzaine d'années. M. de Flotow l'a caractérisé en 1859 dans l'*Illustrirtes Handbuch der Obstkunde* (t. I, p. 521). « Il le nomme Reinette de Molly et l'avait « reçu, dit-il, du Jardin de la Société d'Horticulture de Vienne (Autriche), mais « n'en connaissait aucune description. » Cette Reinette est bien notre pomme Molly, sauf certaine nuance carminée dont M. de Flotow la montre teinte du côté du soleil, et qui dans mes pépinières a fait défaut, sans que cela, chacun le sait, tire nullement à conséquence.

Observations. — Les Américains ont également une pomme *Fallawater*, gagnée dans l'État de Pensylvanie et qu'ils nomment aussi, *Molly Whopper.* C'est un fruit très-gros, conico-sphérique, à peau jaune verdâtre lavée de rouge sombre et très-fortement ponctuée de gris. Sa chair, d'un blanc verdâtre, ferme, juteuse, possède une agréable saveur acidulée. Mûre en novembre, cette variété se conserve jusqu'en février. On voit donc que la Molly Whopper ne saurait être assimilée à notre pomme Molly.

---

279. POMME MONCEL.

Description de l'arbre. — *Bois :* faible. — *Rameaux :* peu nombreux, légèrement étalés, courts et grêles, bien géniculés, cotonneux, brun-rouge très-terne. — *Lenticelles :* petites, arrondies ou allongées, très-abondantes. — *Coussinets :*

saillants. — *Yeux :* volumineux, ovoïdes, duveteux, incomplétement collés sur le bois. — *Feuilles :* petites, ovales-allongées, minces, coriaces, longuement acuminées, ayant les bords finement crénelés. — *Pétiole :* grêle, très-long, profondément cannelé. — *Stipules :* étroites et longues.

FERTILITÉ. — Abondante.

CULTURE. — Trop chétif pour faire même de passables plein-vent, ce pommier ne prospère convenablement que sous formes naines et greffé sur doucin.

Pomme Moncel.

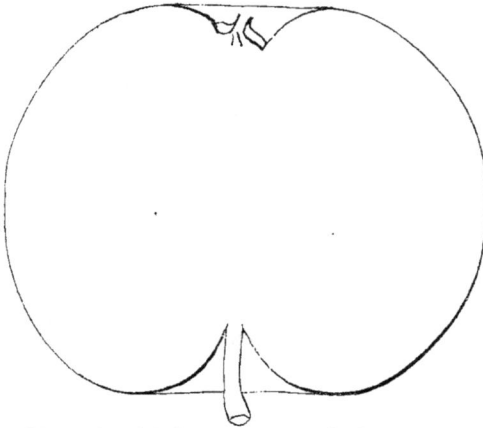

Description du fruit. — *Grosseur :* moyenne et parfois plus volumineuse. — *Forme :* sphérique légèrement aplatie aux extrémités. — *Pédoncule :* de longueur moyenne ou assez court, peu fort, profondément inséré dans un vaste bassin. — *OEil :* moyen, mi-clos ou fermé, à cavité irrégulière, rarement bien développée et presque toujours gibbeuse et plissée sur ses bords. — *Peau :* à fond jaune d'or, très-amplement marbrée et lavée de rouge-brun clair, fouettée de carmin à l'insolation, maculée de fauve olivâtre autour du pédoncule, faiblement ponctuée de gris, et çà et là tachetée de brun noirâtre. — *Chair :* jaunâtre, mi-fine, assez ferme. — *Eau :* suffisante, bien sucrée, agréablement parfumée, presque entièrement douce.

MATURITÉ. — Novembre-Février.

QUALITÉ. — Deuxième.

Historique. — Je signalai pour la première fois ce pommier dans mon *Catalogue anglais de 1851* (p. 5, n° 165), mais je n'ai pu, depuis, retrouver trace de sa provenance. Son nom, d'abord écrit *Moncelle*, m'a conduit à rechercher s'il n'était pas légèrement altéré. Peut-être existait-il dans la Sarthe, d'où souvent j'ai reçu de nouveaux fruits, quelque pomme appelée *Mancelle*?... On n'en connaît aucune; et pas une de mes nombreuses Pomologies ne fait non plus la moindre mention de cette variété, appartenant plutôt aux pommes douces qu'aux pommes acides.

---

280. POMME DE MONTDESPIC.

Description de l'arbre. — *Bois :* fort. — *Rameaux :* peu nombreux et légèrement étalés, gros, assez longs, à peine coudés, rarement bien duveteux, brun olivâtre lavé de rouge terne. — *Lenticelles :* arrondies ou allongées, grandes et très-rapprochées. — *Coussinets :* aplatis. — *Yeux :* moyens, ovoïdes, faiblement cotonneux, plaqués sur l'écorce. — *Feuilles :* grandes, ovales, vert clair en dessus, gris blanchâtre en dessous, non acuminées pour la plupart, à bords sensiblement dentés. — *Pétiole :* gros, de longueur moyenne et généralement dépourvu de cannelure. — *Stipules :* étroites et longues.

FERTILITÉ. — Assez grande.

CULTURE. — Il pousse vite et bien sous toute forme et sur toute espèce de sujet.

Pomme de Montdespic.

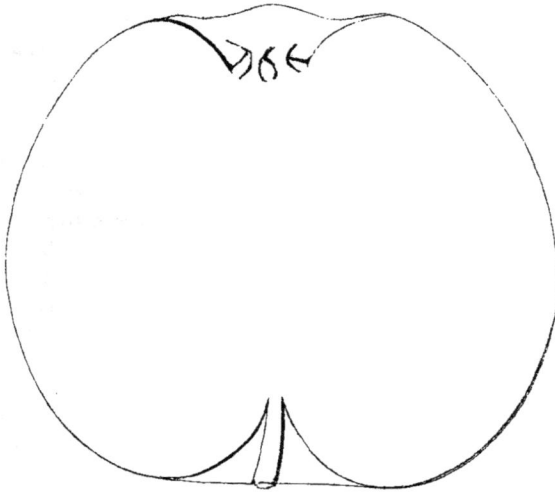

Description du fruit. — *Grosseur :* au-dessus de la moyenne. — *Forme :* globuleuse ou presque cylindrique, assez régulière et tou-jours fortement penta-gone. — *Pédoncule :* assez court, bien nourri, ar-qué, profondément im-planté dans un vaste bassin. — *OEil :* grand, régulier, très-ouvert, à cavité gibbeuse et pro-noncée. — *Peau :* vert jaunâtre, faiblement la-vée de rose pâle sur la face exposée au soleil, ponctuée de gris et de brun, maculée de fauve dans le bassin pédonculaire. — *Chair :* blanchâtre, fine, compacte, ferme et cro-quante. — *Eau :* très-abondante, sucrée, acidulée, possédant une saveur particu-lière des plus agréables.

MATURITÉ. — Janvier-Mai.

QUALITÉ. — Première.

Historique. — Cette variété, que je multiplie depuis 1862, me fut offerte par Mme la vicomtesse de Damas, habitant le château de Montdespic, près Gardegan (Gironde), et qui a bien voulu me transmettre sur l'origine de ce fruit excellent les renseignements ci-après :

« Montdespic, le 10 avril 1872.

« MONSIEUR,

« Je réponds à la lettre que vous m'avez écrite au sujet de la pomme qui porte le nom de *Montdespic*.

« L'arbre fut trouvé par hasard dans une ancienne propriété. Il paraît qu'autrefois on le cultivait beaucoup; depuis il a été abandonné pour des espèces nouvelles, bien moins méritantes. Je l'ai rencontré vers 1859 dans la commune de Gardegan (canton de Castillon, Gironde), à deux kilomètres de chez moi. Ce pommier se met difficilement à fruit, mais la bonté de ses produits est grande dans notre contrée, où l'on jouit d'un climat assez chaud; ils peuvent y marcher de pair avec la Reinette et la Calleville, qui certes ne leur sont pas supérieures. »

POMME MONSTROUS PIPPIN. — Synonyme de pomme *Joséphine*.

POMME MONSTRUEUSE. — Synonyme de *Reinette d'Angleterre*. Voir ce nom.

POMME MONSTRUEUSE D'AMÉRIQUE. — Synonyme de pomme *Non-Pareille de Hubbardston*. Voir ce nom.

281. Pomme MONSTRUEUSE DE BERGERAC.

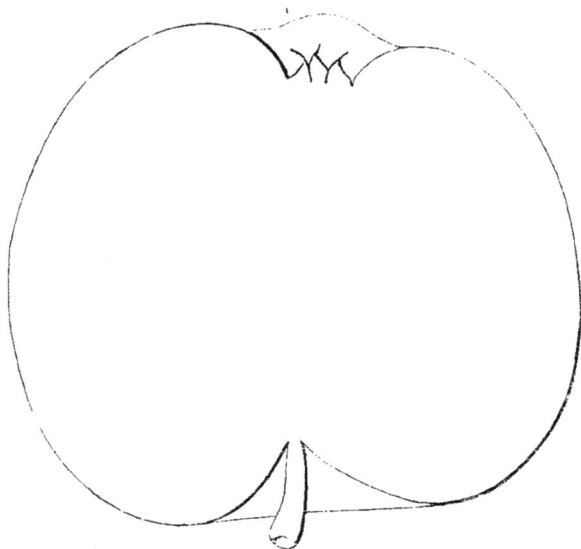

Description de l'arbre. — *Bois :* très-fort. — *Rameaux :* peu nombreux, légèrement étalés, longs et des plus gros, sensiblement coudés, très-cotonneux, brun-olivâtre lavé de rouge terne. — *Lenticelles :* arrondies ou allongées, très-grandes et très-abondantes. — *Coussinets :* ressortis. — *Yeux :* gros, coniques-arrondis, duveteux, entièrement collés sur le bois. — *Feuilles :* très-grandes, ovales-arrondies, courtement acuminées, régulièrement et profondément dentées sur leurs bords. — *Pétiole :* gros, assez long, faiblement cannelé. — *Stipules :* excessivement développées.

Fertilité. — Modérée.

Culture. — Il est si vigoureux, que pour plein-vent on peut le greffer ras terre avec certitude d'en obtenir promptement de superbes pommiers à tête régulière, à tronc des plus droits et des plus forts. Quand on le destine à la basse-tige, le paradis est l'unique sujet qui lui convienne ; et encore ne saurait-il en contenir suffisamment la végétation ; aussi ses arbres nains ont une vilaine apparence.

Description du fruit. — *Grosseur :* volumineuse. — *Forme :* globuleuse irrégulière ou conique-arrondie, côtelée au sommet, aplatie à la base et généralement ayant une face moins développée que l'autre. — *Pédoncule :* de longueur moyenne, bien nourri, surtout à son point d'attache, arqué, inséré dans un large et profond bassin. — *OEil :* très-grand, régulier, ouvert, à cavité bossuée et de moyennes dimensions. — *Peau :* jaune verdâtre, finement ponctuée de brun, tachée de fauve squammeux autour du pédoncule et lavée, à l'insolation, de rose tendre fouetté de carmin vif. — *Chair :* blanc verdâtre, à grain serré, presque fondante. — *Eau :* suffisante, très-sucrée, acidule, possédant une saveur aromatique des plus délicates.

Maturité. — De la mi-septembre à la mi-octobre.

Qualité. — Première.

Historique. — Je propage cette très-belle pomme depuis 1860 (*Catalogue*, p. 44, n° 164) et la dois à feu Laurent de Bavay, ancien directeur des pépinières royales de Vilvorde-lez-Bruxelles. Elle n'est citée dans aucun recueil horticole de notre pays. Les Allemands (Biedenfeld, 1854) et les Belges (Laurent de Bavay, 1860,

Galopin fils, 1866), sont les seuls encore qui l'aient sommairement décrite. Son nom, Monstrueuse de Bergerac, semblant la rattacher à la Dordogne, pour savoir s'il en était ainsi, j'ai écrit au principal arboriculteur de Bergerac, M. Gagnaire fils aîné, qui déjà m'a fourni de très-utiles renseignements, et j'en ai reçu la réponse suivante :

« Bergerac, le 22 mars 1872.

« Cher Monsieur André Leroy,

« La pomme *Monstrueuse de Bergerac* n'est pas cultivée ici. Pour mon compte, je ne la connais que pour l'avoir vue portée sur votre *Catalogue* et sur ceux de quelques pépiniéristes belges. Mais si réellement elle existe, je suis heureux de vous fournir les renseignements suivants, peut-être vous seront-ils de quelque utilité ;

« Feu M. Buisson possédait autrefois à Bergerac un riche et prospère établissement horticole, tombé avec son fondateur. Il était en grandes relations avec les Belges, recevait d'eux nombre de nouveautés, et par contre leur offrait aussi ce qu'il avait de remarquable. Or, voici ma croyance : — Cet arboriculteur aura envoyé en Belgique, sous ce nom *Monstrueuse de Bergerac*, une pomme locale que la mort sera venue l'empêcher ensuite de mieux faire connaître. Ou bien encore cette dénomination est une gracieuseté belge à l'égard de M. Buisson. L'un de ces deux faits doit être vrai. Mais lequel?... Je l'ignore et suis cependant convaincu que l'origine, que l'histoire de cette pomme est là ; ce qui ne saurait vous paraître invraisemblable. »

Je partage, en effet, la croyance de M. Gagnaire, d'autant mieux que M. Buisson, avec lequel j'ai longtemps correspondu, s'occupa constamment de la propagation des bons fruits.

Pomme MONSTRUEUSE DU CANADA. — Synonyme de *Reinette du Canada*. Voir ce nom.

Pomme MONSTRUEUSE PIPPIN. — Synonyme de pomme *Joséphine*. Voir ce nom.

Pomme MONTAIGNE — Synonyme de pomme *Grosse-Luisante*. Voir ce nom.

---

282. Pomme MONTALIVET.

Synonymes. — *Pommes* : 1. Gros-Papa (Louis Noisette, *le Jardin fruitier*, 1839, t. I, p. 209). — 2. Montalivet d'Hiver (*Id. ibid.*).

Description de l'arbre. — *Bois :* très-fort. — *Rameaux :* assez nombreux, étalés et souvent arqués, longs, des plus gros, peu géniculés, sensiblement duveteux et d'un beau rouge foncé. — *Lenticelles :* moyennes, arrondies, clair-semées. — *Coussinets :* aplatis. — *Yeux :* moyens, ovoïdes-arrondis, très-cotonneux et fortement collés sur l'écorce. — *Feuilles :* grandes, arrondies, vert clair et brillant en dessus, blanc verdâtre en dessous, courtement acuminées, ayant les bords assez fortement dentés. — *Pétiole :* court, très-gros, carminé à la base et rarement cannelé. — *Stipules :* petites.

Fertilité. — Médiocre.

Culture. — S'il fait sur toute espèce de sujet, et sous n'importe quelle forme, des arbres d'un bel aspect et d'un grand avenir, il est toutefois préférable, quand on veut l'élever pour cordons ou buissons, de le greffer sur paradis, afin de le rendre plus fertile et surtout moins difficile à diriger.

Pomme Montalivet. — *Premier Type.*

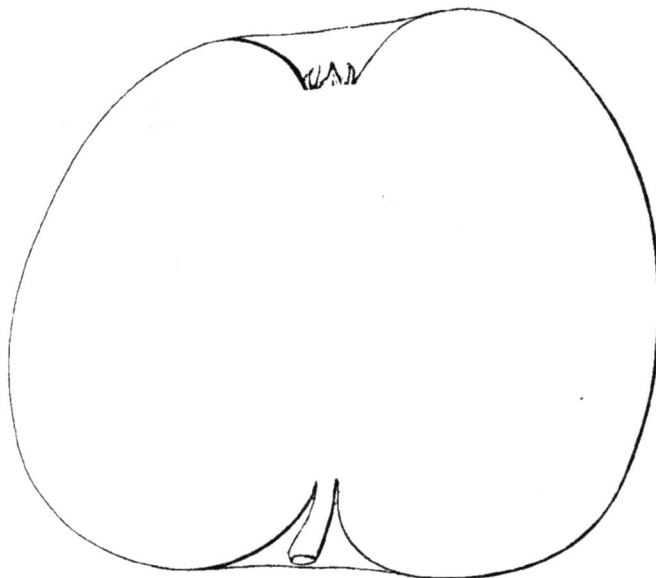

Description du fruit. — *Grosseur :* considérable et parfois énorme. — *Forme :* conique ou globuleuse, mais toujours assez irrégulière et plus volumineuse ou ventrue d'un côté que de l'autre. — *Pédoncule :* assez court, très-nourri, arqué, obliquement inséré dans un bassin profond et de largeur variable. — *OEil :* grand ou moyen, mi-clos ou fermé, à cavité unie ou faiblement côtelée, irrégulière, large et rarement bien profonde. — *Peau :* fine, lisse, légèrement onctueuse, jaune verdâtre, très-amplement lavée de rouge-sombre fouetté de carmin violacé, maculée de fauve autour du pédoncule, puis abondamment ponctuée de brun et de gris. — *Chair :* blanc verdâtre, à grain serré, ferme et quelque peu marcescente. — *Eau :* abondante, acidulée, plus ou moins sucrée et parfumée.

Deuxième Type.

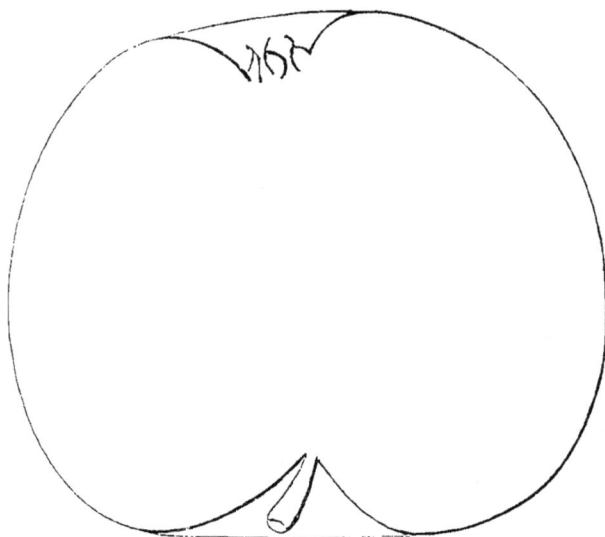

Maturité. — Janvier-Avril.
Qualité. — Deuxième.

Historique. — Le comte le Lieur, administrateur, sous le premier Empire, des jardins de la Couronne, fut chez nous le promoteur de cette énorme et jolie pomme. Il l'avait rapportée d'Amérique en 1804, ainsi que plusieurs autres variétés, notamment la Joséphine, décrite ci-dessus (pp. 407-410). Le pépiniériste Louis Noisette, de Paris, propagea rapidement le pommier Montalivet, mais il n'en a pas été, comme souvent on l'a dit, le parrain. Les botanistes Turpin et Poiteau ont, au contraire, formellement revendiqué pour eux cet honneur :

« ... Parmi les pommes apportées de l'Amérique Septentrionale par M. le comte le Lieur — écrivit Poiteau en 1846 — trois se sont fait remarquer par la grosseur de leur fruit ; M. Turpin et moi avons nommé l'une, Joséphine ; la seconde, *Montalivet* ; la troisième, le Lieur. » (*Pomologie française*, t. IV, n° 49.)

Très-évidemment l'assertion de Poiteau, quant à la provenance américaine de la pomme Montalivet, est de toute exactitude, car ce botaniste eut de fréquents rapports avec le comte le Lieur, et contribua beaucoup à répandre dans nos jardins les fruits importés par ce dernier..... Sans vouloir infirmer ce fait, regardé comme positif par maints auteurs qui le purent contrôler, nous dirons toutefois qu'il peut prêter à la discussion. Je vois effectivement Charles Downing, le pomologue le plus accrédité des États-Unis, caractériser sommairement, dans ses *Fruits of America*, édition de 1869 (p. 278), la pomme Montalivet, et la déclarer « *of French origin :* originaire de France !... » Et j'ajoute qu'en tête dudit recueil (pp. xxii-xxiii) Downing annonce cependant avoir consulté les ouvrages de Noisette et de Poiteau, où précisément on établit que nous devons cette pomme aux Américains... Explique qui pourra ces contradictions ; pour moi j'y renonce, ainsi qu'à retrouver le nom porté par ce pommier aux États-Unis, lorsqu'en 1804 le comte le Lieur l'y jugea digne d'être cultivé chez nous. Quant au personnage auquel Turpin et Poiteau le dédièrent plus tard — le comte de Montalivet — il naquit en 1766, fut de 1809 à 1814 ministre de l'intérieur, et mourut en 1823.

Observations. — Louis Noisette décrivit en 1839, outre la Montalivet d'Hiver, une pomme *Montalivet d'Été* « comprimée, d'un vert pâle ou jaunâtre, à chair tendre, « douce, assez bonne, » la déclarant également née en Amérique et rapportée de ce pays par le comte le Lieur. Je n'ai jamais connu cette variété. — Les Anglais, d'après Noisette (p. 209), ont cultivé la Montalivet d'Hiver sous le pseudonyme *Gros-Papa ;* il est essentiel, alors, de ne pas la confondre avec le fruit ayant véritablement droit à ce dernier nom. Chose facile, car ces deux pommes sont bien loin de se ressembler ; on s'en convaincra en recourant ci-dessus (pp. 355-356) à notre article *Gros-Papa.*

Pomme MONTALIVET D'ÉTÉ. — Voir *Montalivet*, au paragraphe Observations.

Pomme MONTALIVET D'HIVER. — Synonyme de pomme *Montalivet.* Voir ce nom.

Pomme MONTRÉAL. — Synonyme de pomme *Saint-Laurent.* Voir ce nom.

Pomme MORGAN'S FAVOURITE. — Synonyme de pomme de *Dix-Huit Onces.* Voir ce nom.

Pomme MORGENDUFT. — Synonyme de pomme *Hoary Morning.* Voir ce nom.

POMME DE MOSCOVIE D'ÉTÉ. — Synonyme de pomme *d'Astracan blanche*. Voir ce nom.

———————

POMME DE MOSCOVIE D'HIVER. — Synonyme de pomme *Glace d'Hiver*. Voir ce nom.

———————

283. POMME MOSS'S INCOMPARABLE.

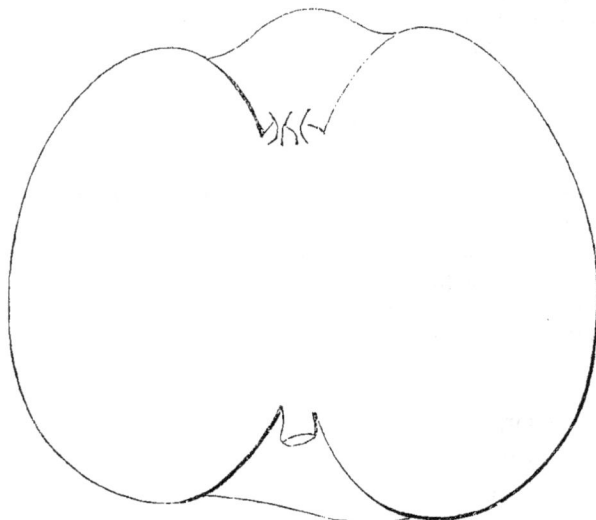

Description de l'arbre. — *Bois :* de moyenne force. — *Rameaux :* peu nombreux, étalés et légèrement arqués, gros, assez courts, bien géniculés, très-cotonneux, rouge-brun ardoisé, ayant de très-courts mérithalles. — *Lenticelles :* grandes, allongées, des plus abondantes. — *Coussinets :* saillants. — *Yeux :* gros, ovoïdes, faiblement écartés du bois et couverts d'un épais duvet. — *Feuilles :* moyennes, ovales, vert clair et luisant en dessus, gris blanchâtre en dessous, rarement acuminées, à bords sensiblement dentés. — *Pétiole :* gros, peu long, très-tomenteux et généralement non cannelé. — *Stipules :* courtes et larges.

FERTILITÉ. — Médiocre.

CULTURE. — Pour faire de ce pommier un convenable plein-vent, on doit le greffer en tête, autrement son tronc ne grossit pas et sa tête, alors mal soutenue, rend la tige torse et courbée. Sous formes naines il prospère admirablement, surtout quand on l'écussonne sur paradis, sujet qui toujours en augmente la fertilité.

Description du fruit. — *Grosseur :* volumineuse — *Forme :* irrégulièrement arrondie ou conique, très-pentagone et beaucoup plus grosse d'un côté que de l'autre. — *Pédoncule :* très-court et très-fort, obliquement et profondément inséré dans un vaste bassin à bords généralement gibbeux. — *Œil :* grand ou moyen, ouvert, à cavité des plus prononcées et des plus côtelées. — *Peau :* mince, lisse, à fond jaune grisâtre, amplement lavée, mouchetée et striée de carmin, maculée de roux autour du pédoncule, ponctuée de gris et recouverte habituellement d'une légère efflorescence bleuâtre. — *Chair :* un peu jaune, plus ou moins nuancée de vert, surtout auprès des loges, fine et assez ferme. — *Eau :* abondante, bien sucrée, possédant une délicieuse saveur aromatique et aigrelette qui rappelle le goût de la pomme d'Astracan rouge.

Maturité. — Décembre-Mars.

Qualité. — Première.

Historique. — C'est aux Belges que je dois cette pomme exquise ; ils la possèdent depuis 1850 environ, mais n'en sont pas les obtenteurs, comme il résulte du passage suivant, que j'emprunte à M. Alexandre Bivort, un de leurs pomologues :

« Nous ne trouvons l'historique de la *Moss's incomparable*, variété anglaise, ni dans Lindley, ni dans Downing. Robert Hogg (*British Pomology*, 1851), citant le Catalogue de M. Rivers, pépiniériste à Sawbridgeworth [près Londres], dit simplement que cette pomme est grosse, de première qualité comme fruit à couteau et pour compote. » (*Annales de pomologie belge et étrangère*, 1859, t. VII, p. 39.)

Depuis la publication des lignes ci-dessus, treize années se sont écoulées sans néanmoins qu'aucun renseignement nouveau se soit produit sur l'origine précise du pommier Moss's incomparable; ce qui m'étonne, vu son rare mérite. Downing seul, aux États-Unis, l'a décrit en 1869 (p. 280) ; il en attribue le gain aux Anglais, probablement d'après M. Bivort, dont il cite l'article. On peut croire fort exact le dire de ces deux auteurs; cependant je dois noter ici que les Catalogues de M. Rivers depuis au moins douze ans ne signalent plus cette variété , élimination permettant de conclure qu'indubitablement ce pépiniériste, s'il fut l'un des premiers à propager ce beau fruit, n'en est pas l'obtenteur.

---

284. Pomme MOULTRIES.

Synonyme. — *Pomme* Indian Winter (John Warder, *American pomology : Apples*, 1867, p. 722).

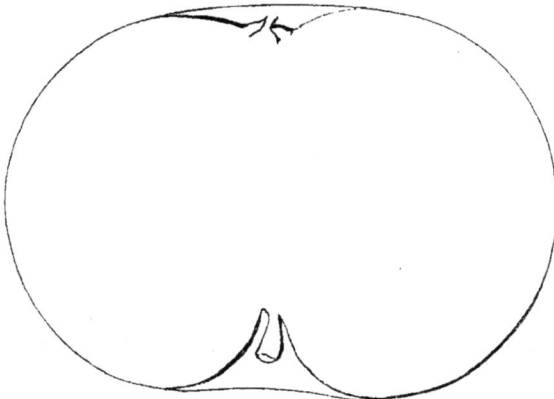

Description de l'arbre. — *Bois :* des plus forts. — *Rameaux :* peu nombreux, généralement bien étalés, très-gros et très-longs, géniculés, cotonneux et d'un rouge-brun ardoisé. — *Lenticelles :* arrondies ou allongées, grandes, très-abondantes. — *Coussinets :* presque nuls. — *Yeux :* petits, arrondis, sensiblement duveteux et noyés dans l'écorce. — *Feuilles :* moyennes, ovales-allongées, planes et rarement acuminées, ayant les bords régulièrement dentés. — *Pétiole :* gros, peu long, tomenteux, carminé à la base et fortement cannelé. — *Stipules :* de grandeur moyenne.

Fertilité. — Modérée.

Culture. — Son extrême vigueur le rend très-avantageux pour le plein-vent, et permet de le greffer ras terre. La basse-tige peut aussi lui convenir, mais il faut alors l'écussonner sur paradis et non sur doucin.

Description du fruit. — *Grosseur :* moyenne et souvent plus volumineuse. — *Forme :* globuleuse, sensiblement aplatie aux pôles. — *Pédoncule :* court, arqué, bien nourri, surtout à son point d'attache, profondément planté dans un vaste bassin. — *Œil :* grand, très-ouvert, entouré de légers plis et placé presque à fleur de fruit. — *Peau :* mince, lisse, vert olivâtre et terne, amplement mais faiblement striée et mouchetée de rouge violacé, maculée de fauve autour du pédoncule et fortement ponctuée de gris. — *Chair :* blanc verdâtre ou jaunâtre, ferme et fine. — *Eau :* abondante, très-sucrée, aigrelette, aromatique.

Maturité. — Février-Juin.

Qualité. — Première.

Historique. — M. Berckmans, pépiniériste à Augusta (Amérique, État de Georgia), me fit en 1864 parvenir ce pommier sous la double dénomination Moultries ou Indian Winter. J'adoptai la première, de préférence à la seconde qui me parut de nature à faire naître quelques méprises, les noms Indian et Indiana appartenant déjà à cinq ou six autres pommes américaines. La variété Moultries, assez récemment obtenue et peu cultivée, provient, d'après Warder (*Apples*, p. 722), des États du Sud. Je n'en connais encore aucune description; ce dernier auteur l'a simplement mentionnée en 1867.

Pomme MULTHAUPTS CARMIN-REINETTE. — Synonyme de *Reinette Multhaüpt*. Voir ce nom.

Pommes : MUNCHE'S PIPPIN,

— MUSCADET,

— MUSCATE,

— MUSCATELLER REINETTE,

Synonymes de *Reinette musquée*. Voir ce nom.

Pomme MUSEAU DE LIÈVRE D'ALOS (GROS-). — Voir *Gros-Museau de Lièvre d'Alos*.

Pomme MUSEAU DE LIÈVRE BLANC. — Synonyme de *Pigeonnet blanc d'Hiver*. Voir ce nom.

Pomme MUSEAU DE LIÈVRE ROUGE. — Synonyme de *Pigeonnet commun*. Voir ce nom.

Pomme MUSQUÉE. — Synonyme de *Reinette musquée*. Voir ce nom.

N

Pomme NALIVI. — Synonyme de pomme *Nalivia*. Voir ce nom.

285. Pomme NALIVIA.

Synonymes. — *Pommes :* 1. Nalivi (Diel, *Kernobstsorten*, 1826, t. IV, p. 12). — 2. Possarts Moskauer Nalivia (*Id. ibid.*).

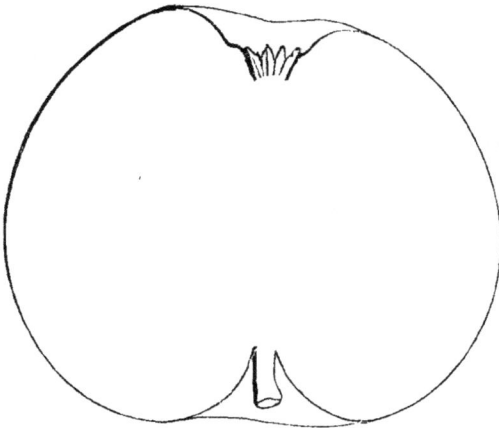

Description de l'arbre.
— *Bois :* peu fort. — *Rameaux :* assez nombreux, érigés, longs, de moyenne grosseur, légèrement coudés, plus ou moins duveteux et d'un violet noirâtre. — *Lenticelles :* grandes, arrondies, clair-semées, très-apparentes. — *Coussinets :* aplatis. — *Yeux :* petits ou moyens, ovoïdes - allongés, en partie collés sur le bois, ayant les écailles noires et disjointes. — *Feuilles :* grandeur moyenne, ovales, vert blanchâtre en dessus, gris-fauve en dessous, courtement acuminées, planes ou ondulées, à bords souvent relevés et irrégulièrement dentés. — *Pétiole :* court, assez grêle, carminé en dessous, à cannelure peu profonde. — *Stipules :* courtes et très-larges.

Fertilité. — Abondante.

Culture. — Écussonné sur paradis ou doucin, il croît très-bien sous toute espèce de forme naine. Il fait aussi d'assez convenables plein-vent, mais uniquement quand on a eu soin de le greffer en tête.

Description du fruit. — *Grosseur :* moyenne. — *Forme :* conique-arrondie, sensiblement pentagone et souvent moins volumineuse d'un côté que de l'autre. — *Pédoncule :* court, bien nourri, droit ou arqué, profondément inséré dans un bassin plus ou moins étroit et rarement régulier. — *OEil :* grand, très-ouvert ou mi-clos, à cavité plissée et généralement assez vaste. — *Peau :* unicolore, jaune pâle, amplement maculée de brun clair autour du pédoncule et semée de très-petits mais nombreux points roux ou blanchâtres. — *Chair :* blanche, fine et mi-tendre. — *Eau :* suffisante, sucrée, acidule, délicieusement parfumée.

MATURITÉ. — Janvier-Mars.

QUALITÉ. — Première.

Historique. — Ayant eu à Paris l'occasion d'apprécier la bonté de ce fruit, lors de l'exposition internationale de 1867, à laquelle le docteur Karl Koch, de Berlin, l'avait envoyé, j'ai voulu le propager chez nous. Il appartient à la Russie, où il est cultivé depuis un siècle environ. Les Allemands déjà le possédaient en 1826. Diel, dans son *Kernobstsorten*, affirmait à cette date (t. IV, p. 12) que M. Possart, juge de paix à Züllichau (Silésie), l'avait antérieurement reçu de Moscou. Je l'ai signalé pour la première fois dans mon *Catalogue de 1872*.

POMME NALIWI JABLOKY. — Synonyme de pomme *d'Astracan blanche*. Voir ce nom.

POMME NATH. — Synonyme de pomme *Couturée*. Voir ce nom.

POMME NEC-PLUS-ULTRA. — Synonyme de pomme *Bachelor*. Voir ce nom.

POMME DE NEIGE. — Le Lectier, procureur du roi à Orléans, la cultivait avant 1628 (*Catalogue de son verger*, p. 22) et l'appelait aussi, Pomme HATIVE DE VIGNANCOURT, mais il n'en a fait aucune description. Merlet, dans *l'Abrégé des bons fruits* (p. 146), a comblé cette lacune en 1677 : « La Pomme de Neige ou *Verte-« Reyne*, a-t-il dit, est grosse, fort tendre, légère et hâtive; blanche dehors et « dedans. » J'avoue n'avoir pu rencontrer jusqu'ici, sur notre sol, ce pommier de Neige. Au lieu de cette variété, on m'a constamment envoyé le Calleville de Neige, mûrissant de janvier à mars, et caractérisé plus haut, page 187. J'ai toutefois propagé pendant quelques années une pomme de Neige, toute locale et provenue, vers 1805, de la forêt de Beaumont-la-Ronce, près Tours (Indre-et-Loire); seulement, comme on la mange de novembre en janvier, et que sa peau est amplement carminée et fouettée, il ne peut venir à l'esprit de personne de la rattacher à l'espèce « blanche et hâtive » qu'en 1628 on trouvait à Orléans. Du reste, ce pommier tourangeau porte aujourd'hui, selon le désir de son promoteur, le nom de la forêt où il a poussé (voir sa description, pp. 96-97). — Les Allemands, les Belges, les Américains et les Anglais possèdent, eux aussi, une pomme de Neige que leurs principaux pomologues ont souvent caractérisée. Elle est ancienne, de moyenne grosseur, globuleuse, jaune et rouge, tendre et parfumée, mûrit de septembre en octobre et compte les surnoms suivants : *P. Fameuse*, *P. du Maréchal*, *P. Neige-Framboise de Gielen*, *P. Sanguineus* et *P. Snow Chimney*. (Consulter : Mayer, *Pomona franconica*, 1776-1801, t. III, p. 164; — Lindley, *Guide to the orchard and kitchen garden*, 1831, p. 22; — Downing, *Fruits and fruit trees of America*, 1869, p. 171; — et Morren, *Belgique horticole*, 1870, t. XX, p. 261.)

Pomme NEIGE-FRAMBOISE DE GIELEN. — Synonyme de pomme *de Neige.*
Voir ce nom.

———————

Pomme DE NEIGE D'HIVER. — Synonyme de pomme *de Beaumont-la-Ronce.*
Voir ce nom.

———————

Pomme NELGUIN. — Synonyme de *Reinette de Breda.* Voir ce nom.

———————

Pomme NELGUIN DE MAYER (FAUX-). — Synonyme de pomme *Petit-Bon.*
Voir ce nom.

———————

286. Pomme NEQUASSA.

Synonyme. — Pomme NEQUASSA SWEET (Charles Downing, *Fruits and fruit trees of America*,
1869, p. 284).

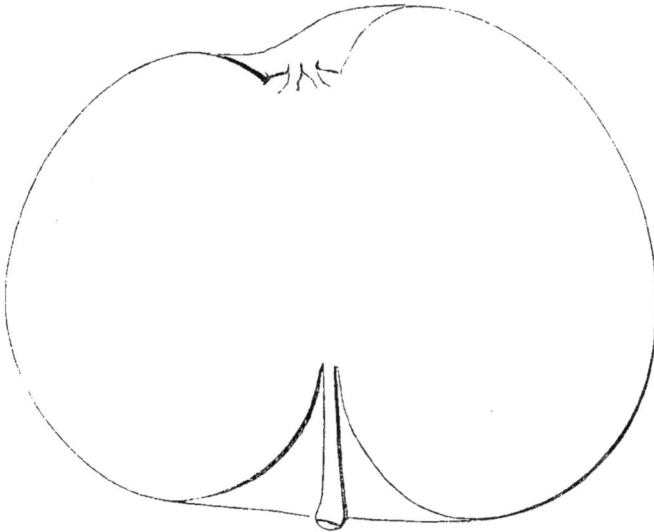

**Description
de l'arbre.** —
Bois : de force
moyenne. — *Ra-
meaux :* nom-
breux , étalés ,
peu longs, assez
gros, sensible-
ment géniculés,
très-cotonneux,
brun olivâtre lé-
gèrement lavé
de rouge. — *Len-
ticelles :* allon-
gées ou arron-
dies, assez gran-
des , clair-se-
mées. — *Cous-
sinets :* larges et
saillants. — *Yeux :* moyens, arrondis, duveteux, entièrement collés sur le bois.
— *Feuilles :* grandes, ovales ou arrondies, longuement acuminées, ayant les bords
faiblement ondulés et très-profondément dentés. — *Pétiole :* peu long, très-gros,
amplement carminé , tomenteux et non cannelé. — *Stipules :* modérément
développées.

Fertilité. — Satisfaisante.

Culture. — En le greffant à hauteur de tige il peut faire de convenables plein-
vent; mais les formes naines lui sont généralement plus profitables, soit sur
doucin, soit sur paradis.

Description du fruit. — *Grosseur :* volumineuse. — *Forme :* irrégulièrement
globuleuse , aplatie aux pôles et toujours moins grosse d'un côté que de l'autre. —
Pédoncule : long, bien nourri, surtout à son point d'attache, très-profondément

inséré dans un bassin habituellement des plus vastes. — *Œil :* grand, mi-clos, à cavité irrégulière, fortement bossuée mais de dimension moyenne. — *Peau :* mince, unie, onctueuse, à fond jaunâtre, en partie lavée de brun clair, mouchetée et fouettée de carmin terne, largement tachée de fauve verdâtre autour du pédoncule et plus ou moins ponctuée de gris. — *Chair :* blanche, tendre et assez fine. — *Eau :* peu abondante, complétement douce, légèrement parfumée.

MATURITÉ. — Décembre-Mars.

QUALITÉ. — Deuxième.

Historique. — Variété américaine et d'assez récente obtention, la Nequassa, nous dit Charles Downing, l'un de ses premiers descripteurs (1863, *Fruits of America*, p. 175), provient de Franklin, ville du comté de Macon, dans la Caroline du Nord. Elle est chez moi depuis 1860, mais ne figure sur mon *Catalogue* que depuis 1872, et pour lors est à peine connue de nos pépiniéristes.

POMME NEQUASSA SWEET. — Synonyme de pomme *Nequassa*. Voir ce nom.

POMME NEVER ENGLISCHER NONPAREIL. — Synonyme de pomme *Non-Pareille nouvelle.* Voir ce nom.

POMME NEVERFAIL. — Synonyme de *Reinette musquée.* Voir ce nom.

POMME NEW-LONDON PIPPIN. — Synonyme de pomme *de Londres.* Voir ce nom.

POMME NEW-NONPAREIL. — Synonyme de pomme *Non-pareille nouvelle.* Voir ce nom.

---

287. POMME NEW-ROCK PIPPIN.

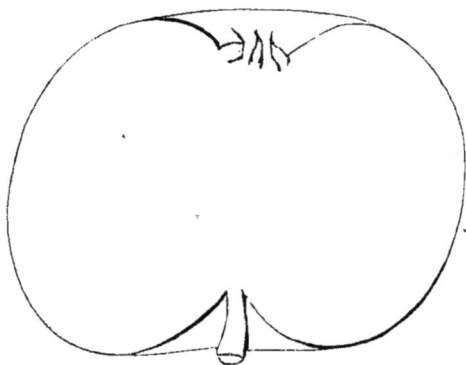

Description de l'arbre. — *Bois :* fort. — *Rameaux :* nombreux, habituellement étalés, gros, longs, bien coudés, très-cotonneux et d'un brun olivâtre assez clair. — *Lenticelles :* allongées, abondantes, de grandeur variable. — *Coussinets :* larges et ressortis. — *Yeux :* gros, ovoïdes, légèrement appliqués sur l'écorce et des plus duveteux. — *Feuilles :* assez grandes, arrondies, très-courtement acuminées, planes et à bords régulièrement dentés ou crénelés. — *Pétiole :* gros, court, tomenteux, rarement cannelé. — *Stipules :* longues et très-larges.

FERTILITÉ. — Ordinaire.

CULTURE. — La forme plein-vent lui convient beaucoup, en raison de la riche ramification dont il est doué. Pour en tirer parti comme basse-tige on doit le greffer sur paradis, autrement sa fructification deviendrait à peu près nulle.

Description du fruit. — *Grosseur :* au-dessous de la moyenne. — *Forme :* sphérique, sensiblement comprimée aux pôles et généralement un peu contournée dans son ensemble. — *Pédoncule :* court ou de longueur moyenne, assez fort, renflé à la base, droit ou arqué, profondément inséré dans un large bassin où parfois le comprime une gibbosité de grosseur variable. — *Œil :* très-grand, rarement bien enfoncé, ouvert ou mi-clos, plissé sur ses bords. — *Peau :* jaune clair verdâtre, lavée de brun rougeâtre à l'insolation, maculée de gris olivâtre autour du pédoncule et fortement ponctuée de brun. — *Chair :* un peu verdâtre, fine, mi-tendre et croquante. — *Eau :* suffisante, très-sucrée, acidule, ayant une délicieuse saveur anisée.

MATURITÉ. — Décembre-Avril.

QUALITÉ. — Première.

Historique. — L'Angleterre compte ce pommier parmi les plus méritants qu'aient obtenus ses arboriculteurs. Son gain remonte au commencement de notre siècle, comme il ressort du passage ci-dessous, extrait des *Transactions* de la Société d'Horticulture de Londres :

« M. William Pleasance a fait parvenir à la Société, pour l'exposition du 20 novembre 1821, plusieurs pommes étiquetées *New-Rock Pippin*, par lui gagnées de semis dans sa pépinière de Barnwell, près Cambridge. Elles sont une espèce de Non-Pareille, mais de forme moins régulière et à l'œil plus enfoncé. » (Tome IV, p. 269.)

La variété *New-Rock Pippin* est encore assez rare en France; je la possède depuis 1860, mais ne l'ai mise au commerce qu'en 1865. On ne saurait trop en recommander la culture.

POMME NEW-SCARLET NONPAREIL. — Synonyme de pomme *Non-Pareille écarlate*. Voir ce nom.

---

288. POMME NEWTOWN PIPPIN.

Synonymes. — *Pommes :* 1. DE NEW-YORK (Diel, *Kernobstsorten*, 1802, t. V, p. 152). — 2. REINETTE DE NEW-YORK (*Id. ibid.*). — 3. PEPIN NOUVELLE-VILLE (William Forsyth, *Treatise on the culture and management of fruit trees*, traduction française de Pictet-Mallet, 1805, p. 94, n° 41). — 4. AMERICAN NEWTOWN PIPPIN (George Lindley, *Guide to the orchard and kitchen garden*, 1831, p. 54, n° 103). — 5. GREEN NEWTOWN-PIPPIN (Thompson, *Catalogue of fruits cultivated in the garden of the horticultural Society of London*, 1842, p. 26, n° 458). — 6. LARGE NEWTOWN PIPPIN (*Id. ibid.*). — 7. PETERSBURGH PIPPIN (*Id. ibid.*). — 8. PEPIN-VERT DE NEWTON (André Leroy, *Catalogue descriptif d'arbres fruitiers et d'ornement*, 1849, p. 32, n° 148). — 9. GREEN WINTER PIPPIN (Alexandre Bivort, *Annales de pomologie belge et étrangère*, 1859, t. VII, p. 65).

Description de l'arbre. — *Bois :* fort. — *Rameaux :* nombreux, érigés, très-gros, assez longs, bien géniculés, cotonneux, d'un brun verdâtre quelque peu lavé de rouge. — *Lenticelles :* allongées, grandes et abondantes. — *Coussinets :* aplatis. — *Yeux :* très-petits, arrondis, duveteux, plaqués sur l'écorce. — *Feuilles :* grandes, ovales-allongées ou elliptiques, vert mat et foncé en dessus, gris verdâtre en dessous, à bords profondément dentés. — *Pétiole :* long, bien nourri, rarement cannelé. — *Stipules :* moyennes.

FERTILITÉ. — Abondante.

CULTURE. — Greffé ras terre il fait en pépinière des tiges assez grosses et bien régulières ; toutefois il est plus avantageux, pour obtenir de beaux plein-vent, de le greffer en tête. Sous formes buisson, cordon, espalier, ce pommier ne laisse rien à désirer et prospère sur toute espèce de sujet.

Pomme Newtown Pippin.

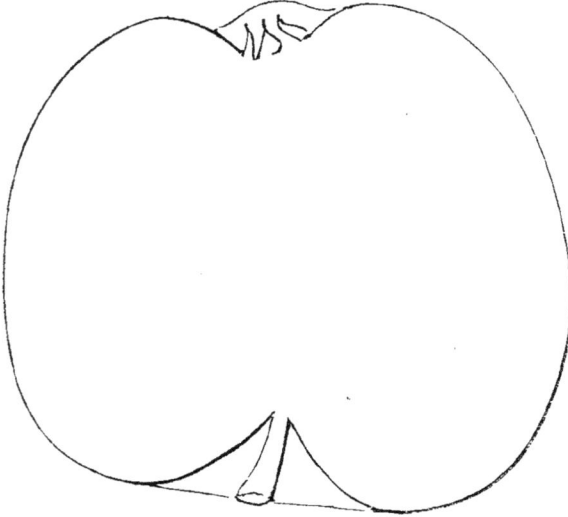

Description du fruit. — *Grosseur :* au-dessus de la moyenne. — *Forme :* globuleuse ou conique-arrondie, pentagone au sommet, presque toujours moins volumineuse d'un côté que de l'autre. — *Pédoncule :* court, assez gros, arqué, oblique-ment implanté dans un bassin généralement large et profond. — *OEil :* grand ou moyen, ouvert ou mi-clos, à cavité irrégulière, bos-suée, rarement pro-fonde. — *Peau :* mince et lisse, vert clair jau-nâtre sur le côté de l'ombre, jaune plus intense à l'insolation, amplement tachée de fauve olivâtre autour du pédoncule et finement ponctuée de gris et de blanc laiteux. — *Chair :* verdâtre, fine et ferme. — *Eau :* abondante, acidulée, très-sucrée, ayant une saveur parfumée des plus agréables.

MATURITÉ. — Janvier-Juin.

QUALITÉ. — Première.

Historique. — Les Américains sont les obtenteurs de cette pomme, qui jouit chez eux d'une très-grande réputation, et la mérite à tous égards. A. J. Downing l'a décrite et figurée dans les premières éditions de sa Pomologie :

« Elle est — disait-il en 1849 — des plus abondamment cultivée, pour l'exportation, dans les États de New-York et de New-Jersey. L'arbre-type eut pour berceau Newtown, localité de Long-Island (dans la baie de New-York).... Des milliers de tonneaux sont annuellement, sur les bords de l'Hudson, remplis des meilleures et des plus jolies de ces pommes, puis expédiés au loin..... A Londres, au marché de Covent-Garden, notamment, elles atteignent des prix très-élevés.... » (*The Fruits and fruit trees of America*, 1849, p. 118.)

Downing n'a pas fait connaître l'époque à laquelle remonte ce pommier. Il compte pour le moins une centaine d'années, ainsi que cela résulte du passage suivant, écrit en 1869 par le pomologue anglais Robert Hogg, et qui complète parfaitement notre historique :

« Le *Newtown Pippin* fut introduit d'Amérique en Angleterre vers le milieu du xviiie siècle. Je le trouve planté dans les pépinières de Brompton-Park, près Londres, dès 1768; il y était appelé Newtown Pippin de New-York. Forsyth a fait observer (1802) qu'on avait dit cette variété originaire du Devonshire; mais cela n'est pas, car il en subsisterait évidemment quelques traces dans ce comté. » (*The Apple and its varieties*, p. 143, n° 241.)

Moins favorisés que les pépiniéristes anglais, les pépiniéristes français possèdent le Newtown Pippin depuis trente ans à peine, car je commençais à le multiplier en 1845, et je crois avoir été un des premiers qui l'ait greffé. Toutefois un dédommagement nous était réservé : il mûrit mal chez nos voisins d'outre-Manche, tandis qu'en France il acquiert les mêmes qualités qu'en Amérique.

Observations. — Downing (édit. 1869, pp. 201-202) demande si les pommes *Brooke's Pippin* et *Hunt's green Newtown Pippin* ne devraient pas être réunies au fruit ici caractérisé. Je l'ignore, et les éléments voulus pour éclaircir ce point, me font entièrement défaut. Cet auteur recommande aussi de ne pas confondre, avec ce même fruit, le *Yellow Newtown Pippin* [Pepin jaune de Newtown]. Il a raison; arbres, produits, époque de maturité, rien de cela n'est semblable chez ces deux variétés. — Nous faisons pareille recommandation pour la *Verte de Rhode-Island* et la *Reinette d'Angleterre* ou *du Canada*, qui souvent ont été appelées Newtown Pippin.

POMME NEWTOWN PIPPIN. — Synonyme de *Reinette d'Angleterre*. Voir ce nom.

POMME DE NEW-YORK. — Synonyme de pomme *Newtown Pippin*. Voir ce nom.

POMME NEW-YORK GLORIA MUNDI. — Synonyme de pomme *Joséphine*. Voir ce nom.

POMME NEW-YORK PIPPIN. — Synonyme de pomme *Ben Davis*. Voir ce nom.

POMME NEZ-DE-MOUTON. — Synonyme de *Pigeonnet blanc d'Hiver*. Voir ce nom.

289. POMME NICKAJACK.

Synonymes. — *Pommes :* 1. BERRY (Berckmans, pépiniériste américain, *Catalogue descriptif*, 1860, p. 5). — 2. WALL (*Id. ibid.*). — 3. CAROLINA SPICE (Charles Downing, *Fruits and fruit trees of America*, 1869, p. 286). — 4. CAROLINE (*Id. ibid.*). — 5. HUBBARD (*Id. ibid.*).

Description de l'arbre. — *Bois :* des plus forts. — *Rameaux :* peu nombreux, légèrement étalés, gros, très-longs, sensiblement coudés, assez cotonneux, brun olivâtre lavé de rouge. — *Lenticelles :* arrondies, grandes ou moyennes, très-abondantes. — *Coussinets :* larges et bien accusés. — *Yeux :* très-gros, ovoïdes, fortement duveteux et collés sur le bois. — *Feuilles :* grandes, ovales-allongées, vert jaunâtre en dessus, vert grisâtre en dessous, longuement acuminées, à bords profondément et régulièrement dentés. — *Pétiole :* gros, de longueur moyenne, rarement cannelé. — *Stipules :* moyennes.

FERTILITÉ. — Assez abondante.

CULTURE. — Sa croissance est si prompte, qu'on peut le greffer au ras de terre, pour plein-vent, et généralement sa tige devient alors, grosse, droite, et sa tête bien fournie. Écussonné sur paradis il fait de très-beaux arbres nains; le doucin

Pomme Nickajack.

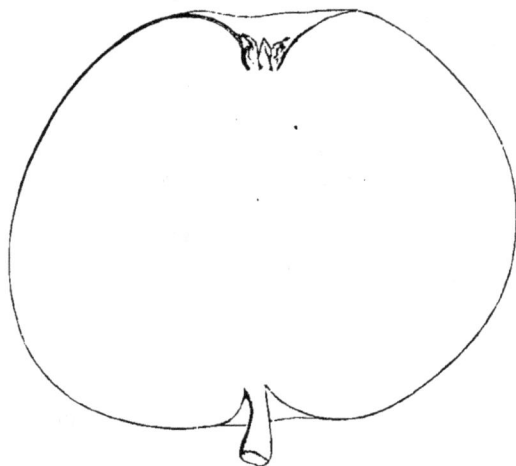

nuirait beaucoup à sa fertilité, en augmentant encore l'exubérance de sa végétation.

Description du fruit. — *Grosseur :* moyenne et parfois plus considérable. — *Forme :* conique - arrondie, souvent assez irrégulière et généralement ayant un côté moins volumineux que l'autre. — *Pédoncule :* peu long, arqué, bien nourri, surtout à la base, inséré dans un étroit bassin dont la profondeur est assez variable. — *OEil :* grand ou moyen, mi-clos ou fermé, à cavité légèrement plissée et rarement très-développée. — *Peau :* à fond jaune verdâtre, lavée et mouchetée de rouge pâle, fouettée de carmin, abondamment ponctuée de gris et de jaune, le tout voilé d'une efflorescence bleuâtre presque transparente. — *Chair :* blanc jaunâtre, fine, assez tendre. — *Eau :* suffisante, bien sucrée, douce et faiblement parfumée.

MATURITÉ. — Novembre-Février.

QUALITÉ. — Deuxième.

Historique. — Comme la précédente, cette pomme est encore un gain obtenu en Amérique. Downing nous fournit sur elle de nombreux renseignements, dont voici les principaux :

« Très-cultivée — dit-il — dans les États du Sud-Ouest et du Sud, elle y possède un grand nombre de synonymes [il en énumère 36], qu'on explique et justifie par le privilége qu'a cette variété de se reproduire presque identiquement de semis... Le colonel Summerour, du comté de Lincoln (Caroline du Nord), passe pour en avoir été l'obtenteur; il l'aurait propagée sous la dénomination Winter Rose, qui bientôt fut remplacée par *Nickajack Creek*, nom du lieu dont elle provenait. » (*The Fruits and fruit trees of America*, 1869, pp. 286-287.)

La Nickajack, ancienne déjà chez les Américains, est d'assez récente introduction chez nous. Je l'ai reçue d'Augusta (Georgie) en 1860, et puis la dire très-rare encore dans nos jardins et pépinières. On ne saurait, du reste, recommander beaucoup de l'y propager.

290. POMME NICOLAYER.

Description de l'arbre. — *Bois :* fort. — *Rameaux :* assez nombreux, étalés, parfois arqués, gros et de longueur moyenne, très-géniculés et très-cotonneux, d'un brun rougeâtre lavé de gris. — *Lenticelles :* grandes, clair-semées, allongées ou arrondies. — *Coussinets* : saillants. — *Yeux* : gros, ovoïdes, bien duveteux, en partie collés sur le bois. — *Feuilles* : assez grandes, ovales, épaisses, légèrement cotonneuses, courtement acuminées, ayant les bords largement dentés ou crénelés.

Pomme Nicolayer.

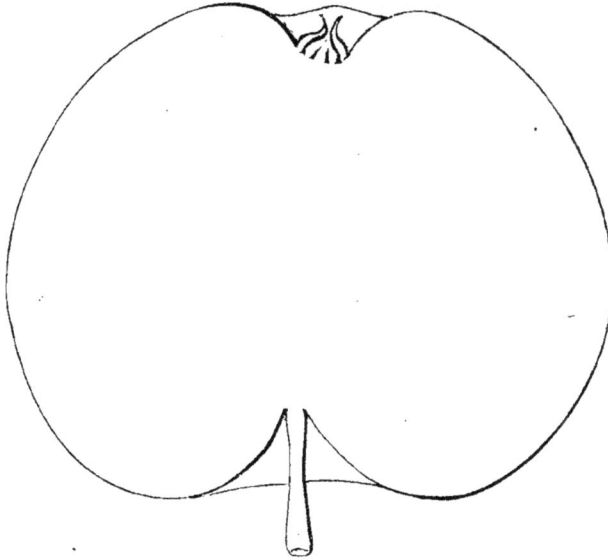

— *Pétiole :* peu long, très-gros, tomenteux, rarement cannelé. — *Stipules :* petites.

FERTILITÉ. — Abondante.

CULTURE. — Il croît parfaitement sous toutes les formes, comme aussi tous les sujets lui conviennent.

Description du fruit. — *Grosseur :* volumineuse. — *Forme :* conique-arrondie ou globuleuse assez régulière, toujours légèrement pentagone près du sommet. —

Pédoncule : long ou de longueur moyenne, droit ou arqué, bien nourri, surtout à la base, inséré dans un bassin de dimensions très-variables. — *OEil :* grand, mi-clos ou fermé, à longues sépales et à cavité étroite, gibbeuse, sans grande profondeur. — *Peau :* épaisse, jaune verdâtre un peu glauque, particulièrement auprès de l'œil, ponctuée de gris-blanc et de roux, puis lavée de rouge-brun clair sur le côté du soleil, où elle est en outre striée et fouettée de carmin. — *Chair :* blanchâtre, demi-transparente, fine, tendre et croquante. — *Eau :* suffisante, sucrée, acidule, parfumée, très-délicate.

MATURITÉ. — Septembre-Octobre.

QUALITÉ. — Première.

Historique. — Le pommier Nicolayer m'est venu du Comice horticole d'Angers, en 1851. On le disait originaire de la Crimée (Russie). Le nom qu'il porte et certains caractères de ses produits justifient, du reste, assez bien cette assertion. S'il en était ainsi, on devrait alors l'appeler *Nicolaïef*, et non Nicolayer. Il n'est pas encore très-répandu chez nos pépiniéristes.

Observations. — Il existe dans la Sarthe depuis plus d'un siècle, notamment sur le territoire des communes de Sablé, la Flèche, Château-du-Loir, Noyen, Parcé, le Bailleul, une pomme nommée Nicolayer, comme celle ci-dessus, dont néanmoins elle diffère complètement, surtout par sa maturité très-tardive. Cette homonymie assez singulière m'a paru devoir être signalée pour prémunir contre toute méprise entre ces deux fruits. La Nicolayer des Sarthois est assez petite, de médiocre qualité, jaune-cire du côté de l'ombre et jaune orangé à l'insolation. On l'utilise beaucoup pour la fabrication du cidre. Sa maturité va de décembre en mars. Il est donc facile de ne pas confondre cette pomme avec la Nicolayer présumée de Russie, qui atteint rarement le mois d'octobre.

Pomme NIENBURGER SÜSSE HERBSTREINETTE. — Synonyme de *Reinette douce de Nienburgh*. Voir ce nom.

Pomme NIGER. — Synonyme de *Calleville blanc d'Hiver*. Voir ce nom.

---

291. Pomme NOBLE ROUGE.

Synonyme. — *Pomme* Edelrother (Édouard Lucas, *Illustrirtes Handbuch der Obstkunde*, 1859, t. I, p. 103, nº 36).

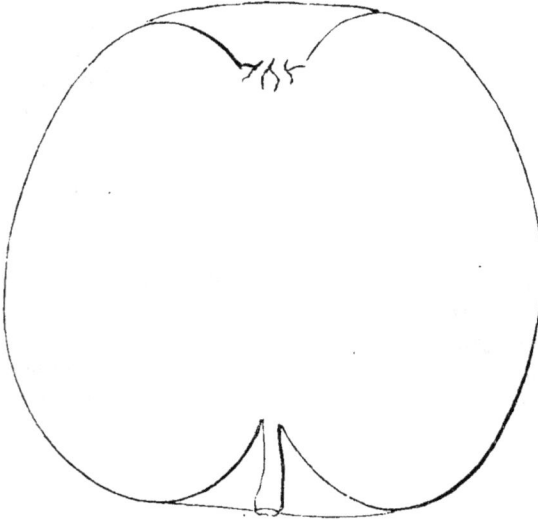

Description de l'arbre. — *Bois :* très-fort. — *Rameaux :* nombreux, érigés, longs, des plus gros, bien coudés, peu duveteux, rouge orangé lavé de carmin très-foncé. — *Lenticelles :* arrondies ou allongées, très-grandes et très-abondantes.— *Coussinets :* larges et aplatis. — *Yeux :* gros, ovoïdes, cotonneux, légèrement écartés du bois. — *Feuilles :* grandes, ovales, courtement acuminées et très-profondément dentées. — *Pétiole :* de grosseur et longueur moyennes, rigide, sensiblement cannelé. — *Stipules :* courtes et assez larges.

Fertilité. — Ordinaire.

Culture. — Très-propre pour le plein-vent, en raison de sa remarquable vigueur, on peut sans inconvénient le greffer ras terre, sa tige poussera droite, grosse, et sa tête deviendra de toute beauté. Il faut l'écussonner sur paradis quand on le destine aux formes naines, le doucin ne saurait lui convenir.

Description du fruit. — *Grosseur :* volumineuse. — *Forme :* ovoïde-arrondie, ayant ordinairement un côté un peu moins gros que l'autre. — *Pédoncule :* assez fort, de longueur moyenne, arqué, planté dans un bassin large et profond. — *Œil :* petit ou moyen, mi-clos, à cavité régulière, vaste et unie. — *Peau :* mince, lisse, jaune brillant, amplement lavée de rouge-brique sur la face exposée au soleil et fortement ponctuée de gris et de brun. — *Chair :*

jaunâtre, tendre et mi-fine. — *Eau :* suffisante, très-sucrée, à peu près dépourvue d'acide et délicieusement parfumée.

Maturité. — Décembre-Mars.

Qualité. — Première, surtout pour les amateurs de pommes douces.

Historique. — Je dois ce beau fruit à M. le docteur Édouard Lucas, directeur de l'Institut pomologique de Reutlingen (Wurtemberg); il est dans mes pépinières depuis 1868 et déjà j'ai pu, chez nous, le propager de divers côtés. En Allemagne sa culture commence seulement à se généraliser. M. Lucas le constatait en 1859 : » L'*Edelrother* ou Noble rouge, disait-il, pomme des plus répandues dans le Tyrol « méridional, s'y trouve presque localisée; d'où suit qu'ailleurs on la connaît « encore fort peu. » (*Illustrirtes Handbuch der Obstkunde*, t. I, p. 103, n° 36.)

Pomme NOBLESSE. — Synonyme de pomme *d'Aunée*. Voir ce nom.

292. Pomme NOIRE.

Synonymes. — *Pommes* : 1. Reinette noire (Van Mons, *Catalogue descriptif de partie des arbres fruitiers qui de 1798 à 1823 ont formé sa collection*, p. 51, n° 2195). — 2. Reinette d'Autriche (André Leroy, *Catalogue descriptif d'arbres fruitiers et d'ornement*, 1851, édition anglaise, p. 5, n° 187).

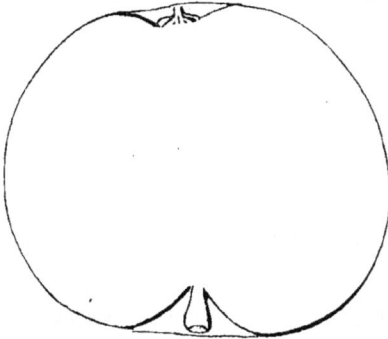

Description de l'arbre. — *Bois :* de moyenne force. — *Rameaux :* peu nombreux, légèrement étalés, très-longs, grêles, sensiblement coudés, duveteux, d'un rouge-brun clair et lavé de gris. — *Lenticelles :* brunâtres, arrondies ou allongées, petites, clair-semées. — *Coussinets :* presque nuls. — *Yeux :* volumineux, ovoïdes-allongés, très-cotonneux, plaqués sur l'écorce. — *Feuilles :* assez petites, vert clair, ovales-allongées ou lancéolées, rarement acuminées, ayant les bords régulièrement dentés. — *Pétiole :* gros, de longueur moyenne, tomenteux, généralement non cannelé. — *Stipules :* assez grandes.

Fertilité. — Très-abondante.

Culture. — Son bois et ses rameaux si grêles ne permettent pas, quand on le destine au plein-vent, de le greffer ras terre; il faut le greffer en tête, sous peine de n'obtenir que de très-mauvais résultats. La forme plein-vent est du reste celle qui lui convient le mieux. Comme arbre nain il laisse généralement à désirer.

Description du fruit. — *Grosseur :* petite. — *Forme :* globuleuse, légèrement aplatie à la base et souvent ayant un côté moins volumineux que l'autre. — *Pédoncule :* court, gros et charnu, planté dans un bassin assez large mais peu profond. — *OEil :* petit, fermé, placé presque à fleur de fruit et entouré de faibles gibbosités. — *Peau :* épaisse, lisse et brillante, d'un noir fortement ardoisé et violacé, ponctuée de brun et portant généralement quelques macules rousses et squammeuses. — *Chair :* verdâtre, fine, très-ferme et très-croquante. — *Eau :* insuffisante, à peine sucrée, aigrelette, peu savoureuse.

MATURITÉ. — Septembre-Octobre.

QUALITÉ. — Troisième.

Historique. — Dans le *Catalogue de son verger* d'Orléans, le procureur du roi le Lectier mentionna en 1628 (p. 23) une Pomme Noire parmi les variétés PRÉCOCES. Il est donc assez probable qu'il s'agissait là du fruit ici décrit, et non pas de l'Api noir, qui s'en rapproche pour la forme, la couleur et la dénomination, mais que sa maturité très-tardive ne peut faire confondre avec ce dernier. La pomme Noire n'a qu'un mérite : son singulier coloris, lui permettant de figurer brillamment, quoique sans profit pour les convives, dans les corbeilles de dessert. Duhamel l'a décrite en 1768 (t. I, p. 311); il la déclare « presque insipide, » et je suis de son avis. Seulement je me sépare de lui, quand il dit : « Ce petit fruit se « garde longtemps. » Jamais, au contraire, je n'ai pu le conserver jusqu'en novembre, et l'ai généralement vu mûrir dès le commencement de septembre. Cet auteur ajoute : « La pomme Noire me paraît être une variété de l'Api noir. » Je le crois aussi, et repousse l'opinion d'Étienne Calvel, qui dans son *Traité sur les pépinières* (1805, t. III, p. 47) veut qu'elle soit une sous-variété de la Grosse Pomme Noire d'Amérique, connue chez nous depuis une soixantaine d'années environ, et maintenant appelée Belle du Havre. En recourant à mes articles sur l'Api noir (p. 71) et la Belle du Havre (p. 120) on verra du reste si à cet égard je suis ou non dans le vrai.

Observations. — Les Belges m'ont fourni en 1849, étiqueté Reinette d'Autriche, un arbre de tout point identique, ainsi que ses produits, avec la présente variété, qui parfois aussi, notamment à l'Exposition universelle de Paris en 1867, a reçu le nom Reinette de Chine, appartenant à un fruit de première qualité.

POMME NOIRE (D'HIVER). — Synonyme de pomme *de Bohémien.* Voir ce nom.

POMME NOIRE LUISANTE (GROSSE-). — Voir *Grosse-Noire luisante.*

POMME NONESUCH. — Synonyme de pomme *Non-Pareille de Langton.* Voir ce nom.

POMME NON-PAREILLE. — Synonyme de pomme *Non-Pareille ancienne.* Voir ce nom.

293. POMME NON-PAREILLE ANCIENNE.

Synonymes. — *Pommes :* 1. NONPAREILLE (Chaillou, *Catalogue ou l'Abrégé des bons fruits de ses pépinières de Vitry-sur-Seine,* 1755, p. 11; — et Duhamel, *Traité des arbres fruitiers,* 1768, t. I, p. 313). — 2. REINETTE NOMPAREILLE (Herman Knoop, *Pomologie,* 1771, pp. 51 et 132). — 3. REINETTE SANS PAREILLE (Jean Mayer, *Pomona franconica,* 1776-1801, t. III, p. 147). — 4. OLD NONPAREIL (George Lindley, *Guide to the orchard and kitchen garden,* 1831, p. 91, n° 175). — 5. DUC D'ARSEL (Thompson, *Catalogue of fruits cultivated in the garden of the horticultural Society of London,* 1842, p. 27, n° 476). — 6. ENGLISH NONPAREIL (*Id. ibid.*). — 7. HUNT'S NONPAREIL (*Id. ibid.*). — 8. LOVEDEN'S PIPPIN (*Id. ibid.*). — 9. NONPAREILLE D'ANGLETERRE (*Id. ibid.*). — 10. SANS-PAREILLE (Comice horticole d'Angers, *Cahiers de dégustations,* année 1844, fos 26-27). — 11. GRUNE REINETTE (C. A. Hennau, *Annales de pomologie belge et étrangère,* 1856, t. IV, p. 53). — 12. ORIGINAL NONPAREIL. (*Id. ibid*).

Description de l'arbre. — *Bois :* fort. — *Rameaux :* peu nombreux, étalés, gros, assez longs, légèrement coudés, très-duveteux, d'un fauve olivâtre lavé de gris. — *Lenticelles :* arrondies ou allongées, grandes, clair-semées. — *Coussinets :* aplatis. — *Yeux :* gros, ovoïdes, presque entièrement collés sur le bois et des plus cotonneux. — *Feuilles :* grandes ou moyennes, ovales-arrondies, courtement acuminées, duveteuses sur les deux faces, assez profondément dentées sur leurs bords. — *Pétiole :* gros, long, très-tomenteux, légèrement cannelé. — *Stipules :* des plus développées.

Pomme Non-Pareille ancienne. — *Premier Type*.

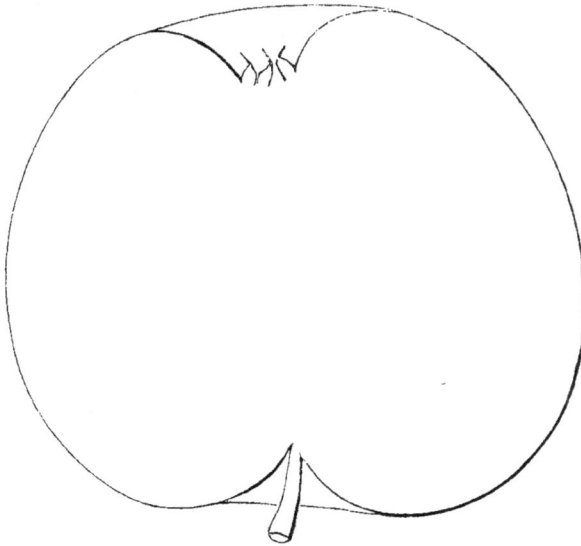

FERTILITÉ. — Ordinaire.

CULTURE. — Il fait de beaux plein-vent, car sa tête n'est jamais trop garnie de petites brindilles. En l'écussonnant sur paradis on pourra lui donner n'importe quelle forme naine.

Description du fruit. — *Grosseur :* volumineuse ou moyenne. — *Forme :* arrondie fortement cylindrique, assez aplatie aux pôles et souvent moins grosse d'un côté que de l'autre. — *Pédoncule :* court ou de longueur moyenne, peu nourri, arqué, inséré dans un bassin de dimensions moyennes. — *OEil :* grand, mi-clos ou très-ouvert, à cavité unie, large et profonde. — *Peau :* tachée de fauve autour du pédoncule, et ponctuée de gris, elle est d'abord d'un vert blafard, mais passe ensuite au jaune clair verdâtre et prend, bien exposée au soleil, une nuance brun-rouge sur laquelle se détachent, généralement,

Deuxième Type.

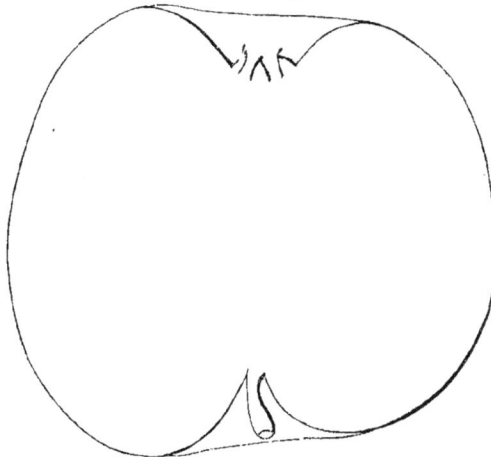

quelques vergetures carminées. — *Chair :* blanc jaunâtre, tendre, mi-fine. — *Eau :* abondante, rarement bien sucrée, acidulée, presque dénuée de parfum, ayant parfois un arrière-goût herbacé.

MATURITÉ. — Décembre-Mars.

QUALITÉ. — Deuxième.

Historique. — Avant 1754 le pommier Non-Pareil était multiplié chez nous aux environs de la Capitale ; je le constate dans un opuscule presque introuvable, daté de 1755 et intitulé : « Catalogue ou l'Abrégé des bons fruits, augmenté de « plusieurs expériences sur le fait des Arbres, et de quantité de nouveaux et « excellents Fruits les plus rares et les plus estimés, qui se cultivent dans les « pépinières de *Chaillou*, marchand d'Arbres à Vitry-sur-Seine, près Paris. » Cette variété, qui jusqu'alors n'avait encore été mentionnée par aucun auteur français, se trouvait pourtant, on le verra plus bas, depuis de longues années déjà sur notre sol. En 1768 — treize ans après la publication du *Catalogue* Chaillou — Duhamel lui consacra un article très-détaillé dans son *Traité des arbres fruitiers* (t. I, p. 313). Elle fut ensuite assez souvent décrite, notamment par les Chartreux de Paris (*Catalogue de* 1775), sans que personne se soit toutefois préoccupé chez nous de sa provenance. Le pomologue américain Downing l'a récemment qualifiée « d'ancienne pomme anglaise » (1869, p. 288), mais il n'appuie sur rien son assertion, erronée du reste, comme les Anglais eux-mêmes vont le démontrer. Ainsi Robert Hogg, en 1859, disait : « Il est généralement reconnu que ce fruit « appartient à la France. » (*The Apple*, p. 154.) Et bien antérieurement — dès l'an 1724 — Stephen Switzer, autre écrivain de la Grande-Bretagne, l'avait établi d'une façon positive :

« La pomme *Non-Pareille* — déclarait-il — n'est pas étrangère à l'Angleterre, quoiqu'elle soit, cependant, crue d'origine française. Il existe même aux environs d'Ashtons, dans l'Oxfordshire, des arbres de cette variété qui comptent une centaine d'années. Selon la tradition ce sont les premiers que nous en ayons eus ; ils furent apportés de France et plantés par un jésuite, sous le règne de Marie Stuart ou sous celui d'Élisabeth ; d'où suit que nos jardiniers les possèdent depuis au moins deux siècles. » (*The Practical fruit-gardener*, édit. de 1724, chap. Pommier.)

Il résulte donc de ce texte, qu'en 1724 la Non-Pareille était parfaitement connue des Anglais, qu'ils l'avaient tirée de France sous Élisabeth, reine de 1558 à 1603, et pour lors qu'elle doit prendre rang parmi nos très-anciennes variétés.

Observations. — Le sol de l'Angleterre paraît beaucoup plus favorable à la culture de ce fruit, que celui de la France, puisque la Non-Pareille, dans l'Anjou du moins, se montre rarement de première qualité, tandis que les Anglais lui trouvent une chair aromatique et des plus savoureuses. — Il est important de ne pas supposer, avec certains auteurs, que cette pomme soit ordinairement dépourvue de coloris. Dans la Grande-Bretagne, où le soleil fait souvent défaut, il peut en être ainsi ; mais chez nous, quoi qu'on en ait dit, l'en trouver dénuée à bonne exposition serait un cas exceptionnel. Et de même chez les Américains, dont le pomologue le plus accrédité, Charles Downing (1869, p. 288), d'accord avec nous, lui reconnaît une peau « *yellowish green* » [vert jaunâtre] « *and red in the sun* » [et rouge à l'insolation]. — Assez fréquemment on a confondu cette variété avec la *Reinette verte*, d'où vient que parfois ce dernier nom lui a été donné pour synonyme, mais bien à tort, ces deux pommes étant très-différentes. — Louis Noisette a décrit en 1839 (*Jardin fruitier*, p. 198) une Non-Pareille mûrissant, dit-il, de septembre en octobre. Ce n'est pas, évidemment, la nôtre, la vraie, qui commence seulement à mûrir en décembre et se conserve jusqu'en mars.

Pomme NON-PAREILLE D'ANGLETERRE. — Synonyme de pomme *Non-Pareille ancienne*. Voir ce nom.

---

294. Pomme NON-PAREILLE ÉCARLATE.

Synonymes. — *Pommes* : 1. Scarlet Nonpareil (Van Mons, *Catalogue descriptif de partie des arbres fruitiers qui de 1798 à 1823 ont formé sa collection*, p. 41, n° 959; — et George Lindley, *Guide to the orchard and kitchen garden*, 1831, p. 98, n° 187). — 2. Écarlate sans pareille (André Leroy, *Catalogue descriptif d'arbres fruitiers et d'ornement*, 1849, p. 30, n° 41).

Premier Type.

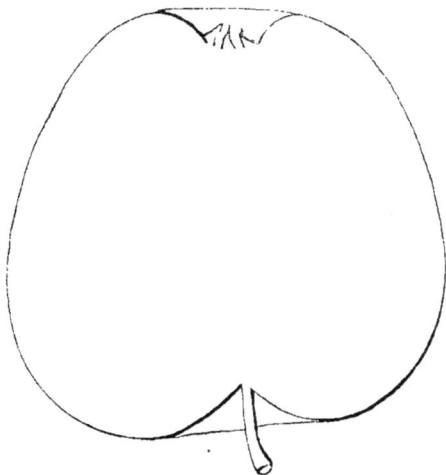

Deuxième Type.

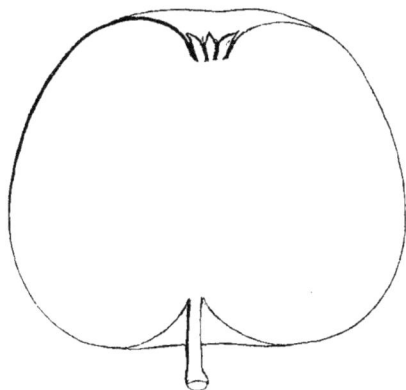

Description de l'arbre. — *Bois :* de moyenne force. — *Rameaux :* assez nombreux, étalés, longs, grêles, à peine coudés, très-duveteux, rouge-brun légèrement lavé de gris. — *Lenticelles :* petites ou moyennes, allongées ou arrondies, blanches et des plus clair-semées. — *Coussinets :* larges, ressortis et se prolongeant en arête. — *Yeux :* moyens ou petits, ovoïdes, aplatis, sensiblement cotonneux et complétement collés sur l'écorce. — *Feuilles :* grandes, ovales, assez épaisses, d'un beau vert, longuement acuminées, planes ou canaliculées, à bords profondément dentés. — *Pétiole :* long, de moyenne force, carminé à la base, à cannelure plus ou moins accusée. — *Stipules :* bien développées.

Fertilité. — Très-abondante.

Culture. — Il doit être, pour pleinvent, greffé à hauteur de tige, sa croissance trop lente ne permettant pas de le greffer au ras de terre. La forme naine, soit en cordon, soit en espalier, lui convient parfaitement; quand on l'y destine il faut l'écussonner sur doucin.

Description du fruit. — *Grosseur :* moyenne et parfois moins volumineuse. — *Forme :* conique assez allongée ou conique sensiblement raccourcie. — *Pédoncule :* de longueur moyenne, grêle, un peu renflé au point d'attache et inséré dans un bassin assez large mais rarement bien profond. — *Œil :* grand, très-ouvert ou mi-clos, faiblement enfoncé dans une cavité large ou très-large et légèrement plissée. — *Peau :* lisse, à fond jaune-citron, en grande partie lavée, marbrée et striée de rouge-brique, maculée de brun olivâtre dans le bassin pédonculaire et semée de gros et nombreux points blanchâtres. — *Chair :* blanche, fine et mi-tendre. — *Eau :* abondante, sucrée, savoureusement acidulée et parfumée.

Maturité. — Novembre-Janvier.

Qualité. — Première.

Historique. — Ce fruit est dans mes pépinières depuis 1846, date approximative de son importation chez nous. Il appartient aux Anglais, qui en établissent ainsi l'origine :

« Le pommier *Scarlet Nonpareil* — dit Lindley — provient d'un semis de pepins de l'ancienne pomme Non-Pareille. Il poussa vers 1773 dans le jardin d'une hôtellerie d'Esher, localité du comté de Surrey. Mme Grimwood fit l'acquisition du pied-type et M. Kirke greffa de cette nouveauté plusieurs sujets, qui chaque année furent admirés dans ses pépinières [de Brompton, près Londres], pour leurs beaux fruits, et contribuèrent beaucoup à la grande et prompte propagation de ce gain. » (*Guide to the orchard and kitchen garden*, 1831, p. 98, n° 187.)

295. Pomme NON-PAREILLE DE HUBBARDSTON.

Synonymes. — *Pommes :* 1. Hubbardston Nonsuch (A. J. Downing, *the Fruits and fruit trees of America*, 1849, p. 113, n° 107). — 2. American Nonpareille (Couverchel, *Traité des fruits*, 1852, p. 451). — 3. Monstrueuse d'Amérique (*Id. ibid.*). — 4. De Hubbardston (Charles Downing, *the Fruits and fruit trees of America*, 1869, p. 224). — 5. John May (*Id. ibid*).

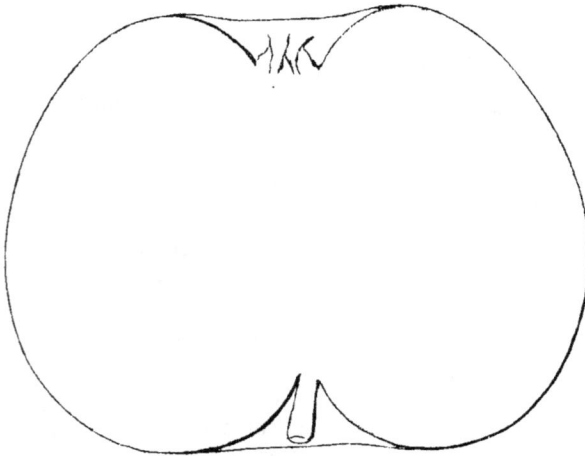

Description de l'arbre. — *Bois :* fort. — *Rameaux :* peu nombreux, étalés, gros et longs, très-coudés, légèrement cotonneux, vert brunâtre. — *Lenticelles :* abondantes, assez grandes, arrondies ou allongées. — *Coussinets :* presque nuls. — *Yeux :* moyens ou petits, arrondis, des plus duveteux, faiblement collés sur le bois. — *Feuilles :* grandes, ovales, acuminées, canaliculées et quelque peu contournées, ayant les bords profondément dentés. — *Pétiole :* gros, très-long, flasque, à cannelure des plus accusées. — *Stipules :* très-développées et faiblement dentées pour la plupart.

Fertilité. — Ordinaire.

Culture. — Greffé ras terre, pour plein-vent, il pousse parfaitement bien ; les formes buisson, cordon, espalier lui conviennent aussi, mais en l'écussonnant sur paradis, sujet sur lequel sa vigueur restera encore assez grande et qui le rendra plus fertile qu'il ne le serait sur doucin.

Description du fruit. — *Grosseur :* au-dessus de la moyenne. — *Forme :* conique-arrondie, sensiblement comprimée aux pôles et quelque peu pentagone près du sommet. — *Pédoncule :* court, assez fort, droit ou arqué, inséré dans un bassin étroit et de profondeur moyenne. — *Œil :* grand, légèrement duveteux, ouvert, à cavité généralement très-large, assez profonde et plissée. — *Peau :* à fond jaune-beurre, presque entièrement lavée et fouettée de rouge plus ou

IIII.   32 moins foncé, amplement maculée de fauve autour du pédoncule et ponctuée de brun. — *Chair :* blanchâtre, fine, ferme et croquante. — *Eau :* suffisante, sucrée, vineuse, douceâtre, faiblement acidulée et parfumée.

MATURITÉ. — Novembre-Février.

QUALITÉ. — Deuxième.

Historique. — Les Américains sont les obtenteurs de ce très-beau fruit, qui chez eux, d'après leurs pomologues, est de qualité supérieure, avantage dont il ne jouit pas en France, du moins dans ma contrée. A. J. Downing l'a décrit plusieurs fois, notamment en 1849, et le dit originaire de Hubbardston, ville du Massachusetts (*Fruits of America*, p. 113). Ce fut M. Alfroy, pépiniériste à Lieusaint (Seine-et-Marne), qui l'importa d'Amérique en 1830, avec soixante autres espèces de pommiers, et l'offrit vers 1835 à la Société d'Horticulture de Paris. Ce fait m'est attesté par M. Alfroy-Duguet, fils et successeur de cet horticulteur bien connu.

Observations. — On a dit parfois le *Hubbardston Pippin*, autre variété américaine, identique avec la Non-Pareille Hubbardston. La similitude presque complète de leur nom a sans doute fait naître cette erreur, car c'en est une, ainsi que le démontre Downing dans son édition de 1869, où l'on trouve ces deux fruits décrits sur la même page (225).

POMME NON-PAREILLE DE LACY. — Synonyme de pomme *Non-Pareille nouvelle.* Voir ce nom.

296. POMME NON-PAREILLE DE LANGTON.

Synonymes. — *Pommes :* 1. NONESUCH (Forsyth, *Treatise on the culture and management of fruit trees*, 1802, p. 121 ; — et Lindley, *Guide to the orchard and kitchen garden*, 1831, p. 20, n° 32). — 2. LANGTON'S SOUDER-GLEICHEN (Diel, *Kernobstsorten*, 1809, t. X, p. 106). — 3. LANGTON'S NONE SUCH (*Id. ibid.*). — 4. NONSUCH (Lindley, *ibid.*).

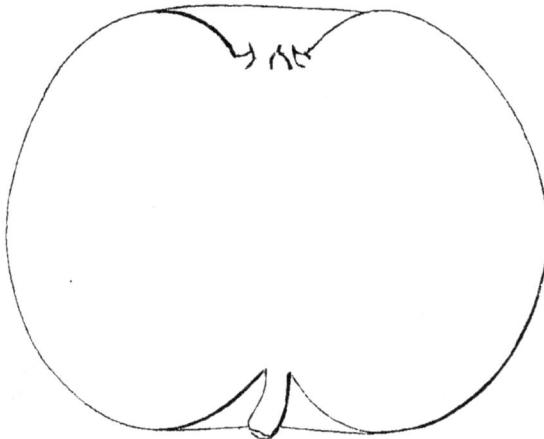

Description de l'arbre. — *Bois :* faible. — *Rameaux :* assez nombreux, étalés, de longueur et grosseur moyennes, géniculés, bien cotonneux, roux verdâtre lavé de rouge ardoisé. — *Lenticelles :* grandes, de forme variable, clair-semées. — *Coussinets :* saillants. — *Yeux :* gros, ovoïdes, très-duveteux, légèrement collés contre le bois. — *Feuilles :* petites, ovales-arrondies, vert clair en dessus, longuement acuminées, à bords assez profondément dentés. — *Pétiole :* court, bien nourri, flasque, sensiblement cannelé. — *Stipules :* larges et de longueur moyenne.

FERTILITÉ. — Satisfaisante.

Culture. — Sa vigueur plus que modérée le rend propre, avant tout, aux formes naines ; on l'écussonne alors sur doucin et non sur paradis. Si toutefois on désirait en avoir des arbres haute-tige il faudrait le greffer uniquement au ras de terre.

Description du fruit. — *Grosseur :* généralement au-dessus de la moyenne. — *Forme :* globuleuse assez régulière, toujours légèrement aplatie à ses extrémités. — *Pédoncule :* court, gros, arqué, planté dans un bassin rarement bien développé. — *OEil :* grand, mi-clos, duveteux, à courtes sépales, à cavité large, profonde, unie ou faiblement plissée. — *Peau :* lisse, mate, à fond jaune blanchâtre, couverte en partie de marbrures et vergetures rouge violacé, puis ponctuée de gris-brun. — *Chair :* blanche, fine et mi-tendre. — *Eau :* suffisante ou abondante, sucrée, acidulée et parfumée.

Maturité. — Depuis la fin de septembre jusqu'en novembre.

Qualité. — Première pour le couteau ainsi que pour les usages culinaires.

Historique. — L'Angleterre a vu naître ce pommier, qui même y est cultivé depuis longtemps ; mais son état civil reste encore à établir, ou peu s'en faut. Lindley (1831, p. 20) et Hogg (1859, p. 143), dans leurs Pomologies, ont dit effectivement, parlant de cette variété : « L'*Historia plantarum* de Ray, publiée en « 1668, mentionne une pomme Non-Pareille, seulement on ne saurait la présenter « comme identique avec celle-ci, mûrissant de septembre en octobre, puisque Ray « classe la sienne parmi les espèces d'hiver ou de longue garde. » Les Allemands estiment beaucoup la Non-Pareille de Langton ; et Diel, qui dès 1809 la décrivit en son *Kernobstsorten*, fait remarquer (p. 106) « que cette vieille variété anglaise « semble presque aussi commune en Allemagne qu'en sa terre natale. » Pour moi, c'est aux Wurtembergeois que je la dois. M. le docteur Lucas me l'envoya de l'Institut pomologique de Reutlingen, en 1867 ; elle m'était, avant, complétement inconnue.

---

297. Pomme NON-PAREILLE NOUVELLE.

Synonymes. — *Pommes :* 1. Hick's Fancy (Van Mons, *Catalogue descriptif de partie des arbres fruitiers qui de 1798 à 1823 ont formé sa collection*, p. 40, n° 948 ; — et Thompson, *Catalogue of fruits cultivated in the garden of the horticultural Society of London*, 1842, p. 27, n° 467). — 2. New Nonpareil (Van Mons, *ibid.*, p. 41, n° 961 ; — et Diel, *Kernobstsorten*, 1819, t. XXI, p. 115). — 3. Large Nonpareil (Diel, *ibid.*). — 4. Never Englischer Nonpareil (*Id. ibid.*). — 5. Early Nonpareil (George Lindley, *Guide to the orchard and kitchen garden*, 1831, p. 88, n° 168). — 6. Stagg's Nonpareil (*Id. ibid.*). — 7. Summer Nonpareil (*Id. ibid.*). — 8. Non-Pareille nouvelle d'Angleterre (Oberdieck, *Illustrirtes Handbuch der Obstkunde*, 1862, t. IV, p. 136, n° 330). — 9. Non-Pareille de Lacy (Charles Downing, *Fruits and fruit trees of America*, 1869, p. 155).

Description de l'arbre. — *Bois :* peu fort. — *Rameaux :* nombreux, assez longs, grêles, très-géniculés, cotonneux et d'un brun-rouge nuancé de vert. — *Lenticelles :* arrondies ou allongées, moyennes ou petites, clair-semées. — *Coussinets :* presque nuls. — *Yeux :* petits, ovoïdes-arrondis, faiblement appliqués sur le bois. — *Feuilles :* petites, ovales-arrondies, longuement acuminées, assez profondément dentées. — *Pétiole :* long, grêle, largement cannelé. — *Stipules :* étroites et longues.

Fertilité. — Remarquable.

Culture. — Il est bien chétif pour faire, même greffé ras terre, de passables plein-vent. Les formes cordon, gobelet, espalier, pyramide, lui sont beaucoup plus avantageuses, lors surtout qu'on lui donne le doucin pour sujet.

Pomme Non-Pareille nouvelle.

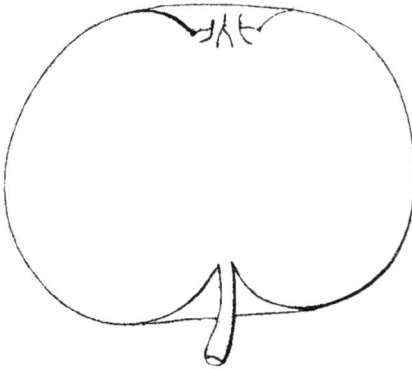

Description du fruit. — *Gros-seur :* au-dessous de la moyenne. — *Forme :* globuleuse, peu régulière et généralement comprimée aux pôles. — *Pédoncule :* de longueur et force moyennes, arqué, inséré dans un bassin assez étroit et assez profond. — *Œil :* grand ou moyen, ouvert ou mi-clos, à cavité unie et de faible dimension. — *Peau :* légèrement rugueuse, jaune blanchâtre nuancé de vert sur le côté de l'ombre, jaune brunâtre marbré, réticulé de fauve et strié de rouge sombre sur l'autre face, puis semée de gros et nombreux points gris, étoilés. — *Chair :* blanchâtre, fine, compacte, ferme, un peu marcescente. — *Eau :* suffisante, sucrée, acidulée et faiblement parfumée.

MATURITÉ. — Novembre-Janvier.

QUALITÉ. — Deuxième.

Historique. — George Lindley fut le premier descripteur de ce fruit ; il le signala d'abord dans son *Plan of an orchard*, en 1796, puis en 1831 dans sa Pomologie, à laquelle j'emprunte les renseignements suivants :

« Le pommier *Early* ou *Stagg's Nonpareil* provient d'un semis de pepins de l'ancienne Non-Pareille, fait vers 1780 par un nommé Stagg, arboriculteur à Caister, près Great-Yarmouth, dans le comté de Norfolk. » (*Guide to the orchard and kitchen garden*, p. 88, n° 168.)

Lindley contribua beaucoup, par ses nombreux rapports avec les amateurs de fruits, à la grande propagation à l'étranger, de cette pomme, très-bonne en Angleterre mais moins méritante chez nous. Les Belges la possédèrent des premiers, on le voit par le *Catalogue descriptif* du célèbre Van Mons (1798-1823, pp. 40 et 41). Les Allemands aussi la cultivèrent de bonne heure, puisqu'en 1819 Diel la caractérisait avec soin (*Kernobstsorten*, t. XXI, p. 115) et disait l'avoir reçue, sous le nom New-Nonpareil, de M. Sennholz, jardinier-paysagiste à Wilhemshöhe (Prusse). Je ne crois pas qu'elle fût encore multipliée par nos pépiniéristes, lorsqu'en 1867 je la fis venir de Reutlingen (Wurtemberg).

Observations. — Les Américains ont gagné dans l'Illinois une pomme *Early Nonpareil* décrite en 1869 par Downing (p. 155), et qu'il ne faut pas confondre avec celle de Lindley, maintenant généralement appelée Non-Pareille nouvelle. Ces deux fruits sont en effet très-distincts ; celui des Américains, surtout, est plus gros et plus précoce que celui des Anglais.

———

POMME NON-PAREILLE NOUVELLE D'ANGLETERRE. — Synonyme de pomme *Non-Pareille nouvelle*. Voir ce nom.

———

Pomme NONSUCH. — Synonyme de pomme *Non-Pareille de Langton*. Voir ce nom.

———————

Pomme NORFOLK PIPPIN. — Synonyme de pomme *Adams Pearmain*. Voir ce nom.

———————

Pomme NORMANTON WONDER. — Synonyme de pomme *Wellington*. Voir ce nom.

———————

Pomme NORTHERN GOLDEN SPY. — Synonyme de pomme *Northern Sweet*. Voir ce nom.

———————

298. Pomme NORTHERN SPY.

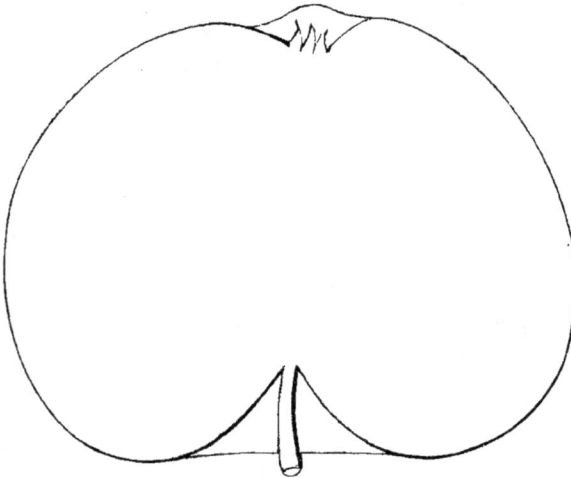

Description de l'arbre. — *Bois :* assez fort. — *Rameaux :* nombreux et érigés, gros et de longueur moyenne, peu géni- culés, roides, à méri- thalles courts et iné- gaux, très-duveteux et d'un brun clair oli- vâtre nuancé de rouge terne. — *Lenticelles :* petites, clair-semées, arrondies ou allongées. — *Coussinets :* aplatis, mais ayant l'arête mé- diane vive et prolon- gée. — *Yeux :* petits ou moyens, ovoïdes, obtus, cotonneux, plaqués sur l'écorce, aux écailles légère- ment disjointes. — *Feuilles :* de grandeur moyenne, ovales-arrondies, vert jaunâtre en dessus, gris verdâtre en dessous, épaisses, acuminées, à bords largement dentés ou crénelés. — *Pétiole :* gros et court, faiblement carminé et cannelé. — *Stipules :* modérément développées.

Fertilité. — Abondante.

• Culture. — Il doit, pour le plein-vent, être greffé ras terre, autrement on n'en obtient que des arbres d'un vilain aspect. Sa belle ramification permet de lui donner toute espèce de forme naine et sur n'importe quel sujet.

Description du fruit. — *Grosseur :* au-dessus de la moyenne. — *Forme :* conique assez raccourcie, moins volumineuse d'un côté que de l'autre et légère- ment pentagone auprès du sommet. — *Pédoncule :* de longueur et grosseur moyennes, droit ou recourbé, très-profondément inséré dans un vaste bassin. — *Œil :* petit ou moyen, mi-clos ou fermé, à cavité étroite, plissée et peu profonde. — *Peau :* mince, lisse et brillante, à fond jaune pâle verdâtre, presque entièrement lavée de rouge carminé, fouettée ou mouchetée de vermillon foncé, parfois tachée de fauve olivâtre dans le bassin pédonculaire, faiblement ponctuée de gris et de jaune obscur, puis recouverte, à l'insolation, d'une fine efflorescence bleuâtre. — *Chair* : blanchâtre, à grains serrés, tendre et croquante. — *Eau* : abondante, très-sucrée, acidule, possédant un parfum particulier des plus délicats.

MATURITÉ. — Janvier-Mai.

QUALITÉ. — Première.

Historique. — Ce très-beau et très-bon fruit me fut envoyé des États-Unis, dont il est originaire, en 1858. Le pomologue Hovey l'a décrit et figuré (1847) dans ses *Fruits of America*, ouvrage remarquable par l'abondance des renseignements et le fini des planches coloriées. L'état civil de la Northern Spy s'y trouve établi avec le plus grand soin, et dans les termes ci-après :

« Ce pommier fut obtenu vers 1795 à East-Bloomfield, ville de l'État de New-York, de pepins apportés du Connecticut. Il poussa sur la lisière du verger d'Heman Chapin, et des rameaux en furent pris par Rowell Humpfrey, qui le premier vit mûrir cette nouvelle variété, le pied-type étant mort avant d'avoir pu se mettre à fruit. Longtemps la Northern Spy demeura confinée dans son lieu natal; mais en 1840, ayant enfin attiré l'attention des cultivateurs, elle vit sa culture se propager au loin. » (Tome Ier, p. 19.)

299. Pomme NORTHERN SWEET.

Synonymes. — *Pommes* : 1. GOLDEN SWEET (Charles Downing, *the Fruits and fruit trees of America*, 1863, p. 177). — 2. NORTHERN GOLDEN SWEET (*Id. ibid.*).

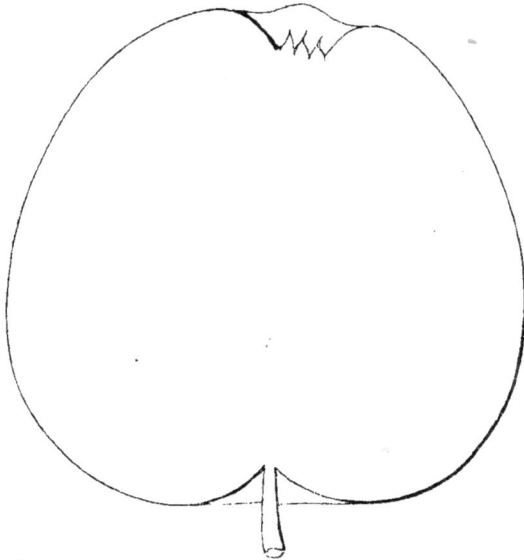

Description de l'arbre. — *Bois* : assez fort. — *Rameaux* : nombreux, étalés, gros, de longueur moyenne, peu coudés et peu duveteux, vert olivâtre nuancé de brun auprès des yeux. — *Lenticelles* : petites, allongées et clair-semées. — *Coussinets* : bien accusés. — *Yeux* : petits, très-cotonneux, noyés dans l'écorce, aux écailles mal soudées. — *Feuilles* : petites, ovales-arrondies, vert brillant en dessus, gris verdâtre en dessous, épaisses, acuminées, ayant les bords régulièrement crénelés. — *Pétiole* : long, assez gros, rigide, rougeâtre en dessus et non cannelé. — *Stipules* : étroites et courtes.

FERTILITÉ. — Satisfaisante.

CULTURE. — En le greffant à hauteur de tige il fait de beaux et réguliers plein-vent. Pour buissons, pyramides, cordons, espaliers, on l'écussonne sur doucin, sujet qui lui donnera plus de vigueur que le paradis.

Description du fruit. — *Grosseur :* au-dessus de la moyenne. — *Forme :* conique légèrement allongée, assez régulière, côtelée au sommet. — *Pédoncule :* de force et longueur moyennes, inséré dans un bassin peu prononcé. — *Œil :* petit ou moyen, mi-clos ou fermé, à cavité étroite, très-bossuée, assez profonde. — *Peau :* épaisse, onctueuse, jaune d'or, faiblement lavée de rose tendre à l'insolation, ponctuée de gris et plus ou moins tachée de fauve autour du pédoncule. — *Chair :* blanchâtre, fine et mi-tendre. — *Eau :* abondante, bien sucrée, douce, de saveur agréable.

MATURITÉ. — Septembre-Octobre.

QUALITÉ. — Deuxième, mais première pour les amateurs de pommes douces.

Historique. — La Northern Sweet, ou pomme Douce du Nord, appartient aux États-Unis. Downing la décrivit en 1863 (p. 177), sans pouvoir indiquer encore le lieu d'où elle était sortie. Il combla cette lacune dans son édition de 1869, où je lis ceci : « Feu Nathan Lockwood vit naître ce fruit sur sa ferme de Saint-« George, au comté de Chittenden, État de Vermont » (page 290). Pour moi, je cultive cette variété depuis 1858; elle m'avait été envoyée avec la précédente, la Northern Spy.

---

300. POMME NORTON.

Synonymes. — *Pommes :* 1. WATERMELON (Elliot, *Fruit book*, 1854, p. 89). — 2. MELON DE NORTON (Charles Downing, *the Fruits and fruit trees of America*, 1863, p. 87).

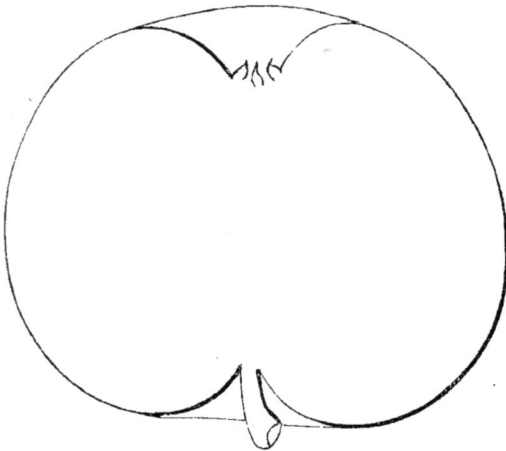

Description de l'arbre. — *Bois :* de moyenne force. — *Rameaux :* assez nombreux, presque érigés, longs, assez gros, peu géniculés, très-duveteux, vert olivâtre foncé. — *Lenticelles :* grandes, allongées, assez abondantes. — *Coussinets :* aplatis. — *Yeux :* moyens, arrondis, des plus cotonneux, faiblement appliqués contre le bois. — *Feuilles :* petites, ovales-arrondies, courtement acuminées, très-profondément dentées ou crénelées. — *Pétiole :* assez long, peu fort, flasque, à large cannelure. — *Stipules :* bien développées.

FERTILITÉ. — Ordinaire.

CULTURE. — Pour le plein-vent il se greffe à hauteur de tige, et non ras terre, autrement son tronc serait trop faible pour supporter sa tête. Les formes naines lui sont très-profitables sur toute espèce de sujet.

Description du fruit. — *Grosseur :* moyenne et parfois plus volumineuse.
— *Forme :* sphérique, légèrement aplatie à la base et généralement ayant un côté
moins développé que l'autre. — *Pédoncule :* de longueur moyenne, bien nourri,
surtout à son point d'attache, souvent arqué, planté dans un bassin assez vaste.
— *Œil :* moyen, mi-clos ou fermé, à cavité unie, large et profonde. — *Peau :*
mince, lisse, à fond jaunâtre, presque complétement lavée de brun-rouge et
fouettée de carmin foncé, tachée de marron autour du pédoncule et semée de gros
et nombreux points grisâtres. — *Chair :* jaunâtre, fine, compacte, assez ferme.
— *Eau :* abondante, faiblement acidulée, très-sucrée, vineuse, bien parfumée,
participant de la saveur des cantaloups.

Maturité. — Décembre-Mars.

Qualité. — Première.

Historique. — Les pomologues américains sont unanimes pour déclarer que
ce fruit excellent, et déjà assez ancien, fut gagné dans la ville d'East-Bloomfield,
appartenant à l'État de New-York. Elle porte chez moi le nom de son obtenteur,
Norton, mais en Amérique elle est communément appelée pomme Melon, ou
Norton's Melon, dénomination justifiée par la saveur et la couleur de sa chair. J'ai
préféré le premier de ces noms, au second, pour éviter dans notre nomenclature
toute confusion entre cette variété et la pomme Melon des Allemands, décrite plus
haut, page 461.

Pomme NORTON'S MELON. — Synonyme de pomme *Norton.* Voir ce nom.

Pomme NORTWICK PIPPIN. — Synonyme de pomme *de Blenheim.* Voir ce nom.

Pomme de NOTRE-DAME. — Synonyme de *Rambour d'Été.* Voir ce nom.

O

Pomme OBERLÄNDER HIMBEER. — Synonyme de pomme *Framboise d'Oberland.*
Voir ce nom.

---

301. Pomme OCONÉE.

Synonyme. — *Pomme* OCONÉE GREENING (Charles Downing, *the Fruits and fruit trees of America,* 1863, p. 177).

Premier Type.

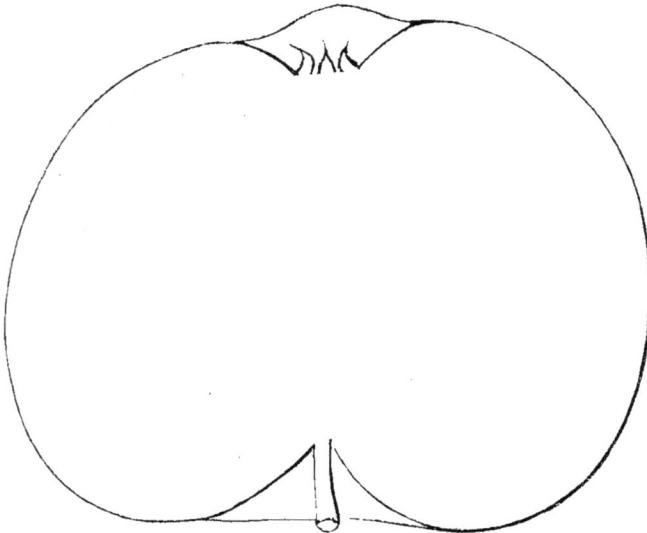

Description de l'arbre. — *Bois :* des plus forts. — *Rameaux :* nombreux, légèrement étalés, très-gros, excessivement longs, sensiblement coudés, duveteux et d'un brun olivâtre quelque peu lavé de rouge ardoisé. — *Lenticelles :* assez grandes, allongées, très-abondantes. — *Coussinets :* larges et saillants. —

Yeux : moyens ou petits, ovoïdes-pointus, cotonneux et noyés dans l'écorce. — *Feuilles :* moyennes, ovales, vert clair, planes pour la plupart et longuement acuminées, ayant les bords assez profondément dentés ou crénelés. — *Pétiole :* long, bien nourri, roide, à large cannelure. — *Stipules :* longues et étroites.

Fertilité. — Médiocre.

Culture. — De toutes les formes, le plein-vent est celle qui lui convient le mieux ; il y fait, en raison de sa remarquable vigueur, des arbres d'une grande beauté. On peut également l'utiliser, comme basse-tige, pour buissons, espaliers et cordons, mais en le greffant uniquement sur paradis.

Description du fruit. — *Grosseur :* volumineuse ou au-dessus de la moyenne. — *Forme :* globuleuse aplatie à la base, ou sphérique fortement comprimée aux pôles et généralement bossuée ou côtelée au sommet. —

Pomme Oconée. — *Deuxième Type.*

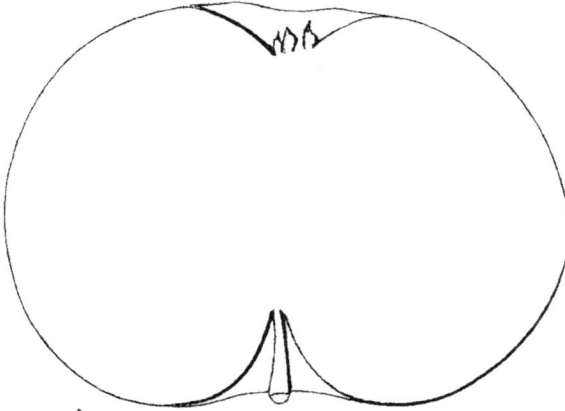

Pédoncule : de longueur moyenne, peu fort, renflé à son point d'attache, droit ou recourbé, profondément planté dans un vaste bassin qui parfois, cependant, se resserre et forme entonnoir. — *OEil :* grand, bien ouvert, souvent irrégulier et contourné, modérément enfoncé, habituellement bordé de gibbosités plus ou moins accusées. — *Peau :* jaune clair brillant, tachée de roux dans la cavité pédonculaire, ponctuée de brun et, sur le côté du soleil, nuancée d'un beau rose tendre. — *Chair :* blanchâtre, fine, ferme et croquante. — *Eau :* très-abondante, sucrée, rafraîchissante, douée d'une saveur parfumée rappelant assez bien celle du Pigeonnet.

MATURITÉ. — Décembre-Avril.

QUALITÉ. — Première.

Historique. — Ce fut dans mon *Catalogue de 1868* (p. 49, n° 286) que pour la première fois je mis en vente ce pommier, qui cependant figurait dans mon école depuis 1860, date à laquelle on me l'avait envoyé d'Amérique, dont il est originaire. Charles Downing le décrivit en 1863 (p. 177) et le dit provenu des environs d'Athens, sur les bords de la rivière d'Oconée, dans l'État de Georgia. Alors il était encore peu répandu en dehors de sa contrée natale.

POMME OCONÉE GREENING. — Synonyme de pomme *Oconée*. Voir ce nom.

POMME OHIO NONPAREIL. — Synonyme de pomme *de Gravenstein*. Voir ce nom.

POMME D'OIGNON. — Synonyme de pomme *d'Oignon de Borsdorf*. Voir ce nom.

---

302. Pomme OIGNON DE BORSDORF.

Synonymes. — *Pommes :* 1. Reinette plate (Bonnefond, *le Jardinier français*, 1653, p. 109 ; — et Manger, *Systematische Pomologie*, 1780, t. I, p. 16). — 2. Kannetjes (de Lacour, *les Agréments de la campagne*, traduit du hollandais, 1752, t. II, p. 47). — 3. D'Oignon (*Id. ibid.*). — 4. Kaasjes (Herman Knoop, *Pomologie*, 1760, pp. 43 et 131). — 5. Kantjes (*Id. ibid.*). — 6. Zieppel (*Id. ibid.*). — 7. Zwiebel (Hirschfeld, *Handbuch der Fruchtbaumzucht*, 1778, p. 193, n° 57). — 8. Zwiebelborstorfer (Diel, *Kernobstsorten*, 1802, t. V, p. 132). — 9. Reinette oignoniforme (Von Flotow, *Illustrirtes Handbuch der Obstkunde*, 1859, t. I, p. 305, n° 137). — 10. Reinette rurale (*Id. ibid.*).

Premier Type.

Deuxième Type.

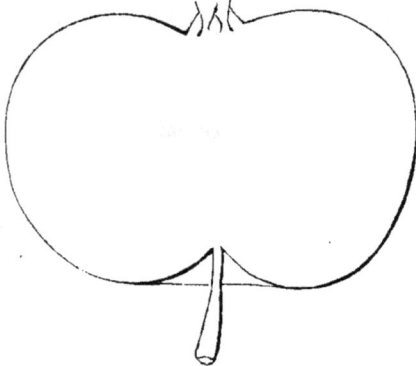

Description de l'arbre. — *Bois :* très-fort. — *Rameaux :* des plus nombreux, sensiblement étalés, très-gros et très-longs, non géniculés, légèrement cotonneux, brun ardoisé. — *Lenticelles :* très-abondantes, arrondies et assez grandes. — *Coussinets :* bien accusés. — *Yeux :* très-volumineux, coniques-arrondis, faiblement écartés du bois, aux écailles brunes et duveteuses. — *Feuilles :* grandes, ovales-arrondies, vert brillant en dessus, gris verdâtre en dessous, courtement acuminées, à bords assez profondément dentés ou crénelés. — *Pétiole :* très-long et très-gros, tomenteux et quelque peu cannelé. — *Stipules :* des plus développées.

Fertilité. — Modérée.

Culture. — Greffé ras terre, pour plein-vent, ce pommier devient d'une remarquable beauté ; on l'écussonne sur paradis quand on veut le destiner à la basse-tige.

Description du fruit. — *Grosseur :* au-dessous de la moyenne. — *Forme :* irrégulièrement globuleuse, très-comprimée aux extrémités, ayant un côté plus développé que l'autre et généralement beaucoup moins large auprès du pédoncule que vers l'œil. — *Pédoncule :* long, de grosseur variable, recourbé, modérément enfoncé dans un étroit bassin. — *Œil :* grand ou moyen, mi-clos ou fermé, placé à fleur de fruit et entouré de petits plis. — *Peau :* rugueuse, vert clair du côté de l'ombre, plus ou moins lavée de rouge-brique à l'insolation, amplement maculée de gris noirâtre et squammeux autour du pédoncule et semée de quelques larges points roux. — *Chair :* blanche, mais un peu verdâtre auprès des loges, fine, ferme et très-compacte. — *Eau :* suffisante, sucrée, aigrelette, bien parfumée.

Maturité. — Janvier-Avril.

Qualité. — Première.

Historique. — Ce très-ancien fruit est de forme si singulière, qu'il a presque toujours reçu un nom caractéristique dans les pays où sa culture a pénétré. En France, avant 1653, on l'appelait *Reinette plate ;* les Hollandais le nommèrent (1760) *Kaasjes,* Pomme Fromage; et les Allemands (1778), *Zwiebel,* Pomme Oignon, dénomination qui nous semble la mieux appliquée, aussi l'adoptons-nous sans hésiter. Cette variété n'a dû faire qu'apparaître dans nos jardins, vers le milieu du xviie siècle, car Bonnefond (1653) est le seul auteur qui pour lors l'ait mentionnée, et depuis lui je ne l'ai retrouvée sous aucun de ses différents noms chez nos autres pomologues. Il a fallu le grand concours horticole international de 1867 pour me permettre de l'étudier, puis de la posséder. Le docteur Charles Koch, de Berlin, l'ayant exposée à Paris, m'en offrit d'abord plusieurs fruits et plus tard m'en procura des greffons. Le nom que porte actuellement ce pommier, Oignon de Borsdorf, donne à croire qu'il provient de cette localité, située dans la Saxe, sur la Misnie, et qui déjà, nous l'avons démontré ci-dessus (p. 151), a vu naître la pomme *Borsdorfer,* si prisée en Allemagne qu'on l'y a surnommée « l'Orgueil des Germains. » Je ne puis toutefois produire aucun texte formel à l'appui d'une telle croyance; le doute, sur ce point, règne au contraire dans les ouvrages allemands. Le baron de Flotow l'a déclaré comme suit, en 1859 : « L'Oignon de Borsdorf — a-t-il dit — est une pomme d'origine hollandaise ou « germanique, bien connue par toute l'Allemagne, sans néanmoins que sa culture « en grand y règne en quelque contrée. » (*Illustrirtes Handbuch der Obstkunde,* t. I, p. 305, n° 137.) — J'ajoute que dans un ouvrage hollandais intitulé *les Agréments de la campagne,* traduit en français en 1752, j'ai trouvé (t. II, p. 47) une description fort exacte de ce fruit. Il y est appelé par l'auteur, Kannetjes-Appel, et pomme d'Oignon par le traducteur.

Pomme OIGNONET. — Synonyme de pomme *Poire.* Voir ce nom.

Pomme OLDAKER'S NEW. — Synonyme de pomme *Alfriston.* Voir ce nom.

Pomme OLD GOLDEN PIPPIN. — Synonyme de pomme *d'Or d'Angleterre.* Voir ce nom.

Pomme OLD NONPAREIL. — Synonyme de pomme *Non-Pareille ancienne.* Voir ce nom.

Pomme OLD PEARMAIN. — Synonyme de pomme *Pearmain d'Hiver* Voir ce nom.

Pomme OLÉOSE — Synonyme de pomme *Belle du Havre.* Voir ce nom.

---

303. Pomme d'OR D'ALLEMAGNE.

Synonymes. — *Pommes* : 1. Pepin allemand de Herrenhausen (Diel, *Verzeichniss der Obstsorten*, 1833, t. II, p. 43). — 2. Pepping allemand (Oberdieck, *Illustrirtes Handbuch der Obstkunde*, 1859, t. I, p. 133, n° 51). — 3. Pepin d'Or d'Allemagne (*Id. ibid.*). — 4. Hoyaïscher Gold-pepping (*Id. ibid.*). — 5. Allemande (Charles Downing, *the Fruits and fruit trees of America*, 1869, p. 74).

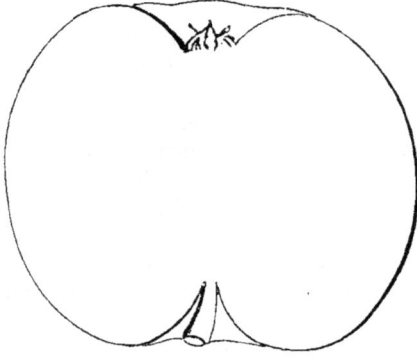

Description de l'arbre. — *Bois :* peu fort. — *Rameaux :* assez nombreux, étalés, de grosseur et longueur moyennes, bien géniculés, ayant de très-courts mérithalles, légèrement cotonneux et d'un vert herbacé lavé de gris. — *Lenticelles :* abondantes, grandes ou moyennes, arrondies ou allongées. — *Coussinets :* saillants. — *Yeux :* moyens, ovoïdes, duveteux, collés en partie sur le bois. — *Feuilles :* petites, ovales, courtement acuminées, à bords uniformément dentés. — *Pétiole :* gros, assez long, à peine cannelé. — *Stipules :* étroites et longues.

Fertilité. — Assez grande.

Culture. — Pour haute-tige il faut le greffer en tête, afin qu'il soit plus vigoureux; la basse-tige, sur doucin, lui est très-avantageuse comme production et beauté.

Description du fruit. — *Grosseur :* au-dessous de la moyenne. — *Forme :* globuleuse légèrement aplatie aux pôles et souvent fort irrégulière. — *Pédoncule :* court, assez gros, surtout à son point d'attache, arqué, profondément inséré dans un étroit bassin où parfois le comprime une gibbosité prononcée. — *Œil :* grand ou moyen, mi-clos ou fermé, à cavité large, plus ou moins profonde et généralement ondulée ou bossuée sur ses bords. — *Peau :* jaune d'or brillant sur le côté de l'ombre, jaune fortement orangé sur la partie exposée au soleil, tachée de brun clair verdâtre autour du pédoncule, puis abondamment ponctuée de gris-roux. — *Chair :* jaunâtre, fine, ferme, odorante. — *Eau :* abondante, bien sucrée, acidulée, possédant une saveur fenouillée des plus délicates.

Maturité. — Décembre-Mars.

Qualité. — Première.

Historique. — J'ai rapporté de Berlin, en 1860, ce délicieux fruit que l'on croit, d'après Diel (1833, *Verz. der Obstsorten*, t. II, p. 43), originaire du Hanovre. Toutefois cette opinion n'est pas généralement admise, comme le passage suivant, emprunté à M. Oberdieck, pomologue hanovrien des plus connus, va l'établir :

« Cette pomme exquise et si recherchée dans le Hanovre — écrivait-il en 1859 — est très-peu cultivée dans les autres contrées de l'Allemagne. Le docteur Diel l'a propagée sous le nom *Herrenhauser deutscher Pepping*; mais néanmoins elle est, depuis longtemps, répandue et appelée *Pepping allemand*, en cette même ville d'Herrenhausen (Hanovre). Malgré ce dernier nom il me paraît difficile, pourtant, de la regarder comme appartenant à l'Allemagne. Elle est d'autant plus estimable, que son arbre prospère dans tous les terrains. » (*Illustrirtes Handbuch der Obstkunde*, 1859, t. I, p. 133.)

304. Pomme d'OR D'ANGLETERRE.

Synonymes. — *Pommes :* 1. GUOLDEN PEPPIUS (la Quintinye, *Instructions pour les jardins fruitiers et potagers*, 1690, t. I, p. 392). — 2. GOULE-PEPIN (Angran de Rueneuve, *Observations sur l'agriculture et le jardinage*, 1712, t. I, p. 248). — 3. PEPIN D'OR D'ANGLETERRE (Miller, *the Gardener's and Botanist's Dictionary*, 1724-1785, t. IV, p. 531 ; — et Knoop, *Pomologie*, édition française, 1771, p. 54). — 4. RUSSET GOLDEN PIPPIN (Langley, *Pomona*, 1729, pl. 78, fig. 5° ; — et Thompson, *Catalogue of fruits cultivated in the garden of the horticultural Society of London*, 1842, p. 17, n° 281). — 5. GOULD-PIPPIN (les Chartreux de Paris, *Catalogue de leurs pépinières*, 1736, Pommiers, n° 10). — 6. PEPIN DORÉ D'ANGLETERRE (Nolin et Blavet, *Essai sur l'agriculture moderne*, 1755, p. 229). — 7. REINETTE D'ANGLETERRE (Liger, *la Nouvelle maison rustique*, 1755, t. II, p. 200 ; — et Duhamel, *Traité des arbres fruitiers*, 1768, t. I, p. 292). — 8. GOUD (Knoop, *Pomologie*, édition allemande, 1760, pp. 21 et 60). — 9. PETITE-REINETTE D'ANGLETERRE (Duhamel, *ibid.*). — 10. GULDEN PEPPING (Manger, *Systematische Pomologie*, 1780, p. 18, n° IV). — 11. LITTLE PEPPING (*Id. ibid.*). — 12. PEPIN D'ANGLETERRE (*Id. ibid.*). — 13. PEPPIN NON-PAREIL (*Id. ibid.*). — 14. GALE-PEPIN (Calvel, *Traité sur les pépinières*, 1805, t. III, p. 36, n° 15). — 15. GOLDEN PIPPIN (Louis Bosc, *Dictionnaire d'agriculture*, 1809, t. X, p. 320). — 16. REINETTE POMME D'OR (*Id. ibid.*, p. 323). — 17. AMERICAN PLATE (Thompson, *Catalogue of fruits cultivated in the garden of the horticultural Society of London*, 1842, p. 17, n° 281). — 18. BALGONE GOLDEN PIPPIN (*Id. ibid.*). — 19. BALGONE PIPPIN (*Id. ibid.*). — 20. BAYFORDBURY PIPPIN (*Id. ibid.*). — 21. ENGLISH GOLDEN PIPPIN (*Id. ibid.*). — 22. HEREFORDSHIRE GOLDEN PIPPIN (*Id. ibid.*). — 23. KÜNING'S PIPPELIN (*Id. ibid.*). — 24. LONDON GOLDEN PIPPIN (*Id. ibid.*). — 25. MILTON GOLDEN PIPPIN (*Id. ibid.*). — 26. OLD GOLDEN PIPPIN (*Id. ibid.*). — 27. WARTER'S GOLDEN PIPPIN (*Id. ibid.*). — 28. GOL-PEPIN (d'Albret, *Cours théorique et pratique de la taille des arbres fruitiers*, 1851, p. 333). — 29. REINETTE D'OR (*Id. ibid.*). — 30. ROUSSE-JAUNE TARDIVE (Couverchel, *Traité des fruits*, 1852, p. 442). — 31. REINETTE PEPIN DORÉ (Duval, *Histoire du pommier et sa culture*, 1852, p. 48, n° 10). — 32. ENGLISCHER GOLDPEPPING (le baron de Biedenfeld, *Handbuch aller bekannten Obstsorten*, 1854, 2e partie, p. 105). — 33. PETIT-PEPIN D'OR (C. A. Hennau, *Annales de pomologie belge et étrangère*, 1855, t. III, p. 21). — 34. REINETTE D'ANGLETERRE ANCIENNE (Société Van Mons, *Catalogue général de ses pépinières*, 1858, t. I, p. 202). — 35. BAYFORD (Robert Hogg, *the Apple and its varieties*, 1859, p. 95, n° 148).

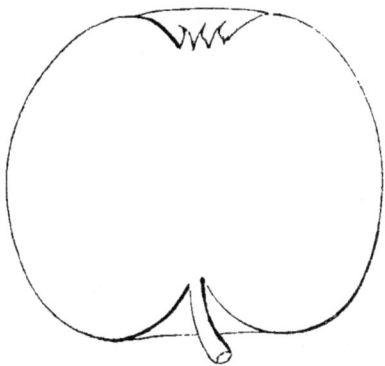

Description de l'arbre. — *Bois :* assez fort. — *Rameaux :* nombreux, érigés, longs, de grosseur moyenne, à peine géniculés, bien cotonneux, brun-rouge légèrement verdâtre. — *Lenticelles :* grandes, allongées, clair-semées, très-apparentes. — *Coussinets :* larges et assez saillants. — *Yeux :* gros ou moyens, aplatis, coniques-allongés, partiellement collés sur le bois et faiblement duveteux. — *Feuilles :* de grandeur moyenne, abondantes, ovales-arrondies, courtement acuminées, à bords profondément dentés. — *Pétiole :* long, gros, carminé à la base et sensiblement cannelé. — *Stipules :* étroites et longues.

FERTILITÉ. — Abondante.

Culture. — Pour le plein vent il demande la greffe en tête, sa croissance n'étant pas très-active; toutes les formes naines lui sont profitables, surtout quand on l'écussonne sur doucin plutôt que sur paradis, dernier sujet dont il s'accommode peu.

Description du fruit. — *Grosseur :* au-dessous de la moyenne. — *Forme :* passant de la sphérique irrégulière à la globuleuse fortement cylindrique. — *Pédoncule :* de longueur moyenne, assez mince, souvent arqué, profondément inséré dans un bassin étroit formant entonnoir. — *OEil :* grand, mi-clos, à cavité unie ou finement plissée, large et rarement profonde. — *Peau :* rugueuse, jaune grisâtre sur le côté de l'ombre, jaune d'or brunâtre sur l'autre face, rayée et plus ou moins réticulée de roux clair, maculée de fauve autour du pédoncule, ponctuée de marron et de rouge, et parfois, à l'insolation, quelque peu nuancée ou mouchetée de rose pâle. — *Chair :* blanchâtre ou jaunâtre, très-fine, compacte et mi-tendre. — *Eau :* abondante, très-sucrée, vineuse, délicieusement acidulée et parfumée.

Maturité. — Décembre-Mai.

Qualité. — Première.

Historique. — John Evelyn, botaniste anglais mort en 1706 et connu par plusieurs ouvrages fort estimés, fut en 1672 celui qui le premier parla du Golden Pippin, ou Pomme d'Or. Ses compatriotes Ray (1688), Switzer (1724) et Miller (1768), écrivains également très-versés dans l'arboriculture fruitière, mentionnèrent aussi cette variété; mais aucun d'eux n'en signala l'origine. De nos jours (1859) le docteur Hogg, président du Comité pomologique de la Société d'Horticulture de Londres, a consacré un long article au Golden Pippin, en son livre intitulé *the Apple and its varieties*. Je croyais trouver là quelques renseignements positifs sur l'âge et le lieu natal de cette pomme, sans rivale en Angleterre. Je m'étais trompé, M. Hogg n'a pas été plus heureux que ses devanciers; il l'avoue sans hésiter, puis rapporte une supposition émise à cet égard :

« Quand et où — dit-il — la *Golden Pippin* a-t-elle été primitivement découverte?..... Actuellement on l'ignore encore, quoique tous les pomologues s'accordent pour la reconnaître comme un fruit d'origine anglaise. Il en est même qui supposent qu'elle fut obtenue à Parham-Park, près Arundel, dans le comté de Sussex. » (Page 96.)

Ce texte n'ayant rien de probant, rien d'affirmatif, laisse en conséquence la question d'origine entièrement indécise. Je le sais; mais lorsqu'un pomologue aussi compétent que le docteur Hogg n'a pu la résoudre, l'essayer de nouveau me paraît inutile. Pour compléter autant que possible cet historique, ajoutons cependant que la variété Golden Pippin ne semble pas — sous ce nom du moins ou sous l'un des trente-cinq synonymes dont plus haut j'ai dressé la liste — avoir été cultivée chez nous avant les dernières années de la Quintinye, mort en 1688. Le célèbre créateur du verger de Louis XIV à Versailles fut effectivement, parmi nos anciens arboriculteurs, celui qui la fit connaître au public, et sans nulle recommandation, même; d'où j'infère qu'elle était encore une nouveauté pour lui :

« Les Anglais — écrivit-il — font grande estime d'une pomme qu'ils nomment *Guolden Peppius,* qui a tout-à-fait l'air d'une Pomme de Paradis, ou de quelqu'autre Pomme sauvage; elle est fort jaune et ronde, elle a peu d'eau, qui est assez relevée et sans mauvaise odeur. » (*Instructions pour les jardins fruitiers et potagers,* édit. originale, t. 1er, p. 392.)

Le fonds marécageux du potager de Versailles convenait peu à ce pommier, qui veut surtout un sol argilo-calcaire; la Quintinye fut donc mal placé pour bien apprécier le mérite de cette variété. Aussi le jugement qu'il en avait porté ne tarda pas à être infirmé par Angran de Rueneuve, « conseiller du Roy en l'Élection « d'Orléans. » Passionné pour l'horticulture ce magistrat rétablit ainsi, en 1712, la réputation du fruit méconnu :

« La *Pomme d'Or* — déclara-t-il — nous est venuë d'Angleterre; on l'y appelle *Goule-Pepin.* J'estime qu'elle doit être la Reyne des Pommes et que la Reynette ne doit marcher qu'après elle, car elle est d'un plus fin relief que toutes les autres Pommes. » (*Observations sur l'agriculture et le jardinage,* 1712, t. 1er, p. 248.)

Peut-être existe-t-il ici quelque exagération dans la louange; pour moi, la Reinette franche égale au moins en qualité la Pomme d'Or des Anglais, et de plus la surpasse toujours en grosseur, avantage dont il est bon de tenir compte. Mais, cette réserve faite, je reconnais qu'on ne saurait trop propager en France ce fruit exquis, précieux également pour la fabrication du cidre, auquel il donne une extrême délicatesse. Sous ce rapport on en tire depuis longtemps, en Angleterre, un très-grand parti, puisque John Evelyn, le botaniste du xviie siècle dont nous parlions au début, a constaté que lord Clarendon, dans son domaine de Swallowfield (comté de Berks), cultivait déjà à cette époque, uniquement pour le pressoir, mille pommiers de Golden Pippin. Et ce fait m'amène à rappeler, en terminant, que dès 1360 les Rouennais possédaient une pomme Pepin ou Franc-Pepin tellement renommée, qu'elle se vendait fort cher, même pour les monastères; aussi un hôtelier de la rue Saint-Jean de Rouen, afin sans doute d'allécher les buveurs, l'avait-il en 1500 représentée sur son enseigne, avec ces mots : *A la Pomme de Pepin.* — Si quelque description de ce Pepin était parvenue jusqu'à nous, qui peut assurer qu'on ne reconnaîtrait pas en lui le Pepin doré supposé d'origine anglaise? Les deux noms, en tout cas, sont parfaitement semblables. Mais l'archiviste de la Seine-Inférieure auquel nous empruntons ces détails, M. Robillard de Beaurepaire, n'a rencontré aucun document qui permette un tel examen. (Voir, de cet archiviste, l'*État des campagnes de la haute Normandie dans les derniers temps du moyen âge,* 1865, aux pp. 47-58 et 381.)

Observations. — Les Belges, en 1855, ont dit dans leurs *Annales de pomologie* (t. III, p. 22) qu'il existait un Gros-Pepin d'Or, moins bon, paraît-il, que le Petit. Les Allemands, Sickler entre autres (*Teutscher Obstgärtner,* t. III, VI et XIV), le décrivirent même dès 1795, mais je n'ai pu me le procurer. Je le signale, cependant, afin que cette Grosse-Pomme d'Or ne puisse être, chez nous, regardée comme identique avec la variété ici caractérisée. — Les Anglais ayant donné pour nom générique, aux Reinettes, le terme *Pippin,* il en est découlé partout de nombreuses méprises. Ainsi, par exemple, notre antique Reinette dorée ou Reinette jaune tardive, a longtemps été vendue dans mes pépinières, vu son homonymie avec le Golden Pippin ou Pepin doré, au lieu et place de ce dernier fruit. C'est pourquoi le nom Pomme d'Or d'Angleterre remplace depuis 1868, dans mon *Catalogue,* le nom Golden Pippin, qu'également, dans ce *Dictionnaire,* j'ai fait passer du rang des variétés au rang des synonymes, pour qu'il n'occasionnât plus de semblables erreurs. — On cultive en Belgique, province du Hainaut, une pomme appelée *Pepin d'Or de Pâture,* dont M. Edouard Morren a publié cette description :

« Gros fruit, forme ovoïde; jaune coloré de rouge. Chair fine, sucrée, acidulée. Très-bon pour la table et déclaré très-fertile. Dégusté en février. » (*Belgique horticole,* 1858, t. VIII, p. 220.)

Je crois ce nouveau Pepin d'Or inconnu en France, mais il ne doit pas moins être signalé, son nom pouvant aisément, un jour ou l'autre, causer à nos jardiniers quelque embarras, quelque indécision. — Les Hollandais, avant 1750, possédaient, eux aussi, leur Golden Pippin ; voici, d'après un écrivain horticole de leur nation, quel était ce fruit :

« Les Pommes *d'Or simple d'Hiver*, dont les meilleures sont d'un jaune foncé et tacheté de gris, peuvent à peine être admises au nombre des pommes de table, quoique, quand on les fait étuver et qu'on les met en compote et en pâte, elles aient un goût fort agréable. Leurs arbres produisent beaucoup, ce qui les empêche de devenir très-grands. Elles sont connues depuis les temps les plus reculés. » (De Lacour, *les Agréments de la campagne*, 1752, t. II, pp. 45-46.)

S'il me paraît impossible de reconnaître la variété caractérisée dans ce passage, du moins puis-je assurer — et voilà l'essentiel — qu'elle n'est pas la pomme d'Or d'Angleterre, puisque, de l'aveu même de son descripteur, on l'utilise presque uniquement pour les usages culinaires, faute de pouvoir la manger crue.

POMME D'OR [DE FRANCE]. — Synonyme de pomme *Drap d'Or*. Voir ce nom.

305. POMME D'OR DE LANGÉ.

Synonyme. — Pomme PEPIN D'OR DE LANGÉ (Société Van Mons, *Catalogue général de ses pépinières*, 1858, t. I, p. 215).

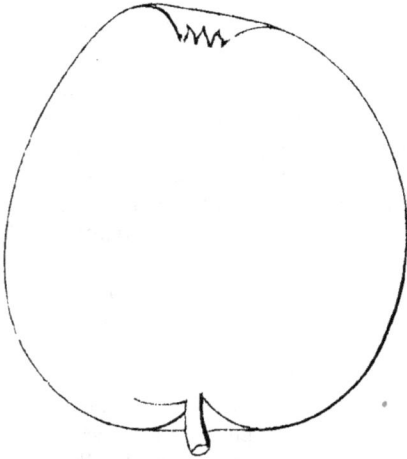

Description de l'arbre. — *Bois :* fort. — *Rameaux :* nombreux, étalés, très-gros, peu longs, bien coudés, sensiblement duveteux et d'un brun olivâtre amplement lavé de rouge terne. — *Lenticelles :* grandes, plus ou moins arrondies, très-abondantes. — *Coussinets :* assez saillants. — *Yeux :* volumineux, ovoïdes-arrondis, très-cotonneux, collés sur le bois. — *Feuilles :* grandes ou moyennes, ovales-arrondies ou cordiformes, vert clair en dessus, gris verdâtre en dessous, non acuminées pour la plupart et profondément dentées sur leurs bords. — *Pétiole :* très-gros, très-court et presque sans cannelure. — *Stipules :* bien développées.

FERTILITÉ. — Abondante.

CULTURE. — Greffé ras terre, pour plein-vent, ce pommier devient fort et régulier. La basse-tige, néanmoins, lui convient beaucoup, particulièrement quand on l'écussonne sur paradis.

Description du fruit. — *Grosseur :* au-dessous de la moyenne. — *Forme :* ovoïde ou conique-allongée, assez ventrue à la base et généralement, au sommet, déprimée d'un côté. — *Pédoncule :* court, peu fort, arqué, obliquement inséré au fond d'une étroite cavité triangulaire dans laquelle le comprime souvent une gibbosité prononcée. — *Œil :* petit ou moyen, mi-clos, placé presque à fleur de fruit. — *Peau :* jaune d'or, ponctuée de gris et de fauve, très-légèrement lavée, à l'insolation, de rouge-brun clair, et maculée de roux olivâtre auprès du pédoncule. — *Chair :* blanchâtre, fine, mi-tendre et croquante. — *Eau :* abondante, sucrée, acidulée, assez savoureuse, quoique habituellement entachée d'un arrière-goût plus ou moins herbacé.

MATURITÉ. — Février-Avril.

QUALITÉ. — Deuxième.

Historique. — J'ai rapporté de Berlin, en 1860, cette jolie pomme, délicieuse dans son terrain natal, mais un peu moins bonne chez moi. Les Belges la cultivaient déjà en 1858, à Geest-Saint-Remy-lez-Jodoigne, siége des pépinières de la Société Van Mons, dissoute en 1870. M. le superintendant Oberdieck, de Jeinsen (Hanovre), parrain et propagateur de ce fruit, l'ayant décrit en 1869, en établit ainsi l'origine :

« Cette excellente variété — dit-il — fut obtenue d'un semis du Pepin d'Or d'Angleterre, il y a quelques années, par M. Langé, professeur puis conseiller d'instruction publique à Altenbourg (duché de Saxe-Gotha). C'est de ce personnage qu'en 1855 j'ai reçu des greffes dudit pommier, alors innommé, et je le lui ai dédié, par reconnaissance des services qu'il a rendus à la pomologie. » (*Illustrirtes Handbuch der Obstkunde*, t. VIII, p. 85, n° 584.)

---

306. POMME D'OR MACULÉE.

Synonyme. — *Pomme* GEFLECKTER GOLD (Diel, *Vorz. Kernobstsorten,* 1821, t. I, p. 87).

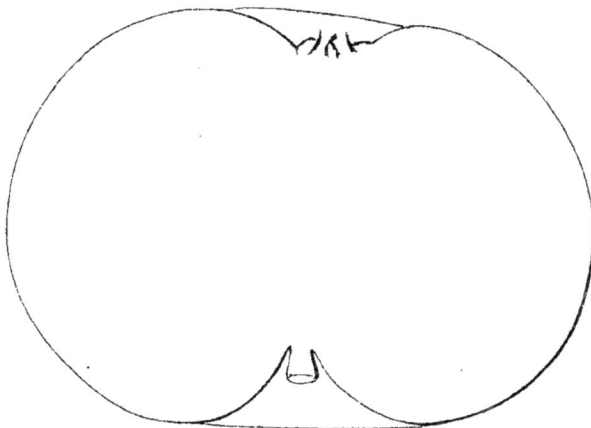

Description de l'arbre. — *Bois :* de moyenne force. — *Rameaux :* nombreux, érigés ou légèrement étalés, gros, assez longs, bien géniculés, un peu cotonneux et d'un brun olivâtre faiblement nuancé de carmin, surtout auprès des yeux. — *Lenticelles :* arrondies ou allongées, grandes et rapprochées. — *Coussinets :* modérément ressortis. — *Yeux :* petits, arrondis, très-aplatis, duveteux, noyés dans l'écorce. — *Feuilles :* moyennes, ovales régulières ou ovales-allongées, rarement acuminées, planes pour la plupart et profondément dentées. — *Pétiole :* de moyenne longueur, très-gros, peu cannelé. — *Stipules :* petites.

FERTILITÉ. — Satisfaisante.

CULTURE. — Sa vigueur très-modérée le rend beaucoup plus propre à la basse-tige, sur paradis ou doucin, qu'au plein-vent; si cependant on désirait lui donner cette dernière forme, il faudrait le greffer en tête.

Description du fruit. — *Grosseur :* volumineuse. — *Forme :* sphérique, fortement aplatie aux pôles et toujours un peu moins développée d'un côté que de l'autre. — *Pédoncule :* très-court, bien nourri, très-profondément inséré dans un bassin vaste et régulier. — *Œil :* grand, mi-clos ou fermé, à courtes sépales, à cavité unie, large et peu profonde. — *Peau :* mate, unicolore, jaune d'or, très-amplement maculée de brun squammeux auprès et autour du pédoncule, plus ou moins rougeâtre à l'insolation, puis semée de larges et nombreux points roux, qui souvent sont étoilés. — *Chair :* blanche, fine, mi-tendre. — *Eau :* suffisante, délicieusement aromatisée et sucrée, mais complétement dépourvue d'acidité.

MATURITÉ. — Octobre-Janvier.

QUALITÉ. — Première, pour les amateurs de pommes douces.

Historique. — M. le docteur Lucas, directeur de l'Institut pomologique de Reutlingen (Wurtemberg), m'envoya en 1868 cette variété, que l'année précédente j'avais vue exposée au grand concours international de Paris. Elle est assez ancienne déjà, et provient, du moins on le suppose, de la Hollande, ainsi que l'écrivait en 1821 le pomologue allemand Diel :

« Je dois — disait-il alors — cette espèce à mes honorables amis M. de Lindern et M. le docteur Jürgens, de Jevern (duché d'Oldenbourg). Ils me l'envoyèrent étiquetée *Double Drap d'Or.* Je n'ai trouvé ce beau fruit cité par aucun pomologue. Il est probablement d'origine hollandaise, vu son qualificatif *Dubbelde* [Double], si commun en Hollande dans la nomenclature des variétés du pommier. Toutefois, comme ce Double Drap d'Or ne se rapprochait nullement de la pomme française appelée Drap d'Or, je l'ai nommée *Gefleckter Goldapfel* [Pomme d'Or maculée], en raison de sa jolie couleur dorée et des taches rouges dont il est marqué à l'insolation. » (*Vorz. Kernobstsorten,* t. I, p. 87.)

POMME D'OR SIMPLE D'HIVER. — Voir pomme *d'Or d'Angleterre,* au paragraphe OBSERVATIONS.

307. POMME ORANGE D'ALLEMAGNE.

Synonyme. — *Pomme* POMÄRANZEN (Diel, *Kernobstsorten,* 1799, t. I, p. 239).

Description de l'arbre. — *Bois :* assez faible. — *Rameaux :* très-nombreux, érigés, de grosseur et longueur moyennes, coudés, duveteux, à longs mérithalles et d'un brun-gris nuancé de rouge. — *Lenticelles :* petites, arrondies, clair-semées. — *Coussinets :* peu saillants. — *Yeux :* très-petits, ovoïdes, cotonneux, collés sur le bois. — *Feuilles :* grandes, ovales, vert brillant en dessus, blanchâtres et légèrement duveteuses en dessous, ayant les bords profondément dentés ou crénelés. — *Pétiole :* assez long, grêle et cannelé. — *Stipules :* étroites et courtes.

FERTILITÉ. — Satisfaisante.

Culture. — Sa croissance assez prompte le rend propre à toutes les formes et permet également de le greffer sur toute espèce de sujet.

Description du fruit. — *Grosseur :* moyenne et parfois moins volumineuse.

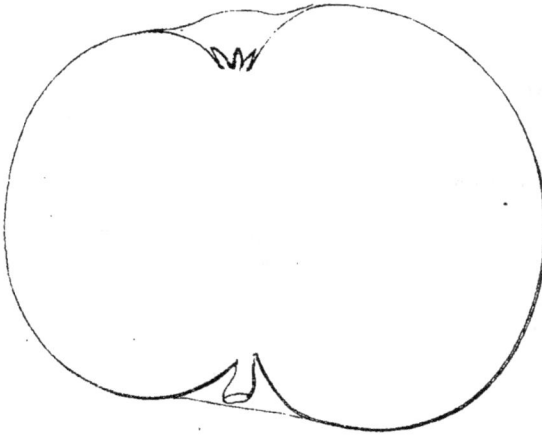

Pomme Orange d'Allemagne.

— *Forme :* globuleuse, sensiblement aplatie aux extrémités, pentagone au sommet et généralement ayant un côté beaucoup plus gros que l'autre. — *Pédoncule :* court ou très-court, bien nourri, inséré dans un bassin étroit et assez profond. — *OEil :* grand ou moyen, mi-clos ou fermé, bien enfoncé dans une cavité très-irrégulière. — *Peau :* légèrement rugueuse, jaune clair sur le côté de l'ombre, jaune brunâtre sur l'autre face, où elle est en outre faiblement striée de rouge orangé, maculée de brun squammeux près de l'œil et du pédoncule, puis abondamment ponctuée de gris. — *Chair :* blanchâtre, fine, assez ferme. — *Eau :* abondante, acidule, savoureusement sucrée et parfumée, rappelant le goût des meilleures Reinettes.

Maturité. — Novembre-Février.

Qualité. — Première.

Historique. — Très-répandue en Hollande et en Allemagne, cette pomme exquise appartient à ce dernier pays, où elle est connue depuis un temps immémorial, ainsi que l'affirmait en 1799 le pomologue Diel : « La *Pomâranzen* « *Apfel,* ou Pomme Orange — disait-il — est positivement native d'Allemagne, « et voilà de nombreux siècles que nos ancêtres l'y savourent. » (*Kernobstsorten,* t. I, p. 239.) Elle fut exposée au concours international de Paris, en 1867, par le professeur Koch, de Berlin ; et l'année suivante, en ayant apprécié le mérite, je me la procurai à l'Institut pomologique de Reutlingen (Wurtemberg), grâce à l'obligeance du directeur de cet établissement, M. le docteur Lucas, qui le 8 mai 1872 m'écrivait, parlant de ce fruit : « On le cultive en Suisse, surtout aux environs « de Zurich, sous le nom de *Breitaar ;* dans le Thurgau, sous celui de *Breitacher* ; « enfin les Wurtembergois l'ont aussi surnommé *Sternborsdorfer.* »

308. Pomme ORANGE D'ANJOU.

Description de l'arbre. — *Bois :* de moyenne force. — *Rameaux :* peu nombreux, érigés, gros, assez longs, à peine géniculés, d'un beau jaune-orangé. — *Lenticelles :* clair-semées, petites et très-allongées. — *Coussinets :* des plus saillants. — *Yeux :* très-gros, coniques-pointus, légèrement duveteux, écartés du bois. — *Feuilles .* petites, ovales pour la plupart, courtement acuminées, coriaces, finement dentées. — *Pétiole :* court, grêle, à cannelure profonde. — *Stipules :* très-petites.

Fertilité. — Assez abondante.

Culture. — Pour le destiner au plein-vent on devra, vu sa croissance un peu trop lente, le greffer à hauteur de tige afin qu'il ait une jolie tête. Écussonné sur doucin ou paradis, pour formes naines, il fait des arbres de toute beauté, surtout comme cordon.

Description du fruit. — *Grosseur :* moyenne. — *Forme :* régulièrement arrondie, mais parfois, cependant, plus ou moins comprimée aux pôles. —

Pomme Orange d'Anjou.

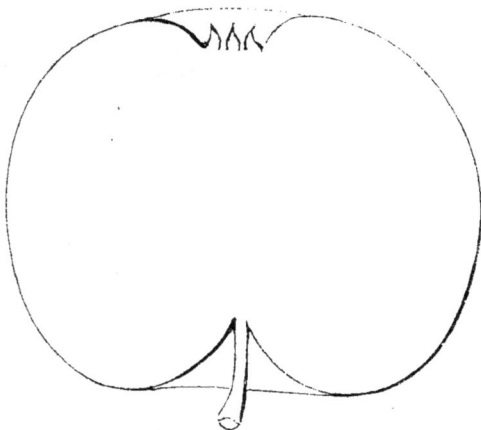

Pédoncule : long, peu fort, recourbé, profondément implanté dans un vaste bassin. — *OEil :* grand ou moyen, très-ouvert, à cavité unie et rarement bien développée. — *Peau :* légèrement rugueuse, jaune verdâtre sur le côté de l'ombre, jaune-orange à l'insolation, réticulée, veinée ou tachetée de brun, surtout auprès et autour de l'œil, puis çà et là ponctuée de gris-blanc. — *Chair :* quelque peu jaunâtre, fine, mi-tendre. — *Eau :* suffisante ou abondante, sucrée, acidule, de saveur assez agréable.

Maturité. — Décembre-Mars.

Qualité. — Deuxième.

Historique. — Son nom indique qu'elle appartient à la pomone angevine. M. Millet, en sa *Description des fleurs et des fruits nés dans le département de Maine-et-Loire*, publiée au cours de 1835, en a été le premier descripteur (p. 117). Il la dit — assertion exacte — très-commune dans les environs d'Angers. Elle est connue depuis longtemps déjà et paraît fréquemment sur les marchés de notre contrée.

---

309. Pomme ORANGE DE COX.

Synonymes. — *Pommes :* 1. Cos Orange (Société Van Mons, *Catalogue général de ses pépinières*, 1858, t. I. p. 244). — 2. Cox's Orange Pippin (Alexandre Bivort, *Annales de pomologie belge et étrangère*, 1859, t. VII, p. 11). — 3. Reinette Orange de Cox (*Id. ibid.*). — 4. Cox's Orange (Oberdieck, *Illustrirtes Handbuch der Obstkunde*, 1869, t. VIII, p. 165, n° 624).

Description de l'arbre. — *Bois :* faible. — *Rameaux :* assez nombreux, étalés, grêles, peu longs, très-géniculés et très cotonneux, brun olivâtre fortement lavé de rouge ardoisé. — *Lenticelles :* abondantes, petites ou moyennes, arrondies ou allongées. — *Coussinets :* saillants. — *Yeux :* moyens, ovoïdes, bien duveteux, légèrement écartés du bois. — *Feuilles :* petites, ovales-allongées, rarement acuminées, planes, à bords faiblement dentés ou crénelés. — *Pétiole :* grêle, très-long, tomenteux, largement cannelé. — *Stipules :* assez longues mais étroites.

FERTILITÉ. — Grande.

CULTURE. — On ne saurait, en raison de sa végétation si chétive, l'utiliser pour le plein-vent sans être assuré de n'en obtenir que de mauvais arbres; il faut donc le destiner aux formes buisson, cordon, espalier, en le greffant sur doucin ou paradis.

Description du fruit. — *Grosseur: :* moyenne et parfois plus volumineuse. — *Forme :* ovoïde-arrondie, ayant presque toujours un côté moins développé que l'autre. — *Pédoncule :* assez long ou un peu court, mince, flexible, planté dans un bassin de dimensions très - variables. — *OEil :* moyen, ouvert ou mi-clos, placé généralement presque à fleur de fruit. — *Peau :* assez fine, lisse, d'un beau jaune brillant, amplement lavée et faiblement fouettée, à l'insolation, de carmin foncé, tachée de fauve autour du pédoncule et ponctuée de brun et de blanc grisâtre. — *Chair :* blanche, tendre, fine ou mi-fine. — *Eau :* abondante ou suffisante , bien sucrée, légèrement acidulée, possédant un arome des plus savoureux.

Pomme Orange de Cox.

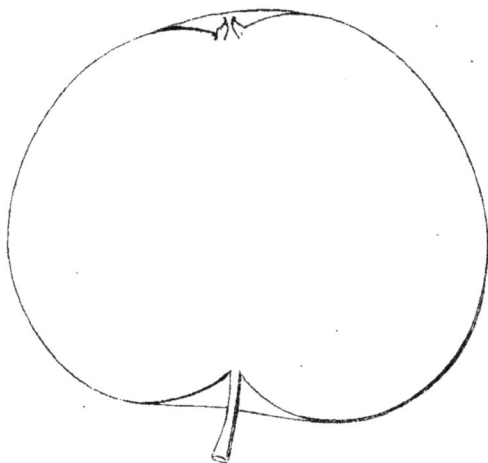

MATURITÉ.—Novembre-Février.

QUALITÉ. — Première.

Historique. — Les Anglais sont les obtenteurs de ce fruit aussi beau que bon. Quoiqu'il compte déjà près d'un demi-siècle, il n'est cependant pas encore bien répandu, même en Angleterre. Il fut, en 1830, gagné de semis par M. H. Cox, dont il porte le nom, à Colnbrook-Lawn, près Colnbrook, localité située sur la route de Londres à Windsor. Le semis fait se composait de graines du Ribston Pippin, et par un heureux hasard deux variétés de premier mérite en sortirent : celle-ci puis la Cox's Pomona, décrite plus haut (p. 248). Pendant de longues années l'Orange de Cox resta confinée dans la région où elle avait pris naissance; il fallut, pour l'en tirer, l'éclat et la publicité des expositions, concours où chacun peut constamment appeler sur les produits de son industrie, le jugement d'hommes spéciaux. Plusieurs fois exposée à Londres, elle y reçut de la Société d'Horticulture plusieurs médailles, notamment en 1854 et 1858; et ce fut à partir de ces dates que sa véritable propagation commença. Les pépiniéristes français la multiplient depuis 1860 environ. (Voir sur ce fruit, outre les ouvrages signalés dans notre sommaire synonymique, le recueil anglais intitulé *the Florist fruitist and garden miscellany,* année 1858; la *Belgique horticole* de M. Édouard Morren, t. IX, puis le *Niederlandischer Obstgarten,* liv. XVIII, n° 64.)

310. Pomme ORANGE DE PÉRIGORD.

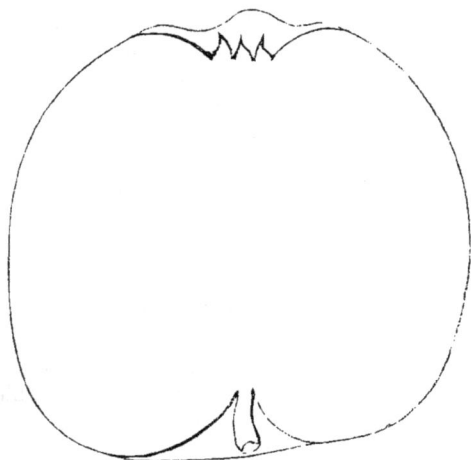

Description de l'arbre. — *Bois :* peu fort. — *Rameaux :* assez nombreux, légèrement étalés, courts et de grosseur moyenne, géniculés, cotonneux, gris verdâtre, à courts mérithalles. — *Lenticelles :* arrondies ou allongées, très-petites et abondantes. — *Coussinets :* faiblement ressortis mais se prolongeant souvent en arête. — *Yeux :* petits, coniques-pointus, noirâtres près du sommet, complétement plaqués sur le bois. — *Feuilles :* petites ou très-petites, ovales ou ovales-allongées, coriaces, épaisses, courtement acuminées, planes ou ondulées, à bords peu profondément crénelés. — *Pétiole :* court et bien nourri, rougeâtre en dessous et largement cannelé. — *Stipules :* des plus petites.

Pomme Orange de Périgord.

Fertilité. — Très-grande, mais seulement quand l'arbre est déjà un peu fort.

Culture. — Ce pommier, pour plein-vent, doit être greffé en tête. La basse-tige lui est très-avantageuse, surtout quand on l'a écussonné sur paradis.

Description du fruit. — *Grosseur :* moyenne. — *Forme :* cylindrique-arrondie, pentagone, aplatie aux extrémités, bossuée et généralement moins volumineuse d'un côté que de l'autre. — *Pédoncule :* court, assez fort, arqué, profondément inséré dans un vaste bassin dont la forme est très-irrégulière. — *OEil :* grand, mi-clos ou fermé, faiblement enfoncé, à larges sépales, entouré de plis bien accusés. — *Peau :* rugueuse, très-mince, unicolore, roux clair passant au roux plus foncé à l'insolation, finement ponctuée de gris jaunâtre et habituellement un peu squammeuse dans la cavité ombilicale. — *Chair :* blanchâtre, fine, ferme et croquante. — *Eau :* abondante, sucrée, ayant une délicieuse saveur acidulée et parfumée qui tient un peu du goût de l'Orange.

Maturité. — Janvier-Avril.

Qualité. — Première.

Historique. — Très-commun et très-anciennement cultivé dans les environs de Périgueux (Dordogne), ce pommier, par le nom qu'il a reçu, paraît originaire du Périgord. Toujours est-il qu'en dehors de cette région on le rencontre bien rarement. J'en dois la connaissance et la possession à mon obligeant confrère M. L. Richard, de Périgueux, qui m'en offrit des greffes et des fruits au mois de mars 1869.

Pomme ORANGE PIPPIN. — Voir pomme *Marigold*, au paragraphe Observations.

POMME ORBICULAIRE. — Synonyme de pomme *Rosat blanc*. Voir ce nom.

POMME ORGUEIL DES GERMAINS. — Synonyme de pomme *de Borsdorf*. Voir ce nom.

POMME ORIGINAL NONPAREIL. — Synonyme de pomme *Non-Pareille ancienne*. Voir ce nom.

311. POMME ORNEMENT DE TABLE.

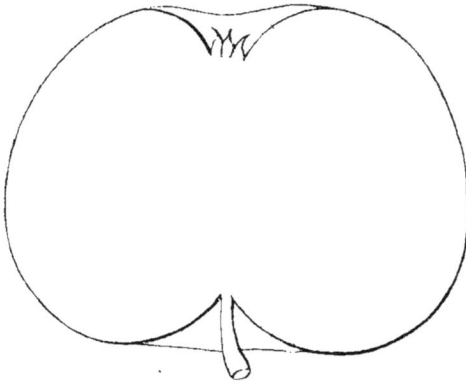

Description de l'arbre. — *Bois :* peu fort. — *Rameaux :* assez nombreux, étalés, courts, de grosseur moyenne, bien coudés, légèrement duveteux, brun olivâtre nuancé de rouge. — *Lenticelles :* arrondies ou allongées, petites, abondantes. — *Coussinets :* saillants. — *Yeux :* volumineux, coniques, faiblement cotonneux, en partie collés sur le bois. — *Feuilles :* moyennes, ovales, vert clair en dessus, gris verdâtre en dessous, acuminées, ayant les bords finement et régulièrement dentés. — *Pétiole :* long, gros, rosé à la base et généralement peu cannelé. — *Stipules :* petites.

FERTILITÉ. — Abondante.

CULTURE. — La faiblesse de sa végétation n'engage pas beaucoup à le destiner au plein-vent; il est préférable de le consacrer aux formes naines, en lui donnant le doucin ou le paradis pour sujet.

Description du fruit. — *Grosseur :* moyenne. — *Forme :* conique-arrondie, aplatie aux pôles mais assez régulière. — *Pédoncule :* de longueur moyenne, peu fort, inséré dans un large et profond bassin formant entonnoir. — *OEil :* grand, mi-clos, modérément enfoncé, bordé d'assez fortes élévations. — *Peau :* jaune clair, ponctuée de gris blanc, amplement lavée de rose vif sur le côté frappé par le soleil et toute maculée de fauve auprès et autour du pédoncule. — *Chair :* blanche, fine, ferme, croquante et légèrement marcescente. — *Eau :* peu abondante, acidule, sucrée, sans parfum, et cependant assez agréable.

MATURITÉ. — Janvier-Avril.

QUALITÉ. — Deuxième.

Historique. — La pomme Ornement de Table a pour principal mérite sa jolie peau bicolore jaune et rose, qui probablement lui valut le nom prétentieux sous lequel elle est uniquement cultivée. Je l'ai tirée d'Angleterre en 1846 et publiée pour la première fois en 1849, comme variété nouvelle, dans mon *Catalogue* (p. 32, n° 144). Aucune des nombreuses Pomologies que je possède n'en contient la description. Le seul renseignement qui m'apparaît sur elle, relativement à son origine, est la mention qu'en fit Thompson, en 1842, dans le *Catalogue descriptif* des arbres fruitiers du Jardin de la Société d'Horticulture de Londres. Elle s'y trouve classée sous le n° 509 (p. 29), mais sans note de dégustation, ce qui prouve qu'elle était alors d'obtention ou d'importation récente chez les Anglais. Les Belges, qui l'ont également propagée, ont commencé à la multiplier en 1854, ainsi qu'il appert du *Catalogue général* des pépinières de la Société Van Mons (t. I, p. 57).

POMME OSNABRUCKER REINETTE. — Synonyme de *Reinette d'Osnabrück*. Voir ce nom.

POMME OSTOGATE. — Synonyme de pomme *Doux d'Argent*. Voir ce nom.

POMME D'OUTRE-PASSE. — Synonyme de *Calleville rouge d'Hiver*. Voir ce nom.

POMME OXFORD PEACH. — Synonyme de pomme *Écarlate d'Été*. Voir ce nom.

P

POMME PANACHÉE. — Synonyme de pomme *Suisse panachée*. Voir ce nom.

___

POMME PANTHER. — Synonyme de pomme *Santouchée*. Voir ce nom.

___

POMMES : PAPA,

    —   PAPA (GROS-),

) Synonymes de pomme *Gros-Papa*. Voir ce nom.

___

POMME PAPA D'HIVER (GROS-). — Synonyme de pomme *Montalivet*. Voir ce nom.

___

POMME PAPER. — Synonyme de pomme *Summer Pippin*. Voir ce nom.

___

312. POMME DE **PARADIS**.

Synonymes. — *Pommes :* 1. D'ARBRE NAIN (John Gerard, *the Herbal, or general History of plants*, 1597, Apples, n° 7). — 2. APIOLE (le Lectier, d'Orléans, *Catalogue des arbres cultivés dans son verger et plant*, 1628, p. 23 ; — et Daléchamp, *Histoire générale des plantes*, 1653, t. 1, p. 242).

Premier Type.

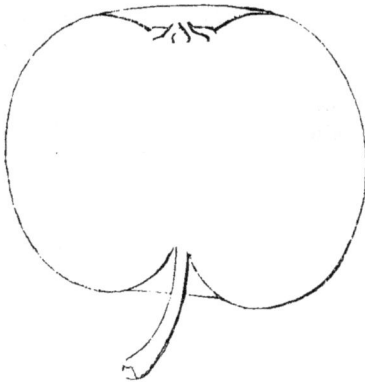

FERTILITÉ. — Abondante.

CULTURE. — Ce pommier est surtout utilisé comme sujet pour la greffe des

Description de l'arbre. — *Bois :* peu fort. — *Rameaux :* assez nombreux, étalés, grêles, de longueur moyenne, légèrement coudés, à courts mérithalles et d'un rouge ardoisé lavé de gris. — *Lenticelles :* arrondies, petites, abondantes. — *Coussinets :* aplatis. — *Yeux :* moyens, ovoïdes-allongés, faiblement appliqués sur l'écorce, ayant les écailles rougeâtres, cotonneuses et disjointes. — *Feuilles :* petites, nombreuses, vert jaunâtre en-dessus, vert grisâtre en-dessous, ovales-allongées ou elliptiques, à peine acuminées et régulièrement crénelées. — *Pétiole :* gros, court, sensiblement carminé, à cannelure très-profonde. — *Stipules :* petites et souvent faisant défaut.

autres variétés qu'on désire posséder en arbre nain, sous formes buisson, espalier, gobelet, pyramide et cordon.

Description du fruit. — *Grosseur :* petite. — *Forme :* arrondie, un peu comprimée aux pôles et plus ou moins plissée autour de l'œil. — *Pédoncule :* long, assez grêle, inséré dans un bassin de dimensions variables. — *OEil :* grand ou moyen, ouvert ou mi-clos, à cavité large, peu profonde, unie ou plissée sur les bords. — *Peau :* mince, jaune clair, ponctuée de roux à l'insolation, où souvent aussi elle est finement nuancée de rose. — *Chair :* blanchâtre, tendre, à grain serré. — *Eau :* suffisante, douce, sucrée, de saveur mielleuse.

Pomme de Paradis. — *Deuxième Type.*

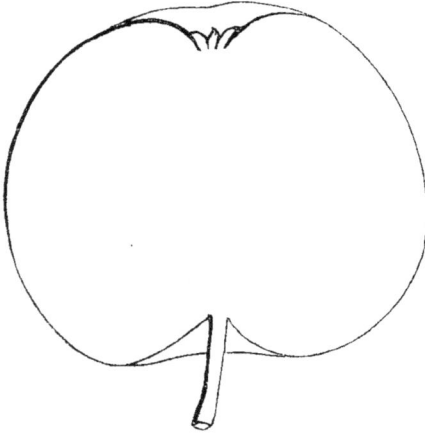

MATURITÉ. — Fin juillet et commencement d'août.

QUALITÉ. — Troisième.

Historique. — Au premier siècle de notre ère Pline mentionna dans son *Historia naturalis* (livre XV) certaine pomme PETISIENNE « récemment introduite « à Rome, disait-il, petite, mais de saveur très-agréable. » Charles Estienne, d'après ce seul passage, crut en 1540 (*Seminarium*, p. 53) que la variété chez nous appelée de Paradis devait être identique, ou presque identique, avec cette Petisienne. Quelques années auparavant (1536) Ruel, publiant le *de Natura stirpium*, avait manifesté une opinion différente sur ce même fruit, dans lequel il crut retrouver, ou les MÉLIMELLES ou les MUSTÉES, également citées par Pline, qui se borna, pour les premières, à constater que leur chair « possédait un goût de « miel, » et pour les autres, « qu'elles mûrissaient de bonne heure. » S'il me fallait prononcer entre ces deux opinions, j'accepterais celle de Ruel en ce qui touche les Mélimelles, .car réellement nos pommes de Paradis ont une saveur mielleuse. Mais, sans étudier plus longtemps un point impossible à résoudre, je passe à des allégations moins problématiques. L'archiviste actuel de la Seine-Inférieure, M. Robillard de Beaurepaire, dont l'ouvrage intitulé *État des campagnes de la Haute Normandie au moyen âge*, renferme de précieux renseignements sur nos anciens fruits, nous dit (p. 51) « qu'en cette contrée, au temps de Champier « (1472), la pomme de Paradis était, avec le Blanc-Dureau et le Capendu [ou « Court-Pendu gris], la pomme la plus recherchée. » Elle se trouvait du reste, à ces époques reculées, également dans le Midi de la France, puisque Jean Bauhin, qui écrivit avant 1613, affirme en avoir reçu de Lyon et de Montpellier. Comme il constate aussi qu'en Suisse on la cultivait à Bâle et à Genève (*Hist. natur. plantar.*, t. I, pp. 18-19). — Ce fut, croyons-nous, vers la moitié du XVIIᵉ siècle que commença l'usage de greffer, pour espèces naines, d'autres pommiers sur le Paradis. En 1688 déjà la Quintinye (t. I, p. 389) faisait ressortir « la commodité « d'avoir, sur cette variété, de petits buissons. » Mayer, en 1776, paraît confirmer notre croyance, lorsqu'il dit, d'après le professeur Gléditsch :

« Depuis *plus d'un siècle* qu'on observe soigneusement le POMMIER DE PARADIS, il ne s'en est pas encore trouvé de converti en grand pommier..... Il conserve inaltérablement son caractère d'arbuste. De quelque manière qu'on le propage, et quelque soin qu'on se donne pour l'en faire changer, jamais peut-être il n'atteindra une certaine hauteur; ses branches seront toujours faibles, fluettes, se soutenant à peine. » (*Pomona franconica*, t. III, p. 57.)

Le passage suivant de Miller, botaniste anglais fort estimé, me semble également corroborer mon opinion :

« Le *Pommier de Paradis* — écrivait-il en 1724 — était il y a quelques années fort recherché comme sujet propre à greffer d'autres espèces..... mais ces sortes de greffes ne sont plus aujourd'hui qu'un objet de curiosité..... En France on estimait beaucoup ces arbres; souvent on les y mettait en pot afin de pouvoir, chargés de fruits, les servir ainsi sur les tables. » (*The Gardener's and Botanist's Dictionary.*)

Dans notre pays, à ces mêmes époques, cette variété contribua fréquemment aussi à l'ornementation des grands jardins :

« On en faisait — rapportait l'abbé Nolin en 1755 — des palissades de deux à trois pieds de haut, singulières par la quantité de leurs petits fruits, qui prennent de la couleur quand ils sont placés au midi. » (*Essai sur l'agriculture*, p. 233.)

Si maintenant on me demandait pourquoi les fruits de ce prototype des pommiers nains furent appelés pommes *de Paradis*, je citerais, mais sous toutes réserves, bien entendu, l'assertion émise en 1552 par le naturaliste Tragus, de Strasbourg :

« Les poëtes latins — disait-il en son *Historia stirpium* — nous apprennent que la pomme dans laquelle Ève et Adam mordirent avec tant de convoitise, appartenait précisément à cette variété, d'où vient qu'ensuite on lui donna le nom du lieu alors habité par eux, le Paradis terrestre. »

Observations. — Les Hollandais cultivent deux pommes de *Paradis rouge*, la Double et la Simple ; elles n'ont aucun rapport avec celle ici caractérisée, leur maturité s'accomplissant en février. L'Anjou possède aussi la sienne, provenue des environs de Cholet. Ne l'ayant pas décrite, je la signale, crainte qu'elle ne donne lieu à quelque méprise. C'est un fruit très-tardif; on le conserve aisément jusqu'au mois d'avril.

Pomme DE PARADIS D'HIVER. — Synonyme de pomme *Rouge de Stettin*. Voir ce nom.

Pommes DE PARADIS ROUGE. — Synonymes de pommes *Cœur de Bœuf* et *Roi Très-Noble*. Voir ces noms.

Pomme PAREMENS. — Synonyme de *Pearmain d'Hiver*. Voir ce nom.

Pomme PARFUM CALVILLE. — Synonyme de pomme *Parfumée*. Voir ce nom.

---

313. Pomme PARFUMÉE.

Synonymes. — *Pommes :* 1. PARFUM CALVILLE (Diel, *Vorz. Kernobstsorten*, 1832, t. VI, p. 60). — 2. PARFUMIRTE REINETTE (*Id. ibid.*).

Description de l'arbre. — *Bois :* assez fort. — *Rameaux :* nombreux et étalés, gros, de longueur moyenne, à peine géniculés, légèrement cotonneux, rouge-grenat très-foncé et quelque peu lavé de gris. — *Lenticelles :* arrondies ou allongées, grandes, très-abondantes. — *Coussinets :* presque nuls. — *Yeux :* gros, ovoïdes-allongés, faiblement écartés du bois et des plus duveteux. — *Feuilles :*

Pomme Parfumée.

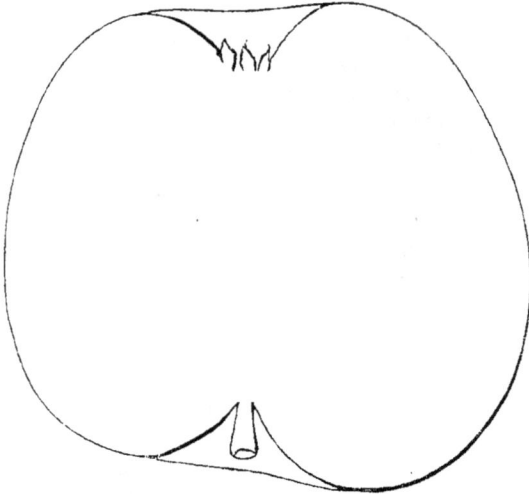

petites, ovales, rarement acuminées, assez profondément crénelées et souvent contournées sur elles-mêmes. — *Pétiole :* court, bien nourri, lavé de rouge violacé, surtout à la base, et largement cannelé. — *Stipules :* très-petites.

FERTILITÉ. — Ordinaire.

CULTURE. — Il prospère convenablement sous n'importe quelle forme et sur toute espèce de sujet.

Description du fruit. — *Grosseur :* assez volumineuse. — *Forme :* toujours beaucoup moins développée d'un côté que de l'autre, elle est irrégulièrement cylindrique ou globuleuse sensiblement aplatie aux pôles. — *Pédoncule :* court et gros, obliquement et profondément inséré dans un vaste bassin. — *Œil :* grand, à larges sépales, ouvert ou mi-clos, à cavité prononcée, irrégulière et souvent ondulée ou plissée sur les bords. — *Peau :* unie, vert clair blanchâtre sur la face exposée à l'ombre, vert jaunâtre à l'insolation, où fréquemment aussi elle porte quelques traces de rouge terne et vineux, maculée de fauve squammeux autour du pédoncule et ponctuée de brun. — *Chair :* blanc jaunâtre ou verdâtre, ferme et croquante. — *Eau :* abondante, plus ou moins sucrée, acidule, aromatique mais généralement entachée d'un arrière-goût amer assez marqué.

MATURITÉ. — Décembre-Février.

QUALITÉ. — Deuxième pour la table, première pour la cuisson.

Historique. — La pomme parfumée me fut envoyée de Berlin en 1860 ; je la propage depuis 1865. Les Prussiens n'en sont pas les obtenteurs ; le semeur belge Van Mons paraît l'avoir gagnée avant 1818, époque à laquelle il l'offrit à son correspondant allemand, le docteur Diel, qui la décrivit en 1832 (*Vorz. Kernobstsorten*, t. VI, p. 60). Du fait qu'on ne la rencontre pas dans le *Catalogue descriptif* de Van Mons, publié en 1823, il ne saurait toutefois être conclu qu'elle appartienne à tout autre semeur, puisque ce dernier, comme l'indique le titre dudit *Catalogue*, ne signala au public qu'une partie, et non la totalité de ses arbres fruitiers.

———

POMME PARFUMIRTE REINETTE. — Synonyme de pomme *Parfumée*. Voir ce nom.

———

314. Pomme PÂRIS.

Synonyme. — Grosse-Pomme-Pâris (Jean Bauhin, *Historia fontis et balnei Bollensis Admirabilis* 1598, p. 82).

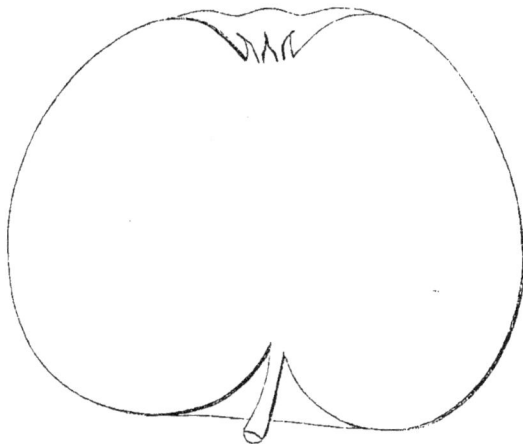

Description de l'arbre. — *Bois :* de moyenne force. — *Rameaux :* peu nombreux, étalés, assez longs et assez grêles, bien géniculés, duveteux, rouge-brun ardoisé. — *Lenticelles :* clair-semées, petites ou moyennes, allongées ou arrondies. — *Coussinets :* aplatis. — *Yeux :* assez gros, ovoïdes-allongés, cotonneux et très-rapprochés du bois. — *Feuilles :* petites ou moyennes, rondes, acuminées, vert mat foncé, planes, irrégulièrement et très-profondément dentées ou crénelées. — *Pétiole :* court, assez gros, fortement cannelé. — *Stipules :* petites et souvent faisant défaut.

Fertilité. — Abondante.

Culture. — Peu vigoureux, la basse-tige sur doucin ou paradis lui convient mieux que le plein-vent; si néanmoins on l'y destinait, il faudrait uniquement le greffer en tête.

Description du fruit. — *Grosseur :* au-dessus de la moyenne et parfois plus volumineuse. — *Forme :* conique-arrondie, plus ou moins régulière et ventrue, légèrement côtelée au sommet. — *Pédoncule :* de longueur moyenne, peu fort et profondément planté dans un vaste bassin. — *Œil :* ouvert ou mi-clos, grand, à cavité unie et assez développée. — *Peau :* mince, lisse, jaune clair verdâtre, striée et finement nuancée de rose tendre à l'insolation, légèrement marbrée ou tachée de fauve autour du pédoncule et finement ponctuée de blanc et de roux. — *Chair :* blanchâtre, fine, mi-tendre, un peu verdâtre auprès des loges, qui sont grandes et arrondies. — *Eau :* suffisante, très-sucrée, faiblement acidulée, vineuse et parfumée.

Maturité. — Novembre-Janvier.

Qualité. — Deuxième, mais première pour ceux qui aiment les pommes à peu près douces.

Historique. — Le berger Pâris, de galante mémoire, fut choisi par Jupiter, disent les mythologues, pour offrir à celle des trois déesses Junon, Minerve et Vénus qu'il jugerait le mieux la mériter, une pomme d'or portant ces mots : « A la « plus belle. » On sait que Vénus l'obtint. Quelqu'aimable arboriculteur, comme souvenir d'un tel jugement, aura dédié à Pâris un pommier nouveau, et c'est ainsi que le nom du berger fabuleux sera devenu celui du fruit séculaire ici caractérisé. Séculaire, car Jean Bauhin, naturaliste français, le décrivit et figura dès l'an 1598 (*Historia fontis et balnei Bollensis Admirabilis*, p. 82). Il le nommait Grosse-Pomme de Pâris, l'avait reçu de Kirchen (Wurtemberg), mais ne le croyait pas originaire de cette localité. Effectivement, ce pommier appartient à la Transylvanie, maintenant province autrichienne ; un pomologue allemand, M. Belke, nous l'apprend en ces termes :

« Cette très-jolie variété — dit-il (1866) — provient de la Transylvanie, où sa culture est fort commune, surtout dans les districts les plus chauds. Au XVIIᵉ siècle, cela résulte de documents authentiques, déjà son nom s'y trouvait répandu..... Il existe plusieurs sous-variétés de ce pommier : Pâris de Moros, Pâris vert, Pâris jaune, qui toutes se ressemblant pour l'arbre, le goût et la qualité du fruit, diffèrent seulement par la couleur de la peau » (*Illustrirte Monatshefte für Obst-und Weinbau*, année 1866, p. 257.)

---

315. Pomme PARKER.

Synonymes. — *Pommes :* 1. PARKER'S GRAUER PEPPING (Van Mons, *Catalogue descriptif de partie des arbres fruitiers qui de 1798 à 1823 ont formé sa collection*, p. 36, nᵒ 496). — 2. PARKER'S PIPPIN (Diel, *Kernobstsorten*, 1809, p. 149). — 3. PEPIN GRIS DE PARKER (*Id. ibid.*; — et Congrès pomologique, session de 1869, *Procès-Verbal*, p. 49).

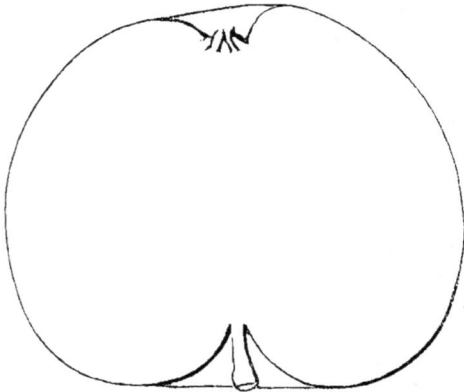

Description de l'arbre. — *Bois :* fort. — *Rameaux :* nombreux, érigés ou légèrement étalés, gros, assez longs, bien coudés, fortement cotonneux, d'un brun olivâtre très-foncé, lavé de gris et quelquefois de rouge. — *Lenticelles :* arrondies ou allongées, grandes et abondantes. — *Coussinets :* peu saillants. — *Yeux :* assez gros, ovoïdes, duveteux et faiblement collés contre le bois. — *Feuilles :* grandes ou moyennes, ovales-allongées, sensiblement acuminées, à bords très-profondément dentés. — *Pétiole :* très-long, gros, peu rigide, fortement cannelé. — *Stipules :* larges et des plus longues.

FERTILITÉ. — Ordinaire.

CULTURE. — Le plein-vent lui convient assez ; greffé ras terre sous cette forme il fait de jolis arbres, mais la basse-tige sur paradis le rend beaucoup plus productif.

Description du fruit. — *Grosseur :* moyenne. — *Forme :* conique-raccourcie, bien ventrue à son milieu, moins volumineuse d'un côté que de l'autre. — *Pédoncule :* de longueur et grosseur moyennes, arqué, obliquement inséré dans un bassin profond et assez large. — *Œil :* moyen, mi-clos, à cavité petite et finement plissée. — *Peau :* légèrement rugueuse, à fond jaune verdâtre presque entièrement lavé d'un roux grisâtre sur lequel ressortent çà et là quelques petits points bruns. — *Chair :* verdâtre, fine et ferme. — *Eau :* abondante, sucrée, vineuse, délicieusement acidulée et parfumée.

MATURITÉ. — Janvier-Avril.

QUALITÉ. — Première.

Historique. — Ce très-bon fruit est encore peu connu de nos pépiniéristes. Le Congrès pomologique, dans sa session de 1869, en recommanda la culture. Alors je le multipliais déjà, l'ayant en 1867 reçu de l'Institut pomologique de Reutlingen (Wurtemberg), que dirige le savant docteur Lucas. Le pommier Parker se trouve depuis plus d'un demi-siècle chez les Allemands, qui le croient d'origine anglaise, comme il ressort du passage suivant, écrit par Diel en 1809 :

« Un arbre-nain de cette espèce me fut — disait-il — expédié des pépinières de MM. Gordon, Dermer et Thompson, de Mile-End (Angleterre)..... Ce *Pippin Parker* n'étant cité que dans quelques Catalogues anglais, je le regarde comme un fruit moderne, surtout ne le voyant décrit ni par Miller, ni par Hanbury, ni par Abercrombie. » (*Kernobstsorten*, t. X, p. 149.)

Pour compléter ces renseignements du docteur Diel, j'ajouterai que la pomme dont il parle ainsi me paraît rappeler le nom d'un amateur d'arbres fruitiers, le capitaine William Parker, de Camberwell-Terrace (comté de Surrey), auquel M. Anthony Carlisle, secrétaire de la Société d'Horticulture de Londres, avait précédemment (1802) dédié un noyer. (Voir *Transactions* de ladite Société, 1ʳᵉ série, t. II, pp. 3-6.)

POMMES : PARKER'S GRAUER PEPPING,

— PARKER'S PIPPING,

Synonymes de pomme *Parker.* Voir ce nom.

POMMES : PARMAIN D'ANGLETERRE,

— PARMAIN PEPPING,

Synonymes de pomme *Pearmain d'Hiver.* Voir ce nom.

316. POMME PASSE-BÖHMER.

Synonyme. — Pomme EDEL BÖHMER (du Wurtemberg).

Description de l'arbre. — *Bois :* de moyenne force. — *Rameaux :* assez nombreux, étalés, gros, peu longs, bien coudés, très-duveteux, rouge-brun ardoisé. — *Lenticelles :* allongées ou arrondies, petites, clair-semées. — *Coussinets :* ressortis. — *Yeux :* moyens, ovoïdes-arrondis, cotonneux, faiblement appliqués sur le bois. — *Feuilles :* moyennes, ovales très-allongées ou presque lancéolées, rarement acuminées, ayant les bords assez profondément crénelés. — *Pétiole :* des plus gros, de longueur moyenne, carminé, tomenteux, à cannelure prononcée. — *Stipules :* assez larges, mais courtes.

FERTILITÉ. — Grande.

CULTURE. — Le greffer en tête, pour plein-vent, et sur paradis ou doucin pour les formes naines, qui lui sont plus favorables.

Description du fruit. — *Grosseur :* au-dessus de la moyenne. — *Forme :* globuleuse, souvent un peu contournée dans son ensemble. — *Pédoncule :* court, assez fort, droit ou arqué, très-profondément inséré dans un vaste bassin. —

Pomme Passe-Böhmer.

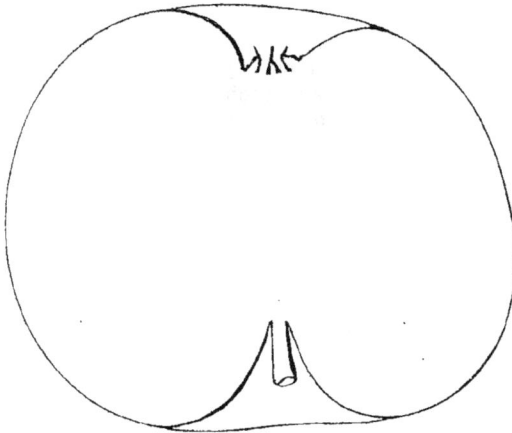

OEil : moyen, ouvert ou mi-clos, à cavité légèrement plissée, large et profonde. — *Peau :* fine et lisse, à fond jaune blanchâtre, amplement lavée de rouge-amaranthe, tachée de fauve brunâtre autour du pédoncule et très-faiblement ponctuée de gris. — *Chair :* blanche, peu compacte, bien tendre. — *Eau :* abondante, très-sucrée, savoureusement parfumée, acidule et vineuse.

MATURITÉ. — Janvier-Mars.

QUALITÉ. — Première.

Historique. — L'Edel Böhmer, ou Passe-Böhmer, fut exposée en 1867, à Paris, par M. Karl Koch, professeur de botanique à l'Université de Berlin. La beauté, mais surtout la grande bonté de ce fruit, m'engagèrent à le multiplier ; ce que je fais depuis 1868. Il est d'origine allemande et d'assez récente obtention. Je ne l'ai vu décrit, ni même cité, dans aucune des principales Pomologies allemandes. Les greffons qu'on m'en adressa provenaient des pépinières de Reutlingen (Wurtemberg).

POMMES : PASSEBON,

— PASSE-CALLEVILLE,

— PASSE-POMME,

} Synonymes de *Passe-Pomme d'Été.* Voir ce nom.

POMME PASSE-POMME D'AUTOMNE. — Synonyme de *Calleville rouge d'Hiver.* Voir ce nom.

POMME PASSE-POMME DU CANADA. — Synonyme de *Reinette grise du Canada.* Voir ce nom.

POMME PASSE-POMME CÔTELÉE. — Synonyme de *Calleville rouge d'Hiver.* Voir ce nom.

317. Pomme PASSE-POMME D'ÉTÉ.

Synonymes. — *Pommes :* 1. SPADONE DES BELGES (Pline, l'an 80 après J.-C., *Historia naturalis,* lib. XV, cap. XV; — et Daléchamp, *Histoire générale des plantes,* 1586-1653, t. 1, p. 242). — 2. PASSEBON (*Registres de l'ancien tabellionnage de Rouen,* année 1462, analysés par M. Robillard de Beaurepaire en 1865, dans *l'État des campagnes de la Haute Normandie au moyen âge,* p. 49). — 3. PASSE-POMME (Charles Estienne, *Seminarium et plantarium fructiferarum præsertim arborum quæ post hortos conseri solent,* 1540, p. 54). — 4. CHATRÉE (Daléchamp, *ibid.*). — 5. DE GRILLOT (Daléchamp, *ibid.*). — 6. GROS-COUSINOT HATIF (le Lectier, d'Orléans, *Catalogue des arbres cultivés dans son verger et plant,* 1628, p. 22; — et Mayer, *Pomona franconica,* 1776, t. III, p. 70). — 7. ROYALE HATIVE (le Lectier, *ibid.;* — et Mayer, *ibid.,* p. 74). — 8. CALEVILLE D'ÉTÉ (Claude Mollet, *Théâtre des jardinages,* 1652-1678, p. 55; — et Duhamel, *Traité des arbres fruitiers,* 1768, t. I, p. 275). — 9. CALVIL ROUGE HATIF (Bonnefond, *le Jardinier français,* 1653, p. 106). — 10. PASSE-POMME ROUGE (Merlet, *l'Abrégé des bons fruits,* 1667, p. 145; — et Manger, *Systematische Pomologie,* 1780, 1re partie, p. 54, n° CVI). — 11. COUSINET D'ÉTÉ (dom Claude Saint-Étienne, *Nouvelle instruction pour connaître les bons fruits,* 1670, p. 210; — et Manger, *ibid.,* p. 56, n° CVII). — 12. FAUX-CALLEVILLE D'ÉTÉ (Duhamel, *ibid.,* p. 277). — 13. CALVILLE BLANCHE D'ÉTÉ (Société économique de Berne, *Traité des arbres fruitiers,* 1768, t. II, p. 100; — et Mayer, *ibid.,* p. 74). — 14. COUSINOTTE D'ÉTÉ (Mayer, *ibid.,* p. 70). — 15. CUISINOTTE D'ÉTÉ (*Id. ibid.*). — 16. DE JACOB (*Id. ibid.,* p. 75). — 17. ROYALE D'ÉTÉ (*Id. ibid.,* p. 74). — 18. COULEUR DE CHAIR (Manger, *ibid.,* p. 56, n° CVII). — 19. CUISINOT TULPÉ (*Id. ibid.*). — 20. GRILLOTTE (*Id. ibid.,* p. 54, n° CVI). — 21. PASSE-CALVILLE (*Id. ibid.,* p. 56, n° CVII). — 22. QUISINOT (*Id. ibid.*). — 23. DE SAINT-JACQUE (Mayer, *ibid.*). — 24. DE SAINT-JAMES (Sickler, *Teutscher Obstgärtner,* 1794, t. I, p. 186). — 25. GROSSE-MADELEINE (de Launay, *le Bon-Jardinier,* 1808, p. 139). — 26. CALVILLE ROUGE D'ÉTÉ DES ANGLAIS (George Lindley, *Guide to the orchard and kitchen garden,* 1831, p. 9, n° 14). — 27. CALVILLE PRÉCOCE (Diel, *Verzeichniss der Obstsorten,* 1833, p. 8). — 28. MADELEINE (Louis Noisette, *le Jardin fruitier,* 1839, p. 195). — 29. MADELEINE BLANCHE (le baron de Biedenfeld, *Handbuch aller bekannten Obstsorten,* 1854, 2e partie, p. 13).

Passe-Pomme d'Été. — *Premier Type.*

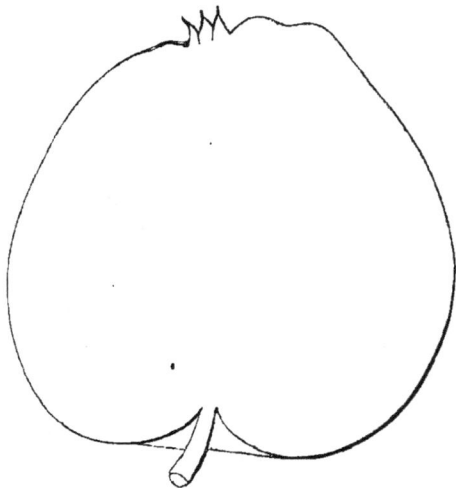

Description de l'arbre. — *Bois :* peu fort. — *Rameaux :* assez nombreux, légèrement étalés, longs, de moyenne grosseur, à peine coudés, très-duveteux et d'un brun grisâtre. — *Lenticelles :* allongées ou arrondies, petites, clair-semées. — *Coussinets :* larges mais peu saillants. — *Yeux :* petits ou très-petits, obtus, entièrement collés sur le bois, ayant les écailles grisâtres et bien soudées. — *Feuilles :* assez abondantes, grandes ou moyennes, ovales ou ovales-allongées, vert jaunâtre en dessus, gris verdâtre en dessous, acuminées, largement dentées ou crénelées. — *Pétiole :* gros, long, carminé, à cannelure étroite. — *Stipules :* courtes et larges.

FERTILITÉ. — Très-grande.

CULTURE. — Lorsqu'on le greffe à hauteur de tige, pour plein-vent, il fait des arbres assez convenables; toute forme naine peut lui être appliquée, en l'écussonnant sur doucin plutôt que sur paradis.

Description du fruit. — *Grosseur :* moyenne. — *Forme :* conique-allongée ou conique-raccourcie et ventrue, côtelée au sommet, ayant généralement une face plus développée que l'autre. — *Pédoncule :* de grosseur et longueur moyennes, planté dans un bassin large et peu profond. — *Œil :* grand ou moyen, mi-clos, parfois mal formé, à fleur de fruit, entouré de plis et de gibbosités. — *Peau :* coriace, à fond jaune blafard ou blanc jaunâtre, ponctuée de gris et de brun, plus ou moins lavée de rouge lie de vin à l'insolation, où elle est en outre fouettée de carmin vif et recouverte assez habituellement d'une légère efflorescence glauque. — *Chair :* blanche au centre, quelque peu verdâtre à la surface, fine et tendre, devenant aisément pâteuse sous la peau, quand elle est encore très-saine auprès des loges, dont parfois presque tous les pepins sont avortés. — *Eau :* suffisante, acidule, assez sucrée et plus ou moins parfumée.

MATURITÉ. — Fin juillet et commencement d'août.

Passe-Pomme d'Été. — *Deuxième Type.*

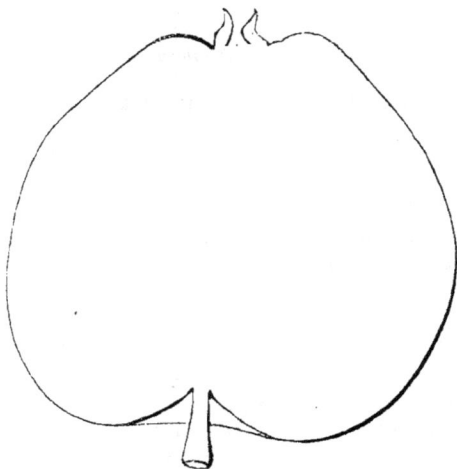

QUALITÉ. — Deuxième.

Historique. — Quand une pomme se présente, comme celle-ci, gratifiée de dix-neuf siècles d'existence, il faut lui pardonner les nombreux déguisements sous lesquels, à diverses époques, elle s'est montrée pour se rajeunir ; et pourtant l'y reconnaître devient souvent bien difficile.

Anciennement la précocité de ce fruit le fit beaucoup rechercher. De nos jours les pommes hâtives importées de Crimée (Russie) ont notablement diminué sa multiplication. Pline, dont l'*Histoire naturelle* date de la seconde moitié du premier siècle de l'ère chrétienne, ayant cité (livre XV) parmi les pommes connues des Romains, « la Spadone des Belges, sans pepins, disait-il, ce qui lui semblait une castration, » plusieurs naturalistes, Daléchamp entr'autres en 1586 (t. I, p. 242), crurent pouvoir la déclarer synonyme de l'espèce alors appelée Passe-Pomme. Depuis eux ce sentiment s'est généralisé, grâce aux compilateurs, si rarement disposés à l'examen, à la discussion. Quant à moi, tout en le reproduisant, je le combats, car on ne saurait qualifier la Passe-Pomme d'Été de fruit sans pepins, comme on l'a fait pour la pomme Figue d'Hiver, par exemple, qui jamais n'en contient (voir plus haut, p. 304, sa description). Ce n'est qu'*exceptionnellement*, ainsi qu'il arrive pour la pomme Lanterne, décrite page 421, que la présente variété s'en trouve à peu près dépourvue. Si donc je voulais rattacher la pomme Figue d'Hiver et la Passe-Pomme d'Été à quelqu'une de leurs congénères romaines, je dirais la première semblable à la Spadone ou Chatrée, et la seconde identique avec certaines pommes « *farineuses* » également signalées par Pline, et par lui réputées « *les plus précoces de toutes.* » De la sorte, je serais d'accord avec la logique, sinon avec la vérité, puisque les caractères principaux et constants de ces quatre fruits sont parfaitement les mêmes. En Normandie, où les jardiniers se contentent de cultiver leurs pommiers sans songer à ceux que mentionna Pline, on regarde la Passe-Pomme comme originaire du lieu. Et de fait elle paraît bien là dans son sol natal, y étant plus parfumée, moins pâteuse qu'ailleurs. Du reste, des actes très-anciens rendent assez plausible cette opinion. Ainsi M. Robillard de Beaurepaire, archiviste de la Seine-Inférieure, a publié en 1865 un volume intitulé *État des campagnes de la Haute Normandie au moyen âge*, duquel il résulte (pp. 49 et 57) qu'avant 1462 les Normands appelaient ce fruit Passe-Bon, et Passe-Pomme en 1544. Mais ce dernier nom, qui fait allusion à l'extrême fugacité de ce fruit, remonte plus haut que 1544, Ruel en 1536 l'ayant inscrit déjà dans le *de Natura stirpium* (chap. Pommier, n° 3).

Observations. — Parmi les nombreux synonymes de ce pommier, quelques pomologues considèrent encore les suivants comme des variétés : Calleville précoce ou d'Été, Calleville blanc, Passe-Pomme rouge, Passe-Pomme blanche, Cousinotte. Cette erreur, car c'en est une, prend sa source dans certaine inconstance de forme et de coloris qu'affecte assez fréquemment la Passe-Pomme d'Été, dont la chair elle-même offre parfois, selon la nature du sol et l'exposition de l'arbre, des différences marquées. Duhamel prémunissait cependant, dès 1768, les horticulteurs contre de telles méprises, lorsque caractérisant le prétendu *Calleville d'Été*, il disait :

« Sa peau est dure, d'un beau *rouge foncé* du côté du soleil, plus clair du côté de l'ombre; les endroits couverts par les feuilles sont d'un *blanc de cire*. Sa chair est blanche, quelquefois elle a une légère teinte de rouge du côté où elle a été frappée du soleil. Elle devient bientôt cotonneuse. L'eau est peu abondante et peu relevée lorsque la pomme a acquis sa parfaite maturité..... Mais le fruit que je viens de décrire *me paraît n'être qu'une Passe-Pomme*, et mérite peu le nom de Calville, dont il n'a presqu'aucune qualité. La *véritable* Pomme de Calville [rouge] d'Été, est plus grosse, d'une forme presque cylindrique, très-rouge en dehors et en dedans; son eau est abondante et relevée d'un aigrelet assez vif.... » (*Traité des arbres fruitiers*, t. I, p. 276-277.)

Si Duhamel me semble avoir parlé là sans aucune ambiguïté, l'arboriculteur allemand Mayer ne fut pas moins précis non plus, lorsqu'en 1801 il affirma que « la Cuisinotte ou Cousinotte d'Été ne différait nullement de la vraie Passe-Pomme» (*Pomona franconica*, t. III, p. 70). — Il est toutefois deux synonymes très-anciens, Épice et Capendu, que je n'ai pas cru devoir accepter pour cette variété, qui certes n'a jamais pu les mériter.

Pommes : PASSE-POMME GÉNÉRALE,

— PASSE-POMME D'HIVER,

} Synonymes de *Calleville rouge d'Hiver*. Voir ce nom.

Pomme PASSE-POMME MUSQUÉE. — Synonyme de *Calleville rouge d'Été*. Voir ce nom.

Pomme PASSE-POMME ROUGE. — Synonyme de *Passe-Pomme d'Été*. Voir ce nom.

Pommes : PASSE-POMME ROUGE DEDANS,

— PASSE-POMME SOYETTE,

— PASSE-POMME TARDIVE,

} Synonymes de *Calleville rouge d'Hiver*. Voir ce nom.

Pomme PASSE-ROSE. — Synonyme de pomme *Rosette marbrée*. Voir ce nom.

---

318. Pomme PASSE-ROSE STRIÉE.

Synonyme. — *Pomme* Edler Rosenstreifling (Dittrich, *Systematisches Handbuch der Obstkunde,* 1839, t. I, p. 197, n° 108).

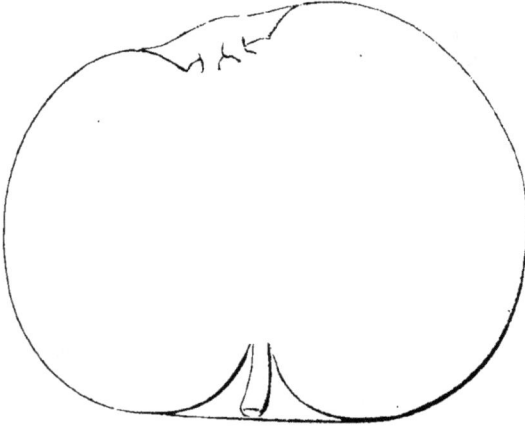

Description de l'arbre. — *Bois :* fort. — *Rameaux :* nombreux, érigés, peu longs, très-gros, à peine géniculés, duveteux, brun olivâtre souvent lavé de carmin brillant et foncé. — *Lenticelles :* grandes, allongées, clair-semées. — *Coussinets :* larges, aplatis. — *Yeux :* moyens, ovoïdes-arrondis, légèrement cotonneux, noyés dans l'écorce. — *Feuilles :* assez grandes, ovales-allongées ou elliptiques, rarement acuminées, planes, régulièrement dentées. — *Pétiole :* de moyenne longueur, bien nourri, carminé, à cannelure peu prononcée. — *Stipules :* petites.

Fertilité. — Ordinaire.

Culture. — Le greffer en tête, pour plein-vent, et sur paradis pour la basse-tige.

Description du fruit. — *Grosseur :* moyenne. — *Forme :* globuleuse aplatie aux pôles et souvent moins volumineuse d'un côté que de l'autre. — *Pédoncule :* assez court et assez gros, planté dans un vaste et profond bassin. — *OEil :* grand, bien ouvert, plissé sur ses bords, à cavité large, irrégulière, généralement de profondeur moyenne. — *Peau :* mince, lisse, à fond jaunâtre, amplement lavée, marbrée et striée de carmin, ponctuée de gris et de brun. — *Chair :* blanchâtre, fine, mi-tendre. — *Eau :* abondante, très-sucrée, délicieusement acidulée et parfumée.

Maturité. — Fin d'août et commencement de septembre.

Qualité. — Première.

Historique. — Exposée à Paris en 1867 par le professeur Koch, de Berlin, la pomme Edler Rosenstreifling, ou Passe-Rose striée, est d'origine allemande. Ce fut le pomologue Dittrich qui la fit connaître en 1839 (t. I, p. 197). Je dois cette recommandable variété à l'obligeance du directeur de l'Institut pomologique de Reutlingen (Wurtemberg), M. le docteur Lucas, et la multiplie depuis 1868.

319. Pomme de PASTEUR.

Synonyme. — *Pomme* Pastour (Comice horticole d'Angers, *Catalogue du Jardin fruitier*, année 1852, Pommiers, n° 216).

Description de l'arbre. — *Bois :* de moyenne force. — *Rameaux :* peu nombreux et étalés, gros, assez longs, bien coudés, ayant de courts mérithalles, très-cotonneux, rouge-brun foncé lavé de gris. — *Lenticelles :* petites ou moyennes, arrondies et fort abondantes. — *Coussinets :* ressortis. — *Yeux :* volumineux, arrondis, des plus duveteux, entièrement collés sur le bois. — *Feuilles :* de moyenne grandeur, ovales, coriaces, d'un vert brillant et foncé en dessus, d'un blanc verdâtre en dessous, courtement acuminées, planes pour la plupart et régulièrement crénelées sur leurs bords. — *Pétiole :* court et gros, amplement carminé, à faible cannelure. — *Stipules :* assez développées.

Fertilité. — Ordinaire.

Culture. — Les formes buisson, espalier, cordon et pyramide, sur paradis ou doucin, lui sont plus favorables que la haute-tige, à laquelle il peut cependant être soumis, mais en le greffant en tête et non ras terre.

Description du fruit. — *Grosseur :* très-volumineuse et parfois énorme. — *Forme :* conique-raccourcie et ventrue, aplatie à la base, pentagone au sommet. — *Pédoncule :* court ou très-court, bien nourri, surtout au point d'attache, profondément inséré dans un bassin de largeur variable. — *OEil :* grand ou très-grand, généralement mi-clos, à cavité irrégulière, vaste, fortement bossuée sur les bords. — *Peau :* jaune-beurre du côté de l'ombre, marbrée et fouettée de carmin sur l'autre face, puis abondamment semée de points bruns cerclés de blanc. — *Chair :* blanche, peu fine, tendre et croquante. — *Eau :* abondante, plus ou moins sucrée, agréablement acidulée, mais sans parfum.

Maturité. — Octobre-Décembre.

Qualité. — Deuxième pour le couteau, première pour les usages culinaires.

Historique. — L'ancien Comice horticole de Maine-et-Loire reçut de l'un de ses correspondants étrangers, ce pommier vers 1847, et c'est dans le jardin de cette Société, où il portait l'étiquette *Pastour* et le n°. 216, qu'en 1851 je m'en procurai des greffes. Les pomologues allemands sont les seuls qui l'aient encore décrit ; il est du reste originaire de leur pays. Diel le signala en 1800 (*Kernobstsorten*, t. II, pp. 216-219), puis récemment (1865) M. Oberdieck en parlait en ces termes :

« Ce fut — assure-t-il — du bourg de Balduistein-sur-Lahn qu'on envoya cette variété au docteur Diel. Quoiqu'obtenue de semis en Allemagne, elle n'y a pas été, jusqu'à présent, beaucoup cultivée, malgré son assez grande bonté. » (*Illustrirtes Handbuch der Obstkunde*, t. IV, p. 381, n° 452.)

POMME **PASTOUR**. — Synonyme de pomme *de Pasteur*. Voir ce nom.

POMME **PATERNOSTER**. — Synonyme de *Reinette de Caux*. Voir ce nom.

320. POMME **PATTE DE LOUP**.

Synonymes. — *Pommes* : 1. DE LOUP [?] (dom Claude Saint-Étienne, *Nouvelle instruction pour connaître les bons fruits*, 1670, p. 212). — 2. POCRE DE LOUP (Millet, *Description des fleurs et des fruits nés dans le département de Maine-et-Loire*, 1835, p. 116).

Premier Type.

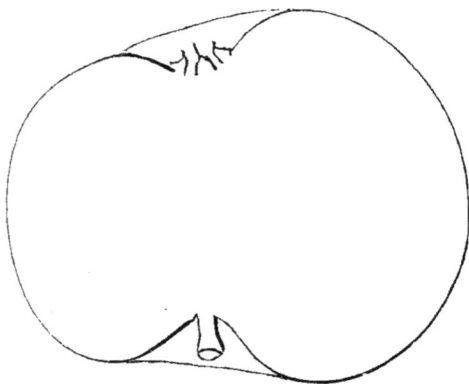

Deuxième Type.

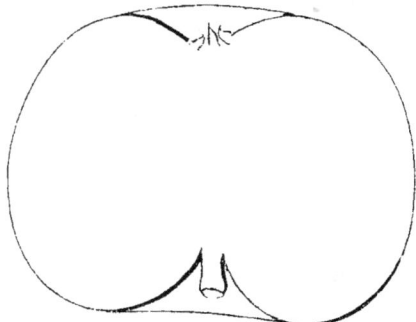

Description de l'arbre. — *Bois :* fort. — *Rameaux :* assez nombreux, étalés, gros et courts, sensiblement coudés, des plus cotonneux, brun foncé, ayant de très-courts mérithalles. — *Lenticelles :* arrondies ou allongées, grandes ou moyennes, abondantes. — *Coussinets :* peu saillants. — *Yeux :* gros, coniques-arrondis, très-cotonneux, partiellement collés sur le bois. — *Feuilles :* moyennes, ovales, vert terne en dessus, blanc grisâtre en dessous, rarement acuminées, profondément crénelées. — *Pétiole :* de moyenne longueur, gros, non cannelé. — *Stipules :* courtes, mais généralement assez larges.

FERTILITÉ. — Abondante.

CULTURE. — Sous toute forme et sur toute espèce de sujet il fait des arbres irréprochables.

Description du fruit. — *Grosseur :* moyenne et parfois moins volumineuse. — *Forme :* sphérique, sensiblement comprimée aux pôles et souvent ayant un côté plus développé que l'autre. — *Pédoncule :* court et gros, planté dans un vaste et profond bassin. — *Œil :* grand ou moyen, ouvert ou mi-clos, à cavité unie et prononcée. — *Peau :* rugueuse, brun-fauve, nuancée de vert, légèrement squameuse et fortement ponctuée de gris. — *Chair :* quelque peu jaunâtre ou verdâtre, fine, compacte, ferme. — *Eau :* suffisante, sucrée, délicatement acidulée et parfumée.

Maturité. — Janvier-Avril.

Qualité. — Première.

Historique. — Dans l'arrondissement de Beaupreau (Maine-et-Loire), dont on le croit originaire, le pommier Patte-de-Loup est très-commun, très-ancien. Depuis une trentaine d'années sa culture commence à se généraliser. M. Millet, en 1835, le mentionna page 116 de sa *Description des fleurs et des fruits nés dans le département de Maine-et-Loire;* il lui trouvait, et c'est aussi mon opinion, « quelques « rapports avec le Fenouillet gris. » Je ne saurais préciser l'âge de cette variété. Ce fut elle, peut-être, qu'en 1670 le moine Claude Saint-Étienne appelait déjà pomme *de Loup*, sans la caractériser? (*Nouvelle instruction pour connaître les bons fruits*, p. 213). Quoi qu'il en soit, je n'ai rencontré le nom pomme de Loup, que chez cet auteur et son copiste allemand, Henri Hessen, qui en 1690 publia *le Jardin d'agrément*, ou *Gartenlüst*. De nos jours le Congrès pomologique français a décrit et recommandé ce fruit (1867, t. IV, n° 39) pour « sa bonne qualité, sa longue « conservation, son transport facile, la solidité de son attache à l'arbre, et la grande « fertilité de ce dernier. »

---

321. Pomme PAULINE DE VIGNY.

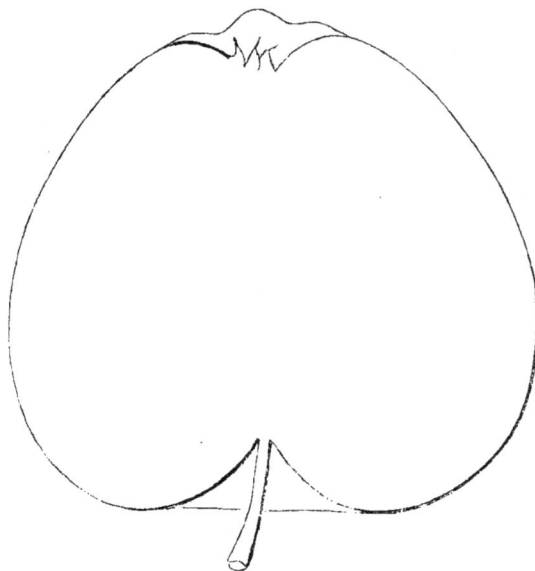

Description de l'arbre. — *Bois :* fort. — *Rameaux :* nombreux, érigés au sommet, étalés à la base, très-gros, peu longs, à peine coudés, assez cotonneux, vert herbacé légèrement lavé de brun. — *Lenticelles :* grandes, très-abondantes, arrondies ou allongées. — *Coussinets :* aplatis. — *Yeux :* moyens ou petits, ovoïdes, rarement bien duveteux, complétement collés sur l'écorce. — *Feuilles :* moyennes, ovales, très-courtement acuminées, ayant les bords assez largement dentés ou crénelés. — *Pétiole :* long, gros, à cannelure prononcée. — *Stipules :* étroites et très-longues.

Fertilité. — Convenable.

Culture. — Son gros bois, sa rapide croissance permettent de le greffer ras terre pour en obtenir de remarquables plein-vent à tête des plus régulières, des plus touffues. Les formes cordon et buisson, sur paradis, lui sont également très-avantageuses.

Description du fruit. — *Grosseur :* volumineuse. — *Forme* : conique-allongée, fortement côtelée et généralement assez régulière. — *Pédoncule :* long, grêle, renflé au point d'attache, profondément planté dans un vaste bassin. — *Œil :* grand, mi-clos ou fermé, à cavité de dimensions moyennes et très-gibbeuse sur les bords. — *Peau :* jaune clair, çà et là tachée de brun-roux, puis abondamment et finement ponctuée de gris. — *Chair :* blanche, ferme, fine et croquante. — *Eau :* abondante, bien sucrée, légèrement acidulée, possédant un parfum exquis.

MATURITÉ. — Novembre-Janvier.

QUALITÉ. — Première.

Historique. — Ce fut dans mon *Catalogue de 1849* (p. 32, n° 145) que je signalai ce pommier pour la première fois. D'où l'avais-je tiré ? Mes notes ne m'ont fourni aucun renseignement à cet égard, comme aussi presque tous les pomologues sont muets sur lui. Le baron de Biedenfeld le citait en 1854, page 232 du *Handbuch aller bekannten Obstsorten*, et disait le connaître d'après la *Belgique horticole*, revue publiée à Liége par M. Edouard Morren. Ayant inutilement compulsé ce recueil, j'interrogeai son rédacteur, qui le 16 février 1870 me répondit : « N'avoir jamais « entendu parler de la pomme *Pauline de Vigny*. » L'indication donnée par l'auteur allemand est donc entièrement erronée. Toutefois cette variété doit maintenant se rencontrer, si ce n'est en Belgique, du moins sur les confins de ce royaume, car les frères Simon Louis, pépiniéristes à Metz, la propageaient déjà en 1862 (*Catalogue*, p. 20). Enfin en 1870 M. Willermoz, dans des Conférences horticoles faites à Lyon, recommanda ce fruit comme un des plus méritants de la saison d'automne. Je le crois d'origine française et dédié peut-être à l'un des membres de la famille du comte Alfred de Vigny, le poëte, l'académicien si connu par ses nombreux ouvrages.

PEARMAIN. — A l'exemple des termes Calleville, Pigeonnet, Reinette, le mot *Pearmain* fut appliqué à diverses variétés de pommes chez lesquelles on trouva pour la forme, la peau, la chair, certains caractères, certaines qualités qui réellement constituaient un groupe particulier. Ce mot appartient à la langue anglaise, comme aussi le type des Pearmains est originaire de la Grande-Bretagne. Jusqu'ici, quand on a voulu traduire cette expression, on l'a rendue par Poire-Pomme, qui n'en est assurément pas l'équivalent. Seul le pomologue allemand Henri Manger en donna en 1780 une toute autre version. Parlant du *Drue Pearmain*, ou Pearmain d'Hiver, il pensa que son nom signifiait « fruit valant vraiment une poire » (voir page 73 du *Systematische Pomologie*). Manger avait raison, mais sa traduction n'est pas assez concise, assez littérale, et me paraît aussi notablement affaiblir le sens du mot composé. Pearmain. Pour moi, sachant que le qualificatif *main* répond chez les Anglais à nos termes prédominant, prééminent, supérieur, je trouve plus logique de traduire Apple Pearmain, par Pomme Passe-Poire. D'ailleurs le Pearmain d'Hiver, nous le prouverons plus loin, était déjà cultivé en Normandie au commencement du xiiie siècle. On pouvait donc bien, au moyen âge, l'appeler Passe-Poire, puisque sa bonté, son volume, le plaçaient véritablement au-dessus de la majeure partie des poires alors connues. Thompson, dans le *Catalogue* du Jardin de la Société d'Horticulture de Londres, mentionnait en 1842 (pp. 30-31) cinquante variétés de Pearmain, que les pépiniéristes français sont très-loin de posséder; aussi me bornerai-je à décrire celles généralement répandues chez eux, laissant les autres à l'écart.

POMME **PEARMAIN D'AUTOMNE**. — Synonyme de pomme *Pearmain d'Été*. Voir ce nom.

POMME **PEARMAIN BARCELONA**. — Synonyme de *Reinette des Carmes*. Voir ce nom.

322. POMME **PEARMAIN DORÉE**.

Synonymes. — *Pommes :* 1. GOLDEN WINTER PEARMAIN (Diel, *Kernobstsorten*, 1809, t. X, p. 174). — 2. KING OF THE PIPPINS (*Id. ibid.*). — 3. PEARMAIN DORÉE D'HIVER (*Id. ibid.*). — 4. HAMPSHIRE YELLOW (George Lindley, *Guide to the orchard and kitchen garden*, 1831, p. 31, n° 57). — 5. ENGLISCHE WINTER GOLDPARMÄNE (Dittrich, *Systematisches Handbuch der Obstkunde*, 1839, t. I, p. 487, n° 484). — 6. JONES'S SOUTHAMPTON PIPPIN (Alexandre Bivort, *Annales de pomologie belge et étrangère*, 1858, t. VI, p. 11). — 7. VERMILLON RAYÉ (Pépinières d'Angers, 1852). — 8. WINTER GOLD PEARMAIN (Charles Baltet, *Revue horticole*, 1863, pp. 271, 287 et suiv.; 1864, pp. 323, 343; et 1865, p. 106).

Premier Type.

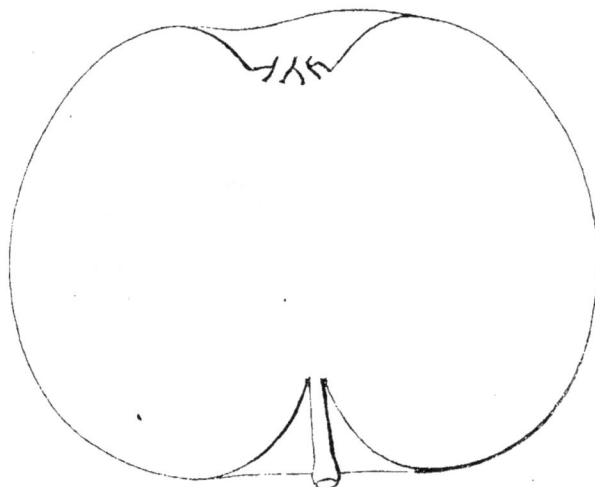

Description de l'arbre.—*Bois:* très-fort. — *Rameaux :* nombreux, légèrement étalés, assez longs, des plus gros, coudés, à très-courts mérithalles, bien duveteux et d'un vert-brun foncé. — *Lenticelles :* grandes, arrondies ou allongées, assez abondantes. — *Coussinets :* très-accusés.— *Yeux :* moyens, coniques-arrondis et fortement plaqués sur le bois. — *Feuilles :* petites ou moyennes, ovales ou ovales-allongées, vert foncé en dessus, gris verdâtre en dessous, souvent acuminées, ayant les bords assez profondément dentés ou crénelés. — *Pétiole :* court, très-gros, sensiblement carminé à la base et presque toujours largement cannelé. — *Stipules :* étroites et longues.

FERTILITÉ. — Satisfaisante.

CULTURE. — Quand il a été greffé ras terre, ce pommier pousse rapidement, sa tige devient énorme, très-droite, et sa tête prend un grand développement, avantages qui le rendent précieux pour les pépiniéristes. Sous formes naines il fait également des arbres de toute beauté, mais on doit, pour qu'il en soit ainsi, l'écussonner sur paradis et non sur doucin, car ce dernier sujet accroît encore son extrême vigueur et le rend presque improductif.

Description du fruit. — *Grosseur* : volumineuse. — *Forme* : globuleuse assez régulière ou conique sensiblement arrondie. — *Pédoncule* : assez long ou court, grêle ou fort, planté dans un bassin vaste et profond. — *OEil* : grand, très-ouvert ou mi-clos, à cavité bien développée, unie ou finement plissée. — *Peau* : mince, jaune intense et brillant, amplement tachée de roux olivâtre autour du pédoncule, ponctuée de gris et de fauve, puis nuancée de rouge-brun clair à l'insolation, où elle est en outre fouettée de carmin vif. — *Chair* : un peu jaunâtre, fine, compacte, assez tendre. — *Eau* : abondante, bien sucrée, vineuse, délicieusement acidulée et parfumée.

Pomme Pearmain dorée. — *Deuxième Type.*

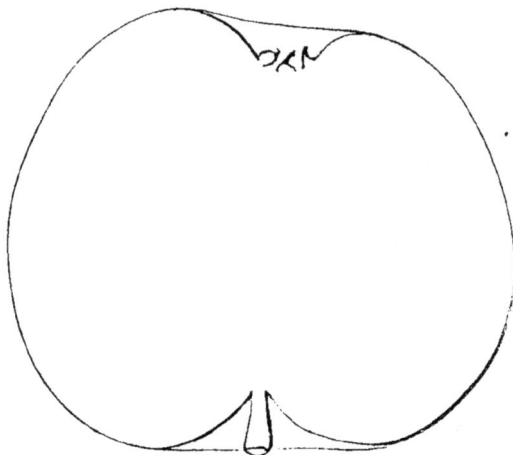

MATURITÉ. — Novembre-Février.

QUALITÉ. — Première.

Historique. — George Lindley, pomologue anglais très-estimé, fut l'un des premiers descripteurs du fruit exquis dont il s'agit ici, et prit soin en 1831 de rappeler que M. Kirke, pour lors pépiniériste à Brompton, près Londres, déjà l'avait fait connaître par un article inséré dans le *Pomological Magazine*, recueil datant de 1827. Lindley n'indique pas si M. Kirke en est l'obtenteur, mais la façon dont il s'exprime laisse à cet égard l'esprit fort indécis. Le croire serait cependant une erreur, car depuis 1830 les écrivains horticoles de l'Angleterre eussent constaté de nouveau cette obtention, ce qui n'a pas eu lieu. Ils ont simplement déclaré d'origine anglaise la pomme GOLDEN WINTER PEARMAIN, ou Pearmain dorée d'Hiver. Du reste cette variété existait avant la publication du *Pomological Magazine* (1827), puisqu'en 1800 le docteur Diel l'importait en Allemagne :

« M. Loddiges — nous dit le docteur — m'envoya de Londres, l'an 1800, la pomme *Golden Winter Pearmain* « comme la meilleure de toutes. » Il m'a été fort agréable, en 1807, de la reconnaître dans le *King of the Pippins* que m'offrit alors, en m'en vantant beaucoup les qualités, mon ami Uellner. Cet excellent Pearmain doit être cultivé depuis peu en Angleterre, les ouvrages de Miller, Mawe, Hanbury et Abercrombie ne décrivant aucune variété à laquelle on le puisse réunir. » (*Kernobstsorten*, 1809, t. X, p. 174.)

Du passage qu'on vient de lire ressortent deux faits principaux : le Pearmain doré remonte au moins à 1795, et Golden Winter Pearmain fut son nom primitif. Toutefois, en le lui enlevant pour y substituer celui, maintenant fort répandu, de *King of the Pippins*, les Anglais furent mal inspirés, car ce synonyme partout donna naissance à nombre d'erreurs, et de plus souleva chez nous d'acrimonieuses,

de longues polémiques (voir *Revue horticole* de Paris, années 1863, 1864, 1865).
Dès son apparition, au lieu de le traduire littéralement par Roi des Pippins, on
l'appela dans notre langue, changeant KING en QUEEN, *Reine des Reinettes*. Or,
comme il existe une pomme *Queen of the Pippins*, ou Reine des Reinettes, et
qu'elle est même assez répandue, ces deux variétés devinrent aussitôt l'objet de
continuelles méprises. Aujourd'hui l'accord s'étant fait sur ce point, de plus
amples explications me semblent inutiles.

Observations. — On cultive en Angleterre un second pommier *King of the
Pippins* dont la dénomination amènerait inévitablement, s'il pénétrait en France,
de nouveaux ennuis pour nos jardiniers; aussi le signalons-nous dès ce jour. Ses
produits, qui affectent la forme du Pigeonnet commun, mûrissent à la fin du mois
d'août; il serait donc facile de ne pas les confondre avec ceux de la présente
variété, d'une maturation beaucoup plus tardive (novembre-février).

Pomme PEARMAIN DORÉE D'HIVER. — Synonyme de pomme *Pearmain dorée*.
Voir ce nom.

Pomme PEARMAIN DOUBLE. — Synonyme de pomme *d'Hereford*. Voir ce nom.

323. Pomme PEARMAIN D'ÉTÉ.

Synonymes. — *Pommes :* 1. PLATOMELUM (Tabernæmontanus, *Kräuterbuch*, 1588, p. 2004, n° 15;
— et John Gerard, *the Herbal or general history of plants*, 1597, Apple-Tree, n° 5). — 2. SUMMER
PEARMAIN (*Iid. ibid.*). — 3. DRUÉ-PERMEIN (la Quintinye, *Instructions pour les jardins fruitiers et
potagers*, 1690, t. I, pp. 389, 392; — et Manger, *Systematische Pomologie*, 1780, 1re partie, p. 72,
n° CXLII). — 4. PEPPIN-PARMAIN D'ÉTÉ (Knoop, *Pomologie*, 1760, édition allemande, pp. 4, 59). —
5. POMME-POIRE D'ÉTÉ (Société économique de Berne, *Traité des arbres fruitiers*, 1768, t. II, p. 100).
— 6. PEARMAIN D'AUTOMNE (Mayer, *Pomona franconica*, 1776, t. III, p. 111). — 7. DRUE SUMMER
PEARMAIN (Diel, *Kernobstsorten*, 1804, t. VI, p. 129). — 8. ROYAL PEARMAIN D'ÉTÉ (George Lindley,
Guide to the orchard and kitchen garden, 1831, p. 34, n° 64). — 9. AMERICAN PEARMAIN (Thompson,
Catalogue of fruits cultivated in the garden of the horticultural Society of London, 1842, p. 30,
n° 531). — 10. AUTUMN PEARMAIN (*Id. ibid.*). — 11. STRIÉE D'ÉTÉ (Congrès pomologique, session
de 1869, *Procès-Verbal*, p. 49).

Description de l'arbre. — *Bois :* fort. — *Rameaux :* nombreux, légèrement
étalés, gros, assez longs, peu géniculés et peu duveteux, rouge-brun clair et
brillant. — *Lenticelles :* grandes, arrondies ou allongées, très-abondantes. —
Coussinets : larges et ressortis. — *Yeux :* gros, ovoïdes-arrondis, très-cotonneux,
faiblement écartés du bois. — *Feuilles :* grandes ou moyennes, ovales, vert clair,
très-courtement acuminées, planes, assez profondément dentées ou crénelées. —
Pétiole : long, bien nourri, carminé à la base et fortement cannelé. — *Stipules :*
petites.

FERTILITÉ. — Ordinaire.

CULTURE. — Sa croissance assez rapide permet de le greffer ras terre pour le
destiner au plein-vent; il se prête aussi très-convenablement à toutes les formes
naines, soit sur doucin, soit sur paradis.

Description du fruit. — *Grosseur :* assez volumineuse. — *Forme :* conique plus ou moins ventrue. — *Pédoncule :* de longueur moyenne ou très-court, arqué, gros, surtout à la base, inséré dans une cavité étroite, irrégulière et profonde. — *Œil :* ouvert, très-grand, à longues sépales, à cavité peu large mais assez profonde. — *Peau :* unie, à fond jaune blafard, marbrée de rouge-brun clair, striée de carmin violacé, puis couverte de nombreux points roux. — *Chair :* blanc jaunâtre, fine, tendre, peu croquante. — *Eau :* abondante et bien sucrée, agréablement acidulée, possédant un parfum qui rappelle celui de la rose.

Pomme Pearmain d'Été.

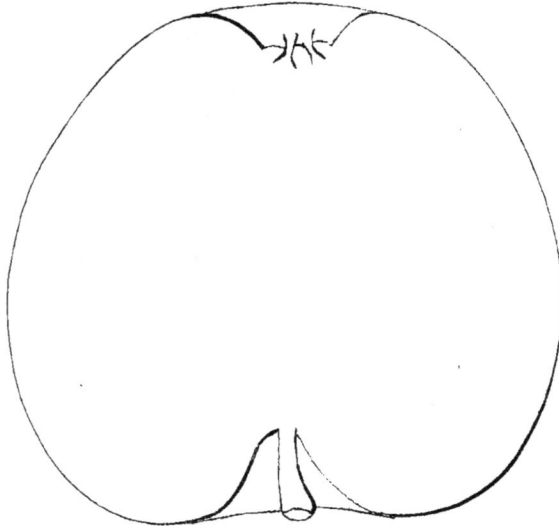

MATURITÉ. — Septembre.

QUALITÉ. — Première.

Historique. — Le docteur Robert Hogg, un des principaux membres de la Société d'Horticulture de Londres, parlait ainsi, en 1859, du Pearmain d'Été :

« Dans beaucoup de pépinières — disait-il — on cultive cette pomme sous le pseudonyme *Royal Pearmain.* C'est un des plus anciens fruits de la pomone anglaise; en 1629 déjà Parkinson l'avait mentionné. » (*The Apple and its varieties*, p. 192.)

Cette variété est bien plus âgée que ne l'a cru M. Hogg ; non-seulement je la vois citée par John Gérard en 1597, sous le n° 5 du chapitre pommier de son *Herbal or general history of plants*, mais aussi en 1588 par Tabernæmontanus, botaniste allemand (*Kräuterbuch*, p. 2004, n° 15). Son importation chez nous remonte au moins à deux siècles.

POMME **PEARMAIN GENEVA.** — Synonyme de pomme *Summer Pippin.* Voir ce nom.

---

324. POMME **PEARMAIN D'HIVER.**

Synonymes. — *Pommes :* 1. PERMAINE (Léopold Delisle, *document de 1211*, cité en 1851 dans ses *Études sur les conditions de la classe agricole et l'état de l'agriculture en Normandie au moyen âge,* p. 500 ; — et Robillard de Beaurepaire, *Registres de l'ancien tabellionnage de Rouen,* XII° et XIII° siècles, analysés en 1865 dans son *État des campagnes de la Haute Normandie au moyen âge,* p. 47, 48, 57). — 2. PERMEIN (Robillard de Beaurepaire, *ibid.*). — 3. PLATARCHIUM (Tabernæmontanus, *Kräuterbuch,* 1588, p. 1004, n° 14 ; — et Mayer, *Pomona franconica,* 1776, t. III, p. 108). — 4. GERMAINE (Olivier de Serres, *Théâtre d'agriculture et ménage des champs,* 1608, p. 626). —

5. Winter Pearmain (Jean Ray, *Historia plantarum*, 1688, t. II, p. 1448). — 6. Parmain d'Angleterre (Herman Knoop, *Pomologie*, 1760, édition allemande, pp. 26 et 59). — 7. Parmain-Pepping (*Id. ibid.*). — 8. Peppin-Parmain d'Angleterre (*Id. ibid.*). — 9. Peppin-Parmain d'Hiver (*Id. ibid.*). — 10. Paremens (*Idem*, 1771, édition française, pp. 64 et 131). — 11. Peremenes (*Id. ibid.*). — 12. Drue Permein d'Angleterre (Manger, *Systematische Pomologie*, 1780, 1re partie, p. 72, n° cxliii). — 13. Old Pearmain (George Lindley, *Guide to the orchard and kitchen garden*, 1831, p. 84, n° 161). — 14. English Winter Pearmain (Mas, *le Verger*, 1865, t. IV, p. 19, n° 8). — 15. Great Pearmain (Charles Downing, *the Fruits and fruit trees of America*, 1869, p. 413).

Pomme Pearmain d'Hiver.

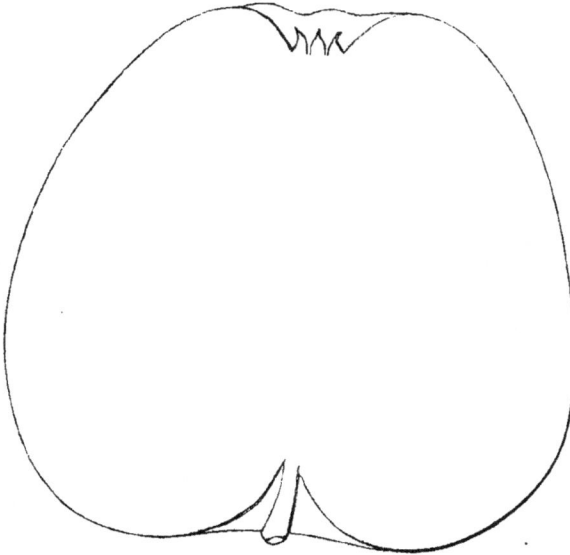

Description de l'arbre. — *Bois :* assez fort. — *Rameaux :* nombreux, érigés, de grosseur et longueur moyennes, faiblement géniculés, duveteux, ardoisés, ayant de courts et d'inégaux mérithalles. — *Lenticelles :* de grandeur moyenne, arrondies pour la plupart, peu abondantes mais bien apparentes. — *Coussinets :* aplatis. — *Yeux :* très-petits et très-plats, ovoïdes, cotonneux, noyés dans l'écorce, ayant les écailles violacées. — *Feuilles :* de moyenne grandeur, nombreuses, lisses, épaisses, ovales, d'un beau vert, acuminées, planes ou contournées, parfois légèrement canaliculées, à bords crénelés ou dentés. — *Pétiole :* court, gros et très-rigide, amplement lavé de carmin, surtout vers son point d'attache. — *Stipules :* étroites et courtes.

Fertilité. — Satisfaisante.

Culture. — La haute et la basse-tige lui conviennent; il pousse parfaitement sur toute espèce de sujet, et pour plein-vent peut fort bien être greffé ras terre.

Description du fruit. — *Grosseur :* généralement assez volumineuse. — *Forme :* conique plus ou moins allongée, souvent un peu côtelée au sommet. — *Pédoncule :* court ou très-court, de force moyenne, droit ou arqué, inséré dans un bassin étroit et profond. — *Œil :* ouvert ou mi-clos, grand, à larges et courtes sépales, à cavité développée mais peu profonde. — *Peau :* lisse, des plus minces, jaune intense légèrement nuancé de vert, lavée, à l'insolation, d'un brun-rouge clair fortement strié de carmin vif, tachée de fauve autour du pédoncule et ponctuée de roux et de gris-blanc. — *Chair :* quelque peu jaunâtre, tendre et très-fine. — *Eau :* abondante, délicatement acidulée et sucrée, ayant un arome exquis.

Maturité. — Décembre-Mars.

Qualité. — Première.

Historique. — Le pomologue anglais Robert Hogg, parlant en 1859 de cette

variété, supposée native de la Grande-Bretagne, disait : « Elle est le type de nos
« Pearmains et passe pour la plus ancienne de toutes les pommes appartenant
« à l'Angleterre ; aussi l'a-t-on mentionnée comme existant déjà, dès 1200, dans
« le comté de Norfolk. » (*The Apple*, p. 209.) Nous dirons, à notre tour, que
le Pearmain d'Hiver pouvait bien se rencontrer au xiii° siècle chez les Anglais,
puisqu'*avant* 1211 on le rencontrait *sous ce même nom* dans la Normandie, notamment aux environs de Rouen. Fait qui me laisse un sérieux doute sur la réelle
provenance de cet excellent fruit, que notre pays se trouve maintenant parfaitement en droit de disputer à la pomone indigène des Iles-Britanniques. C'est
M. Léopold Delisle, membre de l'Institut et l'un de nos plus savants paléographes,
qui nous permet de tenir ce langage. On lit effectivement, dans l'ouvrage
qu'en 1851 il publia sur l'agriculture normande au moyen âge, l'analyse suivante
d'un titre authentique conservé aux Archives de la Seine-Inférieure, carton
des maires :

« En 1211 Silvestre du Marché donna aux lépreux du Mont-aux-Malades un terrain sis
dans la rue Ganterie, à Rouen, et dont le possesseur devait payer annuellement un cens de
vingt-cinq *Permaines* et d'un galon de vin. » (*Études sur la condition de la classe agricole et
l'état de l'agriculture en Normandie au moyen âge*, 1851, p. 500.)

A ce texte j'en puis ajouter un second tout aussi concluant et dont l'autorité est
non moins grande, puisque je l'emprunte à l'archiviste actuel de la Seine-
Inférieure, M. Robillard de Beaurepaire :

« La pomme *Permaine* — écrivait cet érudit en 1865 — se rencontre dans les jardins de
Rouen dès les premières années du xiii° siècle et nos jardiniers la connaissent encore sous
son ancien nom..... » — « Nous croyons — dit-il ensuite — que c'est à la *Permene* qu'il est
fait allusion dans un contrat de la fin du xii° siècle, par lequel le chapitre de la cathédrale
de Rouen fieffe à Hugues Caval, prêtre, un ténement de maisons en la rue Saint-Romain,
moyennant une rente annuelle d'un millier « *pomorum marchaante*. » — « Enfin dans l'État
du domaine du Roi en Normandie, au xiii° siècle, on voit un Lucas Valentine payer xx sous
et ii cents de *Permeins*, et ailleurs viii cents *Permeins*, en la meson Silvestre Fessart. » (*Notes
et documents concernant l'état des campagnes de la Haute Normandie dans les derniers temps du
moyen âge*, 1865, pp. 47, 48, 57.)

En présence de ces divers documents on ne saurait donc nier que le Pearmain
ici décrit n'ait été cultivé chez les Rouennais bien *avant* 1200 ; autrement il n'eût
jamais pu, dès 1211, y être assez répandu pour qu'on le vît, dans les contrats de
cette date, choisi comme article de redevance féodale ou de simple faisance.
J'insiste d'autant plus sur ce point, que les pomologues anglais se sont contenté
d'avancer, sans en fournir la preuve, qu'en 1200 cette pomme existait dans le
comté de Norfolk. Guillaume le Bâtard, duc de Normandie, s'empara de l'Angleterre en 1066 et s'y fixa avec ses compagnons d'armes. Qui voudrait assurer que
l'un des chefs normands ne fut pas, plus tard, l'importateur, sur le sol conquis,
du pommier devenu depuis lors si commun par toute la Grande-Bretagne?

Observations. — Les Américains et les Anglais cultivent un *Pearmain rouge
d'Hiver* que nous signalons pour qu'il ne soit pas confondu avec la présente
variété, de laquelle il diffère notablement. — La pomme *d'Hereford*, ou Pearmain
royal d'Hiver, ayant aussi parfois été appelée Pearmain d'Hiver, nous renvoyons
à sa description (pp. 378-379) ceux qui voudront se convaincre de la non-identité
de ces deux fruits. — Dans sa *Pomona franconica* (1776, t. III, p. 108) l'arboriculteur allemand Jean Mayer a commis, en parlant du Pearmain d'Hiver, une erreur
qu'on doit signaler : il a donné, à cette pomme, *Platomelum* pour synonyme et

Platarchium au Pearmain d'Été. Or, c'est le contraire qu'il aurait dû faire ; cela ressort du *Kräuterbuch* ou Traité de botanique de Tabernæmontanus, publié en 1588 et qui contient la première mention connue de ces deux surnoms.

Pomme PEARMAIN ROUGE D'HIVER. — Voir *Pearmain d'Hiver*, au paragraphe OBSERVATIONS.

Pommes : PEARMAIN ROYAL,

— PEARMAIN ROYAL DE LONGUE DURÉE, } Synonymes de pomme *de Hereford*. Voir ce nom.

Pomme DE PEAU. — Synonyme de *Reinette grise*. Voir ce nom.

Pomme A PEAU DURE. — Synonyme de pomme *de Fer*. Voir ce nom.

---

325. Pomme PÊCHE.

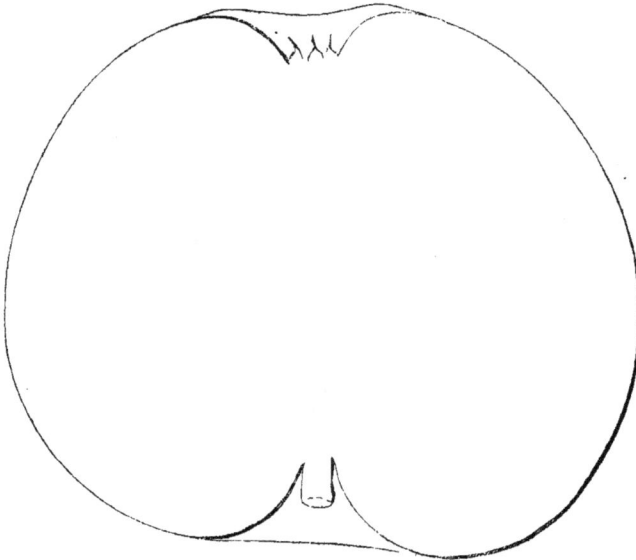

Description de l'arbre. — *Bois :* de moyenne force. — *Rameaux :* nombreux, légèrement étalés, gros et courts, bien géniculés, d'un brun très-sombre quelque peu nuancé de rouge et de gris. — *Lenticelles :* arrondies ou allongées, assez grandes et clair-semées. — *Coussinets :* ressortis. — *Yeux :* gros, ovoïdes, fortement plaqués sur le bois et des plus duveteux. — *Feuilles :* moyennes, ovales ou cordiformes, acuminées pour la plupart et largement crénelées. — *Pétiole :* de longueur moyenne, gros, tomenteux, à cannelure peu prononcée. — *Stipules :* modérément développées.

FERTILITÉ. — Abondante.

CULTURE. — Il est des plus productifs en plein-vent et par cela même n'y fait jamais de très-beaux arbres, cette grande fertilité affaiblissant beaucoup sa végétation. On l'écussonne sur doucin, quand on le destine aux formes naines.

Description du fruit. — *Grosseur :* volumineuse. — *Forme :* conique fortement arrondie et assez régulière. — *Pédoncule :* court ou très-court, gros, inséré dans un vaste bassin. — *Œil :* moyen, mi-clos, à cavité assez large, peu profonde, très-plissée. — *Peau :* unicolore, jaune clair mat et légèrement grisâtre, maculée de roux squammeux autour du pédoncule et abondamment ponctuée de fauve. — *Chair :* blanc jaunâtre, fine, croquante, un peu ferme. — *Eau :* suffisante, bien sucrée, faiblement acidulée, possédant un parfum très-délicat.

MATURITÉ. — Septembre-Novembre.

QUALITÉ. — Première.

Historique. — Quelle est l'origine de cette Pomme-Pêche? pourquoi l'a-t-on nommée ainsi?... Je l'ignore absolument, malgré toutes mes recherches pour établir l'identité de ce bon et volumineux fruit, qui dès 1842 faisait partie, sous le n° 251, de la collection du Jardin du Comice horticole d'Angers, d'où je l'ai tiré. Les Anglais cultivent un pommier de ce nom : les Américains ont également le leur; mais dans ces deux variétés rien ne rappelle la nôtre. Du reste, je la crois porteuse d'une fausse dénomination, car chez elle tout diffère essentiellement et de la pêche et du pêcher.

POMME PECKER. — Synonyme de pomme *Baldwin.* Voir ce nom.

326. POMME **PENNINGTON.**

Synonyme. — *Pomme* PENNINGTON'S SEEDLING (Charles Downing, *the Fruits and fruit trees of America*, 1863, p. 220).

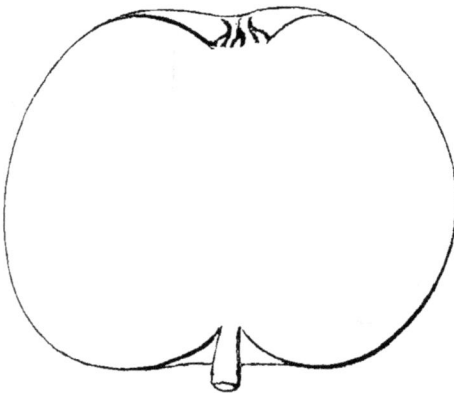

Description de l'arbre. — *Bois :* fort. — *Rameaux :* assez nombreux, presque érigés, gros, de longueur moyenne, très-géniculés, bien cotonneux, brun verdâtre légèrement lavé de rouge ardoisé. — *Lenticelles :* grandes, arrondies ou allongées, assez abondantes. — *Coussinets :* larges et ressortis. — *Yeux :* petits ou moyens, coniques, duveteux, un peu aplatis, entièrement collés sur le bois. — *Feuilles :* moyennes ou petites, arrondies pour la plupart, longuement acuminées, assez profondément dentées ou crénelées. — *Pétiole :* gros, peu long, carminé, à cannelure rarement bien apparente. — *Stipules :* très-petites.

FERTILITÉ. — Ordinaire.

CULTURE. — En greffant, pour plein-vent, ce pommier ras terre il fait de beaux

III.										35

arbres à tronc gros et droit; il pousse également bien sur paradis et s'y prête à toute espèce de forme naine.

Description du fruit. — *Grosseur :* au-dessous de la moyenne. — *Forme :* conique-arrondie, sensiblement comprimée aux pôles. — *Pédoncule :* assez court, ligneux, bien nourri, surtout à la base, inséré dans un étroit bassin. — *Œil :* grand, mi-clos ou fermé, à longues sépales, à cavité plissée, large mais peu profonde. — *Peau :* vert clair jaunâtre sur le côté de l'ombre, jaune brunâtre veiné de rouge sur l'autre face, fortement ponctuée et tachetée de gris. — *Chair :* blanchâtre, mi-fine, assez ferme. — *Eau :* abondante, acidule, sucrée et plus ou moins aromatique.

Maturité. — Octobre-Février.

Qualité. — Deuxième.

Historique. — Le pomologue George Lindley, qui fut le premier descripteur de cette pomme, disait en 1831 dans son *Guide to the orchard and kitchen garden* (p. 93, n° 178) : « C'est une variété nouvelle; le fruit employé pour la caractériser « a été cueilli en 1830 dans le jardin que la Société d'Horticulture de Londres « possède à Chiswick. » Le nom *Pennington's Seedling* [Semis de Pennington], sous lequel Lindley la fit connaître, semble indiquer celui de son obtenteur; toutefois je n'ai rien trouvé qui me permette de l'affirmer. Elle est cultivée chez nous depuis une dizaine d'années.

Pomme PENNINGTON'S SEEDLING. — Synonyme de pomme *Pennington.* Voir ce nom.

Pomme PENNSYLVANIA CIDER. — Synonyme de pomme *Popular Bluff.* Voir ce nom.

Pomme de PENNSYLVANIE ROUGE. — Voir pomme *Popular Bluff,* au paragraphe Observations.

Pomme PENTAGONE. — Synonyme de pomme *Api étoilé.* Voir ce nom.

Pomme de PEPIN. — Voir pomme *d'Or d'Angleterre,* au paragraphe Historique.

Pomme PEPIN ALLEMAND DE HERRENHAUSEN. — Synonyme de pomme *d'Or d'Allemagne.* Voir ce nom.

Pommes : PEPIN D'ANGLETERRE,

— PEPIN DORÉ D'ANGLETERRE,

} Synonymes de pomme *d'Or d'Angleterre.* Voir ce nom.

Pomme PEPIN DUQUESNE. — Synonyme de pomme *Duquesne.* Voir ce nom.

Pomme PEPIN DE FEARN. — Synonyme de pomme *de Fearn.* Voir ce nom.

Pomme PEPIN GRIS DE PARKER. — Synonyme de pomme *de Parker.* Voir ce nom.

Pomme PEPIN DE KENT. — Synonyme de pomme *Beauté de Kent*. Voir ce nom.

Pomme PEPIN LIMON DE GALLES. — Synonyme de *Reinette Limon*. Voir ce nom.

Pomme PEPIN LOISEL. — Synonyme de pomme *Loisel*. Voir ce nom.

Pomme PEPIN DE NEW-YORK. — Synonyme de pomme *Ben Davis*. Voir ce nom.

Pomme PEPIN NOUVELLE-VILLE. — Synonyme de pomme *Newtown Pippin*. Voir ce nom.

Pomme PEPIN D'OR D'ALLEMAGNE. — Synonyme de pomme *d'Or d'Allemagne*. Voir ce nom.

Pomme PEPIN D'OR D'ANGLETERRE. — Synonyme de pomme *d'Or d'Angleterre*. Voir ce nom.

Pomme PEPIN D'OR DE LANGÉ. — Synonyme de pomme *d'Or de Langé*. Voir ce nom.

Pomme PEPIN RIBSTON. — Synonyme de pomme *Ribston Pippin*. Voir ce nom.

Pommes PEPIN VERT DE NEWTON. — Synonymes des pommes *Newtown Pippin* et *Verte de Rhode-Island*. Voir ces noms.

Pomme PEPPIN KENT. — Synonyme de pomme *Beauté de Kent*. Voir ce nom.

Pomme PEPPIN NON-PAREIL. — Synonyme de pomme *d'Or d'Angleterre*. Voir ce nom.

Pomme PEPPIN-PARMAIN D'ANGLETERRE. — Synonyme de pomme *Pearmain d'Hiver*. Voir ce nom.

Pomme PEPPIN-PARMAIN D'ÉTÉ. — Synonyme de pomme *Pearmain d'Été*. Voir ce nom.

Pomme PEPPIN-PARMAIN D'HIVER. — Synonyme de pomme *Pearmain d'Hiver*. Voir ce nom.

Pomme PEPPING ALLEMAND. — Synonyme de pomme *d'Or d'Allemagne*. Voir ce nom.

Pomme PEPPING VON BREEDON. — Synonyme de pomme *Breedon Pippin*. Voir ce nom.

Pomme PEREMENES. — Synonyme de pomme *Pearmain d'Hiver*. Voir ce nom.

327. Pomme PERKINS.

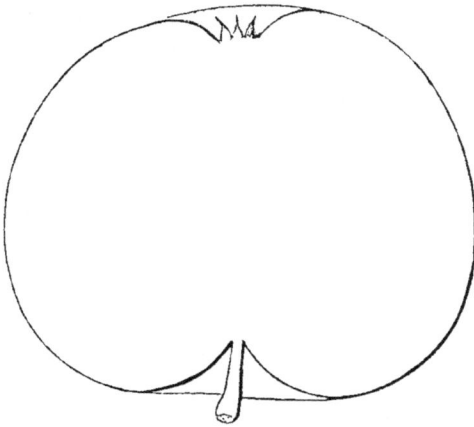

Description de l'arbre. — *Bois :* faible. — *Rameaux :* peu nombreux, légèrement étalés, courts et grêles, à peine géniculés, rarement bien cotonneux, d'un vert olivâtre nuancé de gris cendré; les mérithalles sont très-égaux et très-courts. — *Lenticelles :* arrondies ou allongées, abondantes mais peu visibles. — *Coussinets :* aplatis. — *Yeux :* très-petits, ovoïdes-arrondis, entièrement collés sur l'écorce, ayant les écailles fortement soudées et assez duveteuses. — *Feuilles :* petites, nombreuses, ovales-arrondies, longuement acuminées, vert jaunâtre en dessus, blanchâtres en dessous, à bords finement dentés ou crénelés. — *Pétiole :* court, grêle, rosé en dessous et sensiblement cannelé. — *Stipules :* des plus petites.

Fertilité. — Satisfaisante.

Culture. — Pour les formes cordon, buisson, espalier, on l'écussonne sur doucin, afin d'obtenir des arbres moins chétifs qu'ils ne le seraient sur paradis. La faiblesse de sa végétation permet difficilement de le destiner à la haute-tige; si toutefois on l'y destine, il faut le greffer en tête et sur des sujets très-vigoureux.

Description du fruit. — *Grosseur :* moyenne. — *Forme :* globuleuse assez régulière ou conique sensiblement arrondie. — *Pédoncule :* de longueur et de force moyennes, droit ou arqué, planté dans un vaste et profond bassin. — *Œil :* moyen, mi-clos ou fermé, à cavité finement plissée et peu développée. — *Peau :* assez épaisse, vert herbacé, amplement lavée de rouge-brun foncé sur la face exposée au soleil et très-abondamment ponctuée de gris. — *Chair :* verdâtre, tendre et mi-fine. — *Eau :* suffisante, plus ou moins sucrée, agréablement acidulée.

Maturité. — Août.

Qualité. — Deuxième.

Historique. — La pomme Perkins, d'origine américaine, est surtout cultivée dans l'État de Georgie, d'où M. Berckmans, pépiniériste à Augusta, me l'expédiait en 1858. Warder, le seul pomologue de ce pays qui l'ait encore citée (1867, p. 728), dit bien qu'elle provient des États du Sud, mais il ne l'a pas dégustée, cela se voit, car il la classe parmi les fruits d'hiver.

Pommes : PERMAINE,

— PERMEIN,

Synonymes de pomme *Pearmain d'Hiver.* Voir ce nom.

328. Pomme PERPÉTUELLE.

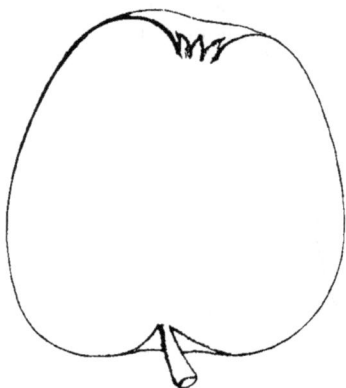

Description de l'arbre. — *Bois :* de moyenne force. — *Rameaux :* assez nombreux, étalés, peu longs, assez gros, légèrement coudés, très-duveteux et d'un brun olivâtre lavé de rouge ardoisé. — *Lenticelles :* grandes ou moyennes, arrondies, des plus clair-semées. — *Coussinets :* bien ressortis. — *Yeux :* moyens, ovoïdes, très-écailleux, faiblement écartés du bois. — *Feuilles :* petites, ovales-allongées ou presque lancéolées, acuminées et largement crénelées. — *Pétiole :* de grosseur et longueur moyennes, tomenteux, souvent non cannelé. — *Stipules :* petites.

Fertilité. — Abondante.

Culture. — Il croît convenablement sous toutes les formes et sur toute espèce de sujet.

Description du fruit. — *Grosseur :* petite. — *Forme :* conique-allongée et plus ou moins régulière, quelque peu côtelée au sommet. — *Pédoncule :* de longueur moyenne, mince, renflé au point d'attache, planté dans un bassin étroit et assez profond. — *OEil :* grand, faiblement enfoncé, bien ouvert, plissé sur ses bords. — *Peau :* jaune pâle, ponctuée de gris-blanc, tachée de fauve autour du pédoncule, légèrement veinée de rose pâle à l'insolation et généralement lavée de rouge-brun brillant dans le voisinage de l'œil. — *Chair :* blanche, fine, ferme et croquante. — *Eau :* abondante, assez sucrée, agréablement acidulée.

Maturité. — Février-Juin.

Qualité. — Deuxième.

Historique. — Voilà de longues années déjà que ce fruit est connu des pépiniéristes angevins. L'ancien Comice horticole de Maine-et-Loire le possédait dans son Jardin (n° 72). Je n'ai rien rencontré qui m'ait éclairé sur l'origine de cette pomme Perpétuelle, dont la longue conservation fait le principal mérite.

Pomme de PERROQUET. — Synonyme de pomme *Suisse panachée.* Voir ce nom.

Pomme PETERSBURG PIPPIN. — Synonyme de pomme *Newtown Pippin.* Voir ce nom.

Pommes : PETIT-API,

— PETIT-API ROSE,

— PETIT-API ROUGE,

Synonymes de pomme *d'Api.* Voir ce nom.

329. Pomme PETIT-BON.

Synonymes. — *Pommes* : 1. Faux-Nelguin (Mayer, *Pomona franconica*, 1776, t. III, p. 118). — 2. Girofle (*Id. ibid.*). — 3. De Malvoisie (*Id. ibid.*). — 4. De Sarreguemines (André Leroy, *Catalogue descriptif d'arbres fruitiers et d'ornement*, 1849, p. 32, n° 127 ; — et L.-G. Galopin et Fils, pépiniéristes à Liége, *Catalogue de* 1866, p. 26). — 5. Belle-Fleur Double (L.-G. Galopin et Fils, *ibid.*). — 6. Bon-Pommier d'Hiver (*Id. ibid.*).

Premier Type.

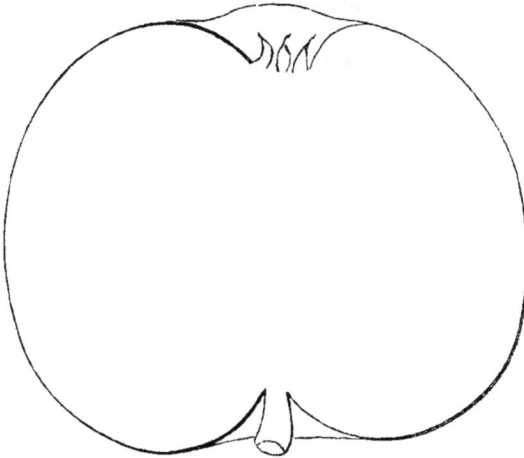

Deuxième Type.

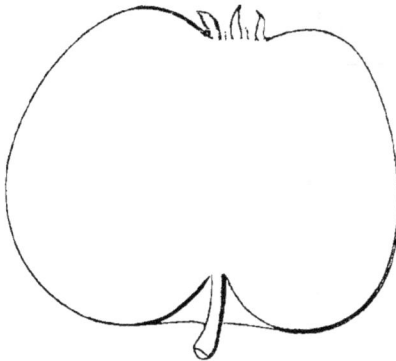

Description de l'arbre. — *Bois :* de moyenne force. — *Rameaux :* assez nombreux, étalés, peu longs, assez grêles, légèrement coudés, rarement bien duveteux, brun clair nuancé de vert. — *Lenticelles :* grandes, arrondies, des plus clair-semées. — *Coussinets :* ressortis. — *Yeux :* petits, coniques-arrondis, entièrement plaqués sur le bois, peu cotonneux, à écailles bien saillantes. — *Feuilles :* moyennes, arrondies, longuement acuminées, à bords profondément dentés. — *Pétiole :* de longueur moyenne, assez fort, légèrement cannelé. — *Stipules :* très-petites et souvent faisant défaut.

Fertilité. — Modérée.

Culture. — Sa végétation assez lente commande, pour le plein-vent, de le greffer en tête et non ras terre. La basse-tige lui convient beaucoup, soit sur paradis, soit sur doucin.

Description du fruit. — *Grosseur :* moyenne et parfois moins volumineuse. — *Forme :* globuleuse irrégulière ou conique-arrondie, généralement un peu côtelée au sommet. — *Pédoncule :* court et fort, mais souvent, aussi, de grosseur et longueur moyennes, droit ou arqué, inséré dans un bassin de faibles dimensions. — *Œil :* grand, complétement ouvert, à cavité irrégulière, peu vaste et gibbeuse sur les bords. — *Peau :* jaune grisâtre, passant au rouge-brun strié de carmin sur le côté du soleil, toute parsemée de petits points blanchâtres et habituellement tachée de fauve dans le bassin pédonculaire. — *Chair :* légèrement jaunâtre, fine, compacte et mi-tendre. — *Eau :* abondante, bien sucrée, savoureusement acidulée et parfumé.

Maturité. — Décembre-Mars.

Qualité. — Première.

Historique. — Le pommier Petit-Bon, regardé comme une variété française, remonte au moins à la fin du XVIᵉ siècle, car le Lectier annonçait en 1628 qu'il le cultivait dans son verger d'Orléans (*Catalogue*, p. 25). Merlet le décrivit très-brièvement en 1667 (*l'Abrégé des bons fruits*, p. 151); mais trois ans plus tard (1670) Claude Saint-Étienne le caractérisa fort bien :

« *Petit-Bon* — dit-il — est longuet, peu plus gros que Fenouïllet, un peu rouge, et le reste comme la Rainette grise; marquetée de petites pointes blanches; bonne à Noel. Cruë, très-bonne. » (*Nouvelle instruction pour connaître les bons fruits*, p. 208.)

Pendant plus de deux cents ans cette pomme, chez nous, fut uniquement appelée Petit-Bon; les surnoms ne lui vinrent que par l'importation. C'est ainsi qu'en Allemagne, dans la Franconie, Mayer assurait la tenir des Hollandais sous le pseudonyme Nelguin :

« J'ai reçu de Hollande — écrivait-il en 1776 — sous le nom *Nelguin*, un arbre qui m'a donné de très-bonnes pommes, dans lesquelles j'ai reconnu celles qu'en Bohême on appelle *Malvoisie* et qui me paraissent bien être le PETIT-BON de la Quintinye. Cette variété porte également en Allemagne la dénomination de Pomme *Girofle*..... C'est un excellent fruit, approchant beaucoup du Borsdorf pour le goût, que même il me semble avoir encore plus fin. Son aspect est agréable et sa durée va jusqu'en février ou mars. » (*Pomona franconica*, t. III, p. 118.)

Très-commun dans la Moselle, particulièrement aux environs de *Sarreguemines*, notre ancien Petit-Bon a fini par recevoir le nom de cette ville, et depuis 1840 l'a porté concurremment avec ceux de *Bon-Pommier* et de *Belle-Fleur Double*, qui paraissent lui venir des Belges, comme on le voit par les Catalogues de divers pépiniéristes de la Flandre orientale. En appelant ce fruit Petit-Bon, nos pères furent bien inspirés, car il est délicieux et plutôt petit que moyen. Aujourd'hui, cependant, grâce à la basse-tige, aux cordons, aux espaliers, son volume a gagné, témoin notre premier type. Mais jadis, avant la Quintinye, alors que les pommiers étaient tous cultivés sous forme plein-vent, cette variété devait bien rarement dépasser en grosseur notre deuxième type, récolté sur un arbre haute-tige.

POMME PETIT-CALLEVILLE D'ÉTÉ. — Synonyme de *Calleville rouge d'Été*. Voir ce nom.

POMME PETIT-COURT-PENDU. — Synonyme de *Court-Pendu gris*. Voir ce nom.

POMME PETIT-DOUX. — Synonyme de pomme *Doux-Blanc*. Voir ce nom.

POMME PETIT-FENOUILLET. — Synonyme de *Fenouillet gris*. Voir ce nom.

---

330. POMME PETIT-FLEINER.

Synonyme. — *Pomme KLEINER FLEINER* (Édouard Lucas, *Illustrirtes Handbuch der Obstkunde*, 1859, t. I, p. 179, nº 74).

Description de l'arbre. — *Bois :* assez fort. — *Rameaux :* nombreux, érigés ou légèrement étalés, de grosseur et longueur moyennes, bien coudés, très-cotonneux, brun-rouge foncé et faiblement lavé de gris. — *Lenticelles :* petites, arrondies, clair-semées. — *Coussinets :* peu saillants. — *Yeux* : petits, arrondis, duveteux, fortement plaqués sur l'écorce. — *Feuilles :* moyennes, ovales, longuement acuminées, planes ou canaliculées, à bords faiblement dentés ou crénelés. —

Pomme Petit-Fleiner.

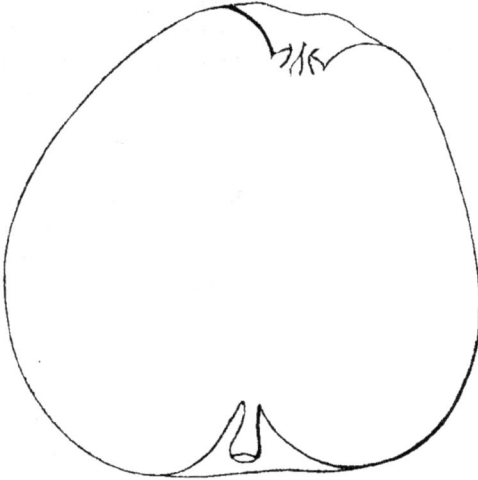

Pétiole : gros et court, tomenteux, à peine cannelé. — *Stipules :* habituellement larges et assez longues.

FERTILITÉ. — Ordinaire.

CULTURE. — Comme basse-tige, toute forme et tout sujet lui conviennent, mais pour plein-vent il réclame la greffe en tête.

Description du fruit. — *Grosseur :* moyenne. — *Forme :* conique - allongée, généralement contournée dans son ensemble et plus renflée d'un côté que de l'autre. — *Pédoncule :* court, bien nourri, surtout à son point d'attache, profondément inséré dans un assez vaste bassin. — *Œil :* grand, enfoncé, mi-clos ou fermé, à cavité côtelée ou plissée, large et irrégulière. — *Peau :* presque unicolore, jaune pâle, parfois très-légèrement rosée à l'insolation, maculée de marron squammeux autour du pédoncule et portant quelques petits points blancs ou bruns. — *Chair :* blanche, fine et ferme. — *Eau :* abondante, bien sucrée, aromatique, fort agréablement acidulée.

MATURITÉ. — Décembre-Mars.

QUALITÉ. — Première.

Historique. — Cette pomme, l'une des meilleures du Wurtemberg (Allemagne), d'où je l'ai reçue en 1867, passe pour en être originaire et porter le nom de son lieu de naissance, selon que l'écrivait assez récemment M. le docteur Lucas, l'un de ses descripteurs : « Communément cultivée — disait-il en 1859 — dans le « royaume de Wurtemberg, elle doit provenir du village de Flein, près Heilbronn. » (*Illustrirtes Handbuch der Obstkunde*, t. I, p. 179, n° 74.)

331. POMME PETIT-HÔPITAL.

Description de l'arbre. — *Bois :* de moyenne force. — *Rameaux :* peu nombreux, généralement assez érigés, de grosseur et longueur moyennes, à peine géniculés, duveteux et rouge-brun ardoisé. — *Lenticelles :* grandes, arrondies, blanches et rapprochées. — *Coussinets :* aplatis. — *Yeux :* incomplètement collés sur le bois, moyens, ovoïdes, très-cotonneux. — *Feuilles :* assez grandes, ovales-arrondies, courtement acuminées, coriaces et profondément dentées. — *Pétiole :*

court, très-gros, amplement carminé, rarement bien cannelé. — *Stipules :* étroites et longues.

FERTILITÉ. — Convenable.

CULTURE. — Il fait d'assez beaux plein-vent et prospère non moins bien sous les formes naines, particulièrement quand on l'écussonne sur paradis.

Pomme Petit-Hôpital.

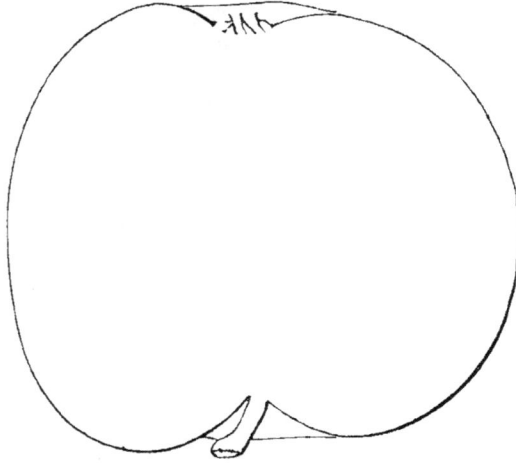

Description du fruit.
— *Grosseur :* moyenne. — *Forme :* globuleuse, générale- ment moins développée d'un côté que de l'autre. — *Pédon- cule :* court, assez fort, arqué, obliquement planté dans un bassin peu prononcé. — *Œil :* moyen, mi-clos, à faible ca- vité des plus irrégulières. — *Peau :* mince, lisse, à fond jaunâtre, presque entière- ment lavée, fouettée et mar- brée de rouge foncé, légère- ment tachée de fauve olivâtre autour du pédoncule et por- tant quelques points roussâ- tres très-peu apparents. —

Chair : jaunâtre, serrée, ferme et croquante. — *Eau :* suffisante, assez sucrée, agréablement acidulée, mais sans parfum.

MATURITÉ. — Janvier-Mai.

QUALITÉ. — Deuxième comme fruit à couteau, première pour les usages culinaires.

Historique. — Comme la variété Gros-Hôpital décrite plus haut (pp. 351-352), le Petit-Hôpital provient de la Seine-Inférieure, où sa très-longue durée le fait rechercher. On l'y cultive depuis un assez grand nombre d'années, surtout dans l'arrondissement du Havre. J'en suis redevable à l'obligeance de M. Toutin- Godefroy, pépiniériste à Saint-Aubin, localité située près ladite ville ; il me l'offrit en 1866.

Observations. — *Reinette d'Hôpital*, nous le rappelons, n'est nullement synonyme de pomme Betsey (voir p. 130), non plus que de Petit-Hôpital ; mais il l'est de Gros-Hôpital, ainsi que l'établit notre article sur ce dernier fruit.

POMME PETIT-PEPIN D'OR. — Synonyme de pomme *d'Or d'Angleterre*. Voir ce nom.

POMME PETIT-PIGEONNET. — Synonyme de *Pigeonnet commun*. Voir ce nom.

POMME PETITE-COUSINOTTE D'HIVER. — Synonyme de pomme *Cousinotte rouge d'Hiver*. Voir ce nom.

POMME PETITE-FAVORITE. — Synonyme de pomme *Mignonne d'Automne*. Voir ce nom.

332. Pomme PETITE-MERVEILLE.

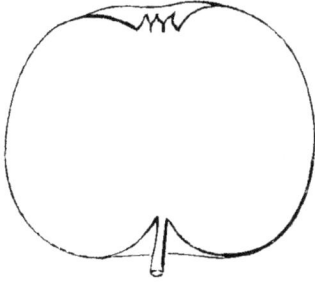

Description de l'arbre. — *Bois :* fort. — *Rameaux :* assez nombreux, érigés ou légère-ment étalés, gros, de longueur moyenne, géniculés, à très-courts mérithalles, bien du-veteux et d'un brun clair nuancé de vert. — *Lenticelles :* fines, allongées, très-abondantes. — *Coussinets :* aplatis. — *Yeux :* petits, ovoïdes-allongés, noyés dans l'écorce, aux écailles dis-jointes et bordées de noir. — *Feuilles :* nom-breuses, petites, épaisses et coriaces, ovales-arrondies, vert terne en dessus, où souvent aussi elles sont tachées de jaune-paille, blanchâtres et duveteuses en dessous, acuminées, planes, régulièrement et largement crénelées. — *Pétiole :* gros, court et roide, à cannelure des plus faibles. — *Stipules :* très-petites et souvent faisant défaut.

Fertilité. — Très-abondante.

Culture. — Quoique sa vigueur permette, pour plein-vent, de le greffer ras terre, il est cependant préférable de le greffer en tête, afin d'avoir des arbres d'un plus grand avenir. Comme basse-tige on peut indistinctement l'écussonner sur doucin ou paradis, et l'utiliser sous n'importe quelle forme.

Description du fruit. — *Grosseur :* très-petite. — *Forme :* sphérique, sensible-ment comprimée aux pôles. — *Pédoncule :* assez court, grêle, planté dans un bassin étroit, profond et régulier. — *OEil :* petit, mi-clos ou fermé, légèrement enfoncé dans une large dépression à bords unis ou faiblement ondulés. — *Peau :* mince, lisse, brillante, à fond jaune-cire, presque entièrement lavée de rouge-cerise, sur lequel ressortent de très-petits points grisâtres, puis çà et là quelques mouchetures d'un vert clair jaunâtre; souvent aussi du bassin pédonculaire s'échappe une tache rousse et squammeuse, dont les bords sont plus ou moins frangés. — *Chair :* blanche, très-fine, assez tendre et croquante. — *Eau :* abondante, douce, fraîche, bien sucrée, de saveur fort agréable.

Maturité. — Janvier-Avril.

Qualité. — Première.

Historique. — Cette délicieuse et si jolie petite pomme, qui me paraît l'em-porter sur l'Api, provient des environs de Toulouse, où comme la Grosse-Merveille, sa congénère, elle est cultivée depuis un temps immémorial. J'en suis redevable à M. le comte de Castillon, pomologue habitant le château de Castelnau-Picampau (Haute-Garonne), et doué du plus louable zèle pour la propagation des bons fruits. Il me l'envoya en 1870; son introduction si récente dans mes pépinières ne m'a donc pas encore permis de la multiplier autant qu'elle le mérite.

Pomme PETITE-REINETTE D'ANGLETERRE. — Synonyme de pomme *d'Or d'Angleterre*. Voir ce nom.

Pomme PETITE-REINETTE FOURNIÈRE. — Synonyme de *Reinette Fournière*. Voir ce nom.

———

Pomme PETITE-REINETTE GRISE. — Synonyme de pomme *Carpentin*. Voir ce nom.

———

Pomme PETITE-REINETTE JAUNE HATIVE. — Synonyme de *Reinette jaune hâtive*. Voir ce nom.

———

Pomme PFAFFEN. — Synonyme de pomme *Blanc-Dureau*. Voir ce nom.

———

Pomme PFUND. — Synonyme de pomme *de Livre*. Voir ce nom.

———

Pomme PHILADELPHIA PIPPIN. — Synonyme de *Reinette d'Espagne*. Voir ce nom.

———

Pomme PHILLIPS'S REINETTE. — Synonyme de pomme *Court de Wick*. Voir ce nom.

———

Pomme PHÖNIX. — Synonyme de pomme *Grand-Alexandre*. Voir ce nom.

———

333. Pomme PIERRE LE GRAND.

Synonymes. — *Pommes* : 1. Kiorabkawski (André Leroy, *Catalogue descriptif et raisonné des arbres fruitiers et d'ornement*, 1855, p. 42, n° 127). — 2. Kiarolkowski (Henri Desportes, *Annales du Comice horticole d'Angers*, 1860, p. 45).

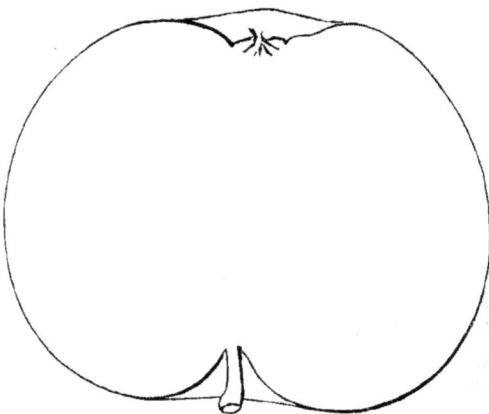

Description de l'arbre. — *Bois* : fort. — *Rameaux* : nombreux, généralement érigés, très-gros, assez longs, bien géniculés et bien duveteux, rouge-brun ardoisé. — *Lenticelles* : grandes, arrondies ou allongées, assez abondantes. — *Coussinets* : larges et très-ressortis. — *Yeux* : gros, ovoïdes, faiblement appliqués contre le bois et des plus cotonneux. — *Feuilles* : grandes, ovales-allongées ou presque lancéolées, vert foncé, rarement acuminées, planes ou canaliculées, à bords profondément dentés. — *Pétiole* : gros, assez long, rigide, carminé, à peu près dépourvu de cannelure. — *Stipules* : longues et larges.

Fertilité. — Ordinaire.

Culture. — Pour en obtenir de beaux plein-vent il faut le greffer à hauteur de tige, autrement son tronc devenant très-gros à la base et très-faible près de la tête, supporte mal celle-ci. Les formes naines, sur doucin ou paradis, sont des plus favorables à ce pommier.

Description du fruit. — *Grosseur :* moyenne. — *Forme :* irrégulièrement globuleuse ou conique-arrondie. — *Pédoncule :* assez court et assez grêle, planté dans un bassin étroit et profond. — *Œil :* moyen, mi-clos ou fermé, à cavité irrégulière, peu profonde et légèrement bossuée sur les bords. — *Peau :* jaune clair plus ou moins verdâtre, très-amplement fouettée, mais non lavée, de carmin brillant, tachetée de roux près du pédoncule, puis finement et abondamment ponctuée de gris-blanc, surtout dans le voisinage de l'œil. — *Chair :* blanche, fine, ferme et croquante. — *Eau :* suffisante, bien sucrée, faiblement acidule, mais douée d'un arome exquis.

Maturité. — Fin juillet et commencement d'août.

Qualité. — Première.

Historique. — M. Wagner, horticulteur russe habitant Riga, m'envoyait en 1853, étiquetés *Kiarolkowski*, des greffons d'un pommier particulier à la Crimée. Après les avoir utilisés, je propageai pendant plusieurs années cette variété, à fruits si délicieux et si beaux. Mais vint un jour où je dus la rayer de mon *Catalogue*, car j'avais acquis la certitude qu'elle n'était autre que la pomme Pierre le Grand, de même provenance, et qui cependant, bien involontairement, cela s'entend, y figurait aussi. J'en aurais toutefois éliminé cette dernière pour y maintenir l'autre, si le nom du plus célèbre empereur qu'ait encore eu la Russie ne m'avait semblé devoir l'emporter sur le nom Karolkowski, difficile à prononcer, et qu'en outre nos jardiniers ne reproduisaient jamais exactement. Pierre le Grand naquit en 1672 et mourut en 1725.

PIGEON et PIGEONNET. — Sous chacune ou sous l'une et l'autre de ces dénominations, que j'affirme être entièrement synonymes, on rencontre depuis longtemps dans la culture divers pommiers que toujours on a confondus, vu leur ressemblance assez marquée, la communauté de forme de leurs produits et l'homonymie à peu près complète de leur nom. Afin que ces méprises n'aient plus lieu, nous supprimons *Pigeon*, le moins répandu des deux noms, et conservons *Pigeonnet*, ayant même sens étymologique : fruit couleur gorge de pigeon. De la sorte un seul groupe de Pigeonnets subsistera, dont les différents sujets se distingueront à l'aide du déterminatif ajouté au nom générique. Ainsi nous aurons :

Pigeonnet Anglais,   Pigeonnet (le Gros-), ou Gros-Pigeonnet,
—   Blanc d'Été,   —   Jérusalem,
—   Blanc d'Hiver,   —   Lucas,
—   Commun, ou Rouge,   —   Oberdieck,
—   Credé,   —   de Rouen,

variétés dont les descriptions et les nombreux synonymes vont immédiatement suivre, sauf pour le Gros-Pigeonnet, caractérisé plus haut, page 356.

P*Pomme* PIGEON. — Synonyme de *Pigeonnet Jérusalem*. Voir ce nom.

Pomme PIGEON BLANC. — Synonyme de *Pigeonnet blanc d'Hiver*. Voir ce nom.

Pomme PIGEON D'HIVER. — Synonyme de *Pigeonnet Jérusalem*. Voir ce nom.

Pomme PIGEON RAYÉ. — Synonyme de *Pigeonnet blanc d'Hiver*. Voir ce nom.

Pomme PIGEON ROUGE. — Synonyme de *Pigeonnet commun*. Voir ce nom.

Pomme PIGEONNET. — Synonyme de *Pigeonnet commun*. Voir ce nom.

---

334. Pomme PIGEONNET ANGLAIS.

Synonyme. — *Pomme* NEUER ENGLISCHER PIGEON (Oberdieck, *Illustrirtes Handbuch der Obstkunde*, 1864, t. IV, p. 251, n° 387).

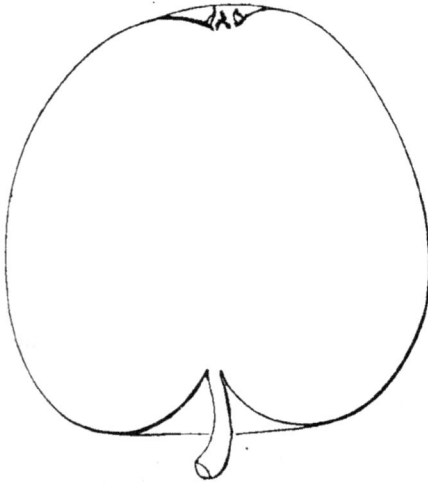

Description de l'arbre. — *Bois :* faible. — *Rameaux :* assez nombreux, généralement étalés, peu longs et peu gros, bien coudés, duveteux et d'un brun-rouge lavé de gris. — *Lenticelles :* petites, arrondies, abondantes. — *Coussinets :* aplatis. — *Yeux :* petits, arrondis, fortement plaqués sur l'écorce et légèrement cotonneux. — *Feuilles :* petites, arrondies, minces, vert foncé, très-courtement acuminées, planes, assez profondément dentées. — *Pétiole :* peu long, peu gros, très-rigide, à cannelure des plus accusées. — *Stipules :* grandes ou moyennes et souvent dentées.

FERTILITÉ. — Abondante.

CULTURE. — Malgré ses rameaux un peu grêles il fait de passables plein-vent quand on le greffe à hauteur de tige. Les formes cordon, gobelet, espalier lui sont très-profitables comme végétation et fertilité, surtout s'il a été écussonné sur paradis.

Description du fruit. — *Grosseur :* moyenne. — *Forme :* conique plus ou moins ventrue et allongée. — *Pédoncule :* assez long et assez grêle, renflé au point d'attache, planté dans un bassin vaste et profond. — *OEil :* petit, mi-clos ou fermé, à cavité unie et très-peu développée. — *Peau :* mince, lisse, à fond jaunâtre, presque entièrement lavée d'un rouge violacé et plus ou moins foncé, suivant l'exposition, légèrement maculée de roux squammeux autour du pédoncule et ponctuée de gris clair. — *Chair :* blanchâtre, ferme, fort croquante. — *Eau :* suffisante, sucrée, peu acidulée, peu parfumée.

Maturité. — Décembre-Février.

Qualité. — Deuxième.

Historique. — En 1860 je rapportai ce fruit de Berlin, mais ne le mis dans le commerce qu'en 1868 (*Catalogue*, p. 49, n° 313). Il est à peine connu chez nous. Les Allemands l'ont en assez grande estime. M. Oberdieck, un de leurs pomologues, en parlait ainsi au cours de 1864 :

« L'origine de cette variété est encore incertaine;... elle fut importée dans notre pays par M. Schiébler, horticulteur à Cellé. Il l'avait rencontrée, sous le nom de *Pigeon*, à Londres chez M. Lockart, pépiniériste, qui lui en offrit des greffes. Lorsque son pommier lui eut donné des fruits, M Schiébler l'appela *Neuer Englischer Pigeon* [Pigeon nouveau d'Angleterre]. Comme cette pomme a déjà été remarquée dans nos expositions, notamment en 1860, à Berlin, j'ai cru devoir, sans plus amples informations, la décrire; elle est effectivement très-jolie et peut fort bien prendre rang parmi les fruits à couteau. (*Illustrirtes Handbuch der Obstkunde*, t. IV, p. 251, n° 387.)

En présence de l'indécision qui régnait dans l'article de M. Oberdieck, au sujet de l'identité de ce Pigeonnet anglais, j'eus soin de m'assurer s'il se rapportait ou non à quelqu'une des neuf autres variétés de Pigeonnet que je possédais. Cet examen m'ayant prouvé qu'aucune d'elles ne lui ressemblait, ce fut alors qu'à mon tour je le multipliai, et qu'actuellement je le signale dans ce *Dictionnaire*.

Pomme PIGEONNET BLANC. — Synonyme de *Pigeonnet blanc d'Été*. Voir ce nom.

---

335. Pomme PIGEONNET BLANC D'ÉTÉ.

Synonymes. — *Pommes :* 1. Weisser Sommer-Tauben (Diel, *Kernobstsorten*, 1806, t. VIII, p. 33). — 2. American Peach (Thompson, *Catalogue of fruits cultivated in the garden of the horticultural Society of London*, 1842, p. 31, n° 583). — 3. Pigeonnet blanc (*Id. ibid.*).

Description de l'arbre. — *Bois :* assez fort. — *Rameaux :* nombreux, étalés à la base, érigés au sommet, gros, très-longs, légèrement flexueux, bien duveteux et d'un brun verdâtre. — *Lenticelles :* de moyenne grandeur, brunes, clair-semées. — *Coussinets :* assez saillants. — *Yeux :* petits, aplatis, très-cotonneux, adhérents. — *Feuilles :* moyennes ou petites, d'un beau vert en dessus, blanchâtres et duveteuses en dessous, ovales-allongées ou elliptiques, planes et profondément dentées. — *Pétiole :* de grosseur et longueur moyennes, roide et plus ou moins cannelé. — *Stipules :* petites, linéaires, souvent faisant défaut.

Fertilité. — Remarquable.

Culture. — Il fait des plein-vent à tête très-régulière, très-touffue, et végète fort bien sous cette forme. La basse-tige lui convient également, et sur toute espèce de sujet.

Description du fruit. — *Grosseur :* au-dessous de la moyenne. — *Forme :* conique-allongée, légèrement côtelée au sommet. — *Pédoncule :* assez long, grêle et profondément inséré dans un étroit bassin. — *Œil :* moyen, mi-clos ou fermé, à cavité bossuée et peu développée. — *Peau :* mince, lisse, jaune blanchâtre et brillant, quelque peu verdâtre vers le pédoncule, ponctuée de gris clair et plus ou moins nuancée, à bonne exposition solaire, de rose tendre à reflets pourpres et violacés. — *Chair :* blanche, fine, croquante, odorante et assez ferme. — *Eau .* suffisante, acidulée, rarement bien sucrée, de saveur agréable.

Pomme Pigeonnet blanc d'Été.

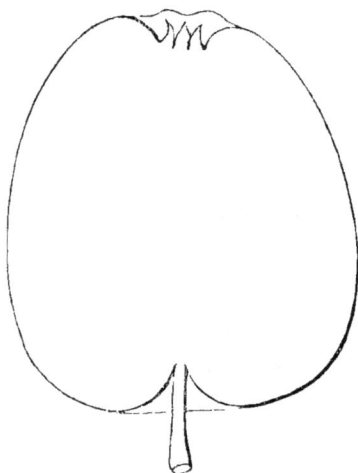

MATURITÉ. — Fin d'août.

QUALITÉ. — Deuxième pour le couteau, première pour les usages culinaires.

Historique. — Je crois le Pigeonnet blanc d'Été d'origine allemande, en ce sens que le docteur Diel, son premier descripteur, annonçait en 1806, dans son *Kern-obstsorten* (t. VIII, p. 33), l'avoir reçu de M. Schulz, jardinier-chef de la cour, à Schauenbourg (Hesse électorale); lequel, ajoutait-il, tirait ses arbres fruitiers de la pépinière-école fondée à Weimar (Saxe-Weimar). M. Oberdieck, pomologue hanovrien, semble aussi partager cette opinion, puisqu'en 1859, décrivant ce même pommier, il dit :

« Très-peu répandu, il resta longtemps inconnu des pomologues. A Sulingen (Hanovre) j'en ai trouvé un sujet fort et très-productif, puis un autre provenant de ce dernier, et non moins beau que lui, à Nienburg (Hanovre), dans une bergerie; or, comme je ne possédais plus cette variété, qu'antérieurement Diel m'avait donnée, je profitai de mon passage à Nienburg pour me la procurer de nouveau, car elle mérite bien la culture....., surtout par sa grande fertilité. Ses produits doivent être cueillis un peu verts, quand on les destine à la cuisson; autrement il faut les laisser mûrir sur l'arbre. Diel recommande particulièrement de les manger cuits à l'étuvée sans être pelés. » (*Illustrirtes Handbuch der Obstkunde*, t. I, pp. 445-446, n° 206.)

C'est à M. Oberdieck que je suis redevable du Pigeonnet blanc d'Été, assez nouvellement greffé dans mes pépinières. Jusqu'alors il ne m'était apparu, en France, dans aucun recueil, non plus que dans les expositions. Les Anglais l'ont possédé bien avant nous, car dès 1842 Thompson le signala dans le *Catalogue* du Jardin de la Société d'Horticulture de Londres (p. 31, n° 583). Seulement il ne l'avait pas encore étudié, puisqu'il lui donnait pour synonymes : Gros-Pigeonnet de Rouen, Museau de Lièvre et Cœur-de-Pigeon, surnoms appartenant, le premier au Pigeonnet de Rouen, le second au Pigeonnet blanc d'Hiver, le troisième au Pigeonnet Jérusalem.

336. POMME PIGEONNET BLANC D'HIVER.

Synonymes. — *Pommes :* 1. KAMMER ou RAMWER (Jean Bauhin, *Historia fontis et balnei Bollensii Admirabilis*, 1598, p. 74; — et, du même, *Historia plantarum universalis*, édit. de 1651, t. I, p. 12). — 2. CHAPEAU (*Id. iibid.*). — 3. HUTTLINS (*Id. iibid.*). — 4. POINTUE (*Id. iibid.*). — 5. VERT-POIREAU (*Id. iibid.*). — 6. CAMIÈRE [?] (Olivier de Serres, *le Théâtre d'agriculture et ménage des champs*, 1608, p. 626). — 7. PIGEON BLANC (Merlet, *l'Abrégé des bons fruits*, 1667, p. 151). — 8. NEZ-DE-MOUTON (Jean Mayer, *Pomona franconica*, 1776, t. III, p. 107). — 9. MUSEAU DE LIÈVRE BLANC (Victor Paquet, *Traité de la conservation des fruits*, 1844, p. 287). — 10. DACOTON NONPAREIL (Comice horticole d'Angers, 1847, *Catalogue de son Jardin fruitier*, n° 116). — 11. CŒUR DE PIGEON BLANC (Congrès pomologique, *Pomologie de la France*, 1867, t. IV, n° 12).

Premier Type.

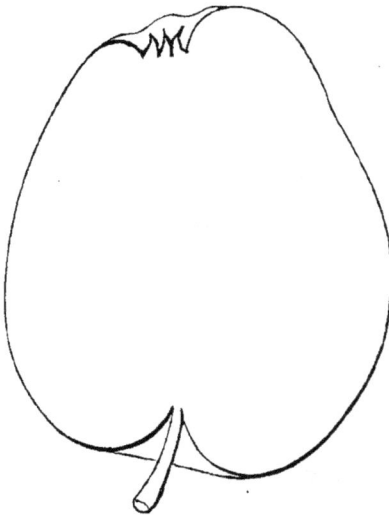

Deuxième Type.

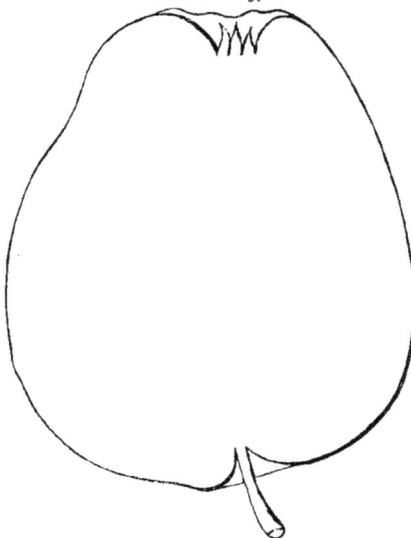

Description de l'arbre. — *Bois:* fort. — *Rameaux :* nombreux, généralement étalés, longs, assez gros, bien coudés, très-duveteux, d'un brun verdâtre, parfois lavé de rouge. — *Lenticelles :* allongées, grandes et abondantes. — *Coussinets :* assez ressortis. — *Yeux :* petits ou moyens, coniques-arrondis, très-cotonneux et fortement plaqués sur l'écorce. — *Feuilles :* de grandeur moyenne, vert clair en dessus, gris verdâtre en dessous, ovales très-allongées, longuement acuminées, canaliculées pour la plupart et à bords assez profondément dentés. — *Pétiole :* court, fort, rarement cannelé. — *Stipules :* des plus petites.

FERTILITÉ. — Assez abondante.

CULTURE. — Étant greffé ras terre il se développe vigoureusement, son tronc pousse droit et sa tête devient très-régulière. La forme plein-vent est du reste celle qu'on lui donne le plus habituellement.

Description du fruit. — *Grosseur :* au-dessous de la moyenne. — *Forme :* conique-allongée, irrégulière, généralement étranglée, d'un côté, près du sommet, et presque toujours plus ou moins contournée dans son ensemble. — *Pédoncule :* assez long, grêle, planté dans un étroit bassin de profondeur variable, où parfois le comprime une forte gibbosité. — *Œil :* de grandeur moyenne, mi-clos ou fermé, à cavité peu développée et bordée de nombreux plis. — *Peau :* lisse, unicolore, jaune pâle légèrement nuancé de vert, abondamment ponctuée de blanc et de brun clair, puis maculées de fauve squammeux autour du pédoncule. — *Chair :* fine, ferme, croquante, d'un blanc plus ou moins jaunâtre, surtout auprès des loges, qui sont excessivement développées et dont l'endocarpe est très-dur. — *Eau :* assez abondante, bien sucrée, acidule, savoureusement parfumée.

MATURITÉ. — Décembre-Mars.

QUALITÉ. — Première.

Historique. — Le Pigeonnet blanc d'Hiver fut décrit chez nous, sous ce nom, en 1667 par Merlet : « La pomme de *Pigeon*, dit-il, est une pomme longuette, fort « lisse, dont la chair est fort blanche, et l'eau très-bonne : il y en a de BLANCHE et « de ROUGE. » (*L'Abrégé des bons fruits*, p. 151.) Antérieurement à Merlet, le naturaliste Jean Bauhin, auteur de la première pomologie, avec figures, qui soit encore connue, avait aussi caractérisé cette excellente variété, mais en lui donnant seulement les dénominations diverses que pour lors — 1598 — elle portait en Suisse et à Montbéliard (Franche-Comté), localité longtemps habitée par ce savant. Il la décrivit et représenta d'abord dans un ouvrage, aujourd'hui très-rare, sur les eaux, les minéraux, les animaux et les végétaux du canton de Fribourg (Suisse), puis ensuite dans son *Histoire universelle des plantes*. Voici, des deux articles qu'il lui consacra, les passages dont la traduction me paraît utile :

« La pomme *Huttlins*, ainsi nommée en Suisse, notamment à Boll et à Wall, pour sa forme turbinée, en façon de Bonnet, de Chapeau, est également appelée *Lauchs*, ou de Poireau, sans doute à cause de sa couleur. Ce fruit, haut d'environ cinq doigts et plus large à la base qu'au sommet, où il s'amincit beaucoup, a le pédoncule assez court et peu fort, la peau d'un blanc jaunâtre et verdâtre, mais qui parfois, près du pédoncule, se nuance de roux olivâtre. A Bâle, à Stuttgardt, à Montbéliard, ce même fruit porte en outre les dénominations *Spitzapfel* [Pomme Pointue], *Ramwer* ou *Kammerapfel* [Pomme à Grandes Loges]..... J'en ai mangé en février dont la chair était encore assez ferme, vineuse et acidule. » (*Historia fontis et balnei Bollensis Admirabilis*, 1598, p. 74; — *Historia plantarum universalis*, 1651, t. I, p. 12.)

Ce fut donc après 1598 que le nom Pigeon ou Pigeonnet blanc commença à paraître dans notre arboriculture fruitière. Le Lectier, d'Orléans, ne [le connaissait pas en 1628, on le voit par son *Catalogue*, qui n'en fait aucune mention, non plus que de ses synonymes. Merlet le signala en 1667, comme il est dit ci-dessus. Bonnefond, page 109 du *Jardinier français*, inscrivit bien, quelques années auparavant (1653), un Pigeonnet parmi les pommes tardives alors cultivées, mais ce devait être le Commun, le Rouge, type de l'espèce et qui par là même, ancienne-ment surtout, a presque toujours eu Pigeonnet pour *unique* dénomination. Si j'ai pu montrer que le Pigeonnet blanc d'Hiver se trouvait déjà chez les Suisses et les Francs-Comtois en 1598, je ne saurais cependant conclure, de ce fait, qu'il appartienne soit à la Suisse, soit à la France. Pour moi, son origine reste un mystère. Le sachant cultivé depuis fort longtemps en Normandie, où comme la Passe-Pomme il se rencontre dans presque tous les jardins, je pensais que cette province pouvait l'avoir vu naître. Rien n'a confirmé mon sentiment, quoique j'aie compulsé avec soin les précieux ouvrages de MM. Léopold Delisle et Robillard de Beaurepaire sur l'agriculture normande au moyen âge.

Observations. — Regarder le *Museau de Lièvre* comme un fruit distinct du Pigeonnet blanc d'Hiver, est une erreur positive. Maintes fois j'ai constaté l'identité parfaite de ces deux fruits et de leur arbre. Il en a été ainsi pour le pommier *Dacoton Nonpareil*, jadis propagé par le Comice horticole de Maine-et-Loire. Mais

IV.   36

un nom qu'on ne saurait, sans méprise, déclarer de nouveau synonyme de Pigeonnet blanc d'Hiver, c'est *Pigeon rayé*, car la variété que nous venons de décrire n'offre aucune trace de vergeture sur sa peau, constamment unicolore.

337. Pomme **PIGEONNET COMMUN.**

Synonymes. — *Pommes* : 1. PIGEONNET (Bonnefond, *le Jardinier français*, 1653, p. 109; — et Duhamel, *Traité des arbres fruitiers*, 1768, t. I, p. 305). — 2. PIGEON ROUGE (Merlet, *l'Abrégé des bons fruits*, 1667, p. 151). — 3. PETIT-PIGEONNET (Saussay, *Traité des jardins*, 1722, p. 20). — 4. MUSEAU DE LIÈVRE ROUGE (de Launay, *Almanach du Bon-Jardinier*, 1808, p. 141; — et Victor Paquet, *Traité de la conservation des fruits*, 1844, p. 287). — 5. PIGEONNET ROSE (Louis du Bois, *Pratique du jardinage*, 1821, p. 141).

Pomme Pigeonnet Commun, — *Premier Type.*

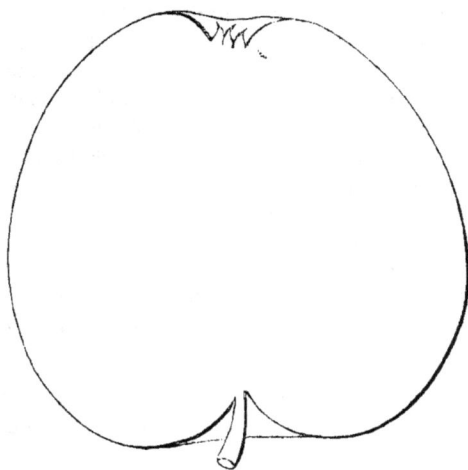

Deuxième Type.

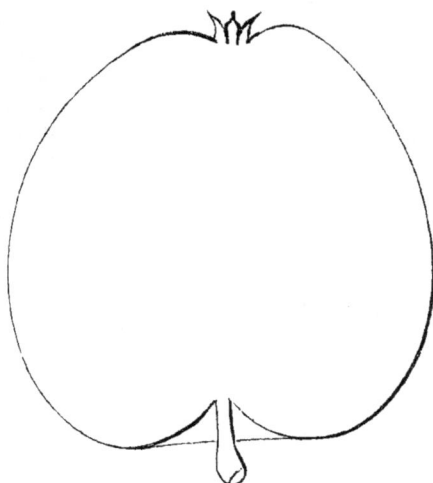

Description de l'arbre.
— *Bois :* de moyenne force. — *Rameaux :* nombreux, étalés, peu longs, gros, renflés au sommet, très-géniculés, légèrement cotonneux et d'un brun verdâtre assez clair. — *Lenticelles :* arrondies ou allongées, grandes ou moyennes, excessivement espacées. — *Coussinets :* bien développés. — *Yeux :* très-gros, ovoïdes-allongés, faiblement collés sur le bois et des plus duveteux. — *Feuilles :* petites, ovales-allongées, sensiblement acuminées, vert jaunâtre en dessus, gris verdâtre en dessous, planes ou contournées sur elles-mêmes, ayant les bords assez profondément dentés ou crénelés. — *Pétiole :* gros, flasque, un peu court, tomenteux, rarement bien cannelé. — *Stipules :* étroites et longues.

FERTILITÉ. — Abondante.

CULTURE. — Greffé ras terre il croît passablement, malgré sa vigueur assez modérée; cependant, pour lui voir former des plein-vent d'une grande régularité, on doit plutôt le greffer en tête. Comme arbre nain, sur doucin ou sur paradis, il fait des espaliers, des quenouilles, des gobelets ou des cordons de toute beauté.

Description du fruit. — *Grosseur :* au-dessous de la moyenne. — *Forme :*

conique plus ou moins allongée et ventrue. — *Pédoncule :* de longueur moyenne, peu fort, mais habituellement renflé à son point d'attache, inséré dans un bassin assez vaste et assez profond. — *OEil :* grand ou moyen, mi-clos ou fermé, faiblement plissé sur ses bords et placé presque à fleur de fruit. — *Peau :* mince, lisse, à fond jaune clair que recouvre à peu près complétement une couche rose tendre fouettée de carmin foncé, nuancée de violet sombre puis abondamment ponctuée de gris et tachetée de brun noirâtre. — *Chair :* très-blanche, fine, assez ferme, odorante et croquante. — *Eau :* abondante, sucrée, acidule, parfumant délicieusement la bouche.

MATURITÉ. — Novembre-Janvier.

QUALITÉ. — Première.

Historique. — J'ai dit ci-dessus, à l'article Pigeonnet blanc d'Hiver, que le Pigeonnet Commun, ou Rouge, qui du temps de Duhamel (1768) était encore uniquement appelé Pigeonnet (voir son *Traité des arbres fruitiers*, t. I, p. 305), fut pour la première fois désigné de la sorte en 1651 ou 1653 par Bonnefond, page 109 du *Jardinier français*. Les Normands le regardent généralement comme une variété particulière à leur province. Je sais qu'il est cultivé chez eux depuis des centaines d'années; aussi suis-je surpris de ne le trouver mentionné, non plus que le Pigeonnet blanc d'Hiver, ni par M. Léopold Delisle (1851) ni par M. Robillard de Beaurepaire (1865), dont les ouvrages sur l'état agricole de la Normandie, du XIIᵉ siècle au XVIᵉ, sont remplis de précieux renseignements sur nos anciens fruits. Ce silence ne saurait toutefois, jusqu'à preuve contraire, infirmer la tradition. Je le reconnais et m'empresse de le publier, afin que les nombreux partisans des Pigeonnets ne m'accusent pas de manquer de patriotisme envers l'aîné de la famille.

Observations. — La pomme *Museau de Lièvre rouge* a longtemps été vendue comme variété spéciale, quoiqu'elle n'ait rien qui la différencie du Pigeonnet commun. Il fallut, de 1808 à 1844, l'autorité de pomologues bien connus, pour combattre cette erreur, présentement encore assez accréditée. On comprend qu'il ne s'agit pas ici du Gros-Museau de Lièvre d'Alos, décrit plus haut, page 354, car celui-là, malgré sa peau fouettée et carminée, ne saurait être réuni au Pigeonnet commun. — Le Pigeon ou *Pigeonnet Jérusalem* figure dans quelques Pomologies modernes parmi les synonymes du Pigeonnet Rouge ou Commun. Pour démontrer aux incrédules l'impossibilité d'une telle synonymie, nous les renvoyons à notre page 565, où se trouve la description du Pigeonnet Jérusalem, ils pourront aisément s'y convaincre de la dissemblance, même très-grande, de ces deux pommes.

---

338. Pomme PIGEONNET CREDÉ.

Synonymes. — *Pommes :* 1. CREDE'S BLUTROTHER WINTERTÄUBLING (Diel, *Vorz. Kernobstsorten*, 1832, t. VI, p. 80). — 2. CREDE'S TAUBEN (Lucas, *Illustrirtes Handbuch der Obstkunde*, 1859, t. I, p. 105, nᵒ 37). — 3. HOLLÄNDISCHER ROTHER WINTER-CALVILL (*Id. ibid.*).

Description de l'arbre. — *Bois :* de moyenne force. — *Rameaux :* nombreux, érigés ou légèrement étalés, surtout à la base, peu longs, assez gros, presque droits, très-cotonneux et d'un rouge-brun lavé de gris. — *Lenticelles :* arrondies ou allongées, grandes mais des plus espacées. — *Coussinets :* ressortis.

Yeux : moyens, ovoïdes, faiblement collés contre le bois et bien duveteux. — *Feuilles :* petites, ovales, vert glauque et mat en dessus, blanc verdâtre en dessous, longuement acuminées, à bords largement crénelés. — *Pétiole :* de grosseur et longueur moyennes, tomenteux et généralement non cannelé. — *Stipules :* petites.

Pomme Pigeonnet Credé. — *Premier Type.*

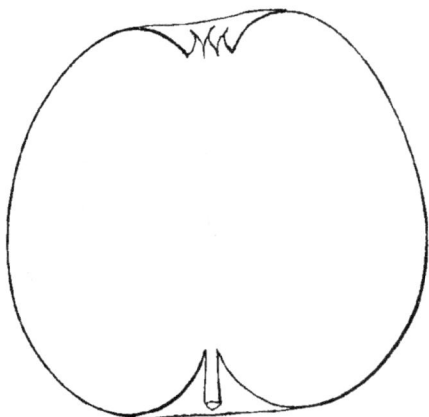

FERTILITÉ. — Abondante.

CULTURE. — Pour le plein-vent on le greffe en tête et non ras terre, vu la lenteur de sa végétation. Les formes naines lui sont très-avantageuses, sur doucin ou paradis.

Description du fruit. — *Grosseur :* moyenne et parfois moins volumineuse. — *Forme :* cylindro-conique ou conique ventrue à la base et légèrement étranglée près du sommet. — *Pédoncule :* court et grêle, profondément planté dans un bassin habituellement assez vaste. — *Œil :* grand, mi-clos, à cavité plissée, large, rarement bien profonde. — *Peau :* unie, d'un jaune pâle nuancé de vert, amplement maculée de rouge-brun violacé à l'insolation, tachée de roux autour du pédoncule, puis abondamment ponctuée de gris et de blanc laiteux. — *Chair :* blanchâtre, fine, ferme, croquante. — *Eau :* suffisante, sucrée, acidulée, possédant un arome des plus savoureux.

Deuxième Type.

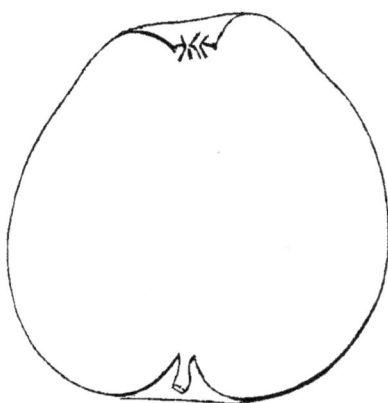

MATURITÉ. — Janvier-Mars.

QUALITÉ. — Première.

Historique. — C'est à l'exposition internationale qui en 1867 eut lieu à Paris, que je remarquai cette charmante et délicieuse pomme ; elle figurait parmi les variétés apportées de Berlin (Prusse) par M. le docteur Karl Koch. Je la demandai aussitôt à M. Édouard Lucas, directeur de l'Institut pomologique de Reutlingen (Wurtemberg), et l'année suivante (1868) je la signalai dans mon *Catalogue* (p. 49, nº 316). Diel, en 1832, fut le premier descripteur de ce Pigeonnet ; il nous l'apprend ainsi :

« Aucun pomologue — affirme-t-il — n'a caractérisé cette variété, dont je reçus des greffes, en 1804, du défunt professeur Credé [de Marburg, dans la Hesse électorale]. » (*Vorz. Kernobstsorten*, 1832, t. VI, p. 30.)

Diel, tout en appliquant à cette variété le nom du professeur Credé, savant avec lequel il était en continuelles relations pomologiques, ne s'expliqua pas quant à l'origine du fruit ainsi baptisé. Mais M. Lucas, dont je viens de parler, l'ayant décrit en 1859, crut pouvoir émettre sur ce point l'opinion suivante, et signaler en même temps une erreur commise par Diel :

« Le *Pigeonnet Credé* — dit-il — est probablement originaire de Hollande, pays auquel on en doit la propagation. Aujourd'hui nous le rencontrons fréquemment dans nos collections d'arbres fruitiers. Le docteur Diel, en 1832, le caractérisa sous deux différents noms — *Crede's blutrother Wintertäubling,* puis *Holländischer rother Wintercalville* — et ce, dans le même volume. » (*Illustrirtes Handbuch der Obstkunde,* 1859, t. I, p. 105, n° 37.)

M. Lucas, en ce qui touche la méprise ici relevée, est parfaitement dans le vrai; j'ai sous les yeux le volume où Diel s'occupa du Pigeonnet Credé (*Vorz. Kernobstsorten,* t. VI), et j'y vois effectivement qu'à la page 7 l'article *Holländischer rother Wintercalville* [Calleville rouge d'Hiver, de Hollande] caractérise une pomme de tout point semblable au fruit décrit plus loin, page 30, sous le nom *Crede's blutrother Wintertäubling* [Pigeonnet rouge-sang d'Hiver, de Credé]. Diel était un pomologue très-pratique, très-consciencieux, dont les nombreuses publications firent et font toujours autorité. De telles erreurs sont cependant assez communes dans ses ouvrages, ce qui témoigne de l'extrême difficulté qu'offre l'étude comparative des arbres fruitiers, et commande l'indulgence aux esprits trop enclins à la critique.

POMMES : PIGEONNET DORÉ,

— PIGEONNET DORÉ DE LOISEL, } Synonymes de pomme *Loisel.* Voir ce nom.

POMME PIGEONNET (GROS-). — Voir *Gros-Pigeonnet.*

339. POMME **PIGEONNET JÉRUSALEM.**

Synonymes. — *Pommes :* 1. DE JUDÉE [?] (Bonnefond, *le Jardinier français,* 1653, p. 109). — 2. PIGEON (dom Claude Saint-Étienne, *Nouvelle instruction pour connaître les bons fruits,* 1670, p. 215; — et Duhamel, *Traité des arbres fruitiers,* 1768, t. I, p. 306). — 3. JÉRUSALEM (la Quintinye, *Instructions pour les jardins fruitiers et potagers,* 1690, t. I, p. 392). — 4. CŒUR DE PIGEON (frère Bonnelle, *le Jardinier d'Artois,* 1766, p. 244; — et Duhamel, *ibid.*). — 5. GROS-CŒUR DE PIGEON (Louis du Bois, *du Pommier, du Poirier et du Cormier,* 1804, t. I, p. 52). — 6. GROS-PIGEONNET ROUGE (Louis Bosc, *Nouveau cours complet d'agriculture théorique et pratique,* 1809, t. X, p. 323). — 7. PIGEON D'HIVER (Congrès pomologique, *Pomologie de la France,* 1867, t. IV, n° 14).

Description de l'arbre. — *Bois :* assez fort. — *Rameaux :* nombreux, érigés au sommet, étalés à la base, courts, de moyenne grosseur, bien coudés, légèrement cotonneux et d'un brun olivâtre. — *Lenticelles :* assez grandes, arrondies et clair-semées. — *Coussinets :* aplatis. — *Yeux :* très-gros, coniques-allongés, obtus, sensiblement duveteux, incomplétement plaqués sur le bois. — *Feuilles :* petites, ovales-allongées, vert clair en dessus, gris verdâtre en dessous, contournées sur elles-mêmes pour la plupart, et faiblement crénelées. — *Pétiole :* grêle, assez long, à peine cannelé. — *Stipules :* moyennes.

FERTILITÉ. — Très-abondante.

CULTURE. — Sa bonne ramification ainsi que son assez grande vigueur permettent de l'écussonner ras terre, pour plein-vent. Il fait sous cette forme des têtes généralement pyramidales et d'un bel aspect. Quand on le destine à la basse-tige, le paradis est le sujet qu'il faut lui donner, afin surtout de n'en pas diminuer la fertilité.

Pomme Pigeonnet Jérusalem. — *Premier Type.*

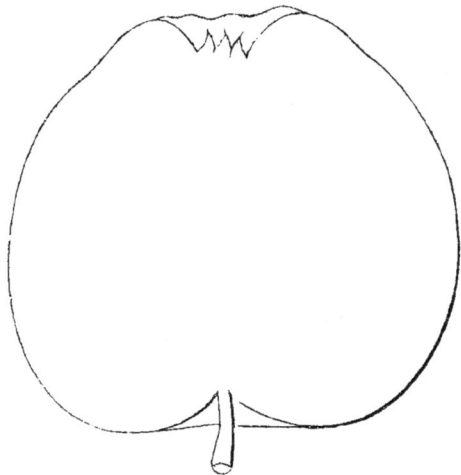

Deuxième Type.

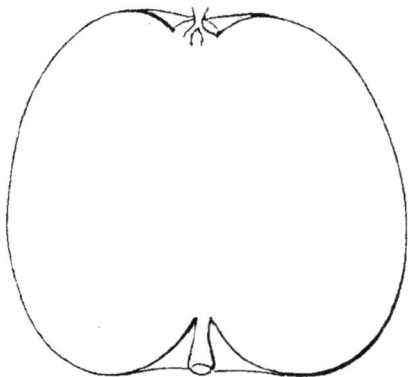

Description du fruit. — *Grosseur :* moyenne et parfois moins volumineuse. — *Forme :* conique assez régulière, ou cylindro-conique plus renflée d'un côté que de l'autre. — *Pédoncule :* court et bien nourri, ou de longueur moyenne et alors assez grêle, planté dans un bassin étroit et de profondeur variable. — *OEil :* grand ou moyen, mi-clos ou fermé, à cavité bossuée et peu développée. — *Peau :* unie, lisse, à fond blanc jaunâtre, presque entièrement lavée de rose bleuâtre, rubanée de carmin foncé et ponctuée de blanc. — *Chair :* très-blanche, fine, serrée, assez ferme et comme nacrée, surtout autour des loges, qui le plus habituellement ne sont qu'au nombre de quatre et disposées en croix de JÉRUSALEM. — *Eau :* suffisante, sucrée, acidulée, ayant un arome exquis.

MATURITÉ. — Novembre-Février.

QUALITÉ. — Première.

Historique. — Il en est pour ce Pigeonnet Jérusalem comme pour le Pigeonnet Blanc d'Hiver et le Commun ou Rouge : on le suppose, sans preuve aucune, originaire de la Normandie. La Quintinye, qui le décrivit en 1690, le nommait Pomme Jérusalem ; c'est la première mention que j'en aie rencontrée. L'an 1653 Nicolas de Bonnefond, page 109 du *Jardinier français*, citait il est vrai une POMME DE JUDÉE, mais sans nul détail ; rigoureusement, cependant, cette pomme de Judée, depuis lors disparue de la nomenclature, peut passer pour un synonyme de la variété Jérusalem. J'en ai jugé ainsi, ayant au moins, à défaut de la pomologie, la géographie de mon côté. Le directeur des jardins de Louis XIV estimait peu les pommes ; toutes ses prédilections furent pour les poires, dont souvent il a parlé en poëte, plutôt qu'en arboriculteur ; il n'est donc pas surprenant que ce Pigeonnet, malgré son goût si fin, si parfumé, ait paru à la Quintinye de médiocre qualité :

« Les *Jerusalem* — a-t-il dit — sont presque rouges partout, ont la chair ferme, et de peu de goût, quoyqu'assez sucrée, et n'ayant rien de la mauvaise odeur qui suit la plupart des Pommes. Elles se gardent longtemps. » (*Instructions pour les jardins fruitiers et potagers*, 1690, t. I, p. 392.)

Le frère Bonnelle, religieux de l'ordre des Mathurins, et très-adonné à l'étude des fruits, fut plus juste pour cette variété, ainsi décrite par lui dans le *Jardinier d'Artois*, qu'il publia en 1766 :

« Le *Cœur de Pigeon* — dit-il — pomme de moyenne grosseur, plus longue que ronde, formée en cœur, prend aisément le rouge, est beaucoup estimée; bonne jusqu'en février et mars. » (Page 244.)

Enfin Duhamel, en 1768, lui rendit également pleine justice et consigna dans son article certains détails utiles à reproduire ici :

« Pomme *Pigeon* ou *Cœur de Pigeon* ou *Jérusalem*..... Sa peau — écrivait cet auteur — est fine, unie, luisante, dure, de couleur un peu changeante, lavée d'une couleur de rose légère, tiquetée de quelques points jaunes. En la regardant d'un certain sens, on aperçoit comme un petit nuage bleuâtre, qui, joint au changement de sa couleur, a pu lui faire donner le nom de *Pigeon*. Sa chair est fine, délicate, grenue, légère, ferme, très-blanche, quelquefois très-légèrement teinte de rouge sous la peau. Son eau a une acidité agréable, qu'elle perd presque entièrement lorsque le fruit est très-mûr. Elle n'a pour l'ordinaire que quatre loges séminales qui forment une croix à quatre branches égales, d'où elle a vraisemblablement reçu le nom de *Jérusalem*..... C'est une très-jolie pomme à la vue et au goût. » (*Traité des arbres fruitiers*, t. I, p. 307.)

Ce fruit est très-répandu ; les Allemands le possèdent depuis un siècle au moins, ainsi que les Anglais, qui dès 1729 l'ont figuré de très-exacte façon, et le nommaient uniquement pomme Jérusalem (voir *Pomona* de Batty Langley, planche 76, figure 3ᵉ).

Observations. — On a dit assez récemment, que le Pigeonnet Jérusalem fut signalé par le Lectier, d'Orléans, dans son *Catalogue*, imprimé en 1628. C'est une erreur, et bien facile à constater, puisqu'en tête de ce volume je reproduis littéralement, au chapitre de l'histoire du Pommier (§ I, temps anciens), la liste des pommes citées par le Lectier. — Nous rappelons que le Pigeonnet Rouge, ou Commun, décrit ci-dessus, page 562), ne peut prendre rang parmi les synonymes du Pigeonnet Jérusalem. Louis Liger, en 1714, commit le premier cette méprise dans son *Cultivateur parfait des jardins fruitiers* (p. 456); depuis, elle a reparu chez quelques pomologues et même, en 1867, s'est glissée dans les publications de notre Congrès pomologique (t. IV, nᵒ 14).

340. Pomme PIGEONNET LUCAS.

Description de l'arbre. — *Bois :* assez fort. — *Rameaux :* nombreux, étalés, de longueur et grosseur moyennes, légèrement coudés, peu duveteux et d'un vert clair jaunâtre. — *Lenticelles :* abondantes, arrondies ou allongées, grandes ou moyennes. — *Coussinets :* ressortis. — *Yeux :* gros, ovoïdes-allongés, faiblement écartés du bois et peu cotonneux. — *Feuilles :* assez grandes, ovales-arrondies, minces, vert clair, longuement acuminées, planes ou ondulées, à bords bien dentés. — *Pétiole :* de longueur et grosseur moyennes, flasque, à peine cannelé. — *Stipules :* étroites mais très-longues.

Fertilité. — Abondante.

CULTURE. — Pour plein-vent il se greffe à hauteur de tige et fait alors d'assez jolis arbres. Toute forme naine lui convient, soit sur doucin, soit sur paradis.

Description du fruit. — *Grosseur :* au-dessous de la moyenne. — *Forme :* conique-allongée, généralement déprimée, d'un côté, au sommet. — *Pédoncule :* de longueur et force moyennes, inséré profondément dans un étroit bassin. — *OEil :* moyen, mi-clos, à cavité légèrement plissée et peu développée. — *Peau :* assez épaisse, lisse, unicolore, blanc jaunâtre, abondamment et finement ponctuée de gris. — *Chair :* blanche, fine, ferme et croquante. — *Eau :* suffisante, sucrée, faiblement acidulée, ayant bien le savoureux arome des Pigeonnets.

Pomme Pigeonnet Lucas.

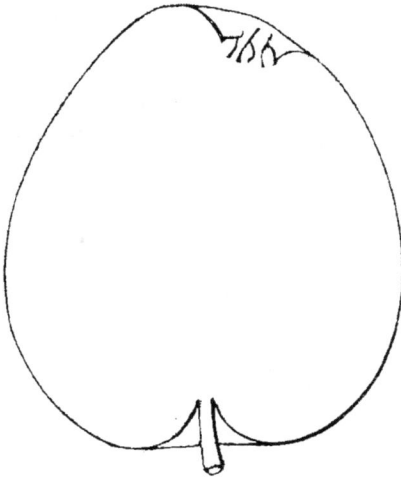

MATURITÉ. — Octobre-Décembre.

QUALITÉ. — Première.

Historique. — Ce Pigeonnet, qui est d'origine allemande, m'a été donné par M. le professeur Koch, de Berlin; il l'avait exposé à Paris en 1867, et je le greffai l'année suivante. Ne l'ayant trouvé décrit dans aucun ouvrage, et le croyant dédié au docteur Lucas, directeur de l'Institut pomologique de Reutlingen (Wurtemberg), j'ai demandé sur lui quelques renseignements à ce savant arboriculteur, qui m'a communiqué ceux qu'on va lire :

« Le *Pigeonnet Lucas* — m'a-t-il écrit le 18 juillet 1872 — a été obtenu d'un pepin semé par M. Zobel, instituteur à Forchtenberg (Wurtemberg), où il s'occupe beaucoup de la culture des arbres fruitiers; c'est lui qui me l'a dédié. L'arbre est habituellement très-fertile. »

POMME **PIGEONNET NORMAND.** — Synonyme de *Gros-Pigeonnet*. Voir ce nom.

341. POMME **PIGEONNET OBERDIECK.**

Description de l'arbre. — *Bois :* de moyenne force. — *Rameaux :* assez nombreux, généralement étalés, gros, un peu courts, à peine géniculés, légèrement cotonneux, d'un brun olivâtre nuancé de rouge clair. — *Lenticelles :* grandes et abondantes, arrondies ou allongées. — *Coussinets :* larges et saillants. — *Yeux :* petits, arrondis, un peu duveteux, complétement collés sur l'écorce. — *Feuilles :* des plus grandes, ovales-allongées ou elliptiques, vert clair, acuminées, planes ou faiblement ondulées, ayant les bords profondément dentés. — *Pétiole :* de longueur moyenne, gros, sensiblement cannelé. — *Stipules :* très-longues et assez larges.

FERTILITÉ. — Ordinaire.

CULTURE. — La forme plein-vent lui convient beaucoup, mais il est essentiel, quand on l'y destine, de le greffer en tête, et non ras terre, son tronc poussant trop lentement pour faire une belle tige. Comme arbre nain on l'écussonne sur paradis afin de le rendre plus productif.

Description du fruit. — *Grosseur :* moyenne et parfois moins volumineuse. — *Forme :* ovoïde ou conique. — *Pédoncule :* de longueur et force moyennes, généralement renflé au point d'attache et profondément inséré dans un vaste bassin. — *Œil :* grand ou moyen, fermé, placé presque à fleur de fruit et bordé de plis ou de faibles gibbosités. — *Peau :* unie, blanc jaunâtre du côté de l'ombre, jaune-brun clair sur l'autre face, maculée de roux foncé autour du pédoncule, ponctuée de blanc et de marron, puis quelquefois, à l'insolation, très-légèrement lavée de rose tendre. — *Chair :* très-blanche, fine, serrée, croquante. — *Eau :* suffisante, délicieusement parfumée, bien sucrée et agréablemnt acidulée.

Pomme Pigeonnet Oberdieck. — *Premier Type.*

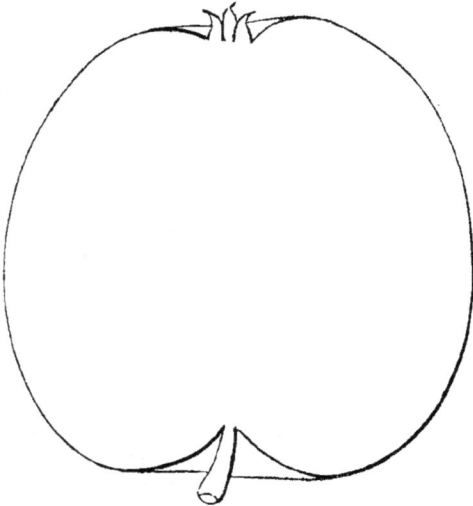

Deuxième Type.

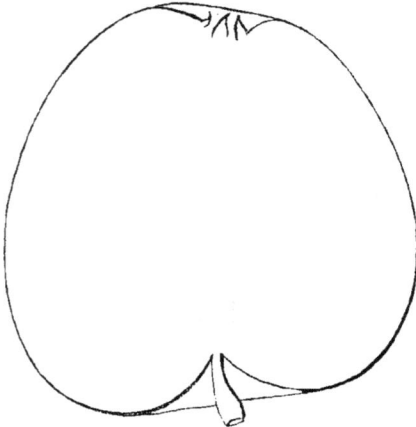

MATURITÉ. — Décembre-Mars.

QUALITÉ. — Première.

Historique. — Les Allemands sont les propagateurs de cette nouvelle variété de Pigeonnet, que je leur dois et qui figure depuis 1868 seulement dans mon *Catalogue.* Le nom qu'elle porte est celui du superintendant de Jeinsen, près Hanovre, écrivain connu de tout le monde horticole pour ses remarquables et nombreuses publications sur les arbres fruitiers. Déjà nous l'avons cité dans ce *Dictionnaire*, et c'est encore lui qui va nous fournir les renseignements qui nous font besoin ici :

« J'ai trouvé — écrivait-il en 1859 — cette variété dans le domaine d'Arenstorf, à Oyle, près Nienburg (Hanovre); elle est excellente crue et non moins bonne cuite. Son arbre ressemble peu, par sa végétation, à ceux des autres Pigeonnets. J'ignore son lieu d'origine. Ce fut M. le docteur Liégel qui par bienveillance lui donna mon nom, sous lequel, depuis lors, j'en ai maintes fois expédié des greffons. » (*Illustrirtes Handbuch der Obstkunde*, t. I, p. 443, n° 205.)

Neuf ans plus tard, revenant sur ce fruit dans un autre recueil que celui auquel je viens d'emprunter les lignes ci-dessus, M. Oberdieck en défendit l'identité, qu'on paraissait suspecter :

« M. le conseiller Schoenemann — dit-il en 1868 — suppose le Pigeonnet Oberdieck le même que la pomme *Langer grüner Gulderling*, décrite par Diel. Pour moi, malgré leur grande ressemblance extérieure, je trouve, quant au goût, ces deux pommes très-différentes. » (*Zusätze und Bericht*, p. 120.)

Pomme **PIGEONNET ROSE**. — Synonyme de *Pigeonnet commun*. Voir ce nom.

342. Pomme **PIGEONNET DE ROUEN**.

Synonyme. — *Pomme* Gros-Pigeonnet de Rouen (Louis Noisette, *le Jardin fruitier*, 1839, t. I, p. 199, n° 20).

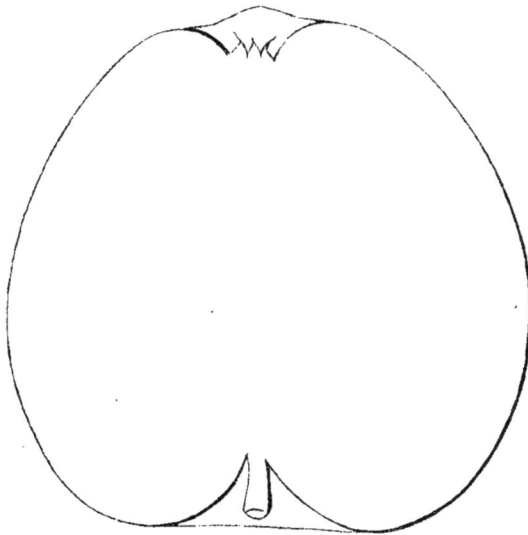

Description de l'arbre. — *Bois :* peu fort. — *Rameaux :* très-nombreux, étalés, assez longs, de grosseur moyenne, bien coudés, des plus cotonneux et d'un brun nuancé de rouge. — *Lenticelles :* grandes, arrondies, clair-semées. — *Coussinets :* saillants. — *Yeux :* très-gros, coniques-arrondis, incomplétement appliqués sur le bois et bien duveteux. — *Feuilles :* petites pour la plupart, ovales-allongées , vert clair en dessus , gris verdâtre en dessous, quelque peu canaliculées, à bords régulièrement crénelés. — *Pétiole :* long, grêle, rigide, amplement carminé, presque toujours dépourvu de cannelure. — *Stipules :* très-petites et souvent faisant défaut.

Fertilité. — Assez abondante.

Culture. — Greffés en tête, ses arbres, par leur belle forme pyramidale, font des plein-vent très-remarquables. La basse-tige, sur doucin ou paradis, lui est également fort avantageuse.

Description du fruit. — *Grosseur :* au-dessus de la moyenne. — *Forme :* conique assez régulière et plus ou moins ventrue. — *Pédoncule :* court et gros, planté dans un bassin assez étroit, mais profond. — *Œil :* grand ou moyen, mi-clos ou fermé, à cavité bossuée, peu large et peu profonde. — *Peau :* unie et assez mince, à fond jaune verdâtre clair, presque entièrement lavée et fouettée de carmin brunâtre , tachée de fauve autour du pédoncule et ponctuée de roux olivâtre. — *Chair :* très-blanche, fine, mi-tendre et quelque peu transparente. —

Eau : abondante, bien sucrée, agréablement acidulée et possédant un arome exquis.

Maturité. — Octobre-Janvier.

Qualité. — Première.

Historique. — Bien connu dans la Seine-Inférieure, dont il semble originaire par le nom sous lequel on l'y cultive, le Pigeonnet de Rouen est un fruit déjà plus que centenaire. Je le trouve, dès 1755, caractérisé en ces termes par les abbés Nolin et Blavet, qui pour lors dirigeaient à Paris les pépinières du cloître Saint-Marcel, puis de la Santé, près le Petit-Gentilly :

« Le *Pigeonnet de Rouen.* — écrivaient-ils — est de moyenne grosseur ; sa chair est transparente; sa peau, d'un rouge brun du côté du soleil; son goût, agréable. Ce bon fruit de garde a beaucoup d'eau, dont l'acide est fort joli. » (*Essai sur l'agriculture moderne*, 1755, pp. 229-230.)

Poiteau décrivit en 1846 ce Pigeonnet, mais il me paraît impossible que ce soit la véritable variété qu'il ait étudiée :

« Cette belle pomme, assure-t-il, se conserve jusqu'en mars; il est à regretter que son eau — peu abondante, pas assez relevée — manque des qualités qui constituent un bon fruit. » (*Pomologie française*, t. IV, n° 28.)

Rien, ici, n'est exact, et je ne suis pas le seul à l'avoir constaté; les Belges l'ont fait avant moi, en 1858 :

« Poiteau — a dit M. Alexandre Bivort — regrette que la qualité de la pomme *Pigeonnet de Rouen* ne soit pas à la hauteur de sa beauté; peut-être l'a-t-il dégustée trop tardivement, ou demande-t-elle un sol privilégié pour acquérir ses bonnes qualités; l'exemplaire que nous avons dégusté, était excellent et provenait du jardin de M. Hennau, professeur à l'université de Liége. » (*Annales de pomologie belge et étrangère*, t. VI, p. 8.)

Observations. — C'est par erreur que certains pomologues ont cru le Pigeonnet de Rouen identique avec le Pigeonnet commun, caractérisé plus haut, page 562; et que d'autres ont voulu le réunir au Pigeonnet Jérusalem, dont l'article se trouve également ci-dessus, page 565; le plus court examen montrera surabondamment, à qui douterait de notre affirmation, les différences très-tranchées existant entre ces trois variétés.

Pomme de PIGNON. — Synonyme de pomme *Royale d'Angleterre.* Voir ce nom.

Pomme PILLKIN. — Synonyme de pomme *May.* Voir ce nom.

PIPPIN. — Ce terme, qui chez les Anglais est pour le moins aussi commun, dans la nomenclature fruitière, que l'est chez nous le mot Reinette, sert à désigner un groupe considérable de variétés de pommier ayant pour prototype le *Golden Pippin*, notre pomme d'Or d'Angleterre (voir son article, pp. 510-513). Les arboriculteurs, disons-le bien haut, en ont étrangement abusé, ainsi qu'au reste ils ont fait de tous les noms génériques. On ne sera donc pas étonné d'apprendre qu'il existe au moins deux cents Pippins anglais, dont cent vingt-quatre sont décrits dans *the Apple and its varieties*, recueil publié en 1859 par le docteur

Hogg. La véritable origine de ce mot six fois séculaire, me paraît venir de Pepin : graine, semence. En 1360 déjà l'on récoltait une pomme de Pepin ou Franc-Pepin aux environs de Rouen (Archives de la Seine-Inférieure, *Registres de l'ancien tabellionnage*, t. I, f⁰ˢ 4, 7, 11, 110; t. III, f⁰ˢ 57, 199; t. IV, f⁰ 69). Elle était très-estimée, et la même sans doute que celle qu'Agostino Gallo, agronome italien, appelait *Puppino* en 1575 et qualifiait de fruit précieux, tant pour sa bonté que pour sa longue conservation (*le Vinti giornate dell' agricoltura*, p. 108). Les Pippins se répandirent assez promptement à l'étranger, et y furent fort bien appréciés, surtout par les Allemands, comme le prouve ce passage de Jean Mayer, directeur en 1760 des jardins du duc de Franconie, à Wurzbourg :

« Les *Pepins* ou *Pippins anglais*. — La nature, dit cet auteur, semble avoir favorisé l'Angleterre de ce genre de pommes, comme elle nous a gratifiés des Borsdorfs, la France des Reinettes et l'Espagne des Camuesars. Miller (botaniste anglais) croit que les bons Pippins dégénèrent hors de leur pays natal; il se trompe, on en mange à Paris d'aussi bons qu'à Londres; seulement il faut à cet arbre une terre particulièrement bonne, propre et convenable, aucun pommier n'est aussi difficile que lui là-dessus. Ce même Miller lui reproche deux défauts : 1° d'être très-lent à rapporter, 2° de s'arrêter court vers sa vingt-cinquième année, de rétrograder, languir, se couvrir de mousse et de chancres, et de périr bientôt après; accidents qu'il attribue aux sujets francs sur lesquels on le greffe, dans la seule vue d'avoir des fruits plus gros. Il veut donc qu'on les greffe toujours sur sauvageons pris dans les forêts, ou provenant de semences de pommes des bois; faisant observer que les fruits qu'alors ils donnent, ne deviennent ni aussi gros, ni aussi beaux, mais gagnent beaucoup du côté du goût, de la saveur et de la fermeté de la chair. » (*Pomona franconica*, 1776, t. III, pp. 120-121.)

Nombre de personnes croient chez nous que le mot anglais *Pippin* est l'équivalent du mot français *Reinette*. Pour se convaincre du contraire, il suffit d'ouvrir les Pomologies de Thompson (1842) et de Hogg (1859), on y verra ces deux noms désigner deux catégories de pommes de nature fort différente. De plus, on y constatera que ces auteurs, lorsqu'ils ont voulu traduire le nom de quelques-unes de nos Reinettes, loin de rendre par *Pippin* le terme générique, l'ont reproduit littéralement, bornant leur traduction à celle des mots déterminatifs de la variété. Ainsi, de Reinette précoce française ils ont fait *Early french Reinette*, et de Reinette dorée, *Golden Reinette*. Maintenant, si l'on interroge les pomologues anglais du xviiiᵉ siècle, Raius (1704) et Langley (1729), par exemple, on saura qu'ils se bornèrent pour introduire dans leur langue le substantif Reinette, à légèrement en modifier l'orthographe : ils l'écrivirent *Renet* et *Rennet*. — Nous avons insisté sur le manque formel de synonymie des termes Pippin et Reinette, attendu que l'usage de les employer l'un pour l'autre semble se généraliser en France, et que non combattu il augmentera le désordre déjà très-grand qui règne dans la nomenclature du genre Pommier.

***

Pommes PIPPIN. — Voir aussi, sur ce groupe de variétés, les noms *Pepin*, *Peppin* et *Pepping*.

***

Pomme PIPPIN BREEDOU'S. — Synonyme de pomme *Breedon Pippin*. Voir ce nom.

***

Pomme PIPPIN KEW. — Synonyme de pomme *Admirable de Kew*. Voir ce nom.

Pomme PISTOCHE D'ÉTÉ. — Synonyme de pomme *Postophe d'Été*. Voir ce nom.

Pomme PISTOCHE D'HIVER. — Synonyme de pomme *Postophe d'Hiver*. Voir ce nom.

Pomme PITZER HILL. — Synonyme de pomme *Rouge de Pryor*. Voir ce nom.

Pomme PLATARCHIUM. — Synonyme de pomme *Pearmain d'Hiver*. Voir ce nom.

343. Pomme PLATE A GROSSE QUEUE.

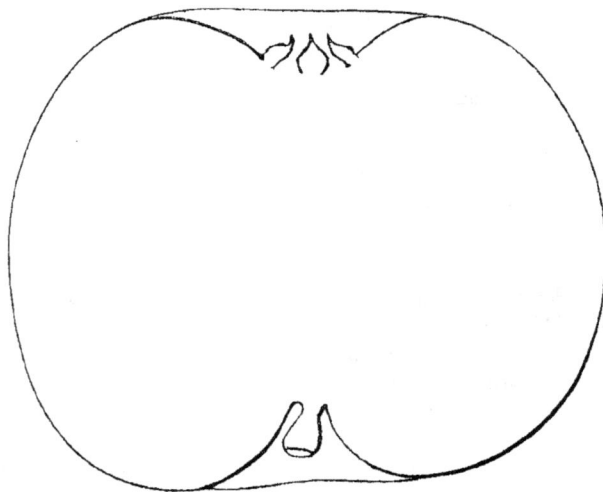

Description de l'arbre. — *Bois :* fort. — *Rameaux :* nombreux, généralement assez érigés, gros, longs, à peine coudés, duveteux, d'un rouge-brun très-foncé et lavé de gris. — *Lenticelles :* arrondies ou allongées, grandes, clair-semées. — *Coussinets :* larges et aplatis. — *Yeux :* volumineux, ovoïdes, obtus, peu cotonneux, imparfaitement appliqués sur le bois. — *Feuilles :* assez grandes, ovales sensiblement elliptiques, vert foncé en dessus, gris verdâtre en dessous, coriaces, longuement acuminées et très-profondément dentées. — *Pétiole :* court et gros, bien carminé, très-rigide, sans cannelure. — *Stipules :* des plus développées.

Fertilité. — Ordinaire.

Culture. — La grande vigueur et la belle ramification de ce pommier le rendent très-propre pour le plein-vent ; greffé ras terre il prend un beau développement, sa tige pousse droite, acquiert une bonne grosseur, et sa tête touffue est des mieux arrondies. Pour formes naines on l'écussonne sur paradis plutôt que sur doucin, afin que sa végétation soit moins active et sa fertilité plus abondante.

Description du fruit. — *Grosseur :* volumineuse. — *Forme :* globuleuse sensiblement comprimée aux pôles et souvent moins développée d'un côté que de l'autre. — *Pédoncule :* court, gros ou très-gros, charnu, profondément inséré dans un vaste bassin. — *Œil :* des plus grands, bien ouvert, à sépales larges et cotonneuses, à cavité considérable, unie ou plissée. — *Peau :* mince, lisse, vert clair jaunâtre, parfois très-légèrement lavée de rouge-brun ardoisé sur la partie frappée par le soleil, maculée de fauve grisâtre autour du pédoncule et abondamment semée de petits points bruns cerclés de blanc. — *Chair :* verdâtre, fine, assez tendre. — *Eau :* abondante, peu sucrée, fortement acidulée.

MATURITÉ. — Novembre-Mars.

QUALITÉ. — Deuxième pour le couteau, première pour la cuisson.

Historique. — C'est à Berlin, en 1860, que j'ai trouvé cette pomme; elle figurait comme nouveauté à l'exposition horticole qu'on y avait organisée, et me séduisit par son volume, sa jolie forme et sa bonté. L'importation, sous ce dernier rapport, ne lui a pas été favorable, car, depuis que je le cultive, jamais ce fruit n'a mérité que le deuxième rang. Sa description ne se rencontre dans aucune des Pomologies allemandes qui sont en ma possession.

POMME PLATOMELUM. — Synonyme de pomme *Pearmain d'Été.* Voir ce nom.

POMME PLEISSNER SOMMERRAMBOUR. — Synonyme de *Rambour de Pleissen.* Voir ce nom.

POMME PLYMOUTH GREENING. — Synonyme de pomme *May.* Voir ce nom.

POMME POCRE DE LOUP. — Synonyme de pomme *Patte de Loup.* Voir ce nom.

POMME POINTUE. — Synonyme de *Pigeonnet blanc d'Hiver.* Voir ce nom.

POMME POIRE BLANCHE. — Synonyme de *Pomme-Poire* [d'Hiver]. Voir ce nom.

POMME POIRE D'ÉTÉ. — Synonyme de *Pearmain d'Été.* Voir ce nom.

POMME POIRE GRISE. — Synonyme de *Pomme-Poire* [d'Hiver]. Voir ce nom.

POMME POIRE D'HEREFORDSHIRE. — Voir *Pomme-Poire* [d'Hiver], au paragraphe HISTORIQUE.

---

344. POMME POIRE [D'HIVER].

Synonymes. — *Pommes :* 1. MÉLAPIE (Pline, l'an 89 après J.-C., *Historia naturalis,* lib. XV, cap. XV; — et Daléchamp, *Histoire générale des plantes,* 1586-1653, t. I, p. 242). — 2. GIRODETA (Benedict. Curtius, *Hortorum libri trigenta,* 1560, chap. Pommier, n° 29). — 3. GIRAUDETTE (Daléchamp, *ibid.*). — 4. OIGNONET (Olivier de Serres, *le Théâtre d'agriculture et ménage des champs,* 1608, p. 626). — 5. GIRADOTTE (le Lectier, d'Orléans, *Catalogue des arbres cultivés dans son verger et plant,* 1628, p. 23). — 6. POMME-POIRE BLANCHE (Herman Knoop, *Pomologie,* édition française, 1771, pp. 17-18). — 7. POMME-POIRE GRISE (*Id. ibid.*) — 8. GIRANDETTE (Manger, *Systematische Pomologie,* 1780, 1ʳᵉ partie, p. 42, n° LXIII). — 9. POMME-POIRE TARDIVE (*Id. ibid.*).

Description de l'arbre. — *Bois :* assez faible. — *Rameaux :* peu nombreux, érigés, de longueur moyenne, assez grêles, à peine géniculés, cotonneux et d'un brun olivâtre. — *Lenticelles :* très-petites, allongées et des plus clair-semées. —

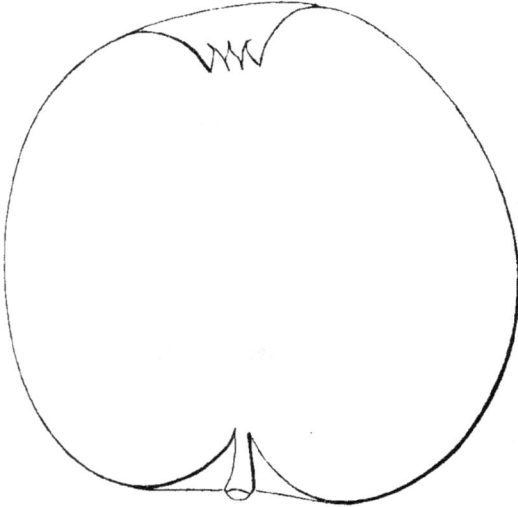

Coussinets : presque nuls. — *Yeux* : de moyenne grosseur, ovoïdes, duveteux, collés sur l'écorce. — *Feuilles* : assez petites, ovales, courtement acuminées, planes, ayant les bords légèrement crénelés. — *Pétiole* : long, menu, tomenteux et rarement bien cannelé. — *Stipules* : très-développées.

Pomme-Poire.

FERTILITÉ. — Des plus abondantes.

CULTURE. — Il ne peut être utilisé pour la forme plein-vent, que greffé en tête sur des sujets très-vigoureux ; mais il prospère parfaitement comme arbre nain, lorsqu'on l'écussonne sur doucin.

Description du fruit.
— *Grosseur* : moyenne. — *Forme* : ovoïde plus ou moins régulière, légèrement pentagone et ventrue. — *Pédoncule* : court, assez fort, surtout au point d'attache, implanté dans un bassin étroit et profond. — *OEil* : grand, mi-clos ou fermé, bien enfoncé dans une cavité irrégulière et assez large. — *Peau* : rugueuse, d'un brun jaunâtre comme celle du Beurré Bosc, marbrée puis abondamment ponctuée de gris foncé, et parfois faiblement nuancée de rouge sombre à l'insolation. — *Chair* : verdâtre, fine, ferme et croquante. — *Eau* : suffisante, très-sucrée, presque dépourvue d'acidité, ayant un parfum agréable.

MATURITÉ. — Décembre-Mars.

QUALITÉ. — Deuxième, mais première pour les amateurs de pommes douces.

Historique. — Jacques Daléchamp, médecin fort connu par une *Histoire générale des plantes* dont la première édition remonte à 1586, a vu dans la Pomme-Poire que nous venons de décrire, la variété appelée *Mélapie* par Pline, le naturaliste romain :

« Les pommes *Mélapiennes* — écrivit Daléchamp — tiennent leur nom pour la ressemblance, car il ne faut pas dire qu'elles ayent pris leur nom d'aucune famille ou maisons, comme il y a aux communs exemplaires, mais de ce qu'elles ressemblent aux Poires. On les appelle communément *Giraudettes* ou *Pommes-Poires*. » (T. I, p. 242.)

Pline (liv. XV, chap. xv) affirme effectivement que les pommes Mélapies doivent à leur ressemblance avec les poires, la dénomination qu'elles ont reçue des Romains : « *Cetera e causis traxere nomen :* .... *cognationis*, MELAPIA, » dit-il sans plus ample explication. Or, qui peut assurer que le mot *cognationis* doive uniquement s'entendre de la forme du fruit, plutôt que de sa couleur ou de sa chair?... Daléchamp n'a pas tranché la question. Quant à moi il me semble impossible que les Mélapies aient été ainsi appelées, de leur forme ; et la pomme ici représentée en fournit la preuve, car elle n'est rien moins que piriforme ! Mais leur peau, nous le croirions volontiers, put leur valoir un tel nom. Celle de notre antique

Pomme-Poire offre en effet tous les caractères si tranchés de ces poires à peau bronzée, dont le Beurré Bosc, particulièrement, est un des types les mieux caractérisés. Mayer, un des arboriculteurs les plus compétents de l'Allemagne, me paraît avoir eu sur ce point une opinion conforme à la mienne :

« J'ai fait venir — disait-il en 1776 — le *Pommier-Poire* de plusieurs pépinières françaises, hollandaises, allemandes, et jamais je ne crois avoir obtenu la véritable espèce, puisque jamais ces arbres ne m'ont donné des fruits piriformes, mais toujours des fruits ronds, aplatis par haut et par bas, absolument semblables aux différentes variétés de Reinette grise, excepté qu'ils leur étaient fort inférieurs en bonté..... Quant à des pommes qui s'amincissent en pointe vers la queue, comme les poires, j'avoue n'en avoir jamais vu. » (*Pomona franconica*, t. III, pp. 133-134.)

La Pomme-Poire est cultivée en France, sous ce nom, depuis bien des siècles; Charles Estienne, qui l'a décrite en 1540, page 54 de son *Seminarium*, constate que déjà c'était là sa commune dénomination. Enfin Benedict. Curtius nous apprend au mot GIRODETA du chapitre Pommier de l'ouvrage intitulé *Hortorum*, et publié à Lyon l'an 1560, que cette variété jouissait alors d'une grande estime chez les Allobroges, c'est-à-dire en Savoie et dans le Dauphiné. A dater de cette époque elle se répandit de tous côtés et fut mentionnée ou décrite par la majorité des pomologues du XVIIᵉ siècle et du XVIIIᵉ; puis ensuite le silence se fit, chez nous, autour d'elle; bientôt même on l'y méconnut entièrement, comme le montre le passage suivant, écrit en 1805 par Etienne Calvel :

« *Pomme-Poire*. — Cette variété est au Jardin du Muséum d'histoire naturelle ;.... le fruit est d'une médiocre grosseur, allongé, presque pointu vers le bas, ce qui rappelle l'idée d'un piriforme. Sa peau assez peu épaisse, jaune, légèrement tiquetée, est un peu rouge au soleil. La chair en est grossière, mais d'une eau assez parfumée. Cette pomme mûrit vers le 15 novembre et se conserve assez longtemps. » (*Traité complet sur les pépinières*, t. III, pp. 40-41.)

Ce n'est certes pas là notre Pomme-Poire, l'antique fruit dont Curtius, cité plus haut, disait en 1560 : « De forme arrondie, il a la peau roussâtre; » et Merlet, en 1667 : « La *Pomme-Poire* est une espèce de Reinette grise, qui a la chair assez « bonne et se garde bien » (*l'Abrégé des bons fruits*, p. 153), description que Duhamel, en 1768 (t. I, p. 304), appliquait à cette même variété. — Quelle est donc la prétendue Pomme-Poire de Calvel?... La *Pomme-Poire d'Herefordshire*, qu'en 1802 le pomologue anglais William Forsyth décrivait de la sorte :

« Elle est jaune, d'un beau coloris à l'insolation, et fouettée de rouge, également, sur l'autre face; sa chair, très-juteuse, est bonne à l'étuvée. La maturité de ce fruit arrive en novembre ou décembre. » (*A Treatise on the culture and management of fruit trees*, p. 90, nº 20.)

Et cette Pomme-Poire d'Herefordshire, dont le nom, depuis Forsyth, semble complétement oublié, n'est autre que le très-petit fruit conico-ovoïde sur lequel un pomologue allemand, Diel, va parfaitement nous renseigner :

« Je dois — disait cet auteur en 1801 — à mon ami le professeur Credé, de Marburg (Hesse électorale), ce fruit nouveau,.... qui est petit, bon, jaune verdâtre clair, carminé et rouge sur le côté du soleil, et mûrit de décembre à la fin de l'hiver..... Il me l'a envoyé étiqueté *Pomme-Poire véritable* [WAHRER BIRNAPFEL], mais moi je l'ai surnommée *Pomme forme de poire* [BIRNFÖRMIGEN APFEL], afin d'éviter toute confusion entre lui et la Pomme-Poire déjà connue...... » (*Kernobstsorten*, t. IV, pp. 187-192.)

Ainsi, voilà qui ne prête nullement à l'équivoque : Diel reconnaît que sa Pomme forme de Poire — identique, on l'a vu, avec celle décrite par Calvel et

Forsyth — diffère entièrement de l'ancienne Pomme-Poire. C'était ce qu'il fallait établir, autrement la moderne Pomme-Poire anglo-allemande eût fini par être prise, dans nos jardins, pour la séculaire variété de ce nom, laquelle l'emporte beaucoup, sur l'autre, en grosseur, et l'égale au moins en qualité. J'ajoute même, malgré l'autorité de Diel, que la Pomme forme de Poire, par lui rebaptisée, est tout aussi peu piriforme que la nôtre.

Observations. — Les Américains ont une Pomme-Poire à peu près inconnue, la STETTSON's PEAR-APPLE; je l'ai reçue en 1858 et la caractérise plus loin, à son rang alphabétique. C'est un très-bon fruit d'été, globuleux, comprimé aux pôles, ne possédant vraiment rien qui réponde au nom sous lequel on me l'a présenté. Pour diminuer le nombre des *prétendues* Pommes-Poires, j'ai donc cru convenable, lors surtout que celle-ci est encore étrangère aux pomologues, de l'appeler simplement pomme Stettson.

POMME POIRE STETTSON. — Synonyme de pomme *Stettson*. Voir ce nom, puis aussi l'article *Pomme-Poire [d'Hiver]*, au paragraphe OBSERVATIONS.

POMME POIRE TARDIVE. — Synonyme de *Pomme-Poire [d'Hiver]*. Voir ce nom.

POMME POLINIA PARMÄNE. — Synonyme de *Reinette des Carmes*. Voir ce nom.

POMME POMARANZEN. — Synonyme de pomme *Orange d'Allemagne*. Voir ce nom.

POMME DE POMMIER A FRUIT NOIR. — Synonyme de pomme *Api noir*. Voir ce nom.

345. POMME DE POMMIER NAIN.

Synonymes. — *Pommes :* 1. DE POMMIER NAIN DE REINETTE (Duhamel, *Traité des arbres fruitiers*, t. I, p. 296). — 2. REINETTE NAINE (*Id. ibid.*). — 3. DE POMMIER NAIN DE REINETTE BLANCHE (Mayer, *Pomona franconica*, t. III, p. 69, note n° 11). — 4. A BOIS MONSTRUEUX (Comice horticole d'Angers ; — et André Leroy, *Catalogue descriptif et raisonné des arbres fruitiers et d'ornement*, 1855, p. 40, n° 1).

Description de l'arbre. — *Bois :* fort. — *Rameaux :* nombreux, légèrement étalés, très-courts, excessivement gros, renflés à leur extrémité, à peine géniculés, des plus cotonneux, d'un vert brunâtre faiblement lavé de rouge, et ayant de très-courts mérithalles. — *Lenticelles :* arrondies, assez petites, mais abondantes. — *Coussinets :* peu saillants. — *Yeux :* petits, arrondis, plats, entièrement plaqués sur l'écorce. — *Feuilles :* moyennes, ovales-arrondies, vert terne en dessus, vert clair en dessous, épaisses, coriaces, acuminées pour la plupart et irrégulièrement crénelées sur leurs bords. — *Pétiole :* très-court et très-gros, tomenteux, rarement cannelé. — *Stipules :* moyennes.

FERTILITÉ. — Médiocre.

CULTURE. — C'est uniquement pour les formes naines qu'il convient de l'élever, en l'écussonnant sur paradis. Qui voudrait, même en le greffant à hauteur de tige, le destiner au plein-vent, n'aurait que des arbres à tête imparfaite et sans le moindre avenir.

Description du fruit. — *Grosseur :* au-dessous de la moyenne. — *Forme :* conique-arrondie ou globuleuse sensiblement comprimée à ses deux extrémités, mais toujours fortement côtelée.

Pomme de Pommier nain. — *Premier Type.*

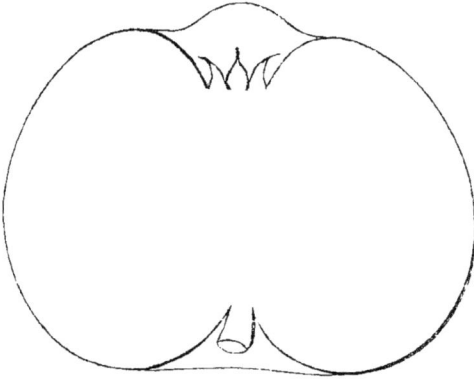

— *Pédoncule :* court et très-nourri, ou de grosseur et longueur moyennes, arqué, inséré dans un bassin vaste et profond. — *OEil :* très-grand, bien ouvert ou mi-clos, à cavité des plus prononcées et fortement bossuée sur les bords. — *Peau :* légèrement rugueuse, jaune nuancé de vert, quelque peu lavée de gris à l'insolation, amplement maculée de roux autour du pédoncule, puis abondamment ponctuée et réticulée de brun clair. — *Chair :* jaunâtre, fine et ferme. — *Eau :* suffisante, bien sucrée, délicieusement acidulée et parfumée, rappelant beaucoup la saveur du Calleville blanc d'Hiver.

Deuxième Type.

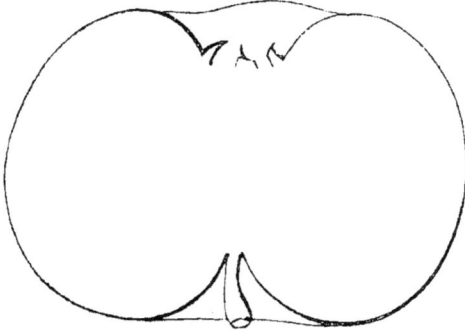

MATURITÉ. — Novembre-Mars.

QUALITÉ. — Première.

Historique. — Je ne trouve avant Duhamel (1768) aucune trace de cette variété si curieuse, mais comme elle apparaît alors dans plusieurs ouvrages, et semble fort connue, on doit supposer qu'elle était déjà cultivée dans notre pays depuis un certain temps. J'ignore si elle en est originaire. Duhamel l'a très-exactement décrite et n'a rien exagéré en parlant de l'extrême petitesse de son arbre, qui généralement, après cinq ou six ans de greffe, atteint au plus une hauteur de quarante centimètres :

« Le Pommier *Nain de Reinette* — a-t-il dit — lors même qu'il est greffé sur sauvageon ou sur doucin, demeure plus nain que les autres pommiers greffés sur paradis; et lorsqu'il est greffé sur ce dernier, il égale à peine un pied de giroflée. » (*Traité des arbres fruitiers*, 1768, t. I, p. 296.)

Les Allemands ne l'ont mentionné qu'en 1776, mais aux particularités qu'ils en rapportent, on voit qu'à cette date pour eux non plus il n'était pas une nouveauté :

« Il y a — écrivait Mayer — un *Pommier Nain* qui me paraît vrai Paradis, quoique son fruit soit décidément Reinette blanche. Comment ce métis, si c'en est un, a-t-il été produit?..... On met volontiers de ces arbrisseaux dans des pots d'un pied de diamètre sur autant de profondeur, et il y a des gens qui les placent ainsi sur les fenêtres ou les balcons. J'en ai vu figurer, chargés de fruits, sur de grandes tables, dans de beaux vases;

en opposition avec des pêchers nains, et cette décoration valait bien des arcades ou des pagodes. Les pots doivent être encaissés, recouverts de tan, et la terre s'en renouveler au moins tous les trois ans. Ils en peuvent durer ainsi huit ou dix, mais dès qu'ils commencent à s'affaiblir il faut les dépoter et les planter en pleine terre. » (*Pomona franconica*, 1776, t. III, p. 69, note 11.)

POMMES : DE POMMIER NAIN DE REINETTE,

— DE POMMIER NAIN DE REINETTE BLANCHE,

} Synonymes de pommes *de Pommier nain*. Voir ce nom.

POMME POMONA BRITANNICA. — Synonyme de pomme *Grand-Alexandre*. Voir ce nom.

POMME POMPHELIA'S ROTHE REINETTE. — Synonyme de *Reinette de Pomphelia*. Voir ce nom.

---

346. POMME **POPULAR BLUFF.**

Synonymes. — *Pommes :* 1. SMITH'S CIDER (Elliot, *Fruit book*, 1854, p. 157). — 2. SMITH (Charles Downing, *the Fruits and fruit trees of America*, 1869, p. 354). — 3. FOWLER (*Id. ibid.*). — 4. FULLER (*Id. ibid.*). — 5. PENNSYLVANIA CIDER (*Id. ibid.*).

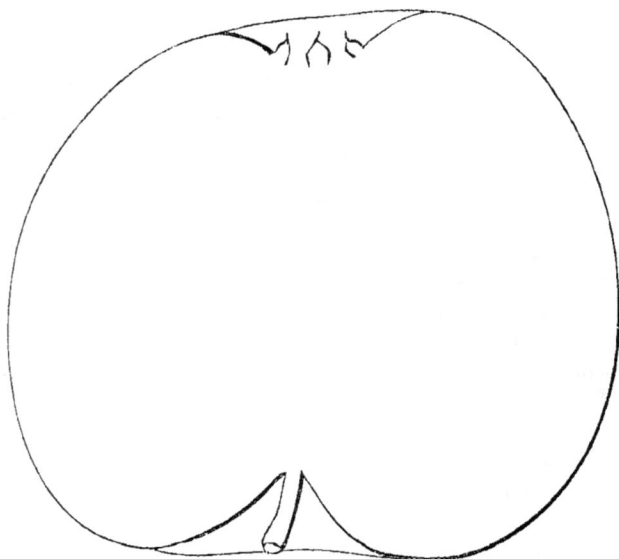

Description de l'arbre. — *Bois :* fort. — *Rameaux :* nombreux, érigés, très-longs, assez gros, bien géniculés, légèrement duveteux, brun-rouge clair et sensiblement lavé de gris. — *Lenticelles :* petites, arrondies, clair-semées. — *Coussinets :* larges mais presque aplatis. — *Yeux :* à peu près glabres, moyens, ovoïdes-arrondis, noyés dans l'écorce. — *Feuilles :* moyennes, excessivement allongées, vert brillant et foncé en dessus, gris verdâtre en dessous, longuement acuminées et profondément dentées. — *Pétiole :* assez gros, des plus longs, à peine cannelé. — *Stipules :* étroites et longues.

FERTILITÉ. — Satisfaisante.

CULTURE. — Le plein-vent lui est très-profitable, et d'autant mieux que ses fruits tiennent si fortement à l'arbre, que rarement ils s'en détachent avant leur complète maturité. Pour basse-tige on le greffe sur paradis.

Description du fruit. — *Grosseur :* volumineuse. — *Forme :* conique plus ou moins allongée et souvent très-ventrue d'un côté seulement. — *Pédoncule :* assez court, de moyenne force, arqué, planté dans un bassin irrégulier, large et profond, où parfois le comprime une gibbosité prononcée. — *OEil :* très-grand, très-ouvert, à cavité peu développée, unie ou bossuée sur les bords. — *Peau :* vert clair grisâtre, amplement lavée de rouge-brun terne mais peu intense, fouettée de carmin vif, légèrement tachée de fauve autour du pédoncule, puis ponctuée de blanc sur le rouge et de brun sur le vert. — *Chair :* blanche quelque peu nuancée de vert, fine, croquante, assez ferme. — *Eau :* abondante, sucrée, délicieusement acidulée et parfumée.

MATURITÉ. — Novembre-Février.

QUALITÉ. — Première.

Historique. — Je dois cette variété à M. Berckmans, pépiniériste à Augusta (États-Unis); il me la fit parvenir en 1857, étiquetée *Popular bluff*, c'est-à-dire Grosse Pomme populaire, nom qui lui convient parfaitement, car elle est volumineuse et on la rencontre en nombre sur les marchés d'Amérique, où sa vente est des plus avantageuses. Charles Downing la décrivit en 1863 (p. 189) sous l'unique dénomination de Smith's Cider; mais en 1869, date de la dernière édition du recueil de ce pomologue, il constatait (p. 354) qu'elle possédait déjà cinq surnoms, dont Popular Bluff, le nôtre, fait partie. Downing indique également l'origine de ce beau fruit : il provient du comté de Bucks, dans l'État de Pennsylvanie.

Observations. — Cette pomme est excessivement lourde; celle que nous avons utilisée pour reproduire le type figuré ci-dessus, pesait 208 grammes; et sa peau, singularité très-exceptionnelle, laissait apercevoir la chair, qui semblait glacée. — Le semeur belge Van Mons a mentionné en 1823, dans le *Catalogue descriptif de ses arbres fruitiers*, une pomme de PENNSYLVANIE ROUGE (p. 19, n° 464). Je ne puis assurer que ce soit la Popular Bluff, mais comme son nom rappelle celui de l'un des synonymes de ce dernier fruit, je crois bon de signaler le fait.

POMME PORSTORFFER. — Synonyme de pomme de *Borsdorf*. Voir ce nom.

---

347. POMME PORTER.

Description de l'arbre. — *Bois :* faible. — *Rameaux :* peu nombreux, étalés et arqués, grêles, assez longs, géniculés, rouge ardoisé semé de taches fauves, duveteux et à mérithalles inégaux. — *Lenticelles :* petites, allongées et clair-semées. — *Coussinets :* aplatis. — *Yeux :* des plus petits, ovoïdes-arrondis, cotonneux et légèrement écartés du bois. — *Feuilles :* très-petites, ovales-arrondies, vert clair en dessus, vert faiblement blanchâtre en dessous, longuement acuminées, profondément dentées et surdentées. — *Pétiole :* long, menu, roide et quelque peu carminé, à cannelure étroite mais profonde. — *Stipules :* de largeur et longueur moyennes.

FERTILITÉ. — Abondante.

CULTURE. — Sa végétation est trop chétive et ses rameaux trop grêles pour qu'il soit utilisé comme plein-vent; il lui faut la basse-tige sur paradis ou doucin, ses arbres ont alors une assez jolie forme.

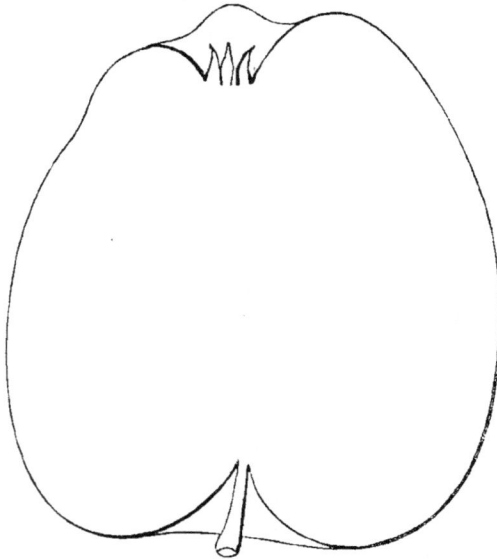

Description du fruit. — *Grosseur :* moyenne et souvent plus volumineuse. — *Forme :* conique-allongée, côtelée au sommet, auprès duquel l'une de ses faces est souvent légèrement étranglée. — *Pédoncule :* assez long, peu fort, renflé à son point d'attache, planté dans un bassin étroit et profond. — *Œil :* grand, régulier, ouvert, à sépales longues et cotonneuses, à cavité rarement bien développée. — *Peau :* unicolore, d'un jaune très-clair, faiblement maculée de roux olivâtre autour du pédoncule, finement et abondamment ponctuée de fauve. — *Chair :* blanche, fine et tendre. — *Eau :* abondante, bien sucrée, acidulée et parfumée, possédant une saveur vraiment exquise.

Pomme Porter.

MATURITÉ. — Novembre-Janvier.

QUALITÉ. — Première.

Historique. — Cette variété figurait à l'exposition internationale qui eut lieu à Paris en 1867; elle faisait partie des nombreuses pommes apportées par M. le docteur Karl Koch, de Berlin. Sa jolie forme, sa rare bonté m'ayant engagé à la multiplier, j'en demandai des greffes à M. le superintendant Oberdieck, de Jeinsen (Hanovre), et les reçus le 31 mars 1870. Elle n'est pas encore inscrite sur mon *Catalogue*. Je n'en connais aucune description. Le baron de Biedenfeld, seul, l'a citée en 1854 dans son recueil intitulé *Handbuch aller bekannten Obstsorten* (2° partie, page 74), mais uniquement, dit-il, d'après le *Catalogue général* des pépinières de feu Laurent de Bavay, de Vilvorde-lez-Bruxelles. J'ignore toutefois si ce fruit appartient à la Belgique, personne n'a pu me renseigner sur son origine.

POMME PORTUGAL. — Voir *Reinette d'Angleterre* et *Reinette du Canada*, au paragraphe OBSERVATIONS.

POMME POSSARTS MOSKAUER NALIVIA. — Synonyme de pomme *Nalivia*. Voir ce nom.

POMME POSTOCHE D'ÉTÉ. — Synonyme de pomme *Postophe d'Été*. Voir ce nom.

POMME POSTOCHE D'HIVER. — Synonyme de pomme *Postophe d'Hiver*. Voir ce nom.

348. Pomme POSTOPHE D'ÉTÉ.

Synonymes. — *Pommes :* 1. De Palestine (Herman Knoop, *Pomologie*, édition allemande, 1760, pp. 1 et 2; édition française, 1771, pp. 11 et 12). — 2. Witte Kruid (*Id. ibid.*). — 3. Pistoche d'Été (Louis du Bois, *du Pommier, du Poirier et du Cormier*, 1804, t. I, p. 31, n° 9). — 4. Postoche d'Été (Calvel, *Traité complet sur les pépinières*, 1805, t. III, p. 29, n° 5). — 5. Avant-Toutes (Oberdieck, *Illustrirtes Handbuch der Obstkunde*, 1859, t. I, p. 203, n° 86). — 6. Sommer Gewürz (*Id. ibid.*).

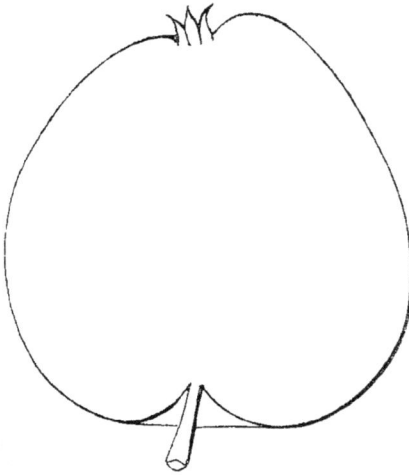

Description de l'arbre. — *Bois :* fort. — *Rameaux :* nombreux, étalés, longs, assez gros, bien coudés, jaune verdâtre légèrement violacé, duveteux, à mérithalles irréguliers et courts. — *Lenticelles :* petites, arrondies, grisâtres, assez rapprochées. — *Coussinets :* modérément ressortis. — *Yeux :* moyens, coniques-arrondis, cotonneux, entièrement adhérents, aux écailles brunes et mal soudées. — *Feuilles :* assez grandes, nombreuses, ovales - arrondies, vert tendre, rugueuses, peu épaisses, longuement acuminées, planes ou canaliculées, ayant les bords irrégulièrement dentés. — *Pétiole :* de longueur moyenne, menu, très-roide, légèrement carminé à la base, et plus ou moins cannelé. — *Stipules :* étroites et longues.

Fertilité. — Satisfaisante.

Culture. — Il fait de beaux plein-vent, même lorsqu'on l'a greffé ras terre ; les formes naines, sur paradis, lui sont aussi très-favorables.

Description du fruit. — *Grosseur :* au-dessous de la moyenne. — *Forme :* conique régulière ou cylindro-conique, quelque peu côtelée au sommet. — *Pédoncule :* long, grêle, renflé à son point d'attache, implanté dans un bassin étroit et assez profond. — *Œil :* grand, mi-clos ou fermé, placé souvent à fleur de fruit et bossué sur les bords. — *Peau :* mince, lisse, jaune blafard, lavée, à l'insolation, de rose légèrement carminé, plus ou moins tachée de roux dans le bassin pédonculaire et finement ponctuée de brun verdâtre et de gris-blanc. — *Chair :* blanche, tendre et mi-fine. — *Eau :* suffisante, sucrée, acidulée, possédant un parfum très-savoureux.

Maturité. — Août-Septembre.

Qualité. — Première.

Historique. — La Postophe d'Été est multipliée chez nous depuis au moins un siècle et demi. Dès 1755 les abbés Nolin et Blavet la mentionnèrent dans leur *Essai sur l'agriculture moderne* (p. 231), mais la connurent mal, puisqu'ils lui prêtaient « un goût très-médiocre. » Peu après (1768), Duhamel réhabilita cette variété, en déclarant (t. I, p. 263) « que son eau ressemblait beaucoup à celle de « la Calville. » Elle était assez commune, alors, dans les environs de Paris, et surtout à Vitry-sur-Seine, chez le pépiniériste Chaillou, dont le *Catalogue de 1755* l'annonçait « greffée sur franc, doucin et paradis (p. 10). » Ce fruit est-il d'origine française? Rien ne l'indique; tout, même, le fait croire sorti de la Hollande, et peut-être des environs de Gueldre, comme le Postophe d'Hiver. Quoi qu'il en soit, Knoop nous le montre en 1760 — sous la dénomination *Witte Kruid-Appel* [Pomme Kruid blanche], particulière à nombre de pommes hollandaises — exactement décrit et figuré, ajoutant qu'il le trouve identique avec la *Pomme de Palestine*. Et c'est aussi là l'opinion récemment manifestée par M. le superintendant Oberdieck, l'une des autorités de l'Allemagne en pareille matière :

« La provenance de la pomme *Sommer Gewürz* ou *Postophe d'Été* — disait-il en 1859 — est inconnue, mais on pense qu'elle fut importée de la Hollande chez les Allemands. L'Allemagne, la France, l'Angleterre et même la Russie, cultivent cette variété sous différents noms, grande propagation qui en prouve bien l'excellence. » (*Illustrirtes Handbuch der Obstkunde*, t. I, p. 203, n° 86.)

Voici du reste, pour mieux démontrer que la *Witte Kruid-Appel* des Hollandais est entièrement semblable à notre Postophe, la double description que Knoop en a donnée :

« Cette pomme est assez grosse, unie, de forme oblongue et anguleuse. Sa couleur est blanchâtre et parfois un peu vermeille sur l'un des côtés. La chair, moëlleuse, pleine de jus, est d'un goût agréable, légèrement âcre, peu relevé..... C'est un fruit hâtif et dont l'arbre est très fertile..... Mais voyez encore à *Pomme de Palestine*..... Cette dernière est assez grosse, de forme oblongue, très-ressemblante à la *Witte Kruid*, si ce n'est pas une même sorte, ce que je serais disposé à croire, avec cette différence que la Pomme de Palestine a atteint un plus grand degré de perfection pour avoir été plantée dans quelque bon terrain. Sa peau est unie; sa couleur, quand la pomme est mûre, est jaunâtre, et souvent l'un de ses côtés d'un beau vermeil clair. La chair en est moëlleuse et d'une saveur très-agréable· C'est pourquoi c'est une des meilleures de sa saison, août-septembre. L'arbre en est très-fertile et donne de bon bois. » (*Pomologie*, édition de 1760, pp. 1 et 2; édition de 1771, pp. 11 et 12.)

Le doute, maintenant, n'est plus possible : Witte Kruid-Appel, Pomme de Palestine, Sommer-Gewürzapfel, et Postophe, sont bien une seule et même variété. Nous le reconnaissons avec Knoop, avec Oberdieck, puis avec le professeur Diel, qui l'an 1800, dans le tome III du *Kernobstsorten* (p. 23), réunissait formellement la Sommer-Gewürzapfel à la pomme hollandaise Witte Kruid. Reste présentement à expliquer d'où put venir à cette dernière, lors de son importation en France, l'étrange surnom Postophe, n'appartenant à aucun idiome, à aucune langue, et que vainement on chercherait dans les Dictionnaires géographiques. Nous pensons que ce surnom n'est autre que le nom, défiguré, de quelqu'une des localités dans lesquelles, chez nous, ce fruit fut primitivement cultivé. Le nom, par exemple, de *Postroff*, lieu situé près Sarrebourg (Meurthe) et tout voisin des Flandres, pays confinant à la Hollande. Une chose m'autorise encore à le supposer, le *Catalogue* Chaillou de 1755, cité plus haut, où le nom de cette pomme, alors signalé pour la première fois, est écrit *Postoff*; ce qui, moins un *r*, rappelle exactement la forme orthographique du Postroff de la Meurthe. Et pour qui sait combien les dénominations, en toute espèce de nomenclature, sont fréquemment altérées, notre supposition ne paraîtra nullement inadmissible. Mais voici qui va presque me donner raison: un écrivain allemand, le docteur Diel, a relevé en ces termes une opinion controuvée qui longtemps eut cours chez nos horticulteurs, à l'égard du nom de cette pomme :

« Plusieurs pomologues — a-t-il dit — tombent dans une erreur impardonnable lorsqu'ils supposent que le nom français *Postophe* vient, par corruption, du terme allemand *Borsdorf*. Il n'en est absolument rien. » (*Kernobstsorten*, 1805, t. VII, pp. 14-20.)

Cette erreur signalée par Diel pourrait bien, en France, trouver encore quelque crédit, car l'*Almanach du Bon-Jardinier*, généralement si répandu, la partageait toujours en 1823 : « Postophe d'Hiver — y lit-on (p. 412) — corrompu de « Borstorff ou Postdoff, Allemagne, d'où cette variété est venue. »

(Voir aussi l'article historique de la *Postophe d'Hiver*, qui suit.)

---

349. Pomme POSTOPHE D'HIVER.

Synonymes. — *Pommes :* 1. Roode Kruis (Herman Knoop, *Pomologie*, édition allemande de 1760, pp. 10 et 60; édition française de 1771, pp. 28 et 132). — 2. Kruis rouge de Gueldre (*Idem*, édition française, p. 28). — 3. Pistoche d'Hiver (Louis du Bois, *du Pommier*, *du Poirier et du Cormier*, 1804, t. I, p. 31, n° 10). — 4. Winterpostoph (Diel, *Kernobstsorten*, 1805, t. VII, pp. 14-20). — 5. Postoche d'Hiver (Calvel, *Traité complet sur les pépinières*, 1805, t. III, p. 63, n° 59).

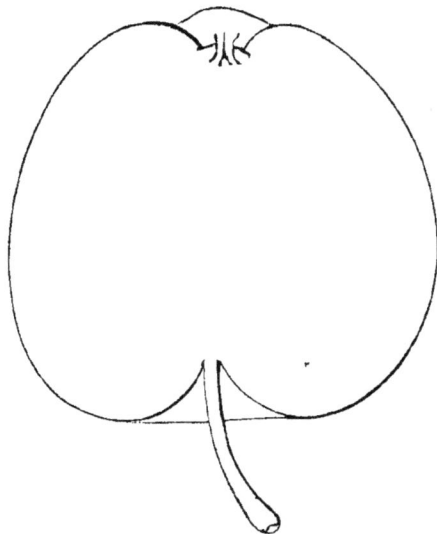

Description de l'arbre. — *Bois :* faible. — *Rameaux :* assez nombreux, érigés, de longueur moyenne, peu forts, à peine coudés, duveteux, rouge-brun très-foncé et lavé de gris. — *Lenticelles :* arrondies ou allongées, grandes, clair-semées. — *Coussinets :* aplatis. — *Yeux :* des plus petits, arrondis, très-cotonneux, complétement collés sur le bois. — *Feuilles :* moyennes, ovales très-allongées ou presque lancéolées, rarement acuminées, légèrement duveteuses, même en dessus, et régulièrement dentées. — *Pétiole :* long, gros, carminé, sensiblement tomenteux et souvent sans cannelure. — *Stipules :* bien développées.

Fertilité. — Très-abondante.

Culture. — Pour qu'on utilise avec profit ce pommier comme plein-vent, sa vigueur laisse trop à désirer; les formes naines, sur doucin, lui conviennent beaucoup mieux; il fait alors des arbres beaux et réguliers.

Description du fruit. — *Grosseur :* au-dessous de la moyenne. — *Forme :* conique-ventrue, bien pentagone, surtout vers le sommet. — *Pédoncule :* long ou très-long, assez fort, inséré dans un bassin profond mais peu large. — *OEil :* moyen, mi-clos ou fermé, à cavité très-irrégulière et de faible dimension. — *Peau :* brillante, lisse, à fond vert jaunâtre, presque toujours entièrement recouverte d'une couche de rouge-brun clair striée de carmin vif et abondamment et finement ponctuée de gris. — *Chair :* verdâtre au centre, un peu rosée sous la peau, fine et assez ferme. — *Eau :* suffisante, bien sucrée, à peine acidulée, ayant une saveur qui se rapproche de celle du Calleville rouge d'Hiver.

MATURITÉ. — Décembre-Avril.

QUALITÉ. — Deuxième pour le couteau ; première pour les usages culinaires et les amateurs de pommes douces.

Historique. — La Postophe d'Hiver fit son apparition chez nous en même temps que la Postophe d'Été, décrite à l'article précédent, et fut signalée par les auteurs mêmes qui signalèrent cette dernière : par Nolin et Blavet, par le *Catalogue* du pépiniériste Chaîllou, en 1755, puis par Duhamel, en 1768. Mais pour ne pas nous répéter, nous renvoyons à l'historique de la Postophe d'Été, où ces faits sont surabondamment établis. — Comme son homonyme et congénère, la Postophe d'Hiver provient aussi de la Hollande, et probablement des environs de Gueldre, ville dont elle a porté le nom. Knoop nous l'y montre dès 1760 au rang des anciennes variétés, dans le groupe des Kruides, auquel la variété hâtive appartient également. Voici le passage que lui consacra ce pomologue :

« *Pomme Kruis rouge de Gueldre.* — ..... Elle ressemble beaucoup à la Roode-Kroon, seulement sa peau est un peu moins rayée de rouge-incarnat et sa forme, souvent aussi, est plus allongée. La saveur faiblement relevée de ce fruit, fait qu'on l'a particulièrement destiné pour la cuisine..... Il mûrit en février et mars..... L'arbre donne du bois fin, mais ne devient pas grand, à cause qu'il est extrêmement fertile. » (*Pomologie*, édition française, pp. 27 et 28.)

Observations. — Les fruits de cette variété se rapprochent beaucoup, extérieurement, de ceux du Calleville rouge d'Hiver, aussi confond-on très-fréquemment ces deux pommes, dont la seconde est meilleure et plus volumineuse que la première. Cependant il existe dans les caractères de leur chair des différences assez sensibles ; les arbres, surtout, de ces variétés sont loin de se ressembler. On peut s'en convaincre par l'examen comparatif du Calleville rouge d'Hiver, décrit ci-dessus, pages 193 et suivantes. — En 1864, dans la *Revue horticole* (p. 323), M. Charles Baltet, pépiniériste à Troyes, a supposé les pommes *Belle-Fleur*, de l'Aube, *Auberive*, de la Haute-Marne, *Richarde*, de la Côte-d'Or, *Monsieur* ou *Crôte*, du Dauphiné, identiques avec la Postophe d'Hiver. Nous rapportons ce doute sans l'appuyer ni le contester, les pommes ici mentionnées nous étant inconnues.

POMME POWERS. — Synonyme de pomme *Buncombe*. Voir ce nom.

POMMES PRAGER. — Synonymes de *Reinette grise* et de pomme *Syke-House*. Voir ces noms.

POMME PRÉCIEUSE. — Synonyme de pomme *Doux-Blanc*. Voir ce nom.

POMMES : PRÉSENT D'AUTOMNE,

— PRÉSENT DE GELDER,

} Synonymes de *Calleville rouge d'Automne*. Voir ce nom.

Pomme PRÉSENT DU GÉNÉRAL. — Synonyme de *Reinette d'Angleterre*. Voir ce nom.

Pomme PRÉSENT D'HIVER. — Synonyme de pomme *Présent royal d'Hiver*. Voir ce nom.

---

350. Pomme PRÉSENT ROYAL D'HIVER.

Synonymes. — *Pommes :* 1. Groote Princen (Herman Knoop, *Pomologie*, édition allemande de 1760, pp. 12 et 58; édition française de 1771, pp. 31 et 130). — 2. Heer (*Id. ibid.*). — 3. Présent d'Hiver (*Id. ibid.*). — 4. Weissdrod (Dochnahl, *Obstkunde*, 1855, t. I, p. 79, n° 295).

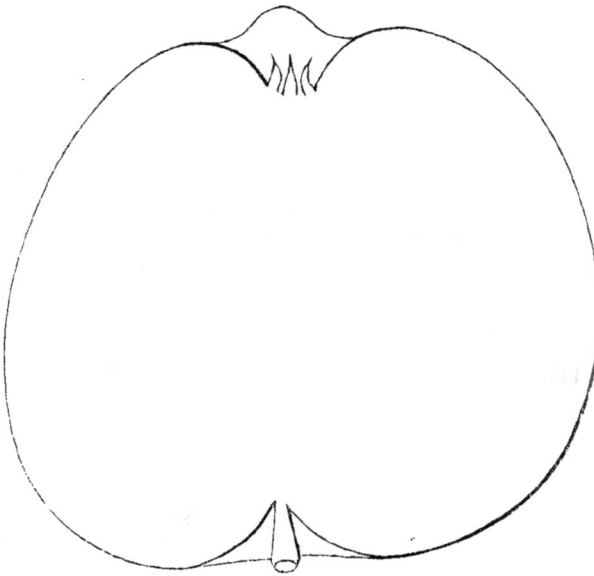

Description de l'arbre. — *Bois :* assez fort. — *Rameaux :* peu nombreux, étalés, gros, très-longs, légèrement coudés, duveteux, brun olivâtre. — *Lenticelles :* arrondies, larges, clair-semées. — *Coussinets :* très-aplatis. — *Yeux :* moyens ou petits, ovoïdes-arrondis, cotonneux, écartés du bois. — *Feuilles :* petites ou moyennes, ovales-arrondies, d'un beau vert brillant en dessus, jaunâtres et duveteuses en dessous, courtement acuminées et régulièrement dentées — *Pétiole :* court et gros, à peine cannelé. — *Stipules :* étroites et courtes.

Fertilité. — Médiocre.

Culture. — Il prospère parfaitement sous toute forme et sur toute espèce de sujet.

Description du fruit. — *Grosseur :* volumineuse et parfois énorme. — *Forme :* conique irrégulière, ventrue et fortement côtelée. — *Pédoncule :* court, assez gros, surtout au point d'attache, implanté dans un bassin de dimension moyenne. — *Œil :* grand, mi-clos, irrégulier, profondément enfoncé dans une cavité étroite et plissée. — *Peau :* jaune verdâtre, lavée, à l'insolation, de rose clair fouetté de carmin, amplement tachée de roux olivâtre autour du pédoncule et ponctuée de gris. — *Chair :* blanchâtre, mi-tendre et croquante, ayant une odeur de coing bien prononcée. — *Eau :* abondante, sucrée, acidulée, de saveur agréable.

Maturité. — Novembre-Janvier.

Qualité. — Deuxième.

Historique. — Je possédais depuis longtemps un pommier Weissbrod dont la note de provenance était perdue, mais que je croyais bien avoir reçu d'Allemagne. Ma mémoire ne me trompait pas, le pomologue Dochnahl m'en a fourni la preuve dans son *Obstkunde*, publié en 1855. On lit effectivement, page 79 du tome Ier de ce recueil : « La pomme Weissbrod cultivée chez les Allemands « n'est autre que le *Présent royal d'Hiver*, ou la *Heer Appel* de Knoop, et elle « appartient probablement à la Hollande. » Mis ainsi sur la voie, je consultai Knoop; sa description de la variété Heer s'appliqua de tout point à ma pomme Weissbrod, comme on en va juger :

« *Heer Appel*, ou *Présent royal d'Hiver*, etc. — C'est — dit-il — une pomme de la plus grande sorte; sa forme est rondelette, diminuant un peu vers l'œil, qui est fort enfoncé; et ordinairement, vers le sommet, plus haute d'un côté que de l'autre; au reste un peu anguleuse. Sa peau est unie; sa couleur, lorsque le fruit est mûr, est d'un jaune pâle; quelquefois elle est nuancée sur l'une des faces, ou marquée, de larges raies d'un vermeil clair. Sa chair est assez moëlleuse et d'une saveur agréable, mais non pas si relevée qu'elle puisse mériter le nom d'*Heer Appel,* qui signifie Pomme de Seigneur (que sans doute on lui a donné à cause de sa grosseur et de sa belle apparence). Pour moi, je ne la range que dans la seconde classe. L'arbre donne de bon bois, devient grand et n'est que passablement fertile. » (*Pomologie*, édition de 1760, pp. 12 et 58; édition de 1771, pp. 31 et 130.)

Sur les cinq dénominations que Knoop applique à cette variété, comme il s'en trouve une qui appartient à notre langue — Présent royal d'Hiver — c'est elle, naturellement, que je choisis pour remplacer Weissbrod, le nom sous lequel on m'avait jadis envoyé ce volumineux fruit.

---

351. Pomme PRÉSIDENT DE FAYS-DUMONCEAU.

Premier Type.

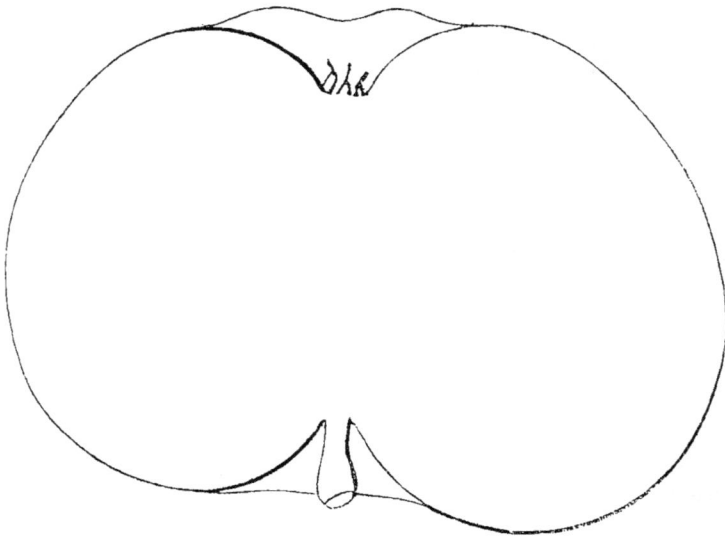

Description de l'arbre. — *Bois :* de moyenne force. — *Rameaux :* peu nombreux, généralement très-étalés, assez gros et assez courts, bien géniculés, duveteux et d'un vert-brun amplement lavé de rouge ardoisé. — *Lenticelles :*

petites ou moyennes, arrondies, clair-semées. — *Coussinets :* saillants. — *Yeux :* moyens, arrondis, très-cotonneux, complétement collés sur l'écorce. — *Feuilles :* moyennes, ovales-arrondies, courtement acuminées, ayant les bords assez profondément dentés.

Pomme Président de Fays-Dumonceau. — *Deuxième Type.*

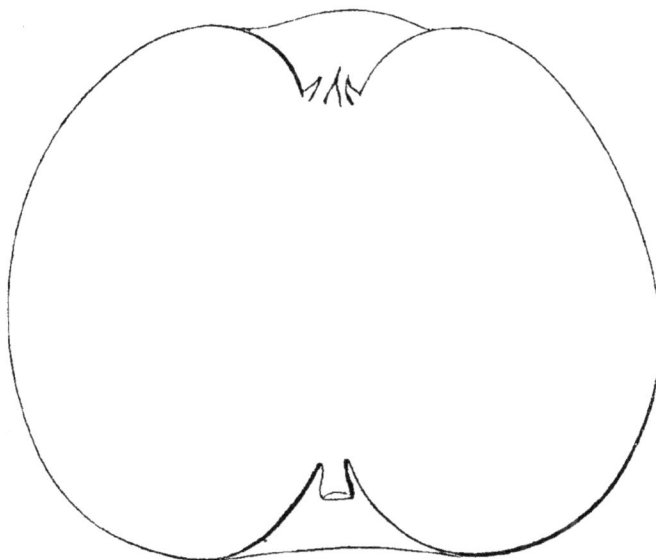

— *Pétiole :* un peu court, bien nourri, largement canaliculé. — *Stipules :* très-longues et très-larges.

FERTILITÉ. — Modérée.

CULTURE. — Il peut faire des arbres passables pour la haute-tige, mais on ne saurait l'y destiner sans inconvénient, le moindre vent détachant des plus aisément ses fruits énormes. Les formes naines, sur doucin ou paradis, sont les seules qui lui conviennent.

Description du fruit. — *Grosseur :* considérable. — *Forme :* globuleuse irrégulière et fortement comprimée aux pôles, ou conique-arrondie, mais toujours plus ou moins côtelée. — *Pédoncule :* gros, court ou très-court, renflé au point d'attache, inséré dans un bassin profond et assez large. — *Œil :* grand ou moyen, ouvert ou mi-clos, très-enfoncé, à vaste cavité plissée. — *Peau :* unie, lisse, jaune d'or, lavée, mouchetée et fouettée de rouge-cerise à l'insolation, tachée de fauve autour du pédoncule et ponctuée de gris. — *Chair :* d'un blanc légèrement jaunâtre, fine, assez tendre. — *Eau :* abondante, sucrée, savoureusement acidulée et parfumée.

MATURITÉ. — Septembre-Novembre.

QUALITÉ. — Première.

Historique. — L'état civil de ce très-beau fruit, gain moderne obtenu par un horticulteur de la province de Liége (Belgique), figurait en 1858 dans les *Annales de pomologie belge,* sous la signature Auguste Royer :

« La pomme *Président de Fays-Dumonceau* — y lit-on — fut présentée pour la première fois, en 1850, à l'exposition de la Société royale d'Agriculture de Liége, et le jury lui décerna le premier prix à l'unanimité. Elle fut ensuite dédiée par l'obtenteur, M. Lorio, à l'honorable vice-président de la Société agricole de l'Est de la Belgique. » (Tome VI, p. 31.)

Observations. — Dans l'ouvrage que je viens de citer, il est dit que la pomme Président de Fays-Dumonceau mûrit de novembre en *février.* Jamais, depuis douze ans que je la multiplie, je ne l'ai vue dépasser le mois de novembre; et parfois même sa chair devenait pâteuse dès la mi-octobre.

Pomme PRÉSIDENT NAPOLÉON. — Synonyme de pomme *Grand-Alexandre*. Voir ce nom.

Pomme PRETIOSA. — Synonyme de pomme *Cousinotte rouge d'Hiver*. Voir ce nom.

Pomme DE PRÊTRE. — Synonyme de pomme *Blanc-Dureau*. Voir ce nom.

Pomme DE PRINCE. — Synonyme de pomme *de Prince verte*. Voir ce nom; voir aussi pomme *Melon*, au paragraphe OBSERVATIONS.

---

352. Pomme de PRINCE VERTE.

Synonymes. — *Pommes :* 1. GRÜNER FÜRSTEN (Diel, *Kernobstsorten*, 1799, t. I, p. 232). — 2. DE PRINCE (*Id. ibid.*).

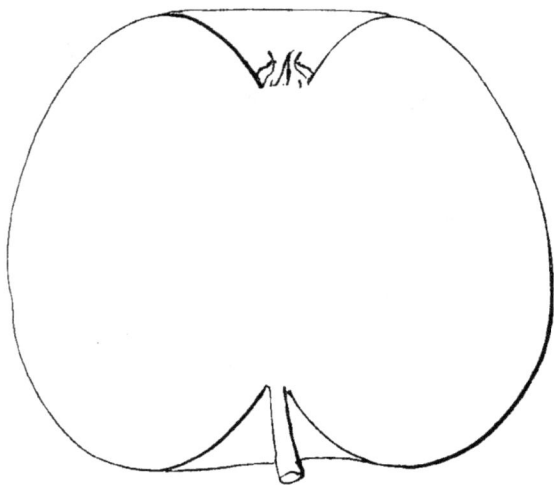

Description de l'arbre. — *Bois :* très-fort. — *Rameaux :* assez nombreux, érigés, longs et gros, très-coudés, peu duveteux, brun ardoisé presque entièrement grisâtre, surtout au sommet; leurs mérithalles sont des plus courts. — *Lenticelles :* grandes, arrondies, clair-semées. — *Coussinets :* assez ressortis. — *Yeux :* volumineux, ovoïdes-allongés, très-cotonneux, légèrement écartés du bois, ayant les écailles noires et mal soudées. — *Feuilles :* grandes, ovales-allongées, vert jaunâtre en dessus, gris verdâtre en dessous, minces, courtement acuminées et dentées ou crénelées. — *Pétiole :* long, assez gros, finement rosé en dessus, à cannelure large et peu profonde. — *Stipules :* étroites et courtes.

FERTILITÉ. — Ordinaire.

CULTURE. — Sa grande vigueur permet de le greffer ras terre, pour plein-vent, mais cependant le greffer en tête est encore plus avantageux. Toutes les formes naines lui conviennent, écussonné sur paradis plutôt que sur doucin.

Description du fruit. — *Grosseur :* moyenne et parfois plus volumineuse. — *Forme :* conique-arrondie. — *Pédoncule :* de longueur moyenne, bien nourri, arqué, planté dans un bassin profond et assez étroit. — *OEil :* grand, mi-clos ou fermé, à cavité vaste et légèrement plissée. — *Peau :* unie, abondamment ponctuée de gris, vert clair blanchâtre du côté de l'ombre, vert jaunâtre sur l'autre face, où elle est en outre lavée de rouge orangé. — *Chair :* jaunâtre, fine, mi-tendre. — *Eau :* suffisante, bien sucrée, acidulée, parfumant la bouche.

MATURITÉ. — Janvier-Avril.

QUALITÉ. — Première.

Historique. — D'origine allemande, et plus que centenaire, cette variété fut en 1867 apportée à l'exposition internationale de Paris par M. le professeur Koch, de Berlin. Le 31 mars 1870 j'en ai reçu des greffes de M. Oberdieck, superintendant à Jeinsen (Hanovre), et je la multiplie depuis cette époque. Dans son *Kernobstsorten* le docteur Diel assurait en 1799 (t. I, p. 232) qu'anciennement ce fruit était nommé Pomme blanche de Stettin, mais qu'on le lui avait adressé, étiqueté Pomme de Prince, du jardin ducal de Coblentz avant 1788.

POMME PRINCESSE. — Synonyme de pomme *Princesse noble.* Voir ce nom.

---

353. POMME PRINCESSE AUGUSTE.

Synonyme. — *Pomme* PRINZESSIN AUGUSTE (Diel, *Kernobstsorten*, 1828, t. V, p. 63).

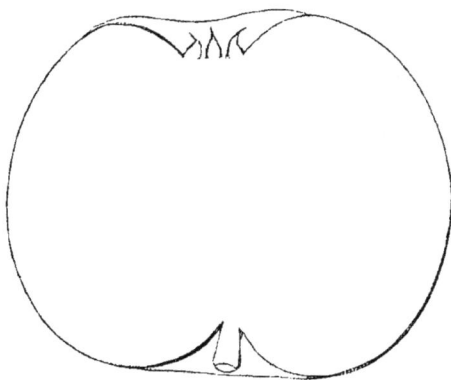

Description de l'arbre. — *Bois :* faible. — *Rameaux :* assez nombreux, légèrement étalés et arqués, courts, grêles, géniculés, d'un beau rouge ardoisé nuancé, du côté du soleil, de blanc grisâtre et très-transparent. — *Lenticelles :* des plus petites, allongées, fort abondantes. — *Coussinets :* bien accusés. — *Yeux :* petits, ovoïdes-aplatis, carminés à la base, un peu duveteux au sommet et complétement collés sur l'écorce. — *Feuilles :* petites, ovales-allongées, vert jaunâtre en dessus, blanc jaunâtre en dessous, longuement acuminées, planes ou ondulées, à bords régulièrement dentés. — *Pétiole :* de longueur moyenne, grêle, rigide, carminé, à cannelure profonde. — *Stipules :* très-petites et souvent faisant défaut.

FERTILITÉ. — Abondante.

CULTURE. — Sa végétation est trop lente pour que jamais il puisse faire, même greffé en tête, de convenables plein-vent; les formes naines, sur doucin, lui sont au contraire très-profitables.

Description du fruit. — *Grosseur :* au-dessous de la moyenne. — *Forme :* globuleuse, légèrement pentagone, aplatie aux pôles et plus volumineuse d'un côté que de l'autre. — *Pédoncule :* très-court, bien nourri, planté dans un bassin peu développé. — *OEil :* grand, mi-clos ou complétement ouvert, à cavité assez unie, large et rarement profonde. — *Peau :* unicolore, jaune pâle, tachée de brun clair autour du pédoncule et abondamment ponctuée de blanc et de roux. — *Chair :* blanche, mi-fine, tendre. — *Eau :* suffisante, sucrée, agréablement acidulée, presque dépourvue de parfum.

MATURITÉ. — Janvier-Mars.

QUALITÉ. — Deuxième.

Historique. — Ce fruit faisait, en 1867, partie de la collection si remarquable de pommes allemandes pour lors exposées à Paris par le professeur Koch, de Berlin. M. Oberdieck, superintendant à Jeinsen (Hanovre), m'en ayant offert des greffes au mois de mars 1870, je l'ai multiplié dans mes pépinières. Diel l'a décrit en son *Kernobstsorten*, et voici l'origine qu'il lui attribue :

« Cette variété — écrit-il — gagnée avant 1828 par M. Geiger, inspecteur du jardin de la cour, à Darmstadt, fut dédiée par son obtenteur à l'une des princesses de la maison grand-ducale. » (Tome V, p. 63.)

---

354. POMME PRINCESSE NOBLE.

Synonymes. — *Pommes :* 1. FRANZOSISCHER EDLE PRINZESSIN (Diel, *Kernobstsorten*, 1801, t. IV, p. 162). — 2. PRINCESSE NOBLE DES CHARTREUX (*Id. ibid.*). — 3. BON-POMMIER DE LIÉGE (*Id. ibid.*, 1804, t. VI, p. 155; — et Oberdieck, *Zusätze*, 1869, p. 13). — 4. REINETTE PRINCESSE NOBLE (Louis Bosc, *Nouveau cours complet d'agriculture*, 1809, t. X, p. 232). — 5. KICK'S GOLDEN RENNET (Van Mons, *Catalogue descriptif de partie des arbres fruitiers qui de 1798 à 1823 ont formé sa collection*, p. 41, n° 967). — 6. AURORE (George Lindley, *Guide to the orchard and kitchen garden*, 1831, p. 50, n° 93). — 7. ENGLISH PIPPIN (*Id. ibid.*). — 8. WYKER PIPPIN (*Id. ibid.*). — 9. YELLOW GERMAN REINETTE (*Id. ibid.*). — 10. GOLDEN REINETTE (*Id. ibid.*). — 11. COURT-PENDU DORÉ (Thompson, *Catalogue of fruits cultivated in the garden of the horticultural Society of London*, 1842, p. 35, n° 661). — 12. DUNDEE (*Id. ibid.*). — 13. ELISABETH (*Id. ibid.*). — 14. GOLDEN REINETTE DE KIRKE (*Id. ibid.*). — 15. PRINCESSE NOBLE DE FRANCE (*Id. ibid.*). — 16. PRINCESSE NOBLE ZUURE (*Id. ibid.*). — 17. REINETTE D'AIX (*Id. ibid.*). — 18. REINETTE GIELEN (*Id. ibid.*). — 19. REINETTE GOLDEN (*Id. ibid.*). — 20. WYGERS (*Id. ibid.*). — 21. PRINCESSE (Poiteau, *Pomologie française*, 1846, t. IV, n° 43).

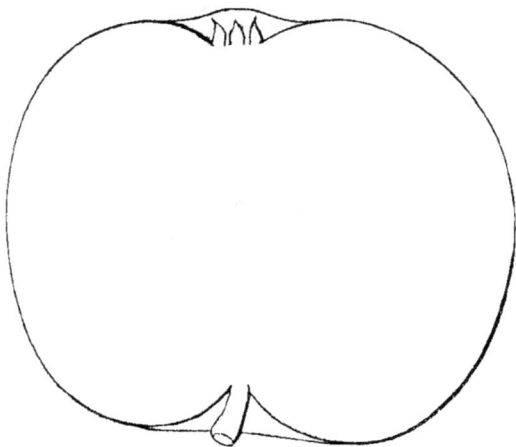

Description de l'arbre. — *Bois :* assez fort. — *Rameaux :* nombreux, érigés, gros, de longueur moyenne, bien coudés et bien duveteux, vert clair jaunâtre. — *Lenticelles :* arrondies ou allongées, assez abondantes et de grandeur variable. — *Coussinets :* larges et ressortis. — *Yeux :* gros, ovoïdes-arrondis, cotonneux, légèrement écartés du bois. — *Feuilles :* moyennes, ovales, vert-clair en dessus, blanc verdâtre en dessous, acuminées, à bords assez profondément dentés. — *Pétiole :* peu long, gros, tomenteux, largement cannelé. — *Stipules :* bien développées.

FERTILITÉ. — Satisfaisante.

CULTURE. — Toute forme et tout sujet lui conviennent, mais la basse-tige particulièrement, vu qu'elle augmente sa fertilité.

Description du fruit. — *Grosseur :* moyenne. — *Forme :* sphérique, quelque peu aplatie aux pôles, sensiblement pentagone et moins volumineuse d'un côté que de l'autre. — *Pédoncule :* court et fort, droit ou arqué, inséré dans un large mais peu profond bassin. — *Œil :* grand, très-ouvert ou mi-clos, à cavité légèrement plissée et généralement de faible dimension. — *Peau :* unie, mince, jaune-paille, amplement lavée, à l'insolation, de carmin clair et terne, fouettée de rouge-cerise et ponctuée de gris. — *Chair :* blanc verdâtre ou jaunâtre, fine et compacte. — *Eau :* suffisante, sucrée, légèrement acidulée et parfumée, rappelant assez bien la saveur des Reinettes.

MATURITÉ. — Décembre-Avril.

QUALITÉ. — Deuxième, et quelquefois première, quand son eau n'est pas trop dépourvue d'acidité.

Historique. — Les pomologues allemands de la fin du XVIIIe siècle s'accordent généralement pour qualifier de fruit français, la pomme Princesse noble. Chez nous, c'est dans le *Catalogue* de la célèbre pépinière des Chartreux de Paris, pour l'année 1775, que nous en rencontrons la première mention et description :

« La *Princesse-Noble* — y lit-on — est une pomme de la figure de la Reinette, un peu plus plate, qui a l'œil enfoncé, qui prend beaucoup de rouge; elle est excellente. » (Page 55.)

Cette variété s'étant rapidement propagée en Allemagne, y fut appelée Princesse noble *des Chartreux*, afin de la distinguer d'une homonyme provenant de Hollande et regardée avec raison comme très différente de celle propagée par les Chartreux. Ce fruit hollandais, nous l'avons caractérisé ci-dessus, page 83, sous l'une de ses dénominations les plus connues : Pomme *d'Aunée*, qu'il doit à l'arome particulier de sa chair. On peut donc vérifier si réellement le pommier Princesse noble des Hollandais n'offre, ainsi que ses produits, aucun rapport avec le pommier Princesse noble des pépiniéristes français. Poiteau, dans sa *Pomologie*, ayant décrit ce dernier en 1846, fit une assez plaisante remarque sur le nom qu'on lui a donné :

« Duhamel (1768) — dit-il — ne l'a pas connu; mais en 1809 on l'a enregistré dans le *Catalogue* de la Pépinière du Luxembourg sous le nom de Princesse noble..... comme si toutes les princesses n'étaient pas nobles! » (Tome IV, n° 43.)

Logique au point de vue nobiliaire, cette boutade va néanmoins contre la vérité des faits, et peut induire en erreur les pomologues qui n'ont pas l'habitude, ou la possibilité, de remonter aux sources historiques pour contrôler toute assertion douteuse. Ainsi Poiteau impute au rédacteur du *Catalogue* de la Pépinière du Luxembourg, année 1809, le pléonasme contenu dans le nom Princesse noble, quand il eût dû l'imputer aux Chartreux. Ce sont eux en effet, nous l'avons démontré, qui en 1775 signalèrent ce nom au monde horticole. Mais Poiteau, sans la chercher aussi loin que 1775, pouvait trouver très-près de lui la preuve que le rédacteur du Catalogue paru en 1809 n'était pas le parrain de la Princesse noble, car Étienne Calvel, en 1805, l'avait longuement décrite sous cette même appellation (voir son *Traité sur les pépinières*, t. III, p. 41, n° 22).

Observations. — Notre Congrès pomologique a confondu ce fruit avec la Reinette dorée, de Duhamel, qu'il caractérise en lui donnant pour synonymes

Princesse noble et les principaux surnoms de cette dernière variété. La Reinette dorée ayant ci-après (lettre *R*) son article, il devient alors facile de s'assurer, en cas de doute, qu'une telle synonymie ne lui est nullement applicable.

Pomme PRINCESSE NOBLE. — Synonyme de pomme *d'Aunée.* Voir ce nom.

Pommes : PRINCESSE NOBLE DES CHARTREUX, } Synonymes de pomme *Princesse noble.* Voir ce nom.

— PRINCESSE NOBLE DE FRANCE,

Pomme PRINCESSE NOBLE DE KNOOP. — Synonyme de pomme *d'Aunée.* Voir ce nom.

Pomme PRINCESSE NOBLE ZOETE. — Synonyme de *Court-Pendu rouge.* Voir ce nom.

Pomme PRINCESSE NOBLE ZUURE. — Synonyme de pomme *Princesse noble.* Voir ce nom.

Pomme PRINZEN. — Synonyme de pomme *Melon.* Voir ce nom.

Pomme PRINZESSIN AUGUSTE. — Synonyme de pomme *Princesse Auguste.* Voir ce nom.

Pomme DE PROCHAIN. — Synonyme de pomme *de Borsdorf.* Voir ce nom.

Pomme PRUSSIENNE. — Synonyme de pomme *de Berlin.* Voir ce nom.

Pomme PRYOR'S RED. — Synonyme de pomme *Rouge de Pryor.* Voir ce nom.

Pomme PUNKTIRTER KNACKPEPPING. — Synonyme de pomme *Knack ponctuée.* Voir ce nom.

Pomme PURPURROTHER WINTER COUSINOT. — Synonyme de pomme *Cousinotte rouge d'Hiver.* Voir ce nom.

Pommes : PUTMAN'S RUSSET, } Synonymes de pomme *Boston russet.* Voir ce nom.

— PUTNAM RUSSET,

Q

Pomme de QUAPENDU. — Synonyme de *Court-Pendu gris*. Voir ce nom.

Pomme de QUATRE-GOUTS. — Synonyme de pomme *de Violette*. Voir ce nom.

Pomme QUEEN. — Synonyme de pomme *Bachelor*. Voir ce nom.

Pomme QUEEN OF THE PIPPIN. — Synonyme de pomme *Reine des Reinettes*. Voir ce nom.

Pomme QUEEN'S. — Synonyme de pomme *de Borsdorf*. Voir ce nom.

Pomme QUINCE. — Synonyme de pomme *Coing d'Hiver*. Voir ce nom.

Pomme QUISINOT. — Synonyme de *Passe-Pomme d'Été*. Voir ce nom.

R

355. Pomme RABAÜ D'ÉTÉ.

Synonymes. — *Pommes* : 1. Bloem-Zuur (Herman Knoop, *Pomologie*, édition allemande, 1760, pp. 11 et 57; édition française, 1771, pp. 29 et 132). — 2. Rabauw blanche (*Id. iibid.*). — 3. Weisser Sommerrabau (Diel, *Kernobstsorten*, 1800, t. II, p. 101).

Premier Type.

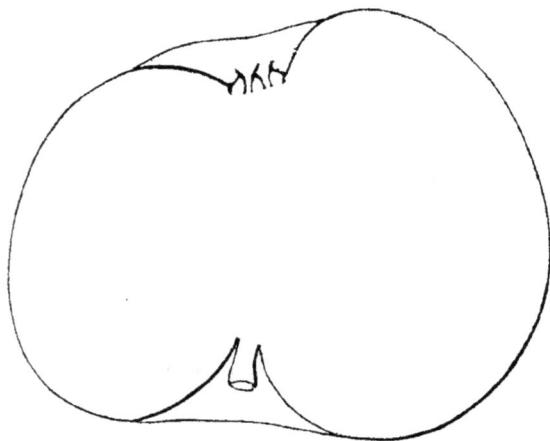

Description de l'arbre. — *Bois :* peu fort. — *Rameaux :* assez nombreux, de longueur moyenne, grêles, à peine géniculés, très-duveteux et brun verdâtre. — *Lenticelles :* arrondies ou allongées, très-petites et des plus clair-semées. — *Coussinets :* aplatis. — *Yeux :* très-volumineux, ovoïdes-allongés, écartés du bois, fortement cotonneux. — *Feuilles :* petites, ovales-arrondies, planes, courtement acuminées, à bords légèrement crénelés. — *Pétiole :* gros, court, flasque, rarement cannelé. — *Stipules :* petites et souvent faisant défaut.

Fertilité. — Abondante.

Culture. — Les formes naines lui sont plus avantageuses que le plein-vent, vu la lenteur et la faiblesse de sa végétation.

Description du fruit. — *Grosseur :* moyenne et parfois moins volumineuse. — *Forme :* globuleuse irrégulière et comprimée aux extrémités, ou conique-raccourcie mais presque toujours un peu pentagone auprès du sommet. — *Pédoncule :* court et bien nourri, obliquement planté dans un vaste et profond bassin. — *OEil :* moyen, mi-clos ou fermé, duveteux, à cavité de dimensions variables et généralement bossuée ou plissée sur les bords. — *Peau :* unie, blanc jaunâtre ou verdâtre, amplement fouettée et mouchetée de rose carminé, tachée de fauve autour du pédoncule et ponctuée de brun. — *Chair :* blanche, fine, ferme et croquante. — *Eau :* suffisante, sucrée, agréablement acidulée et parfumée.

Maturité. — Septembre-Novembre.

Qualité. — Première.

Historique. — Knoop, pomologue hollandais, signala cette variété en 1760, sous le nom *Rabauw*, répondant aux termes Capendu, Court-Pendu. Le pédoncule de la Rabaü est effectivement très-court, mais ce caractère seul la rapproche de nos Court-Pendu, desquels elle diffère notablement. Les Allemands, qui la cultivent et l'ont décrite, la disent originaire de Hollande (voir Flotow, *Illustrirtes Handbuch der Obstkunde*, t. I, 1859, p. 233). Je l'ai reçue des pépinières de Reutlingen (Wurtemberg), en 1868. L'année précédente elle avait, à l'Exposition de Paris, figuré parmi les nombreux fruits envoyés de Berlin par M. le professeur Koch.

Pomme Rabaü d'Été. — *Deuxième Type.*

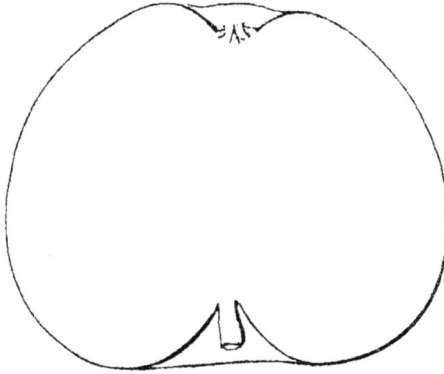

Pomme RABAUW BLANCHE. — Synonyme de pomme *Rabaü d'Été.* Voir ce nom.

Pommes : RADAUER PARMÄNE,

— RADAUER REINETTE,

} Synonymes de *Reinette Multhaüpt.* Voir ce nom.

Pomme RAMBOUILLET. — Synonyme de *Reinette jaune hâtive.* Voir ce nom.

RAMBOUR. — Si depuis au moins deux siècles et demi les jardiniers ne s'étaient constamment servi, pour désigner certaines espèces de pommes, du mot Rambour, nous l'eussions remplacé par *Rambures*, seul nom que les plus anciens pomologues assignent au type de ce groupe du genre pommier. Mais aujourd'hui, consacré par un très-long usage, Rambour est tellement connu dans la nomenclature, qu'essayer de l'en bannir serait vraiment impossible. Qu'il y reste donc : possession vaut titre. Montrons toutefois, le sujet l'exige, à quel point Rambures avait droit de le remplacer. Jean Ruel, et non Jean de la Ruelle, comme d'aucuns l'ont erronément appelé, fut le premier descripteur du Rambour. Il le caractérisa en 1535, dans son *de Natura stirpium* (p. 251), le nommant Ramburum et le disant ainsi communément dénommé dans la ville d'Amiens; fait que Charles Estienne confirmait cinq ans plus tard (1540), page 54 du *Seminarium*, traité d'arboriculture fruitière devenu des plus rares. Enfin Olivier de Serres, en 1608, inscrivit la pomme « de RAMBURE » sur les listes de fruits qu'il dressa pour son *Théâtre d'agriculture* (page 626), et depuis lors Rambure disparut du vocabulaire horticole, où tout aussitôt prit place — venu d'une vicieuse prononciation de ce mot — le synonyme RAMBOUR. Maintenant, reste à donner l'origine du nom Rambure ou Rambour. Nous l'emprunterons à Gui Barôzai, auteur des *Noëls bourguignons*, poésies satiriques fort estimées, écrites en patois et suivies d'un Glossaire qui contient le renseignement ci-après :

« RAMBOR : *Rambour*, sorte de pomme ainsi nommée *de Rambures*, dans le territoire d'Amiens, où ces pommes ont commencé à être connues..... *Rambor*, en prenant poétiquement l'espèce pour le genre, est ici dit pour pomme. » (Page 234, édition de 1738.)

Reproduite au XVIIIᵉ siècle dans le *Dictionnaire étymologique* de Ménage puis dans le *Dictionnaire de Trévoux*, cette origine est encore, de nos jours, rapportée par M. Littré, dans son remarquable et si volumineux *Dictionnaire de la langue française*. On ne saurait donc, en présence surtout de l'assertion émise en 1535 et 1540 par Ruel et Charles Estienne, admettre l'opinion suivante du pomologue allemand Mayer :

« Les Rambours — écrivait-il en 1801 — sont les *Pulmentaria* des anciens; et RAMBOR est un mot gaulois qui signifie pomme; on le trouve ainsi employé dans les Noëls et les Virelays des troubadours..... Il est incontestable que les Rambours sont d'origine française; peut-être sont-ce les premières pommes adoucies par la culture, dans ce royaume, où elles auront conservé le nom générique de l'espèce *Rambor*..... » (*Pomona franconica*, t. III, pp. 90-91.)

Qui ne sent, en lisant ce passage, que de la part de Mayer il y a eu méprise formelle, et complète en ses conséquences, sur le dialecte auquel appartient le terme *Rambor*. Nos langues gauloise, romane ou celtique n'ont certes rien à réclamer là. Rambor, on l'a constaté, est uniquement le mot Rambure ou Rambour traduit en patois par le poëte des *Noëls bourguignons*. Mais ce sont précisément les *Noëls* eux-mêmes qui ont mis en défaut le pomologue allemand. Le citant d'après l'article du *Dictionnaire étymologique* de Ménage, où nul éclaircissement n'est fourni sur ce poëme, Mayer a cru que c'était œuvre datant du moyen âge, époque où florissaient noëls et virelais de troubadours, comme il l'écrit. Autrement ce pomologue eût justifié son dire, en indiquant le titre des ouvrages, ou, mieux, en reproduisant les vers dans lesquels il avait vu *rambor* servir à désigner le genre de fruit nommé pomme. L'erreur de Mayer me paraît du reste fort excusable, car actuellement nombre de personnes ignorent encore, même chez nous, que les *Noëls bourguignons* publiés en 1701 sont une imitation des anciens Noëls. Quant à Barôzai, le poëte qui les a signés, il n'a jamais existé; ce personnage imaginaire cache le véritable auteur, Bernard de la Monnoye, natif de Dijon. Tout, ici, se rencontre donc pour tromper, pour égarer l'écrivain qui n'a pas sous les yeux le livre du prétendu Barôzai, où le moyen, par la bibliographie, d'en vérifier l'authenticité.

POMMES : RAMBOUR,

— RAMBOUR AIGRE,   } Synonymes de *Rambour d'Été*.
                       Voir ce nom.
— RAMBOUR BLANC,

Pomme RAMBOUR DOUX. — Synonyme de *Rambour d'Hiver*. Voir ce nom.

---

356. Pomme RAMBOUR D'ÉTÉ.

Synonymes. — *Pommes* : 1. De Rambure (Ruel, *de Natura stirpium*, 1585, p. 251 ; — Charles Estienne, *Seminarium et plantarium fructiferarum præsertim arborum quæ post hortos conseri solent*, 1540, p. 54; — Olivier de Serres, *le Théâtre d'agriculture et ménage des champs*, 1608, p. 626). — 2. Cambour des Lorrains (Jean Bauhin, *Historia plantarum universalis*, 1618-1651, t. I, p. 21). — 3. Rambour blanc (le Lectier, d'Orléans, *Catalogue des arbres cultivés dans son jardin et plant*, 1628, p. 22). — 4. De Rambourg (Claude Mollet, *Théâtre des jardinages*, 1652-1678, p. 53). — 5. De Lorraine (Jonston, *Historia naturalis de arboribus*, 1662, p. 4). — 6. De Notre-Dame (Merlet, *l'Abrégé des bons fruits*, 1667, p. 147). — 7. Rambour rayé (*Id. ibid.*). — 8. Rambourg aigre (dom Claude Saint-Etienne, *Nouvelle instruction pour connaître les bons fruits*, 1670, p. 215 ; — et Henri Manger, *Systematische Pomologie*, 1780, 1re partie, p. 38, n° xlvii). — 9. Rambour (la Quintinye, *Instructions pour les jardins fruitiers et potagers*, 1690, t. I, p. 392). — 10. Remboure d'Été (Saussay, *Traité des jardins*, 1722, p. 20). — 11. Rambour franc (Louis Liger *Culture parfaite des jardins fruitiers et potagers*, 1714, p. 457). — 12. Charmant blanc (Henri Manger, *Systematische Pomologie*, 1780, 1re partie, p. 38, n° xlvii; — et Diel, *Kernobstsorten*, 1799, t. I, p. 93). — 13. Lothringer Rambour d'Été (Diel, *ibid.*). — 14. Gros-Rambour d'Été (de Launay, *Almanach du Bon-Jardinier*, 1808, p. 141). — 15. Rambu (Louis du Bois, *Economie rurale de Columelle*, édition Panckoucke, 1845, t. II, p. 461). — 16. Herbstbreitling (Jahn, *Illustrirtes Handbuch der Obstkunde*, 1862, t. IV, p. 85, n° 305).

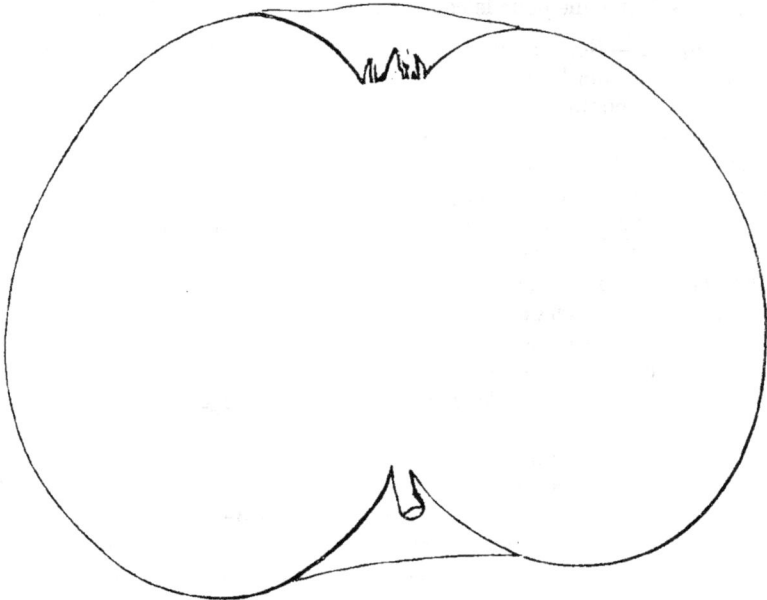

Description de l'arbre. — *Bois :* des plus forts. — *Rameaux :* peu nombreux, très-gros, assez longs, sensiblement étalés, à peine coudés, d'un rouge-brun passant au rouge plus intense vers le sommet, où ils sont bien cotonneux. — *Lenticelles :* arrondies, très-petites, excessivement clair-semées. — *Coussinets :* peu prononcés. — *Yeux :* petits, arrondis, très-aplatis, complètement collés sur le bois et couverts de duvet. — *Feuilles :* petites, ovales, vert mat et foncé en dessus, grisâtres et cotonneuses en dessous, légèrement acuminées, planes pour la plupart et profondément dentées. — *Pétiole :* assez court, très-gros, faiblement cannelé. — *Stipules :* petites.

FERTILITÉ. — Très-abondante.

CULTURE. — Ce pommier convient beaucoup pour le verger; ses rameaux peu nombreux font que, malgré sa grande vigueur, il n'a jamais la tête trop garnie et n'exige alors aucun émondage. Greffé ras terre il croît très-vite et sa tige devient d'une belle grosseur, mais n'est pas généralement bien droite. Sous formes naines on n'en obtient de jolis arbres qu'en l'écussonnant sur paradis.

Description du fruit. — *Grosseur :* très-volumineuse. — *Forme :* conique-raccourcie et souvent ayant un côté moins développé que l'autre. — *Pédoncule :* court ou très-court, bien nourri, arqué, obliquement planté dans un vaste et profond bassin. — *OEil :* grand ou moyen, mi-clos ou fermé, à cavité plus ou moins prononcée, mais toujours bordée de plis.ou de gibbosités. — *Peau :* unie, jaune blanchâtre nuancé de vert du côté de l'ombre, lavée de rouge-brun clair strié de carmin sur l'autre face, tachée de fauve autour du pédoncule et ponctuée de gris blanc. — *Chair :* jaunâtre, demi-fine, assez tendre et quelque peu marcescente. — *Eau :* abondante, peu sucrée, vineuse, sans parfum, fortement mais agréablement acidulée.

MATURITÉ. — Fin d'août et se prolongeant parfois jusqu'en octobre.

QUALITÉ. — Deuxième pour le couteau, première pour la cuisson.

Historique. — Nous avons constaté ci-dessus (voir pp. 596 et 597), en recherchant l'origine du mot Rambour, que le botaniste Ruel fut en 1535 celui qui le premier décrivit une pomme de ce nom : le *Rambure d'Été*, ainsi appelé, dit-il, dans la ville d'Amiens. Et tout aussitôt, complétant le renseignement, j'ai montré qu'elle tirait sa dénomination de Rambure, localité située à seize kilomètres d'Abbeville (Somme). Vers 1610 un vice de prononciation modifia légèrement le nom de la pomme de Rambure : on le prononça, on l'écrivit Rambour, et l'usage — un usage tri-séculaire — a formellement consacré ce barbarisme. Le Rambour d'Été, s'il fallait en croire Mayer (1776, *Pomona franconica*, t. III, p. 90), serait identique avec les pommes PATERNIANA, ou MANNS [de Père, ou d'Homme], caractérisées par Cordus, naturaliste hessois mort en 1544. Examen fait de cette description dans l'*Historia stirpium* de Cordus, je m'élève contre une telle identité. Quelques rapports de forme, et surtout de couleur, existent bien entre ces deux fruits, mais là s'arrête leur ressemblance, puisque les Paterniana sont dites « peu juteuses, « faiblement acidulées, à saveur aromatique très-prononcée, à maturité commen- « çant en octobre et se prolongeant jusqu'en hiver; » caractères différant radicalement de ceux du Rambour d'Été. Saboureux de la Bonneterie, connu par sa traduction des agronomes romains, remontant à 1771, crut voir dans ce Rambour les *Orbiculata*, ou pommes Rondes, mentionnées par Varron (t. II, p. 143); supposition dénuée de fondement et qu'un autre écrivain français, Daléchamp, infirma d'avance, lorsqu'en 1586 il réunit les Orbiculata à la variété pour lors nommée pomme de Rose ou Rosat. Le Rambour, d'ailleurs, loin d'être arrondi, affecte généralement une forme conique-raccourcie, à base très-large, très-plate; ce qui ne permet certes pas de le rattacher aux pommes Orbiculaires.

Observations. — En 1845 Louis du Bois, agronome distingué, traduisit et annota dans la volumineuse collection des classiques latins éditée par Panckoucke, le *de Re rustica* de Columelle. Aux notes du livre V, où il est question des pommes, ce traducteur relève, à propos du Calleville, une erreur échappée au père Hardouin (1685), l'un de ses devanciers, puis il ajoute, sous forme de preuve :

« La pomme Calleville, tant la rouge que la blanche, tire sa dénomination de la commune de Calleville, dans le département de l'Eure, comme la RAMBURE (et non Rambour ni Rambu) provient de RAMBURE, *commune de la Seine-Inférieure*. » (Tome II, p. 461, note 7.)

A son tour, Louis du Bois est ici en défaut; Rambure, placé sur les limites de la Picardie et de la Normandie, n'a jamais appartenu à cette dernière province. Les Normands ne sauraient donc inscrire le Rambour d'Été dans leur pomone indigène. Ce village, quoique faisant partie du canton de Gamaches (Somme), est desservi par le bureau de poste de Blangy-sur-Bresle, situé dans la Seine-Inférieure; voilà sans doute ce qui aura causé la méprise géographique de Louis du Bois. Et nous devions d'autant mieux la rectifier, qu'ayant cité plus haut, au mot *Calleville*, le passage qui la renferme, on eût pu, logiquement, dire qu'à notre page 167 nous déclarions le Rambour originaire de la Normandie, puis le prétendions, en ce présent article, sorti de la Picardie. — Le Rambour ne figure plus, de nos jours, sur les listes des pommes à cidre. Anciennement il n'en était pas ainsi, surtout au XVIe siècle, comme nous l'apprend Charles Estienne dans la *Maison rustique*, édition de 1589, où il est dit : « Entre les cidres aigrets, les plus « sains sont ceux qui sont faits de pommes de Rambure. » (Page 234, verso.) La Quintinye (1690) parlant de cette variété, qu'il estimait beaucoup pour les usages culinaires, fait observer qu'elle « demande surtout des arbres de haut vent, les « petits pommiers de paradis étant trop faibles pour en porter la pesanteur. » (Tome I, p. 392.) C'est le contraire, aujourd'hui, qui sur ce point devient la vérité, car le Rambour greffé sur paradis et cultivé sous forme cordon ou espalier, donne d'énormes fruits solidement attachés, et moins sujets, même, à tomber avant maturité, que ceux, toujours plus petits, dont les plein-vent sont chargés.

---

357. Pomme RAMBOUR DE FLANDRE.

Synonymes. — *Pommes* : 1. DE DIX-HUIT POUCES (Diel, *Verzeichniss der Obstsorten*, 1833, t. II, p. 27, n° 539). — 2. GROSSER FLANDRISCHER RAMBOUR (*Id. ibid.*). — 3. MÈRE DES POMMES (A. Royer, *Annales de pomologie belge et étrangère*, 1854, t. II, p. 49). — 4. RAMBOUR ROSE (*Id. ibid.*). — 5. RAMBOUR ROUGE DE NAMUR (*Id. ibid.*). — 6. FLANDRISCHER RAMBOUR (Von Flotow, *Illustrirtes Handbuch der Obstkunde*, 1859, t. I, p. 453, n° 210).

Description de l'arbre. — *Bois :* peu fort. — *Rameaux :* nombreux, étalés, courts, assez gros, bien coudés, très-cotonneux, brun olivâtre foncé. — *Lenticelles :* arrondies ou allongées, très-petites, très-abondantes. — *Coussinets :* aplatis. — *Yeux :* moyens, ovoïdes, des plus duveteux, plaqués sur l'écorce. — *Feuilles :* moyennes, ovales, coriaces, planes, courtement acuminées, à bords profondément crénelés. — *Pétiole :* de longueur moyenne, gros, largement cannelé. — *Stipules :* longues mais étroites.

FERTILITÉ. — Satisfaisante.

CULTURE. — La forme plein-vent lui est, comme production et beauté, très-avantageuse; quand on le destine à la basse-tige il faut le greffer sur paradis et ne pas le tailler beaucoup, sous peine d'en amoindrir considérablement la fertilité.

Description du fruit. — *Grosseur :* considérable. — *Forme :* globuleuse très-irrégulière, sensiblement pentagone, aplatie aux extrémités et souvent ayant un côté beaucoup moins développé que l'autre. — *Pédoncule :* court, très-gros, charnu, arqué, inséré dans un vaste bassin. — *Œil :* grand, rarement bien ouvert, à cavité peu régulière, profonde et bordée de fortes gibbosités. — *Peau :* unie, à fond jaune clair, presque entière-ment lavée et fouet-tée de carmin, puis très-abondamment ponctuée de gris-blanc. — *Chair :* blanche au centre, quelque peu rosée sous la peau, mi-fine et mi-tendre. —*Eau :* suffisante, sucrée, faiblement acidulée, ayant un léger parfum de rose.

Pomme Rambour de Flandre.

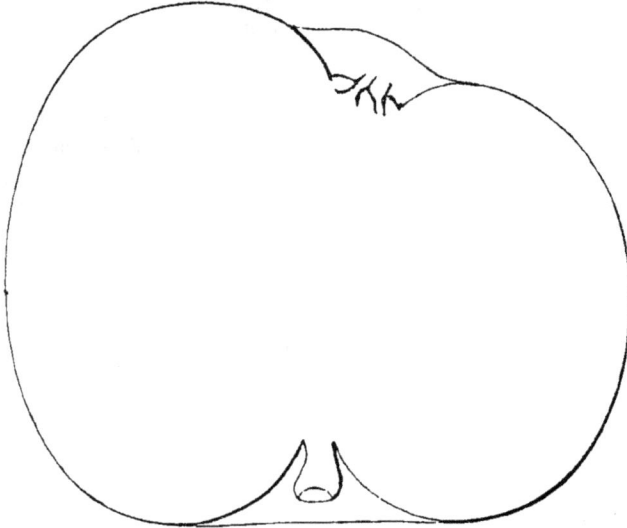

MATURITÉ. — Octobre-Novembre.

QUALITÉ. — Deuxième pour le couteau, première pour la cuisson.

Historique. — La Belgique est regardée comme le pays natal de ce très-beau fruit, qui fréquemment y devient d'une grosseur si considérable, que les jardi-niers, dans le Brabant surtout, l'ont surnommé *la Mère des Pommes*. Les Allemands le possèdent depuis une quarantaine d'années; leur pomologue Diel en donna dès 1833 la première description (*Verzeichniss der Obstsorten*, t. II, p. 27), l'appelant Gros-Rambour de Flandre, ou Pomme de Dix-Huit Pouces. Chez les Belges M. Auguste Royer en parlait ainsi vingt ans plus tard :

« La *Mère des Pommes*, ou *Rambour rouge*, ou *Rambour rose*, ressemble beaucoup à la variété cultivée dans la province d'Anvers sous le nom de *Koolappel*, qui pourrait bien n'être qu'un synonyme..... Ce gros Rambour, de qualité inférieure comparé aux bonnes pommes de jardin, est recommandable comme fruit de verger, et de première qualité pour la cuisson. Malgré son volume il tient bien à l'arbre, mûrit fin d'octobre et se conserve peu. » (*Annales de pomologie belge et étrangère*, 1854, t. II, p. 49.)

L'importation, en France, du Rambour de Flandre est de date assez récente; pour moi, il y a cinq ans seulement que je multiplie cette variété, l'ayant reçue du Wurtemberg en 1867, par l'entremise obligeante de M. le docteur Lucas, directeur de l'Institut pomologique de Reutlingen.

Pomme RAMBOUR FRANC. — Synonyme de *Rambour d'Été*. Voir ce nom.

---

358. Pomme RAMBOUR D'HIVER.

Synonymes. — *Pommes :* 1. RAMBOURG ROUGE (le Lectier, d'Orléans, *Catalogue des arbres cultivés dans son verger et plant*, 1628, p. 22; — Merlet, *l'Abrégé des bons fruits*, 1667, p. 147; — et Henri Manger, *Systematische Pomologie*, 1780, 1re partie, p. 38, n° XLVIII). — 2. RAMBOUR DOUX (dom Claude Saint-Etienne, *Nouvelle instruction pour connaître les bons fruits*, 1670, p. 215). — 3. LOTHRINGER RAMBOURG (de quelques anciens auteurs, mais par erreur).

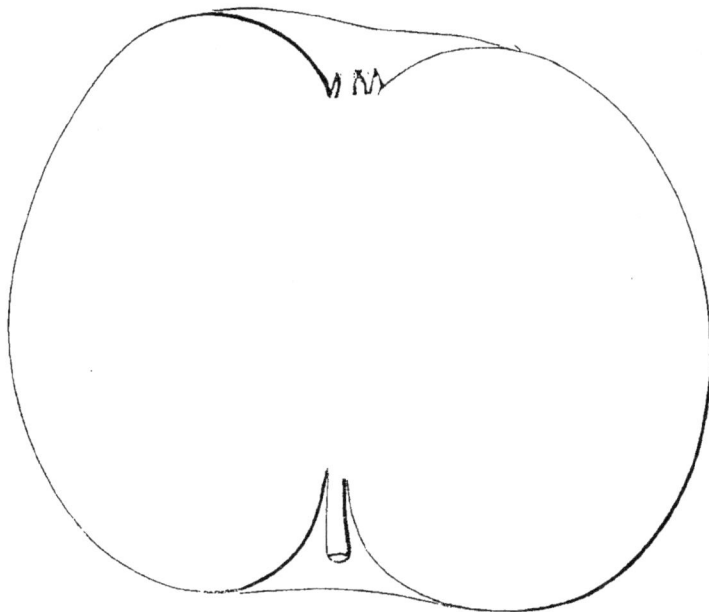

Description de l'arbre. — *Bois :* très-fort. — *Rameaux :* assez nombreux, étalés, très-gros, des plus longs, sensiblement coudés, légèrement duveteux et brun olivâtre quelque peu lavé de rouge. — *Lenticelles :* arrondies, assez petites, clair-semées. — *Coussinets :* saillants. — *Yeux :* volumineux, arrondis, collés en partie ou totalement sur l'écorce, ayant les écailles mal soudées. — *Feuilles :* grandes, elliptiques ou ovales-allongées, vert foncé en dessus, gris verdâtre en dessous, acuminées, à bords assez profondément crénelés. — *Pétiole :* très-gros, court, rosé à la base et généralement bien cannelé. — *Stipules :* petites ou moyennes.

FERTILITÉ. — Ordinaire.

CULTURE. — Sa grande vigueur le rend très-avantageux pour le pépiniériste, car en le greffant ras terre il fait, au bout de trois ans, des arbres comparables à ceux du pommier *Doux-Blanc*, dont les tiges ont, à un mètre de hauteur, douze centimètres de circonférence, et dont les têtes sont réellement prodigieuses. Pour les formes naines on devra toujours l'écussonner sur paradis, afin d'en appauvrir la végétation et de le rendre ainsi plus productif.

Description du fruit. — *Grosseur :* considérable. — *Forme :* globuleuse plus ou moins régulière et généralement aplatie aux pôles. — *Pédoncule :* un peu court, assez gros, droit ou arqué, très-profondément inséré dans un vaste bassin. — *OEil :* grand, irrégulier, ouvert ou mi-clos, à cavité très-développée et légèrement plissée ou bossuée sur les bords. — *Peau :* mince, lisse, à fond jaune blafard, presque complétement lavée de rouge clair et terne, fouettée de carmin foncé, ponctuée de gris-blanc et maculée de roux squammeux autour de l'œil et du pédoncule. — *Chair :* blanche, mi-fine et mi-tendre. — *Eau :* abondante, assez sucrée, acidulée, rarement bien parfumée.

MATURITÉ. — Novembre-Mars.

QUALITÉ. — Deuxième pour le couteau, première pour la cuisson.

Historique. — Je regarde ce Rambour comme une variété particulière à la France; et c'était aussi l'opinion de l'auteur allemand Henri Manger (1780, *Systematische Pomologie*, p. 38, n° XLVIII). Le Lectier, d'Orléans, fut en 1628 le premier qui le signala. On voit page 22 du *Catalogue de son verger*, qu'alors il le cultivait et possédait aussi le *Blanc*, notre Rambour d'Été. Mais cette pomme me paraît remonter au moins à la moitié du XVIe siècle, car du temps de le Lectier elle était déjà trop connue pour être de récente propagation. Ainsi Bonnefond l'a mentionnée en 1651, Merlet en 1667, dom Claude Saint-Étienne en 1670, etc.; ces deux derniers l'ont même assez bien décrite, quoique très-brièvement :

« Le *Rambour rouge* — a dit Merlet — est la plus grosse des pommes et se garde longtemps; est meilleure cuite que crûe. » (*L'Abrégé des bons fruits,* 1667, p. 147.)

« Le *Rambour doux* — écrit le moine Saint-Étienne — est rond, gros comme un pain d'un sol, est blanc et rougeâtre, se peut garder sous la paille. » (*Nouvelle instruction pour connaître les bons fruits,* 1670, p. 215.)

Observations. — Quelques auteurs donnent au Rambour d'Hiver le synonyme *Lothringer Rambour*, ou Rambour des Lorrains, c'est une erreur, on peut voir dans notre historique du Rambour d'Été qu'il appartient uniquement à ce dernier fruit.

POMME **RAMBOUR JAUNE.** — Quelle est-elle?... Pour moi je ne l'ai jamais cultivée, ni rencontrée. Seulement en 1858 une revue bien connue, la *Belgique horticole*, que rédige M. Édouard Morren, l'ayant décrite, il me semble utile de reproduire cette description, qui émane d'un pomologue fort compétent, M. Auguste Royer, récemment décédé :

« Gros fruit comprimé, forme Rambourg, côtelé ; jaune-citron ; chair sucrée, acidulée. Bon; usages culinaires. Goûté en décembre. Venu de la province de Liége (Belgique), district de Verviers. » (Tome VIII, pp. 221-222.)

---

359. POMME **RAMBOUR DE PLEISSEN.**

Synonyme. — *Pomme* PLEISSNER SOMMERRAMBOUR (Diel, *Kernobstsorten,* 1805, t. VII, p. 109).

Description de l'arbre. — *Bois :* de moyenne force. — *Rameaux :* assez nombreux, étalés, à peine géniculés, gros, assez longs, duveteux et d'un rouge-brun ardoisé. — *Lenticelles :* arrondies ou allongées, grandes, des plus clair-semées. — *Coussinets :* aplatis et souvent nuls. — *Yeux :* petits ou moyens, arrondis, très-cotonneux, noyés dans l'écorce. — *Feuilles :* moyennes, ovales ou arrondies, acuminées, planes pour la plupart et assez profondément crénelées. — *Pétiole :* gros, peu long, carminé, très-tomenteux et généralement sans cannelure. — *Stipules :* petites et parfois faisant défaut.

FERTILITÉ. — Ordinaire.

CULTURE. — Sa croissance étant assez rapide, on peut utiliser ce pommier pour le plein-vent; il fait, même en le greffant ras terre, des arbres à tronc gros et droit, à tête régulière et touffue. Les formes naines lui conviennent aussi, mais il faut alors l'écussonner sur paradis, autrement sa fertilité diminue beaucoup.

Pommé Rambour de Pleissen.

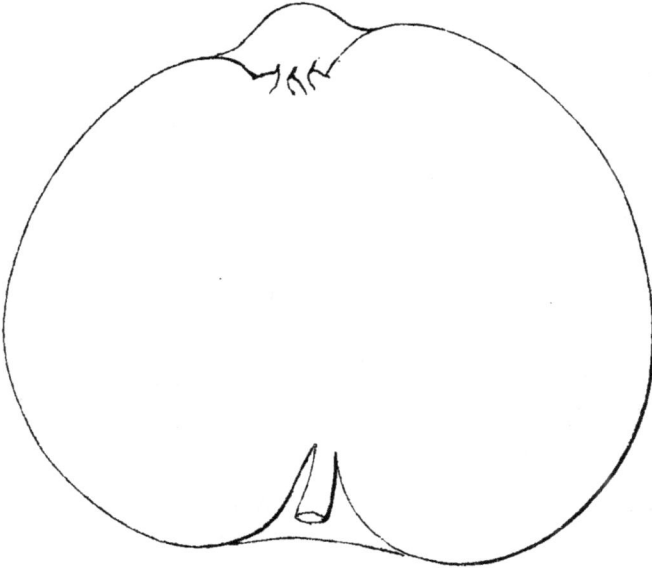

Description du fruit. — *Grosseur :* volumineuse. — *Forme :* conique-arrondie, fortement côtelée et toujours ayant une face beaucoup moins développée que l'autre. — *Pédoncule :* peu long, très-nourri, arqué, obliquement planté dans un bassin étroit et profond. — *OEil :* grand, complétement ouvert, très-cotonneux, à cavité fort irrégulière et assez développée. — *Peau :* unie, à fond jaune terne, légèrement marbrée et striée, pour la plus grande partie, de carmin, et faiblement ponctuée de gris et de brun. — *Chair :* blanche, mi-fine et mi-tendre. — *Eau :* suffisante, sucrée, agréablement acidulée, presque sans parfum.

MATURITÉ. — Novembre-Janvier.

QUALITÉ. — Deuxième.

Historique. — Cette variété est en ma possession depuis 1868 ; je l'avais remarquée, l'année précédente, à l'exposition internationale de Paris, où elle figurait dans la section des pommes allemandes. Je la dois à l'obligeance du directeur de l'Institut pomologique de Reutlingen (Wurtemberg), M. le docteur Lucas. Diel, qui la fit connaître en 1805 (*Kernobstsorten*, t. VII, p. 109), nous apprend que ce fruit était alors entièrement inconnu des pomologues; on le lui avait envoyé de la Misnie (Saxe); aussi le croit-il d'origine saxonne.

POMME RAMBOUR RAYÉ. — Synonyme de *Rambour d'Été*. Voir ce nom.

Pomme **RAMBOUR ROSE.** — Synonyme de *Rambour de Flandre*. Voir ce nom.

Pomme **RAMBOUR ROUGE.** — Synonyme de *Rambour d'Hiver*. Voir ce nom.

Pomme **RAMBOUR ROUGE DE NAMUR.** — Synonyme de *Rambour de Flandre*. Voir ce nom.

Pomme **RAMBOUR TURC.** — Synonyme de *Calleville rouge d'Hiver*. Voir ce nom.

Pomme **RAMBOUR VERT.** — Synonyme de pomme *Gros-Vert*. Voir ce nom.

Pommes : de **RAMBOURG**,

— **RAMBU**,

— de **RAMBURES**,

} Synonymes de *Rambour d'Été*. Voir ce nom.

---

360. Pomme **RAMSDELL.**

Synonymes. — *Pommes :* 1. RAMSDELL'S SWEETING (A. J. Downing, *the Fruits and fruit trees of America*, 1849, p. 137). — 2. REINDELL'S LARGE (André Leroy, *Catalogue descriptif et raisonné des arbres fruitiers et d'ornement*, édition anglaise, 1856, p. 17, n° 269). — 3. AVERY SWEET (Charles Downing, *the Fruits and fruit trees of America*, 1869, p. 163). — 4. ENGLISH SWEET (*Id. ibid.*). — 5. HURLBUT (*Id. ibid.*). — 6. RANDALL'S RED WINTER (*Id. ibid.*).

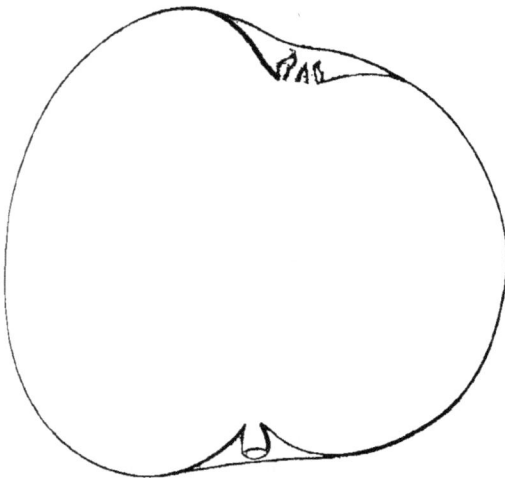

Description de l'arbre. — *Bois :* peu fort. — *Rameaux :* nombreux, érigés, très-longs, grêles, à peine géniculés, bien duveteux, rouge-brun clair. — *Lenticelles :* arrondies ou allongées, grandes ou moyennes, clair-semées. — *Coussinets :* saillants. — *Yeux :* petits ou moyens, ovoïdes, très-cotonneux, entièrement plaqués sur le bois. — *Feuilles :* moyennes, ovales-allongées, rarement acuminées, assez lisses, ayant les bords légèrement crénelés. — *Pétiole :* long, gros, rigide, tomenteux, généralement non cannelé. — *Stipules :* longues et très-étroites.

Fertilité. — Abondante.

Culture. — Pour le plein-vent il demande à être greffé en tête afin d'en obtenir des arbres d'assez belle venue, qui cependant sont toujours plus ou moins irréguliers, vu leurs rameaux trop longs et trop grêles. La basse-tige lui convient mieux, mais sur paradis et non sur doucin.

Description du fruit. — *Grosseur :* moyenne. — *Forme :* conique, très-ventrue à la base, faiblement pentagone et généralement beaucoup moins volumineuse d'un côté que de l'autre. — *Pédoncule :* court ou très-court, assez fort ou un peu grêle, obliquement planté dans un bassin de dimensions variables. — *Œil :* grand ou moyen, mi-clos ou fermé, à cavité irrégulière, assez vaste et dont les bords sont fortement ondés. — *Peau :* légèrement rugueuse, à fond gris verdâtre, presque entièrement lavée, marbrée et fouettée de rouge sombre, tachée de fauve squammeux autour du pédoncule, puis abondamment ponctuée de gris. — *Chair :* jaune verdâtre, ferme, fine et croquante. — *Eau :* suffisante, sucrée, à peine acidulée, douée d'un arome assez savoureux.

Maturité. — Septembre-Octobre.

Qualité. — Deuxième.

Historique. — John Downing, l'un des premiers descripteurs de ce fruit, appartenant à l'Amérique, disait en 1849 qu'il le croyait sorti du Connecticut et qu'il portait le nom de son propagateur, le révérend H. S. Ramsdell, de Thompson, localité située dans ce dernier État (*Fruits and fruit trees of America*, 1849, pp. 137-138). En 1863 Charles Downing, rééditant la Pomologie de son frère John, alors décédé, maintint à cette pomme le même nom, les mêmes synonymes, la même provenance. Mais en 1869 il n'agit plus ainsi : page 163 de son volumineux recueil, la Ramsdell est de nouveau caractérisée, seulement elle a pour dénomination principale, *English Sweet*, l'un de ses anciens surnoms; Ramsdell, lui, se trouve relégué parmi les synonymes; quant à l'origine précédemment attribuée audit fruit, plus un mot n'en existe. Ignorant le motif de ces diverses modifications, je me borne à les signaler.

Observations. — Une mauvaise lecture d'étiquette, lors de l'envoi qu'on me fit d'Amérique, en 1854, de la pomme Ramsdell, lui a longtemps valu, dans mes Catalogues, le nom défiguré de *Reindell's*; c'est pourquoi je me suis vu dans l'obligation de placer ici ce surnom au rang des synonymes.

Pomme RAMSDELL'S SWEETING. — Synonyme de pomme *Ramsdell*. Voir ce nom.

Pomme RAMWER. — Synonyme de *Pigeonnet blanc d'Hiver*. Voir ce nom.

Pomme RANDALL'S RED WINTER. — Synonyme de pomme *Ramsdell*. Voir ce nom.

361. Pomme RATEAU.

Synonymes. — *Pommes :* 1. De Resté (Archives de la Seine-Inférieure, *Registres de l'ancien tabellionnage de Rouen*, année 1360, analysés par M. Robillard de Beaurepaire dans son livre publié en 1865 sur *l'Etat des campagnes de la Haute Normandie au moyen âge*, pp. 49, 52, 55-57 et 381). — 2. De Rateau (Charles Estienne, *Seminarium et plantarium fructiferarum præsertim arborum quæ post hortos conseri solent*, 1540, p. 54). — 3. De Resteau (Claude Mollet, *Théâtre des jardinages*, 1652-1678, p. 54).

Description de l'arbre. — *Bois :* peu fort. — *Rameaux :* nombreux, de longueur moyenne, assez grêles, légèrement coudés, étalés, rarement bien duveteux,

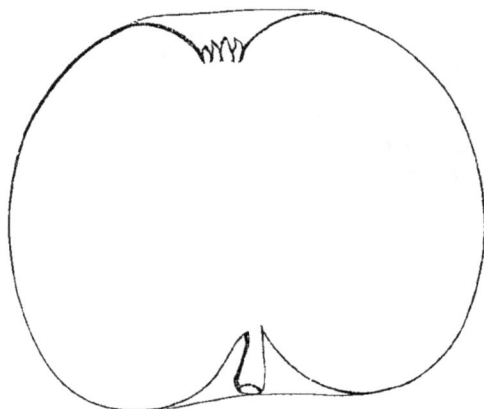

à courts mérithalles et d'un rouge-brun très-ardoisé. — *Lenticelles :* petites, arrondies, clair-semées. — *Coussinets :* aplatis. — *Yeux :* petits ou très-petits, ovoïdes, obtus, faiblement cotonneux, entièrement collés sur l'écorce. — *Feuilles :* petites, épaisses, ovoïdes-arrondies, vert jaunâtre en dessus, blanc verdâtre en dessous, courtement acuminées, à denture régulière et peu prononcée. — *Pétiole :* de longueur moyenne, grêle, carminé à la base, à peine cannelé. — *Stipules :* des plus courtes.

Pomme Râteau.

FERTILITÉ. — Très-grande.

CULTURE. — Il fait de superbes plein-vent, mais uniquement lorsqu'on l'a greffé en tête; pour la basse-tige, on l'écussonne sur paradis ou doucin.

Description du fruit. —

Grosseur : moyenne. — *Forme :* globuleuse, aplatie à la base et légèrement rétrécie au sommet. — *Pédoncule :* court, très-renflé à son point d'attache, obliquement inséré dans un bassin étroit et profond. — *Peau :* assez épaisse, à fond jaune clair verdâtre, rayée de rose pâle sur le côté de l'ombre, lavée et striée de carmin à l'insolation, tachetée de fauve dans le voisinage de l'œil et du pédoncule, puis abondamment ponctuée de brun-roux. — *Chair :* blanche, mi-fine, ferme, croquante. — *Eau :* suffisante, assez sucrée, acidulée, peu parfumée.

MATURITÉ. — Décembre-Février.

QUALITÉ. — Deuxième.

Historique. — Le pommier Râteau doit-il sa dénomination aux larges raies longitudinales dont ses fruits sont entièrement couverts, et qui rappellent assez bien les traces que, sur le sol, laissent après elles les dents d'un râteau?... Je l'ignore. Charles Estienne a décrit en 1540 cette variété dans son *Seminarium* (p. 54), à la suite du Court-Pendu gris; il la nomme *Ratellianum* en latin, et DE RATEAU en français. Cette description, la première que nous en connaissions, ne fut reproduite ni par les écrivains horticoles de la fin du XVIe siècle, ni par ceux du commencement du XVIIe, qui même ne font aucune mention de ce fruit, dont on ne retrouve le nom qu'en 1652, dans le *Théâtre des jardinages* de Claude Mollet. « Le Pommier DE RESTEAU, y lit-on (p. 54), n'est nullement délicat, il rapporte « quantité de fruit, mais qui n'est pas excellent. » Puis le silence a lieu de nouveau, pour la pomme Râteau, jusqu'en 1780, date à laquelle l'auteur allemand Henri Manger la déclare identique, page 52 de sa *Systematische Pomologie*, avec certaine variété hollandaise appelée Rabaü grise. Ce qui, disons-le vite, est une erreur évidente, nous l'avons vérifié, la Rabaü grise ayant la peau rugueuse, gris roussâtre en partie, et ne portant que très-exceptionnellement, à l'insolation, quelques légères stries carminées. De nos jours la pomme Râteau est peu cultivée, sauf dans les environs d'Angers, où fréquemment on la rencontre sur les marchés. Je pense qu'on peut voir en elle l'antique pomme de *Restel* ou de *Resté*, si souvent mentionnée, au moyen âge, dans les actes des tabellions de la Haute Normandie, et qui même se vendait alors assez cher, eu égard à sa qualité, fort ordinaire. (Consulter à ce sujet *l'État des campagnes de la Haute Normandie au moyen âge*, ouvrage publié en 1865 par M. Robillard de Beaurepaire, archiviste de la Seine-Inférieure.)

POMME DE RATEAU. — Synonyme de *Reinette d'Espagne*. Voir ce nom.

POMME RAULE'S JANET. — Synonyme de *Reinette musquée*. Voir ce nom.

362. POMME RAYÉE D'HIVER.

Synonymes. — *Pommes :* 1. WINTER-STRIEPELING (Herman Knoop, *Pomologie*, 1771, édition française, p. 34). — 2. ECHTER WINTERSTREIFLING (Diel, *Kernobstsorten*, 1799, t. I, p. 191).

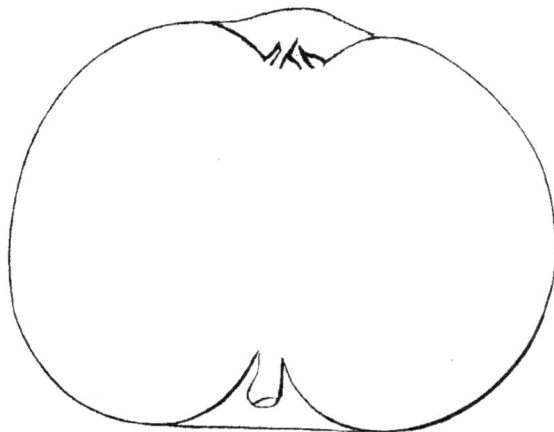

Description de l'arbre. — *Bois :* de moyenne force. — *Rameaux :* assez nombreux, érigés ou légèrement étalés, peu longs, de grosseur moyenne, bien géniculés, très-cotonneux et brun clair. — *Lenticelles :* très-petites, arrondies, des plus clairsemées. — *Coussinets :* ressortis. — *Yeux :* moyens, ovoïdes, peu duveteux, collés en partie sur le bois. — *Feuilles :* petites, ovales, courtement, mais rarement acuminées, ayant les bords légèrement crénelés. — *Pétiole :* gros, de longueur moyenne, carminé, presque dépourvu de cannelure. — *Stipules :* étroites et assez longues.

FERTILITÉ. — Satisfaisante.

CULTURE. — Les formes buisson, cordon, espalier, avec le doucin et le paradis pour sujet, conviennent particulièrement à ce pommier, qu'on ne saurait, même greffé en tête, destiner au plein-vent, vu la lenteur de sa croissance.

Description du fruit. — *Grosseur :* moyenne et parfois plus considérable. — *Forme :* globuleuse sensiblement comprimée aux pôles et plus ou moins côtelée au sommet. — *Pédoncule :* court, très-nourri, arqué, obliquement planté dans un large et profond bassin. — *Œil :* grand ou moyen, ouvert ou mi-clos, à cavité prononcée et bordée de plis bien accusés. — *Peau :* à fond jaune pâle, très-amplement striée et marbrée de carmin brillant, abondamment ponctuée de gris ou de roux et tachée de fauve autour du pédoncule. — *Chair :* blanche, fine, compacte, assez ferme. — *Eau :* suffisante, bien sucrée, à peine acidulée, agréablement parfumée.

MATURITÉ. — Décembre-Mars.

QUALITÉ. — Deuxième.

Historique. — Les pomologues allemands de la fin du XVIII° siècle ont généralement parlé de cette variété, plus jolie que bonne. Le docteur Lucas, qui de nos jours (1859) l'a caractérisée dans l'*Illustrirtes Handbuch der Obstkunde* (t. I, n° 72), dit : « Elle appartient incontestablement à l'Allemagne et se trouve dans « presque tous les vergers des bords de Lahn et du Rhin, ainsi que dans la région « sud-ouest de ce royaume. » Cette pomme m'est venue du Wurtemberg en 1867. On l'estime beaucoup chez les Allemands, et cependant on ne peut la classer parmi les fruits de premier choix, comme je l'avais d'abord fait dans mon *Catalogue de 1868*, avant de l'avoir étudiée et vu mûrir chez moi. Du reste les Hollandais, qui la possèdent depuis une centaine d'années, l'ont aussi rejetée au deuxième rang, témoin ce passage du pomologue Herman Knoop, écrit en 1771 :

« *Pomme Rayée d'Hiver,* ou *Winter-Striepeling* en hollandais. — Elle est passablement grande, ronde et tant soit peu plate; sa peau est unie; sa couleur, à maturité, est jaunâtre et marquée presque tout à l'entour de rayes fines d'un beau rouge; ce qui rend ce fruit très-agréable à la vue; la chair en est moëlleuse mais pas d'un goût fort relevé; c'est pourquoi cette pomme n'a rang que dans la classe des sortes communes. » (*Pomologie,* édition française, p. 34.)

POMME RAYÉE DE ROUGE. — Synonyme de pomme *Royale d'Angleterre.* Voir ce nom.

POMME RAYÉE DE VERT ET DE JAUNE. — Synonyme de pomme *Suisse panachée.* Voir ce nom.

POMME RED ASTRACHAN. — Synonyme de pomme *d'Astracan rouge.* Voir ce nom.

POMMES : RED BALDWIN,

— RED BALDWIN'S PIPPIN,

Synonymes de pomme *Baldwin.* Voir ce nom.

POMME RED BELLE-FLEUR. — Synonyme de pomme *Belle-Fleur longue.* Voir ce nom.

POMME RED CALVILLE. — Synonyme [*en Angleterre et par erreur*] de pomme *de Violette.* Voir ce nom, au paragraphe OBSERVATIONS.

POMME RED GLORIA MUNDI. — Synonyme de pomme *Bachelor.* Voir ce nom.

POMME RED JUNEATING. — Synonyme de pomme *Fraise.* Voir ce nom.

POMME RED LADY FINGER. — Synonyme de pomme *Buncombe.* Voir ce nom.

IV. 39

Pomme RED LEMON PEPPING. — Synonyme de *Reinette Limon*. Voir ce nom.

Pomme RED ROMARIN. — Synonyme de pomme *Romarin rouge*. Voir ce nom.

Pomme RED STREAK. — Synonyme de pomme *Rouge rayée*. Voir ce nom.

Pomme RED VANDEVERE. — Synonyme de pomme *Smokehouse*. Voir ce nom.

Pomme RED WINTER PEARMAIN. — Synonyme de pomme *Buncombe*. Voir ce nom.

Pomme REGELANS. — Synonyme de *Calleville d'Angleterre*. Voir ce nom.

Pomme REINDELL'S LARGE. — Synonyme de pomme *Ramsdell*. Voir ce nom.

Pomme DE LA REINE. — Synonyme de pomme *Reine des Reinettes*. Voir ce nom.

---

363. Pomme REINE LOUISE.

Synonyme. — *Pomme* Königin Louisen (Diel, *Kernobstsorten*, 1806, t. VIII, p. 229).

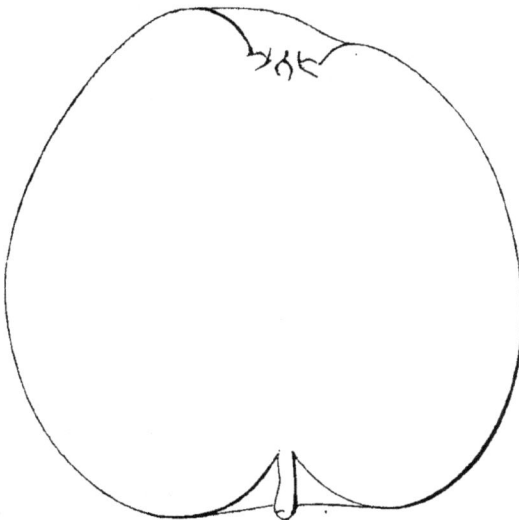

Description de l'arbre. — *Bois* : fort. — *Rameaux* : assez nombreux, érigés, gros, longs, un peu géniculés, légèrement cotonneux, d'un brun clair plus ou moins nuancé de rouge. — *Lenticelles* : arrondies ou allongées, moyennes ou petites, assez abondantes. — *Coussinets* : saillants. — *Yeux* : moyens, arrondis, un peu collés sur le bois et très-duveteux. — *Feuilles* : grandes, ovales-allongées, acuminées, planes pour la plupart, ayant les bords assez profondément dentés ou crénelés. — *Pétiole* : peu long, bien nourri, rarement cannelé. — *Stipules* : étroites et longues.

Fertilité. — Ordinaire.

Culture. — Sa rapide croissance et ses nombreux rameaux le rendent très-propre au plein-vent, pour lequel on le greffe ras terre. Le paradis est le sujet qu'il faut lui donner quand on le destine à la basse-tige.

Description du fruit. — *Grosseur :* moyenne. — *Forme :* conique-ventrue, généralement plus volumineuse d'un côté que de l'autre. — *Pédoncule :* court, peu fort, arqué, implanté dans un bassin habituellement assez développé. — *Œil :* grand, mi-clos ou fermé, cotonneux, à cavité irrégulière, plissée, étroite et profonde. — *Peau :* lisse, unicolore, blanchâtre sur la face exposée à l'ombre, légèrement nuancée de jaune à l'insolation, tachée de roux autour du pédoncule et fortement ponctuée de blanc grisâtre. — *Chair :* blanche, mi-fine, assez tendre. — *Eau :* suffisante, sucrée, acidulée, peu parfumée.

Maturité. — Novembre-Janvier.

Qualité. — Deuxième.

Historique. — Je l'ai reçue de Reutlingen (Wurtemberg) en 1868. Elle remonte aux dernières années du xviiie siècle; et du passage suivant, écrit par Diel en 1806, il semble résulter qu'on l'a gagnée dans le Hanovre :

« Le Catalogue des arbres fruitiers de Herrnhausen — dit ce pomologue — la mentionnait en 1803. Aucune description n'en existe encore (1806). C'est de cette pépinière d'Herrnhausen, près Hanovre, que provient le sujet qui m'en a été donné. Il était étiqueté Königin [pommier de Reine], mais comme une telle dénomination est mal sonnante dans notre langue, je l'ai surnommé Königin Louisens [pommier *Reine Louise*]. » (*Kernobstsorten*, 1806, t. VIII, p. 229.)

La souveraine à laquelle Diel dédiait ainsi ce pommier était fille de Charles, duc de Mecklembourg-Strélitz ; elle devint reine de Prusse en 1793.

364. Pomme REINE DES REINETTES.

Synonymes. — *Pommes :* 1. Kronen Reinette (Van Mons, *Catalogue descriptif de partie des arbres fruitiers qui de 1798 à 1823 ont formé sa collection*, p. 36, n° 474). — 2. Kroon Renet (Diel, *Kernobstsorten*, 1802, t. V, p. 147). — 3. De la Reine (Forsyth, *Treatise on the culture and management of fruit trees*, 1805, p. 94, n° 43). — 4. Reinette rousse (Diel, *Kernobstsorten*, 1807, t. IX, p. 112; — et Lucas, *Illustrirtes Handbuch der Obstkunde*, 1859, t. I, p. 327, n° 148). — 5. Königin der Renetten (le baron de Biedenfeld, *Handbuch aller bekannten Obstsorten*, 1854, 2e partie, p. 233). — 6. Queen of the Pippin (Pépinières belges de la Société Van Mons, *Catalogue général*, 1857, t. I, p. 167). — 7. Reinette de la Couronne (Congrès pomologique, 3e session, 1858, *Procès-Verbaux*, p. 5). — 8. Röthliche Reinette (Lucas, *Illustrirtes Handbuch der Obstkunde*, 1859, t. I, p. 327, n° 148). — 9. Feuerröthliche Reinette (*Id. ibid.*).

Description de l'arbre. — *Bois :* très-fort. — *Rameaux :* généralement peu nombreux, légèrement étalés, des plus gros et des plus longs, très-géniculés et très-cotonneux, roux verdâtre lavé de rouge ardoisé. — *Lenticelles :* allongées, très-grandes, abondantes. — *Coussinets :* très-ressortis. — *Yeux :* gros, ovoïdes, obtus, plaqués sur l'écorce et couverts de duvet. — *Feuilles :* excessivement grandes, ovales, quelque peu duveteuses et vert brunâtre en dessus, blanc verdâtre en dessous, courtement acuminées et profondément dentées. — *Pétiole :* court, très-nourri, tomenteux, rarement cannelé. — *Stipules :* des plus longues et des plus larges.

Fertilité. — Ordinaire.

Culture. — Pour plein-vent, greffé ras terre, ce pommier convient admirablement et fait des arbres à tige aussi droite qu'on le peut désirer. Sous formes naines il prospère assez bien mais demande à être écussonné sur paradis, sujet qui le rend plus productif en amoindrissant l'excès de sa végétation.

Description du fruit. — *Grosseur* : moyenne. — *Forme* : cylindro-conique, légèrement déprimée d'un côté à chacune de ses extrémités. — *Pédoncule* : de longueur moyenne, fort, surtout à la base, arqué, obliquement inséré dans un étroit et profond bassin. — *OEil* : grand, mi-clos, à très vaste cavité dont les bords sont généralement unis. — *Peau* : assez épaisse, légèrement rugueuse, abondamment ponctuée de gris, à fond jaune mat, recouverte en partie, du côté de l'ombre, d'une fine couche de fauve, puis lavée ou mouchetée de rouge clair à l'insolation, où elle est en outre faiblement fouettée de carmin et réticulée de roux olivâtre. — *Chair* : blanchâtre, moëlleuse, à grain serré. — *Eau* : suffisante, sucrée, délicieusement acidulée et parfumée.

MATURITÉ.—Décembre-Mars.

QUALITÉ. — Première.

Pomme Reine des Reinettes.

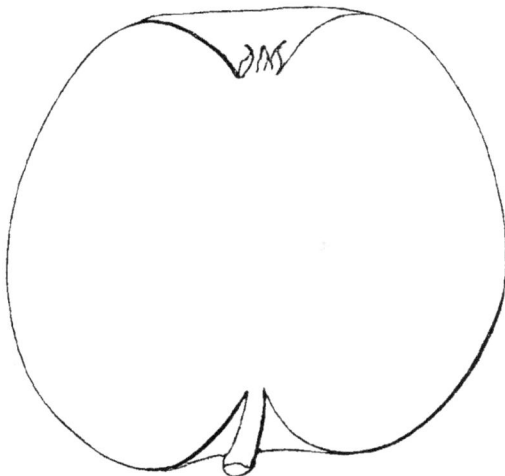

Historique. — En décrivant (p. 539) le Pearmain doré, ou Golden Winter Pearmain, également appelé *King of the Pippins*, nous avons constaté que ce dernier surnom, fort répandu, fit naître nombre d'erreurs et de polémiques. On le confondit avec le synonyme *Queen of the Pippins*, appartenant à la pomme *Reine des Reinettes*, et pendant plusieurs années ces deux variétés furent généralement, chez nous et à l'étranger, vendues l'une pour l'autre. Leurs fruits, il est vrai, par certains rapports extérieurs peuvent expliquer une telle méprise; mais je n'en saurais dire autant des arbres, assurément très-dissemblables. Notre Reine des Reinettes — dont le nom primitif paraît avoir été *Kroon Renet*, appartenant à la langue batave et signifiant Reinette de la Couronne — compte une centaine d'années d'existence. La Hollande, où depuis longtemps on cultive plusieurs variétés de pommes *Kroons*, est regardée par le pomologue allemand Diel comme le pays originaire de celle-ci, qu'il décrivit en 1802. Il l'avait reçue de la Haye sous l'étiquette Kroon Renet (voir *Kernobstsorten*, t. V, p. 147).

Observations. — Quelques auteurs allemands ayant attribué le synonyme *Reinette rousse* à la Reine des Reinettes, nous le lui maintenons, mais en recommandant de ne faire aucune confusion entre ce dernier fruit et la Reinette rousse de Duhamel (1768), habituellement appelée, maintenant, Reinette des Carmes.

---

365. POMME REINE SOPHIE.

Synonymes. — *Pommes* : 1. KÖNIGIN SOPHIENS (Diel, *Kernobstsorten*, 1809, t. X, p. 75). — 2. WINTER QUEEN (*Id. ibid*).

Description de l'arbre. — *Bois* : assez fort. — *Rameaux* : nombreux, étalés, gros, légèrement coudés, de longueur moyenne, à courts mérithalles, bien duveteux et d'un brun olivâtre très-foncé. — *Lenticelles :* arrondies ou allongées, grandes ou moyennes, clair-semées. — *Coussinets :* presque nuls. — *Yeux :* moyens, ovoïdes, cotonneux, appliqués en partie contre le bois, ayant les écailles noirâtres et disjointes. — *Feuilles :* moyennes, ovales ou arrondies, vert clair en dessus, vert grisâtre en dessous, assez longuement acuminées, régulièrement et finement dentées. — *Pétiole :* de longueur moyenne, mince, rouge vif à la base et très-faiblement cannelé. — *Stipules :* étroites et longues.

Pomme Reine Sophie.

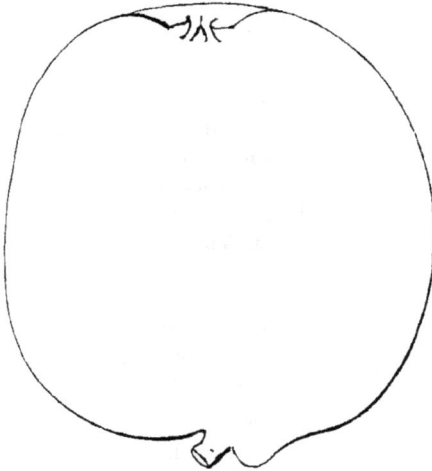

FERTILITÉ. — Des plus abondantes.

CULTURE. — Ce pommier fait de beaux plein-vent et devient très-avantageux sous cette forme par l'abondance remarquable de ses produits. Toutefois, écussonné sur paradis ou doucin, pour gobelet ou cordon, il pousse également fort bien et sa fertilité s'accroît encore.

Description du fruit. — *Grosseur :* moyenne. — *Forme :* ovoïde ou presque cylindrique. — *Pédoncule :* gros, très-court, obliquement inséré dans une faible dépression où souvent le comprime une forte gibbosité. — *OEil :* moyen, mi-clos, à cavité peu développée et légèrement plissée. — *Peau :* unicolore, jaune-citron, abondamment et finement ponctuée de gris. — *Chair :* blanchâtre, fine, assez tendre, mais seulement à parfaite maturité. — *Eau :* suffisante, sucrée, acidulée, agréablement parfumée.

MATURITÉ. — Janvier-Avril.

QUALITÉ. — Première.

Historique. — Les Anglais pourraient bien être les obtenteurs de cette pomme si tardive, et qui date des dernières années du xviiie siècle. Son propagateur, le pépiniériste Loddiges, de Londres, la nommait alors *Winter Queen* [Reine d'Hiver], et l'expédia en 1800, ainsi étiquetée, au docteur Diel, pomologue allemand dont nous citons souvent les nombreux et remarquables ouvrages. Ce fut au docteur qu'elle dut son deuxième nom. Mécontent de la banalité du premier, il le remplaça par celui même de la femme du roi d'Angleterre George III, la reine Sophie, fille de Charles-Louis-Frédéric, duc de Mecklembourg-Strélitz. (Voir, de cet auteur, le *Kernobstsorten*, t. X, pp. 75 et 174.) Aujourd'hui ce fruit ne se rencontre plus chez les horticulteurs de la Grande-Bretagne, mais en Allemagne il est assez commun, notamment dans le Wurtemberg, d'où je l'ai reçu en 1868.

Observations. — Le pommier Bachelor des Américains, décrit ci-dessus page 87, compte *Winter Queen* parmi ses très-nombreux synonymes; c'est le seul rapport, toutefois, qu'il ait avec la variété Reine Sophie, laquelle n'offre aussi qu'une ressemblance de dénomination avec le pommier Archiduchesse Sophie, caractérisé page 77.

REINETTE. — Ce nom de fruit a tellement été prodigué, que je pourrais, sans recourir aux Pomologies étrangères, dresser une liste d'au moins cent cinquante pommes ainsi appelées. Mais il me deviendrait aussi facile d'en signaler beaucoup qui sont indignes de le porter, car Reinette est synonyme d'*excellent*, et nombre d'horticulteurs l'ont fâcheusement oublié, en utilisant cette dénomination. Pour moi, je me borne à décrire quatre-vingt-quatre variétés de Reinette, choisies parmi les meilleures et parmi les plus connues chez nous ou dans les autres pays. Le mot Reinette appartient à la nomenclature arboricole depuis quatre siècles environ. Charles Estienne fut en 1540 le premier de nos écrivains horticoles qui le mentionna; voici dans quels termes, nous traduisons littéralement :

« Presqu'au même temps que les pommes de Râteau, mûrissent celles appelées *Renetia*, ou DE RENETTE en langue vulgaire, mais elles n'ont pas la chair aussi ferme, et sont d'un goût encore plus agréable. » (*Seminarium et plantarium fructiferarum*, etc., 1540, p. 54.)

C'est évidemment de la Reinette franche, ou Blanche, regardée par les principaux pomologues comme la mère des Reinettes, qu'il s'agit ici. Olivier de Serres, en 1608, et le Lectier, d'Orléans, en 1628, ne connurent également qu'une pomme de ce nom. Pour trouver trace de sa progéniture il faut ouvrir le *Jardinier français*, de Bonnefond, datant de 1652, puis *l'Abrégé des bons fruits*, de Merlet, paru seize ans plus tard (1667); et l'on constate qu'alors il en existait déjà trois variétés. Duhamel, un siècle après (1768), décrivit douze Reinettes, progression qui certes n'eut rien d'exagéré. Comment, répétons-le, en dire autant, aujourd'hui, du chiffre auquel s'élèvent les pommiers classés dans ce groupe? — Deux savants étymologistes, Ménage et Borel, ont recherché l'origine du mot Reinette, mais ne sont pas d'accord sur cette question, que dès 1650 Ménage crut pouvoir résumer ainsi :

« REINETTE — écrivit-il — est le nom d'une sorte de pomme; quelques-uns le dérivent de *reginetta*, diminutif de *regina*, comme qui dirait la Reine des Pommes. D'autres, et avec plus de vraisemblance, le dérivent de *ranetta*, diminutif de *rana*, à cause que les pommes de Reinette sont marquetées de petites taches, comme sont les grenouilles. On a dit *reine* pour dire une grenouille, de rana. » (*Dictionnaire des origines de la langue française*, au mot REINETTE.)

Voici maintenant l'opinion que Borel exprimait en 1751 :

« *Rainet*, grenouille, de *rana*; d'où vient pomme RENETTE pour estre marquetée comme le ventre des grenouilles, selon Ménage : ou de *poma renana*. Mais j'estime que c'est pour estre la Reine des Pommes. » (*Dictionnaire des termes du vieux langage*, p. 183.)

Borel, je le crois, est ici dans le vrai plutôt que Ménage. La Reinette franche, type de l'espèce Reinette, ne peut effectivement, par sa peau jaune pâle sur le côté de l'ombre, et rosée à l'insolation, offrir quelque analogie avec la peau d'une grenouille. L'enveloppe rugueuse des Reinettes grises ne permettrait même pas une telle comparaison, puisqu'elle est marbrée de fauve, et non de vert. Il semble donc logique de conclure, comme Borel, que la Reinette franche, doyenne, par le mérite et l'âge, de cette nombreuse famille malique, ne dut son nom qu'à sa grande bonté.

POMME DE REINETTE. — Synonyme de *Reinette franche*. Voir ce nom.

POMME REINETTE D'AIX. — Synonyme de pomme *Princesse noble.* Voir ce nom.

POMMES : REINETTE D'AIZEMA,

— REINETTE D'AIZERNA,

} Synonymes de *Reinette de Breda.* Voir ce nom.

POMME REINETTE D'ALLEBEAU. — Synonyme de *Reinette Dolbeau.* Voir ce nom.

POMMES REINETTE D'ALLEMAGNE. — Synonymes de pommes *de Borsdorf* et de *Reinette grise de Portugal.* Voir ces noms.

POMME REINETTE ALLEMANDE. — Synonyme de *Reinette blanche de Hollande.* Voir ce nom.

---

366. POMME REINETTE ANANAS.

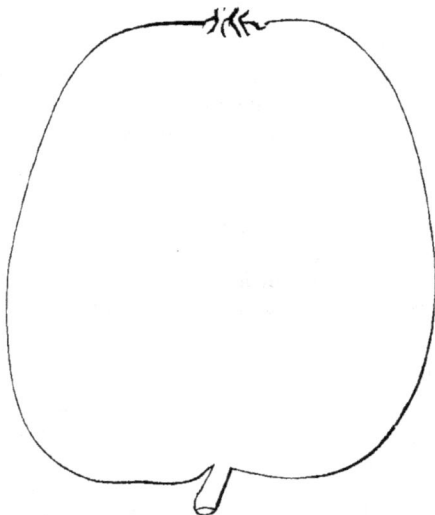

Description de l'arbre. — *Bois :* faible. — *Rameaux :* assez nombreux, peu longs, de grosseur moyenne, érigés, légèrement coudés, duveteux, à mérithalles très-courts, d'un vert foncé lavé de rouge terne. — *Lenticelles :* arrondies ou allongées, petites, assez abondantes. — *Coussinets :* à peu près nuls. — *Yeux :* petits, arrondis, bien cotonneux, faiblement écartés du bois. — *Feuilles :* des plus petites, ovoïdes-arrondies, rarement acuminées, planes et profondément dentées. — *Pétiole :* court, peu fort, tomenteux, à peine cannelé. — *Stipules :* petites.

FERTILITÉ. — Grande.

CULTURE. — Pour plein-vent il demande la greffe à hauteur de tige ; les formes naines, sur doucin ou paradis, lui sont avantageuses comme production et beauté.

Description du fruit. — *Grosseur :* moyenne. — *Forme :* conique-allongée, quelque peu ventrue vers la base. — *Pédoncule :* court, assez gros, droit ou arqué, obliquement planté au centre d'une faible dépression dont les bords sont souvent ondulés. — *OEil :* moyen, fermé, placé à fleur de fruit et entouré de légers plis. — *Peau :* mince, lisse, unicolore, jaune d'or, nuancée de brun verdâtre autour du

pédoncule et ponctuée de marron et de gris. — *Chair* : blanc jaunâtre, fine, assez
tendre. — *Eau* : suffisante, sucrée, délicieusement acidulée et parfumée.

MATURITÉ. — Janvier-Mars.

QUALITÉ. — Première.

Historique. — Le docteur Diel paraît avoir été le premier descripteur de ce
fruit, dont la qualité justifie le nom. Ce fut en 1826 qu'il le mentionna :

« Je dois — écrivit-il — cette variété à l'obligeance de M. Frédéric Commans, de Deutz
(Prusse) qui, comme son frère, dont j'ai déjà parlé, étudie avec soin les arbres fruitiers. Ce
pommier lui est venu, étiqueté *Reinette Ananas*, d'un ami résidant auprès de Zülpig
(Prusse), petite ville où se trouve un couvent en relations avec le Brabant. » (*Vorz.
Kernobstsorten*, 1826, t. IV, p. 55, note.)

De ce passage on ne peut tirer de conjectures sérieuses sur la nationalité du
pommier Reinette Ananas ; aussi serai-je fort irrésolu pour conclure, si M. Lucas,
directeur de l'Institut pomologique de Reutlingen (Wurtemberg), n'avait en 1859
caractérisé cette Reinette et presque tranché la question qui m'embarrassait :

« Cette pomme — dit-il — se rencontre généralement en Allemagne dans toutes les
collections, et partout porte le même nom. Il est probable qu'elle est originaire de la
Hollande. » (*Illustrirtes Handbuch der Obstkunde*, t. I, p. 131, n° 50.)

Les pépiniéristes français étaient, paraît-il, moins favorisés que leurs confrères
d'Allemagne, en ce qui touche la culture de la Reinette Ananas, car non-seulement avant 1868 je ne possédais pas ce pommier, mais ne l'avais même jamais
vu cité dans les Catalogues de nos principaux arboriculteurs. Ses produits m'ayant
frappé à la dernière Exposition universelle de Paris (1867), où ils faisaient partie
des collections allemandes, je me suis immédiatement procuré cette excellente
variété par l'entremise amicale de M. Lucas, le savant pomologue dont je viens à
l'instant de reproduire une opinion.

Observations. — Ne pas confondre la Reinette Ananas avec la pomme
Ananas, décrite plus haut (page 62) et qu'on mange dès les derniers jours de l'été.

---

367. POMME REINETTE D'ANGLETERRE.

Synonymes. — *Pommes* : 1. MONSTRUEUSE (dom Claude Saint-Étienne, *Nouvelle instruction pour
connaître les bons fruits*, 1670, p. 213 ; — et Henri Manger, *Systematische Pomologie*, 1780,
1re partie, p. 84, n° CLXXII). — 2. REINETTE MONSTRUEUSE (|Langley, *Pomona britannica*, planche 78,
fig. 3 ; — et Henri Manger, *ibid.*). — 3. GROSSE REINETTE D'ANGLETERRE (Duhamel, *Traité des
arbres fruitiers*, 1768, t. I, p. 299 ; — et Jean Mayer, *Pomona franconica*, 1776, t. III|, p. 137). —
4. NEWTOWN PIPPIN (William Hooker, *Transactions of the horticultural Society of London*, 1817,
t. II, p, 299). — 5. LE LIEUR (Poiteau, *Pomologie française*, 1846, t. IV, n° 48). — 6. CADEAU DU
GÉNÉRAL (d'Albret, *Cours théorique et pratique de la taille des arbres fruitiers*, 1851, p. 332 ; — et
Bivort, *Annales de pomologie belge et étrangère*, 1860, t. VIII, p. 63). — 7. PRÉSENT DU GÉNÉRAL
(Comice horticole de Maine-et-Loire, *Catalogue de son Jardin fruitier*, 1852, n° 100). — 8. DE
VAUGOYAU (*Id. ibid.*). — 9. DOBBELEN PARADYS (Auguste Royer, *la Belgique horticole*, 1858, t. VIII,
p. 214). — 10. GROENE RENETTEN (*Id. ibid.*). — 11. REINETTE DU VIGAN (Liron d'Airolles, *Annales
de pomologie belge et étrangère*, 1860, t. VIII, p. 49) ; — et Congrès pomologique, *Pomologie
de la France*, 1867, t. IV, n° 27). — 12. REINETTE FINE (Congrès pomologique, *ibid.*). — 13. REINETTE
FINE DU VIGAN (*Id. ibid.*). — 14. REINETTE CHAUVIN (de quelques pépiniéristes).

Description de l'arbre. — *Bois* : très-fort. — *Rameaux* : nombreux, étalés
à la base, érigés au sommet, gros, des plus longs, de couleur olivâtre à leur
extrémité inférieure , marron clair, ou parfois foncé, à l'autre bout, où ils sont

en outre lavés de gris cendré ; un duvet grisâtre, fin et très-épais, les recouvre en partie. — *Lenticelles :* grandes ou moyennes, arrondies ou allongées, blanches, assez abondantes. — *Coussinets :* peu saillants. — *Yeux :* gros, aplatis à la base et

Pomme Reinette d'Angleterre. — *Premier Type.*

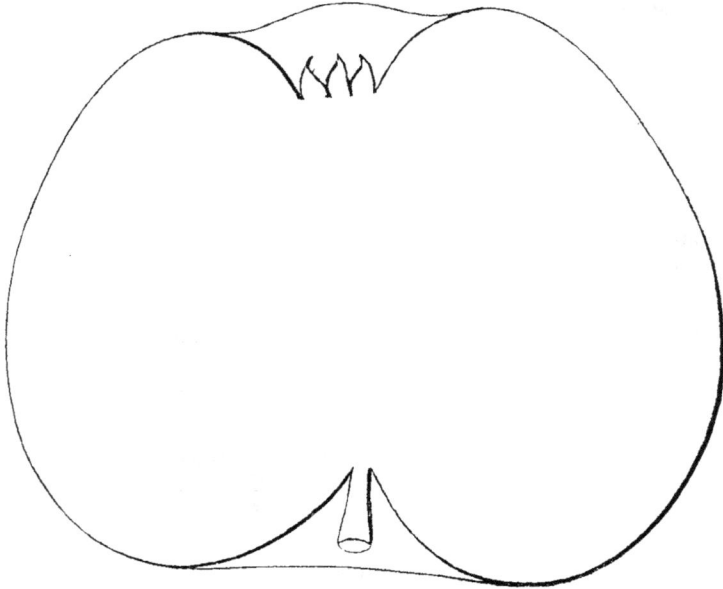

Deuxième Type.

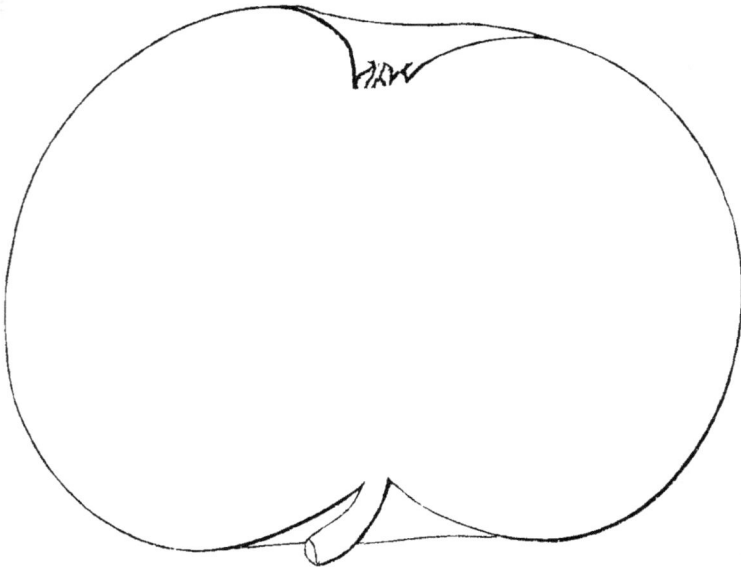

bombés au sommet, obtus, cotonneux, bien plaqués sur l'écorce, ayant les écailles légèrement rosées et disjointes. — *Feuilles :* nombreuses, de grandeur moyenne, ovoïdes-arrondies, vert jaunâtre en dessus, blanc verdâtre en dessous, épaisses et coriaces, acuminées, ondulées, ayant la denture des bords largement et profondément accusée, mais plus souvent obtuse qu'aiguë. — *Pétiole* : gros, assez long, roide, quoique tenant la feuille horizontale, faiblement cannelé, lavé de carmin en dessous, surtout à son point d'attache, et quelquefois aussi beaucoup plus haut. — *Stipules* : de grandeur inégale et cependant, pour la plupart, étroites et longues.

FERTILITÉ. — Modérée.

CULTURE. — Greffé ras terre ce pommier fait des tiges droites, assez grosses et d'une grande vigueur; écussonné sur paradis plutôt que sur doucin il se prête admirablement à toute espèce de forme naine.

Description du fruit. — *Grosseur* : considérable. — *Forme* : conique plus ou moins allongée et pentagone, ou globuleuse fortement comprimée aux pôles, mais ayant toujours un côté beaucoup moins volumineux que l'autre. — *Pédoncule* : court ou de longueur moyenne, gros ou très-gros, droit ou arqué, généralement inséré dans un vaste et profond bassin. — *Œil* : grand, souvent irrégulier, ouvert ou mi-clos, à cavité très-développée et bordée de plis ou de légères ondulations. — *Peau* : assez rugueuse, jaune-clair sur la face placée à l'ombre, jaune brunâtre lavé de rose à l'insolation, amplement veinée, marbrée, réticulée et tachetée de fauve olivâtre, maculée de roux squammeux dans le bassin pédonculaire, puis semée de points bruns étoilés. — *Chair* : d'un blanc jaunâtre, fine, assez tendre. — *Eau* : abondante, bien sucrée, douée d'une agréable acidité et du parfum le plus délicat.

MATURITÉ. — Décembre-Mars.

QUALITÉ. — Première.

Historique. — Constamment confondue avec la Reinette du Canada, même par les Anglais, la Reinette d'Angleterre ne peut cependant lui être réunie. Ces deux pommes ont extérieurement, je le reconnais, de très-grands rapports, mais on n'en saurait dire autant des arbres qui les produisent; témoin la description, donnée plus loin, de notre pommier Reinette du Canada. Cette méprise n'a pas été, du reste, commise d'une façon absolue : dès 1805 Étienne Calvel eût dû nous en préserver, lui qui, si compétent, caractérisait alors dans son *Traité sur les pépinières*, en regard les uns des autres, et ces fruits et leur arbre (t. III, pp. 52-53). La Reinette d'Angleterre, dont le nom indique probablement l'origine, fut d'abord appelée pomme Monstrueuse, Reinette monstrueuse. Sous cette dernière dénomination, Batty Langley l'a figurée très-exactement, en 1729, dans la *Pomona britannica* (planche 78, n° 3). Antérieurement (1670) le moine Claude Saint-Étienne l'avait, chez nous, décrite en ces termes :

« La Pomme *Monstrueuse*, ronde et grosse comme Rambour, blanchâtre, devient jaune après les Roys, et pour lors est bonne cruë; c'est une très-bonne pomme. » (*Nouvelle instruction pour connaître les bons fruits*, 1670, p. 213.)

Peu après, quelques-uns de nos jardiniers la cultivaient sous son présent nom, car Merlet, qui dans la première édition de sa Pomologie, datant de 1667, ne citait pas cette variété, la signalait en 1675 et la nommait Reinette d'Angleterre :

« La *Reinette d'Angleterre* — écrivait-il — est une très-belle et grosse pomme blanche, lisse, plus longue que ronde, fort légère, qui est sucrée, de bon goût, et se garde longtemps. » (*L'Abrégé des bons fruits*, 1675, p. 143.)

Il existe une sous-variété de cette pomme; elle est connue sous différentes dénominations : *Reinette d'Angleterre hâtive*, pomme *d'Aoûtage*, pomme *Royale d'Angleterre*, etc.; nous lui consacrerons sous ce dernier nom, quand viendra son rang alphabétique, un article spécial; inutile alors d'en parler ici plus longuement.

Observations. — Pendant nombre d'années j'ai multiplié dans mes pépinières les pommiers *le Lieur, Reinette Chauvin, Reinette du Vigan, Vaugoyau* ou *Présent* ou *Cadeau du général*, vendus partout comme variétés distinctes; mais de minutieuses confrontations m'ont récemment démontré qu'ils sont identiques avec la Reinette d'Angleterre. Je range donc parmi les synonymes de cette dernière, toutes ces fausses variétés, en regrettant de n'avoir pu découvrir plus tôt une erreur aussi fâcheuse. — La Reinette de Diel, dont la description se trouve ci-après, étant généralement appelée *Reinette d'Angleterre de Diel*, pourrait donner lieu à quelque méprise avec le fruit qui nous occupe, d'autant mieux qu'elle lui ressemble assez et mûrit à la même époque; je la signale en conséquence à l'attention des horti- culteurs. — Les noms pommes *de Bretagne, Janurea, de Portugal, Reinette Wahre, Saint-Helena russet*, sont synonymes ou de Reinette d'Angleterre ou de Reinette du Canada. Si je ne puis préciser à laquelle de ces deux variétés ils se rappor- tent, c'est que les pomologues qui, fautivement, réunirent lesdites Reinettes, ont négligé d'indiquer pour chacun des nombreux synonymes qu'ils leur attribuèrent, la source où l'on pouvait en contrôler l'authenticité.

POMMES : REINETTE D'ANGLETERRE,

— REINETTE D'ANGLETERRE ANCIENNE,

} Synonymes de pomme *d'Or d'Angleterre*. Voir ce nom.

POMME REINETTE D'ANGLETERRE [DE LA CÔTE-D'OR]. — Synonyme de *Reinette de Cuzy*. Voir ce nom.

POMME REINETTE D'ANGLETERRE DE DIEL. — Synonyme de *Reinette de Diel*. Voir ce nom.

POMME REINETTE D'ANGLETERRE HATIVE. — Synonyme de *Royale d'Angle- terre*. Voir ce nom

368. POMME REINETTE ANISÉE.

Description de l'arbre. — *Bois :* de moyenne force. — *Rameaux :* peu nombreux, presque érigés, longs, assez gros, bien coudés, très-duveteux, brun olivâtre foncé et légèrement lavé de rouge ardoisé. — *Lenticelles :* arrondies ou allongées, grandes, clair-semées. — *Coussinets :* aplatis. — *Yeux :* très-petits, arrondis, plats, peu cotonneux, entièrement collés sur le bois. — *Feuilles :* moyennes, ovales-allongées, assez longuement acuminées, planes pour la plupart et largement dentées ou crénelées. — *Pétiole :* de grosseur et longueur moyennes, très-tomenteux, non cannelé. — *Stipules :* étroites et longues.

FERTILITÉ. — Ordinaire.

CULTURE. — Comme plein-vent il fait des têtes érigées, régulières et d'un bel aspect; on le greffe à hauteur de tige plutôt que ras terre. Quant aux formes naines, sur doucin ou paradis, elles lui sont profitables, particulièrement sous le rapport de la fertilité.

Description du fruit. — *Grosseur :* au-dessous de la moyenne. — *Forme :* globuleuse très-comprimée aux pôles. — *Pédoncule :* assez long, peu fort, mais renflé à son point d'attache, planté dans une faible dépression à bords légèrement ondulés. — *Œil :* des plus grands, complétement ouvert, à larges et courtes sépales, occupant le centre d'une cavité peu profonde quoique très-étendue. — *Peau :* fine et forte, d'un beau jaune d'or, nuancée de gris verdâtre près de l'œil et du pédoncule, semée de larges points roux en étoile et souvent un peu verruqueuse. — *Chair :* légèrement jaunâtre, fine et tendre. — *Eau :* suffisante, sucrée, faiblement acidulée, ayant une saveur anisée assez agréable.

Pomme Reinette anisée.

MATURITÉ. — Novembre-Janvier.

QUALITÉ. — Deuxième.

Historique. — En 1860 j'ai reçu d'Allemagne, avec plusieurs autres variétés de pommier, cette Reinette anisée, que je ne vois décrite ni mentionnée dans aucune de mes nombreuses Pomologies. Je ne sais donc absolument rien sur elle, si ce n'est qu'on n'a pu, chez moi, depuis douze ans, la rattacher à quelqu'une des pommes anisées ou fenouillées qui y sont cultivées.

369. POMME REINETTE D'ANJOU.

Description de l'arbre. — *Bois :* fort. — *Rameaux :* peu nombreux, étalés, longs, gros, légèrement coudés, très-duveteux, rouge ardoisé. — *Lenticelles :* grandes, arrondies, clair-semées. — *Coussinets :* saillants. — *Yeux :* volumineux, coniques, obtus, plaqués sur l'écorce. — *Feuilles :* grandes, arrondies, vert terne en dessus, blanc brunâtre en dessous, planes, acuminées, régulièrement et profondément dentées. — *Pétiole :* peu long, très-gros, faiblement cannelé. — *Stipules :* des plus développées.

FERTILITÉ. — Médiocre.

CULTURE. — On le greffe en tête pour le plein-vent, et non ras terre, parce qu'il grossit lentement. Les formes buisson, cordon, espalier lui conviennent beaucoup, surtout quand il est écussonné sur paradis.

Description du fruit. — *Grosseur :* volumineuse. — *Forme :* conique plus ou moins allongée et toujours assez régulière. — *Pédoncule :* de longueur et grosseur moyennes, inséré dans une cavité assez étroite et assez profonde. — *Œil :* très-grand, régulier, des plus ouverts, à cavité large et peu profonde. — *Peau :* assez lisse, vert clair, amplement lavée et fouettée de rouge-brun peu

Pomme Reinette d'Anjou.

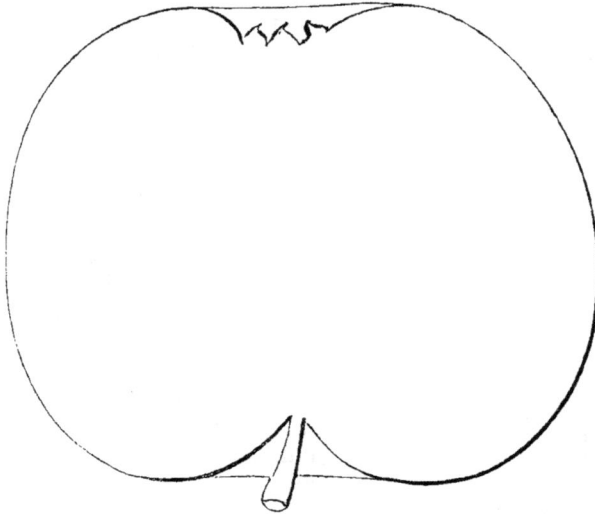

foncé, maculée de roux squammeux autour du pédoncule et parsemée de très-larges points fauves. — *Chair :* jaunâtre, fine, mi-tendre, fortement verdâtre auprès des loges.—*Eau :* abondante, sucrée, très-agréablement acidulée et possédant une saveur parfumée des plus exquises.

MATURITÉ. — Novembre-Mars.

QUALITÉ. — Première.

Historique. — J'éprouve un véritable regret de ne pouvoir, malgré le nom qu'il porte, inscrire ce délicieux fruit sur la liste des variétés natives de l'Anjou. J'ai tout fouillé pour y parvenir, sans trouver le moindre indice qui pût autoriser une telle inscription. Le plus étonnant, c'est de rencontrer dès 1817 la Reinette d'Anjou citée comme pomme d'élite par un auteur allemand, quand on sait surtout que 1848 fut la date de son introduction dans les pépinières angevines. Chez moi, mon *Catalogue de 1849* l'annonçait pour la première fois, à l'article Pommiers nouveaux (p. 32, n° 154). Elle m'était venue de Ledeberg-lez-Gand [Belgique], où feu le pépiniériste Papeleu, qui sans doute l'avait reçue d'Allemagne, la cultivait alors depuis trois ou quatre ans. J'espérais que Christ, le pomologue allemand ici mentionné, m'aurait donné quelques renseignements sur ce fruit. Point, il dit uniquement, après avoir décrit le Borsdorf vert : « Je signale encore parmi les variétés remarquables, la Reinette « d'Anjou, ou Reinette rouge d'Anjou. » (*Handbuch über die Obstbaumzucht*, 1817, pp. 425 et 855.)

POMME **REINETTE D'ANTHÉZIEUX.** — Voir pomme *Linnœus Pippin*, au paragraphe OBSERVATIONS.

POMME **REINETTE D'AUTRICHE.** — Synonyme de pomme *Noire*. Voir ce nom.

POMME **REINETTE BABOU.** — Synonyme de *Reinette d'Anthézieux*. Voir pomme *Linnœus Pippin*, au paragraphe OBSERVATIONS.

---

370. POMME REINETTE BASINER.

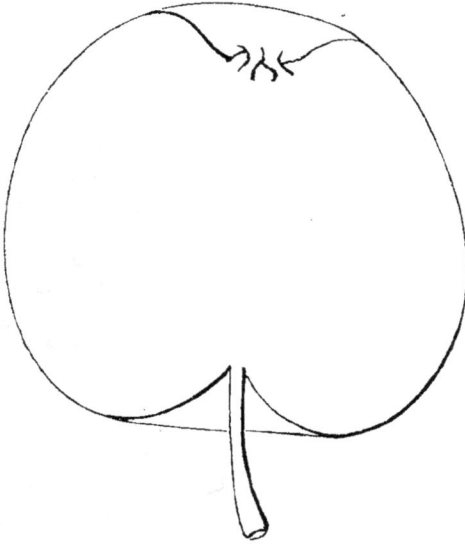

Description de l'arbre.
— *Bois :* faible. — *Rameaux :* peu nombreux, légèrement étalés, grêles, de longueur moyenne, bien flexueux, à courts mérithalles, duveteux au sommet et d'un brun jaunâtre violacé. — *Lenticelles :* petites, arrondies et des plus clair-semées. — *Coussinets :* aplatis. — *Yeux :* petits, ovoïdes, plats, cotonneux, entièrement adhérents au bois. — *Feuilles :* de grandeur moyenne, peu nombreuses, coriaces et rugueuses, vert tendre, acuminées, canaliculées et régulièrement dentées. — *Pétiole :* long et grêle, très-rigide, violacé en dessous et rarement bien cannelé. — *Stipules :* étroites et courtes.

FERTILITÉ. — Abondante.

CULTURE. — Il est trop chétif pour jamais faire de convenables plein-vent; les formes naines, sur doucin, lui sont plus avantageuses.

Description du fruit. — *Grosseur :* moyenne. — *Forme :* conique-arrondie, ayant ordinairement un côté moins renflé que l'autre. — *Pédoncule :* très-long, assez fort, surtout à la base, planté dans un bassin vaste et profond, — *Œil :* des plus grands, irrégulier, ouvert, à cavité unie et très-développée. — *Peau :* légèrement rugueuse, unicolore, vert clair, même à parfaite maturité du fruit, mais passant au brun olivâtre sur la face exposée au soleil, quelque peu marbrée de fauve vers l'œil et le pédoncule, puis abondamment et fortement ponctuée de gris foncé. — *Chair :* verdâtre et jaunâtre, fine, compacte et croquante. — *Eau :* suffisante, sucrée, savoureusement acidulée et parfumée.

MATURITÉ. — Janvier-Avril.

QUALITÉ. — Première.

Historique. — La Reinette Basiner, d'origine allemande, est multipliée dans mes pépinières depuis cinq ans seulement. Je l'ai, sur ma demande, reçue de l'Institut pomologique de Reutlingen (Wurtemberg), mais son âge et sa provenance primitive me restent encore à découvrir, les Pomologues les plus connus de l'Allemagne ne l'ayant même pas citée.

POMMES : REINETTE BATARDE,

— REINETTE BATARDE DE LEIPSICK,

} Synonymes de pomme de *Borsdorf.* Voir ce nom.

371. Pomme REINETTE BAUMANN.

Synonymes. — *Pommes* : 1. BAUMANN'S ROTHE WINTERREINETTE (Diel, *Vorz. Kernobstsorten*, 1821, t. I, p. 100). — 2. BAUMANN'S REINETTE (Oberdieck, *Illustrirtes Handbuch der Obstkunde*, 1859, t. I, p. 485, n° 226).

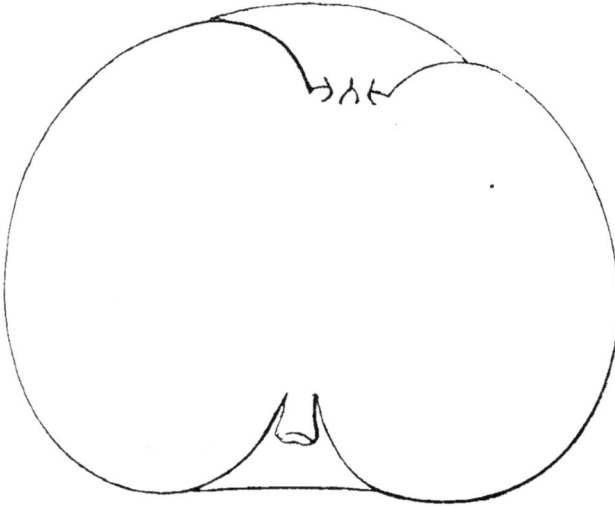

Description de l'arbre. — *Bois :* peu fort. — *Rameaux :* assez nombreux, étalés, de grosseur et longueur moyennes, très-géniculés, légèrement cotonneux, rouge-brun clair lavé de gris. — *Lenticelles :* allongées, grandes et abondantes. — *Coussinets :* assez ressortis.— *Yeux :* gros, ovoïdes, duveteux, appliqués en partie sur l'écorce. — *Feuilles :* petites ou de grandeur moyenne, ovales ou cordiformes, rarement acuminées, ayant les bords faiblement crénelés. — *Pétiole :* peu long, assez fort, à peine cannelé. — *Stipules :* petites ou moyennes.

FERTILITÉ. — Satisfaisante.

CULTURE. — La croissance de ce pommier n'étant pas rapide il serait difficile, en le greffant ras terre, d'en obtenir des arbres à grosse tige; mieux vaut donc, pour plein-vent, le greffer en tête. Écussonné sur doucin ou paradis il prospère admirablement sous toute espèce de forme naine.

Description du fruit. — *Grosseur :* volumineuse. — *Forme :* conique-raccourcie et très-ventrue. — *Pédoncule :* très-gros et très-court, profondément planté dans un assez vaste bassin. — *Œil :* grand, bien ouvert ou mi-clos, à courtes sépales, irrégulièrement placé dans une cavité unie, large et profonde. — *Peau :* à fond jaunâtre, presque entièrement lavée et rubanée de carmin foncé, maculée de brun clair squammeux autour du pédoncule et semée de larges points roux cerclés de gris. — *Chair :* jaunâtre, demi-fine, assez ferme. — *Eau :* peu abondante, sucrée, acidulée, légèrement parfumée.

MATURITÉ. — Janvier-Mars.

QUALITÉ. — Deuxième.

Historique. — Cette Reinette date du commencement de notre siècle; elle a été gagnée par Van Mons, dans ses pépinières de la Fidélité, à Bruxelles, ainsi que lui-même le déclare page 31, n° 134, de son *Catalogue général*. En 1821, déjà répandue chez les Allemands, le docteur Diel l'y caractérisa et rapporta certains détails que nous devons reproduire :

« Ce fruit — dit-il — figuré pour la première fois en 1811 dans le *Gartenmagasin*, mais sans aucune description, fut dédié par Van Mons, comme variété nouvellement obtenue de semis, aux frères Baumann, célèbres pépiniéristes français habitant Bollwiller, département du Haut-Rhin. » (*Vorz. Kernobstsorten*, 1821, t. 1er, p. 100.)

Observations. — Le Congrès pomologique, en décrivant (1867, t. IV, n° 7) la Reinette d'Anthézieux, a dit : « La Reinette Baumann lui ressemble beaucoup.» Cependant jamais pommes ne furent plus dissemblables, puisque la première est côtelée aux extrémités et généralement unicolore, tandis que la seconde, non pentagone, laisse à peine apercevoir, sous le carmin rubané qui la recouvre, le fond jaunâtre de sa peau. Du reste, le Congrès peu après (1868, t. V, n° 49) caractérisa la Reinette Baumann, et prouva par là qu'elle ne lui paraissait plus identique avec la Reinette d'Anthézieux. — Le même Congrès et le Comité pomologique de la Société d'Horticulture de Paris pensent également qu'une certaine *Reinette de Bollwiller* pourrait bien être la Reinette Baumann, débaptisée. Je n'en sais rien, ne possédant pas la variété ainsi suspectée; mais Bollwiller ayant été la résidence des pépiniéristes auxquels on dédia la Reinette Baumann, il ne serait nullement impossible que ce fruit, surtout après la mort des frères Baumann, eût reçu le nom de la localité qu'ils habitaient.

372. Pomme REINETTE DE BAYEUX.

Synonyme. — *Pomme* DE BAYEUX (William Hooker, *Transactions of the Horticultural Society of London*, 1817, t. II, p. 300).

Premier Type.

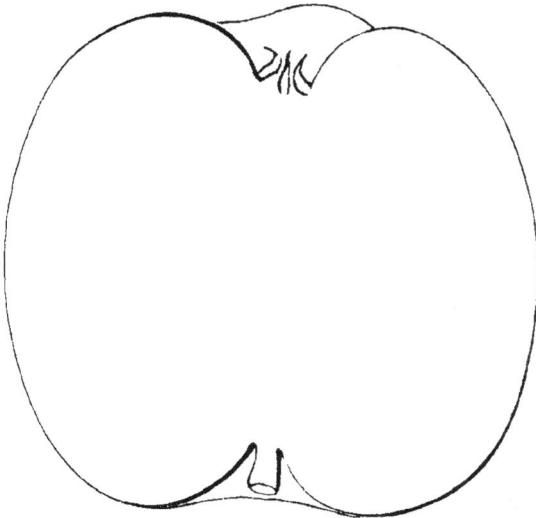

Description de l'arbre. — *Bois :* fort. — *Rameaux :* nombreux, étalés, souvent arqués, gros, assez longs, peu géniculés, duveteux, brun olivâtre lavé de rouge ardoisé. — *Lenticelles :* arrondies ou allongées, grandes, rapprochées. — *Coussinets :* larges, ressortis. — *Yeux:* volumineux, ovoïdes, très cotonneux et légèrement collés contre le bois. — *Feuilles :* moyennes, ovales, assez longuement acuminées, faiblement et uniformément dentées. — *Pétiole :* court, bien nourri, tomenteux, à cannelure peu profonde. — *Stipules :* étroites et longues pour la plupart.

FERTILITÉ. — Médiocre.

CULTURE. — Le plein-vent lui est favorable comme forme mais non comme production; sous ce dernier rapport il vaut mieux le destiner à la basse-tige, pour cordon, buisson, pyramide, espalier, en le greffant uniquement sur paradis.

Description du fruit. — *Grosseur :* au-dessus de la moyenne. — *Forme :* cylindrique et pentagone, ou globuleuse plus ou moins régulière et quelque peu côtelée au sommet. — *Pédoncule :* court et gros, ou de longueur et force moyennes, droit ou arqué, planté dans un bassin généralement bien développé. — *OEil :* grand, mi-clos ou complétement ouvert, à longues et souvent larges sépales, à cavité irrégulière, profonde, bossuée ou légèrement ondulée sur les bords. — *Peau :* lisse, un peu onctueuse, jaune-beurre, amplement marbrée et fouettée de rouge-brique, tachée de fauve verdâtre autour du pédoncule, puis ponctuée de gris-blanc et de brun. — *Chair :* jaunàtre ou verdàtre, fine, assez ferme. — *Eau :* abondante, sucrée, vineuse, acidulée, à saveur parfumée très-agréable.

;Pomme Reinette de Bayeux. — *Deuxième Type·*

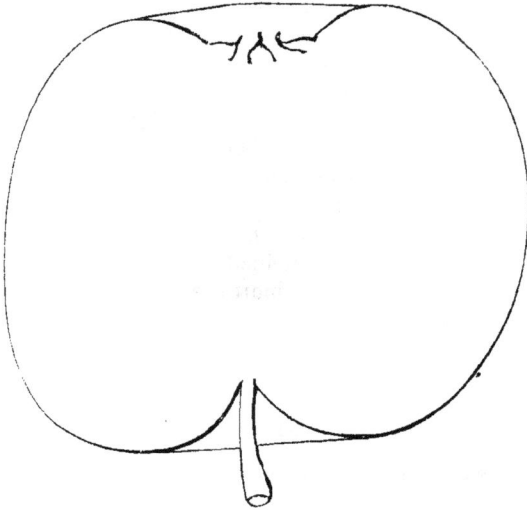

MATURITÉ. — Novembre-Mars.

QUALITÉ. — Première.

Historique. — Le nom de la Reinette de Bayeux (Calvados) en fait une pomme essentiellement normande. Elle me fut offerte en 1846 par feu Prevost, l'arboriculteur, le pomologue rouennais si connu. Mais déjà c'était un fruit assez répandu, même chez les Anglais, où M. William Hooker le décrivait le 11 janvier 1817 à la Société d'Horticulture de Londres (*Transactions*, t. II, pp. 298 et 300) qui récemment l'avait reçue de la Société d'Horticulture de Rouen. Je l'ai propagée en Belgique vers 1849, ainsi que l'a constaté M. Alexandre Bivort dans le tome VII des *Annales de pomologie belge et étrangère* (p. 87).

POMME **REINETTE DES BELGES.** — Synonyme de *Court-Pendu rouge.* Voir ce nom.

---

373. POMME **REINETTE DE BIHOREL.**

Description de l'arbre. — *Bois :* faible. — *Rameaux :* assez nombreux, étalés, à peine géniculés, courts, grêles, cotonneux, surtout au sommet, d'un beau jaune-orange très-luisant. — *Lenticelles :* allongées, excessivement abondantes. — *Coussinets :* bien accusés. — *Yeux :* petits, coniques, duveteux, plaqués sur l'écorce. — *Feuilles :* petites, coriaces, ovales, vert cendré en dessus, gris verdâtre en dessous, à bords assez profondément dentés. — *Pétiole :* court, gros, violâtre en dessous et sensiblement cannelé. — *Stipules :* courtes et larges.

FERTILITÉ. — Satisfaisante.

CULTURE. — Il est trop chétif pour faire, même greffé en tête, de passables plein-vent; la basse-tige sur doucin favorise davantage sa végétation et accroît aussi sa fertilité.

Description du fruit. — *Grosseur :* moyenne, et parfois plus volumineuse. — *Forme :* conico-cylindrique toujours plus ou moins côtelée vers le sommet. —

Pomme Reinette de Bihorel.

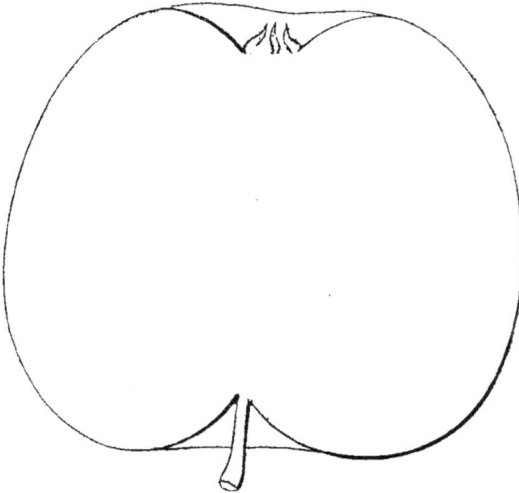

Pédoncule : long ou de longueur moyenne, assez fort mais renflé à la base, profondément inséré dans un bassin étroit. — *OEil :* grand, bien ouvert, souvent entouré de petites bosses, à cavité peu profonde, large, plissée. — *Peau :* jaunâtre, presque entièrement marbrée et fouettée de carmin, tachetée çà et là de brun squammeux et très-faiblement ponctuée de roux. — *Chair :* jaunâtre, demi-tendre et quelque peu croquante. — *Eau :* suffisante, sucrée, acidulée, sans parfum bien prononcé.

MATURITÉ. — Octobre-Février.

QUALITÉ. — Deuxième.

Historique. — Gain de M. Boisbunel, pépiniériste à Rouen, la Reinette de Bihorel a mûri en 1859 pour la première fois. Le pied-type, provenu de semis, est âgé d'environ vingt-cinq ans. Il porte le nom de la rue dans laquelle est situé l'établissement de son obtenteur.

POMMES REINETTE BLANCHE. — Synonymes de *Reinette d'Espagne* et de *Reinette franche.* Voir ces noms.

POMME REINETTE BLANCHE DU CANADA. — Synonyme de *Reinette du Canada.* Voir ce nom.

374. POMME REINETTE BLANCHE DE CHAMPAGNE.

Synonymes. — *Pommes* : 1. LOSKRIEGER (Diel, *Kernobstsorten*, 1799, t. I, p. 85). — 2. REINETTE PLATE DE CHAMPAGNE (*Id. ibid.*, 1800, t. III, p. 122). — 3. REINETTE DE VERSAILLES (Idem, *Vers. Kernobstsorten*, 1828, t. V, p. 93). — 4. REINETTE DE FRISLAND (Pépinières de la Société Van Mons, *Catalogue général*, 1854, t. I, p. 49). — 5. REINETTE DE FRANCE (Auguste Royer, *Belgique horticole*, 1858, t. VIII, pp. 213-214). — 6. REINETTE DE FRIESLAND (*Id. ibid.*). — 7. CHAMPAGNER REINETTE (Oberdieck, *Illustrirtes Handbuch der Obstkunde*, 1859, t, I, p. 125, n° 47). — 8. WEISSE VERSAILLER REINETTE (Exposition de Paris, 1867, *Fruits allemands* présentés par le docteur Koch, de Berlin). — 9. REINETTE DE CHAMPAGNE (Mas, *le Verger*, 1868, t. IV, p. 109, n° 53). — 10. SOSKRIEGER (Charles Downing, *the Fruits and fruit trees of America*, 1869, p. 122). — 11. CHAMPAGNE REINETTE (*Id. ibid.*).

Description de l'arbre. — *Bois :* assez fort. — *Rameaux :* peu nombreux et peu coudés, érigés, de grosseur et longueur moyennes, légèrement renflés au sommet, cotonneux, brun clair à l'insolation et brun olivâtre sur l'autre face. — *Lenticelles* : arrondies ou allongées, petites, assez clair-semées. — *Coussinets* : aplatis. — *Yeux* : gros ou moyens, plats, allongés, noyés dans l'écorce, ayant les écailles mal soudées et généralement bordées de noir. — *Feuilles* : grandes, ovales-arrondies, coriaces, vert foncé en dessus, blanc jaunâtre en dessous, courtement acuminées, irrégulièrement dentées et surdentées. — *Pétiole* : court, bien nourri, nuancé de rose, surtout à la base, et largement mais peu profondément cannelé.—*Stipules* : très-développées.

Fertilité. — Ordinaire.

Culture. — Comme plein-vent sa végétation serait trop lente pour le greffer ras terre, mieux vaut le greffer en tête. Les formes buisson, cordon, pyramide, espalier, sur doucin, lui sont des plus favorables.

Description du fruit. — *Grosseur* : moyenne. — *Forme* : conique fortement globuleuse, ou sphérique sensiblement aplatie aux pôles et presque toujours moins volumineuse d'un côté que de l'autre ; parfois elle est aussi quelque peu pentagone. — *Pédoncule* : de longueur moyenne, assez gros, particulièrement à son point d'attache, planté dans un bassin large et profond. — *OEil* : grand ou moyen, ouvert ou mi-clos, à courtes sépales, à cavité généralement vaste et plissée. — *Peau* : mince, lisse, jaune pâle sur la face exposée à l'ombre, jaune plus intense sur la partie frappée par le soleil, où souvent elle est faiblement nuancée de rouge-brun ; amplement tachée de roux olivâtre autour du pédoncule, puis peu abondamment ponctuée de gris-blanc et de marron. — *Chair* : blanche ou légèrement jaunâtre, fine, assez tendre. — *Eau* : suffisante, bien sucrée, délicieusement acidulée et parfumée.

Pomme Reinette blanche de Champagne. — *Premier Type.*

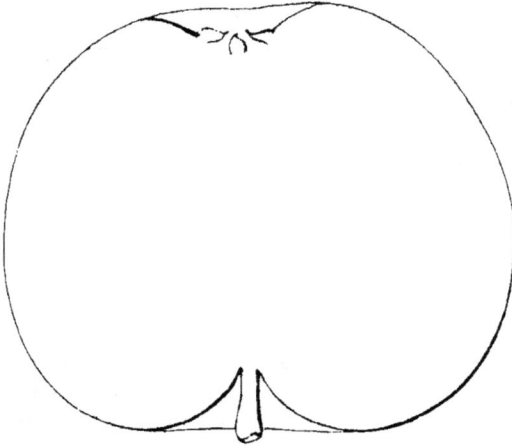

Deuxième Type.

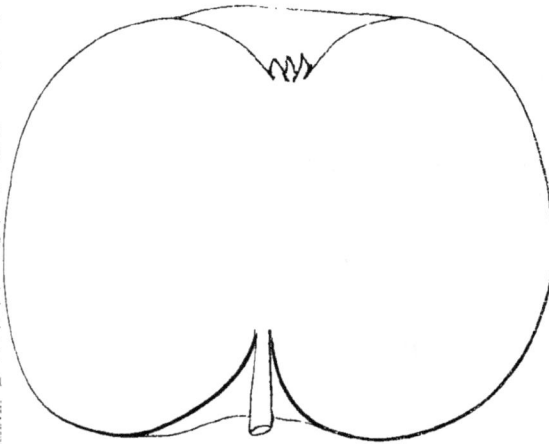

MATURITÉ. — Décembre-Mars.

QUALITÉ. — Première.

Historique. — Les Allemands connaissent beaucoup mieux cette Reinette, malgré son origine champenoise, que nos pomologues et nos jardiniers. Cela tient à son extrême rareté chez nous, où quelques collectionneurs seulement la possèdent. Elle compte environ un siècle d'existence. Diel, au cours de 1799, la décrivit le premier (*Kernobstsorten*, t. I, p. 85), mais il en ignorait alors la véritable dénomination, puisqu'il l'appela *Loskriegerapfel;* c'est-à-dire, Pomme fortement attachée. L'année suivante, dans le même ouvrage (t. III, p. 122), de nouveau cet auteur s'occupa de ce fruit, que le capitaine Brion, de Verdun (Meuse), venait de lui envoyer sous son nom primitif : Reinette plate de Champagne. Enfin vingt-huit ans plus tard (1828) il caractérisait certaine Reinette de Versailles qui n'était autre que notre Reinette de Champagne. Quoique la parfaite identité de ces deux pommes lui eût échappé, Diel se montra très-circonspect, cependant, quant à l'origine de la Reinette de Versailles :

« Je suis redevable — lit-on dans son recueil — de cette variété à Pierre-Joseph Commans, jardinier-paysagiste à Cologne, qui la tient, sans renseignements de provenance, d'un commerçant habitant Malines (Brabant). Ne possédant aucun Catalogue moderne, celui, par exemple, de M. Noisette, de Paris, je ne puis savoir si la Reinette de Versailles y est mentionnée. Je sais positivement, toutefois, qu'on ne la trouve pas sur le plus récent Catalogue des frères Baumann [de Bollwiller, Haut-Rhin]. Serait-ce donc un fruit nouvellement obtenu de semis? » (*Vorz. Kernobstsorten*, 1828, t. V, p. 93.)

Le surnom Reinette de Versailles donné à la Reinette de Champagne, s'est maintenu quand même en diverses contrées de l'Allemagne. Je l'ai particulièrement constaté à Paris, à la dernière Exposition (1867), où figurait, au nombre des fruits présentés par le docteur Koch, de Berlin, une variété étiquetée *Weisse Versailler Reinette* [Reinette blanche de Versailles], qui, greffée ensuite dans mes pépinières, s'est trouvée de tout point semblable à cette Reinette de Champagne, au nom de laquelle j'ai cru devoir ajouter le qualificatif *blanche*, pour la distinguer de la Reinette grise de Champagne; et d'autant mieux que celle-ci possède également les synonymes Reinette de Versailles, Reinette versaillaise.

POMME REINETTE BLANCHE D'ESPAGNE. — Synonyme de *Reinette d'Espagne.* Voir ce nom.

---

375. POMME REINETTE BLANCHE DE HOLLANDE.

Synonymes. — *Pommes :* 1. REINETTE ALLEMANDE (Christ, *Handbuch über die Obstbaumzucht,* 1817, p. 422, n° 103; — et Diel, *Verzeichniss der Obstsorten,* 1832, t. II, pp. 65-66, n° 591). — 2. NIEDERLANDISCHE WEISSE REINETTE (Diel, *ibid.*). — 3. REINETTE DE HOLLANDE (Victor Paquet, *Traité de la conservation des fruits,* 1844, p. 284). — 4. DE BATAVIA (Couverchel, *Traité des fruits,* 1852, p. 443). — 5. HOLLANDAISE (*Id. ibid.*).

Description de l'arbre. — *Bois :* assez fort. — *Rameaux :* peu nombreux, étalés et souvent arqués, gros, longs, sensiblement coudés, très-duveteux, rouge brun foncé. — *Lenticelles :* grandes, arrondies, clair-semées. — *Coussinets :* modérément ressortis. — *Yeux :* gros, coniques, obtus, collés en partie sur le bois, légèrement cotonneux, aux écailles mal soudées. — *Feuilles :* grandes, ovales ou elliptiques, vert foncé en dessus, gris verdâtre en dessous, coriaces, parfois acuminées, ayant les bords largement crénelés. — *Pétiole* : de longueur moyenne, bien nourri, habituellement rougeâtre à la base. — *Stipules* : très-petites et souvent faisant défaut.

FERTILITÉ. — Médiocre.

CULTURE. — La greffe ras terre, pour plein-vent, lui convient assez; cependant si sa tige devient grosse, généralement elle n'est pas très-droite ; comme aussi sa tête, quoique forte, n'a pas ordinairement un aspect agréable. Il prospère bien, sur doucin ou paradis, sous toute espèce de forme naine.

Pomme Reinette blanche de Hollande.

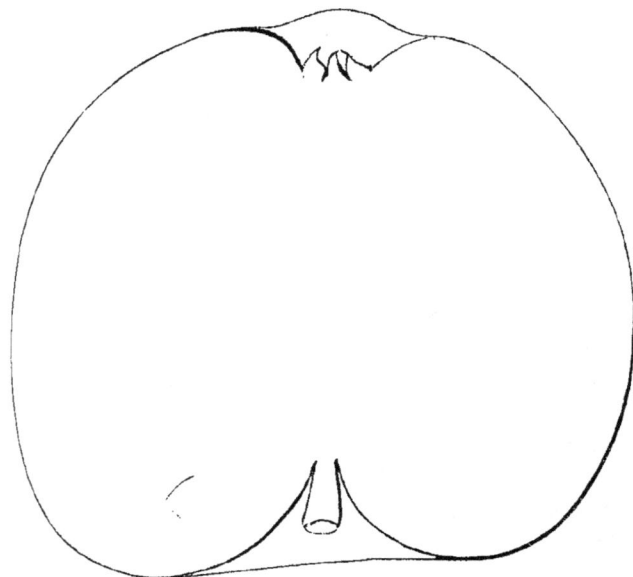

Description du fruit. — *Grosseur :* considérable. — *Forme :* conique - raccourcie, assez régulière, pentagone près du sommet. — *Pédoncule :* court, très-fort, profondément planté dans un vaste bassin. — *OEil :* grand, mi-clos, à cavité irrégulière et de dimensions moyennes. — *Peau :* mince, unicolore, vert clair blanchâtre, principalement sur le côté placé à l'ombre, semée de gros et de petits points bruns. — *Chair :* quelque peu verdâtre, surtout sous la peau, fine et très-tendre. — *Eau :* suffisante, bien sucrée, légèrement parfumée et savoureusement acidulée.

MATURITÉ. — Décembre-Février.

QUALITÉ. — Première.

Historique. — D'après le pomologue Diel, qui la décrivit en 1832 (*Verzeichniss der Obstsorten*, t. II, p. 65), la Reinette blanche de Hollande serait originaire de la Flandre. Antérieurement (1817) elle avait été signalée par Christ (*Obstbaumzucht*, p. 422), mais porteuse alors du pseudonyme Reinette allemande. Dans la nomenclature on devra soigneusement lui maintenir le qualificatif BLANCHE, afin de ne pas la confondre avec la Reinette CARMINÉE de Hollande, dont je parlerai plus loin et qu'assez récemment les Belges (1850), puis notre Congrès pomologique (1867), ont caractérisée sous l'insuffisante dénomination Reinette de Hollande. Il est probable que cette Reinette blanche n'existait pas encore à l'époque où le Hollandais Knoop publia sa *Pomologie* (1758), dans laquelle je l'ai vainement cherchée.

Observations. — Le Borsdorf, ou Reinette d'Allemagne, peut prêter à quelque méprise avec la Reinette blanche de Hollande, en raison de l'un de ses synonymes : Reinette allemande ; mais ce sont fruits si dissemblables, qu'une telle erreur serait facilement reconnue. (Voir p. 150 notre description du Borsdorf.)

Pomme REINETTE BLONDE. — Synonyme de *Reinette franche*. Voir ce nom.

Pomme REINETTE DE BOLLWILLER. — Voir *Reinette Baumann*, au paragraphe Observations.

Pomme REINETTE DE BORSDORF. — Synonyme de *Reinette brillante*. Voir ce nom.

Pomme REINETTE BORSDÖRFFER. — Synonyme de pomme *de Borsdorf*. Voir ce nom.

---

376. Pomme REINETTE DE BREDA.

Synonymes. — *Pommes :* 1. Nelguin (Herman Knoop, *Pomologie,* édition allemande, 1760, 1ʳᵉ partie, p. 22 ; — et Thompson, *Catalogue of fruits cultivated in the garden of the Horticultural Society of London*, 1842, p. 34, n° 630). — 2. Reinette d'Aizema (Herman Knoop, *ibid.*, p. 20 ; et pp. 51-52 de l'édition française de 1771 ; — Van Mons, *Catalogue descriptif de partie des arbres fruitiers qui de 1798 à 1823 ont formé sa collection*, p. 21, n° 1457). — 3. Reinette Nelguin (Christ, *Handbuch über die Obstbaumzucht*, 1817, p. 486, n° 59). — 4. Reinette d'Aizerna (Thompson, *ibid.*). — 5. Doppelter Goldpepping (Oberdieck, *Illustrirtes Handbuch der Obstkunde*, 1859, t. I, p. 273, n° 121). — 6. Double-Pepin d'Or (*Id. ibid.*).

Premier Type.

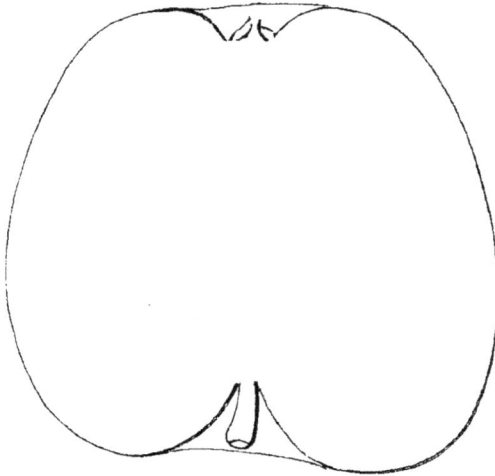

Description de l'arbre. — *Bois :* assez fort. — *Rameaux :* peu nombreux, érigés, de longueur moyenne, grêles, bien géniculés, très-cotonneux, rouge terne lavé de gris. — *Lenticelles :* arrondies ou allongées, petites ou moyennes, des plus abondantes. — *Coussinets :* saillants. — *Yeux :* gros, ovoïdes-arrondis, très-duveteux, collés entièrement sur le bois, ayant les écailles disjointes et légèrement noirâtres. — *Feuilles :* moyennes, ovales-allongées, vert jaunâtre en dessus, blanc verdâtre en dessous, épaisses et coriaces, canaliculées, courtement acuminées, à bords très-largement dentés. — *Pétiole :* court, des plus gros mais flasque, quelque peu rougeâtre et rarement bien cannelé. — *Stipules :* courtes et larges.

Fertilité. — Abondante.

CULTURE. — La faiblesse de sa végétation ne lui permet pas de faire de beaux plein-vent; il est donc préférable de le destiner à la basse-tige, sur doucin, pour buissons, cordons, pyramides, espaliers, formes sous lesquelles il croît assez bien.

Pomme Reinette de Breda. — *Deuxième Type.*

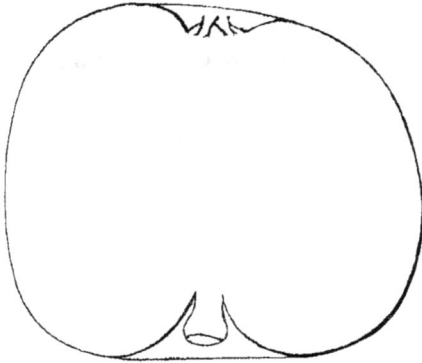

Description du fruit. — *Grosseur :* moyenne ou au-dessous de la moyenne. — *Forme :* conico-cylindrique ou globuleuse comprimée aux pôles, mais toujours moins volumineuse d'un côté que de l'autre. — *Pédoncule :* court, fort ou très-fort, droit ou arqué, profondément inséré dans un étroit bassin. — *Œil :* moyen, mi-clos, à courtes sépales, généralement irrégulier, placé dans une faible cavité dont les bords sont plus ou moins inégaux. — *Peau :* jaune clair, presqu'unicolore, légèrement mouchetée et tachetée de brun, parfois quelque peu nuancée, mais rarement, de rose pâle à l'insolation, puis régulièrement et très-abondamment ponctuée de brun grisâtre. — *Chair :* assez jaunâtre, mi-tendre et des plus fines. — *Eau :* suffisante, sucrée, aigrelette, délicieusement parfumée.

MATURITÉ. — Décembre-Avril.

QUALITÉ. — Première.

Historique. — Le pomologue allemand Diel, cela résulte de son propre aveu, fut vers 1795 le parrain très-peu autorisé du fruit que nous venons d'étudier :

« J'ai donné à cette variété — disait-il en 1798 — le nom *Reinette de Breda* (Hollande), en souvenir du lieu d'où elle nous a été envoyée pour le jardin d'un de nos princes. Toutefois je me demande si je ne dois pas la regarder comme identique avec la pomme NELGUIN, d'Herman Knoop? » (*Teutscher Obstgärtner*, p. 214, n° 42.)

Diel ne s'étant pas immédiatement prononcé sur le doute qu'il manifestait, le pommier Reinette de Breda fit son chemin dans le monde horticole ; et si bien, qu'une vingtaine d'années plus tard, quand cet auteur le déclara réellement semblable au Nelguin, il devint impossible de rendre ce dernier nom à la pomme faussement dite de Breda. Knoop avait décrit la Nelguin en 1758 ; aucune indication d'origine ne se rencontre dans l'article où il en parla, mais les auteurs allemands la regardent comme un fruit hollandais ; sauf peut-être Manger, qui dans sa *Systematische Pomologie* (p. 18) la supposait en 1780 de provenance anglaise ; supposition si gratuite, que les pomologues de la Grande-Bretagne ne l'ont jamais invoquée. Knoop signala en même temps que la pomme Nelguin, une Reinette d'Aizema dont l'identité ne lui parut pas bien établie. Ses soupçons étaient fondés, car la majorité des écrivains arboricoles réunissent aujourd'hui cette Reinette à la Reinette de Breda, l'ancienne Nelguin. Voici du reste les descriptions qu'en donna Knoop, leur lecture démontrera l'identité parfaite de ces deux fruits avec la variété ici caractérisée :

« *Reinette d'Aizema.* — C'est une pomme de moyenne grandeur; sa forme est ronde, un peu plus menue vers l'œil. Étant mûre (janvier-février), elle est de couleur jaune et ordinairement plus ou moins marquée de taches brunes. La chair en est moëlleuse, d'une saveur assez agréable, de façon qu'elle peut être rangée dans la classe des meilleures sortes de pommes de table..... Je l'ai reçue sous le nom *Reinette d'Aizema;* selon toutes les apparences ce n'est point son nom originaire, véritable, que jusqu'ici je n'ai pas encore pu découvrir. » (*Pomologie,* 1771, édition française, pp. 51-52, planche IX, fig. 5.)

« *Pomme Nelguin.* — Elle a des rapports de forme avec la Reinette blanche, et devient assez grande et rondelette; sa peau est unie, égale et jaunâtre, quand le fruit est mûr (février-mars), et par-ci par-là elle est tachetée et mouchetée de brun. La chair en est ferme, de couleur jaunâtre, d'un goût agréable et relevé; aussi peut-on ranger cette pomme dans la première classe. » (*Ibid.,* p. 58, planche X, fig. 4.)

Observations. — Notre antique pommier *Petit-Bon* ayant été quelquefois, mais très-erronément, répandu sous le nom Nelguin, on devra se le rappeler afin de ne commettre à cet égard aucune confusion. Nous l'avions déjà dit page 551, en le décrivant; nous le répétons ici, rien ne ressemblant moins à cette variété, que la Nelguin ou Reinette de Breda.

377. Pomme REINETTE DE BRETAGNE.

Synonyme. — *Pomme* REINETTE VERMEILLE DE BRETAGNE (Dom Claude Saint-Etienne, *Nouvelle instruction pour connaître les bons fruits,* 1670, p. 215).

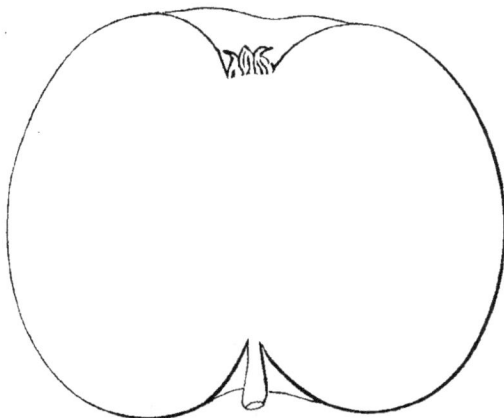

Description de l'arbre. — *Bois :* de force moyenne. — *Rameaux :* peu nombreux, érigés au sommet, étalés à la base, longs, assez gros, coudés, très-duveteux et d'un vert clair brunâtre. — *Lenticelles :* petites, abondantes. — *Coussinets :* bien développés. — *Yeux :* moyens, coniques-arrondis, cotonneux, collés sur le bois. — *Feuilles:* grandes, arrondies, vert terne en dessus, blanc grisâtre en dessous, souvent acuminées, à bords largement dentés. — *Pétiole :* gros, long, non cannelé. — *Stipules :* longues mais étroites.

FERTILITÉ. — Satisfaisante.

CULTURE. — On le greffe en tête, pour plein-vent, quoique sa végétation soit grande, autrement ce pommier ne ferait pas de beaux arbres; car si son bois est long il ne grossit pas assez, greffé ras terre, et son tronc, surtout, reste trop faible. Comme basse-tige, en l'écussonnant sur paradis il croît parfaitement et gagne beaucoup en fertilité.

Description du fruit. — *Grosseur :* moyenne et souvent beaucoup plus volumineuse. — *Forme :* globuleuse, ayant un côté un peu moins développé que l'autre. — *Pédoncule :* court, assez fort, très-profondément planté dans un étroit bassin. — *OEil :* grand, mi-clos ou fermé, à cavité prononcée et dont les bords sont généralement ondulés. — *Peau :* rugueuse, jaune terne et verdâtre, largement maculée de fauve autour du pédoncule, abondamment tachetée de roux, ponctuée et réticulée de même, puis colorée, à bonne exposition solaire, de rouge foncé plus ou moins fouetté de carmin. — *Chair :* blanc jaunâtre, fine, odorante et ferme. — *Eau :* abondante, bien sucrée, savoureusement acidulée et parfumée.

MATURITÉ. -- Novembre-Février.

QUALITÉ. — Première.

Historique. — Cette vieille variété française eut en 1670 le moine Claude Saint-Étienne pour premier descripteur :

« *Rainette vermeille,* dite de *Bretagne* — écrivit-il — est longuette, grosse comme Caleville, plus rougeâtre que blanchâtre, et se garde bien tout l'hyver. Cruë, très-bonne. » (*Nouvelle instruction pour connaître les bons fruits,* 1670, p. 215.)

Duhamel (1768) lui donna place dans son *Traité des arbres fruitiers* (t. I, p. 298), mais se trompa sur la durée de conservation de cette excellente pomme, puisqu'il prétendit « que rarement elle atteignait la fin de décembre. » Depuis lors, la majeure partie de nos pomologues ayant constamment reproduit ou analysé l'article de Duhamel, on a dû croire la Reinette de Bretagne un fruit d'automne, tandis qu'elle se garde parfaitement jusqu'en février et quelquefois, dans un fruitier bien organisé, gagne le mois de mars. Ce n'est pas une variété fort répandue chez nous, non plus qu'à l'étranger, où pourtant on l'apprécie beaucoup; témoin le passage suivant, de M. le baron de Flotow :

« Cette exquise et belle pomme — disait-il en 1859 — probablement d'origine française et connue depuis longtemps, n'est guère cultivée, malgré toutes ses qualités; à peine, même, la voit-on mentionnée dans les Catalogues des pépiniéristes allemands. » (*Illustrirtes Handbuch der Obstkunde,* 1859, t. I, p. 309, n° 139.)

Observations. — Ce fut à tort que Mayer, en sa *Pomona franconica* (t. III, p. 140), attribua en 1776 à la Reinette de Bretagne les synonymes Reinette des Carmes et Reinette truitée, lesquels s'appliquent à la Reinette rousse, de Duhamel, ainsi que l'ont affirmé les pomologues modernes les plus autorisés de l'Allemagne et de notre pays.

378. Pomme REINETTE BRILLANTE.

Synonymes. — *Pommes :* 1. REINETTE DE BORSDORF (Diel, *Kernobstsorten,* 1801, t. IV, p. 97; — et le baron de Flotow, *Illustrirtes Handbuch der Obstkunde,* t. I, p. 301, n° 135). — 2. GLANZREINETTE (Diel, *ibid.,* 1813, t. XI, p. 78).

Description de l'arbre. — *Bois :* de moyenne force. — *Rameaux :* assez nombreux, légèrement étalés, longs, de grosseur moyenne, peu coudés, très-cotonneux et brun-rouge lavé de gris. — *Lenticelles :* arrondies ou allongées, grandes, abondantes. — *Coussinets :* saillants. — *Yeux :* moyens, ovoïdes, duveteux, plaqués sur l'écorce. — *Feuilles :* de grandeur moyenne, ovales-allongées et longuement acuminées, profondément dentées. — *Pétiole :* gros, assez long, tomenteux, rarement cannelé. — *Stipules :* petites ou faisant défaut.

FERTILITÉ. — Satisfaisante.

CULTURE. — On peut le greffer ras terre, pour plein-vent, forme sous laquelle il prospère très-convenablement. La basse-tige lui est également favorable, surtout quand il a été écussonné sur paradis.

Description du fruit. — *Grosseur* : moyenne. — *Forme :* globuleuse quelque peu conique ou globuleuse fortement comprimée aux pôles et moins développée d'un côté que de l'autre. — *Pédoncule :* de longueur moyenne, assez gros, surtout au point d'attache, droit ou arqué, planté dans un bassin étroit et profond. — *Œil :* grand, irrégulier, ouvert ou mi-clos, à cavité sensiblement plissée, étendue, mais de profondeur variable. — *Peau :* unie, luisante, jaune pâle, très-légèrement marbrée et mouchetée de rose clair sur la face exposée au soleil, largement tachée de roux squammeux autour du pédoncule et ponctuée de brun. — *Chair :* blanche, fine, compacte, assez ferme. — *Eau :* suffisante, sucrée, faiblement acidulée et quelque peu parfumée.

Pomme Reinette brillante. — *Premier Type.*

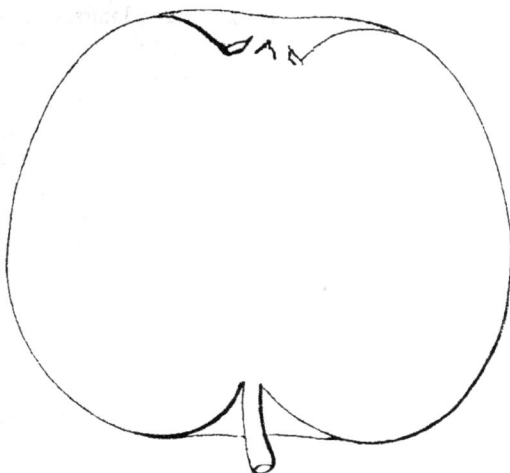

Deuxième Type.

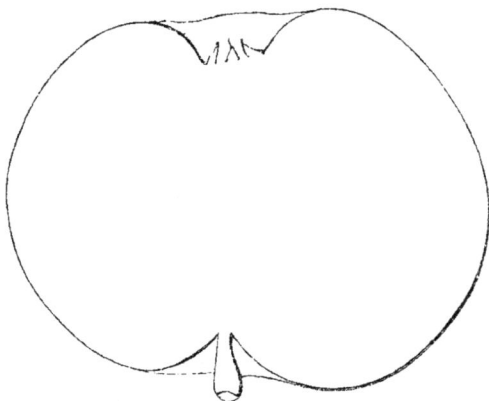

MATURITÉ. — Janvier-Mars.

QUALITÉ. — Deuxième.

Historique. — La Reinette brillante m'est venue de Reutlingen (Wurtemberg) en 1868. C'est un fruit allemand, assez ancien déjà, et dont le baron de Flotow a dit en 1859 :

« Le docteur Diel l'a d'abord décrit dans le tome IV du *Kernobstsorten* (p. 97), année 1804, sous le nom Reinette de Borsdorf, puis ensuite, même recueil, année 1813 (tome XI, p. 78), sous cette autre dénomination, qu'on doit lui conserver : REINETTE BRILLANTE [*Glanzreinette*]. C'est une chose à noter, que dans le duché de Nassau on rencontre isolément de vieux arbres de cette variété, qui eut Diel pour propagateur et que maintenant cultivent, pour son mérite, les jardiniers et les pépiniéristes de l'Allemagne. »

Observations. — La Reinette brillante n'a de commun, avec la pomme de Borsdorf, que le synonyme Reinette de Borsdorf; il est essentiel de ne pas l'oublier.

379. Pomme REINETTE DE BRIVES.

Synonyme. — *Pomme* REINETTE A CUL NOIR (dans la Corrèze et la Haute-Garonne).

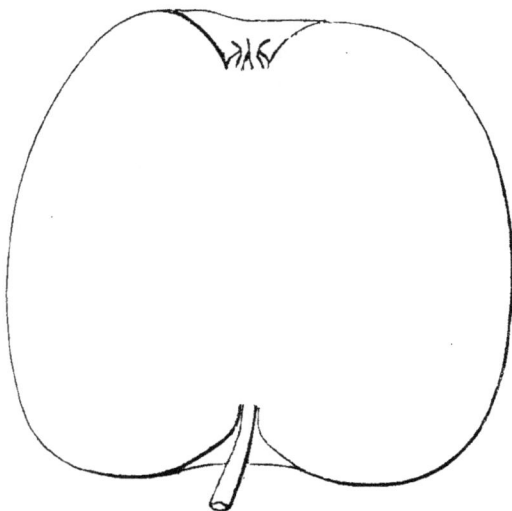

Description de l'arbre. — *Bois :* de moyenne force. — *Rameaux :* nombreux, érigés, longs, grêles, à peine géniculés, cotonneux, brun clair lavé de gris. — *Lenticelles :* allongées, très-petites et clair-semées. — *Coussinets :* presque nuls. — *Yeux :* gros, ovoïdes-allongés, collés sur le bois, aux écailles disjointes, duveteuses et légèrement noirâtres. — *Feuilles :* petites, peu nombreuses, ovales, d'un vert pâle en dessus, blanc verdâtre en dessous, longuement acuminées, rugueuses, épaisses, faiblement cotonneuses, à bords dentés et surdentés. — *Pétiole :* long et bien nourri, flasque, jaspé de carmin en dessous', faiblement cannelé. — *Stipules :* de largeur moyenne, très-longues.

FERTILITÉ. — Satisfaisante.

CULTURE. — Quand]on le destine au plein-vent il se greffe en tête, et non ras terre, son bois étant trop faible pour donner de grosses tiges. Les formes cordon, buisson, espalier lui sont profitables, mais demandent qu'il soit écussonné sur doucin plutôt que sur paradis.

Description du fruit. — *Grosseur :* au-dessus de la moyenne. — *Forme :* cylindrique plus ou moins allongée, mamelonnée au sommet, aplatie à la base et généralement assez irrégulière. — *Pédoncule :* de grosseur et longueur moyennes, duveteux, arqué, implanté] dans un bassin étroit et profond, où d'habitude le compriment deux protubérances assez fortes. — *Œil :* grand, régulier, ouvert, enfoncé dans une cavité rarement très-large et toujours plissée. — *Peau :* unicolore, jaune d'or ou jaune-paille, semée de nombreux et petits points fauves, puis des plus amplement maculée de brun-roux très-foncé au-dedans et autour du bassin pédonculaire. — *Chair :* d'un blanc jaunâtre, fine, tendre, assez croquante et légèrement marcescente. — *Eau :* fort abondante, sucrée, acidule, ayant une saveur parfumée vraiment exquise.

MATURITÉ. — Janvier-Mai.

QUALITÉ. — Première.

Historique. — Ce délicieux fruit commence à être assez connu dans la majeure partie de nos départements du Midi. Son nom, Reinette de Brives, paraît le rattacher particulièrement à la Corrèze; mais je ne sais s'il a la priorité sur le surnom, un peu trop réaliste, de *Reinette à Cul noir* que porte également cette pomme, et qui lui vient de l'ample tache brunâtre dont toute sa base est enveloppée. M. le comte de Castillon, duquel j'ai déjà parlé plusieurs fois, m'offrit au mois d'avril 1870, ce pommier, et me transmit sur sa provenance les renseignements suivants :

« Château de Castelnau-Picampeau (Haute-Garonne), 23 avril 1870.

« Cher Monsieur, voici ce que j'ai pu savoir du passé de la *Reinette de Brives* :

« Elle a été trouvée vers 1818, sur le marché de Montauban (Tarn), par M. Bonamy, pépiniériste, père des consciencieux horticulteurs de ce nom qui habitent Toulouse. Ces derniers l'ont multipliée, puis propagée, dans nos pays, où sa culture s'étend de jour en jour. La longue conservation de cette variété, est telle, qu'une année ils en ont acheté le 15 juin chez un marchand, à Montauban, des fruits parfaitement bons et sains. »

POMME **REINETTE BRODÉE.** — Synonyme de *Reinette marbrée.* Voir ce nom.

380. POMME **REINETTE BURCHARDT.**

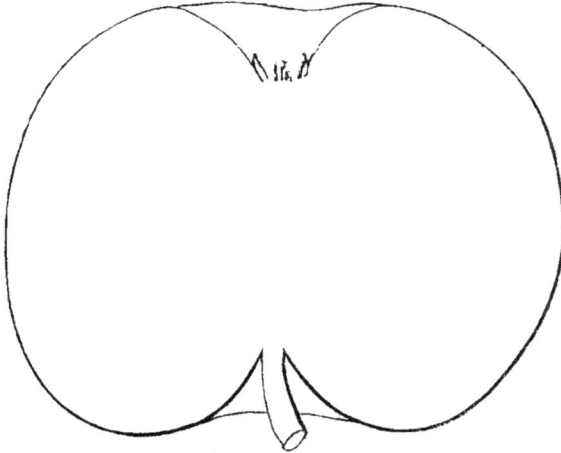

Description de l'arbre. — *Bois :* très-faible. — *Rameaux :* nombreux, étalés, longs et grêles, flexueux, cotonneux et d'un rouge ardoisé. — *Lenticelles :* arrondies, petites, abondantes. — *Coussinets :* très-ressortis. — *Yeux :* gros, ovoïdes-allongés, des plus duveteux, légèrement écartés du bois. — *Feuilles :* petites, ovales, profondément dentées. — *Pétiole:* grêle, assez court, roide, carminé en dessous, à cannelure bien prononcée. — *Stipules :* courtes et très-larges.

FERTILITÉ. — Abondante.

CULTURE. — La végétation de ce pommier est trop lente et ses rameaux sont trop grêles pour qu'il puisse faire, même en le greffant à hauteur de tige, de passables plein-vent; on doit donc le destiner aux formes naines et l'écussonner sur doucin.

Description du fruit. — *Grosseur :* moyenne, et parfois un peu plus volumineuse. — *Forme :* globuleuse, irrégulière, généralement aplatie aux pôles. — *Pédoncule :* court ou de longueur moyenne, gros et souvent charnu, arqué, obliquement et profondément planté dans un bassin étroit. — *OEil :* grand, bien ouvert, à très-courtes sépales, placé dans une cavité large, profonde, et dont les bords sont légèrement ondulés. — *Peau :* quelque peu rugueuse, jaune clair sur le côté de l'ombre, jaune d'or sur l'autre face, presque entièrement réticulée de brun-roux, maculée de fauve squammeux autour du pédoncule, ponctuée de gris et parfois faiblement rosée à l'insolation. — *Chair :* blanche, très-fine, assez ferme et croquante. — *Eau :* abondante, sucrée, aigrelette, parfumée, fort délicate.

MATURITÉ. — Octobre-Janvier.

QUALITÉ. — Première.

Historique. — Cette Reinette est dans mes pépinières depuis 1860 ; je l'ai rapportée de Berlin ; les Allemands, et avec raison, la recherchent beaucoup. M. Oberdieck, son premier descripteur, en établit comme suit l'origine :

« Ce pommier si précieux par sa riche et précoce fructification — disait cet auteur en 1859 — fut obtenu de semis à Nikita (Russie), par M. Von Hartwiss, directeur des jardins impériaux. Il le dédia au célèbre pomologue Burchardt, son ami, domicilié à Landsberg-sur-Warthe (Prusse, Brandebourg). » (*Illustrirtes Handbuch der Obstkunde*, t. I, p. 459, n° 213.)

POMME REINETTE DE CAEN. — Synonyme de *Reinette du Canada*. Voir ce nom.

---

381. POMME REINETTE DU CANADA.

Synonymes. — *Pommes :* 1. REINETTE MONSTRUEUSE DU CANADA (Andrieux, *Catalogue raisonné des meilleures sortes d'arbres fruitiers*, 1771, p. 56). — 2. REINETTE DE CANADA BLANCHE (Van Mons, *Catalogue descriptif de partie des arbres fruitiers qui de 1798 à 1823 ont formé sa collection*, p. 33, n° 291 ; — et Lindley, *Guide to the orchard and kitchen garden*, 1831, p. 40, n° 76). — 3. GROSSE REINETTE DU CANADA (Lindley, *ibid.*). — 4. REINETTE DE CAEN (*Id. ibid.*). — 5. REINETTE DE CANADA À COTES (*Id. ibid.*). — 6. DU CANADA (Thompson, *Catalogue of fruits cultivated in the garden of the Horticultural Society of London*, 1842, p. 34, n° 640). — 7. DE CAEN (Charles Downing, *the Fruits and fruit trees of America*, 1869, p. 115).

Description de l'arbre. — *Bois :* fort. — *Rameaux :* assez nombreux, étalés, très-gros, de longueur moyenne, couverts d'un duvet épais et frisé, bien coudés, brun clair ou, à bonne exposition solaire, brun foncé lavé de rouge terne. — *Lenticelles :* arrondies ou allongées, grandes ou moyennes, blanches, saillantes, très-abondantes. — *Coussinets :* ressortis et des plus larges. — *Yeux :* volumineux, obtus, allongés, plaqués sur l'écorce, cotonneux, aux écailles grisâtres et mal soudées. — *Feuilles :* très-grandes, ovales-allongées, mais quelquefois presqu'arrondies, vert brillant en dessus, gris verdâtre en dessous, épaisses, longuement acuminées, planes, à denture aiguë et profonde. — *Pétiole :* court, très-gros, arqué, flasque, peu cannelé, amplement nuancé de carmin. — *Stipules :* des plus développées.

FERTILITÉ. — Satisfaisante.

CULTURE. — Le plein-vent lui convient assez, il fait même, sous cette forme, des arbres d'un grand avenir, à condition, cependant, qu'on l'aura greffé en tête, et non ras terre. Écussonné sur paradis, pour basse-tige, on en obtient de beaux cordons ou buissons dont les produits sont aussi nombreux que volumineux.

Description du fruit. — *Grosseur :* considérable et parfois énorme. —

Forme : passant de la globuleuse légèrement allongée et cylindrique, à la conique-raccourcie; mais elle a généralement un côté plus volumineux que l'autre et presque toujours est fortement plissée au sommet. — *Pédoncule :* assez court, bien nourri, droit ou arqué, profondément inséré dans un vaste bassin à bords inégaux. — *OEil :* très-grand, régulier, ouvert ou mi-clos, à cavité très-développée et constamment bossuée sur les bords. — *Peau :* épaisse, un peu rude au toucher, jaune d'or, tachée et marbrée de fauve et de brun clair, abondamment semée de larges points gris très-rugueux, puis lavée, à bonne exposition solaire, de rouge

Pomme Reinette du Canada. — *Premier Type.*

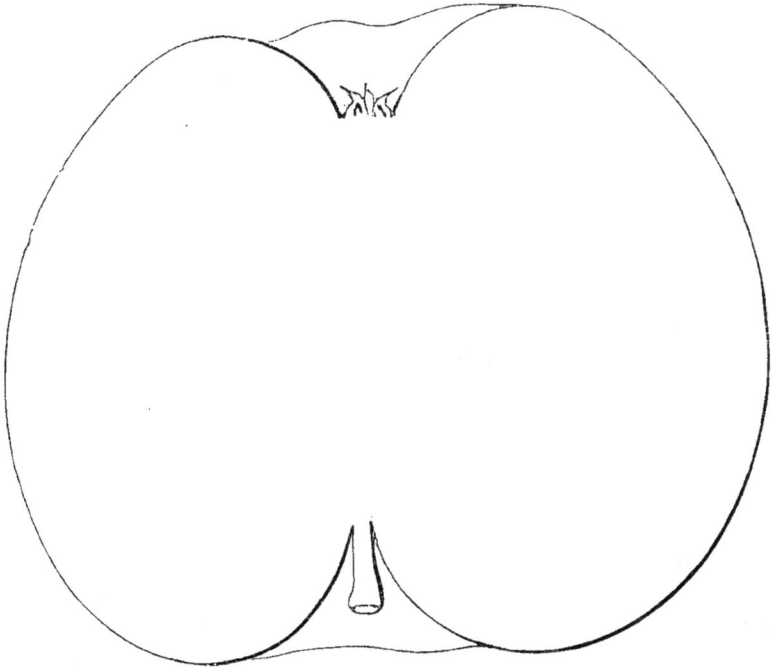

lie de vin. — *Chair :* jaunâtre, fine, mi-tendre et légèrement croquante. — *Eau :* abondante, sucrée, fortement acidulée, possédant toute la délicate saveur particulière aux Reinettes.

Maturité. — Janvier-Mars.

Qualité. — Première.

Historique. — Je l'ai dit en décrivant la Reinette d'Angleterre (p. 618), presque tous les pomologues modernes l'ont confondue avec la Reinette du Canada ici caractérisée. Ces deux pommes ont réellement entr'elles de grands rapports, mais leurs arbres — maintenant on peut s'en assurer — sont loin de se ressembler. Et c'est un fait qu'eussent reconnu nombre d'écrivains horticoles s'ils n'avaient parlé que des fruits dont ils possédaient les arbres. Etienne Calvel, en 1805, eut le mérite, dans son *Traité sur les pépinières* (t. III, pp. 52-53), de ne commettre à cet égard aucune méprise. Après avoir, sous le n° 39, étudié le pommier Grosse-Reinette d'Angleterre, il dépeignit, sous le n° 40, le pommier

Reinette du Canada, démontrant ainsi leur non-identité. En 1809 Louis Bosc, alors professeur de culture au Jardin des Plantes de Paris, dont il devint ensuite le directeur, confirma de toute son autorité scientifique l'opinion de Calvel. Il vit, comme ce dernier, deux variétés distinctes dans la Grosse-Reinette d'Angleterre et dans la Reinette du Canada, et le dé-

Pomme Reinette du Canada. — *Deuxième Type.*

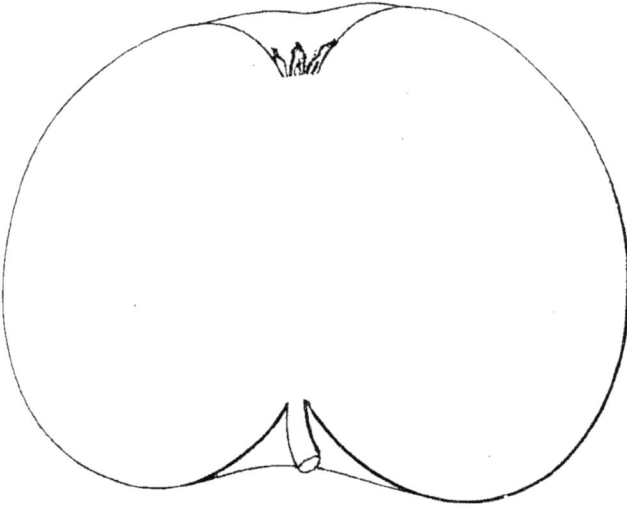

clara pages 320-321 du *Dictionnaire universel d'agriculture* (t. X), à l'article Pommier, qu'on l'avait chargé de rédiger. Chez les Anglais, où cette erreur est aussi fort commune, une voix officielle la signalait en 1842, celle de Thompson, directeur du Jardin fruitier de la Société d'Horticulture de Londres. Dans le *Catalogue descriptif* des arbres de ce Jardin, il caractérisa d'abord, sous le n° 640 (p. 34), la Reinette du Canada, la qualifiant de « variété « très-fertile, malgré la grosseur de ses fruits, excellents même pour les desserts; « et probablement, ajoute-t-il, les meilleurs parmi les pommes de ce volume, « sans que bien peu de celles qui sont plus petites, l'emportent en qualité sur cette « Reinette. » Puis ensuite, sous le n° 670 (p. 36), ce même auteur s'occupa de la Grosse-Reinette d'Angleterre, « presque aussi volumineuse, fit-il observer, que la « Reinette du Canada, mais d'un moindre mérite. » Enfin plus récemment, en France, un arboriculteur fort expert, M. Duval, habitant près Meudon et qui publiait en 1852 un très-intéressant opuscule sur la culture du Pommier, eut soin également de bien établir l'identité de la Reinette du Canada (n° 13, p. 49). Les avertissements ne nous ont donc pas manqué, depuis une soixantaine d'années, pour sortir de l'erreur qui règne si généralement à l'égard de ces deux énormes pommes. — L'origine de la Reinette du Canada reste encore un problème. Louis Bosc, si sérieux dans ses allégations, s'inscrivit en 1809 contre la provenance que le nom de ce fruit semblait indiquer :

« Cette pomme — dit-il — nous est revenue de l'Amérique septentrionale, où le pommier a été porté par les premiers Européens qui sont allés s'y établir. » (*Dictionnaire universel d'agriculture*, t. X, pp. 321-322.)

La même opinion fut émise par le botaniste Poiteau vers 1828, puis en 1830 reproduite et acceptée par le pépiniériste Sageret, dans sa *Pomologie physiologique*, où se lit le passage suivant :

« L'excellente pomme que nous cultivons depuis longtemps sous le nom *Reinette du*

Canada, ne vient pas du Canada; on lui en a donné le nom, dans le temps, ou par ignorance ou par spéculation. » (Page 236.)

Les Américains, sur ce sujet, sont eux-mêmes du sentiment de Bosc, Poiteau et Sageret; Charles Downing, leur pomologue le plus connu, va le prouver, tout en partageant l'erreur de ceux qui réunissent la Reinette d'Angleterre à la Reinette du Canada :

« Il est aisé de voir — écrivait-il en 1869 — par le grand nombre de synonymes sous lesquels on la cultive, que la *Reinette du Canada* est en Europe très-répandue et fort estimée. Je doute beaucoup, malgré sa dénomination, qu'elle soit d'origine canadienne...... Quelques auteurs pensent que cette variété fut importée de Normandie (France) sur notre continent, d'où plus tard on la rapporta, sous ce nouveau nom, dans son pays natal. » (*The Fruits and fruit trees of America,* 1869, p. 115.)

De ces diverses opinions, deux faits principaux se dégagent donc, quant à la provenance de la Reinette du Canada : elle n'appartiendrait pas à cette région de l'Amérique, elle y aurait été propagée par des Européens; et d'aucuns, même, disent par des Français sortis de la Normandie, contrée si privilégiée pour la culture du pommier. Tout ceci, je le reconnais, ne manque nullement de vraisemblance, mais ne repose sur rien de constant, d'irréfragable; c'est une tradition, pas autre chose. Le fâcheux sera toujours d'ignorer quel était le nom de ce remarquable fruit quand on l'importa chez les Canadiens. Je vois bien parmi ses synonymes figurer une *Reinette* DE CAEN, seulement il me paraît difficile d'admettre que ce soit là le nom primitif de la Reinette du Canada. L'auteur anglais Lindley, qui signalait ce synonyme en 1831 dans sa Pomologie (p. 40, n° 76), ne le fait remonter qu'à 1826, date à laquelle la Société d'Horticulture de Londres publia le Catalogue de son Jardin fruitier. Or, dans cet opuscule on constatait que sous le n° 867 le Jardin social renfermait un pommier Reinette de Caen identique avec celui qu'on y appelait Reinette du Canada. Voilà tout; et pour tirer parti de ce surnom géographique normand, il faudrait au moins — ce que je n'ai pu — le trouver cité avant l'époque où la Reinette du Canada parut dans la nomenclature. Elle y parut, je le crois, pour la première fois en 1771, sous le patronage d'un célèbre botaniste et fleuriste parisien, Andrieux, dont les Vilmorin sont actuellement les successeurs. Je lis en effet ce qui suit, dans un Catalogue spécial alors répandu par ce savant :

« Le sieur Andrieux espère offrir dans peu, aux curieux, des greffes et même des sujets greffés de la *Monstrueuse Reinette de Canada,* excellente à manger, et qui pèse entre une livre et cinq quarterons. » (*Catalogue raisonné des meilleures sortes d'arbres fruitiers,* 1771, p. 56.)

Observations. — Les formes naines, nous le répétons, sont très-avantageuses à ce pommier, dont les fruits, quand on l'y soumet, acquièrent souvent un volume prodigieux et dédommagent amplement de leurs dépenses et de leurs soins ceux qui les ont cultivés. C'est ainsi qu'en 1852 M. Duval, déjà cité dans cet article, rapportait les faits suivants :

« Il existait — disait-il — au château de la Garenne, à Villemomble (Seine), un pommier *Reinette de Canada* en espalier au couchant, qui avait plus de vingt mètres de longueur sur une hauteur de trois mètres. C'était un arbre curieux lorsqu'il était en fruit..... » — Puis cet arboriculteur ajoute : « J'ai fourni et dressé des pommiers nains chez un propriétaire demeurant à Meudon, près Paris [M. Delamarre], qui vend actuellement ses pommes de *Reinette du Canada* UN FRANC LA PIÈCE, et les personnes qui les achètent ne croient pas payer trop cher des fruits qui portent quarante centimètres de tour. » (*Histoire du pommier et sa culture*, 1852, pp. 17-18.)

Cette Reinette demande à être récoltée avec les plus grandes précautions, le moindre coup noircissant aussitôt sa chair et en amenant la décomposition. Pour la conserver très-longtemps il faut la cueillir un peu verte, dès la fin de septembre, et de suite la porter au fruitier. — Les noms pommes *de Bretagne*, *Janurea, de Portugal, Reinette Wahre, Saint-Helena russet*, sont synonymes ou de Reinette du Canada ou de Reinette d'Angleterre, ainsi que je l'ai déclaré en décrivant ce dernier fruit. Si je ne puis préciser à laquelle de ces deux variétés ils se rapportent, c'est que, je le répète, les pomologues qui, fautivement, réunirent lesdites Reinettes, négligèrent d'indiquer pour chacun des nombreux synonymes qu'ils leur attribuaient, la source où l'on pouvait en contrôler l'authenticité.

POMMES : REINETTE DE CANADA BLANCHE,

— REINETTE DE CANADA A CÔTES,

⎱ Synonymes de *Reinette du Canada*. Voir ce nom.

POMMES : REINETTE DE CANADA GRISE ET PLATE,

— REINETTE DE CANADA PLATE,

⎱ Synonymes de pomme *Royal Russet*. Voir ce nom.

POMMES : REINETTE DE CANTERBURY,

— REINETTE DE CANTORBERY,

⎱ Synonymes de pomme *de Canterbury*. Voir ce nom.

POMME REINETTE DE CAPENDU. — Synonyme de *Court-Pendu rouge*. Voir ce nom.

POMME REINETTE CARACTÈRE. — Synonyme de *Reinette marbrée*. Voir ce nom.

---

382. POMME REINETTE DES CARMES.

Synonymes. — *Pommes* : 1. REINETTE ROUSSE (Merlet, *l'Abrégé des bons fruits*, 1667, p. 147; — et les Chartreux de Paris, *Catalogue de 1775*). — 2. CARMELITER-REINETTE (Diel, *Kernobstsorten*, 1799, t. I, p. 141). — 3. REINETTE TRUITE (Van Mons, *Catalogue descriptif de partie des arbres fruitiers qui de 1798 à 1823 ont formé sa collection*, p. 24, n° 45). — 4. GLACE ROUGE (George Lindley, *Guide to the orchard and kitchen garden*, 1831, p. 62, n° 118). — 5. KLEINER CASSELER REINETTE (*Id. ibid.*). — 6. PEARMAIN BARCELONA (*Id. ibid.*). — 7. REINETTE ROUGE (*Id. ibid.*). — 8. FORELLEN REINETTE (Diel, *Verzeichniss der Obstsorten*, 1833, p. 18). — 9. SPECKLED GOLDEN REINETTE (Thompson, *Catalogue of fruits cultivated in the garden of the horticultural Society of London*, 1842, p. 30, n° 532). — 10. POLINIA PARMANE (Lucas, *Illustrirtes Handbuch der Obstkunde*, 1859, t. I, p. 161, n° 65). — 11. REINETTE TRUITÉE (*Id. ibid.*). — 12. SPEACKLED PARMANE (*Id. ibid.*). — 13. CASSEL REINETTE (Charles Downing, *the Fruits and fruit trees of America*, 1869, p. 87).

Description de l'arbre. — *Bois :* peu fort. — *Rameaux :* assez nombreux, érigés, longs et grêles, sensiblement coudés, duveteux et rouge-brun foncé amplement lavé de gris. — *Lenticelles :* clair-semées, de grandeur moyenne, allongées ou arrondies. — *Coussinets :* aplatis. — *Yeux :* petits ou moyens, arrondis, faiblement cotonneux, collés en partie sur l'écorce. — *Feuilles :* petites, ovales ou arrondies, courtement acuminées, planes et profondément dentées. —

Pomme Reinette des Carmes. — *Premier Type.*

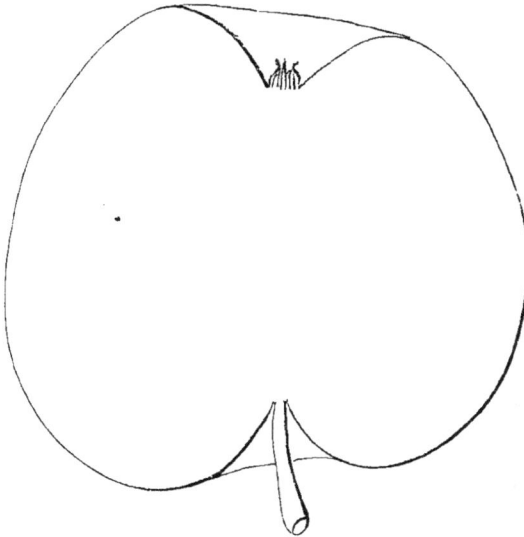

Pétiole : long, menu, rigide, à cannelure bien accusée. — *Stipules :* étroites et longues.

FERTILITÉ. — Satisfaisante.

CULTURE. — Écussonné à hauteur de tige il fait, malgré sa croissance assez lente, de convenables plein-vent à tête fort régulière ; cependant la basse-tige lui est plus profitable comme production et beauté.

Description du fruit. — *Grosseur :* au-dessus de la moyenne et parfois moins volumineuse. — *Forme :* cylindro-conique ou globuleuse aplatie aux extrémités, mais habituellement plus développée d'un côté que de l'autre. — *Pédoncule :* assez long, de force variable, arqué, profondément inséré dans un bassin étroit et souvent irrégulier. — *Œil :* grand, mi-clos ou très-ouvert, cotonneux, placé dans une cavité unie ou légèrement plissée, large et généralement bien profonde. — *Peau :* un peu rugueuse, à fond jaune sale, ponctuée, marbrée et réticulée de roux sur la face exposée à l'ombre, maculée de fauve squammeux autour du pédoncule, puis légèrement lavée et fouettée de rouge-brun à l'insolation, où elle est en outre parsemée de points grisâtres. — *Chair :* blanchâtre, fine ou

Deuxième Type.

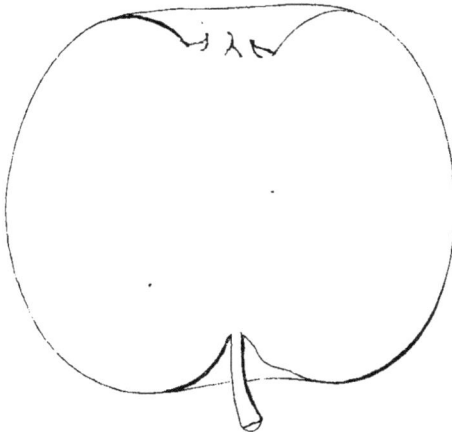

mi-fine, assez tendre et plus ou moins croquante. — *Eau :* suffisante, très-sucrée, délicieusement acidulée et parfumée.

MATURITÉ. — Novembre-Mars.

QUALITÉ. — Première.

Historique. — Merlet, en 1667, signalait ainsi cette pomme fort répandue : « La *Reinette rousse* — disait-il — est plus grosse et plus ferme que la Reinette blanche [ou franche], a son eau relevée, et dure longtemps. » (*L'Abrégé des bons fruits*, pp. 147-148 de la 1re édition.)

Ce fut vers 1770 qu'elle reçut le surnom Reinette des Carmes, que depuis on lui a toujours conservé. Les Chartreux de Paris le mentionnaient déjà en 1775, dans le *Catalogue* de leurs pépinières. Il vint des marbrures roussâtres dont la peau de ce fruit est amplement couverte, et qui rappellent assez bien la couleur du vêtement des Carmes. L'opinion générale la fait originaire de notre pays. Très-commune en Allemagne, Diel, toutefois, l'y décrivit dès 1799 et l'en supposa native; mais le docteur Lucas, directeur de l'Institut pomologique de Reutlingen (Wurtemberg), s'est formellement élevé contre cette supposition :

« La *Reinette des Carmes* — a-t-il déclaré en 1859 — fort estimée et cultivée chez nous, se rencontre néanmoins tout aussi généralement chez les Français. Il me semble donc que Diel eut tort d'avancer, sans nulle preuve à l'appui de son dire, que cette pomme était d'origine allemande. Je la crois, au contraire, d'autant mieux provenue de France, que je peux affirmer qu'on l'y multiplie de temps immémorial. » (*Illustrirtes Handbuch der Obstkunde*, t. 1er, p. 161, no 65.)

Observations. — En 1808 on donnait à la Reinette dorée, dans le *Bon-Jardinier* (p. 140), le synonyme Reinette rousse, que l'autorité dont jouit ce recueil séculaire, conseille de reproduire. Les Allemands, de leur côté, appellent Reinette rousse, notre Reine des Reinettes; il est prudent, alors, de ne pas oublier ces faits, si l'on veut éviter toute confusion entre trois variétés bien différentes. — Je constate avoir reçu, depuis une quinzaine d'années, certains pommiers Reinette truitée et Pearmain Barcelona, dans lesquels j'ai reconnu, tant pour l'arbre que pour le fruit, l'antique Reinette rousse, ou des Carmes.

---

383. Pomme REINETTE CARMINÉE DE HOLLANDE.

Synonyme. — *Pomme* REINETTE DE HOLLANDE (Alexandre Bivort, *Album de pomologie*, 1850, t. III, p. 139; — et Congrès pomologique, *Pomologie de la France*, 1867, t. IV, no 44).

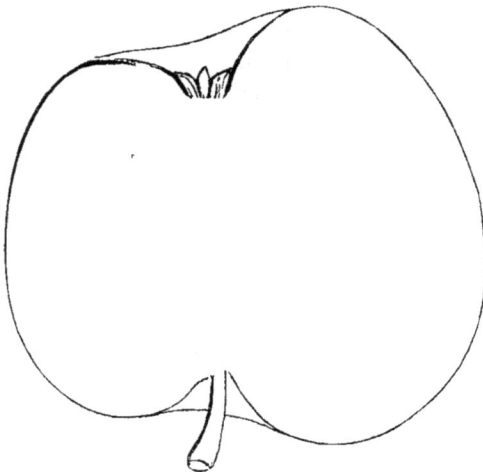

Description de l'arbre.

— *Bois :* fort. — *Rameaux :* nombreux, érigés ou légèrement étalés, gros, assez longs, peu géniculés, cotonneux, d'un rouge-brun violacé et lavé de gris. — *Lenticelles :* abondantes, arrondies ou allongées, grandes et saillantes. — *Coussinets :* bien accusés. — *Yeux :* moyens ou petits, coniques, pointus, duveteux, noyés dans l'écorce. — *Feuilles :* assez grandes, ovales, sensiblement acuminées, épaisses, vert clair et brillant en dessus, cotonneuses et vert grisâtre en dessous, à bords fortement dentés. — *Pétiole :* bien nourri, de longueur moyenne, tomenteux, généralement peu cannelé. — *Stipules :* modérément développées, FERTILITÉ. — Convenable.

CULTURE. — Ce pommier fait de très-beaux plein-vent et croît assez bien aussi sous toute espèce de forme naine, quel que soit le sujet qu'on lui ait donné.

Description du fruit. — *Grosseur :* moyenne. — *Forme :* globuleuse, sensiblement comprimée aux pôles et moins volumineuse d'un côté que de l'autre. — *Pédoncule :* de longueur et force moyennes, renflé à la base, arqué, planté dans un bassin de faibles dimensions. — *Œil :* grand, mi-clos ou très-ouvert, à cavité légèrement plissée, large et assez profonde. — *Peau :* un peu rude au toucher, à fond jaune d'or, en partie lavée et fouettée de carmin, semée de gros et nombreux points bruns formant étoile sur le côté du soleil, puis tachée de fauve squammeux dans le bassin pédonculaire. — *Chair :* jaunâtre, ferme et fine. — *Eau :* abondante, sucrée, douée d'un parfum et d'une acidité des plus agréables.

MATURITÉ. — Novembre-Février.

QUALITÉ. — Première.

Historique. — Le nom de ce fruit semble le rattacher à la Hollande. Je l'ai reçu des Belges vers 1858. Il n'est pas encore bien connu chez nous. En 1842 déjà la Société d'Horticulture de Londres le citait dans le *Catalogue de son Jardin* (p. 36), mais n'en donnait aucune description. Selon toute apparence cette variété compte au plus une trentaine d'années.

Observations. — Pour éviter qu'on puisse confondre la Reinette carminée de Hollande avec la Reinette blanche de Hollande, décrite ci-dessus (p. 628), il faut avoir soin de maintenir constamment dans leur nom l'adjectif servant à les différencier; c'est en effet le seul moyen de ne jamais les prendre l'une pour l'autre.

POMME REINETTE CARPENTIN. — Synonyme de pomme *Carpentin.* Voir ce nom.

POMMES : REINETTE CARRÉE,

— REINETTE CARRÉE DE MONTBART, } Synonymes de *Reinette de Cuzy.* Voir ce nom.

POMME REINETTE DE CASSEL (GROSSE-). — Voir *Grosse-Reinette de Cassel.*

384. POMME REINETTE DE CAUX.

Synonymes. — *Pommes :* 1. GROSSE-REINETTE ROUGE TIQUETÉE (Poiteau et Turpin, *Traité des arbres fruitiers de Duhamel, augmenté d'un grand nombre de nouvelles espèces,* 1807, t. III; — et William Hooker, *Transactions of the horticultural Society of London,* 1817, t. II, p. 300). — 2. DUTCH MIGNONNE (George Lindley, *Guide to the orchard and kitchen garden,* 1831, p. 44, n° 82, et p. 352). — 3. DE LAAK (*Id. ibid.*). — 4. PATERNOSTER (*Id. ibid.;* — et le baron de Férussac, *Bulletin des sciences agricoles et économiques,* 1829, t. XIII, p. 331). — 5. COPMANTHORPE CRAB (Thompson, *Catalogue of fruits cultivated in the garden of the horticultural Society of London,* 1842, p. 14, n° 225). — 6. STETTIN PIPPIN (*Id. ibid.*). — 7. VERMILLON D'ANDALOUSIE (André Leroy, *Catalogue descriptif et raisonné des arbres fruitiers et d'ornement,* 1851, p. 5, n° 218). — 8. DUITSCH MIGNONNE (Alexandre Bivort, *Annales de pomologie belge et étrangère,* 1853, t. I, p. 83). — 9. REINETTE IMPÉRATRICE (André Leroy, *Catalogue descriptif et raisonné des arbres fruitiers et d'ornement,* 1863, p. 46, n° 256).

Description de l'arbre. — *Bois :* fort. — *Rameaux :* nombreux, érigés ou légèrement étalés, gros, longs, très-géniculés, cotonneux et brun rouge foncé.

— *Lenticelles :* grandes, arrondies, excessivement abondantes. — *Coussinets :* ressortis. — *Yeux :* moyens, ovoïdes-arrondis, appliqués sur le bois et des plus duveteux. — *Feuilles :* moyennes, arrondies, vert clair en dessus, blanc verdâtre en dessous, généralement acuminées, planes, ayant les bords finement dentés ou crénelés. — *Pétiole :* long, très-gros, sensiblement cannelé. — *Stipules :* moyennes.

Pomme Reinette de Caux. — *Premier Type.*

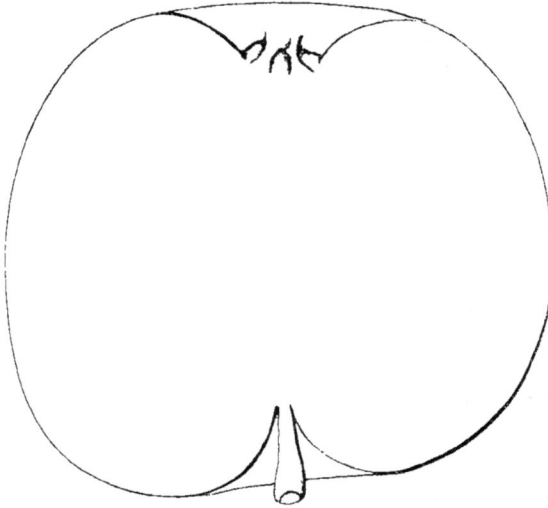

FERTILITÉ. — Remarquable.

CULTURE. — Cette variété est avantageuse sous tous les rapports, soit comme beauté d'arbre, soit comme fertilité. En pépinière ses hautes tiges, quoique droites, laissent cependant à désirer pour la grosseur, aussi conseillons-nous de la greffer en tête. Les formes cordon, pyramide, buisson, espalier, lui conviennent également, surtout quand on l'écussonne sur paradis.

Deuxième Type.

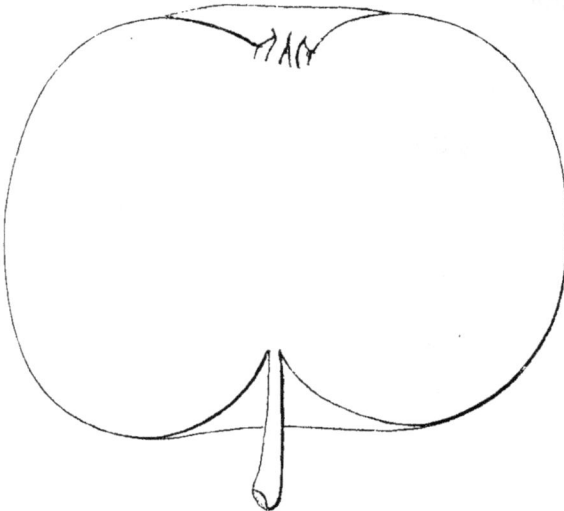

Description du fruit. — *Grosseur :* volumineuse et parfois considérable. — *Forme :* inconstante, mais le plus habituellement arrondie quelque peu cylindrique et côtelée, ou bien encore globuleuse comprimée fortement aux pôles. — *Pédoncule :* de longueur moyenne ou long, assez nourri, généralement renflé au point d'attache, droit ou arqué, profondément inséré dans un bassin de largeur très-variable. — *OEil :* grand, ouvert ou mi-clos, à longues et larges sépales, à vaste cavité dont les bords sont unis ou faiblement ondulés. — *Peau :* lisse, à fond jaune d'or, lavée, fouettée et panachée, à l'insolation, de carmin plus ou moins foncé, tachée de fauve olivâtre autour du pédoncule, puis abondamment ponctuée de gris clair et de brun. — *Chair :* jaunâtre, fine, ferme et assez croquante. — *Eau :* abondante, très-sucrée, savoureusement acidulée et parfumée.

MATURITÉ. — Octobre-Avril.

QUALITÉ. — Première.

Historique. — D'après plusieurs de nos pomologues j'ai cru d'abord la Reinette de Caux (Seine-Inférieure) variété française (voir t. III, p. 363), mais aujourd'hui je suis tenu de reconnaître, convaincu par des textes formels, qu'elle n'a positivement aucun droit à son présent nom, étant née chez les Hollandais voilà plus d'un siècle. *Dutch Mignonne* — Mignonne de Hollande — telle a été, sinon sa dénomination primitive, du moins la plus ancienne que nous lui trouvions, et sous laquelle je l'ai reçue de divers côtés, puis, comme nombre de mes confrères, multipliée et vendue sans soupçonner son identité avec la Reinette de Caux. Actuellement nos principaux pépiniéristes, avertis par les recueils pomologiques, savent tous que l'une de ces deux appellations est synonyme de l'autre. Ce fut un Anglais qui vers 1771 importa de Hollande à Norwich, ce pommier si recherché ; le botaniste George Lindley l'affirmait en ces termes, le 4 janvier 1820, devant la Société d'Horticulture de Londres, dont il était alors membre correspondant :

« La *Dutch Mignonne* — disait-il — est originaire de Hollande, d'où la rapporta dans le village de Catton, près Norwich, une personne récemment décédée ; mais le nom hollandais de ce fruit a fini par se perdre, en Angleterre. » (*Transactions of the horticultural Society of London*, 1820, t. IV, pp. 70-71.)

Onze ans plus tard — 1831 — Lindley, rappelant ce fait dans sa remarquable Pomologie, y ajoutait de nouveaux détails :

« Le poirier Yat — écrivait-il — nous vient de la Hollande ; feu Thomas Harvey l'en importa, avec le pommier *Dutch Mignonne*, il y a une soixantaine d'années au moins, et les planta dans son jardin de Catton, près Norwich. » (*Guide to the orchard and kitchen garden*, p. 352.)

Le nom Reinette de Caux, qui vraisemblablement a pris naissance chez nous, y fit son apparition en 1821, dans le *Jardin fruitier* de Louis Noisette (t. I, p. 85), où ne l'accompagne aucune description de la variété qu'il signale. Cependant, à cette date, nos horticulteurs le connaissaient déjà depuis un certain temps, et ce sont encore les Anglais qui m'ont mis à même de le constater. On lit en effet, sous la signature William Hooker, le passage suivant dans le procès-verbal de la séance du 4 février 1817 de la Société d'Horticulture de Londres :

« *Reinette de Caux.* — La Grosse-Reinette rouge tiquetée, de Poiteau et Turpin, est appelée par beaucoup de jardiniers, REINETTE DE CAUX. Quoique la figure qu'en donnent ces deux auteurs représente un fruit beaucoup plus volumineux qu'aucun de nos propres spécimens de ladite Reinette, c'est cependant bien la même variété, je suis porté à le croire. » (*Transactions of the horticultural Society of London*, t. II, p. 300.)

Cette Grosse-Reinette rouge tiquetée, qui certes ne diffère en rien de la Reinette de Caux, fut décrite et figurée par Turpin et Poiteau dans l'ouvrage intitulé *Traité des arbres fruitiers de Duhamel, augmenté d'un grand nombre de nouvelles espèces —* magnifique publication in-folio, dont le premier volume parut en 1807, et le sixième, et dernier, seulement en 1835.

Observations. — La Grosse-Reinette de Cassel, la Reinette de Caux et la Reinette dorée, de Duhamel, très-souvent ont été prises l'une pour l'autre. Si l'on veut bien, dans ce *Dictionnaire*, comparer leur description, il sera facile de voir, tant pour l'arbre que pour le fruit, par quels caractères elles sont différenciées. — Il existe, paraît-il, une *Reinette grise de Caux* déclarée indigne de la culture par le Congrès pomologique, en sa session de 1869 (*Procès-Verbal*, p. 52). Ne connaissant pas cette variété, je rapporte ce fait pour montrer qu'évidemment elle n'a rien de commun avec sa congénère hollandaise, l'ancienne Dutch Mignonne. — En 1831 George Lindley, dont il a été question dans cet article, a cru devoir rattacher à la Dutch Mignonne ou Reinette de Caux, la Reinette dorée de Mayer, qui est aussi celle de Duhamel. Il s'est trompé, on peut le vérifier plus loin, à l'article consacré à ce dernier fruit. — En 1848 puis en 1860 on m'adressa deux pommes accompagnées de greffons, la première sous le nom Vermillon d'Andalousie, la seconde étiquetée Reinette Impératrice. Je les propageai aussitôt, vu leur grande beauté ; mais, plus tard, ayant reconnu qu'elles n'étaient autres que la Reinette de Caux, j'ai cessé de les inscrire sur mes Catalogues.

POMME REINETTE DE CHAMPAGNE. — Synonyme de *Reinette blanche de Champagne*. Voir ce nom.

POMME REINETTE CHAUVIN. — Synonyme de *Reinette d'Angleterre*. Voir ce nom.

385. POMME REINETTE DE LA CHINE.

Synonymes. — *Pommes :* 1. ZITZENREINETTE (Diel, *Kernobstsorten*, 1819, t. XXI, p. 146). — 2. REINETTE TÉTIN (*Id. ibid.*, p. 147).

Pomme Reinette de la Chine. — *Premier Type.*

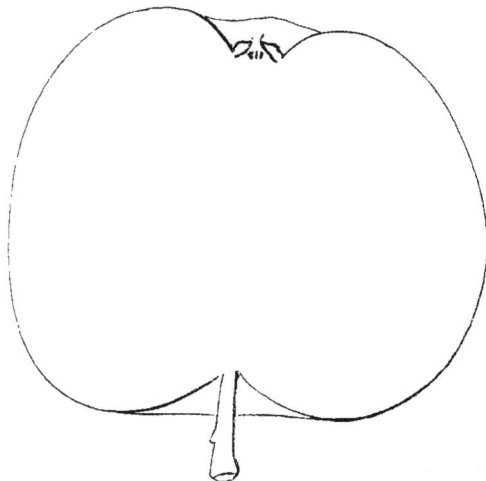

Description de l'arbre.
— *Bois :* fort. — *Rameaux :* peu nombreux, érigés au sommet, étalés à la base, gros, très-longs, sensiblement géniculés, duveteux et rouge-brun foncé. — *Lenticelles :* assez abondantes et très-grandes. — *Coussinets :* peu saillants. — *Yeux :* moyens, coniques, larges à la base, entièrement plaqués sur l'écorce. — *Feuilles :* grandes, arrondies, vert clair en dessus, gris verdâtre en dessous, courtement acuminées, à bords profondément dentés. — *Pétiole :* long, très-gros, largement cannelé. — *Stipules :* des plus développées.

FERTILITÉ. — Ordinaire.

CULTURE. — Pour plein-vent il lui faut la greffe ras terre, et sous cette forme il est d'une remarquable beauté. Quand on le destine à la basse-tige on doit l'écussonner sur paradis plutôt que sur doucin.

Description du fruit. — *Grosseur :* au-dessus de la moyenne. — *Forme :*

sphérique ou conique-arrondie, comprimée à la base et souvent moins développée d'un côté que de l'autre. — *Pédoncule :* de longueur et force moyennes, droit ou arqué, planté dans un vaste bassin. — *Œil :* grand ou moyen, mi-clos ou fermé, légèrement enfoncé, parfois même, mais très-exceptionnellement, placé à fleur de fruit; ondulé ou bossué sur les bords. — *Peau :* jaune brillant, abondamment ponctuée de brun et quelquefois tachetée çà et là de roux verdâtre. — *Chair :* fine, jaunâtre, ferme. — *Eau :* suffisante, sucrée, acidulée, de saveur agréable.

Pomme Reinette de la Chine. — *Deuxième Type.*

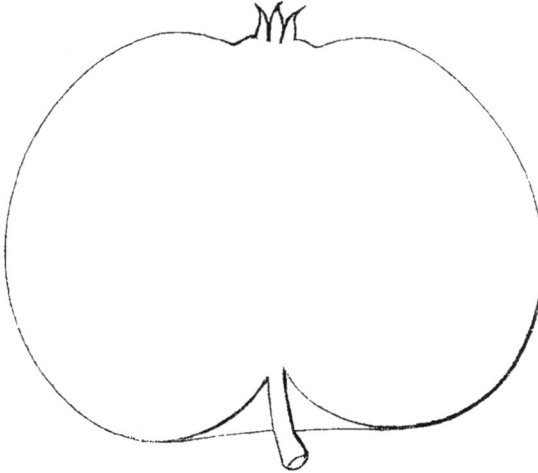

Maturité. — Novembre-Février.

Qualité. — Deuxième.

Historique. — En 1849 j'inscrivais cette Reinette parmi mes pommiers d'espèces nouvelles (*Catalogue*, p. 32, n° 157). Je la devais au Comice horticole d'Angers, qui dès 1844 la possédait (voir ses *Annales*, t. III, pp. 175-176). Qui la lui avait envoyée? Je n'en sais rien. Les Allemands, peut-être, car ils la cultivent depuis près d'un siècle et sont, je crois, les seuls qui l'aient encore décrite. Le docteur Diel (1819) s'en occupa longuement dans sa volumineuse Pomologie, d'où je transcris les lignes ci-après, plutôt pour la singularité des comparaisons qu'on y fait, que pour les renseignements utiles qu'elles peuvent offrir :

« Je suis redevable — rapporte Diel — de mon pommier *Reinette de la Chine* à M. Mürter, professeur à Hernals, près Vienne (Autriche). Cette variété, ainsi appelée dans le Catalogue de la pépinière d'Hernals (p. 213), a déjà fructifié plusieurs fois chez moi; mais personne ici n'ose voir en elle une pomme d'origine chinoise. Son nom lui viendrait-il point de la forme de son étrange calice, rappelant l'unique tresse de cheveux que les Chinois portent au sommet de la tête?..... Le caractère le plus particulier dudit calice consiste effectivement en ce qu'avec ses longues sépales fermées ou mi-closes, et presque toujours entourées de cinq petites bosses, il se trouve complètement placé à fleur de fruit, comme celui de la majeure partie des poires..... Voilà pourquoi j'ai cru devoir surnommer *Zitzenreinette* [Reinette Tétin] la Reinette de la Chine..... » (*Kernobstsorten*, 1819, t. XXI, pp. 146-152.)

Cette Reinette n'étant pas très-connue en France, j'en ai donné deux types; le premier la reproduit sous sa forme constante, habituelle; le second se rapproche un peu, pour l'œil, du fruit mentionné par Diel, mais on le rencontre bien rarement.

Observations. — La Reinette de la Chine est souvent confondue avec le Fenouillet de la Chine, car le nom de ces deux pommes porte volontiers à les supposer identiques. Cependant elles sont loin de se ressembler; on peut le constater page 292 de notre troisième volume, où la dernière de ces variétés se trouve décrite.

POMME **REINETTE CITRON.** — Synonyme de pomme *Citron d'Hiver*. Voir ce nom.

POMMES : REINETTE DE CLAREVAL,

— REINETTE VON CLAREVAL,

} Synonymes de *Reinette franche*. Voir ce nom.

386. POMME **REINETTE COING DE CREDÉ.**

Synonyme. — *Pomme* CREDE'S QUITTENREINETTE (Diel, *Kernobstsorten*, 1819, t. XXI, p. 105).

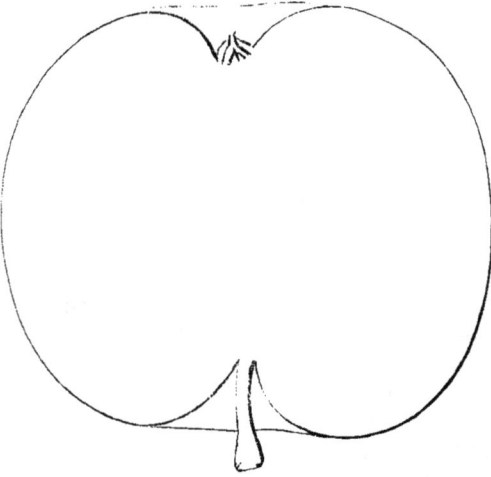

Description de l'arbre. — *Bois :* peu fort. — *Rameaux :* assez nombreux, érigés au sommet, étalés à la base, grêles et de longueur moyenne, légèrement flexueux et marron clair lavé de gris cendré; les mérithalles de leurs deux extrémités sont très-courts, mais ceux du milieu, très-longs. — *Lenticelles :* arrondies ou allongées, petites, clair-semées, peu apparentes. — *Coussinets :* bien accusés et surtout ayant l'arête des plus prononcées. — *Yeux :* très-petits, coniques, noyés dans l'écorce. — *Feuilles :* petites, ovales-arrondies, coriaces et épaisses, vert blanchâtre en dessus, blanc verdâtre en dessous, courtement acuminées, à bords régulièrement crénelés. — *Pétiole :* long, gros, roide, rosé au point d'attache et faiblement cannelé. — *Stipules :* larges et longues.

FERTILITÉ. — Satisfaisante.

CULTURE. — Le greffer sur paradis ou doucin, pour buissons et cordons, formes qui lui sont plus avantageuses que le plein-vent; cependant on peut aussi l'y destiner sur franc, en ayant soin de l'écussonner en tête, et non ras terre, autrement la faiblesse des rameaux nuirait au développement de la tige.

Description du fruit. — *Grosseur :* moyenne. — *Forme :* globuleuse assez irrégulière. — *Pédoncule :* long, fort, renflé à la base, arqué, profondément inséré dans un bassin de largeur variable. — *Œil :* grand ou moyen, fermé, duveteux, à vaste cavité plus ou moins plissée. — *Peau :* lisse, unicolore, jaune clair, légèrement maculée de brun foncé autour du pédoncule et semée de quelques points fauves ou noirâtres. — *Chair :* jaunâtre, fine et assez tendre. — *Eau :* abondante, bien sucrée, faiblement parfumée, dépourvue de toute acidité.

MATURITÉ. — Octobre-Décembre.

QUALITÉ. — Deuxième pour les amateurs de pommes douces.

Historique. — Regardée par les Allemands comme une variété née sur leur sol, cette Reinette, que j'ai reçue de Jeinsen (Hanovre) au mois de mars 1870, doit être cultivée depuis un assez long temps déjà, puisqu'en 1819 le pomologue Diel, un de ses parrains, en parlait ainsi :

« C'est — écrivait-il — le professeur Credé [de Marburg, dans la Hesse électorale] qui m'a donné ce fruit. Il le dit appelé, chez lui, Reinette Amande. Quant à moi, la saveur de sa chair, la couleur de sa peau me font le nommer *Reinette Coing* ; et j'ajoute *de Credé*, pour qu'il ne soit pas confondu avec la pomme Coing, des Français. » (*Kernobstsorten*, 1819, t. XXI, p. 105.)

Observations. — On vient de lire que le fruit ici décrit n'a aucun rapport avec la pomme Coing d'Hiver (voir sa description, t. III, pp. 228-230). J'en dois dire autant d'une *Reinette Amande* originaire d'Allemagne et récemment importée par moi. Je n'ai pu la caractériser, dans ce *Dictionnaire*, à son rang alphabétique, mais il en sera parlé à la fin du présent volume ; car la Reinette Coing, de Credé, ayant eu pour dénomination primitive, Reinette Amande, quelque méprise est facile à l'égard de ces deux pommes, surtout en France.

Pomme REINETTE COING FRANÇAISE. — Synonyme de pomme *Coing d'Hiver*. Voir ce nom.

Pomme REINETTE COMMUNE. — Synonyme de *Reinette franche*. Voir ce nom.

Pommes : REINETTE CÔTELÉE,

— REINETTE A CÔTES, } Synonymes de *Calleville blanc d'Hiver*. Voir ce nom.

Pomme REINETTE A CÔTES (de l'Allier). — Synonyme de *Reinette de Cuzy*. Voir ce nom.

Pomme REINETTE COULEUVRÉE. — Synonyme de *Reinette dorée*. Voir ce nom.

Pomme REINETTE DE LA COURONNE. — Synonyme de pomme *Reine des Reinettes*. Voir ce nom.

Pomme REINETTE COURTPENDU. — Synonyme de *Court-Pendu gris*. Voir ce nom.

Pomme REINETTE COURTPENDU ROUGE. — Synonyme de *Court-Pendu rouge*. Voir ce nom.

---

387. Pomme REINETTE CRAPAUD.

Synonymes. — *Pommes :* 1. Krötenrabau (Diel, *Vorz. Kernobstsorten*, 1821, t. Ier, p. 119). — 2. Krötenreinette (*Id. ibid.*).

Description de l'arbre. — *Bois :* fort. — *Rameaux :* assez nombreux, érigés, gros, courts, peu géniculés ou très-droits, marron clair à la base, violâtres au sommet, à mérithalles irréguliers et des moins longs. — *Lenticelles :* petites, allongées, jamais bien apparentes. — *Coussinets :* presque nuls. — *Yeux :* moyens, ovoïdes-allongés, légèrement écartés du bois, aux écailles disjointes et bordées de noir. — *Feuilles :* petites ou moyennes, ovales-arrondies, vert jaunâtre en dessus, jaune verdâtre en dessous, courtement acuminées, un peu ondulées, à bords largement crénelés. — *Pétiole :* gros, très-court, noirâtre au point d'attache, à cannelure généralement assez profonde. — *Stipules :* courtes mais des plus larges.

Pomme Reinette Crapaud.

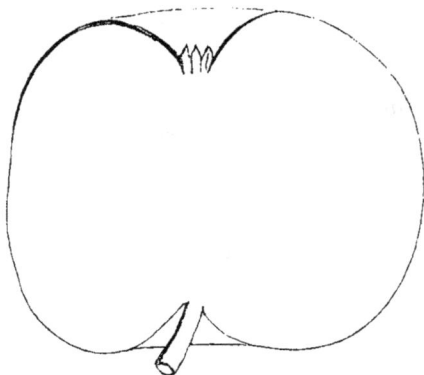

FERTILITÉ. — Ordinaire.

CULTURE. — Sa belle végétation et ses gros rameaux le recommandent pour le plein-vent greffé ras terre. Quand on le destine à former des pyramides, le doucin est le sujet qui lui convient; et le paradis, lorsqu'on en veut faire des buissons, des espaliers ou des cordons.

Description du fruit. — *Grosseur :* au-dessous de la moyenne. — *Forme :* globuleuse plus ou moins aplatie à ses extrémités. — *Pédoncule :* bien nourri, peu long, arqué, obliquement planté dans un étroit bassin. — *OEil :* grand ou moyen, mi-clos ou fermé, à cavité unie et généralement assez vaste. — *Peau :* rugueuse, vert blanchâtre, amplement marbrée et tachée de roux squammeux, puis semée de larges et nombreux points gris peu apparents. — *Chair :* verdâtre, fine, tendre. — *Eau :* suffisante, très-sucrée, délicieusement acidulée et parfumée.

MATURITÉ. — Janvier-Mars.

QUALITÉ. — Première.

Historique. — C'est une pomme allemande que je dois à l'obligeance du superintendant de Jeinsen (Hanovre), M. Oberdieck. Je l'ai multipliée pour la première fois en 1870, et ne la connaissais alors que pour l'avoir examinée, puis appréciée, à l'Exposition de Paris (1867). Les Allemands l'estiment beaucoup, et avec raison. Elle se trouve dans leurs jardins depuis au moins quatre-vingts ans, car le professeur Diel déclarait en 1821 « tenir cette variété du chanoine « Weyr, de Cologne, qui la lui offrit dès l'année 1803. » Et il ajoute : « Son nom « vient de la ressemblance existant entre la peau de ce fruit et celle du crapaud. » (Voir *Vorz. Kernobstsorten*, t. Ier, p. 119.)

POMME REINETTE A CUL NOIR. — Synonyme de *Reinette de Brives*. Voir ce nom.

POMME REINETTE CUSSET. — Voir *Reinette de Cuzy*, au paragraphe OBSERVATIONS.

388. Pomme REINETTE DE CUZY.

Synonymes. — *Pommes :* 1. Reinette d'Angleterre [de la Côte-d'Or] (Congrès pomologique, *Pomologie de la France*, 1867, t. IV, n° 20). — 2. Reinette carrée (*Id. ibid.*). — 3. Reinette carrée de Montbart [des environs d'Auxonne] (*Id. ibid.*). — 4. Reinette a Cotes [de l'Allier] (*Id. ibid.*).

Pomme Reinette de Cuzy. — *Premier Type.*

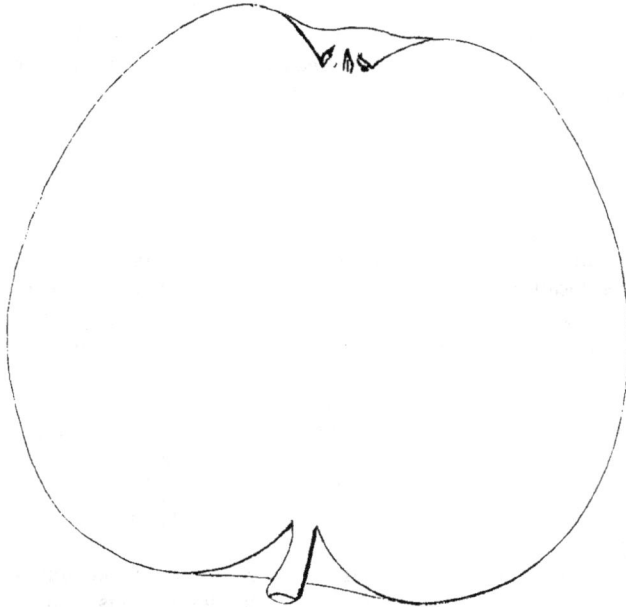

Deuxième Type.

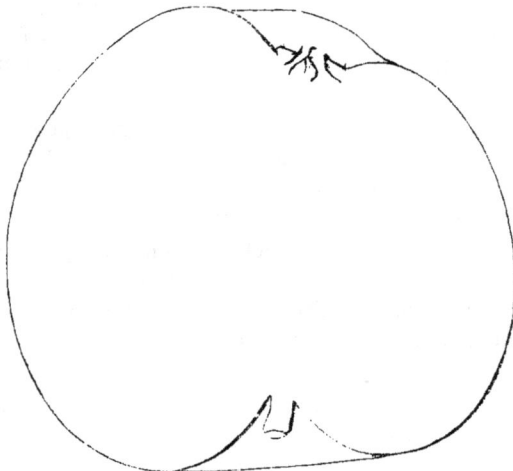

Description de l'arbre. — *Bois :* très-fort. — *Rameaux :* nombreux, étalés à la base, érigés au sommet, gros et longs, légèrement coudés et cotonneux, d'un beau vert olivâtre amplement lavé de gris cendré. — *Lenticelles :* arrondies, grandes et clair-semées. — *Coussinets :* peu prononcés. — *Yeux :* assez gros, très-larges, obtus, écrasés et complétement plaqués sur le bois, à écailles disjointes et plus ou moins duveteuses. — *Feuilles :* abondantes, grandes, épaisses, ovales-arrondies, vert clair en dessus, d'un blanc jaunâtre en dessous, longuement acuminées, à bords relevés puis largement dentés et surdentés. — *Pétiole :* court, très-gros, rougeâtre au point d'attache, à cannelure large mais peu profonde. — *Stipules :* excessivement développées.

Fertilité. — Satisfaisante.

Culture. — Greffé ras terre, pour plein-vent, il devient un arbre de toute beauté. Les formes buisson, cordon, espalier, lui sont également assez profitables, mais il faut alors l'écussonner sur paradis, afin d'amoindrir sa végétation et d'augmenter sa fertilité.

Description du fruit. — *Grosseur* : au-dessus de la moyenne et quelquefois moins considérable. — *Forme* : conique assez allongée ou conique-arrondie, sensiblement pentagone, aplatie à la base et presque toujours plus volumineuse d'un côté que de l'autre. — *Pédoncule* : court ou très-court, bien nourri, souvent arqué, obliquement implanté dans un bassin vaste et profond. — *Œil* : grand ou moyen, ouvert ou mi-clos, à cavité prononcée, un peu irrégulière et bossuée sur les bords. — *Peau* : assez lisse, brillante, jaune intense, lavée de rouge-brique à l'insolation, tachée de fauve dans le bassin pédonculaire, ponctuée de gris et parfois faiblement striée de brun roussâtre. — *Chair* : jaunâtre, fine, compacte, tendre. — *Eau* : abondante, bien sucrée, très-savoureusement acidulée puis parfumée.

MATURITÉ. — Janvier-Mai.

QUALITÉ. — Première.

Historique. — La Reinette de Cuzy, plusieurs fois séculaire et l'une des meilleures pommes connues, porte le nom de la commune d'où dépend son lieu natal. Très-longtemps localisée dans ce canton, faisant aujourd'hui partie du département de Saône-et-Loire, elle y resta, malgré tout son mérite, ignorée des anciens pomologues, qui cependant (le Lectier, 1628) mentionnèrent une Reinette *de Mascon* — je la décris plus loin — bien inférieure à celle de Cuzy, quoiqu'appartenant à la même province. Mais si l'amour-propre de la Reinette de Cuzy put souffrir de cette longue indifférence, actuellement sa blessure doit être cicatrisée, car le monde horticole a vu ces dernières années (1863-1865) de chaleureux débats s'engager à propos de ce fruit. Deux Sociétés d'Horticulture — l'Autunoise et la Dijonnoise — ayant réclamé, chacune pour son département, le droit, l'honneur de l'inscrire parmi leurs variétés indigènes, de là surgit un véritable procès avec enquêtes, mémoires, dits et contredits; ce qui contribua plus à la propagation de cette exquise Reinette, que n'eussent fait les descriptions de tous les pomologues modernes. Ainsi chez moi, dont les pépinières renferment maintenant de nombreux sujets de ce pommier, son nom même était inconnu voilà sept ans; et sans le débat qu'il a suscité, je l'aurais, probablement, toujours ignoré. Quant au tribunal qui jugea la cause, ce fut le Congrès pomologique, en 1867. Je trouve le texte de son arrêt dans le tome IV de ses publications, à l'article n° 20, relatif audit fruit :

« La *Reinette de Cuzy* — y lit-on — est une variété très-ancienne, notoirement connue dans l'Autunois comme ayant pris naissance au hameau des Chapuis, commune de Cuzy, arrondissement d'Autun (Saône-et-Loire). Elle a pour synonymes : Reinette à Côtes, Reinette d'Angleterre, Reinette Carrée, Reinette Carrée de Montbard. »

Mais il ne saurait être sans intérêt de faire connaître les titres qu'invoqua, pour demeurer propriétaire de sa Reinette, la commune de Cuzy. Je vais donc les produire sommairement analysés, tels, enfin, qu'en 1867 me les soumit un avocat d'Autun, M. Dolivot, auquel cette pomme doit en partie sa présente célébrité :

« MONSIEUR ANDRÉ LEROY,

« L'étude consciencieuse à laquelle vous vous êtes livré sur l'origine des fruits dont vous publiez la monographie, m'encourage à soumettre à votre appréciation une question qui divise la Société Autunoise d'Horticulture et celle de la Côte-d'Or.

« L'arrondissement d'Autun a eu, de tout temps, la prétention d'avoir donné naissance à un fruit qui jouit dans les départements de Saône-et-Loire, la Nièvre et l'Allier, d'une réputation bien méritée et qui s'étend journellement. C'est la pomme *Reinette de Cuzy*, dont la commune qui lui a donné son nom a de mémoire d'homme été considérée comme le berceau.

« La Société Dijonnoise conteste à la fois l'origine de cette excellente variété et la dénomination qu'elle a toujours portée dans nos contrées..... Elle s'appuie sur ce que la Reinette de Cuzy est la même variété que les pommes nommées : à Dijon, *Reinette d'Angleterre*; à Beaune, *Reinette à Côtes*; à Montbard, *Reinette Carrée*; à Rouen, *Reinette de Bourgogne*, et elle demande que cette dernière appellation soit substituée au nom Reinette de Cuzy.

« Dans une récente séance du Conseil d'Administration de notre Société, un membre a formellement affirmé *avoir vu* il y a quelques années, entre les mains du docteur Carion, savant botaniste autunois aujourd'hui décédé, un *vieil* ouvrage dans lequel la Reinette de Cuzy était *nominativement signalée* comme recherchée jadis pour l'approvisionnement de la table *des ducs de Bourgogne*..... assertion que deux autres personnes ont confirmée..... Malheureusement, aucun de ces Messieurs n'a pu se rappeler le titre de cet ouvrage..... Vous, Monsieur, qui possédez tant d'anciennes Pomologies, tant de livres spéciaux sur l'arboriculture fruitière, ne pourriez-vous nous aider à trancher victorieusement l'incident soulevé par la Société Dijonnoise, laquelle, du reste, n'apporte aucune preuve à l'appui de sa dénégation ?....

« Agréez, etc.

« DOLIVOT, avocat à Autun,

« Ancien vice-président de la Société Autunoise d'Horticulture.

« Le 26 octobre 1867. »

Je l'ai dit au commencement de cet article, il ne m'a pas été possible de rencontrer chez nos anciens pomologues, la Reinette de Cuzy; et telle fut ma réponse à M. Dolivot. J'ajoute ici, au point de vue purement historique, que dans le vieil ouvrage où l'on « affirme » avoir vu ce fruit « nominativement signalé comme « ayant paru sur la table des ducs de Bourgogne, » on a dû lire POMME de Cuzy et non pas, REINETTE. Et voici pourquoi : le *dernier* duc de Bourgogne, Charles le Téméraire, mourut en 1477; or, nous prouvons ci-dessus (p. 614), au mot Reinette, que ce terme spécifique n'est guère antérieur à 1540. Il me semble donc fort improbable qu'en Bourgogne on ait pu le connaître près d'un siècle avant cette date.

Observations. — Ne pas confondre la Reinette de Cuzy avec la Reinette Cusset, variété de second ordre, portant le nom de son obtenteur et récemment gagnée à Poleymieux (Rhône).

POMME REINETTE DE DAMASON. — Synonyme de *Reinette de Mâcon*. Voir ce nom.

POMME REINETTE DES DAMES. — Synonyme de *Reinette dorée*. Voir ce nom.

---

389. POMME REINETTE DANIEL.

Synonyme. — *Pomme* DANIEL'S ROTHE WINTERREINETTE (Diel, *Vorz. Kernobstsorten*, 1832, t. VI, pp. 88-91).

Description de l'arbre. — *Bois :* fort. — *Rameaux :* nombreux, généralement étalés, gros, longs, très-géniculés, duveteux, brun olivâtre amplement lavé de rouge ardoisé. — *Lenticelles :* grandes, arrondies ou allongées, très-abondantes.

— *Coussinets :* larges et ressortis. — *Yeux :* moyens, ovoïdes, cotonneux, collés sur le bois. — *Feuilles :* grandes, ovales, courtement acuminées, régulièrement et assez profondément dentées ou crénelées sur leurs bords. — *Pétiole :* long et très-nourri, à peine cannelé. — *Stipules :* bien développées.

Pomme Reinette Daniel.

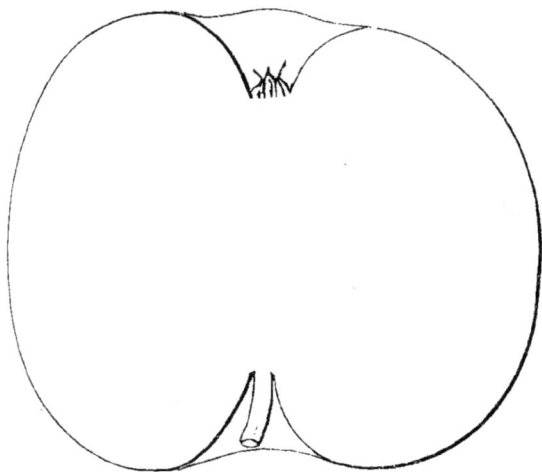

FERTILITÉ. — Ordinaire.

CULTURE. — Il pousse avec une remarquable vigueur, se greffe ras terre pour le plein-vent, forme sous laquelle il devient de toute beauté. La basse-tige lui est également favorable, mais on l'écussonne alors sur paradis, car le doucin n'en tempérerait pas assez la végétation.

Description du fruit. — *Grosseur :* au-dessus de la moyenne. — *Forme :* globuleuse légèrement cylindrique et pentagone, aplatie aux extrémités, puis souvent moins volumineuse d'un côté que de l'autre. — *Pédoncule :* court, gros ou très-gros, arqué, parfois charnu, planté obliquement et profondément dans un bassin de dimensions variables. — *Œil :* grand, ouvert ou mi-clos, à cavité ondulée sur les bords et bien développée. — *Peau :* quelque peu rugueuse, jaune d'or et semée de larges points roux sur la face exposée à l'ombre, jaune-brun clair à l'insolation, où elle est en outre finement ponctuée et mouchetée de carmin; généralement aussi les abords de l'œil et du pédoncule sont réticulés de brun-fauve. — *Chair :* blanchâtre ou jaunâtre, fine, ferme et croquante. — *Eau :* suffisante, sucrée, acidulée et parfumée, possédant bien la saveur des Reinettes.

MATURITÉ. — Janvier-Avril.

QUALITÉ. — Première.

Historique. — C'est un pommier d'origine allemande; je le propage depuis 1860. Diel, un des premiers auteurs qui l'aient décrit, le déclarait en 1832 récemment obtenu de semis par M. Daniel, de Cologne sur le Rhin. Il porte donc le nom de son obtenteur (voir *Vorz. Kernobstsorten*, t. VI, p. 88).

Observations. — La pomme Daniel, des Américains, caractérisée en 1869 par Downing (p. 141), n'a pas le moindre rapport avec celle des Allemands, puisqu'elle mûrit au mois d'août.

POMME REINETTE DES DANOIS. — Synonyme de pomme *Belle du Bois*. Voir ce nom.

POMME REINETTE DE DARNETAL. — Synonyme de *Reinette grise*. Voir ce nom.

POMME REINETTE DEGEER. — Voir *Reinette de Geer*.

POMME REINETTE DIEL. — Voir *Reinette de Diel*, au paragraphe OBSERVATIONS.

---

390. POMME REINETTE DE DIEL.

Synonymes. — *Pommes* : 1. REINETTE D'ANGLETERRE DE DIEL (Diel, *Kernobstsorten*, 1799, t. I, p. 106). — 2. DIELS GROSSE ENGLISCHE REINETTE (Oberdieck, *Illustrirtes Handbuch der Obstkunde*, 1862, t. IV, p. 289, n° 406).

Premier Type.

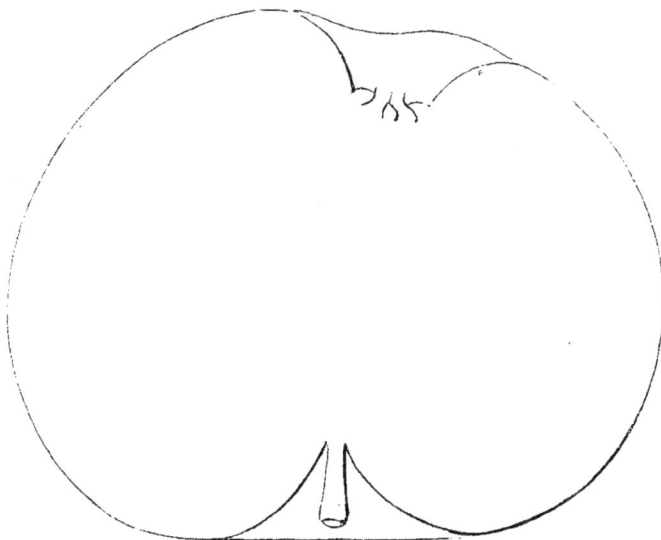

Description de l'arbre. — *Bois :* fort. — *Rameaux :* assez nombreux, généralement étalés, courts et très-gros, peu coudés, bien cotonneux, rouge-brun clair. — *Lenticelles :* petites, clairsemées, arrondies ou allongées. — *Coussinets :* larges et assez saillants. — *Yeux :* moyens ou petits, ovoïdes-arrondis, des plus duveteux, entièrement plaqués sur l'écorce. — *Feuilles :* de grandeur moyenne, ovales ou arrondies, acuminées, cucullées et souvent contournées sur elles-mêmes, à bords irrégulièrement et profondément crénelés. — *Pétiole :* long, assez gros, un peu flasque, carminé, à cannelure bien accusée. — *Stipules :* longues et étroites.

FERTILITÉ. — Satisfaisante.

CULTURE. — Il réussit convenablement sous toutes les formes et sur toute espèce de sujet.

Description du fruit. — *Grosseur :* souvent volumineuse et quelquefois moyenne. — *Forme :* passant de la conique sensiblement arrondie à la conique légèrement allongée. — *Pédoncule :* assez court et assez gros, droit ou arqué, profondément inséré dans un vaste bassin. — *Œil :* grand ou moyen, mi-clos ou fermé, à cavité généralement très-développée et dont les bords sont ondulés ou mamelonnés. — *Peau :* mince, unicolore, jaune clair verdâtre, maculée de brun olivâtre et squammeux autour du pédoncule, puis semée de larges et nombreux points roux, pour la plupart formant étoile. — *Chair :* jaune, assez fine et assez tendre. — *Eau :* abondante, sucrée, fort acidulée mais très-agréablement parfumée.

Pomme Reinette de Diel. — *Deuxième Type.*

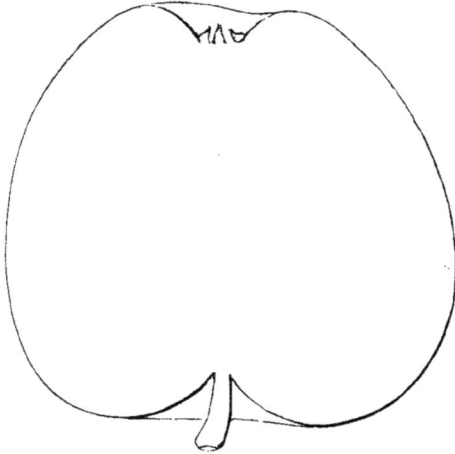

MATURITÉ. — Janvier-Mars.

QUALITÉ. — Première.

Historique. — Ce beau fruit faisait partie, en 1867, de la collection de pommes allemandes envoyée à l'Exposition de Paris, où j'ai pu le déguster. Sa bonté, son volume m'ont engagé à l'introduire dans mes cultures; il y figure depuis 1868. En Allemagne les pomologues ne savent à quel pays l'attribuer. Diel (*Kernobstsorten*, t. Ier, p. 106), le premier qui l'y caractérisa — ce fut en 1799 — le nomma *Grosse englische Reinette* [Grosse-Reinette d'Angleterre] et le crut identique avec la variété ainsi appelée, chez nous, par Duhamel (1768, *Traité des arbres fruitiers*, t. Ier, p. 299). C'était une erreur, que plus tard (1819) cet auteur rectifia (t. XXI, p. 81). On ignore donc l'âge et la provenance de la Grosse-Reinette d'Angleterre de Diel, que j'appelle uniquement *Reinette de Diel* pour éviter toute méprise entre elle et la vraie Reinette d'Angleterre, décrite plus haut, page 616.

Observations. — Les Belges ont une *Reinette Diel*, dédiée vers 1801, par son obtenteur Van Mons, au pomologue allemand ici mentionné. Elle mûrit en décembre, est petite, sphérique comprimée aux pôles, jaune d'or, et très-bonne, dit-on. Je la signale, afin que les caractères si tranchés qui la distinguent de son homonyme, permettent, étant connus, de ne pas confondre ces deux pommes. Du reste, la Reinette Diel de Van Mons a été figurée et caractérisée dans les *Annales de pomologie belge* (1859, t. VII, p. 69), puis par Downing en ses *Fruits of America* (1869, p. 145).

391. POMME REINETTE DE DIETZ.

Synonymes. — *Pommes :* 1. DIETZER WINTERGOLDREINETTE (Diel, *Vorz. Kernobstsorten*, 1832, t. VI, p. 100). — 2. REINETTE DORÉE DE DIETZ (Pépinières belges, *Catalogue général de la Société Van Mons*, 1858, t. I, p. 215). — 3. DIETZER GOLDREINETTE (Oberdieck, *Illustrirtes Handbuch der Obstkunde*, 1859, t. I, p. 509, n° 238). — 4. DIETZER ROTHE MANDELREINETTE (Charles Downing, *the Fruits and fruit trees of America*, 1869, p. 145).

Description de l'arbre. — *Bois :* très-fort. — *Rameaux :* nombreux, légèrement étalés, gros, très-longs et très-géniculés, duveteux, brun-rouge clair lavé de gris. — *Lenticelles :* grandes, arrondies ou allongées et des plus

IV. 42

abondantes. — *Coussinets :* ressortis. — *Yeux :* volumineux ou moyens, ovoïdes, un peu cotonneux et partiellement appliqués sur le bois. — *Feuilles :* grandes, ovales ou elliptiques, courtement acuminées, planes pour la plupart et dentées assez profondément. — *Pétiole :* long, gros, carminé, à peine cannelé. — *Stipules :* larges et très-longues.

FERTILITÉ. — Modérée.

CULTURE. — Sa remarquable vigueur exige, quand on le destine au plein-vent, la greffe ras terre; il devient un fort bel arbre à tête bien arrondie et très-développée. Pour la basse-tige le paradis est l'unique sujet qui lui convienne.

Pomme Reinette de Dietz.

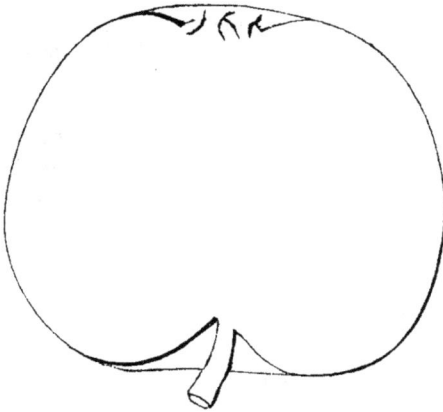

Description du fruit. — *Grosseur :* moyenne. — *Forme :* globuleuse ou cylindrique-arrondie. — *Pédoncule :* de longueur moyenne, gros, surtout au point d'attache, arqué, obliquement planté dans un bassin généralement assez vaste. — *Œil :* grand, régulier, ouvert, plissé sur ses bords et placé presque à fleur de fruit. — *Peau :* jaune d'or, ponctuée de roux, striée de même auprès de l'œil, puis, à l'insolation, lavée de rose pâle finement fouetté de carmin. — *Chair :* blanche, assez ferme, compacte et dégageant une forte odeur de coing. — *Eau :* abondante, sucrée, acidule, à parfum très-délicat.

MATURITÉ. — Janvier-Avril.

QUALITÉ. — Première.

Historique. — Les Allemands ont gagné de semis, vers le commencement du siècle, cette variété, dont les fruits sont exquis. Elle porte le nom de la ville où fut obtenu le pied-type. Diel, en 1832, en établissait ainsi l'origine :

« Un bourgeois de Dietz, nommé Biber, sema des pepins de pomme de Borsdorf, avec l'espoir de les voir reproduire cette même espèce; mais bientôt la végétation de ses égrasseaux lui prouva qu'ils ne ressemblaient aucunement au pommier sur lequel il comptait. Toutefois, dans le nombre il en distingua deux pour leur belle apparence et les vendit comme arbres greffés. Or, l'un de ces égrasseaux donna la *Reinette de Dietz*, et l'autre la Reinette Biber. » (*Vorz. Kernobstsorten*, t. VI, p. 100.)

La Reinette de Dietz est déjà très-répandue; les Américains, les Anglais et les Belges la cultivent; quant à nos pépiniéristes, ils l'ont également, et depuis au moins dix ans, dans leurs collections. Dietz, petite ville du duché de Nassau, possède des pépinières qui jouissent d'une certaine renommée.

392. Pomme REINETTE DOLBEAU.

Synonyme. — *Pomme* REINETTE D'ALLEBEAU (Comice horticole d'Angers, *Catalogue de son Jardin fruitier*, 1852, p. 7, n° 89).

Description de l'arbre. — *Bois :* peu fort. — *Rameaux :* très-nombreux, légèrement étalés, très-courts, de grosseur moyenne, faiblement coudés, des plus duveteux et d'un brun olivâtre nuancé de rouge ; leurs mérithalles sont excessivement courts. — *Lenticelles :* petites, arrondies, abondantes. — *Coussinets :* bien accusés. — *Yeux :* très-petits, arrondis, cotonneux, plaqués sur l'écorce. — *Feuilles :* moyennes, ovales, vert foncé en dessus, duveteuses et blanc verdâtre en dessous, rarement acuminées, à bords finement dentés. — *Pétiole :* court et gros, à cannelure peu prononcée. — *Stipules :* habituellement très-petites.

FERTILITÉ. — Remarquable.

CULTURE. — La grande et constante fertilité de ce pommier le rend très-avantageux pour le plein-vent ; mais il faut le greffer en tête, et non ras terre, autrement il devient à peu près impossible de l'élever à tige. Quant aux formes naines, toutes lui sont propres et le doucin est alors le sujet qui lui convient le mieux.

Description du fruit. — *Grosseur :* moyenne et parfois plus considérable. — *Forme :* globuleuse, aplatie à la base, souvent mamelonnée au sommet, et généralement ayant un côté plus développé que l'autre. — *Pédoncule :* long, de moyenne force, arqué, implanté profondément dans un vaste bassin. — *OEil :* grand, mi-clos, duveteux, plissé sur les bords, à cavité irrégulière et de dimensions variables. — *Peau :* unie, jaune clair, ponctuée de brun et de gris, tachée de fauve dans le bassin pédonculaire, puis mouchetée et fouettée de rose tendre sur la face exposée au soleil. — *Chair :* jaunâtre ou blanchâtre, compacte, fine et mi-tendre. — *Eau :* suffisante, sucrée, à peine acidulée et plus ou moins parfumée ; quelquefois entachée d'un arrière-goût herbacé.

MATURITÉ. — Décembre-Février.

QUALITÉ. — Deuxième.

Historique. — La Reinette Dolbeau me paraît sortie des environs d'Angers, où le Comice horticole de cette ville déjà la propageait en 1840. C'est à lui que j'en suis redevable. Elle portait dans son Jardin le n° 89, et d'abord y figura sous deux noms : d'Allebeau et Dolbeau. Ce dernier a fini par être communément adopté. Je n'ai pu me procurer aucun renseignement sur l'état civil de cette variété.

393. Pomme REINETTE DONAÜER.

Synonymes. — *Pommes* : 1. LINDEN (Lucas, *Illustrirtes Handbuch der Obstkunde*, 1859, t. I, p. 149, n° 59). — 2. DONAUERS REINETTE (*Id. ibid.*).

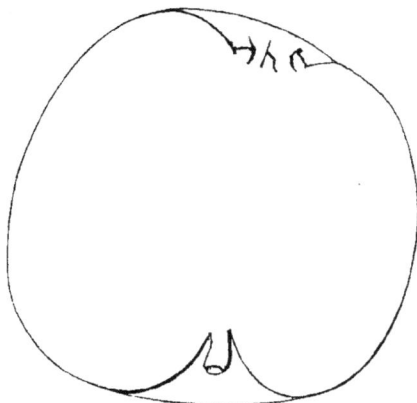

Description de l'arbre. — *Bois :* assez fort. — *Rameaux :* nombreux, érigés ou légèrement étalés, surtout à la base, longs, de grosseur moyenne, très-cotonneux, brun rougeâtre nuancé de vert. — *Lenticelles :* petites, arrondies, rapprochées. — *Coussinets :* ressortis. — *Yeux :* ovoïdes-arrondis, moyens, faiblement écartés du bois et un peu duveteux. — *Feuilles :* assez petites, elliptiques ou ovales-allongées, longuement acuminées, ayant les bords finement dentés. — *Pétiole :* de longueur moyenne, peu fort, rarement cannelé. — *Stipules :* bien développées.

FERTILITÉ. — Satisfaisante.

CULTURE. — Il réussit parfaitement comme plein-vent, même greffé ras terre; la greffe à hauteur de tige lui vaut mieux, cependant, sa tête y gagne une plus grande vigueur. Le paradis est le sujet qu'on lui donne lorsqu'on le destine aux formes naines.

Description du fruit. — *Grosseur :* au-dessous de la moyenne. — *Forme :* arrondie plus ou moins cylindrique et sensiblement déprimée, d'un côté, à ses deux extrémités. — *Pédoncule :* court, bien nourri, arqué, planté dans un bassin vaste et profond. — *Œil :* grand, irrégulier, ouvert, à cavité assez unie, très-large et de profondeur variable. — *Peau :* mince, lisse, à fond d'un jaune clair blafard, abondamment ponctuée de gris-blanc et de fauve, puis amplement marbrée et striée de rouge lie de vin sur la partie que frappent les rayons solaires. — *Chair :* jaunâtre, fine, assez tendre. — *Eau :* peu abondante, sucrée, acidulée, légèrement parfumée.

MATURITÉ. — Décembre-Janvier.

QUALITÉ. — Deuxième.

Historique. — J'importai de Reutlingen (Wurtemberg) ce pommier en 1868. Le sol angevin ne semble pas devoir lui être aussi favorable que le sol de l'Allemagne, pays où la Reinette Donaüer a place parmi les variétés de choix. Le docteur Lucas, directeur de l'Institut pomologique de Reutlingen, a fait connaître en ces termes la provenance de cette pomme :

« L'arbre-mère, qu'on croit sorti d'un pepin de Reinette des Carmes, est planté dans le jardin de Mᵐᵉ la doyenne Diez, à Cobourg, où l'a trouvé M. Donaüer. On rencontre fréquemment, dans les vergers des environs de cette ville, la Reinette Donaüer..... Elle fut décrite en 1851, pour la première fois, par Liégel.... Le surnom de *Linden* [légère], qu'elle a reçu chez les Cobourgeois, lui vient de sa chair fine et délicate. » (*Illustrirtes Handbuch der Obstkunde*, 1859, t. I, p. 149, n° 59.)

394. Pomme REINETTE DORÉE.

Synonymes. — *Pommes :* 1. Renet-Gout (Herman Knoop, *Pomologia*, édit. allemande, 1760, 1re partie, p. 60). — 2. Reinette Tulipe (*Id. ibid.*). — 3. Reinette d'Or (Bonnelle, *le Jardinier d'Artois*, 1766, p. 244 ; — et Glady, *Revue horticole*, 1867, pp. 34 et 233). — 4. Reinette jaune tardive (Duhamel, *Traité des arbres fruitiers*, 1768, t. I, p. 293). — 5. Geele Renet (Mayer, *Pomona franconica*, 1776, t. III, p. 144, n° 52). — 6. Reinette couleuvrée (*Id. ibid.*). — 7. Reinette des Dames (*Id. ibid.*). — 8. Reinette de Lorraine (*Id. ibid.*). — 9. Reinette de Sicile (*Id. ibid.*). — 10. Reinette tulipée (*Id. ibid.*). — 11. Reinette vermeille (*Id. ibid.*) — 12. Reinette jaune (Manger, *Systematische Pomologie*, 1780, 1re partie, p. 26, n° VIII). — 13. Reinette sicilienne (Van Mons, *Catalogue descriptif de partie des arbres fruitiers qui de 1798 à 1823 ont formé sa collection*, p. 21, n° 1437). — 14. Reinette rousse [*par erreur*] (de Launay, *Almanach du Bon-Jardinier*, 1808, p. 140 ; — et C. A. Hennau, *Annales de pomologie belge et étrangère*, 1856, t. IV, p. 69). — 15. Reinette Grain d'Or (Bivort, *Album de pomologie*, 1851, t. IV, p. 117). — 16. Reinette grise dorée (C. A. Hennau, *ibid.*). — 17. Geele fransche Renet (Von Flotow, *Illustrirtes Handbuch der Obstkunde*, 1859, t. I, p. 331, n° 150).

Premier Type.

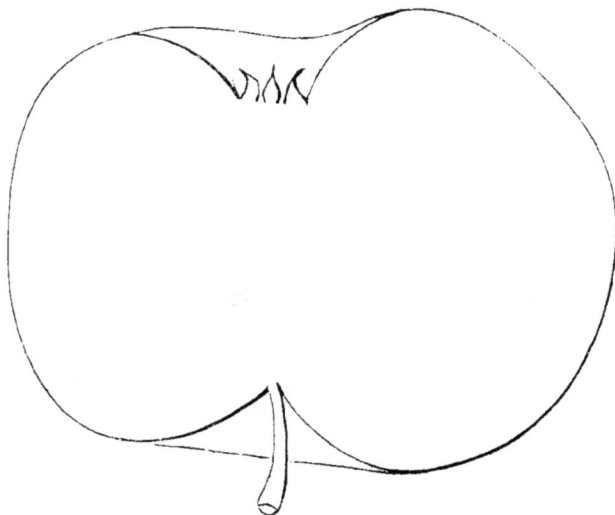

Description de l'arbre. — *Bois :* de force moyenne. — *Rameaux :* souvent très-étalés, assez nombreux, gros et peu longs, légèrement coudés, bien cotonneux et rouge-brun ardoisé. — *Lenticelles :* généralement arrondies, des plus petites, assez abondantes. — *Coussinets :* aplatis. — *Yeux :* moyens, arrondis, plaqués sur l'écorce. — *Feuilles :* de grandeur moyenne, ovales ou arrondies, vert mat en dessus, gris verdâtre en dessous, coriaces, rarement acuminées, ayant les bords largement dentés. — *Pétiole :* court et gros, à cannelure faiblement accusée. — *Stipules :* très-petites.

Fertilité. — Abondante.

Culture. — Sa croissance assez lente indique qu'on doit le greffer en tête pour en obtenir de beaux plein-vent; les formes buisson, cordon, quenouille, espalier, lui conviennent beaucoup, surtout quand il est écussonné sur doucin.

Description du fruit. — *Grosseur :* au-dessus de la moyenne, ou moyenne. — *Forme :* globuleuse irrégulière et sensiblement aplatie aux pôles, ou globuleuse presque régulière. — *Pédoncule :* assez long ou court, bien nourri, droit ou arqué, souvent charnu, planté dans un bassin de dimensions très-variables. — *Œil :* grand ou moyen, ouvert ou mi-clos, à cavité ondulée sur les bords et généralement très-vaste. — *Peau :* mince, lisse, jaune d'or pâle sur le côté de l'ombre, jaune brunâtre sur l'autre face, tachée de fauve verdâtre autour du pédoncule, fortement ponctuée de brun noirâtre et de gris-roux, et parfois,

Pomme Reinette dorée. — *Deuxième Type.*

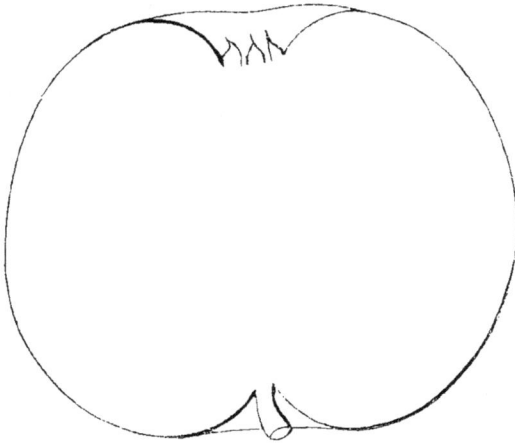

à bonne exposition, quelque peu mouchetée et striée de carmin ou de rose tendre. — *Chair :* blanche, fine, compacte et mi-tendre. — *Eau :* abondante, bien sucrée, acidulée et parfumée, possédant une saveur vraiment exquise.

MATURITÉ. — Décembre-Avril.

QUALITÉ. — Première.

Historique. — La Reinette dorée, qu'en 1780 les Allemands qualifiaient déjà de variété française (voir Manger, *Systematische Pomologie*, p. 26), remonte au plus à 1740. Dittrich, un des pomologues modernes les plus accrédités de l'Allemagne, prétendit, il est vrai, qu'elle provenait de Bruxelles; seulement Alexandre Bivort, successeur du semeur belge Van Mons, affirma le contraire en 1856, déclarant « que la France, heureuse « patrie de tant de beaux fruits, fut le berceau de cette Reinette. » (*Annales de pomologie*, t. IV, p. 69.) Duhamel la décrivit en 1768 dans son *Traité des arbres fruitiers* (t. I, p. 293) et déplora l'extrême rareté de cette délicieuse pomme. Mais il n'en fut pas le premier descripteur, comme beaucoup l'ont supposé. Un moine, le frère Bonnelle, l'avait signalée deux ans avant lui, dans un ouvrage très-peu connu :

« La *Renette d'Or* — écrivait-il en 1766 — pomme d'assez bonne grosseur, aussi ronde que longue, est très-jaune, mouchetée de rouge, et a la chair et l'eau sucrée; bonne en février et mars. » (*Le Jardinier d'Artois ou les Éléments de la culture des jardins potagers et fruitiers*, 1766, p. 244.)

La Reinette Dorée pourrait bien être originaire de l'Agenois ou du Bordelais, contrées dans lesquelles on la trouve localisée depuis fort longtemps sous son premier nom, Reinette d'Or. Un négociant de Bordeaux, M. Eugène Glady, récemment décédé, contribua beaucoup, ces dernières années, à l'en faire sortir; aussi la culture de ce pommier commence-t-elle à se généraliser.

Observations. — Le Congrès pomologique ayant décrit en 1867 (t. IV, n° 8) la Reinette dorée, lui a, par mégarde, appliqué presque tous les synonymes particuliers à la pomme Princesse noble, confondant ainsi ces deux variétés. En se reportant plus haut (pages 591-593) à l'article où nous caractérisons ce dernier fruit, on verra combien notre rectification est fondée. — L'*Almanach du Bon-Jardinier* donna erronément en 1808, à cette pomme de Duhamel, le surnom *Reinette rousse*, que par suite lui maintinrent quelques auteurs; ce qui nous met dans l'obligation, aujourd'hui, de suivre leur exemple, mais en signalant, toutefois, l'erreur commise. Elle est formelle, effectivement, la Reinette des Carmes (voir ci-dessus, pp. 641-643) ayant seule droit au synonyme Reinette rousse, comme le démontre, notamment, le *Catalogue descriptif des Chartreux*, année 1775. — Rarement la Reinette dorée se couvre, à l'insolation, de LARGES vergetures d'un ROUGE VIF; aussi Mayer nous semble-t-il avoir été en dehors de l'exactitude, quand il a dit en 1801 : « Sa peau, du côté du soleil, prend des fouettures ou « striures de pourpre assez semblables aux panachures de certaines tulipes. » (*Pomona franconica*, t. III, p. 144.) — La Reinette de Caux, rappelons-le, a souvent été réunie à la Reinette dorée ; la description que nous en donnons pages 644-647, devra convaincre de la non-identité de ces deux pommes les jardiniers qui en douteraient encore. — Enfin la Reinette tardive d'Angers, ou Reinette jaune doré, âgée d'environ cinquante ans, n'a de commun qu'une certaine homonymie avec l'ancienne Reinette dorée ou Reinette jaune tardive. Et il en est ainsi d'une autre Reinette jaune tardive que Poiteau décrivit en 1846 dans le tome IV de sa *Pomologie française*.

POMME REINETTE DORÉE. — Voir ce nom, puis *Reinette de Caux*, au paragraphe OBSERVATIONS.

POMME REINETTE DORÉE DE DIETZ. — Synonyme de *Reinette de Dietz*. Voir ce nom.

POMME REINETTE DORÉE D'ÉTÉ. — Synonyme de *Reinette jaune hâtive*. Voir ce nom.

POMME REINETTE DORÉE DE HOLLANDE. — Synonyme de pomme *Grosse-Reinette de Cassel*. Voir ce nom.

POMMES : REINETTE DOUBLE DE DAMASON,

— REINETTE DOUBLE DE MASERUS, } Synonymes de *Reinette de Mâcon*. Voir ce nom.

---

395. POMME REINETTE DOUCE.

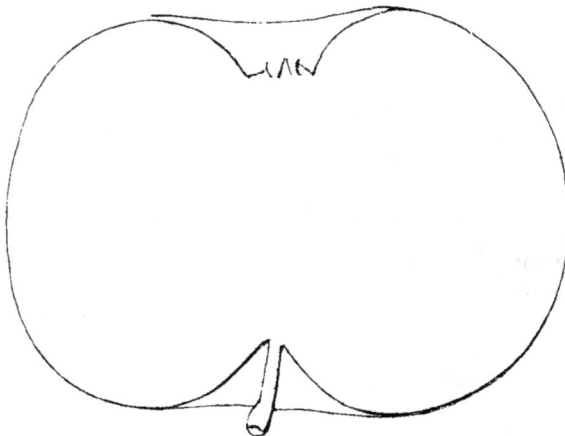

Description de l'arbre. — *Bois :* peu fort. — *Rameaux :* assez nombreux, érigés, de longueur moyenne, gros, très-coudés et très-cotonneux, d'un rouge-brun clair. — *Lenticelles :* grandes, arrondies, clair-semées. — *Coussinets :* aplatis. — *Yeux :* moyens, coniques-arrondis, adhérents et sensiblement duveteux. — *Feuilles :* moyennes ou petites, ovales-allongées, vert foncé en dessus, gris verdâtre en dessous, longuement acuminées, à bords profondément crénelés. — *Pétiole :* long, assez grêle, bien cannelé. — *Stipules :* petites, pour la plupart.

Fertilité. — Abondante.

Culture. — Sa vigueur n'est pas assez grande pour qu'il soit sage de le greffer ras terre quand on le destine au plein-vent, la greffe en tête lui convient beaucoup mieux. Sous toute forme naine il croît admirablement et fait, sur doucin ou paradis, des arbres d'une remarquable beauté.

Description du fruit. — *Grosseur :* moyenne ou un peu plus considérable. — *Forme :* sphérique comprimée aux pôles et généralement moins volumineuse d'un côté que de l'autre; mais parfois, aussi, conique fortement arrondie. — *Pédoncule :* de longueur et grosseur moyennes, renflé à la base, planté dans un large et profond bassin. — *Œil :* grand, bien ouvert ou mi-clos, à courtes sépales, à cavité vaste et unie. — *Peau :* unicolore, jaune clair, très-abondamment ponctuée de brun grisâtre et squammeux, puis légèrement marbrée de roux, surtout dans le voisinage du pédoncule, dont le bassin est entièrement taché de fauve olivâtre. — *Chair :* blanchâtre, compacte, croquante, assez ferme. — *Eau :* suffisante, très-sucrée, sans aucune acidité, mais douée d'une saveur anisée assez agréable.

Maturité. — Octobre-Décembre.

Qualité. — Deuxième pour les amateurs de pommes douces.

Historique. — J'ai toujours vu chez moi, ce pommier, dont les fruits, dépourvus de toute acidité, n'eussent jamais dû, par là même, être nominativement classés dans le groupe des Reinettes. Aussi l'aurais-je débaptisé sans scrupule, si le nom impropre qu'on lui a donné ne remontait pas à plus d'un siècle. Cette Reinette douce appartient à la Normandie, où généralement on l'utilise pour la fabrication du cidre. Dès 1765 elle y était signalée comme espèce tardive pour le pressoir, par le marquis de Chambray, en son livre intitulé l'*Art de cultiver les pommiers à cidre* (p. 37). Puis en 1829 Odolant Desnos, d'Alençon, de nouveau la comprit dans un semblable ouvrage, regrettant surtout qu'on parût moins la rechercher que par le passé :

« *Reinette douce,* pomme tardive. Nous ne savons pourquoi — disait-il — on rejette toujours les Reinettes hors les arbres à cidre; il est bien certain qu'elles sont plus précieuses employées comme fruit à couteau; mais nous nous sommes assuré, avec M. Louis Dubois, que les espèces douces fournissaient du cidre léger, assez bon et agréable, du moins pendant une année. » (*Traité de la culture des pommiers et poiriers à cidre,* p. 126.)

Observations. — Aucune ressemblance n'existe entre la Reinette douce ici caractérisée et la Reinette tendre, ou douce, dont je parlerai ci-après; non plus qu'avec certaine Reinette douce de France, qu'en 1770 décrivit et figura le pomologue hollandais Herman Knoop (*Pomologie,* pp. 70 et 132), et qui n'est autre que la Reinette musquée.

Pomme REINETTE DOUCE. — Synonyme de *Gros-Fenouillet gris.* Voir ce nom.

Pomme REINETTE DOUCE DE FRANCE. — Synonyme de *Reinette musquée.* Voir ce nom.

POMME **REINETTE DOUCE ET JAUNE.** — Synonyme de *Reinette musquée.* Voir ce nom.

POMME **REINETTE DOUCE DE NIENBOURG.** — Synonyme de *Reinette de Nienbourg.* Voir ce nom.

---

396. POMME REINETTE DE DOUÉ.

Synonymes. — *Pommes :* 1. GROSSE-REINETTE DE DOUÉ (Comice horticole d'Angers, *Annales,* 1844, t. III, p. 95). — 2. BELLE DE CHATENAY (Idem, *Album de dégustations,* 1844, f° 32). — 3. BELLE DE DOUÉ (*Id. ibid.,* 1845, f° 48).

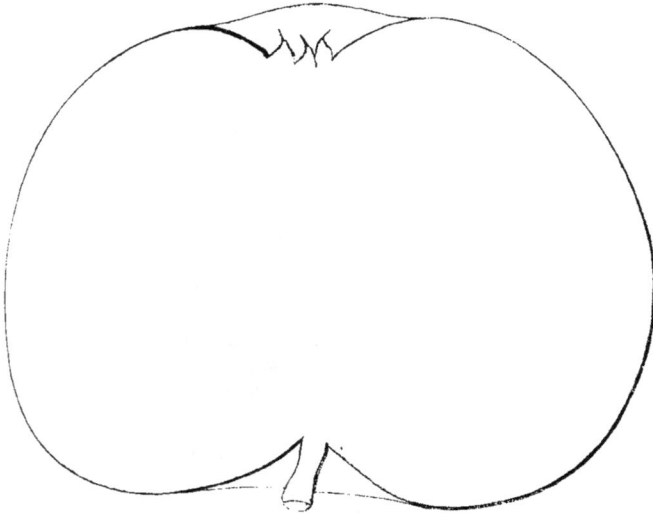

Description de l'arbre. — *Bois :* très-fort. — *Rameaux :* peu nombreux, sensiblement étalés, longs et des plus gros, très-coudés et très-duveteux, d'un brun olivâtre largement lavé de rouge. — *Lenticelles :* assez grandes, arrondies, clair-semées. — *Coussinets :* saillants. — *Yeux :* très-volumineux, arrondis, incomplétement collés sur le bois. — *Feuilles :* grandes, ovales, vert mat en dessus, gris verdâtre en dessous, acuminées, planes et très-profondément dentées. — *Pétiole :* long, des plus gros, à cannelure très-accusée. — *Stipules :* bien développées.

FERTILITÉ. — Ordinaire.

CULTURE. — Sa vigueur étant extrême, il fait de beaux plein-vent, mais à tête habituellement un peu dégarnie. Pour la basse-tige, on le greffe uniquement sur paradis.

Description du fruit. — *Grosseur :* volumineuse et parfois considérable. — *Forme :* conique sensiblement arrondie. — *Pédoncule :* court ou de longueur moyenne, bien nourri, arqué, obliquement inséré dans une assez vaste cavité. — *Œil :* grand ou moyen, mi-clos, à cavité large, assez profonde et légèrement ondulée sur les bords. — *Peau :* unicolore, vert clair ou jaune clair nuancé de vert-pré, lavée de roux autour du pédoncule et semée de nombreux points bruns. — *Chair :* jaune ou jaune verdâtre, demi-fine, tendre et peu compacte. — *Eau :* suffisante, fortement acidulée, assez sucrée, rarement bien parfumée.

MATURITÉ. — Décembre-Avril.

QUALITÉ. — Première dans les terrains secs et calcaires ; deuxième dans les sols argileux.

Historique. — Un pomologue parisien a dit en 1862 que la Reinette ou Belle de Doué datait de 1843 et avait eu pour obtenteur M. Moriceau, de Doué (Maine et-Loire). La lettre suivante, de notre confrère M. Henri Chatenay, va prouver le contraire :

« Doué-la-Fontaine, le 2 mai 1873.

« MONSIEUR ANDRÉ LEROY,

« L'origine de la *Belle de Doué* que vous trouvez consignée dans un ouvrage imprimé en 1862, est absolument erronée. Cette espèce, cultivée depuis un très-long temps, était localisée dans les vergers du sud de notre petite ville et de sa voisine la commune de Douces, où, comme sous-sol, il existe un roc calcaire friable et sec dans lequel elle fait merveille. Ce fut en de telles conditions que mon grand-père Louis Chatenay la rencontra, lui donna le nom qu'elle porte et la multiplia, vers 1820, dans ses pépinières. Je ne connais à cette variété, que deux synonymes : *Belle de Chatenay*, puis *Belle de Saumur* ; elle doit ce dernier à M. Jamin, pépiniériste à Bourg-la-Reine. »

A ces renseignements de M. Chatenay, j'en ajouterai quelques-uns qui sont tirés des archives de l'ancien Comice horticole d'Angers : Le 5 mars 1844 cette pomme fut soumise pour la première fois à l'examen du Comice, et d'abord supposée identique avec la Reinette d'Angleterre (*Annales*, t. III, p. 93); mais peu après son droit à figurer au rang des variétés ayant été reconnu, on s'empressa de l'admettre dans la collection du Jardin fruitier. Le surnom Reinette de Doué, sous lequel elle se vend partout, aujourd'hui, lui vient du Comice et remonte à 1846 (*Annales*, t. III, p. 255).

Observations. — Dans les pépinières de M. Jamin, de Bourg-la-Reine, près Paris, la Reinette de Doué, nous a déclaré plus haut M. Chatenay, est appelée *Belle de Saumur*. Sans contester l'assertion, j'affirme seulement qu'en 1867 j'ai reçu de M. Jamin un pommier et des fruits de sa Belle de Saumur, et qu'ils étaient, de tout point, semblables à la variété déjà sous ce nom dans mon école, et décrite tome III, page 125, du présent ouvrage. Or, cette petite pomme jaune-citron, lavée et fouettée de carmin, que les Belges m'avaient fait connaître en 1857, peut-elle jamais se rapprocher de la volumineuse Reinette ou Belle de Doué, à peau verdâtre, unicolore? Évidemment non. Il existe donc là quelque malentendu, que le temps éclaircira.

POMME REINETTE DRAP D'OR. — Synonyme de *Reinette marbrée*. Voir ce nom.

POMME REINETTE DUCHESSE DE BRABANT. — Voir pomme *Duchesse de Brabant*, au paragraphe OBSERVATIONS.

POMME REINETTE DURABLE DEUX ANS. — Synonyme de *Reinette de Lunéville*. Voir ce nom.

POMME REINETTE ÉCARLATE. — Synonyme de *Reinette Multhaüpt*. Voir ce nom.

397. POMME REINETTE EISEN.

Synonymes. — *Pommes* : 1. KIRCH (Lucas, *die Kernobstsorten Württembergs*, 1854, p. 91). — 2. ROTHER TIEFBUTZER (*Id. ibid.*).

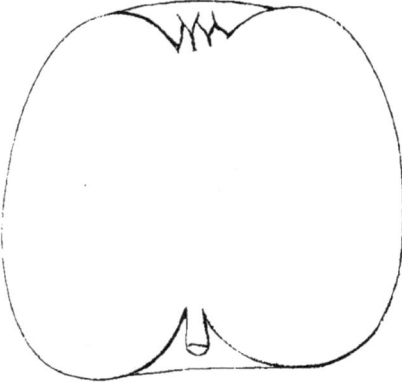

Description de l'arbre. — *Bois :* très-fort. — *Rameaux :* peu nombreux, érigés ou légèrement étalés, assez gros, très-longs, sensiblement géniculés, à peine duveteux et d'un rouge violâtre foncé. — *Lenticelles :* allongées ou arrondies, petites, clair-semées. — *Coussinets :* aplatis. — *Yeux :* petits, ovoïdes-arrondis, faiblement écartés du bois, ayant les écailles cotonneuses et mal soudées. — *Feuilles :* petites, assez abondantes, ovales-arrondies, vert jaunâtre en dessus, jaune blanchâtre en dessous, courtement acuminées, canaliculées et plus ou moins ondulées sur les bords, qui sont irrégulièrement dentés. — *Pétiole :* grêle, mais rigide, de longueur moyenne, carminé en dessous, à cannelure bien accusée. — *Stipules :* des plus petites.

FERTILITÉ. — Ordinaire.

CULTURE. — Il fait, sur paradis, de jolis arbres pour cordons, espaliers ou buissons. En le greffant à hauteur de tige, sur franc, on en obtient aussi de beaux plein-vent.

Description du fruit. — *Grosseur :* moyenne et parfois moins considérable. — *Forme :* arrondie fortement cylindrique, aplatie à la base et presque toujours plus renflée d'un côté que de l'autre, surtout à la partie inférieure. — *Pédoncule :* court ou très-court, de force moyenne, arqué, inséré obliquement dans un bassin étroit et assez profond. — *Œil :* moyen, mi-clos, à cavité unie, peu large et de profondeur variable. — *Peau :* quelque peu rugueuse, d'un blanc jaunâtre nuancé de vert, marbrée de roux près de l'œil et du pédoncule, très-finement ponctuée de gris puis couverte, à l'insolation, de légères vergetures rosées. — *Chair :* un peu verdâtre, fine, compacte et ferme. — *Eau :* suffisante, sucrée, savoureusement acidulée et parfumée.

MATURITÉ. — Décembre-Mars.

QUALITÉ. — Première.

Historique. — M. Oberdieck, superintendant à Jeinsen, près Hanovre, m'envoyait le 31 mars 1870, sur ma demande, cette Reinette, que les Allemands avaient exposée à Paris en 1867. D'après le docteur Lucas, directeur de l'Institut pomologique de Reutlingen, le Wurtemberg en aurait été le berceau. Elle y est très-commune, dit-il, dans la vallée de Reutlingen, aux environs de Tübingen (voir *Kernobstsorten Württembergs*, 1854, p. 91).

398. Pomme REINETTE EMBRUNIE.

Synonyme. — *Pomme* REINETTE ENFUMÉE (Comice horticole d'Angers, *Annales*, 1844, t. III, p. 99).

Premier Type.

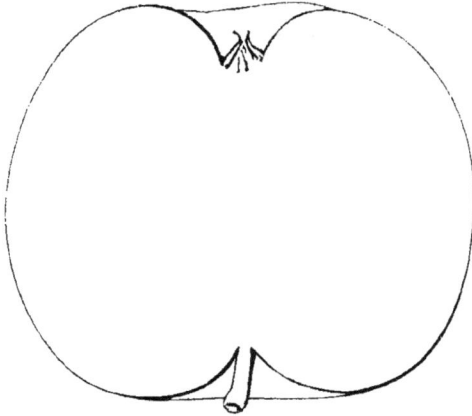

Deuxième Type.

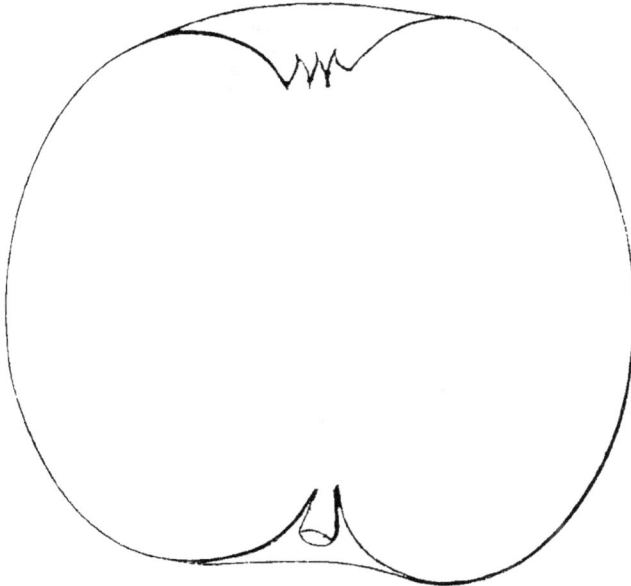

Description de l'arbre. — *Bois :* peu fort. — *Rameaux :* nombreux, érigés, sensiblement coudés, de grosseur et longueur moyennes, très-cotonneux et vert brunâtre lavé de gris. — *Lenticelles :* des plus petites, arrondies, assez abondantes. — *Coussinets :* aplatis. — *Yeux :* petits, arrondis, légèrement duveteux, faiblement collés sur le bois. — *Feuilles :* petites ou moyennes, ovales, vert clair, acuminées et finement crénelées. — *Pétiole :* peu long, assez grêle, carminé, surtout à la base, et profondément cannelé. — *Stipules :* moyennes.

FERTILITÉ. — Assez abondante.

CULTURE. — On le greffe en tête, pour le plein-vent; comme arbre nain il prospère parfaitement sur paradis.

Description du fruit. — *Grosseur :* moyenne et parfois beaucoup plus volumineuse. — *Forme :* globuleuse, ayant souvent un des côtés moins développé que l'autre. — *Pédoncule :* court ou très-court, arqué, gros, parfois charnu, profondément planté dans un vaste bassin. — *OEil :* grand ou moyen, mi-clos ou fermé, à cavité profonde, large ou étroite, rarement bien ondulée sur les bords. — *Peau :* unie, jaune sale dans l'ombre, jaune-brun à l'insolation, maculée de roux olivâtre autour du pédoncule, puis ponctuée de gris et de marron. — *Chair :* jaunâtre

ou verdâtre, mi-fine, assez tendre, quoique croquante. — *Eau :* suffisante, bien
sucrée, complétement dépourvue d'acide, mais quelque peu parfumée.

MATURITÉ. — Novembre-Mai.

QUALITÉ. — Deuxième pour les amateurs de pommes douces.

Historique. — Cette pomme est surtout remarquable par sa longue conservation et le volume qu'elle acquiert quand on la cultive en cordon ou en espalier.
Je ne l'ai vue décrite dans aucune Pomologie et la dois au Comice horticole
d'Angers, qui dès 1840 la possédait; mais il ne m'a pas été possible de connaître
sa provenance. Chez nous on la nomme indistinctement Reinette embrunie ou
Reinette enfumée, dénominations justifiées par la couleur brunâtre de sa peau.

POMME REINETTE ENFUMÉE. — Synonyme de *Reinette embrunie.* Voir ce nom.

399. POMME REINETTE D'ESPAGNE.

Synonymes. — *Pommes :* 1. CAMUEZAS (le Lectier, d'Orléans, *Catalogue des arbres cultivés dans
son verger et plant,* 1628, p. 24). — 2. CAMOISE BLANCHE (*Id. ibid.,* p. 23; — et dom Claude
Saint-Etienne, *Nouvelle instruction pour connaître les bons fruits,* 1670, p. 210). — 3. CAMOISAS
DU ROI D'ESPAGNE (dom Claude Saint-Etienne, *ibid.*). — 4. CAMOISÉE BLANCHE (*Id. ibid.*). —
5. REINETTE A GOBELET (Vilmorin-Andrieux, de Paris, en 1788; cité par Mayer, *Pomona franconica,*
1801, t. III, pp. 145-146) — 6. SAINT-GERMAIN (*Id. ibid.*). — 7. REINETTE TENDRE (*Almanach du
Bon-Jardinier,* 1823, p. 414). — 8. BLANCHE (Pirolle, *l'Horticulteur français ou le Jardinier ama-
teur,* 1824, p. 367). — 9. COBBETT'S FALL PIPPIN (Georges Lindley, *Guide to the orchard and
Kitchen garden,* 1831, p. 83, n° 159). — 10. CONCOMBRE ANCIEN (*Id. ibid.*). — 11. D'ESPAGNE
(*Id. ibid.*). — 12. FALL PIPPIN (*Id. ibid.*). — 13. LARGE FALL PIPPIN (*Id. ibid.*). — 14. DE RATTEAU
(*Id. ibid.*). — 15. REINETTE BLANCHE D'ESPAGNE (*Id. ibid.*). — 16. WHITE SPANISH REINETTE
(*Id. ibid.*). — 17. BLANCHE D'ESPAGNE (Louis Noisette, *le Jardin fruitier,* 1839, t. I, p. 198). —
18. REINETTE BLANCHE (Couverchel, *Traité des fruits,* 1852, p. 444). — 19. CAMUZAR (Eugène
Forney, *le Jardin fruitier,* 1862, t. I, pp. 245 et 295). — 20. ÉPISCOPALE (Charles Downing, *the
Fruits and fruit trees of America,* 1869, p. 169). — 21. PHILADELPHIA PIPPIN (*Id. ibid.*). —
22. YORK PIPPIN (*Id. ibid.*).

Description de l'arbre. — *Bois :* très-fort. — *Rameaux :* peu nombreux,
étalés pour la plupart, très-gros, assez longs, bien géniculés, des plus cotonneux
et d'un rouge ardoisé. — *Lenticelles :* grandes, arrondies, rapprochées. — *Coussinets :*
très-ressortis. — *Yeux :* volumineux, arrondis, duveteux, adhérents. — *Feuilles :*
très-grandes, ovales-arrondies, vert foncé en dessus, blanc brunâtre en dessous,
coriaces et longuement acuminées, ayant les bords très-profondément dentés. —
Pétiole: peu long, des plus gros, à cannelure faiblement accusée. — *Stipules :* longues
et larges.

FERTILITÉ. — Satisfaisante.

CULTURE. — En le greffant ras terre, pour plein-vent, il fait des sujets à belle
tige, à tête assez forte, mais la grosseur de ses produits s'accommode mal de cette
forme, la moindre secousse les détachant aisément de l'arbre. Le cordon ou l'espalier lui conviennent donc mieux, et on l'écussonne alors sur paradis, afin d'en
accroître la fertilité.

Description du fruit. — *Grosseur :* considérable. — *Forme :* conique-ventrue
ou conique-arrondie, quelque peu côtelée près l'œil et très-déprimée, sur une

face, à chacune de ses extrémités. — *Pédoncule :* court ou très-court, gros, souvent charnu, arqué, inséré dans un vaste et profond bassin. — *OEil :* très-grand, bien ouvert, à sépales des plus courtes et parfois même faisant défaut, à cavité prononcée et plus ou moins ondulée sur les bords. — *Peau :* mince, lisse, jaune blanchâtre légèrement nuancé de vert sur la face placée à l'ombre; jaune-brun à l'insolation, où généralement elle est lavée de rouge-brique et parfois couverte d'une fine efflorescence; maculée de fauve autour du pédoncule, puis semée de larges points bruns cerclés de gris clair. — *Chair :* blanchâtre, assez grosse, tendre, peu compacte.

Pomme Reinette d'Espagne.

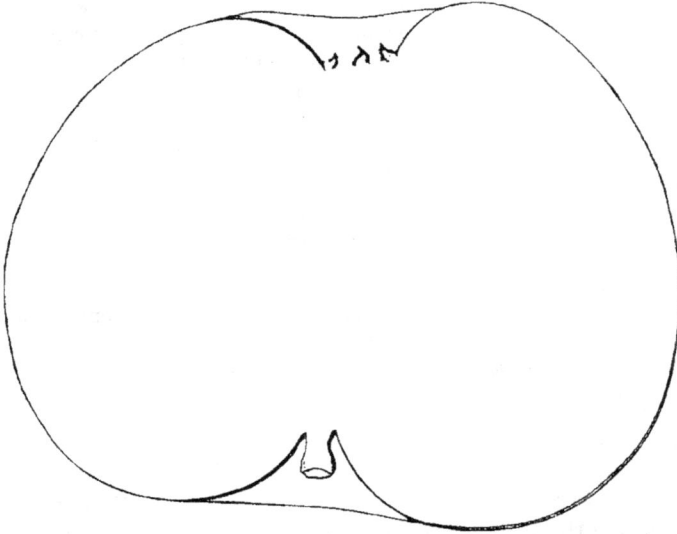

— *Eau :* abondante, sucrée, acidulée, toujours presque dénuée de parfum.

MATURITÉ. — Novembre-Mars.

QUALITÉ. — Deuxième pour le couteau, première pour les usages culinaires.

Historique. — Mayer, directeur en 1776 des jardins du duc de Franconie (Allemagne), disait dans sa *Pomone :* « Le CAMUEZAR est bien connu en France sous « le nom Reinette d'Espagne. » (T. III, p. 128.) Il ne se trompait pas, car dès 1628 le Lectier, d'Orléans, montrait par le *Catalogue* de son fameux verger, que le Camuezar se rencontrait déjà chez nous; mais ce fut un peu plus tard, vers 1650, qu'il y reçut le surnom Reinette d'Espagne, dont le docteur Venette, de la Rochelle, a fait en 1683 mention l'un des premiers :

« Dans les maladies — écrivait-il — qui sont accompagnées d'une chaleur et d'une soif considérables, les pommes sont d'un grand secours, si l'on en mange un peu de crüe, ou de cuite, ou que l'on en mette dans de l'eau; et je m'étonne de ce qu'en France l'on se donne tant de peine à chercher des Oranges et des Citrons pour nos malades, quand on a une pomme de Courtpendu, ou une REINETTE D'ESPAGNE. » (*L'Art de tailler les arbres fruitiers*, seconde partie, intitulée *de l'Usage des fruits*, pp. 56-57.)

Je soupçonne qu'ici le docteur Venette a voulu parler de la délicieuse pomme *Blanc d'Espagne*, caractérisée pages 136-137 de notre troisième volume, et non pas de cette Reinette, qui sur le sol français n'a très-habituellement droit qu'au second rang; mais dans son pays natal elle acquiert, dit-on, la saveur, le parfum de nos meilleures Reinettes. C'est ce que m'affirmait, au mois d'août 1872, un horticulteur espagnol venu visiter mon établissement, et auquel je soumis mes notes de dégustation et mes types dessinés concernant ladite espèce, qu'il distingua tout aussitôt d'un faux Camuezar cultivé dans les environs de Paris.

La propagation de ce pommier dans les pépinières françaises, eut lieu fort lentement, puisque le Berriays écrivait en 1785 : « Lorsque parut la première édition « de mon *Traité des jardins* (1775), il n'était nulle mention de la Reinette « d'Espagne ; aujourd'hui même (1785), elle ne se trouve dans aucun Catalogue. » (T. I, p. 376.) L'ancienne rareté de cette pomme tint surtout à sa localisation, dans certaines de nos provinces, sous différents pseudonymes peu propres à la faire reconnaître. C'est du moins ce qu'indique une lettre de Philippe Vilmorin, jadis botaniste-grainier à Paris, au pomologue allemand Mayer, duquel j'ai parlé ci-dessus, et qui sollicitait de notre savant compatriote quelques renseignements sur cette variété :

« Paris, 21 janvier 1788.

« La pomme que nous avons ici depuis très-longtemps sous le nom *Reinette d'Espagne* ou *Camuezar* — répondait M. Vilmorin — est un gros et beau fruit d'une forme plus longue que toutes les Reinettes, et quelquefois relevée par des petites côtes assez saillantes, mais cela n'est pas ordinaire. Sa peau est fine ; sa couleur, d'un jaune clair tirant sur le blanc et un peu piquetée de rouge du côté du soleil ; sa chair est fine et plus acidulée que celle des autres Reinettes. J'ai reçu de Limoges des arbres et des fruits d'une pomme nommée *Saint-Germain* en ce pays-là, et qui me paraît être absolument la même ; et j'en ai vu une autre cultivée en Normandie sous le nom *Reinette à Gobelet,* qui lui est aussi fort ressemblante... » (*Pomona franconica,* t. III, pp. 145-146.)

Observations. — La longue conservation de cette Reinette, qui parfois déjà mûre en octobre se garde aisément jusqu'au mois de mars, fit croire anciennement qu'il en existait une sous-variété précoce. Comme aussi quelques pomologues l'ont supposée, non moins à tort, identique avec la Reinette de Hollande ci-après décrite. Je pense qu'aujourd'hui ces erreurs sont généralement reconnues. — Un des modernes commentateurs de Pline, M. Fée, professeur d'histoire naturelle, disait en 1831 (édit. Panckoucke, t. IX, p. 468) que le nom *Court-Pendu* avait été, par quelques précédents traducteurs, considéré comme synonyme de Camuezar, ou Reinette d'Espagne. Cette opinion paraîtra tellement inacceptable, qu'il devient inutile de la combattre. — Enfin Charles Downing (1869, *Fruits of America,* pp. 169 et 404), tout en avouant qu'il ne connaît pas l'origine de la pomme *Fall Pippin,* laquelle, ajoute-t-il, ne diffère de la Reinette d'Espagne que par une maturité un peu moins prolongée (d'un mois environ), la décrit cependant comme variété. Quant à moi, d'accord avec le pomologue anglais Lindley (1831, p. 83, nº 159), je réunis à la Reinette d'Espagne le Fall Pippin des Américains, ne voyant rien qui puisse l'en séparer. Il me semble, en effet, vraiment impossible de déclarer deux pommes non-identiques, par cela *seul* que l'une d'elles reste au fruitier un mois de plus ou de moins que sa congénère.

P<small>OMME</small> REINETTE D'ÉTÉ. — Synonyme de *Reinette jaune hâtive.* Voir ce nom.

P<small>OMME</small> REINETTE ÉTOILÉE. — Synonyme de *Reinette rouge étoilée.* Voir ce nom.

P<small>OMME</small> REINETTE FILÉE. — Synonyme de *Reinette marbrée.* Voir ce nom.

POMMES : REINETTE FINE,

— REINETTE FINE DU VIGAN,

} Synonymes *de Reinette d'Angleterre.* Voir ce nom.

---

400. POMME REINETTE FOURNIÈRE.

Synonyme. — *Pomme* PETITE-REINETTE FOURNIÈRE (Mayer, *Pomona franconica*, 1776-1801, t. III, p. 146).

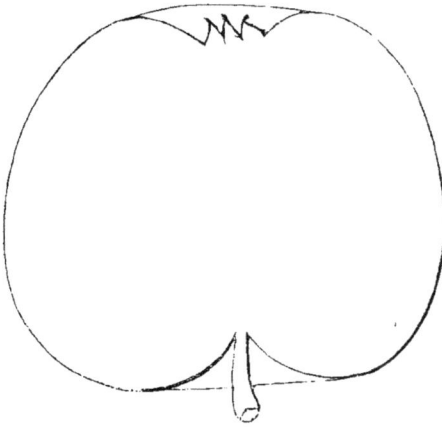

Description de l'arbre. — *Bois :* assez fort. — *Rameaux :* peu nombreux, presque érigés, gros, très-longs, légèrement coudés, bien cotonneux et brun verdâtre faiblement lavé de rouge terne. — *Lenticelles :* arrondies ou allongées, grandes ou moyennes, clair-semées. — *Coussinets :* aplatis. — *Yeux :* volumineux, ovoïdes-arrondis, duveteux, adhérents. — *Feuilles :* assez petites, elliptiques ou ovales-allongées, planes, longuement acuminées, à bords uniformément dentés. — *Pétiole :* bien nourri, des plus longs, tomenteux et sensiblement cannelé. — *Stipules :* grandes.

FERTILITÉ. — Abondante.

CULTURE. — Il pousse convenablement sous toute forme et sur toute espèce de sujet.

Description du fruit. — *Grosseur :* moyenne et souvent moins volumineuse. — *Forme :* globuleuse légèrement cylindrique, aplatie à la base, ayant généralement une face plus renflée que l'autre. — *Pédoncule :* de longueur et de force moyennes, arqué, obliquement inséré dans un assez vaste bassin. — *Œil :* grand, mi-clos ou fermé, à large et peu profonde cavité. — *Peau :* plus ou moins rugueuse, jaunâtre, presqu'entièrement marbrée et veinée de brun clair, puis ponctuée de gris. — *Chair :* assez blanche, fine et ferme — *Eau :* suffisante, bien sucrée, agréablement acidulée et parfumée.

MATURITÉ. — Janvier-Avril.

QUALITÉ. — Deuxième.

Historique. — Cultivée depuis plus d'un siècle dans les localités avoisinant Paris, cette pomme passe pour y être née. La Bretonnerie fut en 1784 celui, croyons-nous, qui le premier la décrivit :

« La *Reinette Fournière* — dit-il — est la plus petite de toutes les Reinettes, un peu longuette, jaune, tachetée de points gris fort drus. Quoiqu'elle ne soit pas belle et qu'elle soit plus dure que les autres, les marchands de fruit des environs de Montmorenci, qui lui ont donné le nom de Fourniere on ne sçait pourquoi, l'estiment parce qu'ils en font un grand débit pour le peuple de Paris, et qu'elle a le merite de se garder long-temps. » (*L'École du jardin fruitier*, t. II, pp. 477-478.)

Cette origine du nom Fournière, que la Bretonnerie avoue ne pas connaître, Mayer, l'érudit pomologue allemand si souvent cité dans ce *Dictionnaire*, va nous la révéler :

« On appelle — écrivait-il en 1801 — cette pomme Fourniere, parce que les paysans de la vallée de Montmorency en faisoient autrefois secher des fournées entières; aujourd'hui ils préfèrent les porter à Paris, où ils les vendent bien. » (*Pomona franconica*, 1776-1801, t. III, p. 146.)

La Reinette Fournière n'est pas encore très-répandue en France; cependant elle convient essentiellement pour l'alimentation des marchés, tant par sa longue conservation que par la grande fertilité de son arbre.

Pomme REINETTE FRANÇAISE. — Voir *Reinette franche*, au paragraphe Observations.

Pomme REINETTE DE FRANCE. — Synonyme de *Reinette blanche de Champagne*. Voir ce nom.

---

401. Pomme REINETTE FRANCHE.

Synonymes. — *Pommes* : 1. De Renette (Charles Estienne, *Seminarium et plantarium fructiferarum præsertim arborum quæ post hortos conseri solent*, 1540, p. 54; — et Mayer, *Pomona franconica*, 1776, t. III, p. 136, n° 46). — 2. Reinette (Olivier de Serres, *le Théâtre d'agriculture et ménage des champs*, édit. de 1608, p. 626). — 3. Reinete Blonde [*par erreur*; voir, ci-après, au paragraphe Observations] (Claude Mollet, *Théâtre des jardinages*, édit. de 1678, pp. 51-52; — et Eugène Forney, *le Jardinier fruitier*, 1862, t. I, p. 279). — 4. Reinette blanche (la Quintinye, *Instruction pour les jardins fruitiers et potagers*, 1690, t. I, p. 389; — Herman Knoop, *Pomologie*, 1771, édit. française, p. 53; — Manger, *Systematische Pomologie*, 1780, p. 24, n° VI, puis p. 36, n° XLIV; — et Robert Hogg, *the Apple and its varieties*, 1859, p. 168). — 5. Reinette commune (Saussay, *Traité des jardins*, 1722, p. 142). — 6. Reinette triomphante (Herman Knoop, *ibid.*, pp. 48 et 132). — 7. Edelreinette (Diel, *Kernobstsorten*, 1799, t. I, p. 120). — 8. Reinette de Clareval (*Id. ibid.*, 1816, t. XII, p. 111). — 9. Reinette von Clareval (le baron de Biedenfeld, *Handbuch aller bekannten Obstsorten*, 1854, 2° partie, p. 189). — 10. Victorious Reinette (Elliott, *Fruit book*, 1854, p. 179); — 11. Reinette franche rose (André Leroy, *Catalogue descriptif et raisonné des arbres fruitiers et d'ornement*, 1855, p. 43, n° 195). — 12. Goldreinette (C. A. Hennau, *Annales de pomologie belge et étrangère*, 1856, t. IV, p. 65). — 13. Reinette de Normandie (Robert Hogg, *ibid.*, 1859, p. 168; — et Charles Downing, *the Fruits and fruit trees of America*, 1869, p. 184).

Description de l'arbre. — *Bois* : assez fort. — *Rameaux* : nombreux, érigés pour la plupart, gros, très-longs, coudés, bien duveteux et brun olivâtre. — *Lenticelles* : grandes, arrondies ou allongées, assez abondantes et des plus apparentes. — *Coussinets* : saillants et se prolongeant sensiblement en arête. — *Yeux* : volumineux, coniques-arrondis, cotonneux, légèrement appliqués sur le bois. — *Feuilles* : grandes, ovales-allongées, vert terne et grisâtre en dessus, duveteuses et blanc verdâtre en dessous, souvent acuminées, canaliculées ou planes, ayant les bords largement et assez profondément dentés. — *Pétiole* : gros, de longueur moyenne, tomenteux, faiblement cannelé. — *Stipules* : longues et peu larges.

FERTILITÉ. — Ordinaire.

CULTURE. — Il se greffe en tête quand on le destine au plein-vent et fait alors des arbres convenables, tandis qu'avec la greffe ras terre son tronc ne grossit pas et fréquemment même ne peut atteindre la taille voulue pour la haute-tige. Les formes naines, sur paradis ou sur doucin, lui sont très - avantageuses ; il s'y montre d'une grande régularité et toujours plus productif que sur franc.

Description du fruit. — *Grosseur* : moyenne ou au-dessus de la moyenne. — *Forme :* très-inconstante; conique - arrondie et comprimée aux pôles, ou conique assez allongée; ou bien encore, raccourcie fortement cylindrique ; enfin cette pomme est souvent pentagone ou côtelée, quoique cependant il ne soit pas rare, non plus, de la trouver dépourvue de gibbosités au sommet. — *Pédoncule :* court ou assez long, de moyenne force ou très-nourri, habituellement renflé au point d'attache, droit ou arqué, profondément planté dans un bassin assez étroit — *OEil :* grand ou moyen, mi-clos ou fermé, à cavité large, de profondeur variable et plus ou moins plissée, bossuée ou côtelée sur les bords. —

Pomme Reinette franche. — *Premier Type.*

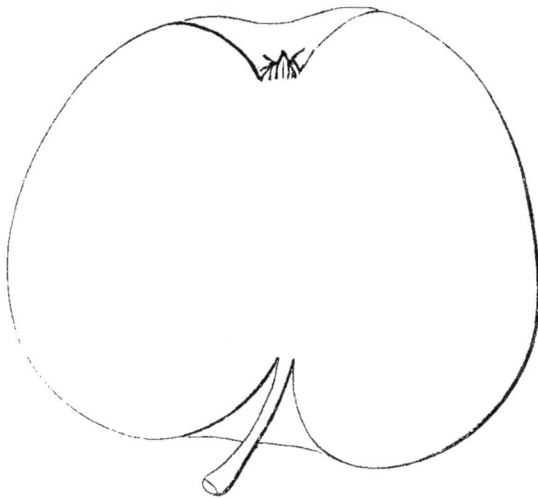

Deuxième Type.

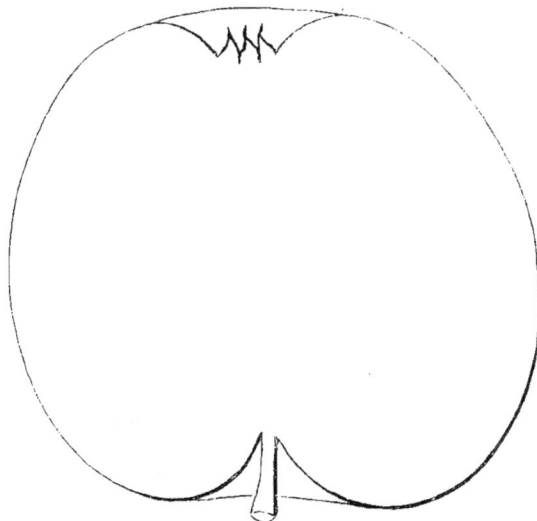

Peau : épaisse, unie ou légèrement rugueuse, jaune pâle sur la face exposée à l'ombre, jaune brunâtre à l'insolation, où parfois elle est finement lavée de rose; quelque peu maculée de roux verdâtre autour du pédoncule, puis semée de points gris ou de points bruns cerclés de blanc et souvent formant étoile; souvent aussi elle est réticulée de fauve dans le voisinage de l'œil. — *Chair :* d'un blanc jaunâtre, fine, croquante, assez ferme. — *Eau :* abondante, très-sucrée mais bien acidulée et possédant un parfum exquis.

Maturité. — Décembre-Mai.

Qualité. — Première pour le couteau et pour les divers usages culinaires.

Pomme Reinette franche. — *Troisième Type.*

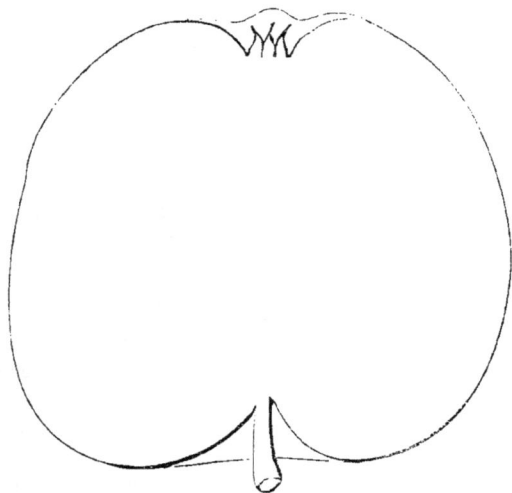

Quatrième Type.

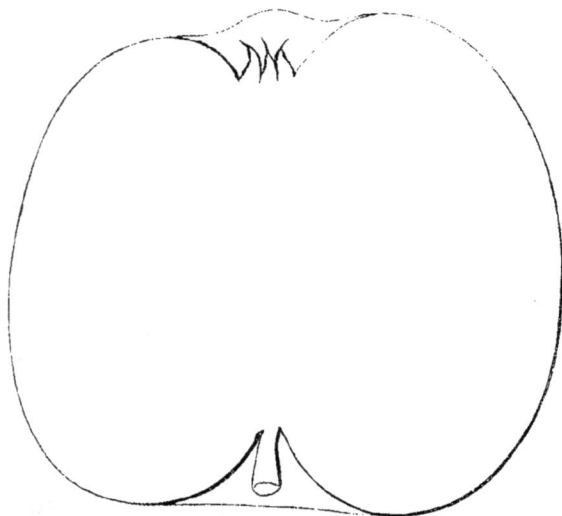

Historique. — En établissant ci-dessus (voir page 614) l'origine du mot Reinette, nous avons constaté que Charles Estienne (1540) fut le premier de nos écrivains horticoles qui le mentionna :

« Les pommes *Renetia,* ou *de Reinette* en langue vulgaire — dit-il — mûrissent à peu près à la même époque qne celles de Râteau (décembre), et leur chair est moins dure et d'une saveur encore plus agréable. » (*Seminarium et plantarium fructiferarum,* etc., 1540, p. 54.)

L'espèce ainsi désignée, c'était la Reinette franche, qui bientôt allait devenir la mère, la doyenne d'un groupe considérable de pommiers, et lui léguer son nom. Mais, à cette date, quel âge pouvait-elle avoir? et, surtout, d'où provenait-elle?

Je pense qu'en 1540 ce fruit comptait bien une trentaine d'années et que la Normandie l'avait vu naître. C'est effectivement dans cette province que je le rencontre tout d'abord, au milieu du xvi\ :e siècle, et déjà fort estimé, comme il ressort du passage suivant, extrait d'un document authentique classé dans les Archives de la Seine-Inférieure et analysé en 1865 par M. Robillard de Beaurepaire, conservateur de ce dépôt :

« On voit — rapporte cet archiviste — paraître au xvi\ :e siècle la Reinette, dans des comptes relatifs à l'abbaye Saint-Amand, de Rouen : Avril 1543, demy cent de pommes de

Raynette, 5 sols; — le 5 may même année, demy cent de pommes de Raynette achaptez
pour Madame (l'abbesse, qui était malade), 7 sols; — 1544, 5 mai, demy cent de grosses
pommes de Raynette achaptez pour Madame, 7 sols. » (*Notes et documents concernant l'état
des campagnes de la haute Normandie dans les derniers temps du moyen âge*, p. 49.)

Mais un fait qui donne plus de force encore à mon opinion, que la Reinette
franche provient de Normandie, c'est qu'un des pommiers à cidre appartenant
à cette contrée — celui de *Reinette sauvage* — y passe pour le père même des
Reinettes à couteau. Le professeur Renault, botaniste normand très-estimé, va du
reste nous l'affirmer :

« On croit — écrivait-il en 1817 — que le pommier de *Reinette sauvage* est la source de
toutes les espèces et de toutes les variétés de pommes de Rainette aujourd'hui si recherchées
pour leur saveur agréable, et par la qualité du fruit, qui fait en partie la richesse de nos
jardins..... Il est connu sous les différents noms d'Ozanne, Belle-Ozanne, Gannevin et
d'Alouette. » (*Notice sur la nature et la culture du pommier à cidre*, p. 35.)

Très-répandue, et depuis au moins un siècle et demi, à l'étranger, la Reinette
franche toujours y fut réputée originaire de notre pays. Mayer, le plus érudit des
pomologues allemands de ces derniers temps (1776), s'exprime à cet égard en
termes formels :

« L'épithète *franche* qui caractérise cette pomme — dit-il — se trouve traduite dans
toutes les langues par FRANÇAISE; c'est donc l'espèce primitive des Reinettes françaises, ou la
vraie, la franche, la décidément bonne et pure Reinette de cette nation. » (*Pomona franconica*,
t. III, p. 136.)

Observations. — A l'exemple du Beurré gris, que si longtemps on refusa de
réunir aux prétendus Beurrés Rouge, Vert, Doré, Roux, etc., la Reinette franche
a passé, et passe encore aux yeux de plusieurs arboriculteurs, pour un fruit
distinct de la Reinette *blanche*, ancienne, et de la Reinette *franche rose*, moderne.
Cependant il n'apparaît entr'elles d'autre différence qu'un coloris peu dissemblable,
résultant de la nature du terrain, de l'ombre ou du soleil, de la vigueur ou de
l'état maladif de l'arbre. Donc, comme l'affirme la Quintinye (1690, t. I, p. 389)
— et celui-là s'y connaissait — Reinette blanche est bien synonyme de Reinette
franche. Quant à la Reinette franche rose, l'ayant en pépinière depuis 1855, je
certifie qu'elle est également identique avec cette dernière variété. Toutefois il faut
n'avoir pu lire nos anciens pomologues pour classer, ainsi qu'on l'a fait dans de
récents ouvrages, les noms Reinette prime et Reinettte blanche de Merlet, puis
de Claude Saint-Étienne, parmi les synonymes de la Reinette franche. Remonter
aux sources, afin d'étudier tous ces noms, est long et fastidieux. Je le sais, mais
qu'importe, puisque nul autre moyen n'existe pour découvrir les erreurs? Et je
vais le démontrer, le cas présent s'y prêtant parfaitement :

Dans le *Catalogue* de le Lectier, datant de 1628, se trouve signalée (page 22)
sans renseignement descriptif, sauf celui d'être un fruit *hâtif*, une *Reinette prime.*
Bonnefond, en 1653, mentionnait avec le même laconisme une *Reinette hastive*
(*le Jardinier français*, p. 107). En 1667 Merlet ne parla ni d'une Reinette hâtive ni
d'une Reinette prime, mais décrivit une Reinette blanche :

« La *Reinette blanche* — dit-il — est tendre, n'a pas l'eau si bonne que les autres, et
DURE PEU. » (*L'Abrégé des bons fruits*, p. 147.)

Pour qui sait comprendre, cette Reinette blanche semble nécessairement, vu sa
courte durée, le même fruit que la Reinette *prime* de le Lectier, que la *hâtive*
de Bonnefond; aussi pourrait-on émettre une telle opinion sans donner droit

à quelque critique de vous qualifier d'esprit aventureux ; ce qu'immédiatement je prouve, à l'aide de dom Claude Saint-Étienne. Négligeant de contrôler l'identité des fruits, ce moine se borna simplement à les décrire sous leurs noms locaux ; d'où suit que fort souvent on rencontre chez lui la même variété caractérisée sous deux ou trois différentes dénominations. Or, voici comment, en 1670, il parla des diverses Reinettes qui nous préoccupent :

« Rainette blanche, DITE PRIME — écrivait-il — est la premiere bonne et ne se garde pas guere que jusqu'aux Roys; est longuette, grosse comme l'autre (la Franche, sans doute?), blanchâtre et marquetée de gris. Cruë, tres-bonne. Il y en a de quasi ronde et presque grosse comme Rambour. » = « Rainette HATIVE est ronde et plate, grosse comme Rambour, blanchâtre, tendre et marquetée, bonne vers la my-septembre. » (Nouvelle instruction pour connaître les bons fruits, 1670, pp. 215 et 216.)

Je crois maintenant, grâce à Merlet puis à Claude Saint-Étienne, avoir établi que ces Reinettes Blanche, Prime et Hâtive — qu'on doit réunir à Jaune hâtive décrite ci-après, page 696 — sont identiques et n'ont rien de commun, surtout, avec la Reinette franche, pomme très-tardive, puisqu'elle atteint facilement le mois de mai. Comme je pense aussi pouvoir assurer, après la Quintinye, Knoop et Manger (pour les ouvrages à consulter, voir en tête de cet article notre sommaire synonymique), que de leur temps on cultivait une Reinette blanche qui se rapportait positivement à la Reinette franche. Au reste, les pomologues qui persistent à maintenir la Reinette blanche parmi les variétés, sont obligés d'avouer qu'extérieurement elle ressemble beaucoup à la Franche, et lui est uniquement, quoique bonne, inférieure en qualité.... J'ajoute qu'en 1801 Mayer, partageant cette erreur (t. III, p. 137), prétendit, lui, qu'une couleur moins verte, plus blanche et jaunâtre, distinguait seulement la Reinette blanche de la Reinette franche.... Je le demande, où s'arrêterait le nombre des variétés de pommes et de poires, s'il ne fallait, pour en créer, qu'invoquer des différences aussi légères, aussi accidentelles?

Enfin j'ai lu dans un traité d'arboriculture fruitière publié à Paris en 1862, que « la Reinette franche était la Reinette blonde citée par Claude Mollet, jardinier de « Henri IV. » Réellement, j'ignore sur quoi l'auteur de cette assertion s'est basé pour la produire, car Claude Mollet parle de la Reinette blonde comme d'une variété servant principalement à fabriquer du cidre, et n'en donne aucune description :

« Le pommier de Renette blonde — fait-il observer — est delicat aux injures du temps. Comme son fruit commence à grossir, les eaux froides et les broüillards luy sont fort contraires, qui luy engendrent des tavelures dessus la pelure, qui l'empêchent de profiter... Les broüillards luy apportent une grande incommodité lors qu'il veut épanoüir son bourgeon pour produire sa fleur en nature; et par le moyen de ces broüillards il s'engendre un ver qui éteint et étoulfe la fleur : c'est pourquoy pour y remedier il faut le greffer sur un pommier de petite Quoqueree blonde, qui n'épanoüit point sa fleur que toutes les injures du temps, brouées, broüillards et vents roux ne soient passez. Toutes les personnes curieuses prennent plaisir de faire border leurs terres de tels arbres, tirant un grand profit des cidres qu'ils recueillent tous les ans d'une si grande quantité de pommes. » (Théâtre des jardinages, édition de 1678, pp. 51-52.)

Voilà ce qu'a dit, de la Reinette blonde, Claude Mollet; ai-je tort de n'y pouvoir reconnaître la Reinette franche? — Un dernier mot, puis je termine ce long article : Couverchel, en son Traité des fruits (1852, p. 442), caractérise une Reinette blanche hâtive surnommée, dit-il, pomme de Saint-Julien en Normandie, et Reinette française chez les Anglais. Elle est de médiocre volume, bonne, un peu allongée, mûrit fin septembre, mais, se conservant peu, devient vite fade et cotonneuse. Ne la possédant pas, je la signale ici afin qu'on soit convaincu qu'elle n'est point cette Reinette blanche qualifiée variété par les uns, et par d'autres réunie en toute justice, selon moi, à la Reinette franche. — Je dois enfin réunir également à la Reinette franche, la Reinette de Clareval, que m'envoyait de Jeinsen (Hanovre), le 31 mars 1870, M. le superintendant Oberdieck. Rien ne l'en différencie, et dès 1816 le professeur Diel, pomologue allemand, paraissait à peu près convaincu du fait :

« C'est — déclarait-il — M. le pasteur Christ qui m'a donné des greffes de cette Reinette de Clareval. Elle a, extérieurement, de très-nombreux rapports avec la Reinette franche, de France, et n'est mentionnée que par Christ et les frères Baumann, pépiniéristes à Bollwiller, aux portes de Colmar. » (*Kernobstsorten*, 1816, t. XII, p. 111.)

402. Pomme REINETTE FRANCHE A CÔTES.

Description de l'arbre. — *Bois :* fort. — *Rameaux :* assez nombreux, généralement étalés, gros et longs, sensiblement coudés, bien duveteux, brun olivâtre lavé de rouge violacé. — *Lenticelles :* arrondies, assez petites mais abondantes. — *Coussinets :* peu développés et se prolongeant en arête. — *Yeux :* petits ou moyens, arrondis, très-cotonneux et souvent légèrement écartés du bois. — *Feuilles :* de grandeur moyenne, ovales ou ovales-arrondies, longuement acuminées, vert clair en dessus, vert blanchâtre en dessous, ayant les bords profondément et assez largement dentés et surdentés. — *Pétiole :* de longueur moyenne, bien nourri, habituellement un peu cannelé. — *Stipules :* courtes et très-étroites.

Fertilité. — Abondante.

Culture. — Sa vigueur, grande au début, diminue ensuite, à partir de la troisième ou quatrième année; il faut donc, quand on le destine au plein-vent, le greffer à hauteur de tige pour être certain que la tête deviendra forte; écussonné ras terre il pousserait droit, seulement il resterait faible, même du tronc. Les formes naines, sur paradis, lui sont des plus avantageuses comme production et beauté.

Description du fruit. — *Grosseur :* petite et parfois un peu plus volumineuse. — *Forme :* globuleuse, côtelée au sommet et presque toujours ayant une face moins développée que l'autre. — *Pédoncule :* assez long, de moyenne force, renflé au point d'attache, arqué, obliquement inséré dans un bassin étroit et profond. — *Œil :* moyen, clos, à cavité souvent très-prononcée. — *Peau :* unicolore, vert jaunâtre, maculée, vers l'œil et le pédoncule, de roux disposé en couches concentriques, puis semée de larges et très-nombreux points gris formant étoile. — *Chair :* jaunâtre, fine, compacte et tendre. — *Eau :* suffisante, agréablement acidulée et sucrée, vraiment douée du parfum particulier aux Reinettes.

MATURITÉ. — Janvier-Mars.

QUALITÉ. — Première.

Historique. — Encore peu répandue, cette variété n'est pourtant pas de la première jeunesse. Longtemps confinée chez mes voisins de la Sarthe, elle y fut, vers 1834, remarquée par un amateur d'arbres fruitiers, M. de Richebourg, du Mans, qui bientôt s'occupa de la propager. En 1841 il en fit don au Comice horticole d'Angers, ainsi que le constatent les Procès-Verbaux de ladite Société :

Séance du 4 avril 1841. — M. de Richebourg remercie, par lettre, la Société de l'honneur qu'elle lui a fait en lui décernant une médaille de vermeil pour sa collection de fruits nouveaux, et annonce l'envoi d'un paquet de greffes de plusieurs variétés de poirier qui lui ont été demandées pour notre Jardin fruitier. Des greffons de la pomme *Reinette franche à côtes* sont joints aux poiriers. » (*Annales*, t. II, p. 210.)

Le Comice horticole d'Angers essaya aussi de faire connaître ce pommier, dont les produits sont non moins abondants que bons. A maintes reprises il en distribua des greffons, mais il est probable que le faible volume de cette Reinette lui aura nui parmi nos pépiniéristes, car leurs Catalogues ne l'ont que très-rarement signalée. Quand on a détruit (1865) les collections fruitières de l'ancien Jardin du Comice, elle y portait le n° 241, et, par abréviation, le nom Reinette à Côtes.

POMME REINETTE FRANCHE DE GRANDVILLE. — Synonyme de *Reinette grise.* Voir ce nom.

POMME REINETTE FRANCHE ROSE. — Synonyme de *Reinette franche.* Voir ce nom.

POMME REINETTE DE FRIESLAND. — Synonyme de *Reinette blanche de Champagne.* Voir ce nom.

---

403. POMME REINETTE FROOMM.

Synonymes. — *Pommes :* 1. FROOMM'S GOLDREINETTE (Dittrich, *Systematisches Handbuch der Obstkunde*, 1839, t. I, p. 430). — 2. FROOMM'S REINETTE (Oberdieck, *Illustrirtes Handbuch der Obstkunde*, 1869, t. VI, p. 111, n° 597). — 3. SEEDER BORSDORFER (*Id. ibid.*).

Description de l'arbre. — *Bois :* fort. — *Rameaux :* peu nombreux, étalés, gros et longs, bien géniculés, duveteux et brun-rouge ardoisé. — *Lenticelles :* grandes, abondantes, arrondies ou allongées. — *Coussinets :* larges et aplatis. — *Yeux :* moyens ou petits, arrondis, assez cotonneux, collés sur l'écorce. — *Feuilles :* petites, rondes, très-courtement acuminées, planes ou légèrement cucullées, à bords finement dentés. — *Pétiole :* court, très-gros, carminé, à peine cannelé. — *Stipules :* larges et des plus longues.

FERTILITÉ. — Ordinaire.

CULTURE. — Il réussit parfaitement comme plein-vent, mais cependant sa tête est beaucoup trop étalée. Greffé sur paradis, pour basse-tige, il fait des arbres de toute beauté, car ses rameaux étant alors plus courts, sont nécessairement moins étalés.

Description du fruit. — *Grosseur :* moyenne. — *Forme :* globuleuse ou conique fortement arrondie, mais toujours sensiblement comprimée aux pôles. — *Pédoncule :* de longueur et force moyennes, renflé à la base, droit ou noueux et arqué, inséré de côté dans un vaste bassin. — *Œil :* grand, mi-clos ou fermé, à cavité large, profonde et ondulée sur les bords. — *Peau :* unicolore, jaune d'or, ponctuée de gris, puis quelquefois lavée, à l'insolation, de rose tendre. — *Chair :* blanchâtre, mi-fine et assez ferme. — *Eau :* abondante, sucrée, délicatement acidulée et parfumée.

Pomme Reinette Froomm.

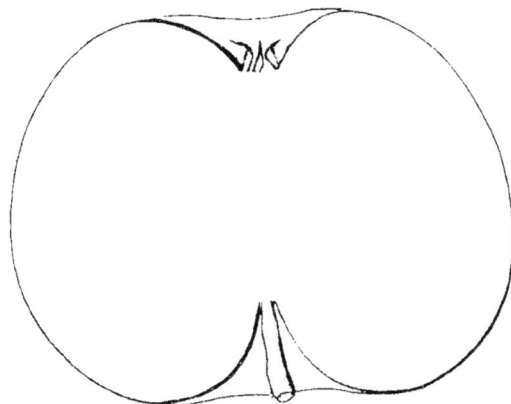

MATURITÉ. — Octobre-Mars.

QUALITÉ. — Première.

Historique. — La Reinette Froomm, que j'importai d'Allemagne en 1868, grâce à l'obligeant directeur de l'Institut pomologique de Reutlingen (Wurtemberg), M. le docteur Lucas, a été décrite pour la première fois en 1839 par Dittrich, puis récemment (1869) par M. Oberdieck, dans l'*Illustrirtes Handbuch der Obstkunde*, où l'origine suivante en est donnée :

« Cette pomme vraiment excellente — y lit-on — et qui doit trouver place dans tout jardin un peu grand, provient du village de Seeba, près Meiningen (duché de Saxe-Meiningen). Elle fut d'abord appelée Borsdorf de Seeba; mais plus tard la Société pomologique la nomma Reinette dorée de Froomm, en l'honneur de M. Froomm, employé du gouvernement. » (Tome VI, p. 111, n° 597.)

404. Pomme REINETTE DE GAESDONK.

Synonyme. — *Pomme* GAESDONKER GOLDREINETTE (Diel, *Vorz. Kernobstsorten*, 1821, t. Ier, p. 59).

Description de l'arbre. — *Bois :* de force moyenne. — *Rameaux :* nombreux, légèrement étalés, gros, assez longs, bien géniculés, très-duveteux et d'un brun olivâtre lavé de rouge ardoisé. — *Lenticelles :* arrondies ou allongées, grandes, fort abondantes. — *Coussinets :* saillants. — *Yeux :* gros, ovoïdes et sensiblement cotonneux, partiellement appliqués sur le bois. — *Feuilles :* de grandeur moyenne, ovales, acuminées, à bords crispés et profondément dentés. — *Pétiole :* long, gros, tomenteux, à peine cannelé. — *Stipules :* longues et assez larges.

FERTILITÉ. — Ordinaire.

CULTURE. — La basse-tige sur paradis, pour buissons, espaliers et cordons, lui est très-avantageuse comme aspect et fertilité. Quand on le destine au plein-vent, il faut le greffer en tête.

Description du fruit. — *Grosseur :* au-dessous de la moyenne. — *Forme :* conique très-arrondie ou globuleuse légèrement cylindrique et presque toujours un peu comprimée aux pôles. — *Pédoncule :* de longueur et force moyennes, arqué, planté dans un bassin de dimensions variables. — *Œil :* grand, très-ouvert, à cavité large, rarement profonde, unie ou faiblement ondulée sur les bords. — *Peau :* assez rugueuse, jaune d'or sur le côté de l'ombre, jaune-brun sur l'autre face, marbrée de fauve vers l'œil et le pédoncule et semée de points gris peu apparents. — *Chair :* blanc jaunâtre, fine, compacte et assez ferme. — *Eau :* suffisante ou abondante, très-sucrée, possédant une délicieuse saveur acidulée et parfumée.

Pomme Reinette de Gaesdonk.

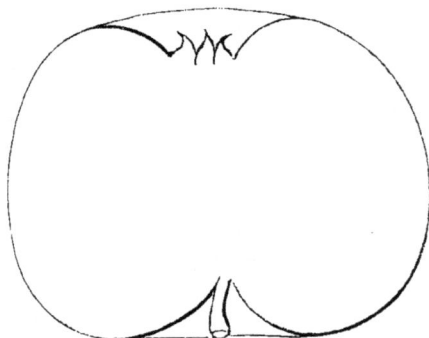

MATURITÉ. — Décembre-Avril.

QUALITÉ. — Première.

Historique. — Je dois la possession de ce très-bon fruit à M. le docteur Lucas, directeur de l'Institut pomologique de Reutlingen (Wurtemberg). Le professeur Koch, de Berlin, me l'avait fait apprécier en 1867, à Paris, lors de l'Exposition internationale, et l'année suivante je pus l'introduire dans mes pépinières. Il provient des environs de Goch (Prusse), et non de Hoch, comme on l'a dit erronément. Du reste, voici, d'après un pomologue allemand, son origine précise :

« Cette pomme — écrivait Diel en 1821 — porte le nom du lieu d'où elle a été propagée, l'ancien couvent de Gaesdonk, près Goch sur Rhin ; ce fut le pasteur de ladite ville, M. Van de Loo, qui me l'envoya. » (*Vorz. Kernobstsorten*, t. I, p. 59.)

Observations. — Le baron de Flotow, en 1859 (voir *Illustrirtes Handbuch der Obstkunde*, t. I, p. 299, n° 134), a pensé que cette variété était identique avec la Petite-Reinette d'Angleterre ou Golden Pippin, notre pomme d'Or d'Angleterre, caractérisée plus haut (p. 510). Il n'en est rien, on peut aisément le vérifier.

---

405. Pomme REINETTE DE GEER.

Description de l'arbre. — *Bois :* fort. — *Rameaux :* nombreux, généralement assez érigés, courts, très-gros, sensiblement coudés, bien duveteux, brun-rouge ardoisé, ayant les mérithalles des plus courts. — *Lenticelles :* grandes, arrondies, clair-semées. — *Coussinets :* larges et saillants. — *Yeux :* gros, ovoïdes, cotonneux, entièrement collés sur l'écorce. — *Feuilles :* assez grandes, ovales ou elliptiques, acuminées, planes ou légèrement canaliculées, à bords profondément crénelés. — *Pétiole :* gros, assez long, rarement cannelé. — *Stipules :* de dimensions variables.

FERTILITÉ. — Ordinaire.

CULTURE. — La belle végétation de ce pommier et la grosseur de ses rameaux, surtout, permettent de l'écussonner ras terre pour plein-vent; sa tige devient forte, pousse très-droite, et sa tête est aussi des mieux faites. On le greffe sur paradis quand on veut l'élever sous forme naine, ce dont il s'accommode parfaitement au point de vue de sa fertilité, qui alors augmente beaucoup.

Description du fruit. — *Grosseur :* moyenne. — *Forme :* conique-arrondie, pentagone, aplatie à la base et souvent ayant un côté moins développé que l'autre.

Pomme Reinette de Geer.

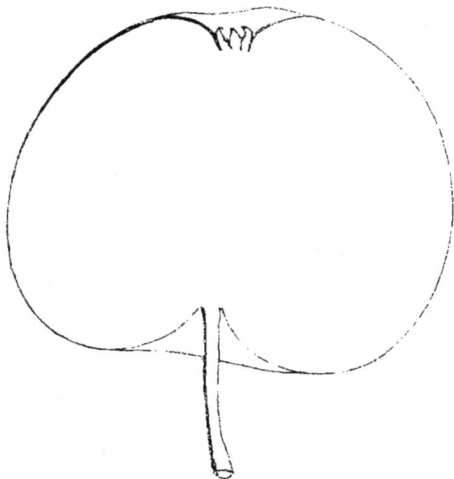

— *Pédoncule :* long ou très-long, assez grêle, profondément inséré dans un vaste bassin. — *Œil :* moyen, ouvert ou mi-clos, à cavité peu prononcée et gibbeuse sur les bords. — *Peau :* jaune d'or, parsemée de points roux et de points bruns, maculée de fauve squammeux autour du pédoncule et parfois faiblement lavée de rose clair sur la face exposée au soleil. — *Chair :* jaunâtre, fine, compacte et croquante. — *Eau :* abondante ou suffisante, bien sucrée, légèrement acidulée et délicieusement parfumée.

MATURITÉ. — Janvier-Mars.

QUALITÉ. — Première.

Historique. — Le semeur belge Van Mons, mort en 1842, est l'obtenteur de cette pomme exquise; il le déclare page 57 de son *Catalogue descriptif*, où elle porte le n° 279. Le pied-type se mit à fruit vers 1815 et fut dédié à la mémoire du baron Charles Van Geer, savant célèbre décédé en 1778 et surnommé le Réaumur suédois, mais qui était issu d'une famille hollandaise. La Reinette de Geer, assez commune chez les Allemands et les Belges, est encore des plus rares en Angleterre ainsi qu'en France. Je l'ai reçue de Bruxelles en 1860.

POMME REINETTE GIELEN. — Synonyme de pomme *Princesse noble.* Voir ce nom.

POMME REINETTE A GOBELET. — Synonyme de *Reinette d'Espagne.* Voir ce nom.

POMME REINETTE GOLDEN. — Synonyme de pomme *Princesse noble.* Voir ce nom.

406. Pomme REINETTE DE GOMONT.

Synonymes. — *Pommes :* 1. GAUMONT (André Leroy, *Catalogue de cultures,* 1849, p. 20; — Pépinières de la Société Van Mons, *Catalogue général,* 1854, t. I, p. 56; — et Charles Downing, *the Fruits and fruit trees of America,* 1869, p. 188). — 2. REINETTE DE GOMMONT (Hardy, *Traité de la taille des arbres fruitiers,* 1853, p. 287).

Description de l'arbre. — *Bois :* de force moyenne. — *Rameaux :* peu nombreux, étalés, assez gros et assez courts, sensiblement coudés, duveteux, rouge-brun très-foncé. — *Lenticelles :* de grandeur moyenne, arrondies et clair-semées. — *Coussinets :* aplatis. — *Yeux :* petits, arrondis, très-cotonneux et fortement collés sur le bois. — *Feuilles :* grandes, vert foncé en dessus, gris verdâtre en dessous, ovales, acuminées, planes ou contournées, ayant les bords profondément dentés. — *Pétiole :* fort, assez long, légèrement cannelé. — *Stipules :* bien développées.

FERTILITÉ. — Satisfaisante.

CULTURE. — C'est un pommier suffisamment vigoureux, mais de forme peu régulière et dont la tige, surtout, pousse constamment de travers, aussi fait-il de vilains arbres pour le plein-vent. Sous formes naines il devient assez beau et se greffe sur paradis.

Description du fruit. — *Grosseur :* volumineuse. — *Forme :* cylindrique-arrondie, pentagone, côtelée, et souvent moins développée sur une face que sur l'autre; on la trouve aussi, quelquefois, globuleuse assez régulière. — *Pédoncule :* de longueur et force moyennes, droit ou arqué, planté dans un étroit et profond bassin. — *Œil :* grand, très-ouvert, à cavité généralement considérable et bossuée sur les bords. — *Peau :* mince, lisse, jaune brunâtre, ponctuée de gris et de marron, puis, à bonne exposition solaire, finement lavée de rose. — *Chair :* un peu verdâtre, surtout auprès des loges, ferme, croquante, assez fine. — *Eau :* très-abondante, bien sucrée, savoureusement acidulée et parfumée.

Pomme Reinette de Gomont.

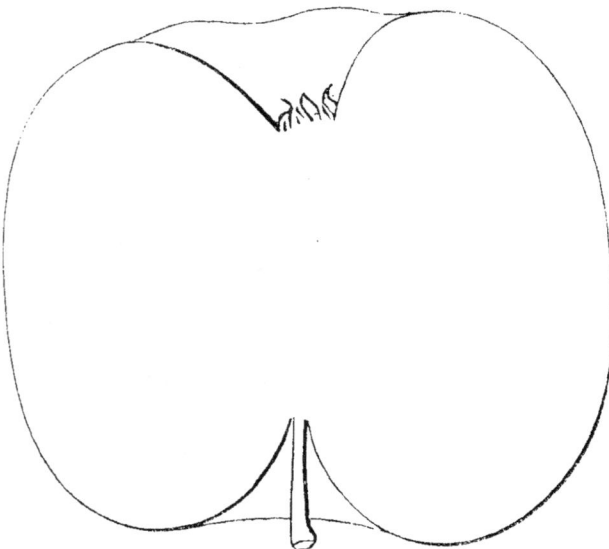

MATURITÉ. — Novembre-Février.

QUALITÉ. — Première.

Historique. — Encore peu répandue, cette excellente et volumineuse pomme compte au moins une quarantaine d'années. Elle eut pour promoteurs les frères Baumann, de Bollwiller (Haut-Rhin), dont l'établissement a joui longtemps d'une juste renommée. C'est de Bollwiller qu'en 1844 ou 1845 j'ai reçu ce fruit. Mon *Catalogue* de 1846 l'annonça (p. 20) comme une nouveauté, mais sous le nom quelque peu défiguré de *Gaumont*. Les Allemands le connurent à cette même époque; M. de Flotow nous l'apprend dans les termes suivants :

« Le pépiniériste Joseph Baumann — rapporte-t-il — m'adressa de Bollwiller, en 1848, des greffes de la *Reinette de Gomont*, variété que les Catalogues de cet arboriculteur étaient seuls, alors, à mentionner. » (*Illustrirtes Handbuch der Obstkunde*, 1859, t. I, p. 457, n° 212.)

Maintenant ce pommier doit être assez commun en Allemagne, car en 1854 le docteur Lucas le disait cultivé déjà dans les collections pomologiques de Stuttgart, Berg et Hohenheim (voir *die Kernobstsorten Württembergs*, p. 65). Il porte le nom d'une localité des Ardennes située près d'Asfeld, le bourg de Gomont, duquel il est sans doute originaire.

POMME REINETTE DE GOMMONT. — Synonyme de *Reinette de Gomont.* Voir ce nom.

POMMES : REINETTE GOUT,

— REINETTE GRAIN D'OR,

} Synonymes de *Reinette dorée.* Voir ce nom.

POMME REINETTE DE GRANDVILLE. — Synonyme de *Reinette grise.* Voir ce nom.

---

407. POMME REINETTE GRISE.

Synonymes. — *Pommes* : 1. REINETTE TOUTE GRISE (Triquel, *Instructions pour les arbres fruitiers*, 1653, p. 229). — 2. DE CUIR (Mayer, *Pomona franconica*, 1776, t. III, p. 131). — 3. LEDER (*Id. ibid.*). — 4. DE MAROQUIN (*Id. ibid.*). — 5. DE PEAU (*Id. ibid.*). — 6. REINETTE GRISE DOUBLE (Manger, *Systematische Pomologie*, 1780, 1re partie, p. 22, n° V). — 7. REINETTE GRISE DE GRANDVILLE (Calvel, *Traité complet sur les pépinières*, 1805, t. III, p. 56). — 8. BEC-DE-LIÈVRE (Louis Noisette, *le Jardin fruitier*, 1839, p. 210, n° 69). — 9. BELLE-FILLE (Thompson, *Catalogue of fruits cultivated in the garden of the horticultural Society of London*, 1842, p. 35, n° 663). — 10. PRAGER (*Id. ibid.*). — 11. REINETTE GRISE EXTRA (*Id. ibid.*). — 12. REINETTE FRANCHE DE GRANDVILLE (Couverchel, *Traité des fruits*, 1852, p. 445). — 13. REINETTE GRISE FRANÇAISE (A. Royer, *Annales de pomologie belge et étrangère*, 1857, t. V, p. 17). — 14. REINETTE GRISE D'HIVER (*Id. ibid.*). — 15. REINETTE DE DARNETAL (de quelques pépiniéristes de la Seine-Inférieure, 1860). — 16. REINETTE GRISE DE DARNETAL (des mêmes pépiniéristes).

Description de l'arbre. — *Bois :* peu fort. — *Rameaux :* nombreux, légèrement étalés, longs, assez gros, bien géniculés, très-duveteux et vert brunâtre. — *Lenticelles :* petites ou moyennes, arrondies et clair-semées. — *Coussinets :* peu développés. — *Yeux :* moyens, coniques, très-cotonneux, complétement collés sur le bois. — *Feuilles :* assez petites, ovales-allongées, vert terne et grisâtre en dessus, blanc brunâtre en dessous, acuminées et profondément dentées. — *Pétiole :* gros et long, à cannelure presque nulle. — *Stipules :* étroites pour la plupart, mais assez longues.

FERTILITÉ. — Abondante.

Pomme Reinette grise. — *Premier Type.*

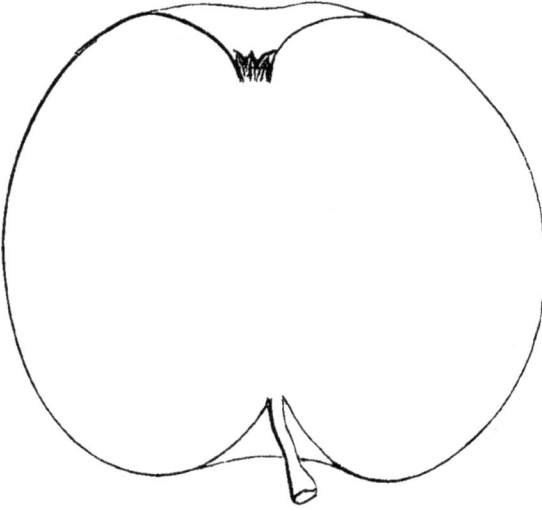

Deuxième Type

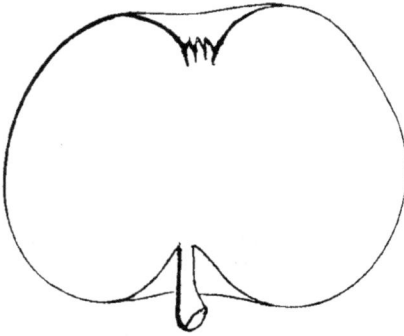

Troisième Type.

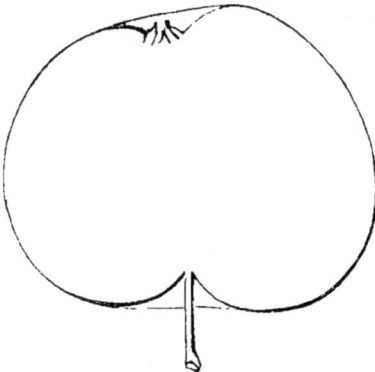

CULTURE. — Il fait, comme plein-vent, des arbres très-convenables quand on le greffe en tête. Les formes cordon, buisson, espalier, sur paradis ou doucin, lui sont toujours des plus favorables, tant pour la beauté des sujets que pour leur fertilité et le volume de leurs produits.

Description du fruit. — *Grosseur :* généralement au-dessous de la moyenne, mais parfois assez considérable. — *Forme :* irrégulièrement globuleuse, plus ou moins pentagone, souvent très-comprimée aux pôles. — *Pédoncule :* droit ou arqué, de longueur moyenne, habituellement bien nourri et renflé à la base, quelquefois grêle, cependant, profondément planté dans un bassin étroit et peu régulier.— *Œil :* moyen, mi-clos ou fermé, à cavité unie ou gibbeuse sur les bords et de dimensions fort variables. — *Peau :* rugueuse, à fond vert-pré, entièrement ou presque entièrement lavée de gris bronzé, ponctuée de roux, souvent verruqueuse et souvent aussi veinée ou réticulée de fauve près l'œil et le pédoncule, puis, à bonne exposition solaire, nuancée faiblement de rouge sombre. — *Chair :* fine ou très-fine , jaunâtre ou verdâtre, compacte, odorante et tendre. — *Eau :* abondante , des plus sucrées, agréablement acidulée et possédant un parfum d'une saveur exquise.

MATURITÉ. — Janvier-Avril.

QUALITÉ. — Première; et peut-être la meilleure de toutes les pommes, pour faire de la gelée.

Historique. — Des Reinettes, la Grise est assurément celle qui se rapproche le plus, par l'âge et l'excellence, de l'aînée du groupe, la Franche ou Blanche, décrite ci-dessus (p. 673). En 1650 le pommier de Reinette grise devait se trouver dans la culture depuis assez longtemps, car déjà nos pomologues le mentionnaient ou caractérisaient. Ainsi Bonnefond (1651), qui dans *le Jardinier français* signalait cinq Reinettes, ne l'oublia pas. Un ouvrage posthume, paru en 1652, de Claude Mollet, directeur des jardins royaux sous Henri IV et Louis XIII, prouve également que cet horticulteur fameux l'avait connu, puisqu'on y lit le passage suivant :

« Le pommier de *Renette grise* est un bon arbre, n'estant nullement delicat ; il prend sa croissance promptement; son fruit se garde long-temps, il rapporte grande quantité. Si vous voulez estre curieux, il le faut greffer sur un pommier de Grosse Quoquerée grise, le fruit en sera plus excellent. » (*Théâtre des jardinages*, p. 51.)

Claude Mollet mourut à Paris vers 1613, selon la *Biographie* Didot, la Reinette grise existait donc avant cette date, mais sans être alors bien commune, car en 1628 elle ne fut pas citée dans le *Catalogue* de l'immense verger que possédait à Orléans le procureur du roi le Lectier. La première édition du recueil de Merlet, datée de 1667, en fournit une courte description :

« La *Reinette grise* — y lit-on — est des plus excellentes pommes; elle est plus ferme, a l'eau plus sucrée et dure plus long-temps qu'aucune Reinette. » (*L'Abrégé des bons fruits,* p. 148.)

De Merlet jusqu'à nous, presque tous les écrivains horticoles, tant Hollandais qu'Anglais et Allemands, ont parlé de cette pomme et se sont plu à la dire originaire de notre pays. Malheureusement il ne m'a pas été possible de rencontrer un renseignement quelconque de nature à m'éclairer sur la contrée dont elle est provenue. Toutefois je rappelle ici, à titre de simple réminiscence pomologique, ce que j'ai dit au premier chapitre de l'histoire générale du pommier (t. III, p. 15) : en étudiant les pommes cultivées par les Italiens vers la fin du XVe siècle, on en rencontre une, la *Rugginento Garbo*, à peau bronzée ou rouillée, à chair acide, qui, mûre à Noël, se conserve plusieurs mois et fait involontairement songer à l'antique Reinette grise. Mais comment la reconnaître d'après ces seules indications? Qui le pourrait ou le voudrait? — Assurément, ce n'est pas moi.

Observations. — Dans sa *Pomona franconica*, Mayer, en 1801, s'est longuement occupé de cette variété, et de façon aussi neuve qu'intéressante. Voici, de l'article qu'il lui a consacré, les passages que je crois devoir reproduire :

« Imaginez — dit-il d'abord au sujet de la peau de ce fruit — un morceau de maroquin vert-olive dont le dessus seroit usé, râpé, bronzé ou chagriné, et qui conserveroit encore, par-ci, par-là, des parcelles ou parties lisses, olivâtres, plus fraîches que le reste, et vous aurez une idée assez juste de son coloris. C'est peut-être de cette ressemblance que lui est venu le nom allemand *Lederapfel,* Pomme de Cuir, de Peau de Maroquin?.... La plupart de mes compatriotes ne reconnoîtront pas les *Reinettes grises* au portrait que je fais de leur bonté. J'avoue qu'il leur faut des années chaudes comme celles de 1775, 1783 et 1788 pour bien réussir dans nos climats. Les années froides et pluvieuses, elles pourrissent sur l'arbre, et celles qui mûrissent au fruitier sont souvent sans goût ni saveur. Cependant tous les auteurs assurent qu'en des pays plus septentrionaux que le nôtre, Suède, Danemark, Zéelande, leur maturation se fait parfaitement. *La France, leur sol natal*, restera toujours, généralement pris, le lieu qui leur convient le mieux; aussi les y cultive-t-on si abondamment qu'on en fait des envois considérables à l'étranger. De Bordeaux, des vaisseaux en apportent de pleines cargaisons à Hambourg puis à Lubeck. » (Tome III, pp. 130-132.)

Vers 1783 une *Reinette grise* dite *de Grandville* commença chez nous à faire parler d'elle, mais bientôt quelques écrivains fort compétents, Calvel entr'autres, reconnaissant l'erreur ou la supercherie, en prévinrent le public :

« On a prétendu faire — déclara Calvel en 1803 — de la *Reinette grise de Grandville*, une variété, quoique cette pomme ait absolument les mêmes caractères que la Reinette grise. » (*Traité complet sur les pépinières*, t. III, p. 56, n° 48.])

Malgré cet avertissement, la Reinette grise de Grandville fit si bien son chemin, qu'elle arriva jusqu'à nous. Aujourd'hui même, beaucoup de pépiniéristes la mentionnent encore dans leurs *Catalogues ;* et je voyais récemment un pomologue en décrire une à peau jaune-citron, lavée puis rayée de rouge, deux couleurs qui justifient mal, il faut bien l'avouer, la dénomination Reinette *grise*. Après tout, comme on croit aussi à l'existence d'une *Grosse-*Reinette grise de Grandville, cette jaune-citron nuancée de rouge pourra, si on le désire, la représenter. Quant à moi, qui si souvent ai demandé le pommier Reinette grise de Grandville dans divers établissements, et n'ai jamais, sous cette étiquette, reçu que la variété Reinette grise, je le classe depuis quelques années parmi les synonymes, seule place où l'on ne puisse lui chercher noise; comme longtemps on l'a fait, avec non moins de raison, à ce fameux Bon-Chrétien d'Auch, que chacun consent enfin, maintenant, à prendre pour ce qu'il est : le Bon-Chrétien d'hiver !

Au nombre des synonymes de cette Reinette, figurent les noms Belle-Fille, Haute-Bonté et Reinette grise d'Hiver, appartenant également à trois variétés dont les deux premières sont caractérisées dans ce *Dictionnaire* (t. III, pp. 110 et 372). La dernière n'est pas en notre possession, mais nous savons qu'elle eut en Belgique, vers 1832, pour obtenteur M. Parmentier, d'Enghien. Nous rappelons ces faits, quoiqu'il semble bien difficile de commettre quelque confusion entre les trois pommes ici désignées, et la Reinette grise. — Enfin sous le nom Reinette grise *de Darnetal*, bourg de la Seine-Inférieure, en 1866 j'ai reçu d'Yvetot, ville du même département, des pommiers et des pommes qui n'étaient autres que la Reinette grise. — J'oubliais de rapporter qu'en 1846 Poiteau, dans sa *Pomologie française*, attribue à la Reinette grise une vertu particulière presque surnaturelle : « Si l'on « applique, dit-il, cuite et très-chaude, cette pomme sur une partie rasée d'un « cheval, le poil qui repoussera sur cette partie, sera blanc.... » Voilà mon oubli réparé. Peut-être trouvera-t-on qu'il n'avait pas grande importance? Je serais, alors, parfaitement de cet avis.

Pomme REINETTE GRISE D'ANGLETERRE. — Synonyme de *Reinette grise d'Automne.* Voir ce nom.

408. Pomme REINETTE GRISE D'AUTOMNE.

Synonymes. — *Pommes :* 1. REINETTE GRISE D'ANGLETERRE (dom Claude Saint-Étienne, *Nouvelle instruction pour connaître les bons fruits*, 1670, p. 216 ; — et Diel, *Kernobstsorten*, 1800, t. II, p. 94; puis *Vorz. Kernobstsorten*, 1826, t. IV, p. 91). — 2. GROSSE-REINETTE GRISE PLATE (Merlet, *l'Abrégé des bons fruits*, édition de 1690, p. 133).

Description de l'arbre. — *Bois :* de moyenne force. — *Rameaux :* nombreux, érigés, peu longs, assez gros, faiblement coudés, très-duveteux, brun olivâtre légèrement lavé de rouge ardoisé. — *Lenticelles :* petites, arrondies et clair-semées. — *Coussinets :* larges mais aplatis. — *Yeux :* moyens, ovoïdes, cotonneux, collés en partie sur le bois, et ayant les écailles mal soudées. – *Feuilles :* petites ou moyennes, ovales-arrondies, uniformes, très-courtement acuminées, régulièrement dentées sur les bords et assez lisses. — *Pétiole :* court et gros, rigide, tomenteux, à peine cannelé. — *Stipules :* moyennes.

FERTILITÉ. — Abondante.

CULTURE. — Pour plein-vent il faut le greffer à hauteur de tige si l'on veut que sa tête devienne convenable ; toutes les formes naines lui sont profitables, soit sur doucin, soit sur paradis.

Description du fruit. — *Grosseur :* volumineuse. — *Forme :* conique-arrondie, toujours aplatie à la base et plus ou moins pentagone vers le sommet. — *Pédoncule :* gros, très-court, profondément implanté dans un vaste bassin. – *Œil :* grand, à larges sépales, ouvert ou mi-clos, placé souvent de côté dans une faible cavité unie ou plissée. — *Peau :* rugueuse, entièrement bronzée, semée de gros points gris clair puis maculée ou marbrée de fauve squammeux dans le voisinage de l'œil et du pédoncule. — *Chair :* d'un blanc verdâtre, fine, assez tendre, devenant molle aisément. — *Eau :* abondante, sucrée, fortement mais agréablement acidulée, possédant un léger parfum.

Pomme Reinette grise d'Automne.

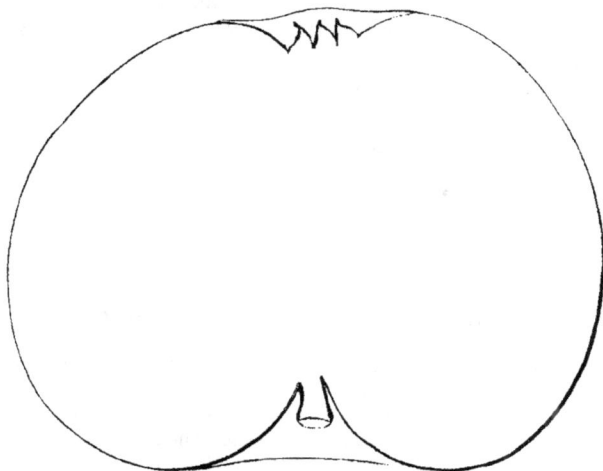

MATURITÉ. — Octobre-Décembre.

QUALITÉ. — Deuxième.

Historique. — Quelques auteurs modernes ont pensé que la Reinette grise d'Automne devait être une variété française. Je ne partage pas leur opinion, ce nom, qui remonte seulement aux dernières années du XVIIIe siècle, en cachant un autre — *Reinette grise d'Angleterre* — de beaucoup plus ancien, car dès 1670 dom Claude Saint-Étienne le mentionnait :

« Autre *Rainette grise*, DITE D'ANGLETERRE — écrivait-il — est longue et par costes, toute marquetée de taches rousses, qui la font sembler rousse. » (*Nouvelle instruction pour connaitre les bons fruits*, p. 216.)

Voilà bien notre pomme, que vingt ans plus tard, en 1690, Merlet décrivit sans lui attribuer de provenance, et fort à propos la qualifiant de *plate*, car sa forme conique-arrondie s'allonge peu, habituellement :

« La grosse *Reinette grise*, plate, charge beaucoup — disait-il — est d'un suc excellent, veut estre mangée plûtôt que les autres, autrement elle se fane et se passe. » (*L'Abrégé des bons fruits*, pp. 133-134.)

Ainsi en 1670, alors que cette Reinette grise faisait son apparition dans nos jardins, on la croyait, d'après dom Claude, importée d'Angleterre. Faut-il l'en déclarer originaire? On le pourrait, à la rigueur; seulement une chose m'étonne et vient donner une toute autre direction à mes recherches : c'est de ne voir aucun pomologue anglais parler de ce fruit. Je me rallie donc au sentiment du docteur Diel, qui caractérisant pour la seconde fois, en 1826, cette variété dans le *Vorz. Kernobstsorten*, la supposait née chez les Hollandais.

« Ma *Reinette grise d'Automne d'Angleterre* (ENGLISCHE GRAUE HERBSTREINETTE) — expliquait-il — m'est venue de la pépinière de MM. Paul et Simon Moerbeck, de Harlem. Toutes mes démarches pour découvrir le lieu d'obtention de ce pommier, que je cultive depuis 1803, ont été inutiles. Cependant, comme les Anglais n'ont pas coutume d'appeler leurs pommes, Reinettes, je présume que cette variété-là appartient à la Hollande. » (T. IV, p. 91.)

Observations. — Diel, en 1800 (*Kern.*, t. II, p. 94), avait déjà parlé d'une Reinette grise d'Automne, identique avec celle qu'il nomme ici Reinette grise d'Automne d'Angleterre; il la devait au pépiniériste Nicolas Simon, de Metz, et ne s'était pas aperçu qu'elle faisait double emploi dans sa Pomologie. Erreur très-excusable, et des plus faciles à commettre, lors surtout qu'on décrit, comme lui, des fruits venus de divers pays. — On a parfois donné, notamment en Angleterre, le surnom Reinette grise d'Automne, à la *Reinette jaune hâtive*, décrite ci-après; je signale ce fait, mais sans craindre qu'il puisse causer quelqu'erreur, ces deux pommes n'ayant pas la moindre ressemblance extérieure.

---

409. POMME REINETTE GRISE DU CANADA.

Synonymes. — *Pommes* : 1. MONSTRUEUSE DU CANADA (des pépiniéristes de Paris vers 1800, d'après Louis du Bois, *du Pommier, du Poirier et du Cormier*, 1804, t. I, p. 51). — 2. CANADA GRIS (Calvel, *Traité complet sur les pépinières*, 1805, t. III, p. 53, nº 41). — 3. GRISE DU CANADA (William Forsyth, *Traité de la culture des arbres fruitiers*, traduction de Pictet-Mallet, 1805, p. 93, nº 37). — 4. PASSE-POMME DU CANADA (Lindley, *Guide to the orchard and kitchen garden*, 1831, p. 96, nº 185). — LEATHER-COAT (*par erreur*; voir, ci-après, au paragraphe OBSERVATIONS).

Description de l'arbre. — *Bois* : très-fort. — *Rameaux* : assez nombreux et très-étalés, gros, longs, bien flexueux, rouge-brun, couverts d'un épais duvet. — *Lenticelles* : grandes ou moyennes, arrondies, clair-semées. — *Coussinets* : saillants. — *Yeux* : petits ou moyens, arrondis, très-cotonneux, entièrement collés sur le bois. — *Feuilles* : grandes, ovales-arrondies, luisantes et vert peu foncé en

dessus, gris verdâtre en dessous, rarement acuminées, à bords des plus profondément crénelés. — *Pétiole* : court, bien nourri, à peine cannelé. — *Stipules* : larges
mais assez courtes.

Fertilité. — Abondante.

Culture. — Quand on le destine au plein-vent il est urgent de le greffer en tête,
et non ras terre, autrement il serait presque impossible que la tige poussât droite,
on devrait lui mettre un tuteur dès sa première année; les formes naines, sur
paradis, conviennent donc mieux à ce pommier.

Pomme Reinette grise du Canada.

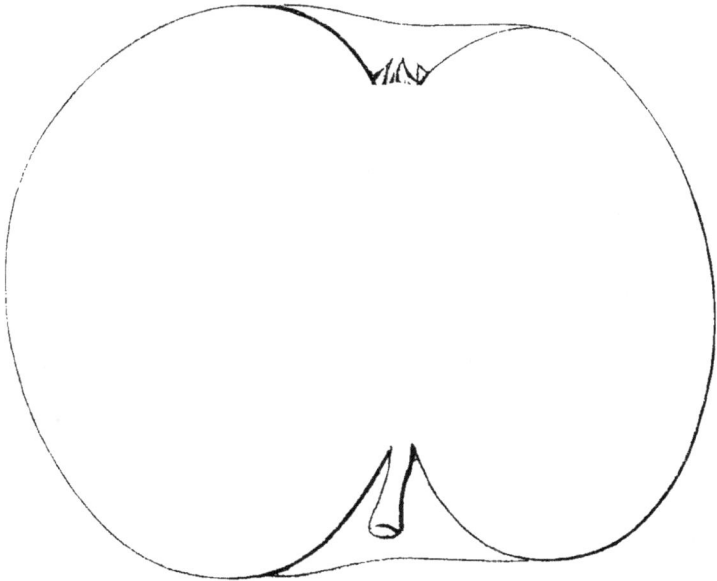

Description du fruit. — *Grosseur* : considérable. — *Forme* : irrégulièrement
globuleuse ou conique fortement arrondie, plus ou moins pentagone et généralement ayant un côté plus volumineux que l'autre. — *Pédoncule* : court et fort, assez
renflé à ses extrémités, planté obliquement dans un vaste et profond bassin. —
OEil : grand, très-ouvert ou mi-clos, à cavité irrégulière, bossuée et sensiblement
développée. — *Peau* : rugueuse, à fond jaune verdâtre, entièrement lavée de
gris-brun, ponctuée de fauve et quelquefois légèrement rougeâtre à l'insolation.
— *Chair* : blanc jaunâtre ou verdâtre, fine, assez compacte et quelque peu
croquante. — *Eau* : abondante, sucrée, délicieusement acidulée et parfumée.

Maturité. — Novembre-Avril.

Qualité. — Première.

Historique. — Louis Noisette, ancien pépiniériste à Paris, ne fut pas,
comme on l'a dit parfois, l'importateur de ce très-beau fruit, mais seulement un
de ses principaux propagateurs. Si Noisette l'eût tiré du Canada et cultivé le
premier, il aurait eu soin, chose fort naturelle, de s'en faire honneur et de
consigner le fait dans son *Jardin fruitier*, publié en 1821. Or, cette admirable

variété n'y est même pas nommée; elle n'y figura que dix-huit ans plus tard, en 1839, dans la seconde édition, où ces deux simples lignes lui sont consacrées : « *Reinette grise de Canada*, fruit gris, un peu plus petit que la Reinette de Canada, « à chair plus ferme, plus acide et d'une plus longue garde. » (Page 198, n° 16.) Toutefois ce pépiniériste la possédait ou connaissait dès 1825, puisqu'à cette date il l'a citée dans son *Manuel du jardinier*. L'origine de cette pomme reste donc un mystère, car les Américains, aussi réservés à son égard qu'ils l'avaient été, je l'ai montré ci-dessus (p. 640), pour la Reinette du Canada, ne l'ont pas inscrite, malgré son nom, parmi leurs pommiers indigènes. Calvel est chez nous le premier qui l'ait signalée. Il le fit en 1805, et de façon à prouver qu'elle venait à peine d'y pénétrer :

« Reinette Canada gris. — Cette variété, dit-il, est au Jardin du Muséum d'Histoire naturelle [de Paris]. Elle n'a point encore porté de fruit. Ses caractères paraissent la rapprocher beaucoup de la Reinette grise. » (*Traité complet sur les pépinières*, t. III, p. 53, n° 41.)

Peu après, en 1809, le professeur de culture du Jardin des Plantes, Louis Bosc, confirma l'assertion de Calvel : « Il y a — écrivit-il — une sous-variété de la « Reinette de Canada au Jardin du Muséum; on l'appelle REINETTE DE CANADA « GRISE. » (*Nouveau cours d'agriculture*, t. X, p. 322.) Ces deux textes établissent bien l'époque où parut en France le pommier Canada gris [de 1801 à 1803], mais ils sont muets sur les circonstances qui permirent au Muséum de le posséder, puis de le propager. Silence fort regrettable et sans lequel il eût peut-être été possible de découvrir la provenance d'un aussi précieux fruit.

Observations. — C'est cette pomme qui, rebaptisée *Gros-Fenouillet gris*, a fait croire assez longtemps à l'existence d'une variété de ce nom. Déjà Calvel (t. III, p. 38) assurait en 1805 qu'il n'en était rien; aujourd'hui j'affirme à mon tour que divers Gros-Fenouillet gris m'ont été envoyés, et se sont trouvés identiques avec la Reinette grise du Canada. — *Leather-Coat*, donné par les Anglais comme synonyme de ce dernier fruit, ne saurait non plus lui être réuni; il appartient uniquement à l'antique pommier *Royal Russet*, décrit ci-après à son rang alphabétique et qui n'est pas le même que Reinette grise du Canada, ainsi que depuis nombre d'années on le dit généralement.

POMME REINETTE GRISE DE CAUX. — Voir *Reinette de Caux*, au paragraphe OBSERVATIONS.

410. POMME REINETTE GRISE DE CHAMPAGNE.

Synonymes. — Pommes : 1. REINETTE VERSAILLAISE (Charles Downing, *the Fruits and fruit trees of America*, 1869, p. 392). — 2. REINETTE DE VERSAILLES (*Id. ibid.*).

Description de l'arbre. — *Bois* : fort. — *Rameaux* : nombreux, généralement érigés, très-longs, assez gros, excessivement coudés, duveteux et marron nuancé de vert. — *Lenticelles* : assez grandes, allongées, très-abondantes. — *Coussinets* : saillants. — *Yeux* : moyens, coniques, collés sur l'écorce et couverts de duvet. — *Feuilles* : moyennes, arrondies, vert foncé en dessus, gris verdâtre en dessous, coriaces, longuement acuminées, ayant les bords légèrement dentés.

— *Pétiole :* gros et long, carminé à la base et faiblement cannelé. — *Stipules :* moyennes.

FERTILITÉ. — Très-grande.

CULTURE. — La vigueur et la belle ramification érigée de ce pommier le recommandent pour le plein-vent, forme sous laquelle il fait d'admirables sujets, des plus avantageux en pépinière, quand surtout on les a greffés ras terre, sa tige poussant très-droite et acquérant une bonne grosseur. Le paradis est le sujet qu'il lui faut lorsqu'on veut l'utiliser comme arbre nain.

Pomme Reinette grise de Champagne.

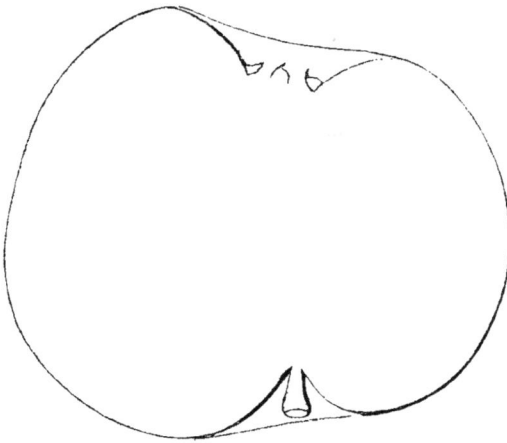

Description du fruit. — *Grosseur :* moyenne. — *Forme :* globuleuse très-irrégulière, comprimée aux pôles et généralement beaucoup moins volumineuse d'un côté que de l'autre. — *Pédoncule :* court et gros, renflé au point d'attache, inséré dans un bassin irrégulier, étroit et profond. — *OEil :* très-grand, très-ouvert, à courtes sépales, à cavité prononcée. — *Peau :* rugueuse, à fond jaune clair, en partie lavée, marbrée et réticulée de fauve grisâtre, finement et courtement striée de rouge sombre à l'insolation, ponctuée de roux clair et couverte çà et là de légères verrucosités. — *Chair :* jaunâtre, fine, assez ferme. — *Eau :* suffisante, très-sucrée, peu acidulée, douée d'un délicieux parfum.

MATURITÉ. — Novembre-Février.

QUALITÉ. — Première.

Historique. — Variété française, et probablement sortie de la province dont elle a reçu le nom, la Reinette grise de Champagne remonte environ à 1730. Bien connue dans le voisinage de Paris dès 1750, c'est là que nous la rencontrons tout d'abord, chez Chaillou, pépiniériste à Vitry-sur-Seine. Cet arboriculteur l'offrait au public, dans son *Catalogue* de 1755 (p. 11), greffée sur franc, doucin et paradis. Comme aussi, cette même année, elle était décrite en ces termes par les abbés Nolin et Blavet :

« La *Reinette grise de Champagne*, fruit de garde, est un peu aplatie et d'un gris clair; son eau est assez agréable. » (*Essai sur l'agriculture moderne*, 1755, p. 232.)

Depuis lors elle a beaucoup voyagé, car on la trouve en Allemagne, Angleterre, Amérique et Italie. C'est du reste une excellente pomme et qui maintenant circule presque autant sous le surnom Reinette de Versailles, que sous sa dénomination primitive.

Observations. — Parfois on l'a également surnommée Pomme *de Bardin,* notamment la Bretonnerie, en 1784 (t. II, p. 475); ai-je besoin de dire que ce fut erronément, quand chacun sait que depuis plusieurs siècles ce synonyme appartient au Fenouillet rouge ? (Voir notre t. III, p. 298.) — Il faut d'autant mieux veiller à ne pas confondre la Reinette grise de Champagne avec la Reinette blanche de Champagne, décrite ci-dessus (pp. 626-629), que cette dernière a droit, comme l'autre, au synonyme Reinette de Versailles.

POMME REINETTE GRISE DE DARNETAL. — Synonyme de *Reinette grise.* Voir ce nom.

POMME REINETTE GRISE DORÉE. — Synonyme de *Reinette dorée.* Voir ce nom.

POMMES : REINETTE GRISE DOUBLE,

— REINETTE GRISE EXTRA,

— REINETTE GRISE FRANÇAISE,

— REINETTE GRISE DE GRANDVILLE,

Synonymes de *Reinette grise.* Voir ce nom.

POMME REINETTE GRISE HAUTE-BONTÉ. — Synonyme de pomme *Haute-Bonté.* Voir ce nom.

POMME REINETTE GRISE D'HIVER. — Synonyme de *Reinette grise.* Voir ce nom.

POMME REINETTE GRISE D'ORLÉANS. — Voir *Reinette d'Orléans*, au paragraphe OBSERVATIONS.

POMME REINETTE GRISE D'OSNABRÜCK. — Synonyme de *Reinette d'Osnabrück.* Voir ce nom.

411. POMME REINETTE GRISE DE PORTUGAL.

Synonyme. — Pomme REINETTE D'ALLEMAGNE (André Leroy, *Catalogue de cultures*, 1846, p. 13).

Description de l'arbre. — *Bois :* faible. — *Rameaux :* assez nombreux, étalés, peu longs, grêles, bien flexueux, très-duveteux et rouge-brun ardoisé. — *Lenticelles :* petites, arrondies, des plus clair-semées. — *Coussinets :* presque nuls. — *Yeux :* gros, ovoïdes, cotonneux, légèrement ou partiellement collés sur le bois. — *Feuilles :* petites, ovales-arrondies, courtement acuminées, à bords très-profondément dentés. — *Pétiole :* peu long, très-gros, tomenteux et largement cannelé. — *Stipules :* étroites et longues.

FERTILITÉ. — Abondante.

CULTURE. — Les rameaux et le bois de ce pommier sont bien grêles pour le destiner au plein-vent; mieux vaut le greffer sur doucin et l'élever sous formes naines.

Description du fruit. — *Grosseur :* au-dessus de la moyenne. — *Forme :* conique sensiblement arrondie, ou sphérique souvent assez aplatie à ses extrémités et souvent aussi plus ventrue d'un côté que de l'autre. — *Pédoncule :* très-court, gros ou de moyenne force, profondément inséré dans un vaste bassin. — *OEil :* grand, bien ouvert ou mi-clos, à cavité rarement très-large mais habituellement assez profonde et quelque peu bossuée sur les bords.

Pomme Reinette grise de Portugal.

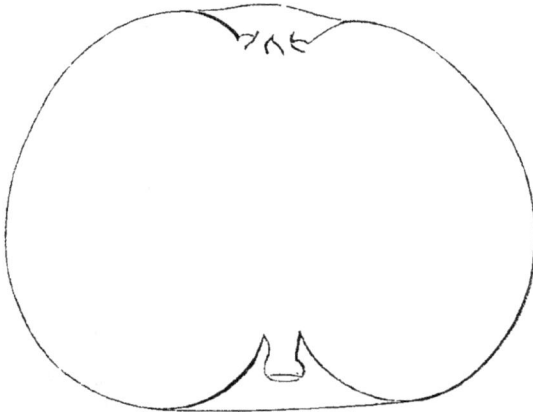

— *Peau :* rugueuse, à fond vert-pré, entièrement ou presqu'entièrement lavée de brun-gris squammeux, réticulée de brun mat et ponctuée de roux clair. — *Chair :* verdâtre ou jaunâtre, très-fine et mi-tendre. — *Eau :* suffisante, sucrée, délicieusement acidulée et parfumée.

MATURITÉ. — Décembre-Avril.

QUALITÉ. — Première.

Historique. — Quel pays a vu naître ce pommier? Je n'ai jamais, malgré son nom Reinette grise de Portugal, rencontré de pomologue qui se soit cru fondé à le dire d'origine portugaise. Dès 1798 il était cultivé chez nous et chez les Allemands, où Diel le signalait en 1809 :

« J'ai reçu de Metz — écrivit-il alors — ma pyramide *Reinette grise de Portugal,* et je crois cette variété plus connue que la Reinette blanche de Portugal, l'ayant retrouvée, depuis, à Ems et à Runkel. » (*Kernobstsorten,* 1809, t. X, p. 160.)

La Reinette blanche de Portugal, dont Diel parle ici, m'est complétement étrangère; mais quant à l'autre, la GRISE, que je viens de caractériser, je puis certifier qu'en 1841 elle figurait déjà, sous le surnom *Reinette d'Allemagne,* dans mes *Catalogues,* où elle l'a conservé jusqu'en 1867, époque à laquelle on me l'expédia du Wurtemberg sous son nom primitif, adopté généralement, et qu'alors j'ai dû lui rendre.

———

POMME REINETTE GRISE ROYALE. — Synonyme de pomme *Royal Russet.* Voir ce nom.

———

POMME REINETTE GRISE DE SAINTONGE. — Synonyme de pomme *Haute-Bonté.* Voir ce nom.

———

412. POMME REINETTE HARBERT.

Synonymes. — *Pommes :* 1. HARBERT'S REINETTE (Diel, *Vorz. Kernobstsorten,* 1828, t. V, p. 44). 2. HARBERT'S REINETTARTIGER RAMBOUR (*Id. ibid.*). — 3. REINETTE HERBERG (de quelques pépiniéristes).

Description de l'arbre. — *Bois :* très-fort. — *Rameaux :* nombreux, étalés, gros et longs, duveteux, brun olivâtre lavé de gris. — *Lenticelles :* assez grandes, arrondies, clair-semées et cependant très-apparentes. — *Coussinets :* bien développés. — *Yeux :* petits, coniques, cotonneux, plaqués sur l'écorce. — *Feuilles :* grandes, ovales-arrondies, courtement acuminées, à bords régulièrement dentés. — *Pétiole :* long, très-gros, profondément cannelé. — *Stipules :* étroites et longues.

Pomme Reinette Harbert.

FERTILITÉ. — Ordinaire.

CULTURE. — Écussonné ras terre, pour plein-vent. il fait des arbres à gros et beau tronc et à jolie tête. La basse-tige, sur paradis, lui convient très-bien également.

Description du fruit. — *Grosseur :* au-dessus de la moyenne. — *Forme :* conique-raccourcie, généralement assez régulière et côtelée au sommet. — *Pédoncule :* de force et longueur moyennes, arqué, inséré dans un bassin large et profond. — *Œil :* grand, mi-clos ou fermé, à longues sépales, à cavité gibbeuse et très-développée. — *Peau :* mince, légèrement onctueuse, jaune d'or, nuancée ou mouchetée de rose tendre à l'insolation, tachée de roux squammeux à la base et dans le bassin pédonculaire, puis abondamment ponctuée de gris verdâtre. — *Chair :* jaunâtre, mi-fine, assez tendre. — *Eau :* suffisante ou abondante, sucrée, fortement acidulée, presque sans parfum.

MATURITÉ. — Janvier-Mars.

QUALITÉ. — Deuxième.

Historique. — Peu répandue en France, cette pomme est d'origine allemande et porte le nom de son promoteur. Le docteur Diel, qui l'a décrite en 1828, donne sur elle les renseignements ci-après :

« La *Reinette Harbert* — dit-il — m'a été envoyée d'Arnsberg (Westphalie) par les soins obligeants de M. Harbert, pomologue distingué. Je la crois provenue de l'un des nombreux monastères dont le pays westphalien était anciennement pourvu. » (*Vorz. Kernobstsorten*, 1828, t. V, p. 44.)

Les Allemands — ceux des provinces septentrionales, surtout — estiment beaucoup ce fruit, le trouvant de première qualité. Dans mes pépinières, où je le cultive depuis une douzaine d'années, il n'a mérité que le deuxième rang.

POMME REINETTE HATIVE. — Synonyme de *Reinette jaune hâtive.* Voir ce nom.

POMME REINETTE HERBERG. — Synonyme de *Reinette Harbert*. Voir ce nom.

POMME REINETTE D'HIVER SUCRÉE. — Synonyme de *Reinette musquée*. Voir ce nom.

POMMES REINETTE DE HOLLANDE. — Synonymes de *Reinette blanche de Hollande* et de *Reinette carminée de Hollande*. Voir ces noms.

POMME REINETTE DE HONGRIE. — Synonyme de *Court-Pendu rouge*. Voir ce nom.

POMME REINETTE D'HOPITAL. — Synonyme de pomme *Gros-Hôpital*. Voir ce nom.

POMME REINETTE IMPÉRATRICE. — Synonyme de *Reinette de Caux*. Voir ce nom.

POMME REINETTE JAUNE. — Synonyme de *Reinette dorée*. Voir ce nom.

POMME REINETTE JAUNE D'AUTOMNE. — Synonyme de *Reinette jaune hâtive*. Voir ce nom.

POMME REINETTE JAUNE DORÉ. — Synonyme de *Reinette tardive*. Voir ce nom.

POMME REINETTE JAUNE DORÉE. — Synonyme de *Reinette dorée*. Voir ce nom.

---

413. POMME REINETTE JAUNE HATIVE.

Synonymes. — *Pommes* : 1. REINETTE PRIME (le Lectier, *Catalogue des arbres cultivés dans son verger et plant*, 1628, p. 22 ; — et dom Claude Saint-Étienne, *Nouvelle instruction pour connaître les bons fruits*, p. 215). — 2. REINETTE HATIVE (Bonnefond, *le Jardinier français*, 1653, p. 107 ; — et dom Claude Saint-Étienne, *ibid.*). — 3. REINETTE BLANCHE (Merlet, *l'Abrégé des bons fruits*, 1667, p. 147 ; — et dom Claude Saint-Étienne, *ibid.*). — 4. REINETTE JAUNE D'AUTOMNE (la Rivière et du Moulin, *Méthode pour bien cultiver les arbres à fruit*, 1738, p. 264). — 5. PETITE-REINETTE JAUNE HATIVE (Manger, *Systematische Pomologie*, 1780, 1ʳᵉ partie, p. 24, nᵒ VII). — 6. REINETTE D'ÉTÉ (*Id. ibid.*). — 7. REINETTE DORÉE D'ÉTÉ (Diel, *Kernobstsorten*, 1806, t. VIII, p. 97). — 8. CITRON DES CARMES (Thompson, *Catalogue of fruits cultivated in the garden of the horticultural Society of London*, 1842, p. 36, nᵒ 672). — 9. REINETTE MARBRÉE (*Id. ibid.*). — 10. RAMBOUILLET (baron de Flotow, *Illustrirtes Handbuch der Obstkunde*, 1859, t. 1, p. 271, nᵒ 120).

Description de l'arbre. — *Bois* : fort. — *Rameaux* : nombreux, étalés, peu longs, de grosseur moyenne, à peine coudés, duveteux, brun olivâtre nuancé de rouge. — *Lenticelles* : grandes, arrondies ou allongées, assez abondantes. — *Coussinets* : larges et modérément ressortis. — *Yeux* : petits, arrondis et plats, légèrement cotonneux, fortement collés sur le bois. — *Feuilles* : grandes, ovales ou elliptiques, longuement acuminées, assez profondément dentées et surdentées.

— _Pétiole :_ gros, très-court, tomenteux, souvent carminé, à cannelure peu prononcée. — _Stipules :_ très-longues mais étroites.

FERTILITÉ. — Abondante.

CULTURE. — Le plein-vent lui est des plus profitables, même avec la greffe ras
terre ; sur paradis il fait aussi, comme
arbre nain, des sujets irréprochables
et très-productifs.

Pomme Reinette jaune hâtive. — _Premier Type._

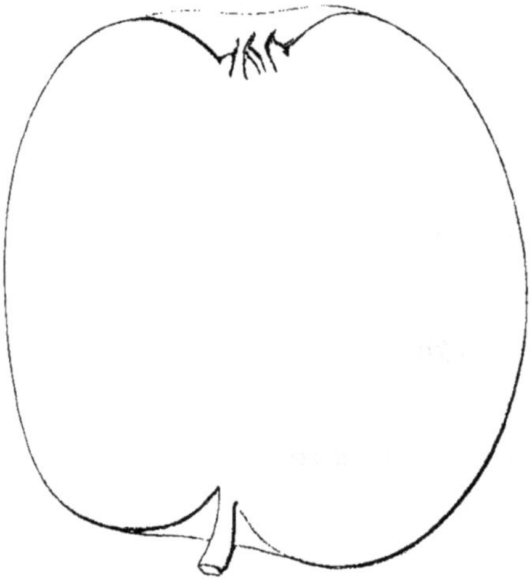

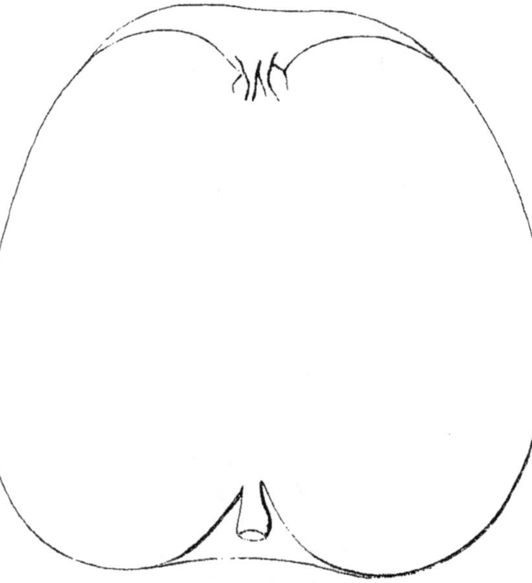

Description du fruit. — _Gros-
seur :_ moyenne et parfois volumineuse.
— _Forme :_ inconstante, elle est cylindro-
globuleuse quelque peu déprimée d'un
côté, à la base, ou conique assez régulière. — _Pédoncule :_ de longueur
moyenne, ou court, droit ou arqué,
gros, surtout au point d'attache, inséré
dans un bassin étroit et profond.
— _Œil :_ grand, mi-clos, à cavité généralement très-vaste et plus ou moins
ondulée sur les bords. — _Peau :_ unicolore, jaune blanchâtre, tachée de fauve
autour du pédoncule et semée de larges
et nombreux points grisâtres. — _Chair :_
blanche, mi-fine, ten-
dre et croquante, su-
jette à devenir pâteuse.
— _Eau :_ suffisante,
sucrée, vineuse, faible-
ment acidulée et par-
fumée.

Deuxième Type.

MATURITÉ. — Fin
septembre, mais se con-
servant parfois au frui-
tier jusqu'en décembre
et même janvier.

QUALITÉ. — Deuxiè-
me.

Historique. —
Duhamel fut en 1768 le
premier de nos pomo-
logues qui décrivit cette
variété sous son présent
nom, Reinette jaune
hâtive (_Traité des ar-
bres fruit.,_ t. I, p. 294).
Ce savant ne s'étant pas attaché à découvrir l'origine des fruits dont il s'occupait,
ne dit rien du passé de celui-ci, pourtant fort intéressant. Si l'on étudie les
plus anciens recueils horticoles français, on voit effectivement une REINETTE PRIME
apparaître en 1628, dans le _Catalogue_ de le Lectier, d'Orléans (page 22) ; une

REINETTE BLANCHE précoce en 1667, dans *l'Abrégé des bons fruits*, de Merlet (p. 147);
puis en 1670, chez dom Claude Saint-Étienne, également une REINETTE BLANCHE
dite PRIME, ainsi qu'une REINETTE HATIVE — toutes pommes qui ne sont pas la très-
tardive Reinette franche, comme l'ont indûment avancé quelques auteurs, mais
bien le fruit appelé par Duhamel, Reinette jaune hâtive. Et nous le démontrerions
immédiatement, si plus haut (pp. 676-677) la preuve n'en existait déjà dans nos
Observations sur la Reinette franche, auxquelles on voudra bien recourir, au besoin.
Du reste il est facile de s'expliquer que le nom Reinette blanche ait pu d'abord
appartenir à cette Reinette jaune, car sa peau unicolore est plutôt blanchâtre, que
jaune, particulièrement sur la face placée à l'ombre. La Reinette jaune hâtive a
pénétré depuis longtemps chez les Anglais et surtout chez les Allemands, où Mayer
en donnait, voilà près d'un siècle, la description suivante, des plus exactes, et qu'il
affirme avec raison se rapporter entièrement à celle qu'en 1768 Duhamel avait
publiée :

« Le fruit de cette variété — dit-il — n'est appelé hâtif, précoce, Reinette d'Été, que
parce qu'il mûrit le premier d'entre les Reinettes, ce qui n'arrive guère avant la fin de septembre. Comme elle se trouve alors la meilleure pomme de la saison, on l'estime et la cultive
beaucoup, quoiqu'elle ne soutienne pas la comparaison avec les bons fruits d'hyver qui lui
succèdent. Sa grosseur est moïenne ; sa forme, aplatie [aux pôles]; sa couleur, jaune clair
tiqueté de gros points bruns. La chair est tendre; l'eau, abondante, vineuse, moins relevée
cependant que celle des autres Reinettes; elle cotonne. L'œil est grand, placé dans une
cavité unie, profonde, évasée; la queue, menue, insérée dans une cavité étroite et profonde. »
(*Pomona franconica*, 1776, t. III, p. 143.)

Observations. — Communément la Reinette jaune hâtive mûrit dans la dernière quinzaine de septembre et se conserve jusqu'en novembre; mais lorsqu'on a
eu soin de la cueillir avant sa complète maturité, puis de la porter au fruitier, alors
il n'est pas rare de la voir atteindre, sans devenir pâteuse, le mois de décembre et
même celui de janvier. Ainsi, chez moi, souvent on l'a mangée, très-bonne encore,
à Noël. — Thompson, dans le *Catalogue des fruits du Jardin de la Société horticole
de Londres*, a compris en 1842 le nom Reinette grise d'Automne parmi les synonymes de la Reinette jaune hâtive. Je l'ai rejeté, par la raison que cette pomme n'a
jamais la peau grise, et qu'ensuite, comme il existe réellement une Reinette grise
d'Automne, décrite ci-dessus page 688, ce synonyme n'eût pas manqué de donner
lieu à quelque méprise. — Van Mons dit avoir obtenu une Reinette jaune hâtive
(*Catalogue général de 1798 à 1823*, p. 24, n° 60, et p. 28, n° 2); ne connaissant pas
cette variété, je n'en parle ici que pour mémoire.

---

414. POMME REINETTE JAUNE MUSQUÉE.

Description de l'arbre. — *Bois :* de moyenne force. — *Rameaux :* peu
nombreux, étalés, longs, assez gros, à peine coudés, très-duveteux et d'un brun-
rouge verdâtre amplement lavé de gris; leurs mérithalles sont des plus courts.
— *Lenticelles :* assez grandes, brunes, arrondies ou allongées, saillantes, clair-
semées. — *Coussinets :* presque nuls. — *Yeux :* petits, arrondis, plats, cotonneux et
entièrement collés sur le bois. — *Feuilles :* petites, ovales, courtement acuminées,

à bords largement crénelés. — *Pétiole :* court, assez gros, très-tomenteux, à faible cannelure. — *Stipules :* étroites et longues.

FERTILITÉ. — Satisfaisante.

CULTURE. — Pour plein-vent il fait, quand on le greffe à hauteur de tige, de beaux arbres à tête très-régulière. Les formes buisson, cordon, espalier, sur doucin ou paradis, lui sont surtout profitables au point de vue de l'accroissement de sa fertilité.

Description du fruit. — *Grosseur :* petite. — *Forme :* conique-raccourcie. — *Pédoncule :* court, bien nourri, principalement au point d'attache, arqué, planté dans un bassin étroit et peu profond.

Pomme Reinette jaune musquée.

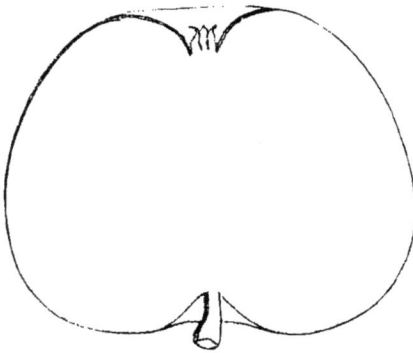

— *OEil :* petit, clos ou mi-clos, modérément enfoncé dans une large cavité à bords unis. — *Peau :* jaune verdâtre, ponctuée de brun et en partie lavée de roux. — *Chair :* blanchâtre, tendre, fine, odorante et croquante. — *Eau :* suffisante, très-sucrée, légèrement acidulée, possédant un parfum musqué-anisé des plus savoureux.

MATURITÉ. — Novembre-Janvier.

QUALITÉ. — Première.

Historique. — Je dois cette délicieuse petite pomme, aux Allemands, et la propage depuis 1865. M. Oberdieck, son premier descripteur, dit qu'elle est originaire du Hanovre, où elle jouit d'une grande faveur et se trouve partout (voir *Illustrirtes Handbuch der Obstkunde*, 1859, t. I, p. 333, n° 151).

Observations. — Ce fruit n'a qu'un rapport de nom avec la Reinette musquée, ou pomme Margil, qui se conserve jusqu'en avril, quatre mois de plus que son homonyme, et dont l'article figure ci-après, page 713.

415. POMME REINETTE JAUNE SUCRÉE.

Synonymes. — *Pommes :* 1. GELBE ZUCKERREINETTE (Diel, *Kernobstsorten*, 1802, t. V, p. 112). — 2. ANGLAISE (Thompson, *Catalogue of fruits cultivated in the garden of the horticultural Society of London*, 1842, p. 36, n° 673). — 3. CHANCE (*Id. ibid.*). — 4. CITRON (*Id. ibid.*).

Description de l'arbre. — *Bois :* de moyenne force. — *Rameaux :* nombreux, étalés, longs, assez grêles, bien coudés, légèrement duveteux et d'un brun clair nuancé de jaune verdâtre; leurs mérithalles sont longs et inégaux. — *Lenticelles :* petites, allongées et clair-semées. — *Coussinets :* des plus saillants. — *Yeux :* de grosseur moyenne, allongés, assez obtus, faiblement collés sur le bois, ayant les écailles disjointes et cotonneuses. — *Feuilles :* petites, abondantes, ovales-allongées, vert jaunâtre en dessus, blanc jaunâtre en dessous, longuement acuminées, régulièrement et peu profondément dentées. — *Pétiole :* long, gros, flasque, rougeâtre en dessous et largement cannelé. — *Stipules :* moyennes.

FERTILITÉ. — Abondante.

CULTURE. — Ce pommier n'est pas assez vigoureux pour qu'il soit prudent, quand on le destine au plein-vent, de le greffer ras terre, il lui faut la greffe en tête. Sous formes naines on en obtient, sur doucin, de très-beaux sujets.

Pomme Reinette jaune sucrée.

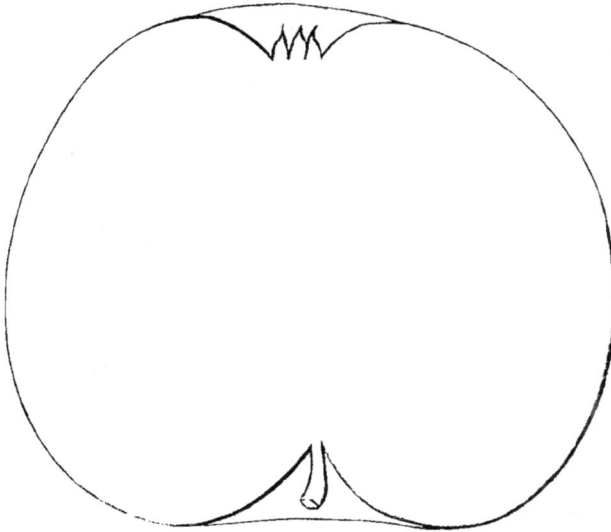

Description du fruit. — *Grosseur :* considérable. — *Forme :* globuleuse plus ou moins régulière. — *Pédoncule :* court, faible, arqué, profondément inséré dans un vaste bassin. — *Œil :* grand ou moyen, mi-clos ou fermé, à cavité unie et modérément développée. — *Peau :* légèrement rugueuse, vert jaunâtre sur le côté exposé à l'ombre, jaune d'or à l'insolation, çà et là tachetée de roux, surtout autour du pédoncule, puis semée de larges et nombreux points fauves, dont la plupart forment étoile. — *Chair :* jaunâtre, peu serrée mais assez ferme. — *Eau :* suffisante, à peine acidulée, très-sucrée et très-agréablement parfumée.

MATURITÉ. — Octobre-Janvier.

QUALITÉ. — Première, surtout pour les amateurs de pommes douces.

Historique. — Ce pommier est beaucoup plus connu chez les Anglais et les Allemands, que chez nous, où cependant on le cultivait déjà en 1802, date à laquelle le docteur Diel assure, dans son *Kernobstsorten* (t. V, p. 112, note), l'avoir reçu du capitaine Brion, de Verdun. Je ne sais comment quelques horticulteurs ont cru possible de le confondre avec celui de Reinette franche, lui ressemblant si peu, et dont les produits, bien acidulés, gagnent aisément le mois de mai, tandis que la Reinette jaune sucrée, à chair presque dépourvue d'acidité, dépasse difficilement les derniers jours de janvier. J'ignore la provenance de cette variété.

POMME REINETTE JAUNE TARDIVE (DE DUHAMEL). — Synonyme de *Reinette dorée*. Voir ce nom.

POMME REINETTE JAUNE TARDIVE (DE POITEAU). — Voir *Reinette dorée*, au paragraphe OBSERVATIONS.

POMME **REINETTE DE JEANNETTE.** — Synonyme de pomme *Dame-Jeannette.* Voir ce nom.

---

416. POMME **REINETTE DE LANDSBERG.**

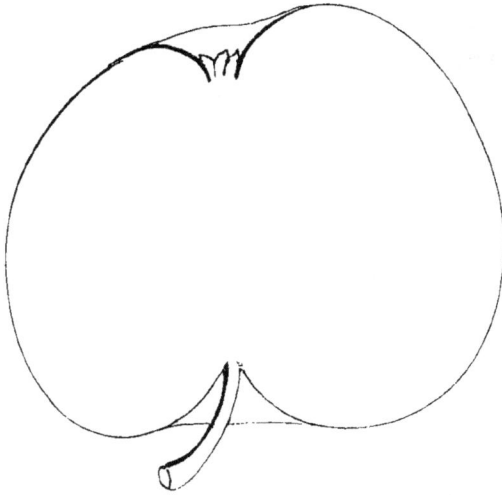

Description de l'arbre.
— *Bois :* fort. — *Rameaux :* assez nombreux, érigés au sommet, légèrement étalés à la base, gros et longs, très-géniculés, très-duveteux et brun olivâtre nuancé de rouge. — *Lenticelles :* abondantes, grandes, arrondies ou allongées. — *Coussinets :* des plus larges et des plus ressortis. — *Yeux :* très-gros, ovoïdes, collés sur le bois et couverts de duvet. — *Feuilles :* grandes, très-variables en leur forme, courtement acuminées, coriaces, ayant les bords profondément crénelés et le parenchyme plus saillant que les nervures. — *Pétiole :* gros, assez long, tomenteux et sensiblement rayé. — *Stipules :* moyennes.

FERTILITÉ. — Modérée.

CULTURE. — La croissance rapide de ce pommier, ses rameaux érigés au sommet de la tige, étalés à la base, le rendent propre à faire de remarquables plein-vent. Pour formes naines, sous lesquelles il prospère non moins bien, on le greffe sur paradis; le doucin en accroîtrait beaucoup trop la vigueur et nuirait ainsi à sa fertilité, déjà peu grande.

Description du fruit. — *Grosseur :* moyenne. — *Forme :* conique assez irrégulière, parfois même un peu contournée dans son ensemble, côtelée au sommet et plus ventrue sur une face que sur l'autre. — *Pédoncule :* grand, de moyenne force, renflé au point d'attache, planté profondément dans un bassin étroit. — *Œil :* moyen, mi-clos ou fermé, à cavité irrégulière, peu vaste et plissée sur les bords. — *Peau :* jaune clair, ponctuée et striée de fauve, maculée de roux olivâtre autour du pédoncule, puis lavée de rose vif sur le côté frappé par le soleil. — *Chair :* blanche, fine et tendre, quoique compacte. — *Eau :* abondante, très-sucrée, acidule, parfumée, des plus savoureuses.

MATURITÉ. — Novembre-Mars.

QUALITÉ. — Première.

Historique. — Cette Reinette provient de l'État de Brandebourg (Prusse) et porte le nom de la localité où poussa le pied-type : Landsberg-sur-Warthe. Elle eut pour obtenteur, il y a une vingtaine d'années, M. le conseiller Burchardt, bien connu des pomologues allemands. Son introduction dans mes pépinières remonte à 1860. (Voir *Illustrirtes Handbuch der Obstkunde*, 1862, t. IV, p. 131, n° 328.)

Observations. — Dans le recueil ici mentionné, M. Oberdieck fait ressortir un des mérites particuliers de la Reinette de Landsberg :

« Cette pomme — rapporte-t-il — est si fortement attachée, qu'à la suite de l'épouvantable orage du 24 août 1860, les jeunes arbres furent complétement dépourvus de leurs fruits, sauf ceux appartenant à ladite variété, qui les conservèrent presque tous. » (T. IV, p. 132.)

---

417. Pomme REINETTE LIMON.

Synonymes. — *Pommes :* 1. ENGLISCHE ROTHE LIMONENREINETTE (Diel, *Vorz. Kernobstsorten*, 1825, t. III, p. 56). — 2. RED LEMON PIPPING (*Id. ibid.*). — 3. LIMONEN REINETTE (Oberdieck, *Illustrirtes Handbuch der Obstkunde*, 1859, t. I, p. 319, n° 144). — 4. LEMON (Thompson, *Catalogue of fruits cultivated in the garden of the horticultural Society of London*, 1842, p. 23). = KIRKE'S LEMON PIPPIN; LEMON PIPPIN; LIMON DE GALLES; PEPIN LIMON DE GALLES (*tous faux synonymes ;* voir, ci-après, au paragraphe OBSERVATIONS).

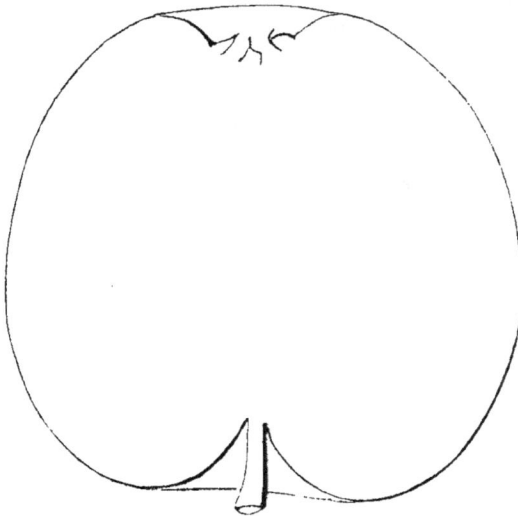

Description de l'arbre. — *Bois :* de moyenne force. — *Rameaux :* nombreux, étalés, longs, assez gros, non coudés, légèrement duveteux, brun-rouge ardoisé, sensiblement violacé à l'insolation. — *Lenticelles :* de grandeur variable, plus ou moins allongées, bien apparentes mais peu abondantes. — *Coussinets :* faiblement accusés. — *Yeux :* moyens, coniques, obtus, à peine cotonneux, entièrement collés sur l'écorce. — *Feuilles :* moyennes et de forme très-variable (ovales-arrondies, ovales-allongées, elliptiques), vert jaunâtre en dessus, gris verdâtre en dessous, assez longuement acuminées, planes pour la plupart et finement dentées en scie. — *Pétiole :* de grosseur moyenne, court, rouge lie de vin en dessous et presque dépourvu de cannelure. — *Stipules :* de longueur et largeur moyennes.

FERTILITÉ. — Ordinaire.

CULTURE. — Le plein-vent lui convient beaucoup; si cependant on veut l'utiliser sous formes naines, en le greffant sur paradis plutôt que sur doucin il fera de jolis arbres.

Description du fruit. — *Grosseur :* au-dessus de la moyenne. — *Forme :* ovoïde-arrondie, généralement bien régulière. — *Pédoncule :* de longueur moyenne, assez gros, souvent tomenteux, arqué, inséré dans un bassin étroit et profond. — *Œil :* grand ou moyen, ouvert ou mi-clos, à cavité unie et peu développée. — *Peau :* mince, lisse, jaune pâle et ponctuée de brun sur le côté exposé à l'ombre, jaune d'or et ponctuée de blanc à l'insolation, où elle est en outre finement nuancée et striée de rose clair. — *Chair :* blanchâtre, mi-fine, ferme, très-croquante, se tachant facilement, surtout sous la peau. — *Eau :* abondante, sucrée, à parfum pénétrant dont la saveur et l'acidulé rappellent un peu le goût du citron.

MATURITÉ. — Novembre-Avril.

QUALITÉ. — Première.

Historique. — J'ai fait venir du Wurtemberg, en 1868, la Reinette Limon. Les Allemands ne peuvent, non plus que moi, assurer qu'elle soit originaire d'Angleterre, d'où leur pomologue Diel l'avait reçue vers 1820 :

« Ma *Reinette Limon* — disait en 1825 cet auteur — provient des pépinières de M. Loddiges [de Londres], qui me l'adressa étiquetée Pippin Limon rouge. Est-ce une variété anglaise ? Cela reste indécis. Dans notre Allemagne, on la rencontre encore fort peu. » (*Vorz. Kern-obstsorten*, t. III, p. 56.)

Observations. — Il existe une pomme *Reinette Limon de Galles*, très-différente de la Reinette Limon, surtout par sa forme. Ne la possédant pas, je la supposais, tellement son nom s'y prête, identique avec cette dernière; mais il n'en est rien, je m'en suis convaincu dans *le Verger*, de M. Mas (t. IV, p. 111, n° 54), puis dans la *Pomologie de la France,* du Congrès (t. IV, n° 38), publications où elle est parfaitement décrite. Les noms KIRKE'S LEMON PIPPIN, LEMON PIPPIN et LIMON DE GALLES, ne sont donc pas synonymes de Reinette Limon; ils le sont uniquement de Reinette Limon de Galles, qui en compte également deux autres : *Reinette de Madère* et *Pomme verte de Madère.*

418. Pomme REINETTE LISSE.

Description de l'arbre. — *Bois :* assez fort. — *Rameaux :* nombreux, érigés au sommet, étalés et souvent arqués à la base, légèrement coudés, très-cotonneux et d'un rouge-brun foncé. — *Lenticelles :* des plus petites, allongées, assez abondantes. — *Coussinets :* aplatis. — *Yeux :* petits ou moyens, arrondis, excessivement duveteux, noyés dans l'écorce. — *Feuilles :* moyennes, ovales, vert terne en dessus, gris verdâtre en dessous, coriaces, acuminées, planes ou cana-

liculées, à bords profondément crénelés. — *Pétiole :* de grosseur et longueur moyennes, assez rigide et presque sans cannelure. — *Stipules :* très-petites et parfois faisant défaut.

FERTILITÉ. — Abondante.

CULTURE. — Avec la greffe ras terre ce pommier fait des tiges très-droites, mais généralement un peu trop grêles; mieux vaut donc le greffer en tête. Sous formes cordon, pyramide, espalier, il est irréprochable quand on l'a écussonné sur paradis.

Description du fruit. — *Grosseur :* assez volumineuse. — *Forme :* conique sensiblement arrondie, régulière, toujours aplatie à la base. — *Pédoncule :* assez long, bien nourri, surtout à ses extrémités, arqué, obliquement planté dans un étroit et profond bassin. — *OEil :* moyen, irrégulier, ouvert ou mi-clos, à cavité bossuée ou faiblement côtelée sur les bords et rarement très-prononcée. — *Peau :* brillante, des plus lisses, unicolore, jaune vif, très-finement ponctuée de gris ou de brun clair, et plus ou moins lavée de fauve dans le bassin pédonculaire. — *Chair :* jaunâtre, fine, ferme, croquante. — *Eau :* abondante, acidulée, bien sucrée, possédant un parfum savoureux.

MATURITÉ. — Janvier-Juin.

QUALITÉ. — Première.

Historique. — Dans sa séance du 5 mai 1844 le Comice horticole d'Angers constatait que la Reinette lisse, qu'il possédait depuis plusieurs années déjà, était encore « en parfaite conservation dans le fruitier du Jardin social. » (*Annales,* t. III, p. 103.) Ce fut même le motif qui m'engagea à la propager immédiatement, car de bonnes pommes d'une aussi longue garde ne sont réellement pas fort communes. Je n'ai pu savoir d'où le Comice l'avait reçue, et ne l'ai vue, non plus, décrite chez aucun pomologue français. Seul, Sickler a caractérisé en 1798, chez les Allemands, une Reinette lisse jaune [*die glate gelbe Reinette*], très-tardive, et offrant beaucoup de ressemblance avec celle-ci, sauf qu'à l'insolation elle est faiblement nuancée de rose. Serait-ce la même? Il me semble si téméraire de répondre oui, que je préfère renvoyer le lecteur à l'ouvrage de Sickler; il est intitulé *der teutsche Obstgärtner*, et l'article et la figure coloriée de la Reinette à étudier, y sont insérés tome X, pages 144-147.

POMME REINETTE DE LORRAINE. — Synonyme de *Reinette dorée*. Voir ce nom.

419. POMME REINETTE DE LUNÉVILLE.

Synonymes. — *Pommes :* 1. DODONNE (Sickler, *der teutsche Obstgärtner*, 1798, t. X, p. 88). — 2. REINETTE DURABLE DEUX ANS (*Id. ibid.*).

Description de l'arbre. — *Bois :* fort. — *Rameaux :* nombreux, érigés ou légèrement étalés, surtout ceux de la base, très-longs, assez gros, sensiblement coudés, bien duveteux, rouge-brun ardoisé. — *Lenticelles :* arrondies ou allongées, grandes, très-abondantes. — *Coussinets :* larges et ressortis. — *Yeux :* moyens ou petits, coniques-pointus, un peu cotonneux, collés complétement sur l'écorce. — *Feuilles :* assez petites, minces, ovales-allongées, vert clair, très-rarement acuminées, à bords profondément dentés. — *Pétiole :* long, bien nourri, flasque, à peine cannelé. — *Stipules :* de largeur et longueur moyennes.

FERTILITÉ. — Satisfaisante.

CULTURE. — Il est vigoureux, pousse très-droit et fait par conséquent de beaux plein-vent, même quand on le greffe ras terre. La basse-tige, sur paradis, lui convient également.

Description du fruit. — *Grosseur :* moyenne. — *Forme :* cylindrique, ayant généralement un côté moins développé que l'autre. — *Pédoncule :* très-court et

Pomme Reinette de Lunéville.

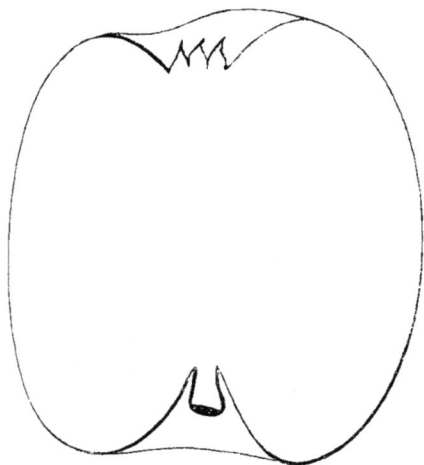

très-gros, profondément enfoncé dans un vaste bassin. — *Œil :* grand, mi-clos ou fermé, à cavité prononcée et dont les bords sont sensiblement ondulés. — *Peau :* mince, lisse, jaune-citron ponctué de brun sur la face placée à l'ombre, jaune brunâtre ponctué de gris à l'insolation, et maculée de roux clair autour du pédoncule. — *Chair :* blanchâtre, ferme, fine, très-croquante. — *Eau :* suffisante, bien sucrée, légèrement acidulée et délicatement parfumée.

MATURITÉ. — Excessivement tardive : commençant en avril ou mai, puis se prolongeant aisément plus d'une année.

QUALITÉ. — Première.

Historique. — Cette pomme, que les Allemands disent originaire de notre pays, m'était encore inconnue en 1867, époque où je la vis à Paris, sous le nom Reinette de Lunéville, exposée par les soins du professeur Koch, de Berlin. L'année suivante je la fis venir des pépinières de Reutlingen (Wurtemberg) et depuis l'ai multipliée assez abondamment, en raison de sa bonté, mais surtout du rare privilége qu'elle a de mûrir seulement au printemps pour rester, ensuite, excellente au fruitier pendant seize ou dix-huit mois. Le pomologue Sickler, son premier descripteur, assurait même qu'on pouvait l'y conserver au moins deux ans. Voici du reste la traduction de l'article qu'il lui consacra en 1798 :

« Le docteur Bucholz, de Weimar — dit-il — m'envoya en 1795 plusieurs pommes de cette variété, lesquelles avaient déjà vingt-sept mois de garde, ayant été cueillies en 1793, et je les trouvai parfaites de conservation et de goût. Antérieurement, un sujet m'en était parvenu sous la dénomination pommier *Dodonne*, et je savais aussi que dès leur propagation on avait appelé ses fruits, *Reinette de Lunéville*, tant pour la nature de leur chair que pour indiquer le lieu dont ils provenaient. Toutefois, ce dernier nom me déplaisant, et l'autre, *Dodonne*, ne se trouvant cité par aucun auteur, je crus devoir lui appliquer le surnom *Reinette durable deux ans*, un peu long, il est vrai, mais qui exprime nettement le caractère prédominant de ladite pomme. » (*Der teutsche Obstgärtner*, 1798, t. X, pp. 86-91.)

Observations. — Notre pomme de Fer, décrite page 299 du tome III de ce *Dictionnaire*, possède, comme la variété qui vient de nous occuper, le synonyme pomme *de Deux Ans*, qu'elle est loin de mériter, car elle atteint rarement le mois de juin ; il faut alors, en raison de cette communauté synonymique, veiller à ne pas confondre ces deux fruits. — Les Anglais cultivent également plusieurs pommes dites de Deux Ans, mais aucune ne se rapporte à la Reinette de Lunéville.

Pomme REINETTE DU LUXEMBOURG. — Je n'ai pas ce pommier, originaire du Grand-Duché de Luxembourg, où il porte assez généralement le surnom *Coastresse*. J'en parle uniquement pour recommander de ne pas le supposer semblable à la variété française caractérisée, sous le nom Pomme du Luxembourg, pages 443 et 444 de notre troisième volume, et qui provient de la pépinière d'arbres fruitiers anciennement existante au Jardin du Luxembourg, à Paris.

420. Pomme REINETTE DE MACON.

Synonymes. — *Pommes* : 1. Double-Reinette de Mascon (le Lectier, d'Orléans, *Catalogue des arbres fruitiers cultivés dans son verger et plant*, 1628, p. 24). — 2. Reinette de Mascons (Bonnefond, *le Jardinier français*, 1653, p. 109). — 3. Reinette double de Damason (dom Claude Saint-Etienne, *Nouvelle instruction pour connaître les bons fruits*, 1670, p. 216 ; — et Manger, *Systematische Pomologie*, 1780, p. 26, n° VIII). — 4. Rainette double de Maserus (dom Claude Saint-Étienne (*Id. ibid.*). — 5. Reinette de Damason (Diel, *Kernobstsorten*, 1800, t. II, p. 221).

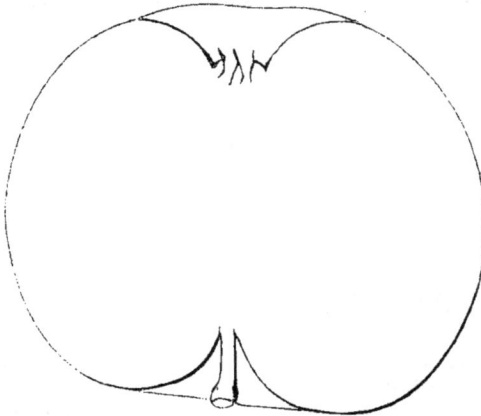

Description de l'arbre. — *Bois :* fort. — *Rameaux :* nombreux, érigés, gros, assez longs, légèrement coudés, un peu duveteux et d'un brun olivâtre ; leurs mérithalles sont généralement longs. — *Lenticelles :* petites, arrondies, clair-semées, à peine apparentes. — *Coussinets :* des plus ressortis. — *Yeux :* assez gros, coniques-pointus, brunâtres et plaqués sur l'écorce. — *Feuilles :* grandes ou moyennes, ovales-arrondies, coriaces et longuement acuminées, ondulées et canaliculées, à bords finement dentés. — *Pétiole :* gros, très-court, marbré de violâtre en dessous et presque dépourvu de cannelure. — *Stipules :* larges, assez courtes, faiblement denticulées.

Fertilité. — Modérée.

Culture. — En raison de sa vigueur et de sa belle ramification il faut, pour plein-vent, le greffer ras terre. Comme arbre nain, l'unique sujet qui lui convienne est le paradis.

Description du fruit. — *Grosseur :* moyenne. — *Forme :* globuleuse, un peu moins volumineuse d'un côté que de l'autre. — *Pédoncule :* de grosseur et longueur moyennes, renflé au point d'attache, inséré dans un bassin étroit et profond. — *OEil :* grand ou moyen, mi-clos ou fermé, à cavité plus ou moins unie et très-développée. — *Peau :* quelque peu rugueuse, à fond vert jaunâtre, amplement lavée et marbrée de roux légèrement squammeux, ponctuée de gris et parfois, à l'insolation, nuancée de rouge terne. — *Chair :* verdâtre, serrée, ferme, marcescente. — *Eau :* suffisante, sucrée, assez fortement acidulée et rarement bien parfumée.

MATURITÉ. — Janvier-Mars.

QUALITÉ. — Deuxième.

Historique. — C'est une de nos plus anciennes variétés ; elle me paraît originaire de Mâcon (Saône-et-Loire), dont le nom déjà lui était acquis avant 1628. Et cette appellation offre même une remarquable preuve de la fréquence et de la facilité avec lesquelles les noms primitifs des fruits subirent, en traversant les siècles, de profondes altérations qui très-souvent les rendirent entièrement méconnaissables. Ainsi le Lectier, le premier pomologue qui signala cette pomme, l'appelait, en 1628, *Double Reinette de Mascon*, termes que depuis lors les jardiniers, les auteurs ou les typographes, dénaturèrent comme suit : 1653, Reinette de Mascons ; — 1670, Rainette double de Maserus ou Damason; — 1780, Reinette double de Damason ; — 1800, Reinette de Damason (recourir, pour les ouvrages où sont cités ces divers noms, au sommaire synonymique placé en tête de cet article). On voit maintenant comment il s'est fait que le mot Mascon, exactement cité en 1628 par le Lectier, a pu devenir le *Damason* qui figurait encore, en 1868, parmi les Reinettes inscrites sur mon *Catalogue* (p. 50, n° 362). Aujourd'hui, rendant à ce pommier son véritable nom, j'en supprime seulement, pour l'abréger, le mot *double*, qui n'y joue pas un bien grand rôle.

POMME **REINETTE DE MADÈRE.** — Synonyme de *Pepin Limon de Galles*. Voir *Reinette Limon*, au paragraphe OBSERVATIONS.

---

421. POMME **REINETTE MARBRÉE.**

Synonymes. — *Pommes* : 1. A CARACTÈRES (Herman Knoop, *Pomologie*, 1760, édition allemande, p. 23, et 1771, édition française, p. 59). — 2. DRAP D'OR (*Id. ibid.*). — 3. REINETTE DRAP D'OR (*Id. iibid.*). — 4. JULIEN (Manger, *Systematische Pomologie*, 1780, 1re partie, p. 18, n° III). — 5. DE SAINT-JULIEN (*Id. ibid.*; — et Thompson, *Catalogue of fruits cultivated in the garden of the horticultural Society of London*, 1842, p. 40, n° 764). — 6. CHARACTER (Diel, *Kernobstsorten*, 1802, t. V, p. 89). — 7. CHARACTERREINETTE (*Id. ibid.*). — 8. CHARACTER OF DRAP D'OR (*Id. ibid.*). — 9. REINETTE FILÉE (*Id. ibid.*, p. 90). — 10. GESTRICHTE HERBST-REINETTE (Dittrich, *Systematisches Handbuch der Obstkunde*, 1839, t. I, p. 280). — 11. REINETTE BRODÉE (*Id. ibid.*). — 12. REINETTE CARACTÈRE (Thompson, *ibid.*, p. 85, n° 641). — 13. SEIGNEUR D'ORSAY (*Id. ibid.*, p. 40, n° 764).

Description de l'arbre. — *Bois :* fort. — *Rameaux :* nombreux, légèrement étalés, gros, assez longs, un peu géniculés, duveteux et rouge-brun ardoisé. — *Lenticelles :* arrondies ou allongées, petites et abondantes. — *Coussinets :* saillants. — *Yeux :* assez gros, coniques, très-cotonneux, imparfaitement collés sur le bois. — *Feuilles :* petites, ovales, coriaces, acuminées, à bords assez profondément crénelés. — *Pétiole :* de longueur et grosseur moyennes, rigide, à cannelure

presque nulle. — *Stipules* : de dimensions variables, mais généralement pe
développées.

FERTILITÉ. — Abondante.

CULTURE. — Il convient beaucoup pour le plein-vent et s'y montre encore plu
vigoureux greffé à hauteur de tige, que ras terre. Toutes les formes naines lui
sont bonnes, et le paradis est alors le sujet dont il s'accommode le mieux.

Pomme Reinette marbrée.

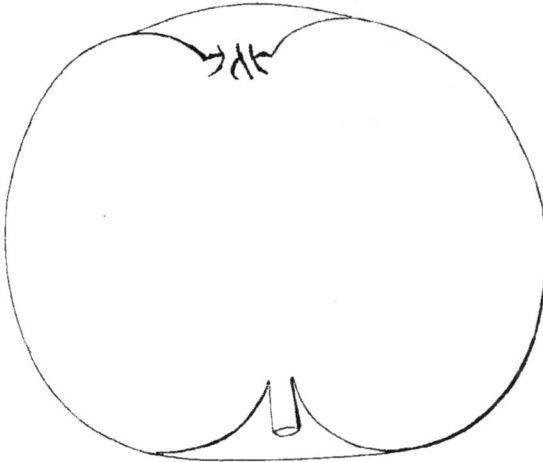

**Description du
fruit.** — *Grosseur* : au
dessus de la moyenne. —
Forme : globuleuse un peu
plus renflée sur une face
que sur l'autre. — *Pédoncule* : court, bien nourri,
droit ou arqué, planté dans
un profond et assez large
bassin. — *Œil* : grand,
régulier, ouvert, coton-
neux, à cavité prononcée
et légèrement ondulée sur
les bords. — *Peau* : assez
rude au toucher, épaisse,
à fond jaune terne, entièrement réticulée et rayée
de roux squammeux, fai-
blement ponctuée de gris
puis parfois, à l'insolation,
quelque peu vermillonnée. — *Chair* : blanchâtre, compacte, ferme. — *Eau* : suffisante, très-sucrée, savoureusement acidulée et parfumée.

MATURITÉ. — Novembre-Février.

QUALITÉ. — Première.

Historique. — D'origine hollandaise, cette ancienne pomme, que j'ai fait
venir du Wurtemberg en 1868, fut introduite chez les Allemands par le docteur
Diel en 1794 (voir *Kernobstsorten*, t. V, p. 89). Il la tenait d'un M. Hagen,
de la Haye (Hollande). Aujourd'hui elle est abondamment répandue dans toute
l'Allemagne méridionale. Quant à nos pépiniéristes, très-peu d'entr'eux la possèdent sous son présent nom, mais quelques-uns doivent la connaître sous celui
Pomme de Julien ou *de Saint-Julien*, qu'au temps de Duhamel (1768) elle portait
en Normandie, où pour lors sa culture était des plus récentes. Herman Knoop,
qui dans sa *Pomologie hollandaise* la décrivait avant 1760, donne de ses principaux
surnoms — Reinette à Caractères, Brodée, Drap d'Or, etc. — l'explication suivante,
me semblant fort acceptable : « De tels noms lui sont venus, dit-il, de ces traits
« bruns et fins, imitant un feuillage ou des caractères, dont sa peau jaune verdâtre
« est toute recouverte. » (Édition de 1760, p. 23.)

Observations. — Le pomologue anglais Philippe Miller décrivit il y a un
siècle (t. IV, p. 530) une Pomme Brodée [*Embroidered Apple*] qui, malgré ce nom,
ne peut être la même que notre Reinette marbrée ou Brodée, de Hollande, car il la
dit bonne uniquement pour la cuisson. — Les surnoms Drap d'Or et Reinette Drap

d'Or, parfois appliqués à la Reinette marbrée, peuvent aisément causer quelque méprise entre elle et le vrai pommier Drap d'Or, caractérisé page 272 de notre tome III. Quoique l'ayant déjà fait observer, je le répète, afin qu'il soit difficile de l'oublier.

———

POMME REINETTE MARBRÉE [DES ANGLAIS]. — Synonyme de *Reinette jaune hâtive*. Voir ce nom.

———

POMME REINETTE DE MASCONS. — Synonyme de *Reinette de Mâcon*. Voir ce nom.

———

POMME REINETTE MENOUX. — Synonyme de *Reinette d'Anthézieux*. Voir pomme *Linnœus Pippin*, au paragraphe OBSERVATIONS.

———

422. POMME REINETTE MIELLEUSE.

Synonymes. — *Pommes :* 1. HONIGREINETTE (Diel, *Kernobstsorten,* 1813, t. XI, p. 73). — 2. HONIGZOETE (*Id. ibid.*).

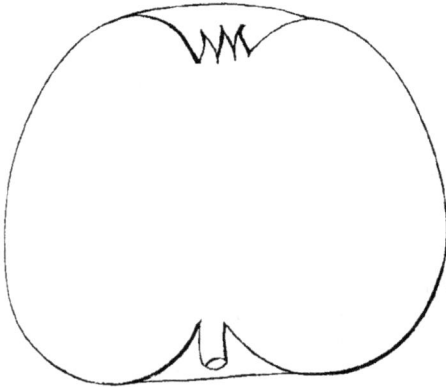

Description de l'arbre. — *Bois :* fort. — *Rameaux :* peu nombreux, étalés, courts, assez gros, non flexueux et d'un rouge ardoisé lavé de gris; leurs mérithalles sont irréguliers et des plus courts. — *Lenticelles :* petites, allongées, assez abondantes et d'un beau blanc qui les rend très-apparentes. — *Coussinets :* aplatis. — *Yeux :* petits, coniques, duveteux, complétement collés sur le bois. — *Feuilles :* nombreuses, assez grandes, ovales ou arrondies, vert luisant en dessus, vert blanchâtre en dessous, courtement acuminées, à bords profondément dentés et crénelés. — *Pétiole :* court, très-gros, roide, légèrement rosé en dessous et à faible cannelure. — *Stipules :* courtes, très-larges, parfois crénelées.

FERTILITÉ. — Ordinaire.

CULTURE. — Il fait de beaux plein-vent, même quand on le greffe au ras de terre; les formes naines, sur paradis, doivent également lui être très-profitables mais je ne l'y ai pas encore soumis.

Description du fruit. — *Grosseur :* moyenne. — *Forme :* conique-arrondie, plus ou moins déprimée, d'un côté, à la base. — *Pédoncule :* court et gros, arqué, profondément inséré dans un étroit bassin. — *Œil :* grand, mi-clos, à vaste cavité plus ou moins unie. — *Peau :* blanc jaunâtre sur la partie placée à l'ombre, jaune orangé sur l'autre face, faiblement réticulée de brun et ponctuée de roux, tachée de fauve autour du pédoncule. — *Chair :* blanchâtre, fine, assez ferme. — *Eau :* suffisante, très-sucrée, parfumée, complétement dépourvue d'acidité.

Maturité. — Décembre-Mars.

Qualité. — Première, pour les amateurs de pommes douces.

Historique. — Au mois de mars 1870 M. Oberdieck, superintendant à Jeinsen (Hanovre), m'envoya cette variété, qui m'était complétement inconnue. Elle existe en Allemagne depuis 1792 et provient de la Hollande. Le docteur Diel, son premier descripteur, l'avait, à cette date, reçue d'un bijoutier de la Haye, M. Hagen ; et dans l'article qu'il lui consacra en 1813, il disait : « Non-seulement « le pomologue hollandais Knoop (1760) n'en fait pas mention, mais encore on « ne peut citer d'auteur qui l'ait étudiée. » (*Kernobstsorten*, t. XI, p. 73.) De nos jours, ce fruit est demeuré très-rare ailleurs que chez les Allemands, puisque, comme Diel il y a soixante ans, je ne le trouve signalé, en France, Amérique, Angleterre ou Belgique, ni dans les Catalogues ni dans les Pomologies.

Pomme REINETTE DE MISNIE. — Synonyme de pomme *de Borsdorf*. Voir ce nom.

Pomme REINETTE MOLLY. — Synonyme de pomme *Molly*. Voir ce nom.

Pomme REINETTE MONSTRUEUSE. — Synonyme de *Reinette d'Angleterre*. Voir ce nom.

Pomme REINETTE MONSTRUEUSE DU CANADA. — Synonyme de *Reinette du Canada*. Voir ce nom.

Pomme REINETTE DE MONTAGNE. — Synonyme de pomme *de Coutras*. Voir ce nom.

Nota. — Comme arbre et fruit, ma *Reinette de Montagne* s'est montrée identique avec la pomme de Coutras, décrite page 246 du tome III, et que je cultive seulement depuis 1870 ; ce qui explique pourquoi il eût été très-difficile de constater plus tôt cette parfaite ressemblance. Aux deux synonymes déjà mentionnés comme appartenant à la pomme de Coutras — Coutras de Montagne et Coutras des Pyrénées — on voudra donc bien ajouter Reinette de Montagne.

423. Pomme REINETTE DE MONTMORENCY.

Description de l'arbre. — *Bois :* fort. — *Rameaux :* assez nombreux, érigés, gros et longs, peu coudés, cotonneux, brun olivâtre lavé de rouge ardoisé. — *Lenticelles :* abondantes, arrondies ou allongées, de grandeur variable. — *Coussinets :* larges et saillants. — *Yeux :* très-gros, ovoïdes, en partie collés sur le bois et couverts d'un épais duvet. — *Feuilles :* moyennes, arrondies pour la plupart, courtement acuminées, planes et profondément dentées. — *Pétiole :* court, bien nourri, à peine cannelé. — *Stipules :* longues et assez larges.

Fertilité. — Satisfaisante.

CULTURE. — Il réussit parfaitement sous toutes les formes et n'importe sur quel sujet.

Description du fruit. — *Grosseur :* moyenne. — *Forme :* conique-allongée ou conique-raccourcie presque globuleuse, mais généralement pentagone et côtelée. — *Pédoncule :* long

Pomme Reinette de Montmorency. — *Premier Type.*

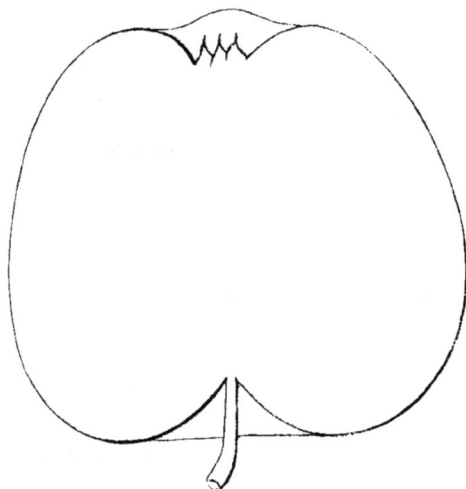

et très-peu fort, ou court et bien nourri, inséré dans un assez vaste bassin. — *OEil :* grand ou moyen, mi-clos ou fermé, cotonneux, à cavité irrégulière, bossuée et de faibles dimensions. — *Peau :* mince, lisse, jaune clair, légèrement carminée à l'insolation, maculée de roux autour du pédoncule et très-faiblement ponctuée de gris. — *Chair :* blanchâtre, fine et compacte. — *Eau :* suffisante, assez sucrée, sensiblement acidulée et sans parfum.

MATURITÉ. — Janvier-Avril.

QUALITÉ. — Deuxième.

Historique. — Par son nom, cette pomme devrait doublement appartenir à la France, mais je n'ai pu l'y trouver, ni chez les horticulteurs, ni chez les pomologistes. Elle fut exposée à Paris, en 1867, dans la collection des fruits allemands classés sous la direction du docteur Koch, de Berlin; et c'est ainsi que je l'ai connue, puis importée du Wurtemberg l'année suivante. Doit-on la croire d'origine française?... Diel pourrait appuyer une telle opinion, car en 1826 il parlait ainsi de cette variété :

Deuxième Type.

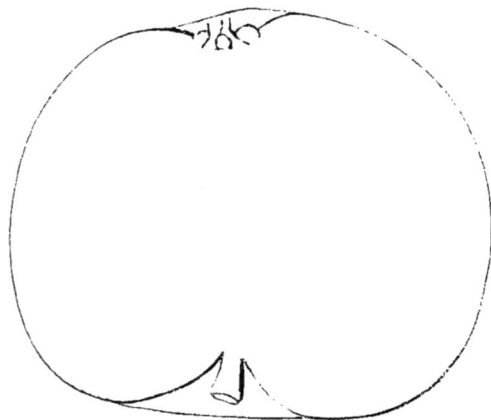

« Son arbre — disait-il — m'a été offert en 1811 par M. Reichert (Joh.-Fr.), de Weimar, qui affirmait l'avoir reçu *de France*..... Cependant, malgré toutes mes recherches, on ne m'a rien appris sur sa véritable provenance ; comme aussi je n'ai pas encore constaté son identité avec quelqu'autre de ses congénères. Toutefois son fruit ressemble beaucoup à la Reinette de Harlem. » (*Vorz. Kernobstsorten*, t. IV, p. 87.)

Sous ce dernier rapport il n'y avait pas, évidemment, ressemblance formelle.

car Dittrich (1839) puis Oberdieck (1862) ont après Diel, et l'ayant cité, étudié la Reinette de Montmorency sans l'avoir réunie à la Reinette de Harlem.

424. Pomme REINETTE MULTHAÜPT.

Synonymes. — *Pommes :* 1. Radauer Reinette (Van Mons, *Catalogue descriptif de partie des arbres fruitiers qui de 1798 à 1823 ont formé sa collection,* p. 54, n° 32). — 2. Multhaüpts Carminreinette (Diel, *Kernobstsorten,* 1816, t. XII, p. 151). — 3. Radauer Parmäne (*Id. ibid.*). — 4. Reinette écarlate (le baron de Flotow, *Illustrirtes Handbuch der Obstkunde,* 1859, t. I, p. 141, n° 55).

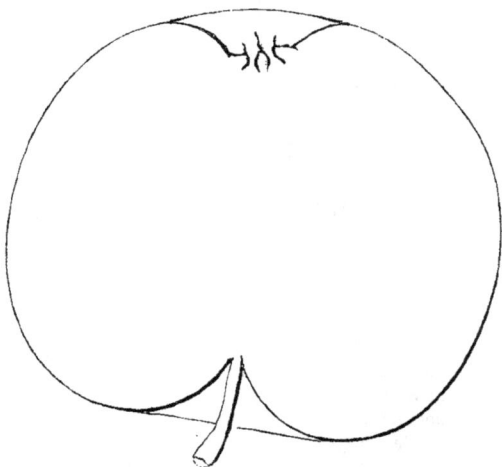

Description de l'arbre.
— *Bois :* très-fort. — *Rameaux :* nombreux, érigés, longs, des plus gros, très-coudés, duveteux et d'un rouge-brun ardoisé. — *Lenticelles :* arrondies ou allongées, grandes et abondantes. — *Coussinets :* peu saillants. — *Yeux :* assez petits et arrondis, très-cotonneux, entièrement collés sur l'écorce. — *Feuilles :* de grandeur moyenne, rondes, courtement acuminées, à bords très-profondément dentés. — *Pétiole :* peu long, des plus nourris, carminé, ayant la cannelure fort développée. — *Stipules :* petites.

Fertilité. — Ordinaire.

Culture. — On peut sans crainte l'écussonner ras terre pour le plein-vent, car il fait alors de beaux arbres à tronc gros et droit, à tête irréprochable. Pour la basse-tige en espalier, cordon ou buisson, le paradis est le sujet qui lui convient, et le doucin quand on préfère l'avoir en pyramide.

Description du fruit. — *Grosseur :* moyenne. — *Forme :* globuleuse plus ou moins régulière. — *Pédoncule :* assez long, de moyenne force, recourbé, inséré profondément dans un vaste bassin. — *Œil :* grand, mi-clos ou fermé, légèrement duveteux, à cavité plissée et de faibles dimensions. — *Peau :* mince, lisse, à fond jaunâtre, en partie marbrée, striée et lavée de carmin clair ou foncé, puis abondamment et fortement ponctuée de gris-blanc. — *Chair :* jaunâtre, tendre et mi-fine. — *Eau :* suffisante, sucrée, savoureusement acidulée et possédant un parfum peu prononcé mais très-agréable.

Maturité. — Novembre-Janvier.

Qualité. — Première.

Historique. — La Reinette Multhaüpt porte le nom de son obtenteur et date du commencement de ce siècle. Son origine allemande fut ainsi établie par le pomologue Diel, en 1816 :

« Ce fruit — écrivait-il — a été gagné de semis par M. Multhaüpt, marchand de vin à

Vienenbourg, près Goslar. Il l'appela *Radauer Parmäne*, du nom d'un ruisseau qui traverse son enclos. Mais cette dénomination anglaise convenant mal à une pomme obtenue en Allemagne, j'ai cru devoir la remplacer par celle-ci : *Multhaüpts Carminreinette* [Reinette carminée de Multhaüpt]. » (*Kernobstsorten*, 1816, t. XII, p. 151.)

C'est à M. Lucas, directeur de l'Institut pomologique de Reutlingen (Wurtemberg), que je dois ce pommier, dont l'introduction dans mes pépinières remonte seulement à 1868.

Pomme REINETTE MUSC. — Synonyme de pomme *Yellow Bellflower*. Voir ce nom.

Pomme REINETTE MUSI. — Synonyme de *Reinette d'Anthézieux*. Voir pomme *Linnæus Pippin*, au paragraphe Observations.

425. Pomme REINETTE MUSQUÉE.

Synonymes. — *Pommes* : 1. Muscate ? (Olivier de Serres, *le Théâtre d'agriculture et ménage des champs*, 1608, p. 626). — 2. Musquée ? (dom Claude Saint-Étienne, *Nouvelle instruction pour connaître les bons fruits*, 1670, p. 213). — 3. Reinette douce et jaune (Herman Knoop, *Pomologie*, 1760, édition allemande, 1re partie, p. 29, tabl. XII; — et 1771, édition française, 2e partie, pp. 70 et 132, tabl. XII). — 4. Reinette d'Hiver sucrée (*Idem*, 1760, 2e partie, p. 20, n° 88; — et Manger, *Systematische Pomologie*, 1780, 1re partie, p. 48, n° LXXXIII). — 5. Muscadet (le marquis de Chambray, *l'Art de cultiver les pommiers, les poiriers, et de faire des cidres*, 1765, p. 38; — et Odolant-Desnos, *Traité de la culture des pommiers et poiriers, et de la fabrication du cidre et du poiré*, 1829, p. 122). — 6. Sucrée d'Hiver (Mayer, *Pomona franconica*, 1776, t. III, p. 185). — 7. Reinette douce de France (Manger, *ibid.*). — 8. Reinette douce musquée (*Id. ibid.*). — 9. Muscateller-Reinette (Sickler, *der teutsche Obstgärtner*, 1799, t. XI, p. 158, n° 55). — — 10. Margil (Hooker, *Pomona londonensis*, 1813, tabl. XXXIII; — et le baron de Biedenfedf, *Handbuch aller bekannten Obstsorten*, 1854, 2e partie, p. 131). — 11. Munche's Pippin (Thompson, *Catalogue of fruits cultivated in the garden of the horticultural Society of London*, 1842, p. 25, n° 428; — at Lucas, *Illustrirtes Handbuch der Obstkunde*, 1859, t. I, p. 145, n° 57). — 12. Small Ribston (Lucas, *ibid.*). — 13. Never-Fail (Thompson, *ibid.*; — et Lucas, *ibid.*). — 14. Fail-me-Never (Charles Downing, *the Fruits and fruit trees of America*, 1869, p. 166). — Jennette et Raule's Janet (*par erreur*; voir, ci-après, au paragraphe Observations).

Description de l'arbre. — *Bois* : assez faible. — *Rameaux* : nombreux, érigés au sommet, étalés à la base, très-longs, grêles, sensiblement coudés, bien duveteux et d'un brun verdâtre quelque peu lavé de rouge. — *Lenticelles* : allongées, très-petites mais abondantes. — *Coussinets* : saillants. — *Yeux* : gros, ovoïdes, légèrement collés sur le bois et couverts d'un épais duvet. — *Feuilles* : très-petites, ovales-allongées ou lancéolées, longuement acuminées, planes ou canaliculées, ayant les bords finement crénelés. — *Pétiole* : grêle, très-long, à cannelure assez apparente. — *Stipules* : grandes.

Fertilité. — Très-abondante.

Culture. — Ce pommier, vu la faible grosseur de ses longs rameaux, ne fait jamais que des plein-vent à tête irrégulière et d'aspect désagréable ; la basse-tige pour cordon, buisson ou espalier, lui convient mieux, surtout quand on le greffe sur paradis et non sur doucin, sujet qui en augmente la vigueur aux dépens de la fertilité.

Description du fruit. — *Grosseur* : moyenne. — *Forme* : conique-arrondie, rarement bien régulière et presque toujours moins volumineuse d'un côté que de l'autre. — *Pédoncule :* court ou de longueur moyenne, peu fort, inséré dans un bassin étroit et profond. — *Œil :* petit, mi-clos ou fermé, à peine enfoncé dans

Pomme Reinette musquée.

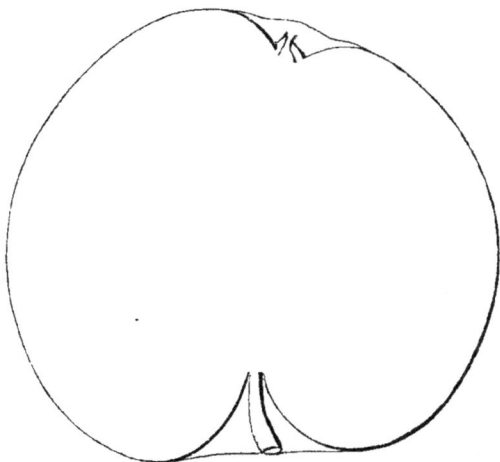

une cavité plissée ou bossuée sur les bords. — *Peau :* légèrement rugueuse et quelque peu ponctuée de roux, jaune grisâtre ou brunâtre sur la face placée à l'ombre, jaune d'or à l'insolation, où elle est en outre amplement lavée de rouge-brun clair et fouettée de carmin ; généralement aussi une large tache fauve et squammeuse s'étend auprès et autour du pédoncule. — *Chair :* jaunâtre ou verdâtre, mi-fine, assez ferme, plus ou moins croquante. — *Eau :* suffisante, dénuée d'acidité, très-sucrée, possédant une saveur anisée-musquée qui n'est pas sans délicatesse.

MATURITÉ. — Novembre-Février.

QUALITÉ. — Première, pour les amateurs de pommes douces.

Historique. — La Reinette musquée, qu'on sait maintenant être identique avec la pomme Margil, des Anglais, se trouve en Normandie depuis un temps immémorial et y jouit, sous le nom Muscadet, d'une réputation méritée comme fruit de pressoir, notamment dans l'Orne, l'Eure et la Manche. C'était elle, très-probablement, qu'en 1608 Olivier de Serres appelait Muscate et Claude Saint-Étienne, Musquée, en 1670. Les Hollandais et les Allemands déjà la possédaient au XVIIIe siècle ; prisant beaucoup les pommes douces, ils l'ont soigneusement propagée. Également fort recherchée en Angleterre, on y supposa d'abord d'origine écossaise, ainsi qu'en Amérique. Mais ces dernières années (1859) le docteur Hogg, si compétent pour de pareilles questions, n'a pas hésité à qualifier variété française, la Margil, notre Reinette musquée :

« Dès 1750 — a-t-il dit — on multipliait abondamment la Pomme *Margil* dans les pépinières de Brompton Park, aussi devait-elle être bien connue à cette époque. Je ne trouve, cependant, rien qui m'éclaire sur sa provenance. Il se peut, après tout, que née chez nos voisins du Continent, elle en ait été rapportée par Georges London, car il fut pendant plusieurs années employé, sous la direction de la Quintinye († 1688), dans les jardins de Versailles, et devint ensuite co-propriétaire, avec Henri Wise, de l'établissement arboricole de Brompton Park. Quoi qu'il en soit, le nom de cette variété semble la rattacher plutôt à la France, qu'à l'Angleterre. » (*The Apple and its varieties*, p. 133.)

Observations. — Les noms *Jennette* et *Raule's Janet* ne sont pas synonymes de Reinette musquée, comme peut le faire supposer un des surnoms de ce dernier fruit, Never-Fail, que porte aussi, chez les Américains, la pomme Rawle's Janet, originaire du comté d'Amherst, dans la Virginie. — Le pomologue allemand Jean Mayer (1776-1801) donne à la variété que nous venons de décrire, un faux

synonyme qu'il importe de signaler : « *Soete grauwe Fransche Renett musqué* de
« Knoop, avance-t-il, est même fruit que pomme Reinette musquée ou Sucrée
« d'Hiver. » (T. III, p. 135.) Ici, l'erreur devient évidente, cette *Reinette musquée*
douce et grise, de France, caractérisée et figurée par Knoop (1760), étant un fruit à
peau complétement bronzée.

Pomme REINETTE NAINE. — Synonyme de pomme *de Pommier nain*. Voir ce
nom.

Pomme REINETTE NELGUIN. — Synonyme de *Reinette de Breda*. Voir ce nom.

Pomme REINETTE DE NEW-YORK. — Synonyme de pomme *Newtown Pippin*.
Voir ce nom.

---

426. Pomme REINETTE DE NIENBOURG.

Synonymes. — *Pommes* : 1. Nienburger süsse Herbstreinette (Oberdieck, *Illustrirtes Handbuch
der Obstkunde*, 1859, t. I, p. 281, n° 125). — 2. Reinette douce de Nienbourg (*Id. ibid.*).

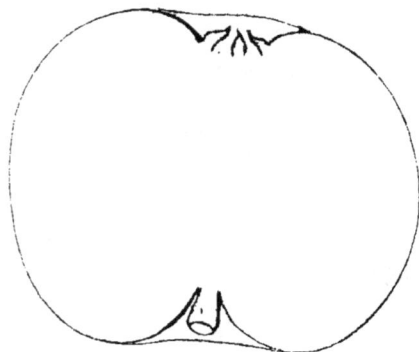

Description de l'arbre. — *Bois :*
très-fort. — *Rameaux :* peu nombreux,
étalés, très-gros et très-longs, sensiblement coudés, bien duveteux et
rouge-brun assez clair. — *Lenticelles :*
grandes, arrondies et des plus espacées. — *Coussinets :* larges et aplatis.
— *Yeux :* moyens ou petits, coniques--
raccourcis, plats, cotonneux, fortement collés sur le bois. — *Feuilles :*
grandes, rondes, épaisses, vert mat
foncé, courtement acuminées, planes
ou canaliculées, à bords largement
crénelés. — *Pétiole :* de longueur moyenne, très-gros, tomenteux et généralement
dépourvu de cannelure. — *Stipules :* longues et très-larges.

Fertilité. — Ordinaire.

Culture. — Ses plein-vent sont d'une rare beauté, même quand ils ont été
greffés ras terre. Pour formes naines on l'écussonne sur paradis, son excessive
vigueur ne permettant pas qu'on lui donne le doucin comme sujet.

Description du fruit. — *Grosseur :* assez petite. — *Forme :* globuleuse,
sensiblement écrasée aux pôles. — *Pédoncule :* court et gros, inséré de côté dans
un bassin étroit et peu profond — *Œil :* grand, mi-clos ou fermé, à longues
sépales, placé presque à fleur de fruit dans une assez large cavité dont les bords
sont légèrement bossués. — *Peau :* mince, unicolore, jaune d'or, maculée de fauve
olivâtre autour du pédoncule, puis parsemée çà et là de gros points bruns. —

Chair : jaunâtre, mais rosée sous la peau, tendre et assez fine. — *Eau :* suffisante, très-sucrée, douce et de saveur peu relevée.

MATURITÉ. — Octobre-Décembre.

QUALITÉ. — Deuxième, pour les amateurs de pommes douces.

Historique. — Le promoteur de cette Reinette, très-bonne en Allemagne et moins méritante dans mes pépinières, où je la cultive depuis 1864, est M. le superintendant Oberdieck, de Jeinsen (Hanovre). Il l'a signalée en 1852 (*Anleitung*, p. 196), puis décrite en 1859 :

« Ayant trouvé — dit-il en ce dernier article — cette précieuse pomme à Nienbourg (Hanovre), et ne connaissant pas de variété à laquelle on pût la réunir, je la nommai *Nienburger süsse Herbstreinette* (Reinette douce d'Automne de Nienbourg); mais je crois aujourd'hui qu'il n'y aurait aucun inconvénient à rendre son nom plus court, car il n'existe point, que je sache, d'autre Reinette douce d'Automne. » (*Illustrirtes Handbuch der Obstkunde*, t. I, p. 281, n° 125.)

POMME **REINETTE NOIRE.** — Synonyme de pomme *Noire.* Voir ce nom.

POMME **REINETTE NOMPAREILLE.** — Synonyme de pomme *Non-Pareille ancienne.* Voir ce nom.

POMME **REINETTE DE NORMANDIE.** — Synonyme de *Reinette franche.* Voir ce nom.

427. POMME REINETTE OBERDIECK.

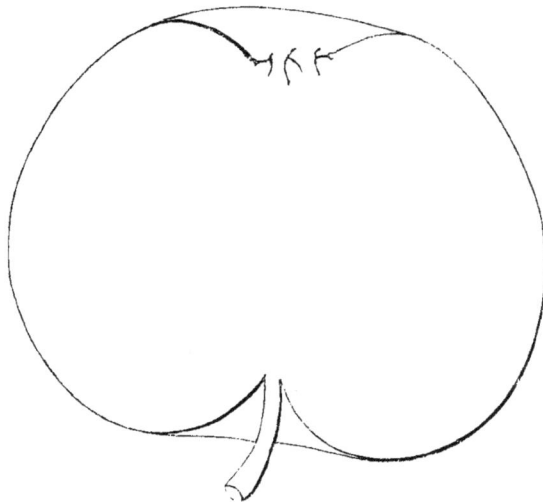

Description de l'arbre. — *Bois :* très-fort. — *Rameaux :* nombreux, presque érigés, longs et très-gros, bien coudés, duveteux et rouge-brun lavé de gris. — *Lenticelles :* des plus grandes, arrondies et clair-semées. — *Coussinets :* larges et ressortis. — *Yeux :* assez gros, ovoïdes-allongés, très-cotonneux, légèrement collés sur l'écorce. — *Feuilles :* grandes, ovales, longuement acuminées, régulièrement et profondément dentées. — *Pétiole :* très-long, de grosseur moyenne, à peine cannelé. — *Stipules :* étroites et longues.

FERTILITÉ. — Modérée.

CULTURE. — Son extrême vigueur permet, avec succès, de le destiner au plein-vent en le greffant ras terre ; comme basse-tige, mais uniquement sur paradis, il croît aussi très-bien et fait de remarquables cordons, espaliers ou buissons.

Description du fruit. — *Grosseur :* moyenne et parfois plus volumineuse. — *Forme :* conique-arrondie, généralement moins renflée sur une face que sur l'autre. — *Pédoncule :* long, bien nourri, planté dans un profond et assez large bassin. — *Œil :* très-grand, régulier, complétement ouvert, à très-vaste cavité. — *Peau :* mince, lisse, unicolore, jaune clair faiblement nuancé de vert, tachée de brun olivâtre autour du pédoncule puis couverte de nombreux et gros points roux formant étoile. — *Chair :* blanchâtre, fine, ferme et très-croquante. — *Eau :* suffisante, sucrée, agréablement acidulée, mais à parfum peu prononcé.

MATURITÉ. — Décembre-Avril.

QUALITÉ. — Deuxième.

Historique. — Je regrette que cette variété, dédiée à l'un des principaux pomologues de notre époque, n'ait pas chez moi, comme en Allemagne, mérité le premier rang. Je la dois à l'obligeance de son promoteur et parrain, M. le docteur Lucas, de Reutlingen ; il m'en adressa des greffes au mois de mars 1868, et je vois dans le *Monatshefte* (1865, p. 65, et 1866, p. 5) qu'il trouva, non greffé, ce nouveau pommier près de Cannstadt (Wurtemberg). C'est au commencement de janvier 1865 que M. Oberdieck, superintendant à Jeinsen (Hanovre), en accepta la dédicace.

POMME REINETTE OIGNONIFORME. — Synonyme de pomme *Oignon de Borsdorf*. Voir ce nom.

---

428. POMME REINETTE D'OLARGUES.

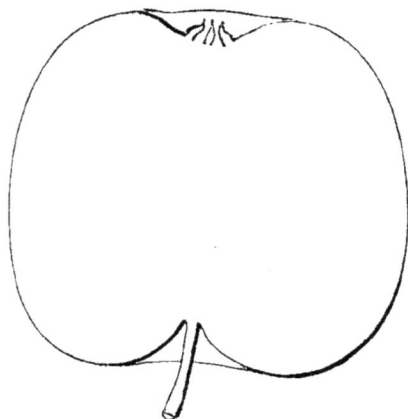

Description de l'arbre. — *Bois :* très-fort — *Rameaux :* assez nombreux, généralement un peu étalés, longs, des plus gros, très-géniculés, bien duveteux et d'un brun olivâtre lavé de rouge ardoisé. — *Lenticelles :* grandes, allongées, assez abondantes. — *Coussinets :* très-ressortis. — *Yeux :* petits, arrondis et plats, cotonneux, collés sur l'écorce. — *Feuilles :* de grandeur moyenne, ovales, vert clair et des plus longuement acuminées, planes pour la plupart et profondément crénelées. — *Pétiole :* de longueur moyenne, gros, rigide, largement cannelé. — *Stipules :* longues et assez larges.

FERTILITÉ. — Satisfaisante.

CULTURE. — Il fait des plein-vent de toute beauté, à tige droite, forte, à tête régulière et des plus touffues. Les formes naines lui sont moins favorables, particulièrement comme production ; mais, avec le paradis pour sujet, on peut cependant en obtenir des arbres très-convenables.

Description du fruit. — *Grosseur :* au-dessous de la moyenne. — *Forme :* cylindrique ou conique fortement arrondie. — *Pédoncule :* long, grêle, planté dans un étroit et peu profond bassin. — *Œil :* moyen ou petit, mi-clos ou fermé, à sépales assez longues et cotonneuses, à cavité plissée et de faibles dimensions. — *Peau :* vert clair et brunâtre, presque entièrement lavée et striée de carmin-foncé, maculée de roux dans le bassin pédonculaire, puis abondamment ponctuée de gris et de brun. — *Chair :* jaune verdâtre, fine, ferme et croquante. — *Eau :* abondante, très-sucrée, délicieusement acidulée et parfumée.

MATURITÉ. — Novembre-Février.

QUALITÉ. — Première.

Historique. — Elle porte le nom d'Olargues, petite ville du département de l'Hérault, dont elle est probablement originaire ; j'ignore toutefois à quelle époque remonte sa culture, n'ayant aucun correspondant sur ce point de la France. Je la dois à M. Jamin, pépiniériste à Bourg-la-Reine, près Paris, et la multiplie depuis 1866. Avant cette date son nom ne m'était apparu ni dans les Catalogues ni dans les Pomologies.

---

429. Pomme REINETTE ONTZ.

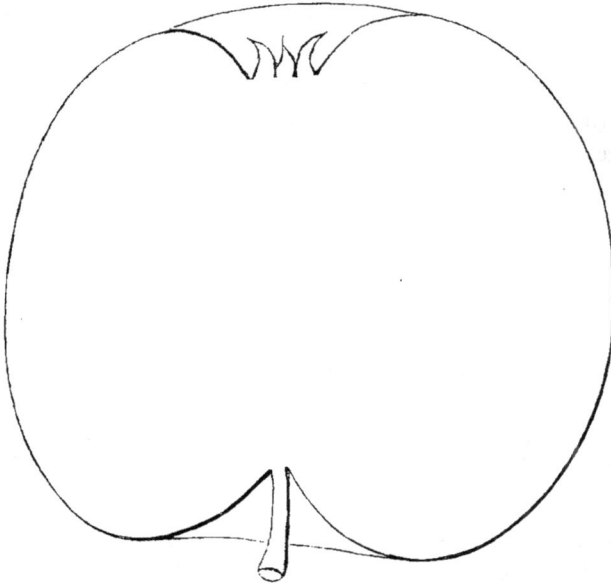

Description de l'arbre. — *Bois :* fort. — *Rameaux :* peu nombreux, étalés, gros et assez longs, très-coudés, des plus duveteux et d'un rouge-brun légèrement nuancé de vert. — *Lenticelles :* allongées ou arrondies, grandes et clair-semées. — *Coussinets :* bien accusés. — *Yeux :* assez gros, coniques-arrondis, entièrement collés sur le bois. — *Feuilles :* grandes, ovales, vert mat foncé en dessus, cotonneuses et d'un gris verdâtre en dessous, courtement acuminées, ayant les bords assez profondément dentés. — *Pétiole :* de longueur moyenne, gros, à cannelure très-apparente. — *Stipules :* longues et larges, pour la plupart.

FERTILITÉ. — Abondante.

Culture. — Quand on le greffe ras terre, pour plein-vent, il fait des arbres à tige convenable mais à tête généralement irrégulière. La forme naine, sur paradis, lui est favorable, il s'y montre aussi fertile que régulier.

Description du fruit. — *Grosseur :* considérable. — *Forme :* globuleuse, légèrement aplatie aux pôles et moins volumineuse d'un côté que de l'autre. — *Pédoncule :* de longueur moyenne, bien nourri, arqué, planté dans un bassin vaste et profond. — *Œil :* grand, complétement ouvert, à cavité assez unie et très-développée. — *Peau :* à fond jaune d'or, amplement marbrée et surtout striée de carmin peu foncé et presque terne, tachée de fauve auprès de l'œil et du pédoncule, puis ponctuée de brun et de gris. — *Chair :* blanchâtre, fine et tendre. — *Eau :* abondante, bien sucrée, très-savoureusement acidulée et parfumée.

Maturité. — Décembre-Juin.

Qualité. — Première.

Historique. — L'ancien Comice horticole d'Angers avait reçu, vers 1840, cette très-belle et très-bonne pomme de l'un de ses correspondants étrangers. Sans pouvoir l'affirmer, je crois qu'elle provenait de Belgique et que nous la devions à feu Simon Bouvier, de Jodoigne (Brabant), qui souvent nous adressait, à titre d'échanges, des fruits à pépin et des fruits à noyau. Du reste ce pommier existait alors chez les Belges, car on le trouve inscrit au Catalogue général des pépinières de la Société Van Mons (t. Ier, p. 57), et son nom même semble bien appartenir à la langue flamande. En 1850 on le rencontrait aussi sur le Catalogue d'Augustin Wilhem, horticulteur à Clausen, dans le grand-duché de Luxembourg; mais je ne l'ai vu décrit nulle part. J'ajoute, en faveur de la Reinette Ontz, qu'elle se conserve très-longtemps, puisque maintes fois, en séance du Comice horticole, nous l'avons mangée parfaite encore à la fin du mois de mai, notamment en 1844 (*Annales*, t. III, p. 103).

Pommes REINETTE D'OR. — Synonymes de pomme *d'Or d'Angleterre* et de *Reinette dorée.* Voir ces noms.

Pomme REINETTE ORANGE DE COX. — Synonyme de pomme *Orange de Cox.* Voir ce nom.

430. Pomme REINETTE D'ORLÉANS.

Synonymes. — *Pommes :* 1. Reinette triomphante (Diel, *Kernobstsorten*, 1799, t. I, p. 178). — 2. Court-Pendu blanc (Alexandre Bivort, *Album de pomologie*, 1851, t. IV, p. 59). — 3. Court-Pendu de Tournay (C. A. Hennau, *Annales de pomologie belge et étrangère*, 1854, t. II, p. 25).

Description de l'arbre. — *Bois :* de force moyenne. — *Rameaux :* assez nombreux et assez gros, longs, érigés, sensiblement coudés, très-duveteux et d'un rouge-brun foncé lavé de gris. — *Lenticelles :* arrondies ou allongées, clair-semées et de grandeur variable. — *Coussinets :* ressortis. — *Yeux :* petits ou moyens, ovoïdes-arrondis, cotonneux, plaqués sur le bois. — *Feuilles :* moyennes, ovales, longuement acuminées, planes et finement dentées ou crénelées. —

Pétiole : long, bien nourri, tomenteux, à cannelure prononcée. — *Stipules .* étroites et longues.

FERTILITÉ. — Abondante.

CULTURE. — Il fait de beaux plein-vent, mais uniquement quand on le greffe à hauteur de tige, car en le greffant ras terre son tronc ne grossit pas assez pour supporter sa tête. Il réussit parfaitement sous toute forme naine et sur toute espèce de sujet.

Pomme Reinette d'Orléans. — *Premier Type.*

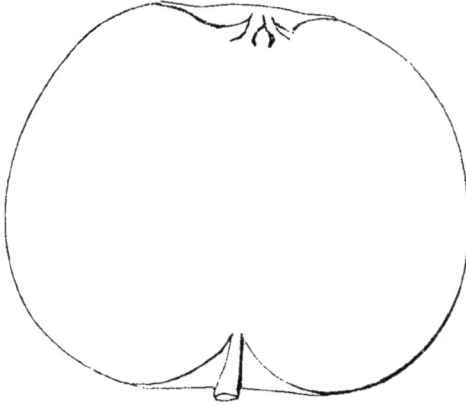

Description du fruit. — *Grosseur :* moyenne et parfois plus volumineuse. — *Forme :* assez inconstante, elle est irrégulièrement globuleuse ou conique-arrondie très-comprimée aux pôles et plus développée d'un côté que de l'autre. — *Pédoncule :* court ou de longueur moyenne, peu fort mais renflé à la base, arqué, profondément planté dans un vaste bassin. — *OEil :* grand ou moyen, généralement mi-clos, à cavité presque toujours très-développée et plus ou moins ondulée sur les bords. — *Peau :* à fond jaune d'or, lavée de rouge-brun clair et fouettée de carmin, puis abondamment ponctuée de gris, surtout à l'insolation. — *Chair :* jaunâtre, fine, mi-tendre, légèrement croquante. — *Eau :* abondante, bien sucrée, délicatement acidulée et possédant une exquise saveur parfumée.

Deuxième Type.

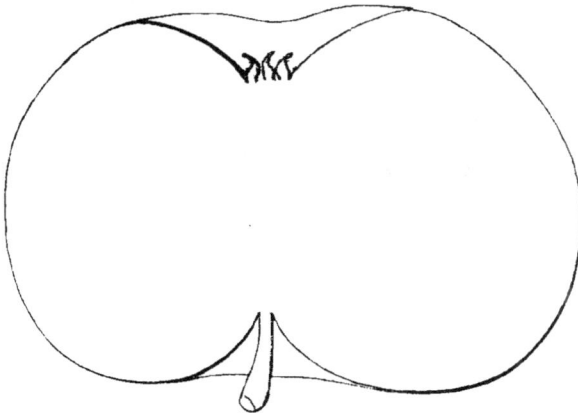

MATURITÉ. — Novembre-Février.

QUALITÉ. — Première.

Historique. — Le pomologue qui signala cette variété pour la première fois, fut le Hollandais Knoop. Il la décrivit et figura en 1766, dans l'édition allemande de son précieux recueil, la nommant Reinette d'Orléans, puis ajoutant : « Elle « provient *de Strasbourg*, c'est la plus grosse, la plus belle et la plus goûtée de « toutes les Reinettes. » (Tome II, p. 20, planche XI.) Mais peut-être sera-t-on surpris de voir cet auteur appeler ce fruit, Reinette d'Orléans, et néanmoins affirmer qu'il provient de Strasbourg?... Pour moi, sachant la célébrité dont Orléans jouissait encore, au milieu du XVIIIe siècle, comme centre de culture et d'approvisionnement d'arbres fruitiers, je crois trouver dans le nom primitif de ce pommier, l'indication de son lieu natal. Quant à Strasbourg, Knoop a voulu dire, évidemment : « Ma Reinette d'Orléans vient de cette localité; » et non pas : « Elle en est originaire. » A mon avis, voilà l'unique explication plausible qu'on puisse donner de ce passage amphibologique. — Quoi qu'il en soit, par ce nom primitif et par la mention ici faite, de Strasbourg, l'exquise pomme qui nous occupe a droit de prendre rang parmi les variétés françaises. Mais je ne suis pas seul à le déclarer, M. le docteur Lucas, directeur de l'Institut pomologique de Reutlingen (Wurtemberg), m'a devancé, ce dont je me félicite, car l'autorité qu'il possède dans le monde horticole, par ses nombreux et savants ouvrages, donne une très-grande force à son opinion :

« La REINETTE D'ORLÉANS — écrivait-il en 1859 — plus répandue chez nous qu'en France, *pays d'où cependant elle est originaire*, se rencontre surtout communément dans nos jardins de l'Allemagne septentrionale. » (*Illustrirtes Handbuch der Obstkunde*, t. 1er, p. 159, n° 64.)

J'ai voulu produire, en cette question d'origine, les témoignages du docteur Lucas et de Knoop, afin de mieux infirmer certaine assertion qui attribuait aux pépiniéristes de Tournay (Belgique), il y a quelques années, l'obtention assez récente de cette pomme fort ancienne, puisqu'avant 1766 elle avait déjà, du centre de la France, gagné Strasbourg, ainsi que Leeuwarde, localité hollandaise où résidait Knoop. En 1854 on lisait effectivement dans une publication belge, et sous la signature d'un pomologue belge, les lignes suivantes :

« Le *Court-Pendu de Tournay* est réputé en Belgique l'un des plus heureux gains des habiles horticulteurs tournaisiens. Sans pouvoir garantir cette origine, nous osons du moins proclamer que cette pomme est sans rivale parmi les Court-Pendus. Aussi a-t-elle été placée au rang des meilleures Reinettes par nos voisins de l'Est et du Midi, qui la connaissent sous le nom de REINETTE D'ORLÉANS. » (C. Aug. Hennau, *Annales de pomologie belge et étrangère*, 1854, t. II, p. 25.)

Quoique timidement présentée, et sous réserves, même, semblable déclaration de paternité à bon droit m'étonne; et voici pourquoi : C'est qu'en 1851 — trois ans auparavant — un ami de M. Hennau, M. Alexandre Bivort, fondateur et rédacteur principal des *Annales de pomologie belge* où cette déclaration est formulée, décrivait et figurait la Reinette d'Orléans dans un *Album* dont cesdites *Annales* sont la continuation. Or, M. Hennau, non-seulement ne fait aucune mention de ce précédent article, mais encore passe sous silence, tout en citant Knoop à propos des Court-Pendu [*ibid.*, p. 24], l'endroit où ce pomologue annonce que sa Reinette d'Orléans provient de Strasbourg. S'il eût rapporté cette particularité, remontant à 1766, aurait-il pu attribuer ensuite aux « habiles horticulteurs tournaisiens » de notre époque, le gain d'une Reinette plus que centenaire?... Évidemment non. Mieux inspiré, M. Bivort s'était borné, en 1851, à ne rien avancer touchant l'état civil de ce pommier :

« Je manque de notions précises — disait-il — soit sur l'origine, soit sur le vrai nom de la *Reinette d'Orléans*, très-répandue dans le Brabant wallon, principalement aux environs de Jodoigne, où on la désigne aussi sous le nom de *Court-Pendu blanc*. Quoique, d'après la force des arbres qui se trouvent dans les jardins et les vergers de cette dernière localité, la variété me paraisse d'ancienne date, je ne la trouve cependant sous ce nom dans aucun ouvrage de pomologie, ni dans aucun Catalogue; il est possible qu'elle soit connue ailleurs, mais ce ne peut être que sous un ou plusieurs noms différents. » (*Album de pomologie*, Bruxelles, 1851, t. IV, pp. 59-60.)

Elle était, en effet, « connue ailleurs, » cette variété prétendue tournaisienne, et nous l'avons prouvé. Knoop en 1766, Diel en 1799, Sickler en 1803, Dittrich en 1839, et autres, l'avaient longuement étudiée, arbre et fruit, la nommant tous Reinette d'Orléans, quelques-uns même la représentant de grandeur naturelle et parfaitement coloriée. Si donc nos voisins les Belges n'ont pu, comme ils l'affirment, la rencontrer dans les recueils spéciaux, c'est qu'ils les auront feuilletés trop à la hâte, oubliant surtout d'en consulter les tables.

Observations. — Dans sa *Pomona franconica* Mayer a mentionné (1801, t. III, p. 133) sans la décrire une *Reinette grise d'Orléans* qui certes ne saurait être le fruit à peau jaune d'or et carminée dont il s'agit ici. Quel peut-il être? Je l'ignore, mais explique le motif pour lequel je n'ai pas cru pouvoir le réunir à la présente variété. — Les pommes Reinette franche et Fenouillet jaune ayant chacune un synonyme commun [Reinette triomphante et Court-Pendu blanc] avec la Reinette d'Orléans, nous le rappelons, car ces sortes de communauté sont généralement la source d'erreurs souvent inévitables.

431. Pomme REINETTE D'OSNABRUCK.

Synonymes. — *Pommes :* 1. Rothgraue Kelchreinette (Diel, *Kernobstsorten*, 1802, t. V, p. 141; — et Van Mons, *Catalogue descriptif de partie des arbres fruitiers qui de 1798 à 1823 ont formé sa collection*, p. 37, n° 574). — 2. Graawe Fos-Renet (Diel, *ibid.*). — 3. Reinette grise d'Osnabrück (*Id. ibid.*, 1807, t. IX, p. 131). — 4. Osnabrücker Reinette (Édouard Lucas, *Illustrirtes Handbuch der Obstkunde*, 1859, t. Ier, p. 343, n° 156).

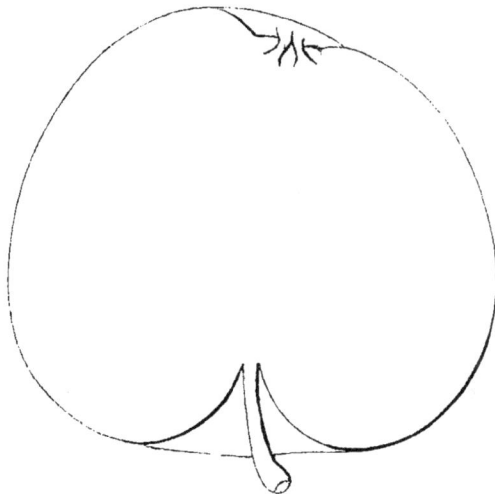

Description de l'arbre. — *Bois :* fort. — *Rameaux :* assez nombreux, presque érigés, très-gros, longs, sensiblement géniculés, très-duveteux et d'un brun-rouge ardoisé. — *Lenticelles :* arrondies ou allongées, grandes et assez abondantes. — *Coussinets :* larges et aplatis. — *Yeux :* des plus gros, ovoïdes-allongés, cotonneux, légèrement écartés du bois. — *Feuilles :* grandes, ovales, longuement acuminées et profondément dentées. — *Pétiole :* de longueur moyenne, bien nourri mais flasque, tomenteux, amplement carminé, à cannelure peu marquée. — *Stipules :* étroites et longues.

Fertilité. — Convenable.

Culture. — Il réussit parfaitement sous toutes les formes et sur n'importe quel sujet.

Description du fruit. — *Grosseur :* moyenne. — *Forme :* conique légèrement déprimée d'un côté. — *Pédoncule :* long, assez gros, surtout au point d'attache, profondément inséré dans un vaste bassin. — *Œil :* grand, mi-clos, entouré de faibles plis et placé presque à fleur de fruit. — *Peau :* à fond jaune brillant, fortement et abondamment ponctuée de brun grisâtre, quelque peu mouchetée ou jaspée de carmin sur la face exposée au soleil, marbrée puis tachée de roux squammeux dans le voisinage et autour du pédoncule. — *Chair :* blanc verdâtre, très-fine, ferme et croquante. — *Eau :* suffisante, sucrée, acidulée et sensiblement parfumée.

MATURITÉ. — Janvier-Mars.

QUALITÉ. — Première.

Historique. — Depuis quelques années cette pomme, qu'on croit originaire d'Osnabrück (Hanovre), commence à pénétrer chez nos pépiniéristes et mérite bien leur attention. Les Belges, les Suédois et les Américains la possèdent également, mais c'est surtout dans l'Allemagne septentrionale que sa culture a pris une grande extension. Le pomologue Christ (1802), de Cronberg (duché de Nassau), en fut le premier descripteur (*Beiträge zum Handbuch*, p. 84); elle doit donc, pour le moins, remonter à la fin du XVIIIe siècle.

---

432. Pomme REINETTE PANACHÉE.

Synonyme. — *Pomme* API PANACHÉ (pépinières de Doué-la-Fontaine [Maine-et-Loire], depuis 1830; — et de Bourg-la-Reine, près Paris, depuis 1860).

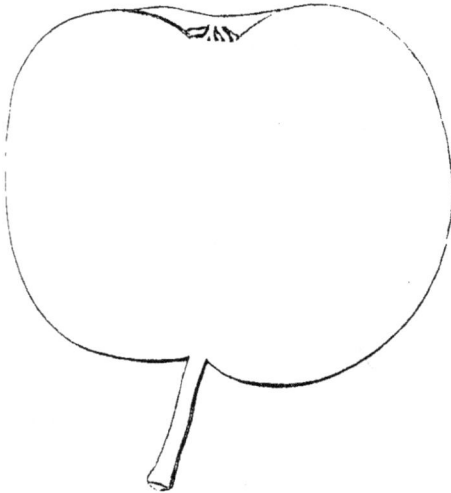

Description de l'arbre. — *Bois :* de moyenne force. — *Rameaux :* peu nombreux, légèrement étalés, gros, très-courts, ainsi que leurs mérithalles, bien géniculés et très-duveteux, d'un beau rouge orangé rayé de noir et nuancé de vert jaunâtre. — *Lenticelles :* grandes, arrondies et abondantes. — *Coussinets :* aplatis. — *Yeux :* très-gros, coniques-obtus, faiblement collés sur l'écorce et couverts de duvet. — *Feuilles :* de grandeur moyenne, ovales-allongées, d'un vert foncé souvent panaché de jaune, en dessus, et d'un blanc verdâtre en dessous, planes, rarement acuminées, à bords régulièrement dentés. — *Pétiole :* gros, long, flasque, presque sans cannelure et lavé, en dessous, de rouge violacé. — *Stipules :* assez cotonneuses et de largeur et longueur moyennes.

FERTILITÉ. — Modérée.

CULTURE. — La basse-tige en cordon ou buisson, sur doucin ou paradis, convient seule à ce pommier, de croissance trop lente et de ramification trop pauvre pour qu'on songe à le destiner au plein-vent.

Description du fruit. — *Grosseur :* au-dessous de la moyenne. — *Forme :* irrégulièrement globuleuse, très-comprimée aux pôles et moins développée sur une face que sur l'autre. — *Pédoncule :* long, assez gros, duveteux et légèrement verruqueux, inséré dans une très-faible dépression et parfois même à fleur de fruit. — *Œil :* petit ou moyen, fermé, à courtes sépales et cavité plus ou moins ondulée sur les bords. — *Peau :* très-mince, finement et peu abondamment ponctuée de brun, vert clair blanchâtre sur le côté exposé à l'ombre, où elle est en outre panachée de vert brunâtre, puis, à l'insolation, vert clair jaunâtre avec quelques traces de stries d'un rose pâle. — *Chair :* légèrement jaunâtre, compacte, très-tendre. — *Eau :* très-abondante, peu sucrée, bien acidulée, assez savoureuse mais ayant généralement un arrière-goût herbacé.

MATURITÉ. — Janvier-Mars.

QUALITÉ. — Deuxième.

Historique. — La Reinette panachée provient soit de Vitry-sur-Seine, soit du Jardin des Plantes de Paris. Ce fut un pépiniériste de Doué-la-Fontaine (Maine-et-Loire) — ses fils et successeurs, MM. Chatenay frères, me l'ont affirmé — qui vers 1830 l'introduisit dans notre contrée et l'y propagea sous le nom *d'Api panaché*, qu'alors elle portait, et porte encore, aux environs de la Capitale. Mais ce nom ne lui convenait aucunement; aussi quand plus tard, en 1838, à mon tour je la multipliai, je l'inscrivis parmi les Reinettes; et depuis elle a toujours gardé ce surnom dans mes Catalogues.

POMME REINETTE PARMAINE ROUGE. — Synonyme de *Grosse-Reinette de Cassel.* Voir ce nom.

---

433. POMME REINETTE PEPIN.

Synonyme. — *Pomme* REINETTE PIPPIN (Charles Downing, *the Fruits and fruit trees of America*, 1869, p. 332).

Description de l'arbre. — *Bois :* de moyenne force. — *Rameaux :* très-nombreux, étalés, peu longs, assez gros, à peine géniculés, des plus duveteux et rouge-brun foncé lavé de gris; leurs mérithalles sont excessivement courts. — *Lenticelles :* arrondies, très-petites, assez abondantes. — *Coussinets :* aplatis. — *Yeux :* gros ou moyens, ovoïdes, cotonneux, brunâtres, légèrement collés sur le bois. — *Feuilles :* assez petites, ovales-arrondies, vert plus ou moins jaunâtre en dessus, blanc verdâtre en dessous, planes, courtement acuminées, ayant les bords très-faiblement dentés. — *Pétiole :* de longueur moyenne, bien nourri, largement cannelé. — *Stipules :* moyennes.

FERTILITÉ. — Des plus abondantes.

CULTURE. — Il peut être, pour le plein-vent, greffé ras terre; cette forme lui est du reste fort avantageuse, vu l'extrême fertilité de ce pommier. En basse-tige, écussonné sur doucin ou paradis, il fait de beaux cordons et buissons, ainsi que des pyramides et des gobelets irréprochables.

Description du fruit. — *Grosseur :* moyenne. — *Forme :* conique-arrondie ou globuleuse assez régulière, mais généralement très-comprimée aux pôles. — *Pédoncule :* gros et court, profondément inséré dans un bassin presque toujours très-développé. — *Œil :* grand, mal formé, ouvert ou mi-clos, à courtes sépales et faible cavité unie ou légèrement ondulée sur les bords. — *Peau :* mince, unicolore, jaune clair, largement maculée de fauve autour du pédoncule, çà et là tachetée de même, puis abondamment semée de points brunâtres cerclés de blanc. — *Chair :* blanc jaunâtre, mi-fine, tendre et quelque peu croquante. — *Eau :* abondante, sucrée, assez acidulée et manquant complétement de parfum.

Pomme Reinette Pepin.

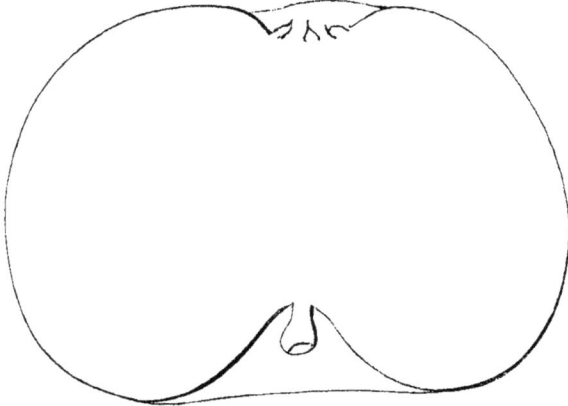

MATURITÉ. — Janvier-Mai.

QUALITÉ. — Deuxième.

Historique. — L'Anjou a depuis longtemps réclamé comme sienne, la Reinette Pepin, qui compte plus d'un siècle d'existence. Le savant et vénérable M. Millet, fondateur du Comice horticole d'Angers, et que la mort vient de frapper nonagénaire (17 juin 1873), l'avait déjà signalée en 1835, page 115 de sa *Description des fleurs et des fruits nés dans le département de Maine-et-Loire :*

« La *Reinette Pepin* — disait-il — est cultivée et connue sous ce nom dans l'arrondissement de Beaupréau. Variété de la précédente [la pomme de Musse], elle se conserve aussi longtemps : jusqu'en juin. »

Voilà les seuls renseignements qu'il me soit possible de produire sur cette pomme, presque uniquement destinée, dans le pays, à l'approvisionnement des marchés, et qui se trouve dans toutes les fermes de Saint-Laud, aux portes d'Angers. J'ajoute qu'en Amérique on commence à la propager. Downing (1869) l'a décrite dans sa Pomologie et ne s'est pas trompé en la supposant originaire de France.

Pomme REINETTE PEPIN DORÉ. — Synonyme de pomme *d'Or d'Angleterre.* Voir ce nom.

Pomme REINETTE PIPPIN. — Synonyme de *Reinette Pepin.* Voir ce nom.

Pomme REINETTE PIQUÉE. — Synonyme de *Grosse-Reinette de Cassel.* Voir ce nom.

Pomme REINETTE PLATE. — Synonyme de pomme *Oignon de Borsdorf.* Voir ce nom.

POMME REINETTE PLATE DE CHAMPAGNE. — Synonyme de *Reinette blanche de Champagne*. Voir ce nom.

POMME REINETTE POMME D'OR. — Synonyme de pomme *d'Or d'Angleterre*. Voir ce nom.

---

434. POMME REINETTE DE POMPHÉLIA.

Synonyme. — *Pomme* POMPHELIA'S ROTHE REINETTE (Diel, *Kernobstsorten*, 1819, t. XI, p. 98).

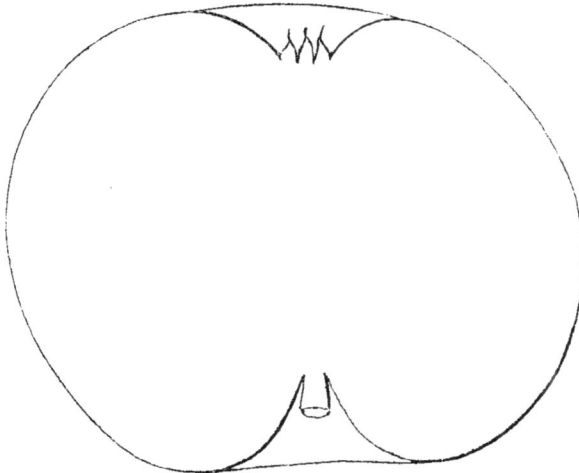

Description de l'arbre. — *Bois :* peu fort. — *Rameaux :* assez nombreux, érigés, faibles et courts, à peine géniculés, légèrement duveteux , olivâtres, mais lavés de carmin auprès des yeux ; leurs mérithalles sont très-courts. — *Lenticelles :* arrondies , petites et abondantes. — *Coussinets :* presque nuls. — *Yeux :* des plus petits, ovoïdes , cotonneux, bien unis et complétement collés sur le bois. — *Feuilles :* petites, ovales-arrondies, vert jaunâtre en dessus, gris verdâtre en dessous, courtement acuminées, largement et peu profondément dentées ou crénelées. — *Pétiole :* long, grêle, roide, carminé, à cannelure assez apparente. — *Stipules :* très-courtes et de largeur moyenne.

FERTILITÉ. — Satisfaisante.

CULTURE. — En le greffant, pour plein-vent, à hauteur de tige, il fait des arbres convenables. Comme pyramide, espalier, buisson et cordon, sur doucin ou paradis, sa forme est parfaite.

Description du fruit. — *Grosseur :* au-dessus de la moyenne. — *Forme :* globuleuse à peu près régulière. — *Pédoncule :* très-court, bien nourri, planté dans un bassin assez large et des plus profonds. — *OEil :* grand, mi-clos ou fermé, à cavité unie et de dimensions moyennes. — *Peau :* à fond jaune pâle, amplement marbrée, lavée et striée de carmin foncé, très-tachée de fauve autour du pédoncule et abondamment ponctuée de blanc, de rouge et de gris. — *Chair :* jaunâtre, mi-fine et mi-tendre. — *Eau :* suffisante, sucrée, agréablement acidulée et bien parfumée.

MATURITÉ. — Décembre-Mars.

QUALITÉ. — Première.

Historique. — Au commencement de ce siècle, le pépiniériste Joseph Kirke, de Brompton, près Londres, signala cette Reinette dans son Catalogue et me paraît en avoir été, sinon l'obtenteur, tout au moins le promoteur. Le pomologue allemand Diel, qui la reçut en 1804 de ce pépiniériste, avec des greffons d'un autre pommier, le Ribston Pippin, et la décrivit en 1813 (*Kernobstsorten*, t. XI, pp. 93 et 98), ne donne aucun renseignement sur le nom Pomphélia, que j'ai vainement cherché dans les Pomologies anglaises et les Dictionnaires géographiques. Je dois cette excellente et très-belle variété, à M. Oberdieck, de Jeinsen (Hanovre), et la possède depuis le mois de mars 1870.

POMME REINETTE DE PORTUGAL. — Synonyme de *Court-Pendu rouge*. Voir ce nom.

POMME REINETTE PRIME. — Voir *Reinette franche*, au paragraphe OBSERVATIONS, puis aussi *Reinette jaune hâtive*, au paragraphe HISTORIQUE.

POMMES : REINETTE PRINCESSE,

— REINETTE PRINCESSE NOBLE,

Synonymes de pomme *Princesse noble*. Voir ce nom.

POMME REINETTE QUARRENDON. — Synonyme de pomme *Marguerite*. Voir ce nom.

POMME REINETTE DES QUATRE-GOUTS. — Synonyme de pomme *de Violette*. Voir ce nom.

POMME REINETTE DE LA REINE. — Synonyme de *Reinette rouge*. Voir ce nom.

435. POMME REINETTE DE LA ROCHELLE.

Synonymes. — *Pommes :* 1. CALVILLE DE LA ROCHELLE (Diel, *Catalogue*, 1833, 2e partie, p. 7, n° 505). — 2. RIVIÈRE *ou* DE RIVIÈRE (Flotow, *Illustrirtes Handbuch der Obstkunde*, 1862, t. IV, p. 157, n° 341; — et Congrès pomologique, *Pomologie de la France*, 1869, t. VI, n° 51).

Description de l'arbre. — *Bois :* fort. — *Rameaux :* nombreux, érigés au sommet, étalés à la base, gros, longs, très-géniculés et très-duveteux, brun olivâtre quelque peu nuancé de rouge. — *Lenticelles :* arrondies ou allongées, grandes, assez abondantes. — *Coussinets :* saillants. — *Yeux :* moyens, ovoïdes-arrondis, plaqués sur l'écorce et des plus cotonneux. — *Feuilles :* moyennes et ovales, longuement acuminées, à bords assez profondément dentés ou crénelés. — *Pétiole :* gros, long, légèrement cannelé. — *Stipules :* bien développées.

FERTILITÉ. — Ordinaire.

CULTURE. — Comme plein-vent il fait des arbres de toute beauté. Pour basse-tige on doit lui donner le paradis pour sujet.

Description du fruit. — *Grosseur :* moyenne et parfois moins volumineuse.
— *Forme :* elle est conique-allongée, ventrue à son milieu et légèrement étranglée
près du sommet, ou bien conique-arrondie un peu déprimée d'un côté. — *Pédoncule :*
court, de grosseur variable, arqué, assez profondément inséré dans un étroit
bassin. — *Œil :* moyen, ouvert ou mi-clos, à cavité peu prononcée, bossuée ou
faiblement côtelée. — *Peau :* mince,
lisse, jaune pâle, brillamment
lavée de vermillon sur la partie
exposée au soleil, faiblement tachée de fauve squammeux autour
du pédoncule et semée de gros
mais peu nombreux points blanchâtres. — *Chair :* jaunâtre, fine
et mi-tendre. — *Eau :* abondante,
bien sucrée, légèrement acidulée.

MATURITÉ. — Décembre-Février.

QUALITÉ. — Deuxième.

Pomme Reinette de la Rochelle. — *Premier Type.*

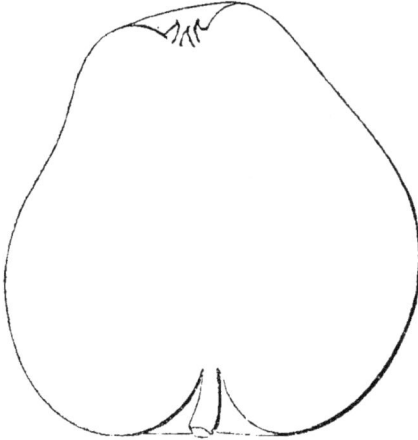

Deuxième Type.

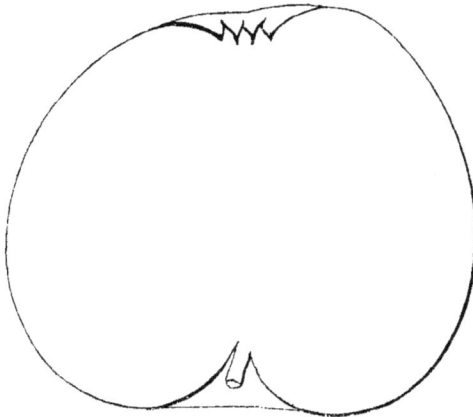

Historique. — La Reinette
de la Rochelle est connue depuis
une quarantaine d'années; en 1851
et 1860 M. Alexandre Bivort la
décrivit puis figura dans deux
ouvrages très-répandus, l'*Album*
(t. IV, p. 97) et les *Annales de
pomologie belge* (t. VIII, p. 99).
Voilà vingt ans que je la cultive concurremment avec certaine
pomme *Rivière* qui n'est autre,
je m'en suis aperçu seulement
en 1870, que cette Reinette de la
Rochelle. Notre Congrès pomologique a caractérisé en 1869 le
pommier Rivière et ses fruits, et
l'a déclaré dépourvu de synonymes, puis non encore décrit. Ce
sont là des erreurs formelles. Il a
été plusieurs fois décrit, notamment par Couverchel en 1852
(*Traité des fruits*, p. 455) et par
le baron de Flotow en 1862 (*Illustrirtes Handbuch der Obstkunde*, t. IV, p. 157).
Quant aux synonymes, j'affirme qu'il en possède déjà deux : Reinette de la Rochelle
et Calville de la Rochelle. Ce nombre, même, pourra s'accroître, car le Congrès
fait remonter sa pomme Rivière jusqu'à François Ier (1494-1547), et chacun sait
combien nos anciens fruits, les bons surtout, ont subi de baptêmes forcés. Mais
transcrivons littéralement le récit légendaire concernant la provenance de cette
variété :

« La Pomme *Rivière* — lisons-nous dans les publications du Congrès — est originaire du
département de la Charente, où elle est très-répandue. Il est de tradition, dans le pays, que

c'est le roi François Ier qui, chassant dans la forêt de la Bracone, sur le territoire de la commune de Rivière, près Larochefoucault, trouva cet excellent fruit, en mangea pour se désaltérer, et proclama ses hautes qualités. Cette tradition énonce un fait vraisemblable, sinon tout à fait certain : d'abord, parce que François Ier, né à Cognac, séjourna en Angoumois; ensuite, parce que l'on trouve encore A L'ÉTAT SAUVAGE, dans la forêt de la Bracone, QUELQUES PLANTS DE POMMIER RIVIÈRE qui portent d'assez bons fruits. » (*Pomologie de la France*, 1869, t. VI, n° 51.)

J'ai reproduit cette légende, ne pouvant, réellement, la passer sous silence, mais il ne s'ensuit pas, cependant, que je sois partisan des doctrines arboricoles qui ressortent de ses deux dernières lignes; elles sont, pour cela, en opposition trop absolue avec les principes les plus élémentaires de la physiologie végétale.

Observations. — La Reinette de la Rochelle, outre son excellence comme fruit de dessert, est parfaite pour le pressoir, et recherchée sous ce rapport dans notre département ainsi qu'en Normandie, où elle porte généralement le nom Pomme de Rivière.

---

436. Pomme REINETTE DE ROGUES.

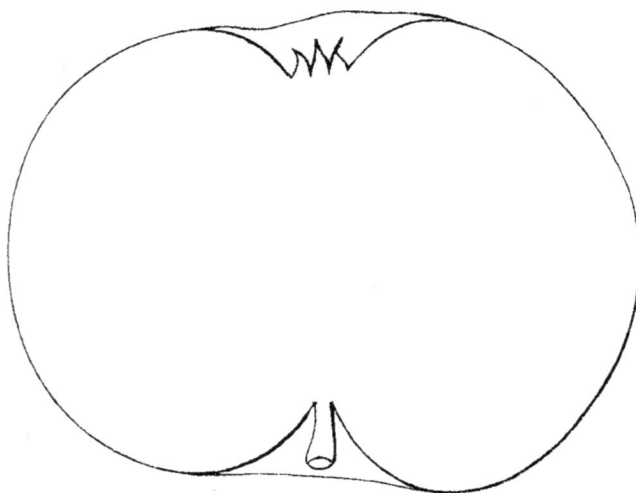

Description de l'arbre. — *Bois :* fort. — *Rameaux :* assez nombreux, légèrement étalés, très-gros, longs, peu coudés, très-cotonneux et d'un rouge-brun foncé. — *Lenticelles :* arrondies ou allongées, petites mais abondantes. — *Coussinets :* aplatis. — *Yeux :* arrondis, moyens, des plus duveteux et complétement collés sur le bois. — *Feuilles :* grandes, ovales, vert terne et foncé en dessus, blanc verdâtre en dessous, acuminées pour la plupart, coriaces, très-épaisses, finement dentées et parfois surdentées. — *Pétiole :* peu long et peu cannelé, flasque, quoique très-gros. — *Stipules :* étroites et longues.

Fertilité. — Abondante.

Culture. — Sa grande vigueur permet de l'élever à tige pour en faire des plein-vent qui toujours sont très-réguliers. Toutes les formes naines lui conviennent, moyennant qu'on l'ait greffé sur paradis.

Description du fruit. — *Grosseur :* volumineuse. — *Forme :* globuleuse, comprimée aux extrémités et généralement ayant une face moins développée que l'autre. — *Pédoncule :* court, assez fort, surtout au point d'attache, planté dans un bassin large et profond. — *OEil :* grand, bien ouvert ou mi-clos, à cavité vaste et plissée. — *Peau :* jaune d'or, amplement lavée, à l'insolation, de rose que recouvre en partie une couche roussâtre et légèrement squammeuse. — *Chair :* blanchâtre, fine, ferme et compacte. — *Eau :* abondante, très-sucrée, acidulée et savoureusement parfumée.

MATURITÉ. — Octobre-Janvier.

QUALITÉ. — Première.

Historique. — Voilà vingt-cinq ans que je multiplie cette belle et très-bonne pomme, qui me fut envoyée par un de mes confrères, feu M. Rey, de Toulouse, comme très-estimée dans le Gard, surtout aux environs de Rogues, localité dont elle porte le nom. Les rapports si frappants, pour la forme et le coloris, qu'elle offre avec la Reinette d'Angleterre (voir plus haut, pp. 616-619) me firent croire, dès l'abord, à l'identité de ces variétés, mais l'examen attentif de leur arbre bientôt me démontra le contraire. Puis aussi la Reinette de Rogues, au lieu de se conserver, à l'exemple de l'autre, jusqu'en mars, dépasse très-rarement décembre ou janvier. Je ne l'ai vue décrite dans aucune Pomologie.

Observations. — Il existe une FAUSSE Reinette de Rogues, habituellement appelée *Reinette Rogue*, et ressemblant beaucoup, pour la forme seulement, à la vraie. Elle est très-tardive, et plutôt de troisième qualité, que de seconde. Sa peau est unicolore, jaune nuancé de vert, puis faiblement veinée, striée et ponctuée de gris-roux. Sa chair, dure et grossière, possède une eau abondante, mais douceâtre, peu sucrée et sans parfum. On peut donc, ceci connu, reconnaître aisément la fausse Reinette de Rogues.

POMMES REINETTE DU ROI. — Synonymes de pomme *Citron d'Hiver* et de *Reinette rouge.* Voir ces noms.

POMME REINETTE ROUELLÉE. — Synonyme de *Reinette rouelliforme.* Voir ce nom.

437. POMME REINETTE ROUELLIFORME.

Synonymes. — *Pommes :* 1. DE ROUELLER (Diel, *Karnobstsorten,* 1807, t. IX, p. 94). — 2. ROUELLERS (*Id. ibid.*). — 3. SCHEIBENREINETTE (*Id. ibid.*). — 4. REINETTE ROUELLÉE (Biedenfeld, *Handbuch aller bekannten Obstsorten,* 1854, 2e partie, p. 132).

Description de l'arbre. — *Bois :* faible. — *Rameaux :* nombreux, étalés, grêles, assez courts, bien coudés, à longs mérithalles, légèrement duveteux et d'un rouge violacé verdâtre. — *Lenticelles :* allongées, petites, abondantes, mais d'une couleur fauve qui fait qu'on les distingue difficilement. — *Coussinets :* des plus saillants. — *Yeux :* très-gros, ovoïdes-allongés, plaqués sur l'écorce, aux écailles d'un beau rouge et bordées de noir. — *Feuilles :* de moyenne grandeur, ovales, coriaces quoiqu'assez minces, vert jaunâtre en dessus, blanc verdâtre en dessous, longuement acuminées, planes ou ondulées, à bords finement et régulièrement dentés en scie. — *Pétiole :* long, bien nourri, roide, rougeâtre en dessous, à cannelure large et profonde — *Stipules :* étroites et longues.

Pomme Reinette rouelliforme.

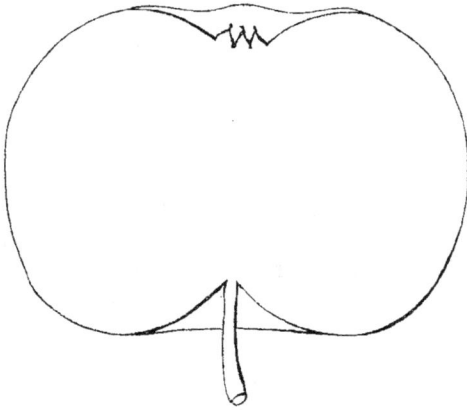

FERTILITÉ. — Abondante.

CULTURE. — Il n'est pas assez vigoureux, même greffé en tête, pour faire de convenables plein-vent; sous formes naines, sur doucin, il réussit mieux.

Description du fruit. — *Grosseur :* moyenne. — *Forme :* globuleuse excessivement comprimée aux pôles. — *Pédoncule :* long ou très-long, assez grêle et planté dans un bassin vaste et profond. — *Œil :* petit, mi-clos ou fermé, à cavité plissée, très-large mais de profondeur moyenne. — *Peau :* mince, lisse, d'un blanc jaunâtre, lavée de rouge-brun sur la face exposée au soleil, couverte en partie de légères stries carminées, maculée de fauve autour du pédoncule et finement ponctuée de blanc. — *Chair :* blanche, ferme et compacte. — *Eau :* suffisante, sucrée, possédant une saveur acidulée et parfumée des plus délicates.

MATURITÉ. — Décembre-Février.

QUALITÉ. — Première.

Historique. — Les Allemands, qui m'ont offert en 1867 leur *Scheiben Reinette,* ou Reinette rouelliforme, ne connaissent pas encore la provenance de cette excellente pomme, dont le nom indique la configuration habituelle. Elle date, pour le moins, de la fin du XVIIIe siècle. Le docteur Diel, son premier descripteur, disait en 1807 « la tenir d'un ami, M. Schulz, jardinier-chef de la Cour, à Schaumbourg, « lequel l'avait reçue de M. Reichert, habitant Weimar. » (*Kernobstsorten*, t. IX, page 93.)

438. POMME REINETTE ROUGE.

Synonymes. — *Pommes :* 1. REINETTE DE LA REINE (Mayer, *Pomona franconica*, 1776, t. III, p. 138, n° 49). — 2. REINETTE DU ROI (*Id. ibid.*). — 3. REINETTE ROUGE D'HIVER (Manger, *Systematische Pomologie*, 1780, 1re partie, p. 36, n° XLIV).

Description de l'arbre. — *Bois :* de force moyenne. — *Rameaux :* assez nombreux, étalés, peu longs, gros, légèrement coudés, très-duveteux et d'un brun olivâtre faiblement lavé de rouge. — *Lenticelles :* arrondies ou allongées, des plus petites mais abondantes. — *Coussinets :* saillants. — *Yeux :* moyens, ovoïdes, cotonneux, en partie collés sur le bois. — *Feuilles :* de grandeur moyenne, ovales ou arrondies, rarement et courtement acuminées, ayant les bords profondément dentés. — *Pétiole :* long, grêle, carminé, à large cannelure. — *Stipules :* bien développées.

FERTILITÉ. — Satisfaisante.

CULTURE. — Le greffer à hauteur de tige, pour plein-vent, afin qu'il ait une tête convenable. Comme arbre-nain il prospère parfaitement, sur doucin ou paradis, en espalier, gobelet, pyramide ou cordon, toutes formes qui lui sont des plus avantageuses, tant sous le rapport de la fertilité que de l'accroissement de volume qu'alors acquièrent ses produits.

Pomme Reinette rouge.

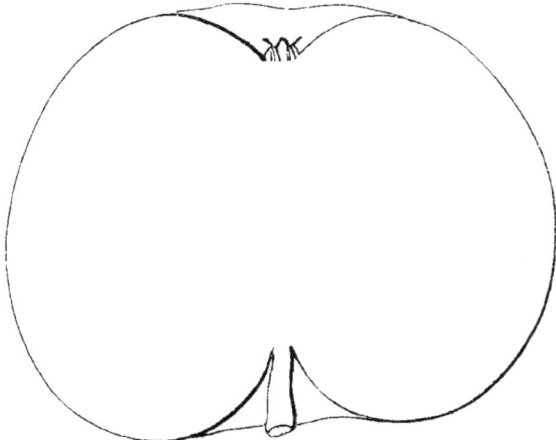

Description du fruit. — *Grosseur :* au-dessus de la moyenne. — *Forme :* irrégulièrement globuleuse. — *Pédoncule :* de longueur moyenne, bien nourri, surtout à la base, droit ou arqué, profondément inséré dans un étroit bassin. — *Œil :* moyen, fermé, à vaste cavité légèrement ondulée sur les bords. — *Peau :* mince, lisse, jaune-orange, amplement lavée de rouge vif à l'insolation, puis quelque peu fouettée ou striée de carmin terne, ponctuée de gris et plus ou moins tachée de fauve dans le bassin pédonculaire. — *Chair :* blanchâtre, fine, ferme et croquante. — *Eau :* abondante, très-sucrée, acidulée et parfumant délicieusement la bouche.

MATURITÉ. — Janvier-Avril.

QUALITÉ. — Première.

Historique. — La Reinette rouge est une de nos meilleures pommes. Fort ancienne chez nous, où sa naissance dut avoir lieu vers le milieu du XVIIᵉ siècle, elle eut Merlet pour premier descripteur. Il ne la connaissait pas encore en 1667, non plus qu'en 1675 ; ce fut seulement dans son édition de 1690, la troisième, qu'il put lui consacrer ces courtes lignes :

« La *Reinette rouge* — écrivit-il — est particuliere, est des plus fermes, des meilleures et des plus de garde. » (*L'Abrégé des bons fruits*, 1690, p. 133.)

En la qualifiant de « particulière, » Merlet faisait alors allusion à son extrême nouveauté, qui même était restée grande une quarantaine d'années plus tard, puisque les Chartreux, dans leur *Catalogue de 1736*, disaient (p. 35) : « La Reinette « rouge n'est pas fort commune, et la plupart la confondent avec la Reinette « franche. » Cette variété pénétra assez vite chez les Allemands ; Mayer, qui l'y caractérisa dès 1776, contribua beaucoup à la répandre, par suite de l'éloge mérité qu'il en fit :

« Si c'étoit — déclara-t-il — à mon goût, à mon palais seul à decider du rang entre les pommes, celle-ci [la *Reinette rouge*] en obtiendroit un des premiers, à côté de la Calville blanche d'Automne, car elle est réellement aussi bonne que belle. Sur le haut-vent elle ne devient pas absolument grosse (2 pouces 1/2 de diamètre sur une hauteur à peu près égale) ; au treillage elle excède ces dimensions et pèse entre 5 et 6 onces. » (*Pomona franconica*, t. III, p. 139.)

Observations. — De nos jours, tout en demeurant bien moins rare qu'autrefois, cette Reinette n'est pas aussi cultivée que sa bonté et sa longue conservation le pourraient faire croire. Il y aurait profit certain, cependant, à lui donner place au verger. M. Duval, un de nos plus intelligents arboriculteurs, le conseillait formellement en 1852, et montrait avec quel succès il l'avait tenté :

« Cet arbre, par sa vigueur et sa grande disposition à donner des fruits, devrait être — disait-il — admis dans les vergers, où il végéterait à son aise. Je l'ai cultivé en éventail en plein jardin, où il végétait toujours avec une si grande force, que j'étais tous les ans obligé de lui ajouter de nouveaux treillages. Pourtant je ne taillais jamais ses branches, je ne faisais que les ébourgeonner au besoin, et celles-ci se couvraient de fruits dans toute leur longueur, en formant comme autant de guirlandes. Je parvins en cinq années à avoir un arbre de 12 à 13 mètres de largeur, sur 2 m. 50 de hauteur. » (*Histoire du pommier et de sa culture*, p. 48-49.)

On doit veiller à ne faire aucune confusion entre cette pomme et la Reinette rouge *étoilée*, qui suit, puis entre la Reinette des Carmes et la Reinette de Caux, ces deux dernières comptant le nom Reinette rouge parmi leurs synonymes.

POMME **REINETTE ROUGE.** — Synonyme de *Reinette des Carmes*. Voir ce nom.

---

439. POMME **REINETTE ROUGE ÉTOILÉE.**

Synonymes. — *Pommes :* 1. CALVILLE ÉTOILÉ (Alexandre Bivort, *Album de pomologie*, 1851, t. IV, p. 61). — 2. REINETTE ÉTOILÉE (*Id. ibid.*). — 3. ZOETE REINETTE (A. Royer, *Belgique horticole*, 1858, t. VIII, p. 213). — 4. ROTHE STERNREINETTE (Pépinières de Reutlingen [Wurtemberg] avant 1867). — 5. ÉTOILÉE (Charles Downing, *the Fruits and fruit trees of America*, 1869, p. 165).

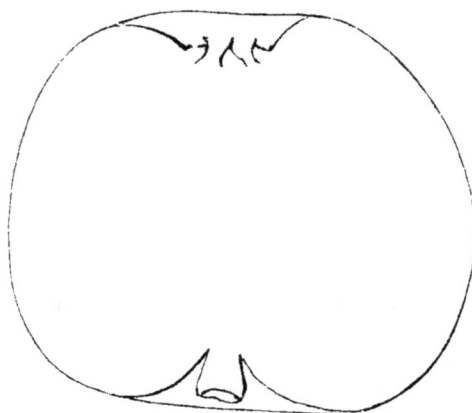

Description de l'arbre. — *Bois :* fort. — *Rameaux :* nombreux, gros, très-longs, légèrement coudés, bien duveteux et d'un brun olivâtre lavé de rouge ardoisé. — *Lenticelles :* arrondies ou allongées, abondantes et de grandeur variable. — *Coussinets :* assez saillants. — *Yeux :* moyens, ovoïdes, plaqués sur l'écorce et faiblement cotonneux. — *Feuilles :* grandes, ovales, longuement acuminées, à bords profondément dentés. — *Pétiole :* de longueur moyenne, gros, carminé, ayant la cannelure peu marquée. — *Stipules :* étroites et longues.

FERTILITÉ. — Abondante.

CULTURE. — Il fait d'admirables plein-vent, même en le greffant ras terre; les formes naines lui conviennent aussi, mais alors on doit l'écussonner sur paradis.

Description du fruit. — *Grosseur :* moyenne. — *Forme :* globuleuse assez irrégulière. — *Pédoncule :* très-court et très-fort, presque toujours charnu, planté dans un bassin vaste, profond et irrégulier. — *OEil* : très-grand, complétement ouvert, à cavité unie et prononcée. — *Peau* : lisse, jaunâtre, à peu près entièrement lavée de carmin plus ou moins foncé, légèrement tachée de brun autour du pédoncule et semée de gros et nombreux points gris formant étoile. — *Chair* : blanche, généralement un peu rosée, fine, compacte et mi-tendre. — *Eau* : suffisante ou abondante, acidulée et bien sucrée, possédant un parfum exquis.

MATURITÉ. — Janvier-Mars.

QUALITÉ. — Première.

Historique. — Le docteur Lucas, directeur de l'Institut pomologique de Reutlingen (Wurtemberg), m'a procuré ce très-beau et très-bon fruit en 1868. Le nom sous lequel il me l'envoya, *Rothe Sternreinette* (Reinette rouge étoilée) ne m'est apparu dans aucune des principales Pomologies allemandes, mais, en Belgique, Alexandre Bivort l'a décrit en 1851, sans toutefois en préciser formellement la nationalité :

« La *Reinette étoilée*, ou Calville étoilé, dont je ne connais pas l'origine — a-t-il dit — doit cependant être ancienne ; elle est plus répandue dans le Limbourg et la province de Liége, que dans les autres parties de la Belgique, ce qui semblerait indiquer qu'elle a été introduite de la Hollande ou de l'Allemagne. » (*Album de pomologie*, t. IV, p. 62.)

En Amérique, où cette Reinette est également cultivée aujourd'hui, Charles Downing la supposait en 1869 (p. 165) provenue de Hollande; seulement il n'appuie sur rien, cette opinion, ce qui ne permet pas d'en tirer parti. Le nom qu'elle porte a dû lui venir des larges points étoilés constellant sa peau, ou plutôt de l'étoile rougeâtre apparaissant dans la chair, quand, diamétralement, on divise ce fruit par le milieu; caractère constant, car je l'ai observé d'après M. Bivort, qui l'avait signalé en 1851, et d'après M. Royer, qui le faisait ainsi ressortir en 1858 :

« On ne saurait — assurait-il — confondre la *Reinette rouge étoilée* avec aucune autre pomme, attendu qu'en la coupant transversalement dans le sens du diamètre, on voit le centre entouré d'une étoile régulière, formée par des macules rouges. » (*Belgique horticole*, t. VIII, p. 213.)

Observations. — Ne pas confondre cette Reinette avec le *Calleville étoilé des Allemands*, qui mûrit fin d'août et doit sa dénomination aux côtes très-prononcées dont il est sillonné, du sommet à la base.

POMME REINETTE ROUGE D'HIVER. — Synonyme de *Reinette rouge*. Voir ce nom.

POMMES REINETTE ROUSSE. — Synonymes de : *Reine des Reinettes*, *Reinette des Carmes* et *Reinette dorée*. Voir ces noms.

POMME REINETTE ROUSSE DE BOSTON. — Synonyme de pomme *Boston russet*. Voir ce nom.

POMME REINETTE ROUSSE TARDIVE. — Synonyme de *Reinette tardive*. Voir ce nom.

Pomme REINETTE RURALE. — Synonyme de pomme *Oignon de Borsdorf.* Voir ce nom.

Pomme REINETTE DE LA RUSSIE TEMPÉRÉE. — Synonyme de *Court-Pendu rouge.* Voir ce nom.

Pomme REINETTE SAINT-SAUVEUR. — Synonyme de *Calleville de St-Sauveur.* Voir ce nom.

Pomme REINETTE DE SAINTONGE. — Synonyme de pomme *Haute-Bonté.* Voir ce nom.

Pomme REINETTE-SANS-PAREILLE. — Synonyme de pomme *Non-Pareille.* Voir ce nom.

Pommes : REINETTE DE SICILE,

— REINETTE SICILIENNE,

Synonymes de *Reinette dorée.* Voir ce nom.

Pommes : REINETTE SICKLER,

— REINETTE DE SIÉKLER,

Synonymes de pomme *Suisse panachée.* Voir ce nom.

---

440. Pomme REINETTE SUISSE.

Synonymes. — *Pommes :* 1. De Suisse (Schmidt, *Illustrirtes Handbuch der Obstkunde,* 1859, t. Ier, p. 537, n° 252). — 2. Verte de Rostock (*Id. ibid.*). — 3. Verte de Stettin (*Id. ibid.*).

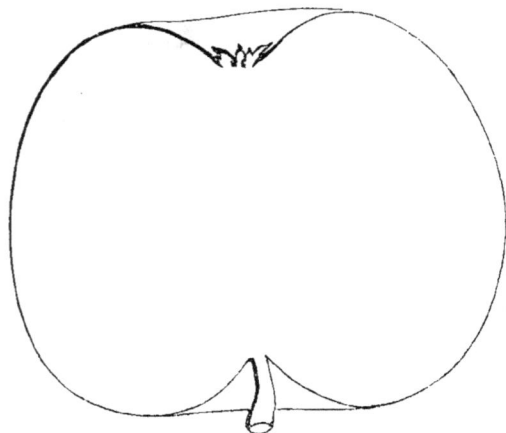

Description de l'arbre. — *Bois :* très-fort. — *Rameaux :* assez nombreux, étalés et légèrement arqués, longs, des plus gros, bien géniculés, excessivement duveteux et d'un vert olivâtre lavé de rouge-brun foncé. — *Lenticelles :* grandes, arrondies, clair-semées. — *Coussinets :* ressortis. — *Yeux :* très-volumineux, coniques-arrondis, plaqués sur l'écorce et couverts d'un épais duvet. — *Feuilles :* grandes, ovales, d'un vert glauque et luisant en dessus, d'un blanc verdâtre en dessous, acuminées pour la plupart et très-profondément dentées. — *Pétiole :* de longueur moyenne, des plus gros, à peine cannelé. — *Stipules :* très-longues et assez larges.

Fertilité. — Satisfaisante.

CULTURE. — Son extrême vigueur le rend propre au plein-vent greffé ras terre, mais si sa tige devient alors d'une remarquable grosseur, sa tête laisse presque toujours quelque chose à désirer, surtout pour la régularité. Sous formes naines il prospère convenablement sur paradis.

Description du fruit. — *Grosseur :* moyenne et parfois plus volumineuse.— *Forme :* conique-arrondie ou globuleuse irrégulière. — *Pédoncule :* assez court, bien nourri, renflé au point d'attache, arqué, profondément planté dans un vaste bassin. — *Œil :* petit ou moyen, ouvert ou mi-clos, à cavité prononcée et plus ou moins ondulée sur les bords.—*Peau :* unicolore, d'un vert jaunâtre, striée de fauve autour de l'œil, maculée de même dans le bassin pédonculaire et fortement ponc-tuée de gris et de brun. — *Chair :* verdâtre, mi-fine, assez tendre. — *Eau :* fort abondante, sucrée, agréablement acidulée, mais ayant généralement un arrière-goût herbacé.

MATURITÉ. — Février-Mai.

QUALITÉ. — Deuxième.

Historique. — Ce pommier est répandu depuis longtemps déjà dans les jar-dins français, et particulièrement en Anjou, car il y a quarante ans au moins que je l'y connais sous l'unique nom Reinette suisse. On le rencontre aussi chez les Allemands, où M. Schmidt en parlait de la sorte en 1859 :

« Cette variété — disait-il — ancienne en Allemagne et qu'on y cultive plus ou moins, y est appelée tantôt *Pomme de Suisse*, tantôt *Verte de Stettin* et *Grasapfel*, ou bien encore, dans nos provinces septentrionales, *Verte de Rostock.* » (*Illustrirtes Handbuch der Obstkunde*, t. I, p. 537, n° 252.)

Le nom primitif de cette pomme — Reinette suisse — en indique-t-il le pays natal? Cela me paraît probable, cependant je n'ai rien trouvé qui puisse confirmer mon opinion. Le pomologue américain Downing ayant récemment décrit (1869, p. 378) ce même fruit, j'espérais lui emprunter quelque renseignement, mais à tort, car il l'a simplement dit d'origine étrangère : « *of foreign origin.* »

---

441. Pomme REINETTE TARDIVE.

Synonymes. — *Pommes :* REINETTE JAUNE DORÉ (Victor Paquet, *Traité de la conservation des fruits*, 1844, p. 286). — 2. REINETTE ROUSSE TARDIVE (*Id. ibid.*). — 3. REINETTE TARDIVE NOUVELLE (Alexandre Bivort, *Album de pomologie*, 1847, t. Ier, p. 64).

Description de l'arbre. — *Bois :* de moyenne force. — *Rameaux :* peu nombreux, étalés et souvent arqués, gros, assez longs, faiblement coudés, très-duveteux et d'un brun clair verdâtre lavé de gris.—*Lenticelles :* arrondies ou allon-gées, grandes, des plus clair-semées. — *Coussinets :* presque nuls. — *Yeux :* gros, ovoïdes-arrondis, très-cotonneux, légèrement écartés du bois. — *Feuilles :* assez grandes, ovales-allongées, rarement acuminées et finement dentées. — *Pétiole :* bien nourri, de longueur moyenne, à cannelure peu sensible. — *Stipules :* longues et larges.

FERTILTÉ. — Abondante.

CULTURE. — Il fait de beaux plein-vent quand on le greffe à hauteur de tige, et des arbres nains irréprochables s'il est écussonné sur paradis.

Description du fruit. — *Grosseur :* moyenne. — *Forme :* sphérique, très-comprimée aux pôles et légèrement pentagone. — *Pédoncule :* de longueur moyenne, peu fort, profondément planté dans une étroite cavité. — *Œil :* petit ou moyen, mi-clos, cotonneux, à vaste cavité ondulée ou largement plissée sur les bords. — *Peau :* rugueuse, jaune clair, ponctuée, striée de fauve, maculée de roux autour du pédoncule, veinée de même auprès de l'œil. — *Chair :* blanche, fine et tendre. — *Eau :* des plus abondantes, sucrée, acidulée, à parfum très-délicat.

Pomme Reinette tardive.

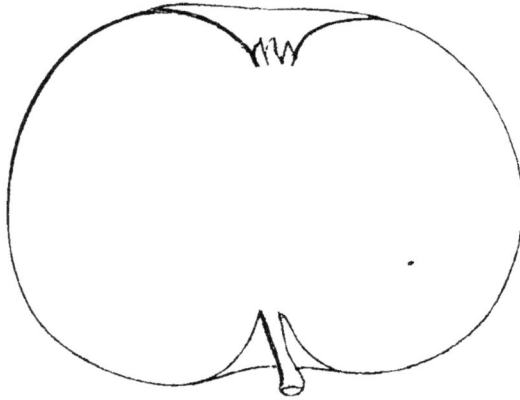

MATURITÉ. — Mars-Juin.

QUALITÉ. — Première.

Historique. — Un ancien député de la Mayenne, feu Léon Leclerc, de Laval, souvent cité pour ses obtentions de fruits à pépin, fut le promoteur et le parrain de cette Reinette si tardive. Il en trouva vers 1832, inconnu et semé par le hasard, le pied-type dans une propriété sise aux portes d'Angers, en demanda des greffes et le propagea de divers côtés chez nous, puis chez les Belges, où M. Bivort décrivit ce nouveau pommier dès 1847 (*Album*, t. I, p. 64). Malheureusement nous négligeâmes, au Comice horticole d'Angers, quand Léon Leclerc nous en offrit des rameaux, de prendre note du lieu où il l'avait découvert, ce qui fait qu'aujourd'hui son acte de naissance doit rester incomplet.

Observations. — La Reinette dorée (voir plus haut, page 661) ayant pour synonyme fort usité, *Reinette jaune tardive*, nous le rappelons, afin de rendre moins facile toute confusion entre ce fruit séculaire et notre Reinette tardive d'Angers.

POMME **REINETTE TARDIVE NOUVELLE.** — Synonyme de *Reinette tardive.* Voir ce nom.

---

442. POMME **REINETTE TENDRE.**

Synonyme. — *Pomme* GROSSE REINETTE TENDRE (Pierre Leroy, d'Angers, *Catalogue de ses jardins et pépinières*, 1790, p. 26).

Description de l'arbre. — *Bois :* très-fort. — *Rameaux :* généralement peu nombreux, étalés, gros, excessivement longs, bien géniculés, cotonneux et d'un vert olivâtre cendré. — *Lenticelles :* blanches, arrondies, larges et clair-semées. — *Coussinets :* aplatis. — *Yeux :* assez petits, ovoïdes, légèrement duveteux, plaqués sur l'écorce. — *Feuilles :* grandes, ovales, vert glauque en dessus, gris verdâtre en dessous, épaisses et coriaces, longuement acuminées, ayant les bords très-largement crénelés. — *Pétiole* : court, des plus gros, violet à la base et faiblement cannelé. — *Stipules* : petites, et souvent même faisant défaut.

FERTILITÉ. — Satisfaisante.

CULTURE. — Le plein-vent lui sera toujours très-favorable, vu sa remarquable vigueur; aussi peut-on, sous cette forme, le greffer ras terre pour faire des tiges. Comme arbre nain, le paradis est le sujet qu'il préfère.

Pomme Reinette tendre.

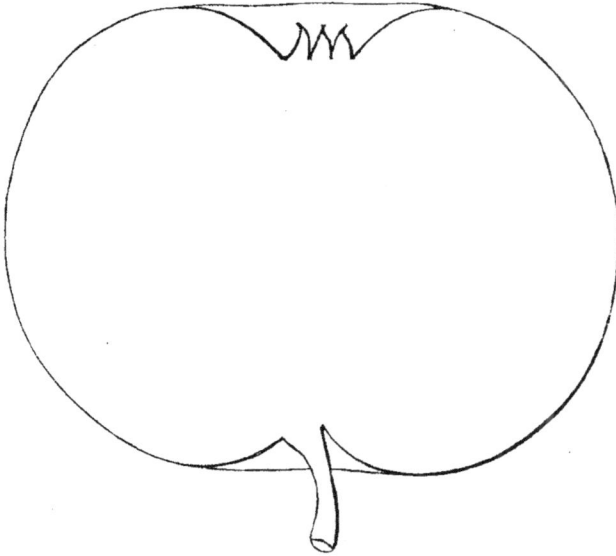

Description du fruit. — *Grosseur* : plus que moyenne.- *Forme* : globuleuse légèrement aplatie aux extrémités. — *Pédoncule* : long et gros, très-charnu à son point d'insertion, droit ou arqué, planté dans un bassin de dimensions moyennes. — *Œil :* grand et mi-clos, à cavité très-large, rarement bien profonde et généralement unie sur ses bords. — *Peau :* épaisse, jaune pâle un peu verdâtre, mouchetée et rayée de carmin sur la partie exposée au soleil, maculée de fauve grisâtre autour du pédoncule, puis semée de points bruns ou de points blanchâtres très-prononcés et largement cerclés de gris-blanc. — *Chair :* jaunâtre, tendre et peu fine. — *Eau :* suffisante, sucrée, faiblement acidulée, assez savoureuse.

MATURITÉ. — Août-Septembre.

QUALITÉ. — Deuxième.

Historique. — Je crois ce fruit originaire des environs d'Angers, où depuis un siècle au moins on le cultive assez communément, aussi n'est-il pas rare sur nos marchés; mais c'est bien à tort que parfois on l'y vend sous le nom Reinette douce, appartenant à diverses variétés beaucoup moins précoces. Mon grand-père, qui déjà le propageait en 1790, l'appelait Grosse-Reinette tendre. Plus tard, le Comice horticole de Maine-et-Loire l'ayant simplement nommé Reinette tendre, cette dernière dénomination lui resta.

Observations. — Reinette tendre est l'unique synonyme de la pomme Blanc d'Espagne, décrite en mon troisième volume (pp. 136-137); ne pas l'oublier devient donc urgent, autrement on pourrait commettre quelque méprise à l'égard de ce dernier fruit et de la variété que nous venons d'étudier.

Pomme **REINETTE TENDRE**. — Synonyme de pomme *Blanc d'Espagne*. Voir ce nom.

Pomme **REINETTE TÉTIN**. — Synonyme de *Reinette de la Chine*. Voir ce nom.

443. Pomme REINETTE DE THORN.

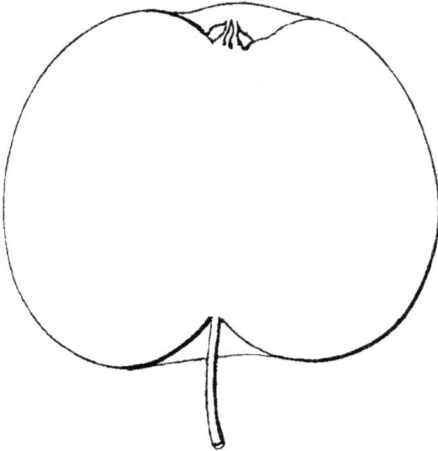

Description de l'arbre. — *Bois :* peu fort. — *Rameaux :* assez nombreux, presque érigés, longs, grêles, légèrement coudés, duveteux et d'un brun-rouge nuancé de vert. — *Lenticelles :* arrondies ou allongées, grandes et des plus clairsemées. — *Coussinets :* saillants. — *Yeux :* moyens, ovoïdes-allongés, faiblement collés sur le bois et rarement très-cotonneux. — *Feuilles :* petites, ovales-arrondies, assez minces, d'un vert peu foncé, longuement acuminées et profondément dentées. — *Pétiole :* long, très-grêle, flasque, à cannelure modérément accusée. — *Stipules :* bien développées.

FERTILITÉ. — Ordinaire.

CULTURE. — C'est un pommier à bois trop grêle pour l'élever à tige, il faut donc, quand on le destine au plein-vent, le greffer en tête, sous peine d'obtenir un mauvais résultat. Les formes naines, sur doucin, lui sont avantageuses pour la croissance et le rapport.

Description du fruit. — *Grosseur :* moyenne. — *Forme :* conique sensiblement arrondie, ou, parfois, légèrement allongée. — *Pédoncule :* très-long, menu, assez profondément planté dans un bassin irrégulier et de largeur moyenne. — *Œil :* grand, mi-clos, à cavité rétrécie et fortement plissée. — *Peau :* lisse, à fond jaune, très-amplement marbrée et finement fouettée de carmin vif, sur lequel apparaissent d'assez nombreux points blanchâtres. — *Chair :* jaunâtre, fine et ferme. — *Eau :* suffisante, sucrée, des plus savoureusement acidulée et parfumée.

MATURITÉ. — Octobre-Décembre.

QUALITÉ. — Première.

Historique. — J'ai rencontré ce charmant fruit en 1866, à Rouen, chez un de mes plus obligeants confrères, M. Boisbunel. Encore peu connu dans notre pays, il l'est davantage en Belgique, où M. C.-Aug. Hennau l'a décrit voilà dix-sept ans, et s'est livré sur son origine aux considérations suivantes :

« Cette excellente pomme — a-t-il dit en 1856 — qu'il faut ranger dans le groupe des Reinettes rouges, a-t-elle eu pour berceau, comme quelques-uns l'ont conjecturé, l'abbaye de Thorn, dans le Limbourg hollandais?... Nous ne savons, et ne la trouvons mentionnée dans aucun recueil pomologique. Ce que nous pouvons seulement affirmer, c'est qu'elle est

assez répandue, fort goûtée dans la province de Liége, et mérite de l'être à tous égards. »
(*Annales de pomologie belge et étrangère*, t. IV, p. 39.)

A ces conjectures, je crois pouvoir en ajouter une : c'est qu'il ne serait pas impossible, non plus, que la Reinette de Thorn fût sortie de l'ancienne ville polonaise de ce nom, sur la Vistule, et qui maintenant appartient à la Prusse. Cette supposition me semble même très-admissible, car les Allemands ont été les premiers descripteurs de ladite Reinette, fait évidemment ignoré de l'auteur belge cité ci-dessus, qui déclarait en 1856 ne l'avoir vue mentionnée dans aucun recueil pomologique. Le baron de Biedenfeld en avait, effectivement, donné une courte description dès 1854, page 247 du *Handbuch aller bekannten Obstsorten* (2e partie).

---

444. Pomme REINETTE THOUIN.

Synonyme. — *Pomme* BONNE THOUIN (Poiteau, *Revue horticole*, 1832, p. 213).

Premier Type.

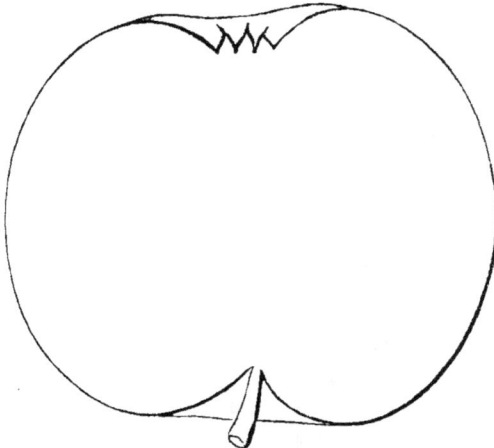

Deuxième Type.

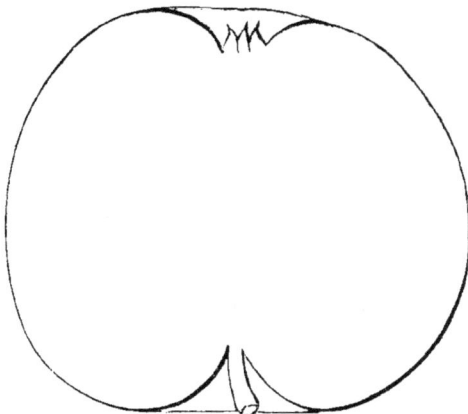

Description de l'arbre. — *Bois :* fort. — *Rameaux :* peu nombreux, généralement érigés, longs, assez gros, légèrement coudés, très-duveteux et vert brunâtre. — *Lenticelles :* arrondies ou allongées, grandes, abondantes. — *Coussinets :* saillants. — *Yeux :* gros, arrondis, collés sur le bois et couverts de duvet. — *Feuilles :* assez petites, ovales-arrondies, vert foncé en dessus, blanc verdâtre en dessous, rarement acuminées, planes et très-finement dentées. — *Pétiole :* long, bien nourri, à cannelure peu marquée. — *Stipules :* longues et larges.

FERTILITÉ. — Très-abondante.

CULTURE. — Pour plein-vent, en le greffant ras terre, il fait de très-beaux arbres à tronc gros et droit, à tête régulièrement érigée. Toutes les formes naines, buisson, cordon, espalier, gobelet, pyramide, lui conviennent beaucoup, surtout quand on l'écussonne sur paradis.

Description du fruit. — *Grosseur :* moyenne. — *Forme :* globuleuse assez irrégulière ou conique-arrondie, mais toujours plus ventrue ou plus développée sur une face que sur l'autre, et sensiblement pentagone. — *Pédoncule :* court, peu fort, arqué, obliquement et assez profondément implanté dans un bassin de largeur moyenne. — *Œil* : grand ou moyen, mi-clos, à cavité généralement faible et dont les bords sont unis ou plissés. — *Peau* : légèrement rugueuse, jaune verdâtre sur le côté placé à l'ombre, jaune-orange à l'insolation, où souvent elle est nuancée de rose pâle, abondamment ponctuée de roux et de brun, puis complétement maculée de fauve squammeux autour du pédoncule. — *Chair* : blanchâtre, fine, ferme et compacte. — *Eau* : abondante, sucrée, acide, parfumée, très-savoureuse.

Maturité. — Février-Juin.

Qualité. — Première.

Historique. — Le Congrès pomologique a décrit en 1867 ce même fruit dans le tome IV (n° 48) de ses publications, et l'y déclare sans surnom et d'origine incertaine ; double méprise facile à rectifier. Des synonymes, cette pomme en possède un, et cela depuis au moins quarante ans, car son nom primitif (1822) fut *Bonne Thouin*, auquel on substitua vers 1835, je vais le prouver à l'instant, la dénomination Reinette Thouin, qu'ensuite elle a toujours conservée. Quant à son origine, loin d'être incertaine, je n'en connais pas, au contraire, qui soit mieux établie. Témoin l'article ci-après, qu'en 1832 publiait le botaniste Poiteau :

« La pomme *Bonne Thouin* — écrivait-il — sort d'un sauvageon provenu de graine dans le jardin de M. Gillet de Laumont [à Beaumont, près Montmorency] et qui fructifia pour la première fois vers 1822. Depuis lors il rapporte chaque année abondamment et doit être mis au rang des espèces les plus fertiles. Son fruit est au-dessus de la moyenne grosseur et prend rang parmi les Reinettes..... Un parfum agréable s'en exhale à l'époque de sa maturité..... qui arrive en février et paraît devoir se conserver jusqu'en mai. » (*Revue horticole*, de Paris, t. II, pp. 213-214.)

André Thouin, le personnage célèbre auquel ce fruit a été dédié, naquit à Paris en février 1747, au Jardin des Plantes, dont son père, décédé en 1764, était jardinier-chef. Protégé par Buffon et Bernard de Jussieu, qui dirigeaient ses études scientifiques, il hérita malgré son jeune âge — dix-sept ans seulement — de la charge paternelle, et la remplit avec un tel succès, qu'à son tour la mort seule put l'enlever du Jardin des Plantes. Ce fut le 27 octobre 1824, mais alors il y était devenu, depuis un long temps, professeur de culture et l'un des savants les plus renommés de l'Europe. — Le profond attachement que j'éprouvais pour ce professeur, sous lequel j'avais, en compagnie d'Oscar Leclerc-Thouin, son neveu, étudié l'horticulture, me fit vouer un intérêt particulier à la propagation du pommier qui porte son nom. Aussi en ai-je été un des premiers multiplicateurs, et je fournis aujourd'hui, avec une vive satisfaction, la preuve qu'en 1838 déjà la Reinette Thouin était envoyée par moi, et admise, à l'importante Exposition agricole et horticole qui pour lors eut lieu dans nos murs. (Voir *Annales du Comice horticole de Maine-et-Loire*, t. I, p. 295.)

POMME **REINETTE TOUTE GRISE**. — Synonyme de *Reinette grise*. Voir ce nom.

POMME **REINETTE DE TRAVER**. — Synonyme de pomme *Ribston Pippin*. Voir ce nom.

POMME **REINETTE TRÈS - TARDIVE**. — Synonyme de *Reinette verte*. Voir ce nom.

Pommes REINETTE TRIOMPHANTE. — Synonymes de *Reinette franche* et de *Reinette d'Orléans*. Voir ces noms.

Pommes : REINETTE TRUITE,

— REINETTE TRUITÉE,

} Synonymes de *Reinette des Carmes*. Voir ce nom.

Pommes : REINETTE TULIPE,

— REINETTE TULIPÉE,

} Synonymes de *Reinette dorée*. Voir ce nom.

Pomme REINETTE VAN DE LOO. — Synonyme de *Reinette Von Niers*. Voir ce nom.

Pomme REINETTE VERDE. — Synonyme de *Reinette Verte*. Voir ce nom.

Pomme REINETTE DES VERGERS. — Synonyme de *Reinette du Luxembourg*. Voir ce nom.

Pomme REINETTE VERMEILLE. — Synonyme de *Reinette dorée*. Voir ce nom.

Pomme REINETTE VERMEILLE DE BRETAGNE. — Synonyme de *Reinette de Bretagne*. Voir ce nom.

Pomme REINETTE VERSAILLAISE. — Synonyme de *Reinette grise de Champagne*. Voir ce nom.

Pommes REINETTE DE VERSAILLES. — Synonymes de *Reinette blanche de Champagne* et de *Reinette grise de Champagne*. Voir ces noms.

445. Pomme REINETTE VERTE.

Synonymes. — *Pommes :* 1. GROENE FRANSCHE RENETT (Knoop, *Pomologie*, édition allemande, 1760, 1re partie, pp. 18 et 60, tableau VIII). — 2. REINETTE VERDE (*Id. ibid.*). — 3. REINETTE VERTE RONDE (Mayer, *Pomona franconica*, 1776, t. III, p. 133, n° 44). — 4. GRÜNE REINETTE (Sickler, *der teutsche Obstgärtner*, 1795, t. III, p. 177, tableau X). — 5. REINETTE TRÈS-TARDIVE (Pépinières belges de la Société Van Mons, *Catalogue général*, 1854, t. Ier, p. 57).

Description de l'arbre. — *Bois :* fort. — *Rameaux :* peu nombreux, étalés, gros, assez longs, géniculés, légèrement duveteux et d'un vert jaunâtre nuancé ou taché de gris. — *Lenticelles :* arrondies ou allongées, clair-semées, petites ou moyennes. — *Coussinets :* ressortis. — *Yeux :* volumineux, ovoïdes-allongés, cotonneux, faiblement écartés du bois. — *Feuilles :* grandes ou très-grandes, ovales-allongées, vert mat en dessus, vert grisâtre en dessous, courtement acuminées et profondément dentées. — *Pétiole :* court, bien nourri, à cannelure peu marquée. — *Stipules :* très-longues et très-larges.

FERTILITÉ. — Satisfaisante.

CULTURE. — On peut, pour plein-vent, le greffer ras terre, sa tige poussant très-droite et devenant d'une bonne grosseur ; sa tête, toutefois, laisse à désirer, car elle est beaucoup trop étalée. Sous formes naines, sur paradis, il croît moins vigoureusement et fait de jolis arbres.

Pomme Reinette verte.

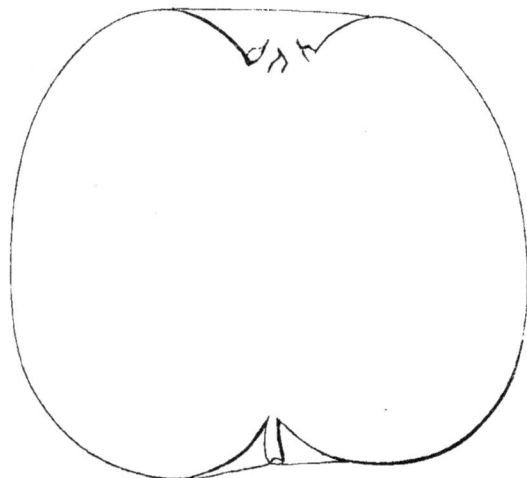

Description du fruit.
— *Grosseur :* au-dessus de la moyenne. — *Forme :* arrondie quelque peu cylindrique et presque toujours légèrement comprimée aux pôles. — *Pédoncule :* court ou très-court, assez grêle ou de force moyenne, arqué, inséré dans un bassin de faibles dimensions. — *Œil :* grand, irrégulier, ouvert ou mi-clos, à cavité unie, large et profonde. — *Peau :* unicolore, vert herbacé, marbrée et veinée de brun près de l'œil et du pédoncule, puis légèrement ponctuée de gris. — *Chair :* jaunâtre ou verdâtre, fine et mi-tendre, exhalant une odeur de musc, surtout quand sa maturité est très-complète. — *Eau :* abondante, bien sucrée, acidulée, douée d'un parfum savoureux.

MATURITÉ. — Décembre-Avril.

QUALITÉ. — Première.

Historique. — Parmi les Reinettes, la Verte est une des aînées ; elle appartient à la France, où sa culture commençait vers 1660. Merlet signala cette variété en 1667 et ne lui trouva pas autant de délicatesse qu'aux quatre ou cinq autres Reinettes alors connues :

« La *Reinette verte* — dit-il — est plus longue que les autres, dure assez, mais n'a pas si bonne eau. » (*L'Abrégé des bons fruits*, 1re édition, p. 148.)

Peu après — 1670 — dom Claude Saint-Étienne la mentionnait presque dans les mêmes termes que Merlet :

« *Rainette verte* — écrivait-il — est longuette et grosse, mais toute verte et pas si bonne [que les précédentes, Rainette blanche, dite Prime, et Rainette vermeille, dite de Bretagne]. » (*Nouvelle instruction pour connaître les bons fruits*, 1670, p. 215.)

Ce qui s'explique peu, est qu'en dehors de ces deux descriptions on n'aperçoit plus, chez nous, trace de cette pomme pendant tout un siècle. La Quintinye, les Chartreux, Duhamel, le Berriays, n'en parlent aucunement ; il me faut, pour la rencontrer de nouveau, recourir au *Catalogue des jardins et pépinières* de mon grand-père Pierre Leroy, d'Angers, où elle est citée page 26, n° 15. Au reste, on la propage dans l'Anjou depuis un très-long temps. Toutefois, à ces époques, on pouvait la suivre à l'étranger, car les Hollandais et les Allemands, qui la possédaient, lui accordaient une origine française, et même la caractérisaient avec soin, les premiers en 1760 (Knoop, *Pomologie*, pp. 18), les seconds en 1776 et 1795 (Mayer, *Pomona franconica*, t. III, p. 133; et Sickler, *Der teutsche Obstgärtner*, t. III, p. 177). Mais tout devait être bizarre, dans l'existence de ce pommier : en 1816, alors que son nom était presqu'oublié de nos horticulteurs, soudain les Autrichiens nous offrirent, comme nouveauté, la Reinette verte. Et le plus drôle fut qu'à Paris, en 1832, on n'avait pas encore reconnu, dans ce fruit, la variété de même nom décrite deux siècles auparavant par Merlet et Claude Saint-Étienne. Voici, effectivement, en quels termes les *Annales de Flore et de Pomone* recommandaient, il y a quarante ans, sa propagation :

« Pomme *Reinette verte*. — Cette espèce — y lisait-on — a été envoyée, en 1816, de Schœnbrunn [près Vienne] au Jardin des Plantes de Paris, où elle est cultivée avec succès. Sa forme a beaucoup de rapports avec notre Reinette franche; mais sa couleur est plus verte, et ses dimensions un tiers plus fortes. Sa chair a une saveur qui ressemble également à celle de ce dernier fruit; toutefois elle est moins serrée et plus succulente. Cette pomme a l'avantage de se conserver tout l'hiver sans se flétrir, ce qui la rend précieuse pour les desserts de cette saison. — L'arbre est vigoureux, portant de très-forts rameaux, munis d'yeux très-gros et bien nourris; les bourgeons et les feuilles qui s'en développent sont très-étoffés; les boutons sont nombreux, ce qui rend cet arbre très-fertile. — Ce fruit mérite d'être classé parmi les meilleures pommes que nous cultivons. » (Années 1832-1833, p. 205.)

Un dessin colorié, représentant fort exactement notre antique Reinette verte, était joint à cet article, dont mon grand-père eût beaucoup ri, lui qui multipliait avant 1790, je l'ai constaté, le pommier ainsi venu de Schœnbrunn à Paris en 1816!... Mais de telles méprises étaient alors très-excusables. Elles le seraient moins, aujourd'hui, où l'on s'occupe avec tant de sollicitude à dresser l'inventaire général des arbres fruitiers cultivés en Europe.

Observations. — En 1854, ayant vu mentionné dans le Catalogue des pépinières belges de la Société Van Mons (t. I, p. 57), sous la dénomination *Reinette très-tardive*, une variété supposée nouvelle, j'en fis l'acquisition, mais ce nom si séduisant voilait tout simplement celui de la Reinette verte, d'où vint qu'il me fallut plus tard le reléguer parmi les synonymes. — On rencontre assez communément, dans les environs du Havre, une *Reinette verte*, dite *à longue queue*, différant entièrement de celle ici caractérisée, et qui même, par la nature de sa chair, ne saurait appartenir à la famille des Reinettes. Je l'ai donc surnommée, pour éviter toute confusion, pomme Verte à longue queue, et je la décris plus loin, à son rang alphabétique. — Le pomologue Diel, en 1802, s'occupa de notre Reinette verte (*Kernobstsorten*, t. V, p. 95), et crut pouvoir lui rattacher, entr'autres pommes, la Non-Pareille ancienne; méprise positive, qu'a relevée, ces dernières années (1862), M. Oberdieck, dans l'*Illustrirtes Handbuch der Obstkunde* (t. IV, p. 133, n° 329). Mais au cas de doute il est aisé de s'éclairer, en recourant ci-dessus, page 493, à ma description de cette Non-Pareille, à laquelle les Belges ont aussi prêté le synonyme allemand *Grüne Reinette*.

Pomme **REINETTE VERTE D'ANGLETERRE**. — Voir pomme *Verte à longue queue*, au paragraphe Observations.

POMME **REINETTE VERTE A LONGUE QUEUE.** — Synonyme de pomme *Verte à longue queue.* Voir ce nom, puis aussi *Reinette verte*, au paragraphe OBSERVATIONS.

POMME **REINETTE VERTE RONDE.** — Synonyme de *Reinette verte.* Voir ce nom.

POMME **REINETTE DU VIGAN.** — Synonyme de *Reinette d'Angleterre.* Voir ce nom.

POMME **REINETTE VIOLETTE.** — Synonyme de pomme *de Violette.* Voir ce nom.

POMME **REINETTE VON CLAREVAL.** — Synonyme de *Reinette franche.* Voir ce nom.

---

446. POMME **REINETTE VON NIERS.**

Synonyme. — *Pomme* REINETTE VAN DE LOO (Diel, *Kernobstsorten*, 1819, t. XXI, p. 131).

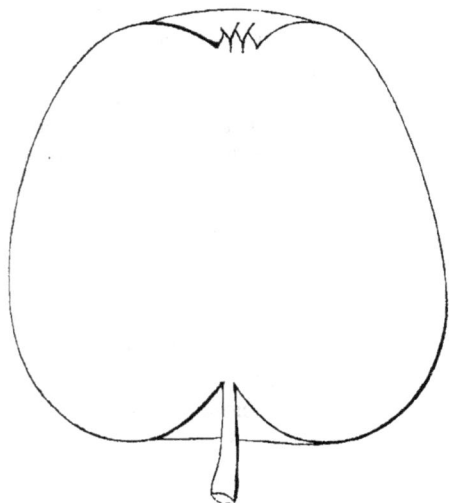

Description de l'arbre. — *Bois :* peu fort. — *Rameaux :* assez nombreux, érigés, de longueur et grosseur moyennes, très-géniculés, à mérithalles irréguliers, brun olivâtre au sommet, brun cendré à la base. — *Lenticelles :* allongées, de grandeur variable et des plus clair-semées. — *Coussinets :* bien ressortis. — *Yeux :* de grosseur moyenne, ovoïdes-allongés, presque entièrement collés sur le bois, ayant les écailles disjointes et cotonneuses. — *Feuilles :* peu nombreuses, ovales-allongées, vert jaunâtre en dessus, légèrement duveteuses et blanc verdâtre en dessous, longuement acuminées, régulièrement et faiblement dentées. — *Pétiole :* court et mince, roide, violâtre en dessus, à cannelure peu prononcée. — *Stipules :* très-courtes mais assez larges.

FERTILITÉ. — Abondante.

CULTURE. — Sa végétation est trop chétive pour qu'on le destine au plein-vent; il lui faut les formes naines sur doucin ou paradis.

Description du fruit. — *Grosseur :* moyenne. — *Forme :* conique plus ou moins allongée et généralement assez régulière. — *Pédoncule :* long, bien nourri, surtout à la base, arqué, profondément inséré dans un bassin de largeur moyenne. — *Œil :* moyen, mi-clos ou fermé, à cavité peu vaste, unie ou faiblement plissée. — *Peau :* à fond jaune verdâtre sale, striée et marbrée, en grande partie, de rouge lie de vin, maculée de fauve autour du pédoncule, puis ponctuée de blanc et de brun. — *Chair* : jaunâtre ou verdâtre, fine et délicate. — *Eau* : suffisante, bien sucrée, agréablement acidulée et légèrement parfumée.

MATURITÉ. — Novembre-Janvier.

QUALITÉ. — Première.

Historique. — M. le superintendant Oberdieck, de Jeinsen (Hanovre), m'a procuré des greffes de cette variété au mois de mars 1870. Elle est essentiellement allemande et remonte aux premières années de ce siècle. D'après le docteur Diel, qui la décrivit en 1819, « son nom lui vient du lieu de sa provenance : les bords de « la petite rivière de Niers, et lui fut donné par ses promoteurs, le pasteur Van de « Loo et le vicaire Lax, de Hoch-sur-Rhin. » (*Kernobstsorten*, t. XXI, p. 131.)

POMME REINETTE WAHRE. — Voir *Reinette d'Angleterre* et *Reinette du Canada*, au paragraphe OBSERVATIONS.

---

447. POMME REINETTE WEIDNER.

Synonymes. — *Pommes* : 1. HAFFNERS GOLDREINETTE (Oberdieck, *Illustrirtes Handbuch der Obstkunde*, 1865, p. 509, n° 515). — 2. WEIDNERS GOLDREINETTE (*Id. ibid.*).

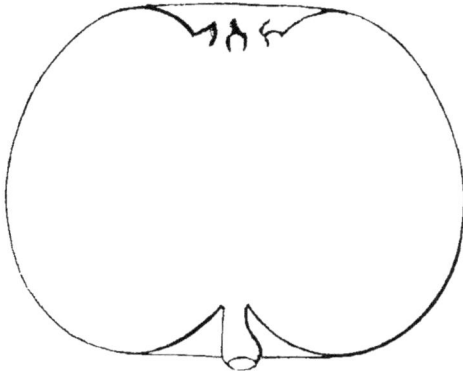

Description de l'arbre. — *Bois* : peu fort. — *Rameaux* : assez nombreux, presque érigés, de longueur moyenne, grêles, très-géniculés, légèrement duveteux et d'un brun grisâtre. — *Lenticelles* : arrondies ou allongées, petites, abondantes. — *Coussinets* : aplatis. — *Yeux* : très-petits, arrondis, cotonneux, entièrement collés sur le bois. — *Feuilles* : petites, ovales-arrondies, courtement acuminées, très-faiblement dentées. — *Pétiole* : court, assez gros, tomenteux, sensiblement cannelé. — *Stipules* : longues mais étroites pour la plupart.

FERTILITÉ. — Ordinaire.

CULTURE. — Quoique le plein-vent lui convienne peu, si cependant on désire l'élever sous cette forme, il faudra, sur des sujets bien vigoureux, le greffer uniquement en tête. La basse-tige, sur doucin plutôt que sur paradis, lui est très-avantageuse comme production et beauté.

Description du fruit. — *Grosseur* : au-dessous de la moyenne. — *Forme* : globuleuse, sensiblement comprimée aux pôles. — *Pédoncule* : assez court, très-fort, renflé généralement à son point d'attache, arqué, planté dans un bassin de dimensions moyennes. — *Œil* : grand, mi-clos, à cavité unie, large et peu profonde. — *Peau* : unie, à fond jaune terne, très-amplement lavée de rouge-brun clair, légèrement striée de carmin foncé, puis abondamment ponctuée de blanc et de brun. — *Chair* : jaunâtre, des plus fines, mi-tendre et croquante. — *Eau* : suffisante, très-sucrée, acidulée, possédant une exquise saveur parfumée.

MATURITÉ. — Janvier-Mars.

QUALITÉ. — Première.

Historique. — Cette délicieuse et nouvelle pomme allemande, je la dois au docteur Lucas, qui sur ma prière me l'expédia de Reutlingen (Wurtemberg) en 1868. M. Oberdieck, son premier descripteur, je crois, en parlait en ces termes, voilà six ans, dans le remarquable recueil dont il est le principal rédacteur :

« La délicate et si recommandable Reinette Weidner — disait-il — fut, en 1844, obtenue d'un semis de pepins de la Reinette d'Orléans, par un homme tout dévoué à l'arboriculture fruitière, M. Weidner, propriétaire et meunier à Gerasmühle, près Nuremberg (Bavière). Il m'offrit en 1860 des greffes et des fruits de ce pommier,.... qui dès l'abord ayant été propagé par le pépiniériste Haffner, de Cadolzbourg, fut désigné dans ses Catalogues sous le nom *Haffners Goldreinette*, au lieu d'y porter celui de l'obtenteur. » (*Illustrirtes Handbuch der Obstkunde*, 1865, t. IV, p. 509, n° 515.)

POMME REINETTE WELLINGTON. — Synonyme de pomme *Wellington*. Voir ce nom.

448. POMME REINETTE DE WORMSLEY.

Synonymes. — *Pommes :* 1. WORMSLEY PIPPIN (Thomas-André Knight, *Transactions of the horticultural Society of London*, 1811, t. 1er, p. 228). — 2. KNIGHT'S CODLIN (Georges Lindley, *Guide to the orchard and kitchen garden*, 1831, p. 25, n° 43).

Premier Type.

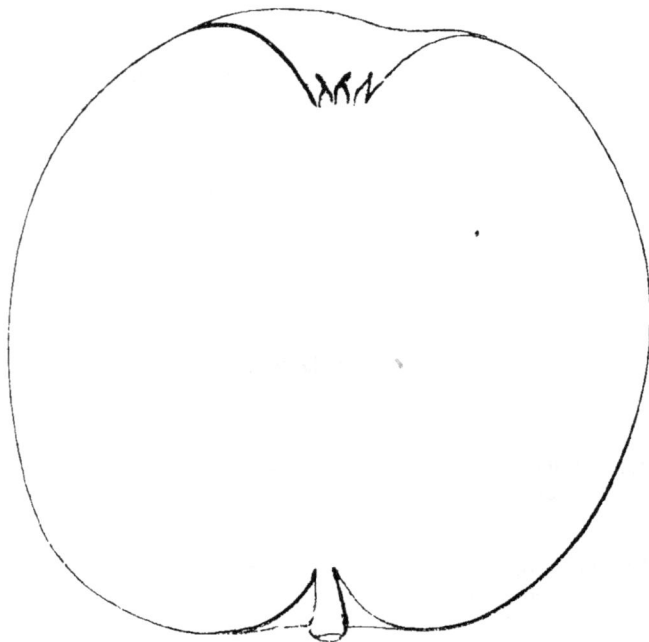

Description de l'arbre. — *Bois :* de moyenne force. — *Rameaux :* peu nombreux et étalés, longs, assez gros, sensiblement coudés , légèrement duveteux et d'un rouge-brun ardoisé. — *Lenticelles :* arrondies ou allongées, grandes et très-abondantes. — *Coussinets :* larges et ressortis. — *Yeux :* petits ou moyens, ovoïdes-arrondis , cotonneux , bien collés sur le bois. — *Feuilles :* de grandeur moyenne et ovales-allongées,

d'un vert luisant foncé, acuminées pour la plupart et très-fortement dentées. —

Pétiole : long, un peu grêle, carminé, tomenteux et généralement dépourvu de cannelure. — *Stipules* : étroites et longues.

FERTILITÉ. — Ordinaire.

CULTURE. — Il peut convenir pour plein-vent, mais alors greffer en tête si l'on veut avoir de beaux arbres. Toute forme naine lui est favorable, n'importe le sujet sur lequel il ait été écussonné.

Pomme Reinette de Wormsley. — *Deuxième Type.*

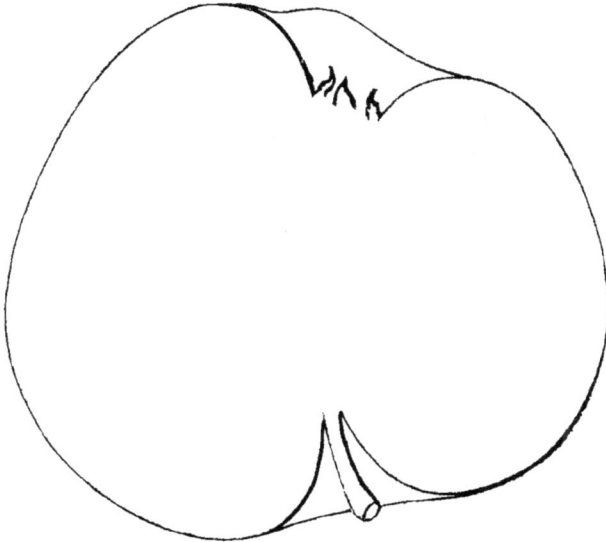

Description du fruit. — *Grosseur* : volumineuse et parfois considérable.—*Forme:* arrondie légèrement cylindrique, ou conique très-irrégulière et toute déprimée d'un côté, au sommet et à la base, mais toujours plus ou moins pentagone. — *Pédoncule* : court et très-fort, ou de longueur et grosseur moyennes, arqué, inséré le plus habituellement dans un bassin étroit et profond où parfois le comprime une énorme gibbosité. — *Œil :* très-grand, bien ouvert, très-enfoncé, à vaste cavité côtelée sur les bords. — *Peau :* jaune clair, ponctuée de roux, tachée de même auprès du pédoncule. — *Chair :* blanche, fine, mi-tendre, odorante et croquante. — *Eau :* abondante, sucrée, acidule, parfumée, très-savoureuse.

MATURITÉ. — Août-Septembre.

QUALITÉ. — Première.

Historique. — Thomas-André Knight, botaniste anglais et pomologue célèbre, fut l'obtenteur de cette Reinette précoce et généralement si volumineuse. Nous voyons dans les *Transactions* de la Société d'Horticulture de Londres (t. Ier, p. 228), qu'en 1811 il la signalait aux membres du Bureau, dont il était alors président. Elle porte le nom de la propriété où ce savant l'avait gagnée de semis, Wormsley, dans l'Herefordshire. Actuellement, on la rencontre un peu partout, à l'étranger.

POMME REMBOURE D'ÉTÉ. — Synonyme de *Rambour d'Été.* Voir ce nom.

POMME REPER'S FALL. — Synonyme de pomme *Golden noble.* Voir ce nom.

POMMES RESTÉ *et* DE RESTEAU. — Synonymes de pomme *Râteau.* Voir ce nom.

Pomme REUTLINGER BRONN. — Synonyme de pomme *Bronn*. Voir ce nom.

Pommes : DE REVEL,

— REVELSTONE PIPPIN,

} Synonymes de pomme *Transparente jaune*. Voir ce nom.

Pomme RHENISH MAY. — Synonyme de pomme *May*. Voir ce nom.

Pommes : RHODE-HISLANDE SEEDLING,

— RHODE-ISLAND,

} Synonymes de pomme *Belle du Bois*. Voir ce nom.

Pomme RHODE-ISLAND GREENING. — Synonyme de pomme *Verte de Rhode-Island*. Voir ce nom.

449. Pomme RHODE'S ORANGE.

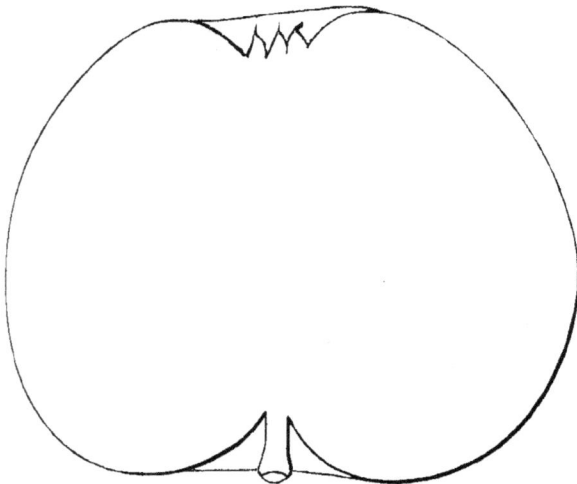

Description de l'arbre. — *Bois :* fort. — *Rameaux :* nombreux, étalés et légèrement arqués, gros, longs, à peine géniculés, un peu duveteux et d'un vert olivâtre lavé de gris ; leurs mérithalles sont inégaux. — *Lenticelles :* allongées, larges, blanches, clair-semées. — *Coussinets :* des plus accusés. — *Yeux :* gros, ovoïdes, pointus, faiblement collés sur le bois, ayant les écailles disjointes et cotonneuses. — *Feuilles :* peu abondantes, grandes, ovales-allongées ou ovales-arrondies, d'un vert luisant en dessus, d'un vert blanchâtre en dessous, épaisses et coriaces, longuement acuminées, à bords dentés et surdentés. — *Pétiole :* long et bien nourri, rouge à la base, strié de carmin en dessus et peu profondément cannelé. — *Stipules :* longues et larges.

Fertilité. — Satisfaisante.

Culture. — Il fait, même en le greffant ras terre, de beaux et réguliers pleinvent. Pour basse-tige on l'écussonne sur paradis afin de le rendre plus productif et d'accroître le volume de ses fruits.

Description du fruit. — *Grosseur :* assez considérable. — *Forme :* conique-raccourcie et très-ventrue. — *Pédoncule :* court et fort, droit ou arqué, inséré dans un bassin de dimensions moyennes. — *Œil :* grand, régulier, ouvert, à cavité assez large, peu profonde et légèrement ondulée sur les bords. — *Peau :* mince, lisse, onctueuse, à fond vert clair jaunâtre, ponctuée de gris et presque complétement lavée, mouchetée et fouettée de carmin terne. — *Chair :* blanche, faiblement nuancée de vert ou de jaune, fine et tendre. — *Eau :* abondante, bien sucrée, légèrement acidulée et suffisamment parfumée.

Maturité. — Août.

Qualité. — Première.

Historique. — M. Berckmans, pépiniériste américain établi dans l'État de Georgie, m'envoya ce pommier en 1858. Charles Downing, qui l'a décrit en 1869 (p. 333), dit que l'obtenteur fut le colonel Mercer Rhodes, du comté de Newton (Georgie); de là son nom Rhode's Orange : Orange de Rhodes.

---

450. Pomme RIBSTON PIPPIN.

Synonymes. — *Pommes :* 1. Pepin Ribston (Forsyth, *Treatise on the culture and management of fruit trees*, traduction française de Pictet-Mallet, 1805, p. 92, n° 33). — 2. Ribstone (Van Mons, *Catalogue descriptif de partie des arbres fruitiers qui de 1798 à 1823 ont formé sa collection*, p. 41, n° 962). — 3. Formosa Pippin (Lindley, *Guide to the orchard and kitchen garden*, 1831, p. 80, n° 155). — 4. Glory of York (*Id. ibid.*). — 5. Traver's (*Id. ibid.*). — 6. Rockhill's Russet (Charles Downing, *the Fruits and fruit trees of America*, 1863, p. 184). — 7. Reinette de Traver (Mas, *le Verger*, 1868, n° 9).

Premier Type.

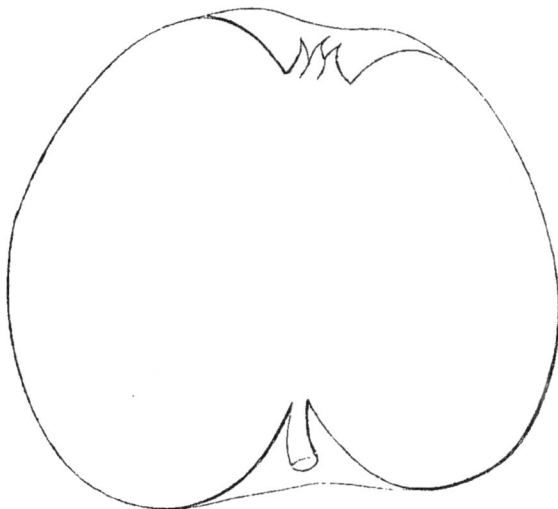

Description de l'arbre. — *Bois :* peu fort. — *Rameaux :* assez nombreux, étalés, de grosseur et longueur moyennes, sensiblement coudés, très-duveteux et rouge-brun ardoisé. — *Lenticelles :* grandes, arrondies, assez abondantes. — *Coussinets :* saillants. — *Yeux :* gros, coniques, plaqués sur l'écorce et des plus duveteux. — *Feuilles :* grandes, ovales-arrondies, vert mat en dessus, blanc grisâtre en dessous, acuminées, presque pliées en deux, pour la plupart, et régulièrement crénelées. — *Pétiole :* gros et long, à cannelure faiblement accusée. — *Stipules :* étroites et longues.

Fertilité. — Abondante.

Culture. — Quand, pour plein-vent, on le greffe ras terre, sa tige devient généralement assez grosse, mais peu droite; il est donc préférable de le greffer en tête. Sur paradis ou doucin, comme arbre nain, toute espèce de forme lui convient parfaitement.

Description du fruit. — *Grosseur :* volumineuse. — *Forme :* variant entre la conique irrégulière et plus ou moins arrondie, et la cylindrique assez régulière.

Pomme Ribston Pippin. — *Deuxième Type.*

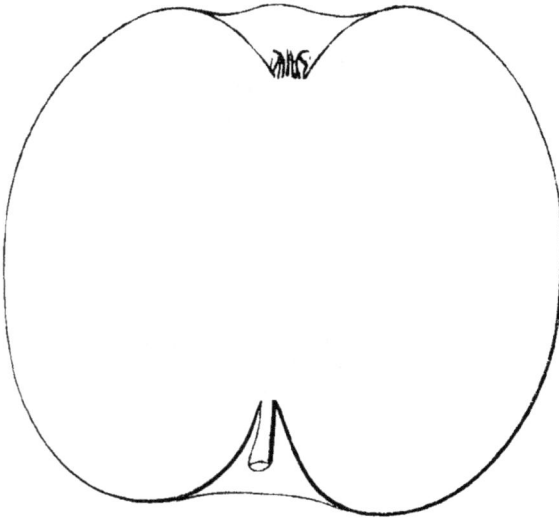

— *Pédoncule :* court, de moyenne force, arqué, planté dans un bassin étroit et profond. — *Œil :* grand ou moyen, mi-clos ou fermé, à vaste cavité ondulée ou côtelée sur les bords. — *Peau :* légèrement rugueuse, jaune d'or, lavée et fouettée, à l'insolation, de rouge terne, ponctuée de gris et marbrée de fauve dans le bassin pédonculaire et sur ses bords. — *Chair :* jaunâtre, fine, compacte, assez ferme. — *Eau :* abondante ou suffisante, bien sucrée, acidulée, parfumant agréablement la bouche.

MATURITÉ. — Décembre-Mars.

QUALITÉ. — Première.

Historique. — Variété anglaise, la pomme Ribston Pippin porte le nom de la localité où elle naquit, voilà bientôt deux siècles, de pepins qu'en 1686 ou 1688 son obtenteur avait recueillis en France, à Rouen. Le pied-type fut semé dans le jardin du château de Ribston, près Knaresborough (comté d'York); on l'y voyait encore en 1815. Ce pommier très-méritant s'est propagé avec une grande rapidité; aussi le rencontre-t-on chez presque tous les pépiniéristes, tant dans la Grande-Bretagne qu'à l'étranger. Les pomologues anglais le regardent comme une de leurs plus précieuses espèces, et bien avec raison, ses produits réunissant tout ce qu'on peut désirer dans une pomme : volume, délicatesse et beauté.

POMME RIBSTONE. — Synonyme de pomme *Ribston Pippin.* Voir ce nom.

451. Pomme RICHARD.

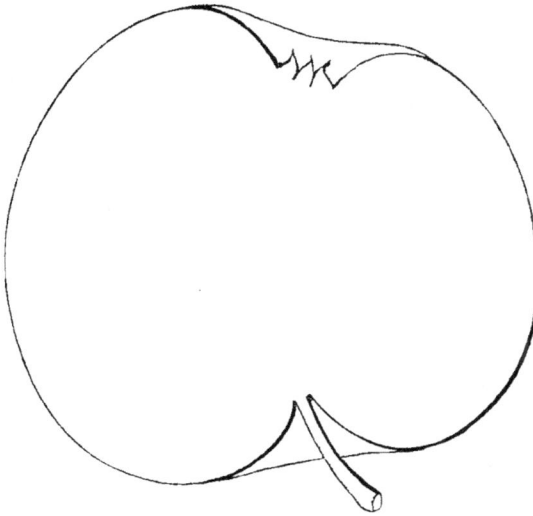

**Description de l'ar-
bre.** — *Bois :* fort. — *Rameaux :* assez nombreux,
légèrement étalés à la base,
érigés au sommet, de grosseur et longueur moyennes,
non géniculés, très-lisses,
un peu duveteux, marron
clair à l'insolation, vert
jaunâtre du côté de l'om-
bre. — *Lenticelles :* allongées, blanches et des plus
clair-semées. — *Coussinets :*
aplatis. — *Yeux :* gros ou
moyens, ovoïdes, peu bom-
bés, collés sur le bois et
rougeâtres à leur sommet.
— *Feuilles :* grandes, ovales, vert clair en dessus,
faiblement duveteuses et vert grisâtre en dessous, courtement acuminées et profondément dentées. — *Pétiole :* court, assez gros, rosé et très-nourri à son point
d'attache, à cannelure large mais rarement profonde. — *Stipules :* moyennes.

Fertilité. — Satisfaisante.

Culture. — Sa croissance assez rapide permet de le greffer ras terre pour
plein-vent et d'en obtenir des arbres d'un bel avenir. La basse-tige, sur paradis,
peut également lui être appliquée avec profit.

Description du fruit. — *Grosseur :* moyenne. — *Forme :* globuleuse irrégulière, assez fortement comprimée aux pôles, quelque peu pentagone et toujours
ayant un côté moins volumineux que l'autre. — *Pédoncule :* long, faible,
profondément planté dans un assez vaste bassin. — *Œil :* moyen, mi-clos,
à courtes et larges sépales, à cavité peu développée mais plus ou moins ondulée
sur les bords. — *Peau :* jaune clair, amplement tachée et veinée, à la base, de
roux verdâtre et squammeux, finement ponctuée de fauve, puis, sur le côté du
soleil, lavée et fouettée de rouge-cerise brillant. — *Chair :* jaunâtre, fine, tendre
et croquante. — *Eau :* abondante, sucrée, acidulée, très-rafraîchissante.

Maturité. — Octobre, et se prolongeant plusieurs mois.

Qualité. — Deuxième pour le couteau, première pour la cuisson.

Historique. — Des pommiers normands, le pommier Richard est probablement le plus ancien, puisque dès le xi⁰ siècle un poëte en parlait louangeusement
dans la *Chronique des ducs de Normandie :*

. . . .
Pomier è pommes de Richart,
. . . .
Beles, grosses, verz è vermeilles,
Mult le tindrent à grant merveilles.
. . . .
(Tome II, pp. 342-344.)

Un membre de l'Institut, M. Léopold Delisle, le mentionne également (1851) dans ses *Études sur l'état de l'agriculture en Normandie, au moyen âge*, et de plus donne la traduction du passage où le chroniqueur en a raconté l'histoire :

« Une variété — écrit-il — qui jouit d'une grande vogue dans notre province pendant le XIe siècle, était connue sous le nom de *Pommier de Richard*. Le trouvère Benoît en a longuement chanté l'origine et les qualités........ Résumons son récit : Un jour que Richard Ier était allé à la chasse, il lui prend envie de voir voler ses faucons. Un héron s'étant élevé dans les airs, il les lâche tous après lui, les uns après les autres. Bientôt le duc est seul, et voyant venir la nuit il craint de perdre ses oiseaux. Il se décide à rejoindre sa suite, dont il entend les cors retentir; mais l'épaisseur de la forêt, jointe à l'obscurité de la nuit, l'empêche de retrouver son chemin. Il arrive dans une petite pièce de verdure, au milieu de laquelle se trouvait un pommier chargé de feuilles et de fruits; il en est d'autant plus étonné, que la récolte était achevée depuis longtemps. Le duc mange des pommes avec un vif plaisir, fait une marque au pommier, puis se remet en route. A l'issue de la forêt, il retrouve son monde. De retour à son palais il raconte sa trouvaille, et montre un échantillon. Les courtisans expriment leur admiration à la vue des pommes et déclarent n'en avoir jamais vu de si belles. Ils demandent à Richard de leur indiquer l'arbre qui les a produites; mais, malgré toutes les recherches, il ne peut être retrouvé. Le duc fit alors planter dans ses jardins les pepins des pommes qu'il avait apportées. Ils produisirent une espèce de pommier qu'on appela, depuis, le Pommier de Richard. » (Pages 498-499.)

M. Delisle dit, en terminant ce résumé : « Je ne crois pas que maintenant « la pomme de Richard soit connue de nos jardiniers. » Il se trompe, et mes recherches générales sur les fruits vont me permettre de prouver que c'est bien elle qui est décrite ici. Pour cela, citons d'abord l'archiviste actuel de la Seine-Inférieure, M. Robillard de Beaurepaire :

« Le *Pommier Richard* — déclarait-il en 1865 — était encore connu à la fin du XVe siècle, et au XVIe, dans les environs de Saint-Wandrille [Seine-Inférieure]. L'aumônier (de l'abbaye de ce nom), dans le bail du manoir du Mouchel, en la paroisse de Betteville, nomme en 1498 les pommes et pommiers de Richard. Dans le bail de 1513, il les laisse au fermier et retient pour récompense les poires d'Abbé et de Bon-Chrétien. » (*Notes et documents concernant l'état des campagnes de la haute Normandie dans les derniers temps du moyen âge*, p. 30.)

Maintenant, faisons intervenir un moine-pomologue de la fin du XVIIe siècle, dom Claude Saint-Étienne, du couvent des Feuillants de Paris :

« La *Pomme de Richart* — rapportait-il en 1670 — est ronde et grosse comme Rambour, plus rayée de rouge, et meilleure; bonne après le Rambour, jusques vers Noel. Crüe, très-bonne. » (*Nouvelle instruction pour connaitre les bons fruits*, p. 216.)

Ainsi, voilà qui montre qu'en 1670 nous cultivions toujours cette antique variété; puis, aussi, que sa description par Claude Saint-Étienne s'accorde bien avec celle donnée par moi, plus haut. Il me reste à dire, présentement, comment j'ai pu retrouver, et posséder, le pommier Richard, dont je perdais la trace à partir de 1670. Pendant plusieurs années, questionnant à son sujet mes principaux confrères de la Normandie, je parvins enfin, grâce aux démarches de M. Boisbunel fils, pépiniériste rouennais, par le découvrir :

« Monsieur — m'écrivait le 22 septembre 1866 cet habile arboriculteur — j'ai la satisfaction de vous annoncer qu'hier je vous ai expédié quelques-unes des variétés de pommes que vous désiriez tant, entre autres le *Pommier de Richard*..... cultivé de temps immémorial sur les bords de la Seine, du côté du Hâvre, puis dans la plaine appelée pays de Caux, et dont les produits sont apportés, chaque année, en grand nombre sur les marchés de Rouen. »

Plus tard, en 1870, voulant confronter, pour plus de sûreté, les fruits que j'avais obtenus des sujets greffés à l'aide des rameaux de pommier Richard envoyés par M. Boisbunel, je priai ce pépiniériste de m'en tracer une description ; voici celle qu'il m'adressa :

« La *Pomme Richard* est moyenne, à peau lisse, jaune à la maturité, mais bien rayée de rouge très-vif du côté du soleil. Sa forme est sphérique, un peu aplatie aux extrémités ; sa chair, demi-fine et assez acidulée, ce qui la rend propre à l'usage, également, de la cuisson. La maturité de ce fruit arrive en octobre. »

Pour terminer, j'ajoute que le Richard Ier dont cette variété rappelle la mémoire, gouverna la Normandie de 943 à 996 ; ce qui reporte ainsi au xe siècle la naissance du pommier que le trouvère Benoît dit avoir été semé par ce duc.

POMME RICHARD (GRAND-). — Voir *Grand-Richard*.

452. POMME RICHARD JAUNE.

Synonyme. — *Pomme* GELBER RICHARD (le baron de Flotow, *Illustrirtes Handbuch der Obstkunde*, 1859, t. Ier, p. 99, n° 34).

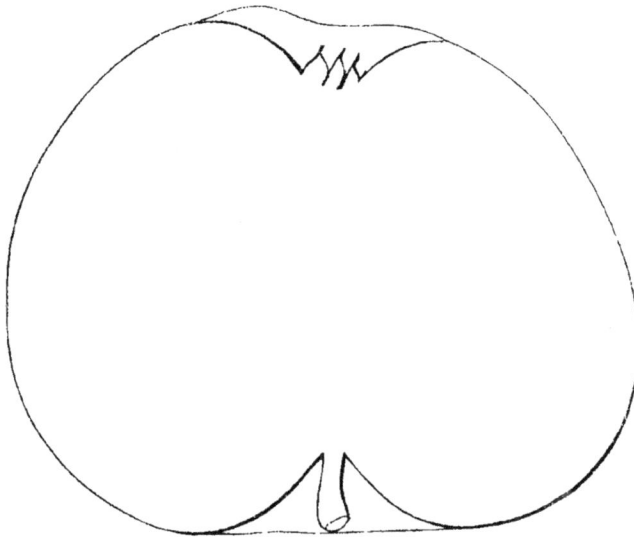

Description de l'arbre. — *Bois :* assez fort. — *Rameaux :* très-nombreux, érigés, gros et longs, non géniculés, d'un brun clair jaunâtre lavé de rouge ; leurs mérithalles sont très-courts. — *Lenticelles :* petites, arrondies, abondantes mais peu visibles. — *Coussinets :* presque nuls. — *Yeux :* petits, coniques, pointus, bien cotonneux, écartés du bois et parfois même, à la base du rameau, sortis en éperon. — *Feuilles :* assez petites, elliptiques, vert jaunâtre en dessus, vert grisâtre en dessous, coriaces, irrégulièrement crénelées. — *Pétiole :* long et grêle, à cannelure faiblement accusée. — *Stipules :* de longueur et largeur moyennes.

FERTILITÉ. — Abondante.

CULTURE. — On peut, pour plein-vent, le greffer ras terre, sa tige deviendra grosse, droite, et sa tête très-régulière. Les formes naines buisson, cordon, espalier, sur doucin ou paradis, lui sont des plus avantageuses.

Description du fruit. — *Grosseur :* volumineuse. — *Forme :* conique plus ou moins raccourcie et toujours très-ventrue, d'un côté surtout. — *Pédoncule :* court et fort, arqué, assez profondément planté dans un bassin vaste et généralement irrégulier. — *OEil :* grand ou moyen, enfoncé, à sépales étroites et longues, à cavité bien développée, irrégulière et sensiblement bossuée sur les bords. — *Peau :* blanc verdâtre, amplement striée de jaune orangé, maculée de fauve autour et dans le voisinage du pédoncule, puis abondamment mais faiblement ponctuée de blanc. — *Chair :* jaunâtre, assez ferme, demi-fine. — *Eau :* suffisante, très-sucrée, acidulée et délicieusement parfumée.

MATURITÉ. — Septembre-Novembre.

QUALITÉ. — Première.

Historique. — La variété allemande Richard jaune est dans mon école depuis une quinzaine d'années. On la croit originaire du Mecklembourg, contrée où sa culture est à peu près localisée, disait en 1859 un de ses descripteurs, M. le baron de Flotow (*Illustrirtes Handbuch der Obstkunde,* t. Ier, p. 99, n° 34.)

Observations. — Rappelons ce que nous avons recommandé dans notre tome III, en caractérisant le pommier Grand-Richard (p. 336) : De ne pas, entraîné par la similitude du nom, confondre entr'elles les pommes Richard, Richard jaune et Grand-Richard, qui forment bien trois espèces distinctes. — M. de Flotow, que je viens de citer, assure que la peau des fruits du Richard jaune porte quelquefois des traces de carmin, à l'insolation. Chez moi, jamais une telle coloration n'a été remarquée.

POMME RICHARDE. — Voir *Postophe d'Hiver,* au paragraphe OBSERVATIONS.

POMME RIVAL GOLDEN PIPPIN. — Synonyme de pomme *Court de Wick.* Voir ce nom.

POMME RIVIÈRE *ou* DE RIVIÈRE. — Synonyme de *Reinette de la Rochelle.* Voir ce nom.

POMME ROBERTSON'S PEARMAIN. — Synonyme de pomme *Buncombe.* Voir ce nom.

453. POMME ROBIN.

Description de l'arbre. — *Bois :* assez fort. — *Rameaux :* peu nombreux, légèrement étalés, longs, de grosseur moyenne, géniculés, duveteux, surtout au sommet, d'un brun olivâtre cendré puis faiblement violacé; leurs mérithalles sont inégaux et assez longs. — *Lenticelles :* petites, clair-semées, arrondies et d'un beau gris. — *Coussinets :* saillants et souvent se prolongeant en arête. — *Yeux :* volumineux, ovoïdes-allongés, cotonneux, plaqués sur le bois, ayant les écailles mal soudées. — *Feuilles :* petites, abondantes, ovales-arrondies, d'un beau vert et très-apparemment ponctuées de jaune, acuminées et dentées en scie. — *Pétiole :*

court, roide, bien nourri, carminé en dessous, à cannelure rarement profonde. — *Stipules :* peu développées.

FERTILITÉ. — Ordinaire.

CULTURE. — Il végète parfaitement sous toute forme et sur toute espèce de sujet.

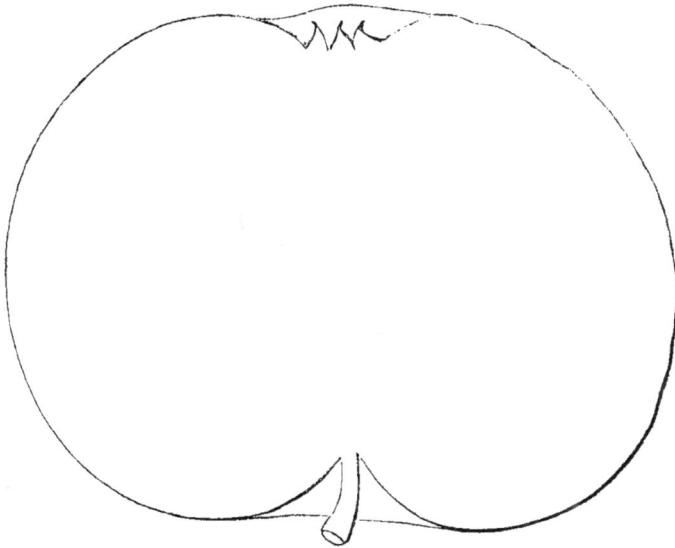

Description du fruit. — *Grosseur :* considérable. — *Forme :* globuleuse habituellement assez régulière, mais quelque peu comprimée aux pôles et faiblement côtelée au sommet. — *Pédoncule :* de longueur moyenne, fort, surtout au point d'attache, arqué et assez profondément planté dans un bassin plutôt étroit, que large. — *Œil :* grand, mi-clos, légèrement enfoncé, à cavité peu développée et fortement bossuée. — *Peau :* épaisse, lisse, jaune-citron, lavée à l'insolation d'un joli rose clair et marbrée de fauve squammeux dans le bassin pédonculaire et sur ses bords, puis ponctuée de roux. — *Chair :* blanche et peu compacte, quoiqu'assez ferme. — *Eau :* abondante, acidulée, rarement bien sucrée, à peine parfumée.

Pomme Robin

MATURITÉ. — Décembre-Avril.

QUALITÉ. — Deuxième comme fruit à couteau, première pour les usages culinaires.

Historique. — Le pommier qui donna naissance à cette variété si volumineuse et si belle, eut le hasard pour semeur et pour parrain le Comité pomologique de la Société d'Horticulture de Paris. M. le professeur Forney, son premier descripteur (1862), la fit connaître en ces termes :

« Nous avons — dit-il — présenté cette pomme, en avril 1861, à la Société centrale d'Horticulture; elle a été trouvée excellente; aussi a-t-on fait constater son origine et récompensé l'obtenteur, M. Robin, jardinier-fleuriste, qui nous l'avait remise. Il obtint ce fruit, en 1853, d'un égrain venu dans son jardin, à Corbeil. Le pied-mère, ayant été transplanté, est mort en 1857, mais il était déjà multiplié sur paradis. » (*Le Jardinier fruitier*, 1862, t. I, p. 287.)

Observations. — Il existe une différence d'appréciation, sur la qualité de cette pomme, entre la Société d'Horticulture, M. Forney et moi. Jugée de première qualité à Paris, elle n'a jamais, dans mon établissement, mérité que le deuxième rang parmi les fruits à couteau.

---

454. Pomme ROBINSON SUPERBE.

Synonyme. — *Pomme* FARRAR'S SUMMER (Charles Downing, *the Fruits and fruit trees of America*, 1869, p. 337).

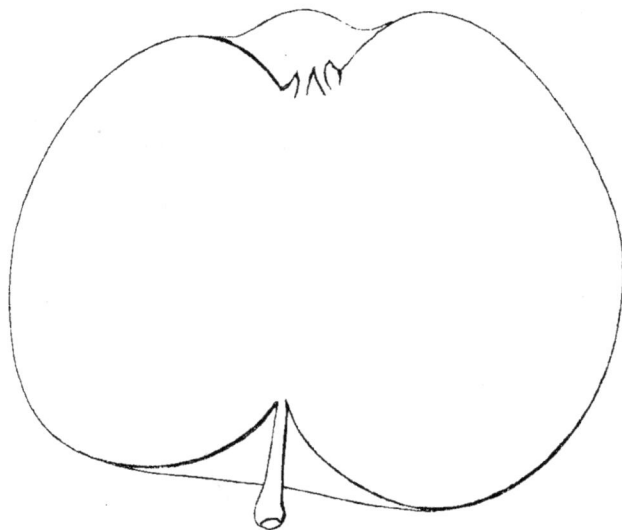

Description de l'arbre. — *Bois :* de force moyenne. — *Rameaux :* assez nombreux, presque érigés, gros, peu longs, à peine géniculés, très-duveteux et rouge-brun ardoisé. — *Lenticelles :* arrondies et clair-semées, petites ou moyennes. — *Coussinets :* saillants. — *Yeux :* assez gros, ovoïdes-arrondis, cotonneux, collés en partie sur le bois. — *Feuilles :* petites ou moyennes, ovales-arrondies, longuement acuminées, à bords profondément dentés. — *Pétiole :* de longueur moyenne, gros, tomenteux, carminé à la base et sensiblement cannelé. — *Stipules :* étroites et longues.

FERTILITÉ. — Convenable.

CULTURE. — Les formes naines lui sont plus profitables que le plein-vent, même greffé ras terre; aussi l'élevons-nous de préférence pour cordons, espaliers et buissons, en l'écussonnant sur paradis ou sur doucin.

Description du fruit. — *Grosseur :* volumineuse. — *Forme :* conique plus ou moins allongée, pentagone, ventrue et toujours ayant un côté beaucoup plus gros que l'autre. — *Pédoncule :* assez long, grêle à son extrémité supérieure, renflé à la base, planté dans un très-vaste et très-profond bassin. — *Œil :* grand, complétement ouvert, excessivement enfoncé, à cavité irrégulière, bossuée et très-développée. — *Peau :* mince, lisse, vert clair, amplement fouettée de rouge terne sur la partie exposée au soleil, puis semée de gros et nombreux points bruns. — *Chair :* verdâtre, fine, assez ferme. — *Eau :* abondante, très-sucrée, agréablement acidulée et possédant une exquise saveur parfumée.

MATURITÉ. — Novembre-Février.

QUALITÉ. — Première.

Historique. — Ce fut en 1858 M. Berckmans, pépiniériste à Augusta, dans la Georgie (États-Unis), qui me procura cette nouvelle et précieuse variété, appelée à juste titre, dans son pays natal, *Robinson's Superb* (Superbe de Robinson), car elle est non moins belle qu'excellente. Charles Downing l'a très-sommairement décrite en 1869, page 337 de ses *Fruits of America*. Il la dit originaire de Virginie et mûrissant au cours de septembre, ce qu'atteste son surnom *Farrar's Summer Apple* : Pomme d'Été de Farrar. Chez moi, sa maturité n'a jamais devancé novembre.

POMME ROCKHILL'S RUSSET. — Synonyme de pomme *Ribston Pippin*. Voir ce nom.

POMMES DE ROGER *et* DE ROGIER. — Synonymes de pomme *Rougeâtre*. Voir ce nom.

455. POMME ROI D'ANGLETERRE.

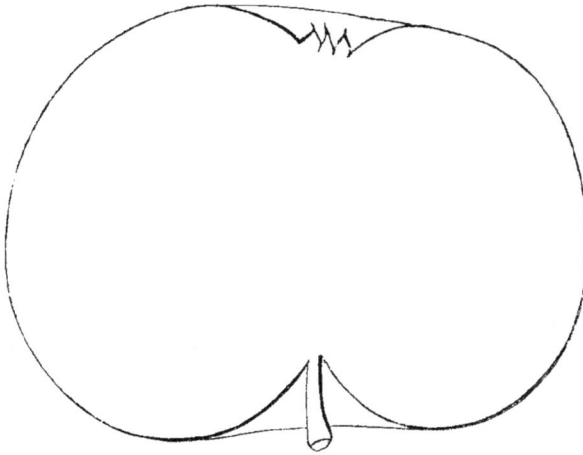

Description de l'arbre. — *Bois :* très-fort. — *Rameaux :* assez nombreux, étalés à la base, érigés au sommet, gros et longs, géniculés, olivâtres à l'insolation, brun grisâtre sur le côté de l'ombre et couverts d'un duvet gris très-épais. — *Lenticelles :* arrondies ou allongées, petites ou moyennes, clair-semées. — *Coussinets :* saillants et des plus larges. — *Yeux :* volumineux, ovoïdes-allongés, bombés à leur milieu, cotonneux, entièrement collés sur le bois, aux écailles mal soudées. — *Feuilles :* grandes mais peu nombreuses, très-variables en leur forme : ovales-allongées, ovales-arrondies ou elliptiques, épaisses et coriaces, vert brillant en dessus, blanc verdâtre en dessous, longuement acuminées, à bords profondément dentés et surdentés. — *Pétiole :* long, roide, assez gros, faiblement rosé à la base et sensiblement cannelé. — *Stipules :* des plus développées.

FERTILITÉ. — Assez abondante.

CULTURE. — Pour plein-vent, forme sous laquelle il devient très-beau, la greffe ras terre lui est avantageuse; il fait aussi, comme basse-tige, de jolis buissons, espaliers et cordons, mais seulement quand on l'a écussonné sur paradis, car le doucin ne saurait alors lui convenir, excepté s'il devait former des pyramides.

Description du fruit. — *Grosseur :* au-dessus de la moyenne. — *Forme :* sphérique, très-aplatie aux pôles et généralement ayant un côté moins développé que l'autre. — *Pédoncule :* de grosseur et longueur moyennes, arqué, profondément planté dans un assez vaste bassin. — *Œil :* grand ou moyen, mi-clos ou fermé, modérément enfoncé, à cavité irrégulière. — *Peau :* jaune nuancé de vert, passant au brun-rougeâtre sur la partie exposée au soleil, réticulée de fauve près l'œil et le pédoncule et semée de très-gros points bruns formant étoile. — *Chair :* jaune verdâtre, fine et assez ferme. — *Eau :* abondante ou suffisante, acidulée et bien sucrée, douée d'un arome exquis.

Maturité. — Janvier-Avril.

Qualité. — Première.

Historique. — Je n'ai pu découvrir la provenance de cette variété, confondue par quelques pépiniéristes parisiens avec la Reinette d'Angleterre, qui cependant ne lui ressemble nullement, ni pour l'arbre, ni pour le fruit. Elle est assez répandue dans les environs du Havre, notamment à Saint-Aubin, chez MM. Toutain et Godefroy, horticulteurs qui me l'ont offerte en 1866. Le nom qu'elle porte — Roi d'Angleterre — semble indiquer une pomme d'origine anglaise, et pour le moins âgée d'une quarantaine d'années; mais, ce nom, n'est-ce point un pseudonyme?... Quand je le vois absent des principaux recueils pomologiques parus depuis 1830, j'avoue qu'un doute à cet égard devient très-naturel.

456. Pomme ROI-GUILLAUME.

Synonyme. — *Pomme* Königs Wilhelm (des pépiniéristes de Berlin).

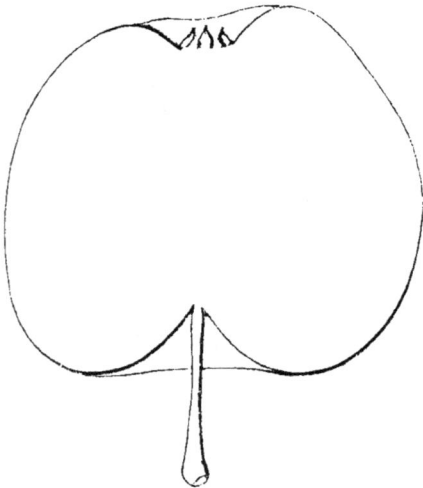

Description de l'arbre. — *Bois :* assez fort. — *Rameaux :* nombreux, érigés, longs et de moyenne grosseur, non coudés, d'un brun clair et grisâtre lavé de rouge foncé auprès des yeux; leurs mérithalles sont irréguliers. — *Lenticelles :* petites, arrondies et très-apparentes, quoique clair-semées. — *Coussinets :* saillants. — *Yeux :* petits ou moyens, ovoïdes-pointus, légèrement duveteux, collés en partie sur le bois, ayant les écailles disjointes et nuancées de noir. — *Feuilles :* petites, assez abondantes, ovales ou ovales-arrondies, vert brillant en dessus, vert grisâtre en dessous, courtement acuminées, à bords régulièrement crénelés et faiblement ondulés. — *Pétiole :* de longueur et grosseur moyennes, rigide, carminé à son point d'attache et rarement bien cannelé. — *Stipules :* étroites et longues, pour la plupart.

Fertilité. — Convenable.

Culture. — La greffe en tête lui convient beaucoup mieux, pour plein-vent, que la greffe ras terre; comme basse-tige il prospère très-bien sur doucin ou paradis.

Description du fruit. — *Grosseur :* au-dessous de la moyenne. — *Forme :*

conique légèrement allongée et pentagone, ayant généralement un côté plus ventru que l'autre. — *Pédoncule :* long et grêle, mais renflé au point d'attache, inséré dans un assez vaste bassin. — *Œil :* petit, mi-clos ou fermé, à cavité plissée ou bossuée et rarement bien profonde. — *Peau :* mince, lisse, presque unicolore, d'un blanc jaunâtre très-faiblement nuancé de rose tendre à bonne exposition solaire, puis finement ponctuée de gris clair. — *Chair :* blanchâtre, tendre, fine et des plus délicates. — *Eau :* abondante, sucrée, savoureusement acidulée et parfumée.

MATURITÉ. — Janvier-Mars.

QUALITÉ. — Première.

Historique. — En 1867 ce fruit, par son nom surtout, attira mon attention à Paris, où le docteur Charles Koch, de Berlin, l'avait compris dans la collection de pommes allemandes qu'alors il fit admettre à notre Exposition internationale. Je me procurai cette variété en mars 1870, par l'obligeant intermédiaire du savant pomologue Oberdieck, de Jeinsen (Hanovre). A mon grand étonnement je ne la trouve mentionnée dans aucun des nombreux recueils ou catalogues pomologiques allemands qui sont en ma possession. Ce silence veut-il dire que la pomme Roi-Guillaume est un gain de récente obtention?... Je l'ignore, et ne puis maintenant, à la dernière heure, me livrer aux démarches nécessaires pour résoudre cette question. Je ferai seulement observer, qu'à tous égards il ne faut pas confondre Roi-Guillaume avec l'espèce *Roi très-noble*, dont la description va suivre, et qui me vient également de Jeinsen.

POMME ROI D'ISLANDE. — Synonyme de pomme *Belle du Bois.* Voir ce nom.

---

457. POMME ROI TRÈS-NOBLE.

Synonymes. — *Pommes :* 1. EDELKÖNIG (Diel, *Kernobstsorten,* 1800, t. II, p. 1). — 2. CALLEVILLE DE LINDAU (Édouard Lucas, *Kernobstsorten Württembergs,* 1854, p. 22). — 3. CALLEVILLE ROUGE D'AUTOMNE (*Id. ibid.*). — 4. GRENAT (*Id. ibid.*). — 5. DE PARADIS ROUGE (*Id. ibid.*). — 6. ROUGE FRAMBOISÉE (*Id. ibid.*).

Description de l'arbre. — *Bois :* fort. — *Rameaux :* assez nombreux, étalés à la base, érigés au sommet, gros et longs, à peine coudés, très-duveteux et d'un jaune grisâtre abondamment tacheté de points noirâtres. — *Lenticelles :* allongées, petites, clair-semées et peu apparentes. — *Coussinets :* bien accusés. — *Yeux :* volumineux, ovoïdes-pointus, cotonneux, plaqués sur l'écorce, aux écailles disjointes et noirâtres. — *Feuilles :* grandes, ovales-allongées ou ovales-arrondies, vert jaunâtre en dessus, blanc jaunâtre en dessous, minces, planes, ayant les bords régulièrement dentés et parfois surdentés. — *Pétiole :* long, très-gros, surtout au point d'attache, à cannelure peu large mais profonde. — *Stipules :* très-larges et de longueur moyenne.

FERTILITÉ. — Abondante.

CULTURE. — Il est très-propre à faire des plein-vent à tige droite et de belle grosseur. Comme arbre nain on doit le greffer sur paradis pour amoindrir sa grande végétation et le rendre ainsi plus productif.

Description du fruit. — *Grosseur :* assez volumineuse. — *Forme :* conique-raccourcie, irrégulière, très-ventrue et sensiblement côtelée. — *Pédoncule :* grêle et de longueur moyenne, profondément planté dans un bassin généralement des plus développés. —

Pomme Roi Très-Noble.

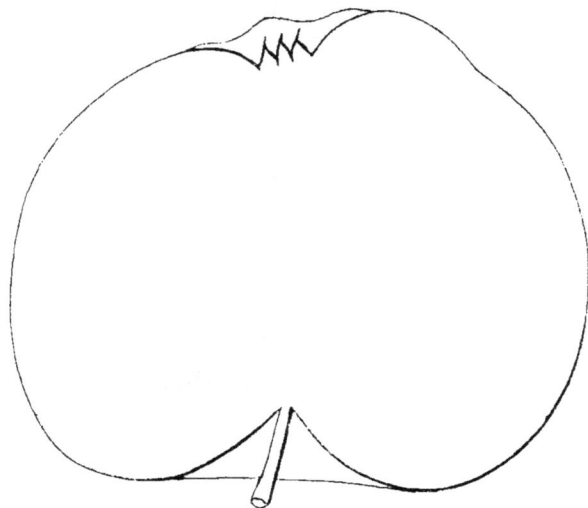

Œil : grand ou moyen, mi-clos ou fermé, cotonneux, faiblement enfoncé, à cavité excessivement plissée et bossuée. — *Peau :* mince, lisse, à fond verdâtre presqu'entièrement lavé de rouge-amaranthe, ponctuée de brun clair et quelque peu tachée de fauve autour du pédoncule.—*Chair :* blanchâtre au centre, rosée sous la peau, fine, mi-tendre et des plus délicates. — *Eau :* suffisante, bien sucrée, agréablement acidulée et possédant un arome exquis.

MATURITÉ. — Septembre-Novembre.

QUALITÉ. — Première.

Historique. — Les Allemands, en 1867, ont exposé à Paris cet admirable fruit, qui pour lors était à peu près inconnu de nos pépiniéristes ; mais l'Allemagne ne paraît pas l'avoir produit, car son premier descripteur, le docteur Diel, avouait en 1800 (*Kernobstsorten*, t. II, p. 1), le tenir des Hollandais, l'ayant reçu de la Haye en 1793. A cette date, se trouvait-il depuis longtemps dans la culture? Non, probablement, puisque la Pomologie hollandaise de Knoop (1760) ne fait aucune mention d'une variété si remarquable.

Observations. — La pomme Roi Très-Noble possède le surnom Calleville rouge d'Automne, et même pourrait être assez facilement confondue avec celle qui chez nous porte cette dernière dénomination. Ces deux variétés ont effectivement un air de famille très-propre à faire naître une telle méprise, qu'on évitera en étudiant comparativement et leur arbre et leur fruit. (Voir *Calleville rouge d'Automne*, t. III, pp. 190-191.)

POMMES : DE ROMAGNE,

— ROMAN BEAUTY, ⟩ Synonymes de pomme *Belle de Rome.* Voir ce nom.

POMME DE ROMARIN. — Synonyme de pomme *Coing d'Hiver.* Voir ce nom.

POMME ROMARIN BICOLORE. — Voir *Romarin blanc rosé*, au paragraphe OBSERVATIONS.

458. Pomme ROMARIN BLANC.

Synonymes. — *Pommes :* 1. Rosmarino (Diel, *Kernobstsorten*, 1807, t. IX, p. 41). — 2. Weisser
italienischer Rosmarin (*Id. ibid.*).

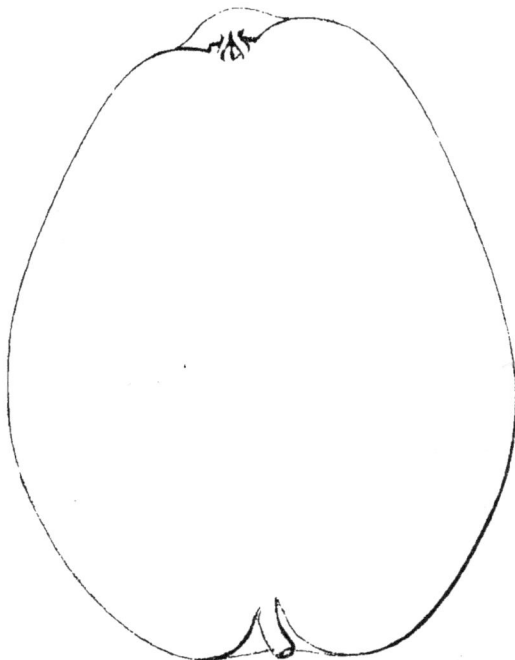

Description de l'arbre. — *Bois :* fort. — *Rameaux :* peu nombreux et légèrement érigés, longs, gros, géniculés, duveteux et d'un brun olivâtre cendré. — *Lenticelles :* petites, arrondies ou allongées et assez abondantes. — *Coussinets :* presque nuls. — *Yeux :* gros, coniques-aplatis, entièrement collés sur l'écorce, aux écailles cotonneuses, brunes et mal soudées. — *Feuilles :* moyennes, vert pâle, très-lisses et ovales ou ovales-arrondies, courtement acuminées, planes pour la plupart, généralement terminées en vrille, à bords régulièrement dentés et souvent surdentés. — *Pétiole :* long, grêle, rigide, bien cannelé, nuancé de rouge violâtre à la base. — *Stipules :* très-développées.

Fertilité. — Abondante.

Culture. — Il fait, quand on le greffe ras terre, de beaux plein-vent à tige droite et grosse. Sur paradis toutes les formes naines lui sont profitables.

Description du fruit. — *Grosseur :* volumineuse. — *Forme :* ovoïde-allongée et côtelée, parfois bien ventrue à son milieu. — *Pédoncule :* court ou de longueur moyenne, assez fort, arqué, obliquement planté dans un bassin étroit et plus ou moins profond. — *Œil :* grand ou moyen, mi-clos ou fermé, à cavité irrégulière, très-bossuée, peu large et peu profonde. — *Peau :* mince, lisse, unicolore, jaune pâle, légèrement maculée de brun clair autour du pédoncule, puis abondamment et fortement ponctuée de blanc et de marron. — *Chair :* blanche, mi-fine, tendre et fondante. — *Eau :* abondante, bien sucrée, savoureusement acidulée et douée d'un arome particulier des plus délicats.

Maturité. — Décembre-Février.

Qualité. — Première.

Historique. — Originaire du Tyrol italien, ainsi que tout le groupe des pommiers Romarin, le Romarin blanc fut importé chez les Allemands au commencement de notre siècle, selon que Diel l'affirmait en 1807 (*Kernobstsorten*, t. IX, p. 41). Récemment (1865) M. Oberdieck, de Jeinsen (Hanovre), le décrivait dans sa volumineuse Pomologie, et donnait sur lui de curieux renseignements. Voici la traduction des plus intéressants :

« D'après M. Zallinger, pharmacien à Botzen, la vraie patrie de cette pomme est le Tyrol, surtout les environs de Botzen et de Méran, où sa culture en grand occasionne une sérieuse exportation, car le cent de ces beaux fruits s'y vend de 6 à 12 florins (de 15 à 30 fr.). Trois variétés de cette espèce y sont connues : le Romarin rouge, le Blanc rosé, puis le Blanc, recherché tout particulièrement. M. Zallinger fait observer que dans les contrées plus méridionales, à Trieste, par exemple, le Romarin blanc est déjà moins bon qu'à Botzen, amoindrissement de qualité devenant encore plus sensible dans les pays septentrionaux, où ce pommier fructifie rarement et ne donne, quand il y parvient, que de fades et insipides produits. A Dresde, même, il lui faut une bonne exposition et l'abri du mur. » (*Illustrirtes Handbuch der Obstkunde*, t. IV, p. 65, n° 295.)

Dans mes pépinières depuis 1868, le Romarin blanc s'y montre parfait, tel, en un mot, que chez les Tyroliens; et il en est ainsi de ses deux cadets, le Blanc rosé, puis le Rouge, dont les descriptions vont suivre. Ces trois variétés doivent leur nom spécifique à l'arome particulier de leur chair.

Observations. — Il offre de grands rapports, arbre et fruit, avec le Pigeonnet blanc d'Hiver, mais il est meilleur, plus acidulé et différemment parfumé. N'en serait-il point, vu son âge, une sous-variété?

---

459. Pomme ROMARIN BLANC ROSÉ.

Synonyme. — *Pomme* HALBWEISSER ROSMARIN (Oberdieck, *Illustrirtes Handbuch der Obstkunde*, 1862, t. IV, p. 68).

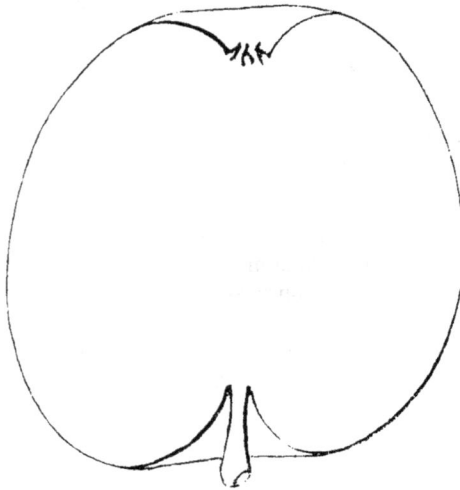

Description de l'arbre. — *Bois :* fort. — *Rameaux :* assez nombreux, étalés, gros et longs, non coudés, légèrement duveteux et rouge-brun ardoisé. — *Lenticelles :* arrondies ou allongées, grandes et abondantes. — *Coussinets :* larges mais peu saillants. — *Yeux :* moyens, ovoïdes, collés sur le bois et rarement bien cotonneux. — *Feuilles :* moyennes, ovales ou arrondies, acuminées, planes pour la plupart et des plus profondément dentées. — *Pétiole :* de longueur moyenne, assez gros, rigide et sensiblement cannelé. — *Stipules :* longues, larges et souvent dentées.

FERTILITÉ. — Convenable.

CULTURE. — Il croît vigoureusement sous toute forme et sur tout sujet.

Description du fruit. — *Grosseur :* moyenne. — *Forme :* ovoïde assez irrégulière. — *Pédoncule :* de longueur moyenne, bien nourri, surtout au point d'attache, droit ou arqué, profondément inséré dans un étroit bassin. — *Œil :* petit, fermé, à cavité vaste et unie. — *Peau :* mince, lisse, jaune pâle, mais légèrement nuancée, à l'insolation, de rose clair, ponctuée de blanc et de brun, puis plus ou moins maculée de fauve squammeux dans le bassin pédonculaire. — *Chair :* blanchâtre, tendre, peu compacte. — *Eau :* suffisante, très-sucrée, bien parfumée et presque dénuée d'acidité.

Maturité. — Janvier-Mars.

Qualité. — Première, pour les amateurs de pommes douces.

Historique. — Ayant fait connaître à l'article Romarin blanc l'origine des trois variétés qui portent ce nom spécifique, je n'ai plus, désormais, à revenir sur cette question. J'ajouterai seulement, quant au pommier décrit ici, quelques lignes empruntées à la Pomologie allemande de M. Oberdieck :

« Le *Romarin blanc rosé* — dit-il — est intermédiaire entre le Romarin rouge et le Romarin blanc, dont il est probablement un hybride. Dans les environs de Botzen on le cultive souvent à côté du Romarin blanc, sous le nom duquel on le vend même assez fréquemment, lorsque les fruits de ce dernier, dont les fleurs souffrent parfois, ne sont pas fort abondantes. » (*Illustrirtes Handbuch der Obstkunde,* 1865, t. V, p. 68, n° 296.)

Observations. — Les Allemands appellent généralement cette pomme, *Halbweisser Rosmarin,* termes signifiant en notre langue : Romarin demi-blanc, mais qui dans mon Catalogue de 1873 ont été inexactement rendus par *Romarin bicolore.* J'ai cru devoir signaler ce fait, vu le très-grand nombre d'exemplaires — douze mille — auquel est imprimé ce Catalogue, envoyé dans toutes les parties du monde.

Pomme de ROMARIN PANACHÉE. — Synonyme de pomme *Suisse panachée.* Voir ce nom.

---

460. Pomme ROMARIN ROUGE.

Synonymes. — *Pommes* : 1. Rother italienischer Rosmarin (Dittrich, *Systematisches Handbuch der Obstkunde,* 1839, t. Ier, p. 208, n° 122). — 2. Rosmarino rossa (C. A. Hennau, *Annales de pomologie belge et étrangère,* 1856, t. IV, p. 43). — 3. Red Romarin (Charles Downing, *the Fruits and fruit trees of America,* 1869, p. 327).

Description de l'arbre. — *Bois :* assez fort. — *Rameaux :* nombreux, étalés, très-longs, de grosseur moyenne, duveteux au sommet, coudés et rouge-brun ardoisé. — *Lenticelles :* petites, allongées, blanches et clair-semées. — *Coussinets :* peu saillants mais se prolongeant en arête. — *Yeux :* petits, coniques, pointus, cotonneux, plaqués sur le bois, aux écailles mal soudées. — *Feuilles :* petites ou moyennes, ovales-arrondies, coriaces, vert jaunâtre en dessus, vert blanchâtre en dessous, à bords largement crénelés. — *Pétiole :* de grosseur moyenne, assez long, roide, rouge violacé au point d'attache et faiblement cannelé. — *Stipules :* étroites et courtes.

Fertilité. — Ordinaire.

Culture. — Les formes naines, sur paradis, lui sont très-favorables, particulièrement sous le rapport de la fertilité; on le greffe en tête quand on désire l'élever pour le plein-vent.

Description du fruit. — *Grosseur :* au-dessous de la moyenne ou, parfois, assez volumineuse. — *Forme* : variant entre l'ovoïde ou la globuleuse, mais toujours fort irrégulière et très-côtelée. — *Pédoncule :* court, de force moyenne, arqué, profondément inséré dans un assez vaste bassin ou souvent il est comprimé, d'un côté, par une gibbosité très-prononcée. — *Œil :* grand, mi-clos, à cavité généralement profonde, rarement très-large et des plus bossuées sur les bords. — *Peau :* très-lisse, jaune brillant, amplement lavée de rose tendre, finement mouchetée de carmin vif, à l'insolation, tachée de roux squammeux dans le bassin pédonculaire, puis ponctuée de gris-blanc et de roux clair. — *Chair :* blanche, mi-fine, assez ferme, très-odorante. — *Eau :* suffisante, très-sucrée, à peine acidulée, mais délicieusement aromatisée.

Pomme Romarin rouge. — *Premier Type.*

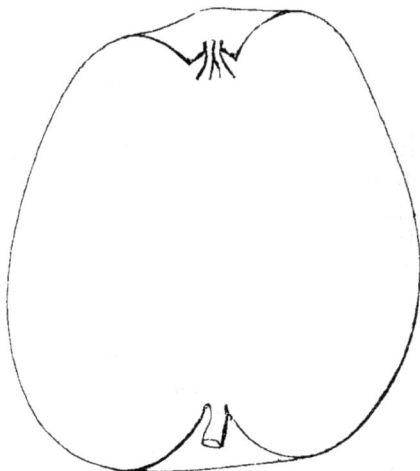

MATURITÉ. — Février-Avril.

QUALITÉ. — Première, surtout pour ceux qui n'aiment pas les pommes ayant l'eau bien acidulée.

Deuxième Type.

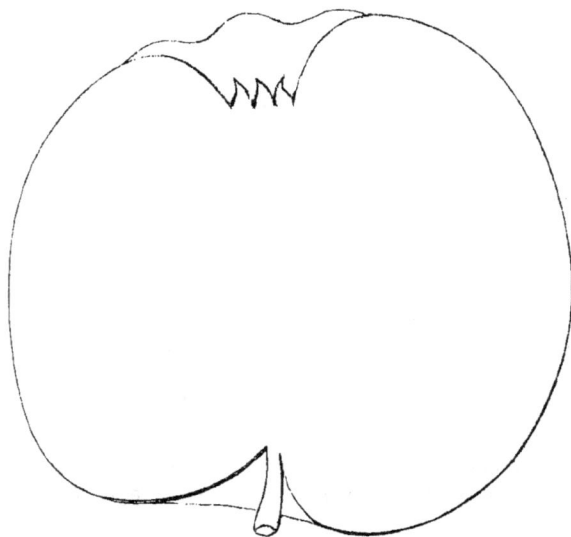

Historique. — L'un des premiers descripteurs de cette pomme fut, en 1817, un botaniste italien, George Gallesio, connu surtout par un *Traité du Citrus*, puis par une *Pomone italienne* que je regrette beaucoup de n'avoir pu, jusqu'à présent, me procurer. On voudra bien, pour l'histoire du pommier Romarin rouge, consulter celle du Romarin blanc et du Romarin blanc rosé, variétés dont les articles précèdent immédiatement celui-ci.

POMME DE ROME. — Voir *Belle de Rome*, au paragraphe OBSERVATIONS.

Pomme ROME BEAUTY. — Synonyme de pomme *Belle de Rome*. Voir ce nom.

Pomme de ROMEAU. — Synonyme de *Court-Pendu gris*. Voir ce nom.

Pomme RONDE. — Synonyme de pomme *Rosat blanc*. Voir ce nom.

Pomme du RONDURAUT. — Synonyme de *Fenouillet gris*. Voir ce nom.

Pomme ROODE KANT. — Synonyme de *Calleville de Dantzick*. Voir ce nom.

Pomme ROODE KRUIS. — Synonyme de pomme *Postophe d'Hiver*. Voir ce nom.

Pomme ROODE PAASCH. — Synonyme de *Calleville rouge d'Hiver*. Voir ce nom.

Pomme ROOS. — Synonyme de pomme *Rose de France*. Voir ce nom.

Pomme ROSA. — Synonyme de pomme *Belle du Havre*. Voir ce nom.

Pomme de ROSA BLANC. — Synonyme de pomme *Rosat blanc*. Voir ce nom.

---

461. Pomme ROSAT BLANC.

Synonymes. — *Pommes* : 1. Orbiculaire, *des Romains* (Varron, 26 ans avant J. C., *de Re rustica*, livre Ier, chap. LIX ; — Pline, l'an 80 après J. C., *Historia naturalis*, lib. XV, cap. XV; — Jacques Daléchamp, *Historia plantarum generalis*, 1586-1653, t. 1, p. 242 ; — Jean Bauhin, *Historia plantarum universalis*, 1613-1650, t. I, pp. 11 et 20; — et Fée, notes sur Pline, édition Panckoucke, 1831, t. IX, p. 469). — 2. D'Épire (Pline, *ibid.*). — 3. Rose (Ruel, *de Natura stirpium*, 1535, pp. 250-251; — et Daléchamp, *ibid.*). — 4. Ronde (Jean Bauhin, *ibid.*). — 5. Rosate d'Automne (dom Claude Saint-Étienne, *Nouvelle instruction pour connaître les bons fruits*, 1670, p. 217). — 6. De Rosa blanc (Comice horticole d'Angers, 1853, *Catalogue de son Jardin fruitier*, n° 205, au tome IV des *Annales*).

Description de l'arbre. — *Bois :* de moyenne force. — *Rameaux :* nombreux, étalés, gros, assez longs, très-coudés et très-duveteux, d'un brun olivâtre nuancé légèrement de rouge terne. — *Lenticelles :* grandes, arrondies, rapprochées. — *Coussinets :* saillants. — *Yeux :* gros, coniques-arrondis, bien cotonneux et complétement plaqués sur l'écorce. — *Feuilles :* grandes, ovales ou elliptiques, courtement acuminées et régulièrement dentées. — *Pétiole :* peu long, très-gros, à cannelure profonde. — *Stipules :* larges et longues.

Fertilité. — Assez abondante.

Culture. — La greffe ras terre lui est non moins favorable, pour plein-vent, que la greffe en tête; quant aux formes naines buisson, cordon, espalier ou pyramide, elles lui sont, sous le double rapport de la production et de la beauté, des plus propices, soit sur paradis, soit sur doucin.

Description du fruit. — *Grosseur :* volumineuse. — *Forme :* globuleuse assez régulière. — *Pédoncule :* long ou de longueur moyenne, peu fort, inséré dans un bassin large et généralement assez profond. — *Œil :* grand ou moyen, mi-clos ou fermé, à cavité peu développée ou légèrement plissée. — *Peau :* lisse, jaune très-blanchâtre nuancé faiblement de vert sur la partie exposée au soleil, où souvent aussi l'on aperçoit quelques légères mouchetures d'un rose clair; elle est en outre tachée de brun foncé autour du pédoncule, puis abondamment ponctuée de même. — *Chair :* blanche, fine et compacte, quoique tendre. — *Eau :* suffisante, peu acidulée, mais délicieusement sucrée et possédant un goût parfumé qui n'est pas sans analogie avec l'odeur des roses de Provins.

Pomme Rosat blanc.

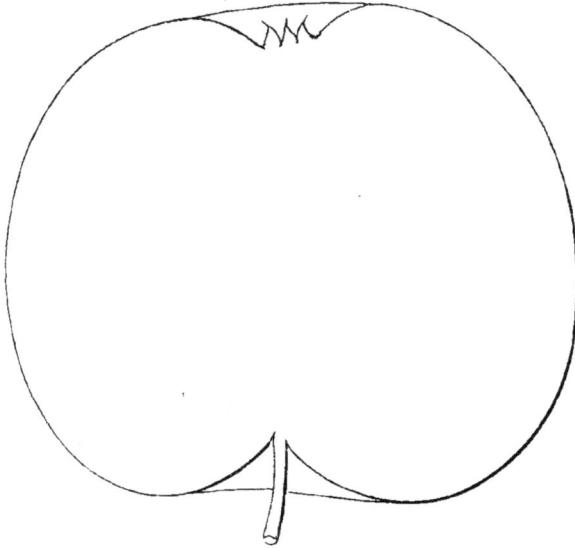

MATURITÉ. — Novembre-Mars.

QUALITÉ. — Première.

Historique. — M. Antoine Fée, naturaliste français connu par de savants et nombreux ouvrages, a surtout annoté avec le plus grand soin, dans l'édition des classiques latins de Panckoucke, en 1831, l'*Historia naturalis* de Pline. Or, en ses notes sur le livre XV, il établit, à propos des pommes *Orbiculata*, qui s'y trouvent mentionnées, la synonymie suivante :

« Les *Mala* ORBICULATA de Pline, Columelle et Macrobe, sont identiques avec les *Orbicata* d'Athénée, les *Épirotiques* de Dioscoride, les *Orbiculaires* de Ruel, et la *Pomme Rose* de Daléchamp. » (*Notes sur Pline*, t. IX, p. 469.)

Pline dit effectivement, en son XV⁰ livre :

« Nos pommes *Orbiculaires* ont la figure d'un globe ; leur origine hellénique est indiquée par le nom pommes *d'Épire*, qu'elles reçurent des Grecs. » (Chap. **xv**.)

Et Jean Ruel, quatorze siècles après Pline (1535), parlant des mêmes pommes, crut pouvoir établir ainsi leur identité avec celles alors appelées *Rosea :*

« Les pommes *d'Épire*, surnommées *Orbiculaires* par les Romains, sont celles qui, pour leur couleur, portent maintenant, dans nos campagnes, le nom pommes *Roses*. » (*De Natura stirpium*, pp. 250-251.)

Cette dernière synonymie fut enfin, en 1586, citée et acceptée par le docteur Daléchamp :

« Les *Mala Orbiculata* — écrivait-il — qui durent à leur forme cette dénomination, sont appelées, en France, pommes *Roses*. Les Grecs les avaient, primitivement, nommées *Épirotiques*; d'où l'on voit qu'elles proviennent de l'Albanie, jadis l'Épire. » (*Historia plantarum generalis*, t. I, p. 2.)

J'ai dû reproduire ces divers passages pour montrer qu'il m'était réellement impossible de ne pas m'occuper, vu leur notoriété, des différents synonymes qu'on y signale. Mais je m'empresse de dire : Si Pline a pu savoir que les *Orbiculata* et les *Épirotica* ne formaient qu'une variété; personne, plus tard, n'a été fondé à leur donner Pomme Rose comme synonyme. Pour l'affirmer, tout point de comparaison manquait absolument, aucune description de ces deux fruits ne se trouvant dans les ouvrages des agronomes grecs ou romains venus jusqu'à nous. Quant à notre pomme *Rosate* ou *Rosat blanc*, jugée la même que la pomme Rose ou Orbiculaire de Ruel, Daléchamp et Bauhin, j'adopte volontiers ce sentiment, Bauhin (1613) ayant décrit et figuré dans son *Historia plantarum* (t. I, pp. 11 et 20), deux types d'une *Orbiculaire blanche* se rapportant exactement à la variété aujourd'hui nommée Rosat blanc, variété que dom Claude Saint-Etienne, en 1670, me semble avoir mentionnée sous la dénomination Rosate d'Automne. Enfin Bauhin nous apprend encore que cette Orbiculaire blanche était répandue chez les Suisses, notamment à Boll et à Wall, puis en France, aux environs de Montbéliard (Doubs). Il est, pour lors, assez probable que ce fut par la Suisse qu'elle pénétra dans nos jardins, où l'arome particulier de sa chair lui aura valu le surnom de pomme Rosat, plutôt que le léger coloris rose dont quelquefois sa peau blanchâtre se couvre, à bonne exposition solaire.

Observations. — Ne pas confondre ce fruit avec la variété *Belle du Havre*, fréquemment vendue sous le pseudonyme Pomme Rosa (voir notre tome III, pp. 120-121).

Pomme ROSATE D'AUTOMNE. — Synonyme de pomme *Rosat blanc*. Voir ce nom.

Pommes ROSE. — Synonymes de pommes *Gros-Api* et *Rosat blanc*. Voir ces noms.

Pommes DE ROSE. — Synonymes de pommes *Gros-Api*, *Rosat blanc* et *Rosée d'Allemagne*. Voir ces noms.

Pomme ROSE D'AUTOMNE. — Synonyme de pomme *Rose de Saint-Florian*. Voir ce nom.

Pomme ROSE DE BENAUGE. — Voir pomme *Rose de France*, au paragraphe Historique.

Pomme ROSE D'ÉTÉ. — Synonyme de pomme *Rose de Saint-Florian*. Voir ce nom.

462. Pomme ROSE DE FRANCE.

Synonymes. — *Pommes :* 1. A FLEUR DOUBLE (dom Claude Saint-Étienne, *Nouvelle instruction pour connaître les bons fruits*, 1670, pp. 211 et 217; — et Manger, *Systematische Pomologie*, 1780, p. 40, n° CLXI). — 2. ROOS (Herman Knoop, *Pomologie*, 1760, édit. allemande, pp. 3, 60; et 1771, édit. française, pp. 15, 182).

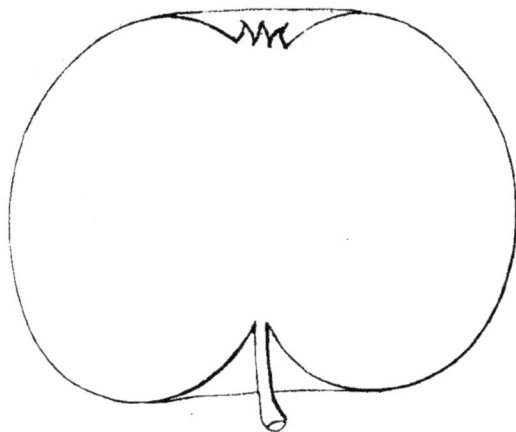

Description de l'arbre. — *Bois :* peu fort. — *Rameaux :* nombreux, étalés, assez gros, de longueur moyenne, à peine géniculés, très-duveteux et d'un rouge-brun foncé lavé de gris. — *Lenticelles :* arrondies ou allongées, petites, clair-semées. — *Coussinets :* ressortis. — *Yeux :* gros, ovoïdes, collés sur le bois et couverts de duvet. — *Feuilles :* de grandeur moyenne, ovales-arrondies, vert terne en dessus et gris verdâtre en dessous, courtement acuminées et légèrement crénelées. — *Pétiole :* de longueur moyenne, gros et profondément cannelé. — *Stipules :* de dimensions très-variables.

FERTILITÉ. — Remarquable.

CULTURE. — La grande fertilité de ce pommier le recommande tout spécialement pour la forme plein-vent, mais en ayant soin de le greffer en tête, autrement sa tige laisserait trop à désirer. Comme arbre nain il est de même très-productif, se greffe sur doucin et fait de beaux sujets.

Description du fruit. — *Grosseur :* moyenne. — *Forme :* globuleuse, sensiblement aplatie à ses extrémités. — *Pédoncule :* assez long, rarement bien nourri, arqué, planté dans un bassin peu large mais profond. — *Œil :* assez grand, mi-clos ou fermé, légèrement duveteux, à cavité peu prononcée, unie ou faiblement plissée. — *Peau :* épaisse, très-lisse, forte, à fond jaune blafard, presque entièrement lavée de rose terne strié de rose vif foncé, puis ponctuée de carmin et de brun-roux, surtout vers l'œil et le pédoncule. — *Chair :* jaunâtre ou rosée finement veinée de vert, un peu grosse, mi-ferme, croquante et plus ou moins marcescente. — *Eau :* abondante, assez sucrée et assez acidulée, ayant généralement un arrière-goût herbacé.

MATURITÉ. — Novembre-Mars.

QUALITÉ. — Deuxième pour le couteau, première pour la cuisson.

Historique. — Déclarée d'origine française par Herman Knoop en 1760, dans sa *Pomologie hollandaise*, où elle est décrite et figurée, cette pomme Rose a souvent été confondue, de nos jours, avec certaine variété bordelaise appelée *Rose de Benauge*, mais en différant essentiellement, non par la qualité, mais pour sa peau, d'un jaune brillant panaché de vermillon, et pour sa chair, très-blanche et très-fine. Mentionnée dès 1628 dans le Catalogue du verger de le Lectier, d'Orléans (p. 24), notre pomme Rose fut ensuite, en 1670, caractérisée brièvement par le moine Claude Saint-Étienne; il la disait : « bien ferme et lissée, bonne encore en « février, cuite et crue. » (*Nouvelle instruction pour connaître les bons fruits*, pp. 211 et 217.) Voici maintenant la description complète qu'en donna Knoop, on verra combien elle s'accorde avec la mienne :

« *Pomme Rose de France.* — Elle est passablement grosse, ronde et aplatie. Étant mûre, sa couleur est, d'un côté, blanc jaunâtre, et souvent, presque tout à l'entour, d'un beau vermeil clair, au milieu duquel passent des rayes d'un beau rouge foncé, par conséquent très-agréable à la vue. La chair, quoique moëlleuse, est d'un goût commun, passablement bon, mais pas fort relevé. C'est pourquoi elle n'a rang que dans la classe des moyennes sortes, et on ne l'employe ordinairement que pour la cuisine. L'arbre est très-fertile, devient grand et son bois est bon et fort. » (*Pomologie*, édition française, 1771, pp. 15 et 132.)

Pomme de ROSE PANACHÉE. — Synonyme de pomme *Suisse panachée*. Voir ce nom.

---

463. Pomme ROSE DE SAINT-FLORIAN.

Synonymes. — *Pommes :* 1. Passe-Rose (Mayer, *Pomona franconica*, 1776, t. III, p. 163, n° 68). — 2. Rose d'Automne (*Id. ibid.*). — 3. Rose d'Été (*Id. ibid.*). — 4. Rosette marbrée (*Id. ibid.*). — 5. Rosette d'Été marbrée (Manger, *Systematische Pomologie*, 1780, 1re partie, p. 40, n° liv). — 6. Florianer Rosen (Oberdieck, *Illustrirtes Handbuch der Obstkunde*, 1859, t. Ier, p. 431, n° 199). — 7. Gestreifter Rosen (*Id. ibid.*). — 8. Roseau d'Automne? (Charles Downing, *the Fruits and fruit trees of America*, 1869, p. 82).

Premier Type.

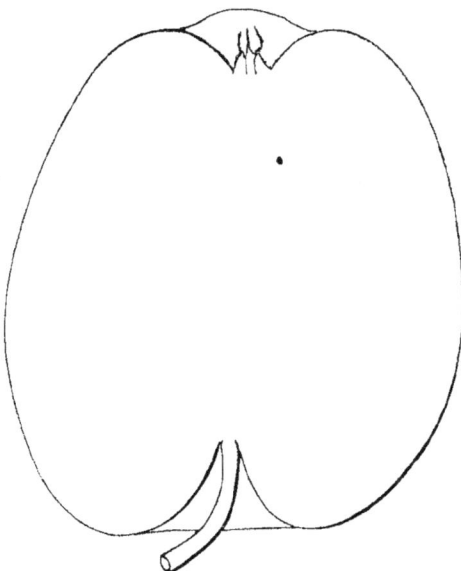

Description de l'arbre. — *Bois :* de force moyenne. — *Rameaux :* nombreux, étalés, longs et assez grêles, très-coudés, très-cotonneux et brun clair jaunâtre. — *Lenticelles :* petites, arrondies, clair-semées. — *Coussinets :* peu saillants. — *Yeux :* moyens, arrondis, collés en partie sur le bois et couverts de duvet. — *Feuilles :* assez minces, petites, ovales, vert jaunâtre en dessus, gris verdâtre en dessous, acuminées, planes et régulièrement dentées. — *Pétiole :* de longueur moyenne, grêle, à cannelure bien accusée. — *Stipules :* petites.

Fertilité. — Abondante.

Culture. — On le destine habituellement aux formes naines, sur doucin ou paradis, car elles lui sont très-favorables, surtout sous le rapport de la production; mais il peut faire aussi de convenables plein-vent, greffé en tête plutôt que ras terre.

Description du fruit. — *Grosseur :* au-dessus de la moyenne et parfois beaucoup moins volumineuse. — *Forme :* variant entre l'ovoïde ou la conique, mais toujours irrégulière et allongée, puis côtelée près du sommet. — *Pédoncule :* court ou assez long, arqué, planté plus ou moins profondément dans un bassin étroit. — *OEil :* grand ou moyen, mi-clos ou fermé, souvent cotonneux, à cavité peu développée et fortement bossuée sur ses bords. — *Peau :* jaune pâle sur la partie placée à l'ombre, jaune saumoné sur l'autre face, finement et abondamment ponctuée de gris-blanc, puis, à l'insolation, amplement, quoique légèrement, lavée de rose et striée, marbrée ou mouchetée de carmin foncé. — *Chair :* blanche, veinée de vert auprès des loges, un peu rosée sous la peau, tendre, fine et assez croquante. — *Eau :* abondante, peu acidulée mais bien sucrée, possédant un parfum particulier d'une saveur excessivement délicate.

Pomme Rose de Saint-Florian.
Deuxième Type.

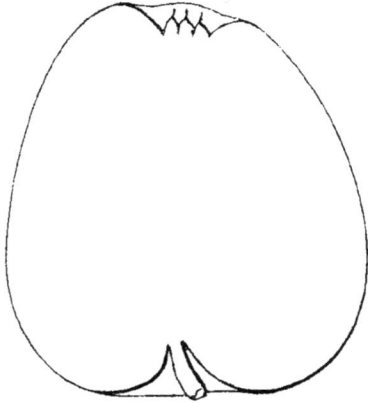

MATURITÉ. — Septembre-Octobre.

QUALITÉ. — Première.

Historique. — Cette variété appartient à l'Allemagne et doit être plus que centenaire, puisqu'en 1776 Mayer la figurait et décrivait, sous les noms Rose d'Eté ou d'Automne, Passe-Rose ou Rosette marbrée, dans son savant ouvrage sur les arbres fruitiers cultivés en Franconie :

« C'est une de nos plus belles pommes — disait-il — allongée, d'un jaune blanchâtre du côté de l'ombre, et, du côté du soleil, d'un beau rouge non continu, mais comme rayé ou marbré. L'œil, situé entre des bosses ou éminences qui ne se prolongent point, tient ses rayons rassemblés en houppes ou bouquets ; la queue, assez grosse et de 7 à 8 lignes de longueur, se trouve profondément implantée dans le fruit. La chair est très-blanche, un peu lavée de rouge d'un côté sur la peau, avec petit cercle ou anneau de la même couleur autour de la capsule, comme aux Calleville ; l'eau est bonne, douce et gracieuse. Elle mûrit de la fin d'août au commencement de septembre et ne dure guère que quinze jours ou trois semaines. » (*Pomona franconica*, t. III, pp. 163-164, n° 63.)

Le surnom moderne de ce beau fruit — Pomme Rose de Saint-Florian — date seulement d'une vingtaine d'années et lui fut appliqué par le pomologue Oberdieck, de Jeinsen (Hanovre), qui du reste croyait à tort, je viens de le prouver, avoir été le premier descripteur de cette variété :

« J'avais — expliquait-il en 1859 — reçu de Hombourg, étiquetées pomme ROSE STRIÉE (*Gestreifter Rosenapfel*), des greffes de ce pommier des plus précieux, et que mon correspondant, lui, s'était procuré à Saint-Florian (Autriche). Mais comme il en existait un, déjà, du même nom, j'appelai celui-ci, Rose de Saint-Florian, mû par la pensée qu'il était né, peut-être, dans ce monastère, où l'on s'occupe beaucoup de la culture des arbres fruitiers..... Jusqu'à présent la pomme Rose de Saint Florian n'avait encore été caractérisée que par moi, dans mon ANLEITUNG. » (*Illustrirtes Handbuch der Obstkunde*, t. I, p. 431, n° 199.)

Observations. — Les Allemands possèdent une pomme PEPIN DE SAINT-FLORIAN (*Florianer Pepping*) qu'il importe de ne pas confondre avec la Rose de Saint-Florian ;

mais à cette dernière on peut encore réunir, ce me semble, la Rose ou Roseau d'Automne décrite par le pomologue américain Downing, en 1869, et déjà signalée en 1817, aux Etats-Unis, par William Coxe.

POMME ROSE SOYEUSE. — Synonyme de pomme *Chemisette blanche*. Voir ce nom.

464. POMME ROSE DU TYROL.

Synonymes. — *Pommes* : 1. TYROLER ROSEN (Diel, *Vorz. Kernobstsorten*, 1826, t. IV, p. 35).
— 2. TYROLESA ROSA (*Id. ibid.*).

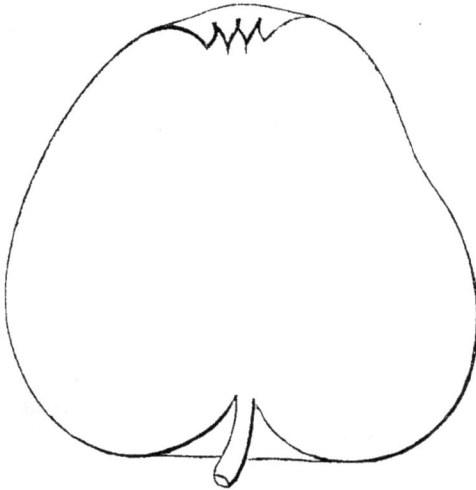

Description de l'arbre. — *Bois* : fort. — *Rameaux* : nombreux, gros, très-longs, étalés et arqués, vert jaunâtre, à longs mérithalles. — *Lenticelles* : arrondies ou allongées, de grandeur moyenne et clair-semées. — *Coussinets* : presque nuls. — *Yeux* : volumineux, carminés, ovoïdes-allongés, faiblement collés sur le bois. — *Feuilles* : peu nombreuses, petites ou moyennes, ovales ou obovales, vert jaunâtre en dessus, légèrement cotonneuses et vert grisâtre en dessous, ondulées et canaliculées, longuement acuminées, irregulièrement et profondément dentées. — *Pétiole* : très-long, assez gros, roide, tomenteux, ponctué de carmin et rarement bien cannelé. — *Stipules* : étroites et longues.

FERTILITÉ. — Satisfaisante.

CULTURE. — Greffé sur paradis, pour cordons ou buissons, il se montre des plus vigoureux et de forme irréprochable; le plein-vent lui convient aussi, mais avec la greffe en tête, autrement il manquerait presque toujours d'élégance et de régularité.

Description du fruit. — *Grosseur* : moyenne. — *Forme* : conique plus ou moins allongée, ventrue à la base et généralement étranglée d'un côté, près du sommet. — *Pédoncule* : gros, de longueur moyenne, arqué, planté profondément dans un étroit bassin. — *Œil* : grand, mi-clos, à cavité peu prononcée et dont les bords sont ondulés ou plissés. — *Peau* : unie, à fond jaune clair recouvert d'un rose terne et très-pâle tout rubané, à l'insolation, de carmin brillant et foncé, puis çà et là ponctuée de gris clair. — *Chair* : blanche, fine, assez tendre. — *Eau* : suffisante, bien sucrée, délicieusement acidulée et parfumée.

MATURITÉ. — Novembre-Janvier.

QUALITÉ. — Première.

Historique. — Le nom de cette belle et bonne pomme indique son origine ; quant à son âge, il n'est pas loin d'atteindre la centaine. M. Oberdieck m'envoya de Jeinsen, près Hanovre, des greffons de ce pommier le 30 mars 1870 ; et je vois dans les ouvrages du pomologue Diel, qu'il fut introduit en Allemagne vers 1820 :

« La pomme *Rose du Tyrol* — écrivait cet auteur en 1826 — fut envoyée à M. le chambellan de Carlowitz, avec diverses autres, du jardin grand-ducal de Boboli, à Florence, et recommandée comme étant fort recherchée des Italiens. » (*Vorz. Kernobstsorten*, 1826, t. IV, p. 35.)

Pomme ROSEAU. — Synonyme de pomme *Rougeâtre*. Voir ce nom.

Pomme ROSEAU D'AUTOMNE. — Synonyme de pomme *Rose de Saint-Florian*. Voir ce nom.

---

465. Pomme ROSÉE D'ALLEMAGNE.

Synonyme. — *Pomme* DE ROSE (Cordus, *Historia stirpium*, 1544-1561, t. I, chap. Pommier, n° 28).

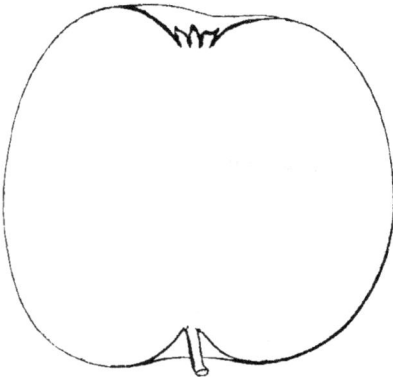

Description de l'arbre. — *Bois :* assez faible. — *Rameaux :* peu nombreux, légèrement étalés, courts et grêles, à peine géniculés, duveteux et brun olivâtre plus ou moins lavé de rouge au sommet. — *Lenticelles :* arrondies ou allongées, petites et clair-semées. — *Coussinets :* saillants. — *Yeux :* moyens, arrondis, assez cotonneux, entièrement collés sur le bois. — *Feuilles :* petites, ovales, rarement acuminées, à bords largement dentés. — *Pétiole :* court, grêle et bien cannelé. — *Stipules :* très-petites.

FERTILITÉ. — Abondante.

CULTURE. — Son manque de vigueur ne permet pas de le destiner au plein-vent ; il lui faut la basse-tige, sur doucin, mais alors il fait de jolis petits arbres.

Description du fruit. — *Grosseur :* au-dessous de la moyenne. — *Forme :* irrégulièrement globuleuse. — *Pédoncule :* court ou très-court, grêle, assez profondément inséré dans un bassin fort étroit. — *Œil :* moyen, fermé, à cavité large et peu profonde, cotonneuse et sensiblement plissée. — *Peau :* lisse, à fond invisible, entièrement lavée de rose vif fouetté de rouge très-foncé et ponctué de gris. — *Chair :* blanchâtre, fine, compacte, assez tendre. — *Eau :* suffisante, très-sucrée, acidulée et douée d'un parfum exquis.

MATURITÉ. — Novembre-Janvier.

QUALITÉ. — Première.

Historique. — La pomme Rosée d'Allemagne, l'une des meilleures et des plus jolies que je connaisse, est dans mes pépinières depuis 1862, époque à laquelle je l'avais remarquée, sous ce nom, à l'Exposition horticole de Namur (Belgique). C'est une très-ancienne variété, puisque Valerius Cordus, botaniste hessois mort en 1544, l'a décrite dans son *Historia stirpium*, où même il a eu soin d'en indiquer l'origine précise :

« La Pomme *de Rose* — a-t-il dit — ressemble, pour la grosseur et la couleur, à la Presi- lienapfel, d'un volume excédant rarement trois pouces en largeur et hauteur, et d'un beau coloris rosé ; mais sa chair est un peu plus douce que celle de cette dernière, comme aussi sa forme globuleuse est beaucoup moins régulière. Ce fruit, qui mûrit à la fin de l'été, se garde jusqu'au commencement de l'hiver, et provient de Cobourg, en Franconie. » (*His- toria stirpium*, chap. Pommier, n° 28.)

Observations. — Je répète ici qu'il n'existe aucun rapport entre la variété Rosée d'Allemagne et la pomme *de Rosée* décrite en 1846 par Poiteau, laquelle est identique avec la Mirabelle, caractérisée plus haut, p. 470. Il en est de même pour le Gros-Api (voir t. III, pp. 343-345), longtemps surnommé pomme Rose, ou de Rose, ainsi que le Rosat blanc, comme je l'ai dit ci-dessus (p. 768).

Pomme de ROSÉE. — Synonyme de pomme *Mirabelle*. Voir ce nom.

Pommes : ROSETTE MARBRÉE,

— ROSETTE D'ÉTÉ MARBRÉE,

Synonymes de pomme *Rose de Saint-Florian*. Voir ce nom.

Pomme ROSMARINO. — Synonyme de pomme *Romarin blanc*. Voir ce nom.

Pomme ROSMARINO ROSSA. — Synonyme de pomme *Romarin rouge*. Voir ce nom.

---

466. Pomme ROSSIGNOL.

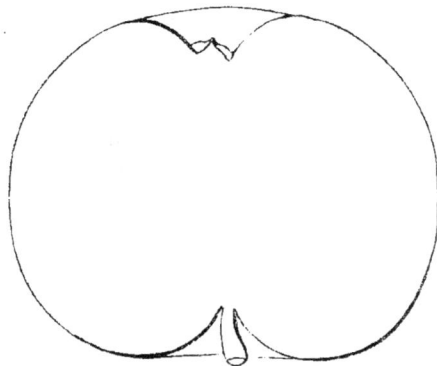

Description de l'arbre. — *Bois :* de moyenne force. — *Rameaux :* nom- breux, érigés, assez courts et assez gros, à peine géniculés, duveteux, brun olivâtre lavé de rouge ardoisé. — *Lenticelles :* grandes, arrondies ou allongées, abondantes mais peu appa- rentes. — *Yeux :* gros ou moyens, ovoïdes-allongés, collés en partie seu- lement sur le bois et rarement bien cotonneux. — *Feuilles :* assez petites, ovales, vert glauque foncé en dessus, gris verdâtre en dessous, acuminées et régulièrement dentées. — *Pétiole :* long, grêle, rigide, carminé à la base et presque dépourvu de cannelure. — *Stipules :* petites, souvent même faisant com- plètement défaut.

Fertilité. — Ordinaire.

CULTURE. — Sous toutes formes et sur tous sujets il fait constamment de beaux arbres.

Description du fruit. — *Grosseur :* au-dessous de la moyenne ou moyenne. — *Forme :* globuleuse, généralement un peu comprimée aux pôles. — *Pédoncule :* court, assez fort, surtout au point d'attache, arqué, obliquement planté dans un bassin étroit et rarement bien profond. — *Œil :* petit, fermé, à cavité assez vaste, unie ou légèrement plissée. — *Peau :* lisse, jaune verdâtre et brillant, presque entièrement lavée de carmin terne, fouettée et marbrée de rouge lie de vin, maculée de fauve olivâtre autour du pédoncule et ponctuée de gris-brun. — *Chair :* blanchâtre, mi-fine, compacte, assez ferme. — *Eau :* abondante, bien sucrée, peu acidulée mais délicieusement aromatisée.

MATURITÉ. — Janvier-Avril.

QUALITÉ. — Première.

Historique. — Elle porte le nom de son obtenteur, feu Rossignol, jardinier à Boisguillaume, près Rouen. C'est M. Boisbunel, pépiniériste en cette dernière ville, qui l'a mise au commerce pour la première fois ; et je vois, par un prospectus de cet arboriculteur, que ce fut en 1867. Le pied-type, resté longtemps inédit, provient d'un semis de Reinette du Canada, fait vers 1843.

POMMES : DE ROSTOCK,

— ROSTOCKER,

} Synonymes de pomme *Rouge de Stettin.* Voir ce nom.

POMME ROTHE STERNREINETTE. — Synonyme de *Reinette rouge étoilée.* Voir ce nom.

POMME ROTHER ANANAS. — Synonyme de pomme *Ananas rouge.* Voir ce nom.

POMME ROTHER BACH. — Synonyme de pomme *Cardinal rouge.* Voir ce nom.

POMME ROTHER BIETIGHEIMER. — Synonyme de pomme *Rouge de Stettin.* Voir ce nom.

POMME ROTHER CARDINAL. — Synonyme de pomme *Cardinal rouge.* Voir ce nom.

POMME ROTHER EISER. — Synonyme de pomme *Eiser rouge.* Voir ce nom.

POMME ROTHER GRAVENSTEINER. — Synonyme de pomme *Gravenstein rouge.* Voir ce nom.

POMMES : ROTHER HERN,

— ROTHER HERREN,

} Synonymes de pomme *Rouge de Stettin.* Voir ce nom.

POMME ROTHER ITALIENISCHER ROSMARIN. — Synonyme de pomme *Romarin rouge*. Voir ce nom.

POMME ROTHER JACOB'S. — Synonyme de pomme *Marguerite*. Voir ce nom.

POMME ROTHER KAISER. — Synonyme de pomme *Rouge de Stettin*. Voir ce nom.

POMME ROTHER OSTER-CALVILL. — Synonyme de *Calleville rouge d'Hiver*. Voir ce nom.

POMME ROTHER SÉBASTIAN'S. — Synonyme de pomme *Sébastian rouge*. Voir ce nom.

POMME ROTHER SPECIAL. — Synonyme de pomme *Striée de Prague*. Voir ce nom.

POMME ROTHER STETTINER. — Synonyme de pomme *Rouge de Stettin*. Voir ce nom.

POMME ROTHER TAFFET. — Synonyme de pomme *Cousinotte rouge d'Hiver*. Voir ce nom.

POMME ROTHER TIEFBUTZER. — Synonyme de *Reinette Eisen*. Voir ce nom.

POMME ROTHER ZOLLKER. — Synonyme de pomme *Zollker rouge*. Voir ce nom.

POMME ROTHER ZWIEBEL. — Synonyme de pomme *Rouge de Stettin*. Voir ce nom.

POMME ROTHGRAUE KELCHREINETTE. — Synonyme de *Reinette d'Osnabruck*. Voir ce nom.

POMME RÖTHLICHE REINETTE. — Synonyme de pomme *Reine des Reinettes*. Voir ce nom.

POMME ROTHVOGEL. — Synonyme de pomme *Rouge de Stettin*. Voir ce nom.

467. POMME DE LA ROUAIRIE.

Synonymes. — *Pommes :* 1. FENOUILLET BOSSOREILLE (André Leroy, *Catalogue descriptif d'arbres fruitiers et d'ornement*, 1852, p. 29, n° 73). — 2. FENOUILLET DE RIBOU, ou RIBOURG (Comice horticole d'Angers, *Catalogue de son Jardin fruitier*, 1852, n° 9). — 3. FENOUILLET TENDRE DE RIBOURG (Durand, pépiniériste à Bourg-la-Reine, près Paris, *Catalogue de 1869*, p. 134).

Description de l'arbre. — *Bois :* de moyenne force. — *Rameaux :* nombreux, érigés et légèrement arqués, assez courts, peu gros, bien géniculés, duveteux et rouge-brun ardoisé. — *Lenticelles :* arrondies, très-petites mais abondantes. — *Coussinets :* ressortis. — *Yeux :* très-petits, coniques-raccourcis, fortement collés sur le bois, ayant les écailles bombées et saillantes. — *Feuilles :* petites, ovales-arrondies, vert terne en dessous, gris verdâtre en dessous, courtement acuminées, planes pour la plupart et légèrement dentées. — *Pétiole :* peu long et peu gros, rigide, à faible cannelure. — *Stipules :* généralement très-petites.

Pomme de la Rouairie.

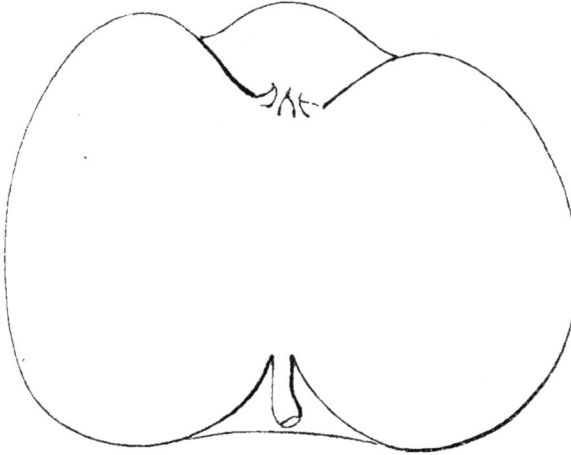

FERTILITÉ. — Modérée.

CULTURE. — Il fait de très-beaux plein-vent, quoique sa vigueur ne soit pas remarquable; les formes naines, cordon et buisson, lui conviennent beaucoup, car elles augmentent sa fertilité.

Description du fruit. — *Grosseur :* au-dessus de la moyenne. — *Forme :* conique-raccourcie, pentagone et ventrue. — *Pédoncule :* court et gros, droit ou arqué, profondément planté dans un vaste bassin. — *OEil :* grand, régulier, ouvert, à cavité habituellement large et profonde et toujours des plus gibbeuses sur ses bords. — *Peau :* mince, rugueuse, à fond verdâtre en partie recouvert de roux bronzé et semé de nombreux points blanchâtres. — *Chair :* blanche, fine, mi-tendre et croquante. — *Eau :* abondante, bien sucrée et bien acidulée, ayant un délicieux et léger parfum d'anis.

MATURITÉ. — Février-Juin.

QUALITÉ. — Première.

Historique. — Ce pommier, originaire de Maine-et-Loire, poussa spontanément dans le jardin de la Rouairie, habitation située commune du Lion-d'Angers (Maine-et-Loire), et donna ses premiers fruits vers 1840. M. de la Perraudière, alors propriétaire du pied-type, ayant apprécié le rare mérite de cette variété, la fit connaître, et bientôt elle se répandit dans tout le voisinage, notamment chez Mme de Bossoreille, au château du Ribou. Un peu plus tard, m'étant procuré dans ce dernier lieu la nouvelle pomme encore innommée, je l'appelai Fenouillet Bossoreille, presque au même moment où le Comice horticole d'Angers allait la propager aussi, mais sous le nom Fenouillet de Ribou, rappelant celui du domaine d'où les greffes avaient été envoyées. Ainsi s'expliquent les deux plus anciennes dénominations de ce pommier. Quant au surnom qu'il porte aujourd'hui, j'ai dû le lui donner, et le lui maintenir, après avoir appris de M. de la Perraudière les faits que je viens d'exposer. Du reste, le pied-mère existe toujours à la Rouairie, venue par mariage aux mains de M. de Vauguyon, dont le beau-père m'offrait le 17 mars 1869 plusieurs pommes cueillies sur cet arbre. C'est même l'une d'elles dont je me suis servi pour décrire et figurer ladite variété.

Pomme ROUBAU. — Synonyme de pomme *Royale d'Angleterre*. Voir ce nom.

Pomme ROUELLER *ou* ROUELLERS. —Synonyme de *Reinette rouelliforme*. Voir ce nom.

---

468. Pomme ROUENNAISE HATIVE.

Premier Type.

Description de l'arbre.

Bois : assez fort. — *Rameaux :* nombreux, légèrement étalés, à peine coudés, gros et de longueur moyenne, peu duveteux et d'un rouge ardoisé lavé de gris cendré. — *Lenticelles :* allongées, petites et clair-semées. — *Coussinets :* bien ressortis. — *Yeux :* assez petits, ovoïdes-allongés, obtus, en partie collés sur l'écorce, ayant les écailles mal soudées, rougeâtres et cotonneuses. — *Feuilles :* de grandeur moyenne, ovales-arrondies, vert clair en dessus, vert grisâtre en dessous, courtement acuminées et largement mais peu profondément dentées. — *Pétiole :* gros, long, roide, carminé au point d'attache et sensiblement cannelé. — *Stipules :* très-petites et souvent même faisant défaut.

Fertilité. — Abondante.

Culture. — Sa vigueur satisfaisante permet de lui donner, sur n'importe quel sujet, telle forme qu'on désire.

Description du fruit. — *Grosseur :* moyenne et parfois un peu plus volumineuse. — *Forme :* variant entre la conique-arrondie très-irrégulière et la globuleuse légèrement cylindrique. — *Pédoncule :* long ou de longueur moyenne, assez fort, surtout à la base, arqué,

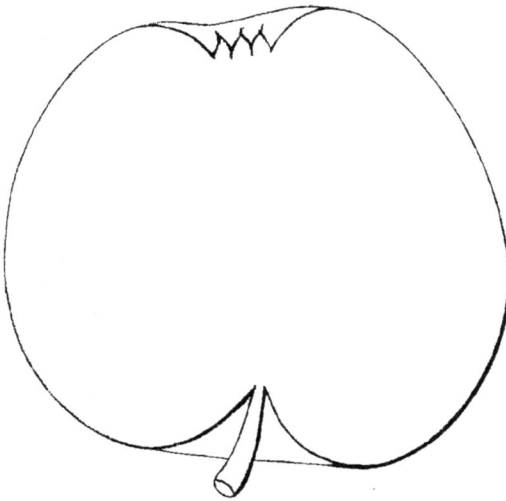

Deuxième Type.

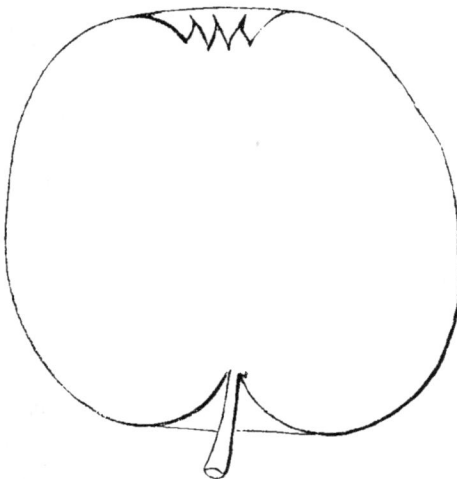

profondément planté dans un bassin de largeur variable. — *Œil :* grand, très-ouvert, à longues et larges sépales généralement duveteuses, à cavité irrégulière, peu vaste, unie ou faiblement ondulée sur ses bords. — *Peau :* à fond jaunâtre clair, très-amplement lavée de rose pâle, striée de rouge lie de vin, maculée de brun olivâtre auprès du pédoncule et finement ponctuée de gris-blanc. — *Chair :* blanche, serrée, assez tendre. — *Eau :* abondante, fraîche, douceâtre et vineuse, à peu près dénuée de parfum.

MATURITÉ. — Septembre-Octobre.

QUALITÉ. — Deuxième.

Historique. — M. Boisbunel, pépiniériste à Rouen, est l'obtenteur de ce pommier, provenu d'un semis fait en 1845; son premier rapport date de 1859; sa mise au commerce eut lieu quatre ans plus tard.

---

469. Pomme ROUGE AROMATISÉE.

Synonyme. — *Pomme* AROMATIC RUSSET (George Lindley, *Guide to the orchard and kitchen garden*, 1831, p. 86, n° 164; — et Charles Downing, *the Fruits and fruit trees of America*, 1869, page 79).

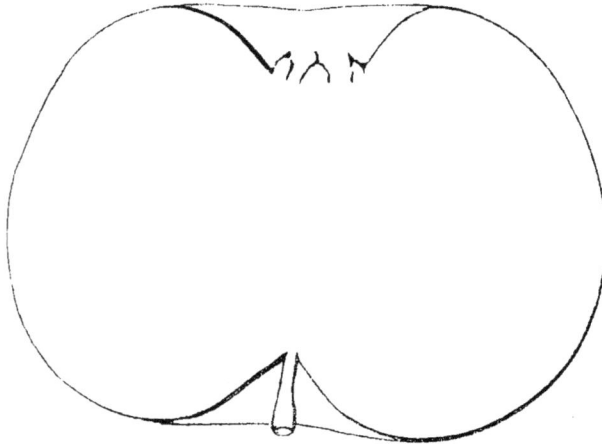

Description de l'arbre. — *Bois :* de force moyenne. — *Rameaux :* assez nombreux, étalés, gros et longs, légèrement coudés, à peine duveteux et rouge-brun ardoisé. — *Lenticelles :* arrondies ou allongées, grandes et abondantes. — *Coussinets :* peu développés. — *Yeux :* petits, coniques, cotonneux et noyés dans l'écorce. — *Feuilles :* petites ou moyennes, ovales-allongées, non acuminées pour la plupart, planes et faiblement dentées ou crénelées. — *Pétiole :* très-long, assez mince, rigide, à peine cannelé. — *Stipules :* très-petites et souvent nulles.

FERTILITÉ. — Ordinaire.

CULTURE. — La forme naine, sur doucin ou paradis, convient mieux à ce pommier, que la haute-tige, en raison de sa vigueur modérée, qui nécessairement donnerait aux plein-vent un vilain tronc et surtout une tête irrégulière et beaucoup trop étalée.

Description du fruit. — *Grosseur :* volumineuse. — *Forme :* globuleuse, très-comprimée aux pôles et généralement ayant un côté moins développé que l'autre. — *Pédoncule :* assez court, de longueur moyenne, inséré dans une large et profonde cavité. — *Œil :* très-grand, complétement ouvert, à vaste cavité à peu près unie sur les bords. — *Peau :* lisse, jaune clair et verdâtre, lavée, à l'insolation, de rouge-brique foncé, tachée de brun autour du pédoncule et finement ponctuée de gris. — *Chair:* blanche, mi-fine, assez tendre. — *Eau :* abondante, sucrée, légèrement acidulée et savoureusement parfumée.

MATURITÉ. — Décembre-Février.

QUALITÉ. — Première.

Historique. — Le pomologue anglais George Lindley, qui signala cette pomme en 1831 (p. 86, n° 164), fit observer que déjà elle était mentionnée dans quelques Catalogues de pépiniéristes, et différait d'une variété de même nom, inscrite sous le n° 1061 du Catalogue du Jardin de la Société d'Horticulture de Londres. Lindley peut avoir raison, car celle-ci, appelée également *Spice Apple* [Pomme d'Épice], étant identique avec le Fenouillet gris (voir notre tome III, pp. 293-295), ne saurait alors ressembler au fruit ici décrit, appartenant réellement à l'Angleterre, mais dont la provenance locale et l'obtenteur sont encore inconnus.

POMME ROUGE D'ASTRACAN. — Voir pomme *d'Astracan rouge.*

POMME ROUGE (BEAU-). — Synonyme de pomme *Hollandbury.* Voir ce nom.

POMME ROUGE (BONNE-). — Synonyme de pomme *Hollandbury.* Voir ce nom.

POMME ROUGE FRAMBOISÉE. — Synonyme de pomme *Roi très-noble.* Voir ce nom.

POMME ROUGE A FRIRE. — Synonyme de pomme *Cardinal rouge.* Voir ce nom.

---

470. POMME ROUGE DE PRYOR.

Synonymes. — *Pommes :* 1. BIG HILL (Elliott, *Fruit book*, 1854, p. 99). — 2. PITZER HILL (*Id. ibid.*). — 3. PRYOR'S RED (*Id. ibid.*).

Description de l'arbre. — *Bois :* assez faible. — *Rameaux :* peu nombreux, érigés, courts et grêles, à peine géniculés, légèrement duveteux et d'un rouge-brun lavé de gris. — *Lenticelles :* allongées, grandes et abondantes. — *Coussinets :* ressortis. — *Yeux :* assez petits, ovoïdes-arrondis, plaqués sur l'écorce et rarement bien cotonneux. — *Feuilles :* petites ou moyennes, courtement acuminées, planes et très-finement dentées. — *Pétiole :* court et gros, tomenteux, à cannelure presque nulle. — *Stipules :* courtes et larges.

FERTILITÉ. — Abondante.

CULTURE. — Son manque de vigueur interdit de le greffer ras terre, pour plein-vent; il lui faut la greffe en tête. Sous forme naine, sur doucin, il fait de très-beaux cordons, espaliers et buissons.

Description du fruit. — *Grosseur :* moyenne. — *Forme :* globuleuse et généralement assez irrégulière. — *Pédoncule :* long ou de longueur moyenne, bien nourri, surtout à ses extrémités, arqué, inséré dans un bassin étroit et profond. —

Pomme Rouge de Pryor.

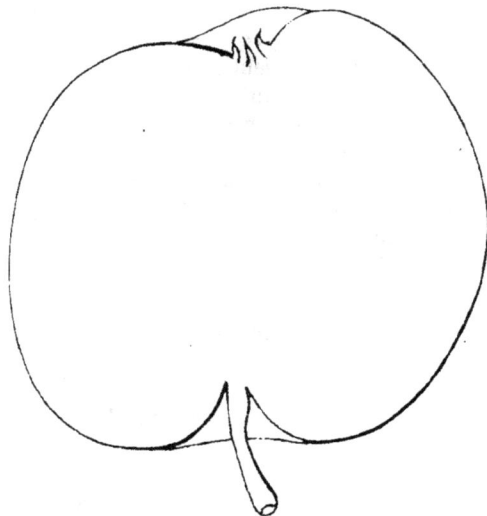

OEil : petit, mi-clos ou fermé, à cavité peu développée, irrégulière, unie ou légèrement ondulée sur les bords. — *Peau :* lisse, jaune clair, presque complétement lavée et fouettée de carmin, tachée de fauve autour du pédoncule puis semée de gros et assez nombreux points bruns. — *Chair :* jaunâtre, serrée, très-ferme et quelque peu marcescente. — *Eau :* suffisante, bien sucrée, à peine acidulée et faiblement parfumée.

Maturité. — Décembre-Avril.

Qualité. – Deuxième.

Historique. — Très-répandue en Amérique, dont elle est originaire, la pomme Rouge de Pryor fut décrite dès 1854 par Elliott, à l'article duquel nous empruntons le passage suivant :

« Ce pommier — écrit-il — provient évidemment d'un semis sorti d'une graine croisée avec la Westfield Seed-no-Further et la Roxbury russet, mais c'est de la première desdites variétés qu'il se rapproche le plus. Quant à son lieu de naissance, je n'ai pu le découvrir. » (*Fruit book*, pp. 99-100.)

Pomme ROUGE RAYÉE. — Synonyme de pomme *Eiser rouge.* Voir ce nom.

---

471. Pomme ROUGE RAYÉE.

Synonymes. — *Pommes :* 1. Red streak (Georges Lindley, *Guide to the orchard and kitchen garden*, 1831, p. 110, n° 209). — 2. Scudamore's Crab (*Id. ibid.*). — 3. Herefordshire red streak (Thompson, *Catalogue of fruits cultivated in the garden of the horticultural Society of London*, 1842, p. 34, n° 625). — 4. Johnson (Charles Downing, *the Fruits and fruit trees of America*, 1869, p. 328).

Description de l'arbre. — *Bois :* fort. — *Rameaux :* peu nombreux, étalés et souvent arqués, longs, très-gros, légèrement coudés, bien duveteux et rouge-brun ardoisé faiblement nuancé de vert. — *Lenticelles :* plus au moins allongées, grandes et abondantes. — *Coussinets :* aplatis. — *Yeux :* gros, coniques-arrondis, entièrement collés sur le bois et très-cotonneux. — *Feuilles ·* très-grandes, ovales et constamment acuminées, épaisses, molles, duveteuses, planes, ayant les bords

profondément dentés. — *Pétiole* : gros, assez court, tomenteux et faiblement cannelé. — *Stipules* : larges, des plus longues, quelque peu cotonneuses.

FERTILITÉ. — Ordinaire.

CULTURE. — Comme plein-vent il croît fort bien et sa tête devient de toute
beauté. La basse-tige sur paradis, et sous n'importe quelle forme, lui est aussi très-
profitable.

Description du fruit. — *Grosseur* : volumineuse. — *Forme* : irrégulièrement
arrondie. — *Pédoncule* : court, de force moyenne, arqué, profondément inséré
dans un bassin étroit. —
Œil : grand ou moyen,
fermé, à longues sépales
et cavité irrégulière, vaste
et plissée. — *Peau* : unie, à
fond jaune brillant, lavée
à l'insolation de rouge-
brun marbré de rose pâle,
rayée de roux au sommet,
maculée de même autour
du pédoncule, puis ponc-
tuée de gris et de brun. —
Chair : blanche, nuancée
de vert, mi-fine, assez
tendre et peu croquante.
— *Eau* : abondante, su-
crée, délicieusement par-
fumée et suffisamment
acidulée.

Pomme Rouge rayée.

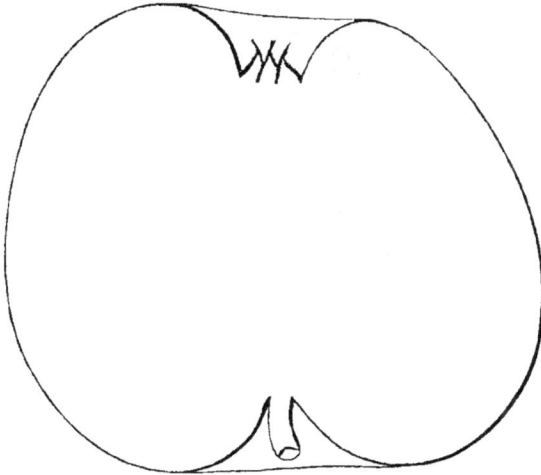

MATURITÉ. — Décembre-Avril.

QUALITÉ. — Première.

Historique. — La Pomme rouge rayée appartient à l'Angleterre, où son
obtention eu lieu vers 1620 ; c'est du moins ce qui ressort de l'article ci-après, puisé
dans la Pomologie anglaise, si justement estimée, de George Lindley :

« La variété appelée *Rouge rayée* [RED STREAK] — assurait cet auteur en 1831 — est indubitablement originaire de l'Herefordshire, où l'on croit que le lord Scudamore la gagna de
semis au commencement du XVIIe siècle, car on l'y nomma, dès son apparition, SCUDAMORE'S
CRAB [Égrasseau de Scudamore]; et ce fut même ce personnage qui la recommanda, vu son
excellence, aux cultivateurs dudit comté. Sous Charles Ier (1625 à 1649), le lord Scudamore
avait été ambassadeur d'Angleterre à la cour de France. (*Guide to the orchard and kitchen
garden*, p. 110, no 209.)

Observations. — Les Allemands possèdent une pomme *Eiser rouge* ayant
pour synonyme, Rouge rayée; il est donc important de ne pas la confondre avec le
fruit ainsi nommé, que je viens d'étudier; et d'autant mieux que ce dernier rappelle
assez bien, extérieurement, la forme et le coloris de l'Eiser rouge, caractérisée
page 285 de mon troisième volume.

472. Pomme ROUGE DE STETTIN.

Synonymes. — *Pommes* : 1. Vineuse rouge d'Hiver (Jean Bauhin, *Historia plantarum universalis*, 1618-1650, t. I, p. 11; — dom Claude Saint-Étienne, *Nouvelle instruction pour connaître les bons fruits*, 1670, p. 217; — et Mayer, *Pomona franconica*, 1776, t. III, p. 102, n° 25). — 2. De Seigneur d'Hiver (le Lectier, d'Orléans, *Catalogue des arbres cultivés dans son verger et plant*, 1628, p. 24; — et Mayer, *ibid.*). — 3. D'Adam d'Hiver (Mayer, *ibid.*). — 4. D'Annaberg (*Id. ibid.*). — 5. De Hardi (*Id. ibid.*). — 6. De Jardi (*Id. ibid.*). — 7. De Paradis d'Hiver (*Id. ibid.*). — 8. De Rostock (*Id. ibid.*). — 9. Rother Herren (*Id. ibid.*). — 10. De Seigneur rouge (*Id. ibid.*). — 11. De Stettin (*Id. ibid.*). — 12. Rother Kaiser (Henri Manger, *Systematische Pomologie*, 1780, première partie, p. 70, n° CXXXVIII-5). — 13. Rother Stettiner (Diel, *Kernobstsorten*, 1799, t. Ier, p. 243). — 14. Belle-Hervy (Thompson, *Catalogue of fruits cultivated in the garden of the horticultural Society of London*, 1842, p. 6, n° 47). — 15. Rostocker (*Idem*, p. 38, n° 721). — 16. Stetting rouge (*Id. ibid.*). — 17. Berliner Glas (Robert Hogg, *the Apple and its varieties*, 1859, p. 266). — 18. Büdickheimer (*Id. ibid.*). — 19. Rother Hern (*Id. ibid.*). — 20. Zwiebel (*Id. ibid.*). — 21. Maler (Lucas, *Illustrirtes Handbuch der Obstkunde*, 1859, t. Ier, p. 555, n° 261). — 22. Rother Bietigheimer (*Id. ibid.*). — 23. Rother Zwiebel (*Id. ibid.*). — 24. Rothvogel (*Id. ibid.*). — 25. Tragamoner (*Id. ibid.*). — 26. Mat (Charles Downing, *the Fruits and fruit trees of America*, 1869, p. 341).

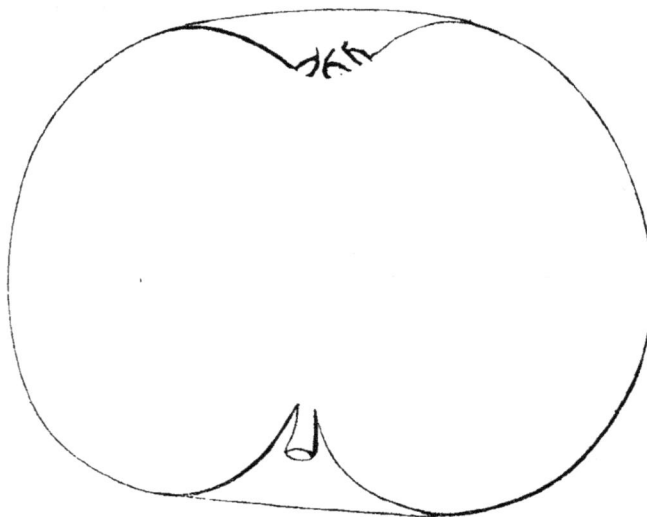

Description de l'arbre. — *Bois :* de moyenne force. — *Rameaux :* assez nombreux et assez longs, érigés, un peu grêles, bien coudés, très-duveteux et rouge-brun ardoisé. — *Lenticelles :* arrondies ou allongées, grandes et rares. — *Coussinets :* larges mais aplatis. — *Yeux :* gros, ovoïdes-arrondis, incomplétement collés sur le bois et des plus cotonneux. — *Feuilles :* de grandeur moyenne, ovales-arrondies, assez longuement acuminées, épaisses et largement dentées ou crénelées. — *Pétiole :* gros, peu long, souvent dépourvu de cannelure. — *Stipules :* étroites et courtes.

Fertilité. — Abondante.

Culture. — Les formes naines, sur doucin, conviennent particulièrement à ce pommier; on peut néanmoins le destiner au plein-vent et en obtenir un arbre de moyenne force, mais il faut, pour cela, le greffer à hauteur de tige sur un sujet très-vigoureux.

Description du fruit. — *Grosseur :* volumineuse. — *Forme :* globuleuse sensiblement comprimée aux pôles et parfois ayant un côté moins développé que l'autre. — *Pédoncule :* court, bien nourri, droit ou arqué, obliquement et profondément planté dans un vaste bassin. — *OEil :* grand, mi-clos ou fermé, à cavité assez unie, très-large mais généralement de profondeur variable. — *Peau :* mince, lisse, à fond vert clair, ponctuée de blanc laiteux et de brun, maculée de fauve autour du pédoncule et très-amplement lavée, surtout à l'insolation, de carmin plus ou moins vif et foncé. — *Chair :* verdâtre, fine ou mi-fine, assez tendre ou croquante. — *Eau :* abondante, bien sucrée, agréablement acidulée et possédant un arome particulier qui la rend, quoique modérément prononcé, savoureuse et fort délicate.

MATURITÉ. — Décembre-Avril.

QUALITÉ. — Première.

Historique. — Très-commune par toute l'Allemagne, cette antique variété en est dite originaire dans les anciennes comme dans les modernes Pomologies de ce pays. Je n'ai pu découvrir, néanmoins, la localité où elle a pris naissance, les divers auteurs qui l'ont caractérisée étant muets sur ce point. Son premier descripteur me paraît avoir été notre savant compatriote le docteur Jean Bauhin. Il la fit connaître sous le nom de Vineuse rouge, en 1598, dans l'*Historia fontis et balnei Bollensis*, puis plus tard dans l'*Historia plantarum universalis*, volumineux ouvrage que la mort ne lui permit pas de publier, mais qui le fut en 1650 :

« La *Pomme Vineuse*, y dit-il, *rouge* sur le côté qui regarde le soleil, et blanchâtre de l'autre, est ainsi appelée, tant à Boll, à Wall et à Zell (Suisse), qu'à Montbéliard (Doubs), où j'en ai mangé une, très-bonne encore, au milieu du mois de mai. » (T. Ier, p. 11.)

Les nombreux synonymes — vingt-six — appartenant à cette pomme, témoignent à la fois de son mérite et de son ancienneté. Seigneur et Vineuse ont été ses noms primitifs dans les jardins français, où sa culture remonte au moins à 1625. Dom Claude Saint-Étienne l'a brièvement décrite, mais assez bien, en 1670 :

« La *Vineuse* — explique-t-il — est rondelette, plus grosse que Caleville, rouge dessus et blanche dedans; bonne dès les Roys jusqu'en May. » (*Nouvelle instruction pour connaître les bons fruits*, p. 217.)

Le pomologue allemand Jean Mayer, qui écrivait en 1776, s'attacha surtout à retrouver les principaux synonymes de ce pommier, pour lors nommé de Seigneur rouge, en Franconie, contrée qu'habitait Mayer. C'est, du reste, dans le recueil de cet auteur très-estimé, que j'ai vu la dénomination actuelle de ce fruit — Rouge de Stettin — faire sa première apparition. Les noms pommes Vineuse rouge et de Seigneur rouge n'ont plus cours en France, et depuis longtemps, mais il se peut que la variété qu'on y dénommait ainsi au XVIIe siècle, y soit toujours cultivée, cachée sous quelque pseudonyme. De cela, je ne veux répondre. J'affirme seulement qu'en 1867, à l'Exposition horticole internationale de Paris, frappé par la beauté de la *Rother Stettiner*, ou Rouge de Stettin, fruit qui me sembla nouveau pour nos pépiniéristes, je le fis immédiatement venir de Reutlingen (Wurtemberg), ville où l'obligeant et savant docteur Lucas a créé une école d'arboriculture fruitière déjà célèbre.

Observations. — Mayer (t. III, p. 102) a classé le nom de *Jardi* parmi les synonymes de la pomme Seigneur rouge, ou Rouge de Stettin. Si l'autorité dont jouit cet auteur ne m'a pas permis de rayer ce nom, de ma liste, je dois cependant prendre acte, ici, de la dissemblance marquée qui existe entre la Rouge de Stettin et certaine pomme Jardi caractérisée par les Chartreux (1775) : « Elle est, disent-ils, « très-grosse, a la queue très-longue et menue, la chair très-jaune et ferme, et se « garde bien. » (*Catalogue de leurs pépinières*, édit. Liron d'Airoles, p. 56). On le voit, quoiqu'incomplète cette description, surtout en ce qui concerne le long et menu pédoncule, est loin de rappeler celle de la variété que nous venons d'étudier. — Il existe chez les Anglais une *Stettin Pippin* qui, par son nom, pourrait bien amener quelque méprise entr'elle et la Rouge de Stettin. Ceci n'aura pas lieu si l'on se rappelle que la Stettin Pippin est identique avec la Reinette de Caux.

473. Pomme ROUGEATRE.

Synonymes. — *Pommes :* 1. De Roger ou De Rogier (des Normands, au XII° siècle et au XIII°; voir Léopold Delisle, 1851, *Études sur la condition de la classe agricole et l'état de l'agriculture en Normandie*, au moyen âge, p. 500; — et Robillard de Beaurepaire, 1865, *Notes et documents concernant l'état des campagnes de la haute Normandie dans les derniers temps du moyen âge*, pp. 47 et 50). — 2. Rougeatre de Wall (Jean Bauhin, *Historia fontis et balnei Bollensis Admirabilis*, 1598, p. 90; — et Mauger, *Systematische Pomologie*, 1780, p. 30, n° XXV). — 3. Rougeatre de Bliensbach (Jean Bauhin, *Historia plantarum universalis*, 1613-1650, t. I°ʳ, p. 17; — et Manger, *ibid.*). — 4. De Rougelet (Olivier de Serres, *le Théâtre d'agriculture et ménage des champs*, 1608, p. 626). — 5. Rouzeau (le Lectier, d'Orléans, *Catalogue des arbres cultivés dans son verger et plant*, 1628, p. 25). — 6. Rouzeau d'Hiver (Bonnefond, *le Jardinier français*, 1653, p. 109). — 7. Rousseau ou Du Rousseau d'Hiver (dom Claude Saint-Étienne, *Nouvelle instruction pour connaître les bons fruits*, 1670, p. 216; — et Henri Manger, *ibid.*). — 8. Allongée verte (André Leroy, *Catalogue descriptif et raisonné des arbres fruitiers et d'ornement*, 1865, p. 47, n° 7). — 9. Allongée rougeatre (*Id. ibid.*, 1868, p. 44). — 10. Roseau (Charles Downing, *the Fruits and fruit trees of America*, 1869, p. 340).

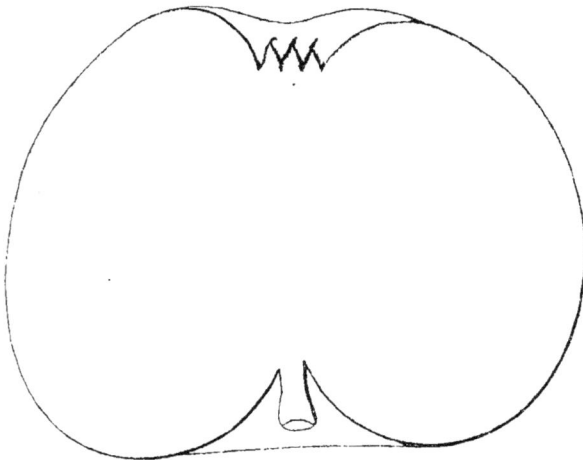

Description de l'arbre. — *Bois :* très-fort. — *Rameaux :* assez nombreux, sensiblement étalés, longs et des plus gros, bien coudés, peu duveteux et rouge-brun foncé lavé de gris. — *Lenticelles :* très-grandes, arrondies, saillantes et clair-semées. — *Coussinets :* larges et peu ressortis. — *Yeux :* gros ou moyens, coniques-obtus, collés en partie sur le bois et faiblement cotonneux. — *Feuilles :* de grandeur moyenne, ovales ou elliptiques, longuement acuminées et très-profondément dentées. — *Pétiole :* de longueur moyenne, gros, rigide, rarement cannelé. — *Stipules :* bien développées.

Fertilité. — Ordinaire.

Culture. — L'extrême vigueur de ce pommier lui permet de faire, greffé ras terre, de très-beaux plein-vent à tête superbe, à tige forte et droite; quant aux formes naines, il s'y prête parfaitement aussi, lorsqu'on a soin, par exemple, de ne l'écussonner que sur paradis.

Description du fruit. — *Grosseur :* au-dessus de la moyenne. — *Forme :* elle passe de la conique sensiblement arrondie à la globuleuse plus ou moins régulière, mais elle est toujours légèrement pentagone vers le sommet. — *Pédoncule :* bien nourri, court ou de longueur moyenne, droit ou arqué, profondément inséré dans un vaste bassin. — *Œil :* grand, mi-clos ou fermé, à cavité irrégulière, généralement assez développée et bossuée sur les bords. — *Peau :* un peu épaisse, lisse, tachée de fauve autour du pédoncule, vert-clair jaunâtre sur le côté placé à l'ombre, où elle est abondamment ponctuée de blanc laiteux, puis rouge-brun pâle sur l'autre face, qui porte également de nombreux points, mais gris et cerclés de carmin. — *Chair :* blanchâtre, mi-fine, ferme et croquante. — *Eau :* suffisante, assez sucrée, sans parfum et légèrement astringente.

MATURITÉ. — Novembre-Mars.

QUALITÉ — Deuxième.

Historique. — La pomme Rougeâtre est originaire de Normandie, et presque aussi ancienne que la variété Richard, de même provenance, décrite plus haut (pp. 751-754). MM. Léopold Delisle et Robillard de Beaurepaire, dans leurs *Études sur l'agriculture en Normandie, au moyen âge,* produisent en effet certains documents inédits desquels il résulte qu'au commencement du XIIᵉ siècle les Normands connaissaient déjà ce pommier. Alors il était appelé : *Rogé, Roger, Rogier, Rogelet,* noms synonymes de notre mot rouge ou rougeâtre, qu'en ces temps reculés on écrivait aussi : *roé, roïé, rouzeau, rousseau.* A dater du XVIᵉ siècle partie de ces noms primitifs, venus du roman, disparurent pour cette pomme et furent remplacés dans le latin, par *Pomum Rubellum,* et, dans l'allemand, par *Röttling Apfel,* termes signifiant : Pomme Rougeâtre. Le médecin Jean Bauhin, d'Amiens, mort en 1613, est le premier auteur chez lequel nous rencontrons ce nouveau surnom, que depuis, surtout en Suisse et en Allemagne, ce fruit a généralement porté. Il le décrivit et le figura deux fois : en 1598, à la page 90 de son *Historia fontis et balnei Bollensis Admirabilis,* puis avant 1613, dans l'*Historia plantarum universalis* (t.I, p.17), œuvre posthume éditée trente-sept ans plus tard (1650). On voit par lesdits recueils que le pommier Rougeâtre était, à cette époque, assez communément cultivé chez les Suisses, les Wurtembergeois et les Francs-Comtois. Chez nous, en dehors de la Normandie et de la Franche-Comté, je ne crois pas que jamais il ait eu beaucoup de propagateurs. Aujourd'hui, à peine si quelques-uns de nos pépiniéristes le connaissent. Pour moi, je possédais cette variété, mais sous les pseudonymes d'*Allongée verte* et d'*Allongée rougeâtre,* dont l'impropriété si positive me conduisit à rechercher le vrai nom qu'ils cachaient. J'ai pu le retrouver, grâce à Bauhin, et le lui rendre dans mon plus récent *Catalogue* (1873, p. 53, nº 475).

POMMES : ROUGEATRE DE BLIENSBACH,

—   ROUGEATRE DE WALL,

—   DE ROUGELET,

{ Synonymes de pomme *Rougeâtre.* Voir ce nom.

POMME ROUND CATSHEAD. — Synonyme de pomme *Tête de Chat.* Voir ce nom.

POMME ROUSSE-JAUNE TARDIVE. — Synonyme de pomme *d'Or d'Angleterre*. Voir ce nom.

POMME ROUSSEAU *ou* DU ROUSSEAU D'HIVER. — Synonyme de pomme *Rougeâtre*. Voir ce nom.

POMMES : ROUSSETTE ENVELOPPÉE DE CUIR,

— ROUSSETTE A PEAU DE CUIR,

— ROUSSETTE ROYALE,

Synonymes de pomme *Royal Russet*. Voir ce nom.

POMME ROUSSETTE DE SYKE-HOUSE.— Synonyme de pomme *de Syke-House*. Voir ce nom.

POMMES DE *ou* DU ROUVEAU *ou* ROUVIAU. — Synonymes de pomme *Cœur de Bœuf*. Voir ce nom.

----

474. POMME ROUX BRILLANT.

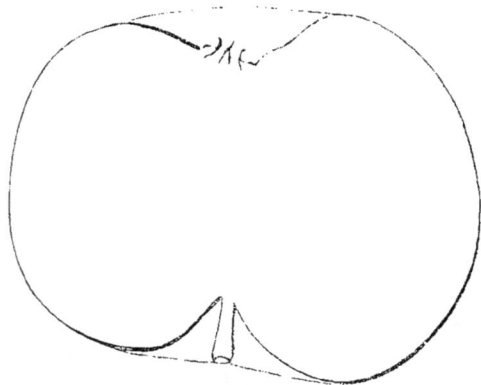

Description de l'arbre. — *Bois :* assez fort. — *Rameaux :* très-nombreux, étalés, des plus flexueux, gros, courts, sensiblement duveteux et rouge-brun ardoisé. — *Lenticelles :* grandes, abondantes, arrondies ou allongées. — *Coussinets :* aplatis. — *Yeux :* très-gros, ovoïdes-arrondis, légèrement écartés du bois et complètement couverts de duvet. — *Feuilles :* de grandeur variable, mais habituellement assez petites, ovales-allongées, non acuminées et faiblement dentées ou crénelées. — *Pétiole :* peu long, de moyenne force, à cannelure bien accusée. — *Stipules :* presque nulles.

FERTILITÉ. — Modérée.

CULTURE. — Ce pommier fait de beaux plein-vent lorsqu'on le greffe en tête; comme basse-tige les formes cordon, buisson, espalier lui conviennent beaucoup, mais s'il a été greffé sur doucin, et non sur paradis, sujet qui rendrait trop lente sa végétation.

Description du fruit. — *Grosseur :* moyenne. — *Forme :* globuleuse sensiblement comprimée aux pôles et toujours beaucoup plus volumineuse d'un côté que de l'autre.— *Pédoncule :* court, assez grêle, inséré profondément dans un bassin de dimensions variables. — *Œil :* moyen, mi-clos, à cavité unie, large et généralement assez profonde. — *Peau :* mince, lisse, jaune d'or sur le côté placé à l'ombre, rouge-brun clair sur l'autre face, tachée de fauve olivâtre autour du pédoncule, puis abondamment ponctuée de gris et de marron. — *Chair :* blanchâtre, fine et mi-tendre. — *Eau :* suffisante, délicieusement sucrée, acidulée et parfumée.

MATURITÉ. — Décembre-Mars.

QUALITÉ. — Première.

Historique. — En 1840 je signalais cette variété parmi les nouveautés de mon *Catalogue* (p. 3); elle m'avait été donnée par l'auteur de la *Pomologie de la Seine-Inférieure*, feu Prévost, pépiniériste à Boisguillaume-lès-Rouen. Depuis lors, je ne l'ai vue citée ni décrite dans aucun recueil français ou étranger, aussi dois-je renoncer à découvrir sa véritable provenance, ainsi qu'à déterminer son âge.

POMMES ROUZEAU *et* ROUZEAU D'HIVER. — Synonymes de pomme *Rougeâtre*. Voir ce nom.

POMMES : ROXBURY RUSSET,

— ROXBURY RUSSETING ,

Synonymes de pomme *Boston Russet*. Voir ce nom.

POMME ROYAL PEARMAIN D'ÉTÉ. — Synonyme de pomme *Pearmain d'Été*. Voir ce nom.

POMME ROYAL PEARMAIN D'HIVER. — Synonyme de pomme *de Hereford*. Voir ce nom.

475. POMME ROYAL RUSSET.

Synonymes. — *Pommes :* 1. LEATHER COAT (William Lawson, *New orchard and garden*, 1597, p. 65; — et Robert Hogg, *the Apple and its varieties*, 1859, p. 175). — 2. ROUSSETTE ROYALE (Miller, *Dictionnaire des jardiniers*, 1786, t. IV, p. 530). — 3. ROUSSETTE ENVELOPPÉE DE CUIR (*Id. ibid.*). — 4. KÖNIGLICHER RUSSET (J. F. Benad en 1804, cité par Dochnahl dans l'*Obstkunde*, 1855, t. I, p. 202, n° 836). — 5. ROUSSETTE A PEAU DE CUIR (William Forsyth, *Treatise on the culture and management of fruit trees*, 1805, traduction française de Pictet-Mallet, p. 91, n° 25). — 6. KÖNIGLICHER ROTHBRAUNER (Dittrich, *Systematisches Handbuch der Obstkunde*, 1841, t. III, p. 55, n° 88). — 7. REINETTE DE CANADA PLATE (Thompson, *Catalogue of fruits cultivated in the garden of the horticultural Society of London*, 1842, p. 39, n° 749). — 8. KÖNIGS-RUSSLING (le baron de Biedenfeld, *Handbuch aller bekannten Obstsorten*, 1854, t. II, p. 136). — 9. KÖNIGLICHER RÖTHLING (Dochnahl, *Obstkunde*, 1855, t. I, p. 202, n° 836). — 10. REINETTE DE CANADA GRISE ET PLATE (*Id. ibid.*). — 11. REINETTE GRISE ROYALE (Mas, *le Verger*, 1868, t. IV, p. 87, n° 42). — 12. LEATHER COAT RUSSET (Charles Downing, *the Fruits and fruit trees of America*, 1869, p. 343).

Description de l'arbre. — *Bois :* très-fort. — *Rameaux :* peu nombreux, étalés, légèrement arqués, gros et longs, duveteux, géniculés, olivâtres du côté de l'ombre et d'un brun rougeâtre à l'insolation. — *Lenticelles :* de grandeur et forme variables. — *Coussinets :* larges mais aplatis. — *Yeux :* des plus gros, ovoïdes, très-obtus, à peine collés sur le bois, ayant les écailles cotonneuses et mal soudées. — *Feuilles :* très-grandes, ovales-arrondies à la base des rameaux, ovales-allongées à leur sommet, d'un beau vert brillant en dessus, d'un vert grisâtre en dessous, longuement acuminées, repliées sur elles-mêmes, puis largement et profondément dentées ou crénelées. — *Pétiole :* assez long, excessivement gros, carminé au point d'attache, et cannelé. — *Stipules :* longues et larges, pour la plupart.

FERTILITÉ. — Satisfaisante.

CULTURE. — La grande vigueur de ce pommier le rend très-propre à figurer, comme plein-vent, dans un verger; mais du reste il croît parfaitement sur toute espèce de sujet et se prête à toutes les formes.

Pomme Royal Russet.

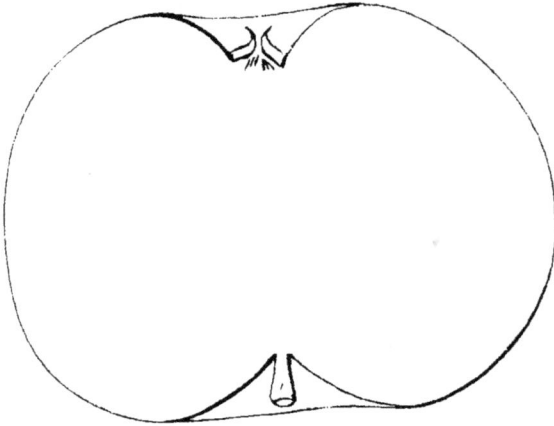

Description du fruit. — *Grosseur :* moyenne et parfois plus volumineuse. — *Forme :* globuleuse sensiblement aplatie à ses extrémités. — *Pédoncule :* court, assez fort, surtout à la base, planté dans un bassin large et généralement peu profond. — *Œil :* grand, clos ou mi-clos, à longues sépales, à cavité vaste et unie. — *Peau :* rugueuse, jaune-clair sur le côté placé à l'ombre, jaune-brun ou rouge-brun terne à l'insolation, semée de gros points gris formant étoile, puis amplement recouverte d'une couche roussâtre çà et là squammeuse. — *Chair :* jaunâtre ou verdâtre, fine, assez tendre. — *Eau :* suffisante, sucrée, acidulée, peu parfumée.

MATURITÉ. — Novembre-Avril.

QUALITÉ. — Deuxième comme fruit à couteau, première pour tous les usages culinaires.

Historique. — Excellente chez les Anglais, où elle a pris naissance il y a plusieurs siècles, cette pomme se montre généralement moins bonne dans notre pays. Les Allemands l'ont en assez haute estime et la cultivent depuis une cinquantaine d'années. Il s'en faut donc de beaucoup qu'elle soit aussi connue et répandue en France, où son importation remonte à peine à 1855. Robert Hogg, qui l'a décrite (1859) dans *the Apple and its varieties*, en établit ainsi l'origine :

« Cette ancienne variété anglaise — dit-il — jouit depuis longtemps, chez nous, d'une grande renommée, car Lawson l'a mentionnée dès 1597, et les pomologues qui plus tard s'en sont occupés, l'ont presque tous recommandée. » (Page 175, n° 309.)

Observations. — Le Royal Russet n'est nullement identique avec la *Reinette grise du Canada.* Pendant plusieurs années j'ai dit le contraire, d'après Miller, Thompson et Lindley, dans mon Catalogue; et je le croyais d'autant mieux, qu'on m'avait vendu, sous ce nom, un pommier de Canada gris. Mais, récemment, m'étant procuré le véritable Royal Russet, j'ai vu que si ces deux pommes se ressemblent un peu, il n'en est pas de même de leurs arbres, aux descriptions desquels on peut recourir, pour s'assurer du fait.

POMME ROYAL SOMERSET. — Synonyme de pomme *de Londres*. Voir ce nom.

POMME ROYALE. — Synonyme de *Passe-Pomme d'Été*. Voir ce nom.

476. POMME ROYALE D'ANGLETERRE.

Synonymes. — *Pommes:* 1. ENGLISCHER KÖNIGS (Diel, *Kernobstsorten*, 1799, t. I, p. 74). — 2. REINETTE RAYÉE DE ROUGE (Mirbel, Loiseleur-Deslongchamps, etc., *Nouveau traité des arbres fruitiers de Duhamel du Monceau*, 1816, t. I, p. 22; — et Congrès pomologique, *Pomologie de la France*, 1867, t. IV, n° 40). · 3. REINETTE D'ANGLETERRE HATIVE (Poiteau, *Pomologie française*, 1846, t. IV, n° 37; — et Couverchel, *Traité des fruits*, 1852, p. 446). — 4. D'AOUTAGE (*Id. ibid.*). — 5. ROUBAU (Alexandre Bivort, *Annales de pomologie belge et étrangère*, 1853, t. I, p. 79). — 6. REINETTE DEMOISELLE (A. Dupuis, *Revue horticole*, 1860, pp. 573-574). — 7. REINETTE RAYÉE D'ANGLETERRE (*Id. ibid.*). — 8. DE PIGNON *ou* PINON (Glady, *Revue horticole*, 1867, p. 35; et 1868, pp. 11 et 41).

Description de l'arbre. — *Bois :* fort. — *Rameaux :* nombreux, érigés, gros et longs, faiblement géniculés, peu cotonneux et d'un brun-rouge amplement lavé de gris clair. — *Lenticelles :* assez abondantes, arrondies ou allongées et très-apparentes. — *Coussinets :* saillants. — *Yeux :* de grosseur moyenne, coniques-obtus, peu bombés, duveteux et complétement plaqués sur l'écorce. — *Feuilles :* grandes, ovales, vert brillant et foncé en dessus, duveteuses et d'un vert blanchâtre en dessous, courtement acuminées, planes ou canaliculées, parfois arquées et contournées, ayant les bords largement dentés. — *Pétiole :* très-court, gros, assez rigide, tomenteux et plus ou moins cannelé. — *Stipules :* bien développées.

FERTILITÉ. — Abondante.

CULTURE. — Il fait de beaux plein-vent, même quand on le greffe ras terre, mais les formes naines, sur paradis ou doucin, lui conviennent avant tout, ses volumineux produits n'étant pas très-bien attachés.

Description du fruit. — *Grosseur :* considérable. — *Forme :* conique-arrondie ou légèrement allongée, côtelée au sommet, et généralement ayant une face beaucoup moins développée que l'autre. — *Pédoncule :* court et gros, obliquement et profondément inséré dans un assez vaste bassin. — *Œil :* grand ou moyen, ouvert ou mi-clos, à cavité étroite mais profonde, et dont les bords sont habituellement fort inégaux. — *Peau :* épaisse, un peu onctueuse, ponctuée de brun et de gris, jaune-citron sur la partie placée à l'ombre, jaune orangé à l'insolation, où elle est en outre nuancée de rouge-clair puis finement et courtement rayée de vermillon; à sa base, on remarque une très-large tache fauve et squammeuse qui prend naissance dans le bassin pédonculaire. — *Chair :* blanchâtre, tendre et mi-fine. — *Eau :* suffisante, assez sucrée, acidulée et très-faiblement parfumée.

MATURITÉ. — Septembre-Décembre.

QUALITÉ. — Deuxième pour le couteau, première pour la compote.

Historique. — Alexandre Bivort, pomologue belge récemment décédé, caractérisa la Royale d'Angleterre en 1853, sans toutefois indiquer quel pouvait être le lieu natal de ce joli fruit :

« Cette variété — dit-il — est assez répandue dans les vergers du Brabant wallon, où elle porte le nom de pomme de Roubau. Nous la croyons très-ancienne, bien que Duhamel et ses devanciers n'en aient pas parlé. » (*Annales de pomologie belge et étrangère*, t. I, p. 79.)

Elle est, effectivement, plus que centenaire; mais si notre Duhamel ne l'a pas mentionnée en 1768, il reste acquis, cependant, qu'à cette date on la connaissait déjà chez nous, car en 1775 les Chartreux de Paris lui donnaient place dans le *Catalogue* marchand de leurs célèbres pépinières, et même l'y décrivaient en ces termes :

« La *Royale d'Angleterre* est une pomme d'une grosseur extraordinaire, plus longue que ronde; elle est tendre et légère. » (Chap. Pommier, n° 12.)

De qui les Chartreux tenaient-ils ce pommier, dont je ne trouve, avant 1775, aucune espèce de traces en France?... Son nom m'avait d'abord semblé le rattacher à l'Angleterre, mais j'ai dû croire qu'il n'en était pas ainsi, les pomologues anglais n'ayant décrit ni cité cette variété. Thompson, en 1826, inscrivit bien dans la première édition du *Catalogue* du Jardin fruitier de la Société horticole de Londres, une pomme Royale d'Angleterre (p. 144, n° 973), seulement dans la troisième, publiée en 1842, il la classa (pp. 30 et 38) parmi les synonymes de l'Herefordshire Pearmain, rectification sanctionnée depuis par nombre d'auteurs des plus compétents. Du reste, en se reportant à ma description de la pomme *d'Hereford* (t. III, pp. 378-379), on verra tout aussitôt que nulle ressemblance n'existe entre ce fruit et la Royale d'Angleterre dont il s'agit ici, laquelle ne saurait être, pour lors, celle qui fut, en 1826, erronément signalée dans le *Catalogue* de Thompson. Les Allemands ont possédé cette pomme peu de temps après sa mise en vente par les Chartreux, puisque de 1788 à 1799 les pomologues Hirschfeld, Christ, Salzmann et Diel lui consacrèrent plusieurs articles, auxquels j'ai vainement recouru pour essayer de m'éclairer sur sa véritable provenance. A cet égard, et malgré l'absence de tout document précis, il me paraît possible, néanmoins, de penser que la France dut être son berceau. Il y a de longues années, ne l'y rencontrait-on pas, sous des noms locaux dont la synonymie est aujourd'hui connue, cultivée dans la Normandie, à Vire, puis dans la Guienne, aux environs d'Agen?... Oui, et divers témoins vont l'attester; Poiteau, d'abord, qui, la trouvant appelée pomme d'Aoûtage, remplaça ce nom par celui de Reinette d'Angleterre hâtive, fort mal choisi, car très-souvent il la fit confondre avec l'excellente pomme tardive ainsi dénommée :

« On cultive la *Reinette d'Angleterre hâtive* — écrivait feu Poiteau en 1846 — en Normandie, surtout aux environs de Vire (Calvados), sous le nom de *Pomme d'Aoûtage*, parce qu'elle mûrit dans le mois d'août. En l'examinant avec attention, on lui trouve tant de

rapport avec la Reinette d'Angleterre de l'ancienne école du Luxembourg et du Jardin des Plantes, qu'elle en est évidemment une variété; mais elle en diffère cependant par le temps de la maturité, par sa grosseur et ses qualités. En ajoutant à celle dont il est question, l'épithète *hâtive*, ses rapports avec la Reinette d'Angleterre seront faciles à vérifier.......
Comme les noms des fruits varient d'une province à l'autre, les personnes qui voudraient se procurer celui-ci peuvent le demander à Vire, sous le nom de Pomme d'Aoûtage. »
(*Pomologie française*, t. IV, n° 37.)

Enfin, voici ce que M. Eugène Glady, pomologue habitant Bordeaux, publiait il y a cinq ans dans la *Revue horticole*, de Paris, sur cette Reinette d'Angleterre, que le directeur dudit recueil déclara peu après identique avec la Royale d'Angleterre, insérant même, pour appuyer son assertion, une lettre où M. Willermoz, dont on sait la compétence, affirmait également le fait :

« Parmi les meilleures pommes propres au département du Lot-et-Garonne, je citerai — écrivait M. Glady — la *Reinette d'Angleterre*, que j'ai toujours vue, depuis vingt-cinq ans, sur un très-vieil arbre de ma propriété de Pinon......... Cette variété, qui à Bordeaux est désignée par le nom de *Pomme de Pignon*, ne nous paraît pas, quoi qu'on en dise, appartenir à la section des Reinettes; elle est très-précieuse, et, bien qu'elle ne soit pas nouvelle, mérite d'être plus connue et répandue qu'elle ne l'est. » (*Année* 1867, pp. 34-35; *Année* 1868, pp. 11 et 41.)

Observations. — Généralement on n'a pas assigné à la Royale d'Angleterre ses véritables époques de maturité, puis de conservation. La faire mûrir courant d'août, c'est trop tôt; si dans les derniers jours de ce mois elle peut paraître sur les tables, ce n'est toutefois qu'exceptionnellement et fort aux dépens de sa qualité. Pour la manger entièrement mûre, il faut attendre la fin de septembre. Quant à la garder au fruitier passé décembre, on n'y doit pas songer, du moins dans l'Anjou.

Pomme ROYALE D'ANGLETERRE A TROCHETS. — Synonyme de pomme de *Hereford*. Voir ce nom.

Pommes : ROYALE D'ÉTÉ,

— ROYALE HATIVE,

Synonymes de *Passe-Pomme d'Été*. Voir ce nom.

477. Pomme ROYALE DE JERSEY.

Description de l'arbre. — *Bois :* fort. — *Rameaux :* nombreux, érigés, gros, assez longs, bien coudés, très-duveteux et brun clair verdâtre, mais lavés de rouge auprès des coussinets. — *Lenticelles :* assez grandes, arrondies et clair-semées. — *Coussinets :* larges et saillants. — *Yeux :* moyens, arrondis, plaqués sur l'écorce et couverts de duvet. — *Feuilles :* moyennes, ovales, longuement acuminées, régulièrement et profondément dentées. — *Pétiole :* de longueur et grosseur moyennes, tomenteux et rarement cannelé. — *Stipules :* très-développées.

Fertilité. — Ordinaire.

Culture. — Le plein-vent, même en le greffant ras terre, lui convient bien.

Pour formes naines il faut l'écussonner sur paradis, afin de modérer sa vigueur et de le rendre plus productif.

Description du fruit. — *Grosseur :* moyenne et parfois un peu plus considérable. — *Forme :* globuleuse très-irrégulière, ayant toujours un côté moins volumineux que l'autre. — *Pédoncule :* court ou très-court, gros, planté dans un bassin étroit et rarement profond. — *Œil :* grand, mi-clos, à cavité généralement bien développée. — *Peau :* mince, lisse, unicolore, jaune clair et brillant sur la partie exposée à l'ombre, jaune d'or à l'insolation, très-finement ponctuée de gris et semée de quelques petites taches noirâtres cerclées de carmin. — *Chair :* blanche, fine et des plus tendres. — *Eau :* suffisante, sucrée, agréablement acidulée, mais presque sans parfum.

Pomme Royale de Jersey.

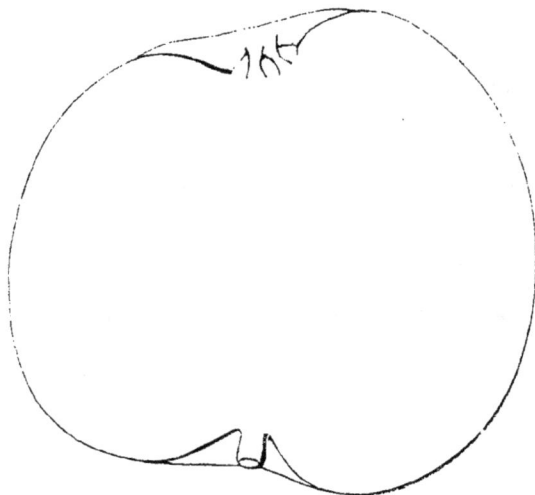

MATURITÉ. — Octobre-Janvier.

QUALITÉ. — Deuxième.

Historique. — La Royale de Jersey faisait en 1867 partie de la collection de pommes envoyée par les Allemands à notre Exposition internationale. L'année suivante je possédais cette variété, grâce à l'obligeance du docteur Lucas, qui sur ma demande me l'expédia de Reutlingen (Wurtemberg). On la cultive en Allemagne depuis un assez long temps; déjà Diel l'y décrivait en 1816 et parlait ainsi de l'origine qu'il lui supposait :

« Elle a été — disait-il — signalée pour la première fois dans le Catalogue des frères William et Joseph Kirke, pépiniéristes à Brompton, près Londres. D'où je conclus que c'est un pommier anglais nouvellement introduit dans la culture; comme aussi son nom de Jersey me fait croire qu'il provient de cette île. » (*Kernobstsorten*, 1816, t. XII, p. 27.)

Quoique cette opinion de Diel me semble avoir été généralement acceptée, je dois cependant faire remarquer que les principales Pomologies anglaises ne mentionnent pas la Royale de Jersey ici décrite. Robert Hogg (1859, p. 267) caractérise bien un pommier Royal Jersey, appartenant à la collection du Jardin de la Société horticole de Londres, mais il le dit à cidre, puis à fruits fouettés de rouge. Ce qui prouve qu'il diffère entièrement du nôtre; ainsi, du reste, qu'en diffèrent également le Jersey Pippin et le Jersey Sweeting caractérisés dans les *Fruits of America* de Charles Downing (1869, p. 231).

POMME RUBANÉE. — Synonyme de pomme *Suisse panachée*. Voir ce nom.

———————

POMME RUBIN. — Synonyme de pomme *Gros-Api*. Voir ce nom.

———————

POMME RUSSET. — Synonyme de pomme *Boston russet*. Voir ce nom.

———————

POMME RUSSET GOLDEN PIPPIN. — Synonyme de pomme *d'Or d'Angleterre*. Voir ce nom.

———————

POMME RUSSIAN. — Synonyme de *Court-Pendu rouge*. Voir ce nom.

———————

POMME RUSSINE. — Synonyme de pomme *Verte de Rhode-Island*. Voir ce nom.

S

Pomme SABINE. — Synonyme de pomme *de Gravenstein*. Voir ce nom.

---

478. Pomme SAFRANÉE.

Synonyme. — *Pomme* Reinette safranée (Comice horticole d'Angers, *Catalogue de son Jardin fruitier*, année 1852, p. 7, n° 31).

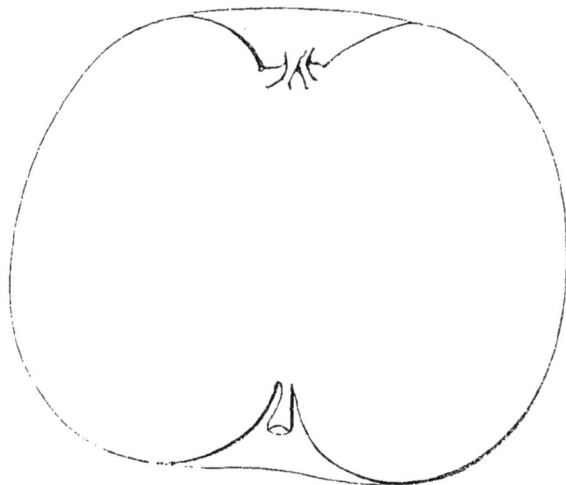

Description de l'arbre. — *Bois :* assez fort. — *Rameaux :* nombreux, érigés ou légèrement étalés, surtout à la base, gros, de longueur moyenne, très-géniculés et très-cotonneux, brun verdâtre lavé de rouge. — *Lenticelles :* petites, arrondies, des plus abondantes.—*Coussinets :* larges et ressortis. — *Yeux :* petits ou moyens, arrondis, complétement collés sur le bois et très-duveteux. — *Feuilles :* de grandeur moyenne, ovales, vert mat et peu foncé en dessus, gris verdâtre en dessous, longuement acuminées et profondément dentées. — *Pétiole :* gros, court et sensiblement cannelé. — *Stipules :* de grandeur moyenne.

Fertilité. — Ordinaire.

Culture. — Pour plein-vent il doit être greffé à hauteur de tige, autrement celle-ci laisserait beaucoup à désirer. Les formes cordon et buisson, sur paradis, lui deviennent très-profitables, particulièrement sous le rapport de la production.

Description du fruit. — *Grosseur :* au-dessus de la moyenne. — *Forme :* globuleuse assez régulière. — *Pédoncule :* court, peu fort, mais renflé au point d'attache et profondément inséré dans un vaste bassin. — *Œil :* grand, ferme, bien enfoncé, à cavité large et unie. — *Peau :* épaisse, quelque peu rugueuse et unicolore, jaune-safran, maculée de brun autour du pédoncule, ponctuée de gris-blanc et quelquefois, mais très-exceptionnellement, faiblement marquée, à l'insolation, de fines et courtes vergetures carminées. — *Chair :* blanchâtre nuancée de vert, assez tendre et demi-fine. — *Eau :* abondante, sucrée, savoureusement acidulée, sans parfum bien prononcé.

MATURITÉ. — Novembre-Janvier.

QUALITÉ. — Deuxième.

Historique. — La pomme Safranée, qui doit son nom à la couleur de sa peau, n'est pas très-connue de nos jardiniers. En 1855 je la signalai pour la première fois dans mon *Catalogue* (p. 44, n° 223); je l'avais prise dans le Jardin du Comice horticole d'Angers, mais j'ignore comment elle y était entrée. Plus tard (1867), je la vis à l'Exposition horticole de Paris. Elle s'y trouvait dans la section des fruits envoyés par les Allemands, chez lesquels on la cultive surtout pour l'alimentation des marchés, ainsi que le disait en 1859 le baron de Flotow (page 213 du tome Ier de *l'Illustrirtes Handbuch der Obstkunde*), ajoutant « qu'elle est probablement origi-« naire d'Altenburg (Saxe-Gotha). » Ce dernier renseignement, qui du reste n'a rien d'affirmatif, ne concorde pas avec celui donné, sur le même sujet, par Valerius Cordus, botaniste de la Hesse électorale mort à Rome en 1544, auteur, entr'autres ouvrages, d'une *Historia stirpium* en laquelle (cap. *Malus*, n° 15) déjà se rencontre une très-exacte description de la pomme Safranée. Or, d'après ce savant, cette variété — qu'il nomme en allemand *Saffrancke*, puis en latin *Crocinum*, termes répondant à notre mot Safran — proviendrait d'Hildesheim sur l'Innerste (basse Saxe), où pour lors elle était, avant 1544, localisée dans les jardins d'un monastère situé hors les murs de ladite ville.

Observations. — Ce même Cordus mentionne aussi (n° 16) une *Safranée rouge*, laquelle serait, déclare-t-il, en tout semblable à la Safranée unicolore, si elle n'était fouettée de rose foncé; ce qui le conduit à en faire une variété distincte. Pour moi, je ne crois pas à l'existence d'une seconde pomme Safranée, ayant vu çà et là, sur le pommier planté dans mon école, quelques fruits faiblement rayés de rouge, mêlés aux fruits unicolores. Du reste, Cordus me paraît avoir été le seul auteur qui ait parlé de la Safranée rouge.

POMME SAINT-GERMAIN. — Synonyme de *Reinette d'Espagne*. Voir ce nom.

POMME DE SAINT-GERMAIN. — Synonyme de pomme *de Lestre*. Voir ce nom.

POMME SAINT-HELENA RUSSET. — Voir *Reinette d'Angleterre* et *Reinette du Canada*, au paragraphe OBSERVATIONS.

POMME DE SAINT-JACQUES. — Synonyme de *Passe-Pomme d'Été*. Voir ce nom.

POMME DE SAINT-JAMES. — Synonyme de *Passe-Pomme d'Été*. Voir ce nom.

POMME SAINT-JAN. — Synonyme de pomme *de la Saint-Jean*. Voir ce nom.

479. POMME DE LA SAINT-JEAN.

Synonymes. — *Pommes* : 1. JOANNINE (Benoit le Court, *Hortorum libri XXX*, 1561, cap. Malus, n° 23). — 2. SAINCT-JAN (Olivier de Serres, *le Théâtre d'agriculture et ménage des champs*, 1608, p. 626). — 3. DE JANNET (Claude Mollet, *Théâtre des jardinages*, 1652-1678, p. 55).

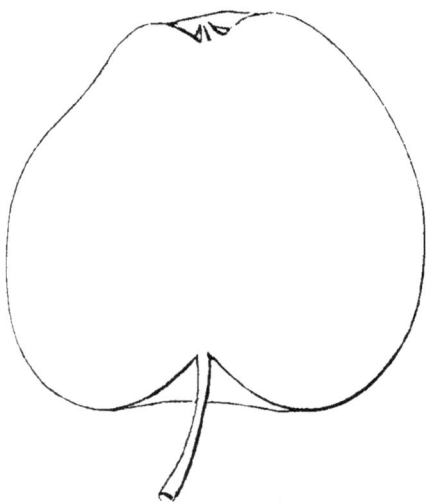

Description de l'arbre. — *Bois :* faible. — *Rameaux :* assez nombreux, légèrement étalés, courts, un peu grêles, sensiblement coudés, à peine duveteux et d'un brun verdâtre lavé de rouge. — *Lenticelles :* arrondies ou allongées, petites, abondantes. — *Coussinets :* aplatis. — *Yeux :* moyens, coniques-arrondis, peu cotonneux et imparfaitement collés sur le bois. — *Feuilles :* petites, ovales, longuement acuminées, à bords régulièrement crénelés. — *Pétiole :* court, bien nourri, carminé et profondément cannelé. — *Stipules :* faisant presque toujours défaut.

FERTILITÉ. — Abondante.

CULTURE. — Il faut, pour le plein-vent, le greffer en tête, sa végétation étant trop lente pour le greffer ras terre; sous formes naines on lui donne indistinctement, comme sujet, le paradis ou le doucin.

Description du fruit. — *Grosseur :* très-variable, mais le plus habituellement au-dessous de la moyenne. — *Forme :* conique sensiblement pentagone et assez irrégulière. — *Pédoncule :* long ou très-long, grêle, profondément planté dans un vaste bassin. — *OEil :* petit ou moyen, mi-clos, à cavité côtelée et peu développée. — *Peau :* très-mince, ponctuée de gris clair, jaune blanchâtre sur la partie placée à l'ombre, jaune plus intense à l'insolation, où parfois même elle est quelque peu marbrée de rouge-brun. — *Chair :* tendre et plus ou moins marcescente, blanche, mais devenant rousse presque aussitôt que la peau en a été enlevée. — *Eau :* abondante, bien sucrée, douce, agréablement parfumée.

MATURITÉ. — Par exception, fin juin; assez ordinairement, courant de juillet.

QUALITÉ. — Deuxième.

Historique. — Je trouve la première description de cette très-ancienne variété dans *Hortorum libri XXX* d'un auteur lyonnais, Benoît le Court, né vers 1485 et dont le nom jouit encore d'une certaine célébrité. Il en parla brièvement,

mais avec une telle précision que je réunis sans hésiter sa pomme Joannine à notre
pomme de la Saint-Jean :

« Les pommes *Joannine* — écrivait-il en 1560 — tirent leur nom de l'époque de leur maturité,
car on les peut manger au jour, environ, où l'on fête la nativité de saint Jean-Baptiste.
Elles sont d'un faible volume, blanchâtres, se conservent peu, et mûrissent avant toute autre
variété. » (Cap. *Malus*, n° 23.)

Cette pomme si précoce a souvent occupé les traducteurs des agronomes romains.
Le père Hardouin (1685) et Saboureux de la Bonneterie (1771), entr'autres, ont
cru reconnaître en elle la *Musteum* de Caton; mais cet auteur même infirme leur
assertion, puisqu'il dit au livre VII : « Ayez soin de planter dans vos vergers des
« arbres dont les fruits soient DE GARDE...... le pommier Musté, par exemple. »
Or, nulle pomme, précisément, n'est aussi fugace que celle de la Saint-Jean......
Cependant Pline pourrait peut-être donner raison à ces deux savants, car il cite
(livre XV) une pomme Mustée et la qualifie de PRÉCOCE, sans toutefois en fournir
la moindre description. Sur cette *Musteum*, le désaccord règne donc entre les agronomes romains comme entre nos anciens pomologues, qui, Ruel et Charles Estienne,
notamment, pensent la retrouver dans la pomme de Paradis, contrairement à
l'opinion de Saboureux et d'Hardouin, qui la supposent cachée sous le nom Saint-
Jean. Disons maintenant, à la décharge des Romains, que chez eux, de Caton à
Pline — près d'un siècle — il a bien pu surgir une seconde Mustée, la précoce de
ce dernier auteur? Un tel doute me vient, en voyant le Lectier inscrire dès 1628
(page 25 du Catalogue de son verger d'Orléans), parmi les pommes DE GARDE, et
au-dessous du Drap d'Or, allant jusqu'en avril, «une Sainct-Jehan à chair tendre. »
Ce qui est le cas de ne pas oublier que le 27 décembre se fête saint Jean l'Évangé-
liste, et le 6 mai saint Jean Porte latine, si cher aux imprimeurs, dont c'est le
patron. Néanmoins, si deux pommiers Saint-Jean, l'un très-précoce et l'autre
très-tardif, ont réellement existé dans les jardins français, il ne s'ensuit pas pour
cela qu'il soit possible, faute chez Pline d'un texte descriptif, de réunir notre Saint-
Jean précoce à la Mustée de ce naturaliste; comme il me serait fort difficile,
également, de parler de la variété tardive possédée et signalée par le Lectier.
Jamais, en effet, je ne l'ai rencontrée, soit en pépinière, soit dans les Catalogues
marchands, soit même au rang des synonymes de quelqu'autre espèce. Pour terminer, je rappellerai ce que j'ai dit en étudiant les variétés de pommier cultivées
au XVe siècle chez les Italiens (t. III, p. 14, n°s 1 et 2): C'est que la *Dolciano Nano*
et la *Dolciano Mezzano*, ou Petite-Pomme Douce et Pomme Douce Moyenne, les
plus précoces qu'ils aient — elles mûrissent fin mai — semblent assez se rapporter
à notre pomme de la Saint-Jean. Mais, s'il en était ainsi, auquel des deux pays
devrait-on attribuer cette variété? — La réponse serait embarrassante, je l'avoue,
puisque ses premiers descripteurs, le Court, en France, et Gallo, en Italie, furent
contemporains et n'ont laissé aucun renseignement qui puisse aider à résoudre
une telle question. Quoi qu'il en soit, je prends acte que chez nous, au temps
d'Olivier de Serres (1539-1619), le pommier de la Saint-Jean était déjà fort ancien
dans la culture, et fut, dans les jardins de plaisance, le premier dont on se servit
pour former des palissades ou contre-espaliers; par « l'opinion, dit Olivier de
« Serres (p. 598), qu'on avoit telle seule espece de fruit souffrir d'estre ainsi
« bassement maniée. »

Observations. — Couverchel, dans son *Traité des fruits*, mentionnait en 1852
(p. 430), comme variétés distinctes, une Grosse puis une Petite Pomme de la Saint-
Jean, toutes les deux mûrissant fin juin ou commencement de juillet. Je ne crois

pas me tromper en prétendant qu'il n'existe qu'une seule pomme de la Saint-Jean. Couverchel, chimiste et médecin, n'a pu vivre au milieu des arbres fruitiers et constamment les étudier, à l'exemple des pépiniéristes; autrement il eût été frappé de l'extrême variabilité qu'offrent, sous le rapport du volume, les produits du pommier de la Saint-Jean; et n'aurait certes pas émis l'opinion contre laquelle je m'inscris aujourd'hui. — On a parfois, aussi, confondu ce fruit avec la pomme de Paradis, moins précoce et qui, pour la forme, en diffère beaucoup. Un simple coup d'œil jeté sur cette dernière, figurée plus haut (p. 522), le prouvera, du reste, d'une complète façon.

Pomme de SAINT-JULIEN [de normandie]. — Synonyme de *Reinette marbrée.* Voir ce nom.

Pomme de SAINT-JULIEN. — Voir *Reinette franche*, au paragraphe Observations.

480. Pomme SAINT-LAURENT.

Synonymes. — *Pommes :* 1. Montréal (Elliott, *Fruit book*, 1854, p. 158). — 2. Saint-Lawrence (Société Van Mons, *Catalogue général de ses pépinières*, 1857, t. I, p. 167).

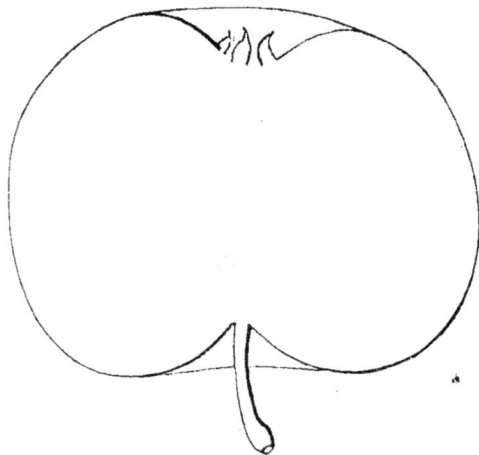

Description de l'arbre. — *Bois :* faible. — *Rameaux :* assez nombreux, étalés, peu longs, grêles, légèrement coudés, à peine duveteux et d'un rouge-grenat très-foncé. — *Lenticelles :* petites, arrondies, clair-semées. — *Coussinets :* ressortis. — *Yeux :* petits, arrondis, peu cotonneux, entièrement plaqués sur l'écorce. — *Feuilles :* petites, ovales-arrondies, très-courtement acuminées, planes pour la plupart et finement dentées. — *Pétiole :* grêle, assez long, profondément cannelé. — *Stipules :* étroites et courtes.

Fertilité. — Abondante.

Culture. — Ses rameaux grêles commandent de le greffer en tête, pour plein-vent; mais la basse-tige, sur doucin ou paradis, lui est toujours beaucoup plus avantageuse, au double point de vue de la production et de la beauté.

Description du fruit. — *Grosseur :* moyenne. — *Forme :* globuleuse ou conique fortement arrondie, irrégulière, très-comprimée à ses extrémités. — *Pédoncule :* long ou de longueur moyenne, assez gros, surtout au point d'attache, planté dans un bassin rarement très-vaste. — *Œil :* grand, mi-clos ou fermé, à cavité irrégulière, unie, large et profonde. — *Peau :* vert grisâtre ou jaunâtre, abondamment striée de carmin à l'insolation, ponctuée de roux et portant çà et là

de petites taches noirâtres cerclées de vert foncé. — *Chair :* quelque peu verdâtre, tendre et mi-fine. — *Eau :* abondante, sucrée, savoureusement acidulée
et parfumée.

MATURITÉ. — Vers la moitié du mois d'août et se conservant jusqu'en septembre.

QUALITÉ. — Première.

Historique. — Divers auteurs américains ont parfaitement décrit cette pomme,
mais ne sont pas d'accord sur sa provenance. P. Barry (*Fruit garden*, p. 286,
n° 59) affirme en 1852 qu'elle est originaire de Montréal, ville du Canada. Elliott
(*Fruit book*, p. 158), en 1854, la dit Canadienne, sans indiquer toutefois son lieu
d'obtention. Enfin Charles Downing, qui maintes fois s'en occupa, la déclarait
encore d'origine incertaine, en 1869 (*Fruits of America*, édit. 1863, p. 193 ; édit.
1869, p. 345). Que conclure de ce désaccord?... Je n'en sais trop rien, et me borne
à produire un renseignement qui me paraît n'avoir pas été connu des pomologues
ici mentionnés : c'est que la Société horticole de Londres possède ce pommier
depuis plus de cinquante ans, car en 1826 il figurait déjà dans la première édition
du *Catalogue* de son Jardin fruitier (p. 146, n° 1016). Quant à nos pépiniéristes,
ils ignorent à peu près le nom même de cette variété. Pour moi, qui l'ai reçue
d'Amérique ces dernières années, il ne m'a pas été possible de la mettre au
commerce avant 1873 (voir mon *Catalogue* de cette date, p. 53, n° 482). Le nom
qu'elle porte doit lui venir de l'époque de sa maturité, arrivant généralement vers
la Saint-Laurent, qui se fête le 10 août.

Observations. — Il existe dans le Calvados une *Reinette de Saint-Laurent* qui
y fut gagnée vers 1822; je ne la possède plus, mais il me faut en parler pour
établir que ce fruit appartient bien à notre pays, auquel on veut l'enlever; puis,
aussi, afin d'éviter qu'on ne le suppose identique avec la pomme Saint-Laurent. Il
est assez gros, presque conique, d'un beau jaune nuancé de rouge au soleil, et sa
maturité va de décembre à mars. Le baron de Férussac le signala au cours de 1828 :

« On connaît en Normandie — écrivit-il — plus de deux cents variétés de pommes, et de
temps à autre il s'en découvre qui n'avaient point encore été aperçues. La *Reinette de Saint-
Laurent* a été observée en 1826 sur une propriété sise à Saint-Laurent-du-Mont [près
Lisieux], et on lui a donné le nom de cette localité. Ses fruits, par leur saveur, l'élégance
de leur forme et l'éclat de leur coloris, peuvent rivaliser avec les pommes les plus
estimées. » (*Bulletin des sciences agricoles et économiques*, t. IX, p. 69.)

Peu après — en 1833 — cette Reinette était recommandée comme nouveauté,
par Poiteau, page 422 du *Bon-Jardinier*, avec indication exacte de la provenance.
Mais restait à faire connaître l'obtenteur, et ce fut la Société d'Agriculture de Caen
qui s'en chargea : « Cette pomme — lisons-nous dans ses *Mémoires* (1837, t. IV,
« p. 213) — a été obtenue par M. Leprêtre, sur sa propriété située à Saint-
« Laurent-du-Mont (Calvados). » Enfin Victor Paquet (1844, *Traité de la conservation des fruits*, p. 287) puis Couverchel (1852, *Traité des fruits*, p. 449) la
caractérisèrent à leur tour, et rappelèrent son origine. Devant ces déclarations si
formelles, on sera donc fort surpris qu'un pomologue belge, feu Auguste Royer,
l'ait dite native de Liége, dans le tome VIII, année 1858, de *la Belgique horticole :*

« La *Reinette Saint-Laurent* — expose-t-il — est un gros fruit conique et jaune, dégusté
le 17 février, sucré-acidulé, bon. Il a été couronné en 1849 par la Société des Conférences
horticoles de Liége (Belgique). C'est un gain de M. Louis Dubois [cultivateur à Liége, rue
de Glain]. » (Page 254.)

Tels étaient les faits que je désirais constater, pour qu'un jour où l'autre on pût au besoin, et pomologiquement parlant, les utiliser au profit de la vérité historique.

Pomme SAINT-LAWRENCE. — Synonyme de pomme *Saint-Laurent*. Voir ce nom.

Pomme SAINT-MARY'S PIPPIN. — Synonyme de pomme *de Downton*. Voir ce nom.

Pomme de SAINT-SAUVEUR. — Synonyme de *Calleville de Saint-Sauveur*. Voir ce nom.

Pomme de SAINTONGE. — Synonyme de pomme *Haute-Bonté*. Voir ce nom.

481. Pomme SALEM.

Synonymes. — *Pommes :* 1. Salem Seedling (Warder, *Apples*, 1867, p. 731). — 2. Salem Sweet (Charles Downing, *the Fruits and fruit trees of America*, 1869, p. 345).

Pomme Salem. — *Premier Type.*

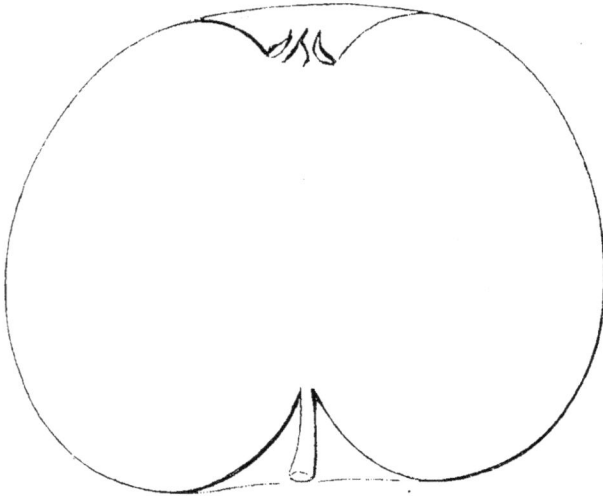

Description de l'arbre. — *Bois :* fort. — *Rameaux :* assez nombreux, habituellement bien étalés, gros, longs, très-géniculés, duveteux et rouge-brun ardoisé. — *Lenticelles :* arrondies ou allongées, grandes et clair-semées. — *Coussinets :* larges et saillants. — *Yeux :* moyens ou petits, arrondis, très-cotonneux, complétement collés sur le bois. — *Feuilles :* de grandeur moyenne, ovales très-allongées, sensiblement acuminées, ayant les bords largement crénelés ou dentés. — *Pétiole :* gros, assez long, tomenteux et rarement cannelé. — *Stipules :* des plus développées.

Fertilité. — Ordinaire.

Culture. — Pour plein-vent, le greffer plutôt en tête que ras terre; il devient très-beau sous cette forme et réussit également comme basse-tige, quand on l'écussonne sur paradis, sujet qui lui donne une plus grande fertilité.

Description du fruit. — *Grosseur :* volumineuse et parfois moyenne. — *Forme :* conique sensiblement arrondie ou globuleuse très-comprimée aux pôles. — *Pédoncule :* très-long ou assez court, peu nourri, profondément inséré dans un vaste bassin. — *Œil :* grand ou moyen, mi-clos, à cavité unie ou faiblement plissée, étroite et rarement bien profonde. — *Peau :* mince, vert jaunâtre ou jaune pâle, plus ou moins lavée de roux vers l'œil et le pédoncule, ponctuée de gris-brun et quelquefois, sur le côté frappé par le soleil, striée de rose clair. — *Chair :* blanchâtre, fine, compacte, demi-tendre. — *Eau :* suffisante, bien sucrée, douce et parfumée.

MATURITÉ. — Novembre-Janvier.

QUALITÉ. — Première, pour les amateurs de pommes douces.

Pomme Salem. — *Deuxième Type.*

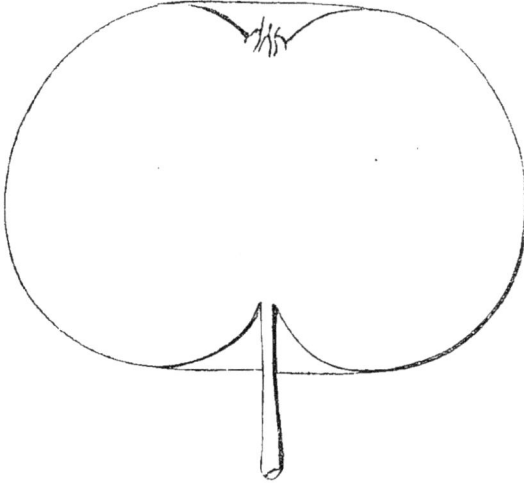

Historique. — Ce sont les Américains qui m'ont, en 1858, offert le pommier Salem, cultivé chez eux depuis fort longtemps. Charles Downing l'a décrit dans la dernière édition de sa volumineuse Pomologie (1869, p. 343) et le dit originaire du Massachusetts.

POMMES : SALEM SEEDLING,

—   SALEM SWEET,

} Synonymes de pomme *Salem.* Voir ce nom.

POMME SAM RAWLINGS. — Synonyme de pomme *Hoary Morning.* Voir ce nom.

482. POMME SAMOYEAU.

Description de l'arbre. — *Bois :* fort. — *Rameaux :* assez nombreux, étalés et gros, de longueur moyenne, peu coudés, légèrement duveteux au sommet, olivâtres du côté de l'ombre et d'un brun clair à l'insolation. — *Lenticelles :* petites et allongées, très-abondantes. — *Coussinets :* ressortis. — *Yeux :* moyens ou petits, coniques-pointus, collés sur le bois, ayant les écailles disjointes et bordées de brun noirâtre. — *Feuilles :* grandes, épaisses et coriaces, ovales-allongées, vert terne et jaunâtre en dessus, blanc grisâtre en dessous, courtement acuminées, à bords crénelés, dentés et surdentés. — *Pétiole :* plus ou moins rosé, long, gros, roide et peu cannelé. — *Stipules :* étroites et courtes.

Fertilité. — Abondante.

Culture. — En le greffant ras terre, pour le plein-vent, sa tige pousse droite et devient forte, ainsi que sa tête. Comme arbre nain, il fait sur paradis d'assez beaux espaliers, cordons et buissons.

Pomme Samoyeau.

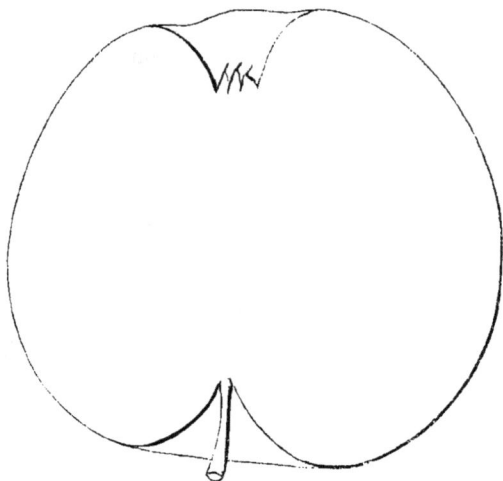

Description du fruit. — *Grosseur :* au-dessus de la moyenne. — *Forme :* conique un peu ventrue et généralement moins volumineuse d'un côté que de l'autre. — *Pédoncule :* assez long, grêle, renflé à son point d'attache et planté très-profondément dans un étroit bassin. — *OEil :* petit, fermé, très-enfoncé dans une cavité rarement bien large, dont les bords sont ondulés ou plissés. — *Peau :* mince, jaune-paille, ponctuée de gris et de brun, puis amplement nuancée, à l'insolation, de rouge pâle marbré de carmin. — *Chair :* jaunâtre, ferme, fine et croquante. — *Eau :* suffisante, douce, sucrée et parfumée.

Maturité. — Décembre-Février.

Qualité. — Première, pour les amateurs de pommes douces.

Historique. — En 1869 je trouvai ce pommier aux portes d'Angers, dans un enclos que m'avait vendu l'un de mes oncles, M. Samoyeau, et qui touche ma pépinière de Bourné. Cet arbre, âgé d'une quinzaine d'années, ne portait aucun nom et n'avait pas encore été greffé; aussi je le dédiai à son ancien propriétaire, auquel, en 1863, déjà je consacrais un poirier, décrit page 428 du tome Ier de ce *Dictionnaire*.

Pommes : de SANG,

— SANGUINE,   } Synonymes de pomme *Sanguinole*. Voir ce nom.

Pomme SANGUINE [des romains]. — Synonyme de pomme *Cœur de Bœuf.* Voir ce nom.

Pomme SANGUINEUS. — Synonyme de pomme *de Neige.* Voir ce nom.

Pommes SANGUINOLE. — Synonymes de pommes *Calleville rouge d'Hiver* et *Cœur de Bœuf.* Voir ces noms.

483. Pomme SANGUINOLE.

Synonymes.—*Pommes* : 1. Blut (Valerius Cordus, avant 1544, *Historia stirpium*, édition de 1561
cap. Malus, n° 29). — 2. De Sang (*Id. ibid.*). — 3. Sanguine (*Id. ibid.*).

Premier Type.

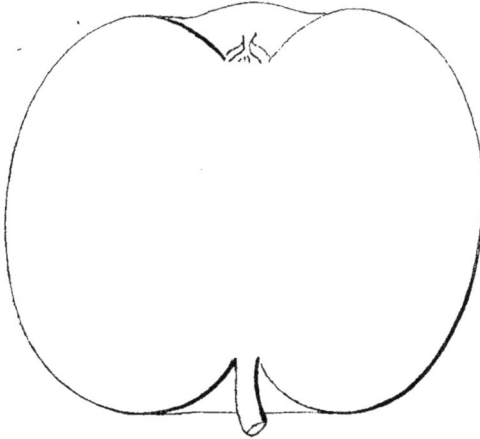

Deuxième Type

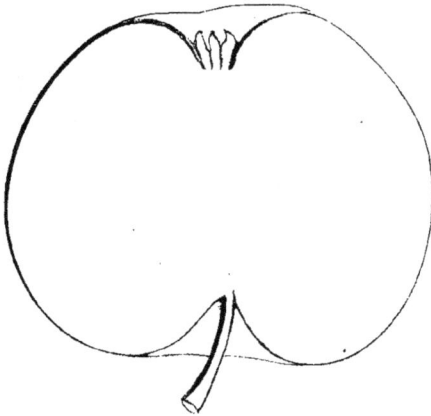

Description de l'arbre. —
Bois : faible. — *Rameaux :* nombreux, légèrement étalés, courts,
assez gros, bien géniculés, très-
duveteux et d'un brun clair olivâtre quelque peu nuancé de rouge.
— *Lenticelles :* petites, arrondies
et clair-semées. — *Coussinets :*
modérément ressortis. — *Yeux :*
gros, ovoïdes, incomplétement
collés sur le bois et couverts de
duvet. — *Feuilles :* petites, ovales,
allongées, courtement acuminées,
planes pour la plupart et faiblement dentées ou crénelées. —
Pétiole : de grosseur et longueur
moyennes, tomenteux et profondément cannelé. — *Stipules :* assez
longues mais étroites.

Fertilité. — Satisfaisante.

Culture. — Le plein-vent ne
lui convient bien que s'il a été
greffé à hauteur de tige ; pour les
formes naines, auxquelles il se
prête parfaitement, on l'écussonne
sur paradis.

Description du fruit. —
Grosseur : moyenne et parfois
moins volumineuse. — *Forme :*
passant de l'arrondie cylindrique
à la conico-sphérique, mais étant
toujours légèrement pentagone.
— *Pédoncule :* de longueur
moyenne, ou long, fort ou un peu grêle, inséré dans un bassin étroit et profond. — *OEil :* grand ou moyen, mi-clos ou fermé, souvent bien enfoncé,
à cavité irrégulière, de dimensions très-variables et bossuée ou faiblement
ondulée sur ses bords. — *Peau :* mince, lisse, à fond jaune verdâtre, presque
entièrement lavée de vermillon, souvent tachée de fauve dans le bassin pédonculaire, ponctuée de roux et de gris-blanc, et quelquefois, à l'insolation, portant de
courtes et fines vergetures d'un rouge-brun terne et foncé. — *Chair :* fortement
rosée sous la peau, blanchâtre au centre, mi-tendre, fine et croquante. — *Eau :*
abondante, très-sucrée, acidulée, possédant un parfum des plus savoureux.

Maturité. — Novembre-Mars.

Qualité. — Première.

Historique. — Il y a une quinzaine d'années que je possède cette curieuse variété, peu connue en France, mais beaucoup plus répandue chez les Allemands, où Diel la décrivait en 1800 (*Kernobstsorten*, t. II, p. 176) et faisait observer que les paysans la nommaient généralement *Erdbeerapfel* : Pomme Fraise. Un autre pomologue, M. Oberdieck (1862, n° 356), nous apprend qu'elle est cultivée depuis longtemps dans les environs de Dietz (duché de Nassau). On ne doit pas, néanmoins, l'en croire originaire. Je la trouve, effectivement, caractérisée avant 1544 par le naturaliste hessois Valerius Cordus, et c'est Cobourg, en Franconie, qu'il désigne comme lieu natal de cette variété (voir *Historia stirpium*, cap. Malus, n° 29). Il la signale même sous les dénominations *Blutapfel, Sanguineum* : Pomme de Sang, Pomme Sanguine, qu'elle porte encore aujourd'hui, et qui sont doublement justifiées par la couleur de sa peau, puis de sa chair, sensiblement carminée à la surface.

Observations. — Les pommes Calleville rouge d'Hiver, Cœur de Bœuf et Roi très-noble, comptant parmi leurs synonymes les noms Sanguinole et Sanguine, il importe de ne pas l'oublier pour éviter toute confusion entre ces fruits et celui qui fait l'objet de cet article.

Pomme SANS-FLEURIR. — Synonyme de pomme *Figue d'Hiver*. Voir ce nom.

Pomme SANS-PAREILLE. — Synonyme de pomme *Non-Pareille ancienne*. Voir ce nom.

Pomme SANS-PEPINS. — Synonyme de pomme *Figue d'Hiver*. Voir ce nom.

Pomme SANS-QUEUE. — Synonyme de pomme *Figue d'Été*. Voir ce nom.

484. Pomme SANTOUCHÉE.

Synonymes. — *Pommes* : 1. PANTHER (Charles Downing, *the Fruits and fruit trees of America*, 1869, p. 346). — 2. WILDCAT (*Id. ibid.*).

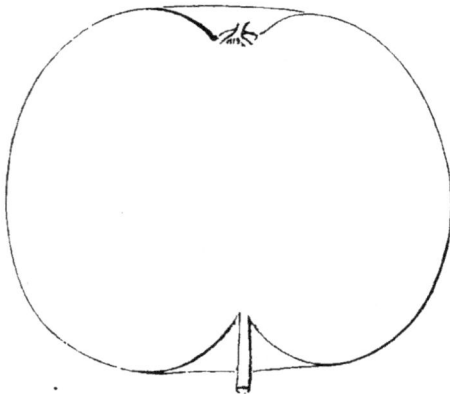

Description de l'arbre. — *Bois* : assez fort. — *Rameaux* : nombreux, presque érigés, gros, de longueur moyenne, peu coudés et duveteux, d'un brun verdâtre amplement lavé de rouge et de gris. — *Lenticelles* : arrondies pour la plupart, grandes, assez abondantes. — *Coussinets* : larges mais modérément ressortis. — *Yeux* : gros et ovoïdes, très-cotonneux et faiblement écartés du bois. — *Feuilles* : petites ou moyennes, minces, courtement acuminées, planes et finement dentées. — *Pétiole* : de grosseur et longueur moyennes, tomenteux, à cannelure bien apparente. — *Stipules* : courtes et très-étroites.

FERTILITÉ. — Abondante.

Culture. — Il croît convenablement sous toute forme et sur toute espèce de sujet.

Description du fruit. — *Grosseur :* moyenne. — *Forme :* globuleuse légèrement aplatie aux pôles. — *Pédoncule :* assez court, grêle, planté dans un bassin large et généralement profond. — *Œil :* petit, mi-clos ou fermé, à cavité peu développée, unie sur les bords, mais plissée à l'intérieur. — *Peau :* lisse, vert clair du côté de l'ombre, brun jaunâtre parfois faiblement nuancé de rose sur la partie exposée au soleil, tachée de roux foncé autour du pédoncule, puis ponctuée de gris et de marron. — *Chair :* blanche, tendre, fine et croquante. — *Eau :* suffisante, bien sucrée, acidulée et délicieusement parfumée.

Maturité. — Août-Octobre.

Qualité. — Première.

Historique. — J'ai tiré ce pommier des Etats-Unis, en 1860. Il est décrit dans les *Fruits of America* de Downing, édition de 1869 (p. 346), et cet auteur le dit originaire de la Caroline du Nord. Nos horticulteurs le connaissent à peine, mais il mérite bien, par la précocité et l'excellence de ses produits, de leur être recommandé.

Pomme de SARREGUEMINE. — Synonyme de pomme *Petit-Bon.* Voir ce nom.

Pomme SAUVAGE. — Synonyme de pomme *d'Estranguillon.* Voir ce nom.

Pomme SCARLET NONPAREIL. — Synonyme de pomme *Non-Pareille écarlate.* Voir ce nom.

Pommes SCARLET PEARMAIN. — Synonymes de pommes *Écarlate d'Été* puis *Écarlate d'Hiver.* Voir ces noms.

Pomme SCHAFSNASÉ. — Synonymes de pomme *Tête de Chat.* Voir ce nom.

Pomme SCHARLACHROTHE PARMÄNE. — Synonyme de pomme *Écarlate d'Été.* Voir ce nom.

Pomme SCHEIBENREINETTE. — Synonyme de *Reinette rouelliforme.* Voir ce nom.

Pomme SCHMELZLING. — Synonyme de pomme *Blanc-Dureau.* Voir ce nom.

---

485. Pomme SCHMIDBERGER.

Synonymes. — *Pommes :* 1. Schmidberger's Reinette (Schmidberger, *Obstbaumzucht*, 1836, t. IV, p. 148). — 2. Schmidberger rothe Winter Reinette (le baron de Biedenfeld, *Handbuch aller bekannten Obstsorten*, 1854, t. II, p. 202).

Description de l'arbre. — *Bois :* de moyenne force. — *Rameaux :* peu nombreux, légèrement étalés, assez courts et assez gros, faiblement géniculés, bien

duveteux, vert brunâtre et plus ou moins nuancés de rouge sous les coussinets.
— *Lenticelles :* petites ou moyennes, arrondies et rapprochées. — *Coussinets :* larges
mais modérément ressortis. — *Yeux :* moyens, arrondis, à peine cotonneux et
complétement plaqués sur

Pomme Schmidberger.

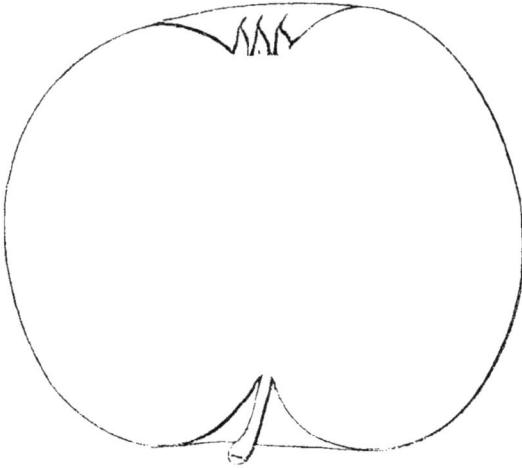

le bois. — *Feuilles :* moyennes, arrondies pour la plupart, longuement acumi-
nées, à bords irrégulièrement dentés ou crénelés.
— *Pétiole :* de grosseur et
longueur moyennes, glabre
et faiblement cannelé. —
Stipules : étroites et longues.

FERTILITÉ. — Abondante.

CULTURE. — Il se prête à
toutes les formes et se greffe
sur n'importe quel sujet.

Description du fruit.
— *Grosseur :* au-dessus de
la moyenne. — *Forme :*
globuleuse assez irrégu-
lière et généralement moins volumineuse d'un côté que de l'autre. — *Pédoncule :*
de longueur moyenne, un peu grêle, profondément planté dans un étroit bassin.
— *Œil :* grand ou moyen, mi-clos ou fermé, à cavité unie et rarement bien développée. — *Peau :* mince et lisse, jaune clair sur la partie exposée à l'ombre, jaune
intense fouetté de carmin sur l'autre face, maculée de fauve olivâtre autour du
pédoncule, puis abondamment ponctuée de gris. — *Chair :* légèrement verdâtre,
fine ou mi-fine, croquante et assez tendre. — *Eau :* suffisante, sucrée, délicieusement acidulée et parfumée.

MATURITÉ. — Décembre-Mars.

QUALITÉ. — Première.

Historique. — Cette variété, que je possède depuis une dizaine d'années,
provient de l'Autriche et date environ de 1832. Le personnage dont elle porte le
nom, Schmidberger, aujourd'hui décédé, fut religieux au monastère de Saint-
Florian (Autriche) et pomologue distingué. Il est connu, notamment, par un *Traité
de la culture des arbres fruitiers* et par l'obtention de divers fruits de première
qualité. En 1836 il décrivit la pomme qui nous occupe et s'exprima ainsi, quant à
son origine :

« Mon ami Liegel [doyen des pomologues allemands] — dit-il — l'a gagnée de semis à
Braunau (Autriche) et me l'a dédiée par affection. » (*Obstbaumzucht*, t. IV, p. 148.)

POMMES : SCHMIDBERGER'S REINETTE,

SCHMIDBERGER ROTHE WINTER REINETTE,

Synonymes de pomme
Schmidberger. Voir
ce nom.

POMME SCHNÉE CALVILL. — Synonyme de *Calleville de Neige.* Voir ce nom.

POMME SCUDAMORE'S CRAB. — Synonyme de pomme *Red Streak.* Voir ce nom.

POMME SEAGO. — Synonyme de pomme *Mangum.* Voir ce nom.

POMME SÉBASTIAN. — Synonyme de pomme *Sébastian rouge.* Voir ce nom.

486. POMME SÉBASTIAN ROUGE

Synonymes. — *Pommes :* 1. SÉBASTIAN (Van Mons, *Catalogue descriptif de partie des arbres fruitiers qui de 1798 à 1823 ont formé sa collection,* p. 25, n° 121, et p. 53, n° 2728). — 2. ROTHER SEBASTIAN'S (des pépinières de Reutlingen [Wurtemberg], en 1868).

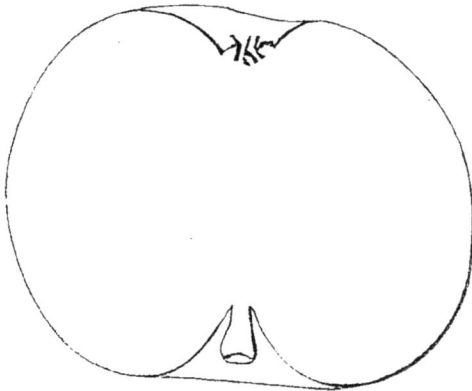

Description de l'arbre. — *Bois :* fort. — *Rameaux :* assez nombreux, très-longs, gros, bien géniculés, très-duveteux, rouge-brun ardoisé nuancé de vert. — *Lenticelles :* arrondies ou allongées, petites, abondantes. — *Coussinets :* peu développés. — *Yeux :* moyens ou petits, coniques-raccourcis, couverts de duvet et complétement plaqués sur l'écorce. — *Feuilles :* de grandeur moyenne, ovales, acuminées, assez profondément dentées sur leurs bords. — *Pétiole :* long, de moyenne grosseur, roide, amplement carminé et généralement à cannelure des plus accusées. — *Stipules :* moyennes.

FERTILITÉ. — Ordinaire.

CULTURE. — On le greffe ras terre, pour plein-vent, sa tige pousse droite et devient d'une belle grosseur, ainsi que sa tête, toujours très-régulière. Comme arbre nain il croît également bien, et veut être écussonné sur paradis.

Description du fruit. — *Grosseur :* moyenne. — *Forme :* globuleuse irrégulière et plus ou moins comprimée aux pôles. — *Pédoncule :* court, très-nourri, planté profondément dans un large bassin. — *Œil :* petit ou moyen, mi-clos ou fermé, à cavité irrégulière, assez vaste et plissée ou légèrement bossuée sur les bords. — *Peau :* assez épaisse, lisse, à fond jaune sale, presque entièrement lavée, marbrée et striée de rouge foncé, tachée de fauve olivâtre autour du pédoncule, puis fortement et abondamment ponctuée de gris. — *Chair :* jaunâtre, mi-fine et ferme, quelque peu marcescente. — *Eau :* suffisante, sucrée, acidulée, mais sans parfum bien prononcé.

MATURITÉ. — Octobre-Janvier.

QUALITÉ. — Deuxième.

Historique. — Est-ce une variété d'origine allemande ou d'origine belge? Je n'ai jamais pu éclaircir ce point. Le seul renseignement qui me soit apparu sur la pomme Sébastian rouge, sort du *Catalogue général* des anciennes pépinières (1798 à 1823) du semeur belge Van Mons. Elle s'y trouve mentionnée deux fois, aux pages 25 et 53, mais sans l'indication « gagnée par nous, » dont cet arboriculteur fait généralement suivre le nom des fruits lui appartenant. Van Mons ayant eu de nombreuses relations avec les pomologues allemands, il est alors probable qu'il dut à l'un deux ce pommier, qui cependant ne figure pas dans les principaux recueils pomologiques particuliers à l'Allemagne. Quant à moi, je dois au docteur Lucas, directeur de l'Ecole d'arboriculture fruitière de Reutlingen (Wurtemberg), le Sébastian rouge; il m'en adressa des greffes en 1868, peu de temps après l'Exposition internationale de Paris, à laquelle j'avais remarqué cette pomme. Elle y faisait partie des variétés apportées de Berlin par le professeur Karl Koch.

Pomme SEEBER BORSDORFER. — Synonyme de *Reinette Froomm*. Voir ce nom.

Pomme SEEK-NO-FURTHER. — Synonyme de pomme *Linnæus Pippin*. Voir ce nom.

Pomme de SEIGNEUR D'AUTOMNE. — Synonyme de pomme *Tête de Chat*. Voir ce nom.

Pomme de SEIGNEUR D'HIVER. — Synonyme de pomme *Rouge de Stettin*. Voir ce nom.

Pomme SEIGNEUR D'ORSAY. — Synonyme de *Reinette marbrée*. Voir ce nom.

Pomme de SEIGNEUR ROUGE. — Synonyme de pomme *Rouge de Stettin*. Voir ce nom.

487. Pomme SÉMINAIRE DE VESOUL.

Description de l'arbre. — *Bois :* peu fort. — *Rameaux :* assez nombreux, érigés, de grosseur et longueur moyennes, sensiblement géniculés, légèrement duveteux et d'un brun olivâtre faiblement lavé de rouge terne. — *Lenticelles :* arrondies ou allongées, assez grandes et rapprochées. — *Coussinets :* ressortis. — *Yeux :* moyens, coniques-arrondis, cotonneux et plaqués sur le bois. — *Feuilles :* généralement assez petites, ovales, acuminées, ayant les bords peu profondément dentés ou crénelés. — *Pétiole :* de longueur et grosseur moyennes, à cannelure rarement bien accusée. — *Stipules :* longues, étroites et souvent dentées.

Fertilité. — Modérée.

Culture. — Quand on le destine au plein-vent, forme que son manque de vigueur ne lui rend pas favorable, il faut le greffer en tête et choisir des sujets très-forts. Comme basse-tige, il fait sur doucin de petits espaliers, cordons et gobelets assez beaux et toujours plus fertiles que ne le seraient ses plein-vent.

Description du fruit. — *Grosseur :* moyenne. — *Forme :* conique sensiblement arrondie et généralement plus ventrue sur une face que sur l'autre. —
Pédoncule : bien nourri, droit et assez long, ou court et arqué, profondément inséré
dans un étroit bassin. — *Œil :*
moyen, mi-clos, à cavité unie et
peu développée. — *Peau :* légèrement rugueuse, jaune clair verdâtre sur le côté placé à l'ombre,
brun jaunâtre à l'insolation, amplement maculée de roux foncé
autour du pédoncule et semée de
larges points bruns pour la plupart formant étoile. — *Chair :*
blanche ou verdâtre, assez ferme
et très-fine. — *Eau :* abondante,
bien sucrée, acidulée, possédant
un parfum délicieux.

Pomme Séminaire de Vesoul.

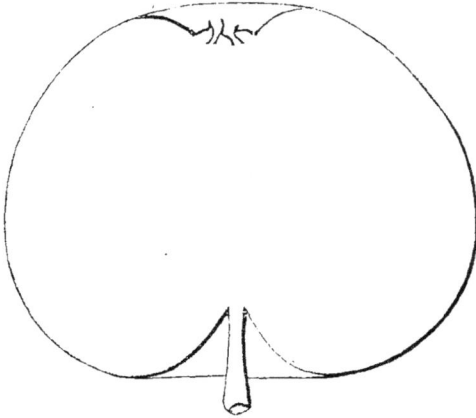

MATURITÉ. — Décembre-Mars.

QUALITÉ. — Première.

Historique. — La pomme
Séminaire de Vesoul me fut, en 1854, offerte ainsi étiquetée par le prêtre qui
dirigeait alors cet établissement, et duquel j'avais déjà reçu d'autres fruits (voir
tome Iᵉʳ, p. 321). Les greffons qu'il m'envoya avaient été coupés sur l'unique
pommier de l'espèce planté dans le jardin du Séminaire, arbre actuellement âgé
d'une cinquantaine d'années, et greffé, m'assure-t-on. D'où suit que là nous ne
sommes pas en présence du nom primitif de la variété. J'en suis d'autant
plus certain, que le nouveau Supérieur du Séminaire de Vesoul m'écrivait le
13 novembre 1873 : « Dans quelques villages situés aux environs de cette ville, on
« trouve des pommes si semblables à la nôtre, qu'elles me paraissent n'en différer
« en rien ; on les nomme généralement, dans ces campagnes, *Pommes Grillot.* »
Je consigne ici ce renseignement, sans pouvoir assurer, faute de temps pour
confronter un pommier Grillot avec un pommier Séminaire de Vesoul, que ces
deux noms soient synonymes. Il n'existe toutefois, cela je puis l'affirmer, aucun
rapport entre cette dernière variété et la Passe-Pomme d'Été, quoique celle-ci ait
également porté les surnoms Grillot et Grillotte.

---

488. Pomme SERINKA.

Synonymes. — *Pommes :* 1. SERINKA (André Leroy, *Catalogue descriptif d'arbres fruitiers et
d'ornement*, 1852, p. 32, n° 241). — 2. SERNISKA (Comice horticole d'Angers, *Annales*, 1860,
p. 45). — 3. LEHM (Karl Koch, *Wochenschrift*, 1870, n° 4, p. 29).

Description de l'arbre. — *Bois :* fort. — *Rameaux :* peu nombreux, généralement assez érigés, gros et longs, très-coudés, duveteux et d'un rouge foncé
légèrement lavé de gris. — *Lenticelles :* grandes, allongées et abondantes. —
Coussinets : ressortis. — *Yeux :* assez gros, ovoïdes, des plus cotonneux, collés sur
l'écorce. — *Feuilles :* de grandeur moyenne, ovales, acuminées pour la plupart et

profondément dentées sur leurs bords. — *Pétiole :* gros, long, à large cannelure et très-carminé. — *Stipules :* plutôt petites que grandes, et souvent faisant défaut.

Fertilité. — Abondante.

Culture. — Quand on le greffe ras terre, pour plein-vent, il réussit assez bien mais son tronc n'a pas belle apparence, étant excessivement gros à la base et très-faible au sommet; mieux vaut donc le greffer en tête. Toutefois il est irréprochable sous les formes naines, soit sur doucin, soit sur paradis.

Pomme Serinka.

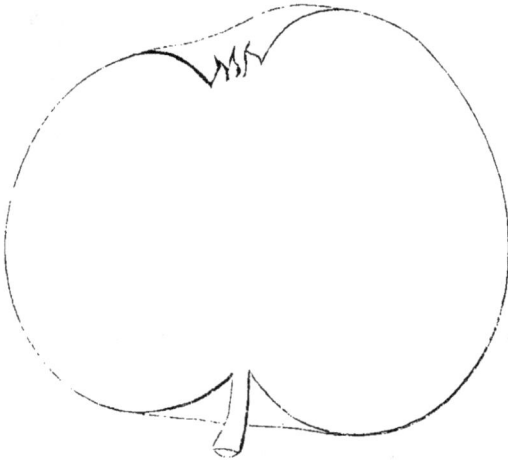

Description du fruit. — *Grosseur :* moyenne. — *Forme :* conique-arrondie, très-irrégulière et généralement moins volumineuse d'un côté que de l'autre. — *Pédoncule :* peu long, de moyenne force, inséré dans un bassin de faibles dimensions. — *Œil :* moyen, cotonneux, ouvert, modérément enfoncé, à cavité irrégulière, assez large, plissée ou bossuée sur les bords. — *Peau :* jaune clair verdâtre, striée de rose tendre sur la partie exposée à l'ombre et de rose plus foncé sur l'autre face, tachée de gris squammeux autour du pédoncule, puis abondamment ponctuée de roux. — *Chair :* d'un blanc nuancé de vert, fine, mi-tendre et croquante. — *Eau :* abondante, sucrée, des plus savoureusement acidulée et parfumée.

Maturité. — Août-Septembre.

Qualité. — Première.

Historique. — Le plus célèbre pépiniériste de la Russie, M. Wagner, de Riga, m'envoya ce pommier en 1852, et depuis lors je l'ai constamment propagé, car ses fruits si précoces, si beaux et si bons, méritent réellement l'attention des horticulteurs. Je ne sais à quelle époque il fut obtenu; seulement on ne peut le croire fort âgé, en présence du silence que les pomologues, malgré tous ses mérites, gardent encore à son égard. Je ne l'ai vu, jusqu'ici, mentionné qu'une seule fois; c'est dans le *Wochenschrift*, journal botanique rédigé par mon ami le professeur Karl Koch, de Berlin. Ce savant, rendant compte en janvier 1870 d'une Exposition pomologique qui venait d'avoir lieu à Dorpat (Livonie), parla en ces termes de ce fruit, qu'on y avait envoyé :

« La pomme *Lehm* ou *Serinka,* une des meilleures variétés russes, est communément cultivée dans la partie méridionale de la province de Livonie, mais n'a pas encore, malgré tous ses mérites, pareille vogue dans la partie septentrionale, notamment aux environs de Dorpat. » (N° 4, p. 29.)

———

Pomme SERINKIA. — Synonyme de pomme *Serinka.* Voir ce nom.

———

POMME SERIQUE. — Synonyme de *Calleville rouge d'Été.* Voir ce nom.

POMME SERNISKA. — Synonyme de pomme *Serinka.* Voir ce nom.

POMMES : SHEPHERD'S PIPPIN,

    —   SHEPHERD'S SEEDLING,   } Synonymes de pommes *Alfriston.* Voir ce nom.

POMME SHIPPEN'S RUSSET. — Synonyme de pomme *Boston russet.* Voir ce nom.

489. POMME SHOCKLEY.

Synonyme. — *Pomme* WADDELL HALL (Charles Downing, *the Fruits and fruit trees of America*, 1863, p. 188; et 1869, p. 352).

Premier Type.

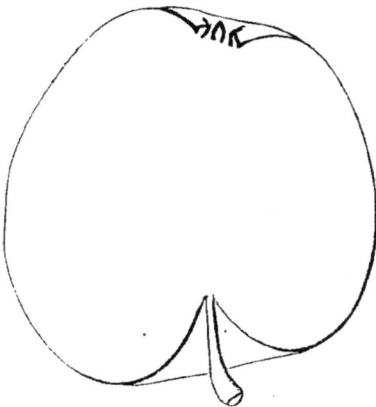

Deuxième Type.

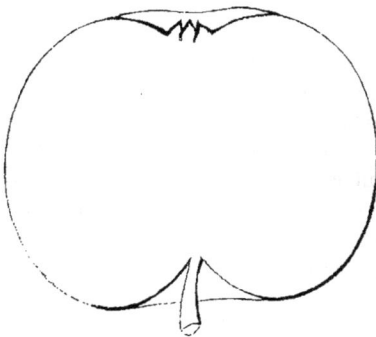

Description de l'arbre. — *Bois :* fort. — *Rameaux :* peu nombreux, étalés, gros, assez longs, sensiblement géniculés, à peine duveteux et d'un brun clair légèrement rosé. — *Lenticelles :* arrondies ou allongées, grandes et rapprochées. — *Coussinets :* larges et saillants. — *Yeux :* moyens, ovoïdes, faiblement collés sur le bois et couverts d'un épais duvet. — *Feuilles :* de grandeur moyenne, ovales-arrondies, longuement acuminées, planes ou un peu cucullées, ayant les bords profondément dentés. — *Pétiole :* gros, long et amplement carminé, à cannelure rarement bien accusée. — *Stipules :* très-longues et très-larges.

FERTILITÉ. — Ordinaire.

CULTURE. — Il se montre vigoureux sur toute espèce de sujet, comme il se prête également à toutes les formes.

Description du fruit. — *Grosseur :* petite. — *Forme :* très-variable, elle passe de la conique plus ou moins allongée à la globuleuse comprimée aux pôles, mais toujours on la trouve irrégulière et moins développée sur une face que sur l'autre. — *Pédoncule :* long ou de longueur moyenne, grêle, souvent renflé au point d'attache, planté dans un bassin étroit et généralement assez profond. — *Œil :* petit, clos ou mi-clos, à peine enfoncé, à faible cavité plissée intérieurement et bordée de légères gibbosités. — *Peau :* jaune verdâtre sur le côté de l'ombre, brun jaunâtre strié de rose terne à l'insolation, rarement maculée de fauve dans le bassin pédonculaire, et ponctuée de gris. — *Chair :* blanchâtre, fine, ferme et croquante. — *Eau :* assez abondante, douce et très-sucrée, ayant une saveur agréable qui participe un peu de celle des amandes.

Maturité. — Février-Mai.

Qualité. — Première.

Historique. — M. Berckmans, pépiniériste habitant Augusta, dans la Géorgie (Amérique), m'offrit cette pomme, en 1858, comme une des variétés les plus estimées des jardiniers de sa contrée, dont elle est originaire. Downing l'a décrite en 1863 puis en 1869, mais il ne dit pas si le nom Shockley, sous lequel on la cultive généralement, rappelle celui de son obtenteur.

Pomme SICKLER. — Synonyme de pomme *Suisse panachée*. Voir ce nom.

Pomme SIKE-POUSE. — Synonyme de pomme *Syke-House*. Voir ce nom.

Pomme de SINOPE. — Synonyme de pomme *Lanterne*. Voir ce nom.

Pomme SMALL BLACK. — Voir *Small's admirable*, au paragraphe Observations.

Pomme SMALL RIBSTON. — Synonyme de *Reinette musquée*. Voir ce nom.

Pomme SMALL STALK. — Voir *Small's admirable*, au paragraphe Observations.

Pomme SMALLEY. — Synonyme de pomme *Spicé*. Voir ce nom.

---

490. Pomme SMALL'S ADMIRABLE.

Description de l'arbre. — *Bois :* fort. — *Rameaux :* assez nombreux, habituellement très-étalés et souvent arqués, gros, peu longs, des plus géniculés, bien duveteux et d'un brun verdâtre lavé de rouge terne. — *Lenticelles :* arrondies ou allongées, très-grandes et assez clair-semées. — *Coussinets :* larges et saillants. — *Yeux :* gros, ovoïdes, presque complétement collés sur l'écorce et très-cotonneux. — *Feuilles :* assez grandes, ovales ou elliptiques, lisses, vert clair en dessus, gris verdâtre en dessous, courtement acuminées, ayant les bords légèrement dentés ou crénelés. — *Pétiole :* long, gros, flasque et sensiblement cannelé. — *Stipules :* longues et larges, pour la plupart.

Fertilité. — Satisfaisante.

Culture. — Sa croissance rapide et ses gros rameaux permettent de le greffer ras terre pour l'élever à tige et en faire de beaux plein-vent. Quant aux formes naines, il s'y prête également, mais il faut alors l'écussonner sur paradis et non sur doucin, dernier sujet qui surexciterait encore sa vigueur et le rendrait peu productif.

Description du fruit. — *Grosseur :* au-dessus de la moyenne. — *Forme :* sphérique, sensiblement comprimée aux pôles et souvent ayant un côté moins développé que l'autre.— *Pédoncule :* long, grêle et profondément planté dans un bassin étroit formant entonnoir. — *Œil :* petit, mi-clos, presque à fleur de fruit et un peu bossué sur ses bords. — *Peau :* jaune clair sur la partie placée à l'ombre, jaune brunâtre à l'insolation, finement ponctuée de roux et de marron, surtout dans le voisinage de l'œil, et maculée de fauve autour du pédoncule. — *Chair :* blanchâtre, fine, ferme et croquante. — *Eau :* abondante, bien sucrée, acidulée, possédant une exquise saveur légèrement fenouillée.

Pomme Small's admirable.

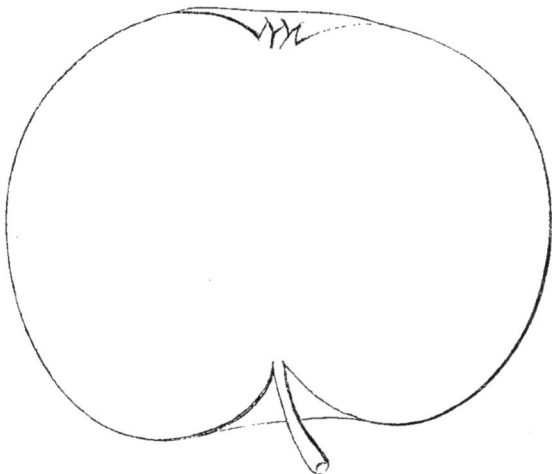

MATURITÉ. — Novembre - Janvier.

QUALITÉ. — Première.

Historique. — La *Small's admirable*, ou Pomme admirable de Small — son obtenteur, probablement — me vient d'Angleterre; elle est dans mon établissement depuis cinq ans; je la crois d'origine anglaise, mais ne puis cependant l'affirmer. Le docteur Hogg, de Londres, l'a signalée en 1866 dans *the Fruit manual* (pp. 42-43) et ne la réclame pas comme sienne; non plus que les pomologues américains Warder (1867) et Downing (1869), qui l'ont également caractérisée. Avec le temps, espérons que cette nouvelle variété retrouvera son père, et, par lui, sa nationalité.

Observations. — En Angleterre il existe une pomme *Small Stalk* (Courte-Queue), puis en Amérique une *Small Black* (Petite-Noire) et une *Small's Pippin* (Pippin de Small); de ces trois variétés, aucune ne se rapporte à la Small's admirable ici décrite; et, coïncidence assez bizarre, les auteurs qui les mentionnent se taisent également sur la provenance de ces divers pommiers.

Pomme SMALL'S PIPPIN. — Voir *Small's admirable*, au paragraphe OBSERVATIONS.

Pommes SMITH *et* SMITH'S CIDER. — Synonymes de pomme *Popular Bluff*. Voir ce nom.

491. Pomme SMOKEHOUSE.

Synonymes. — *Pommes :* 1. Millcreek Vandevere (Elliott, *Fruit book*, 1854, p. 113). — 2. Red
Vandevere (*Id. ibid.*). — 3. Vandevere English (*Id. ibid.*).

Premier Type.

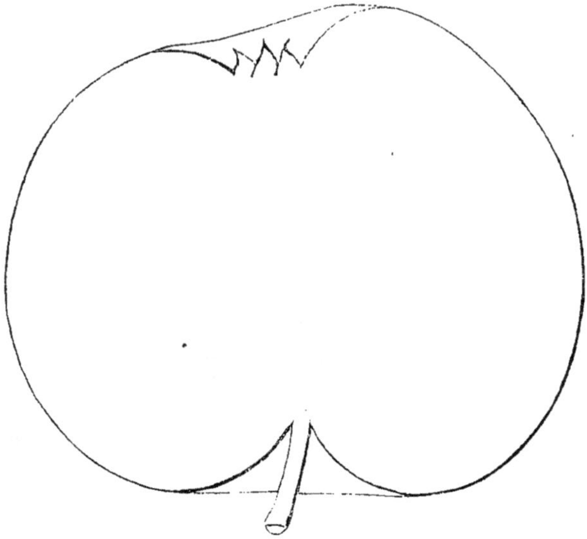

Deuxième Type.

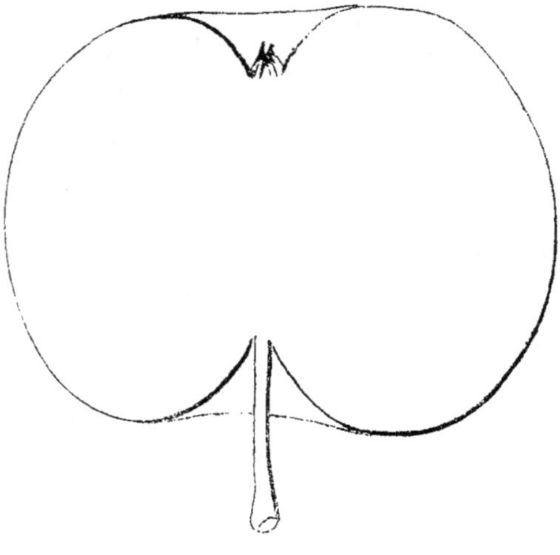

Description de l'arbre. — *Bois :* fort. — *Rameaux :* nombreux, érigés, gros et longs, très-géniculés, légèrement duveteux, d'un brun verdâtre lavé de rouge ardoisé. — *Lenticelles :* arrondies ou allongées, grandes, assez abondantes. — *Coussinets :* saillants. — *Yeux :* très-petits, arrondis, fortement collés sur le bois et couverts de duvet. — *Feuilles :* assez grandes, ovales, longuement acuminées, à bords profondément dentés. — *Pétiole :* gros, de longueur moyenne et faiblement cannelé. — *Stipules :* bien développées.

Fertilité. — Ordinaire.

Culture. — Greffé ras terre, pour plein-vent, il devient très-beau, sa tige est grosse, droite, et sa tête régulière et touffue. Les formes naines cordon ou buisson lui conviennent, surtout quand on l'écussonne sur paradis.

Description du fruit. — *Grosseur :* volumineuse et parfois moins considérable. — *Forme :* conique sensiblement arrondie et très-irrégulière, ou sphérique aplatie aux pôles et plus développée sur un côté que sur l'autre. — *Pédoncule :* assez long ou très-long, peu fort mais souvent renflé au point d'attache, profondément inséré dans un bassin plutôt étroit que large. — *OEil :* grand ou moyen, mi-clos, à vaste cavité unie ou plissée. — *Peau :* mince, lisse, à fond jaune légèrement verdâtre, presque entièrement lavée de rouge-brun clair, marbrée

et fouettée de carmin, à l'insolation, ponctuée de roux et de gris-blanc, puis
tachée de fauve squammeux autour du pédoncule et quelquefois même autour de
l'œil. — *Chair :* jaunâtre, ferme, fine ou mi-fine. — *Eau :* suffisante, bien sucrée,
quoiqu'aigrelette, ayant une saveur anisée des plus agréables.

MATURITÉ. — Octobre-Février.

QUALITÉ. — Première.

Historique. — Assez nouvelle dans les pépinières françaises, la Smokehouse,
d'origine américaine, est pour le moins septuagénaire. Divers auteurs l'ont décrite
en son pays, et l'ont dite native de la Pennsylvanie, sauf Elliott (1854, p. 113),
qui lui reconnaît dix-sept synonymes et veut qu'elle appartienne au Delaware;
mais cette assertion n'a pas prévalu. Voici, du reste, les renseignements circons-
tanciés fournis sur ce point par Charles Downing, dans les plus récentes éditions
de sa Pomologie (1863 et 1869) :

« Ce pommier — dit-il — est originaire du comté de Lancastre (Pennsylvanie); il a poussé,
près Millcreek, sur la ferme d'un riche quaker nommé Gibbons, et dans la partie du jardin
avoisinant la cheminée de la maison, d'où vint qu'on l'appela *Smokehouse.* Cette variété,
déjà ancienne et très-répandue en Pennsylvanie, offre un tel air de famille avec l'antique
pomme Pennsylvania Vandevere, qu'on la suppose sortie d'un égrasseau provenu de pepins de
ce dernier fruit. » (*The Fruits and fruit trees of America*, 1863, pp. 104-105; 1869, p. 355.)

POMME SNOW CHIMNEY. — Synonyme de pomme *de Neige.* Voir ce nom.

POMME DE SOIE. — Synonyme de pomme *Chemisette blanche.* Voir ce nom.

POMME SOMMER GEWÜRZ. — Synonyme de pomme *Postophe d'Été.* Voir ce nom.

POMME SOMMER ZIMMET. — Synonyme de pomme *de Cannelle.* Voir ce nom.

POMME SONNANTE D'AUTOMNE. — Synonyme de pomme *Lanterne.* Voir ce nom.

POMME SONNANTE D'HIVER. — Synonyme de pomme *Coing d'Hiver.* Voir ce nom.

POMME SONNETTE. — Synonyme de *Calleville rouge d'Automne.* Voir ce nom.

POMME SONORE. — Voir pomme *Lanterne*, au paragraphe OBSERVATIONS.

POMME SOSKRIEGER. — Synonyme de *Reinette blanche de Champagne.* Voir ce nom.

POMME SOUR BOUGH. — Synonyme de pomme *Summer Pippin.* Voir ce nom.

Pomme SOUTHERN FALL PIPPIN. — Synonyme de pomme *Buncombe*. Voir ce nom.

Pommes : SOUTHERN GOLDEN PIPPIN,

— SOUTHERN GREENING,

Synonymes de pomme *Green Cheese*. Voir ce nom.

492. Pomme SOUVENIR DES GLORIA.

Premier Type.

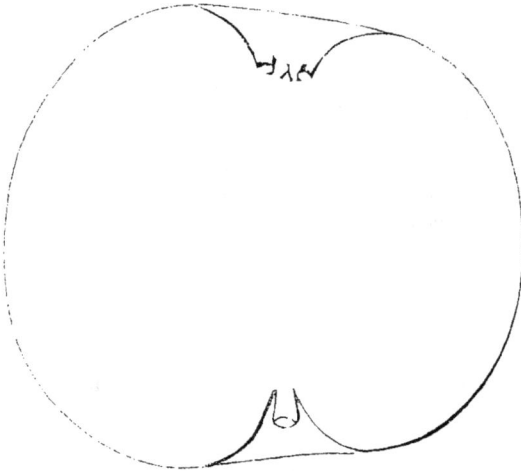

Deuxième Type.

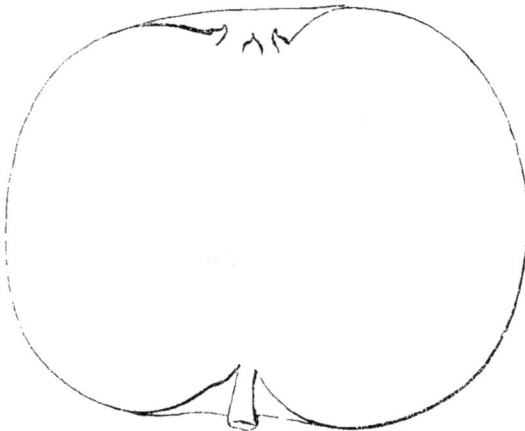

Description de l'arbre. — *Bois :* de moyenne force. — *Rameaux :* nombreux, étalés, longs, assez gros, coudés, duveteux et d'un brun ardoisé presque noir au sommet. — *Lenticelles :* blanches, petites, arrondies, clair-semées. — *Coussinets :* peu saillants. — *Yeux :* volumineux, ovoïdes-obtus, plaqués sur le bois, ayant les écailles cotonneuses et mal soudées. — *Feuilles :* petites, ovales à la base du rameau, ovales-allongées au sommet, épaisses, vert blanchâtre en dessus, vert glauque en dessous, courtement acuminées, à bords dentés ou crénelés. — *Pétiole :* court et grêle, mais rigide, carminé en dessous et faiblement cannelé. — *Stipules :* étroites et longues.

Fertilité. — Des plus abondantes.

Culture. — Il fait de beaux arbres sous toutes les formes; cependant, quand on le destine au plein-vent, il est urgent de le greffer en tête, et non ras terre.

Description du fruit. — *Grosseur :* au-dessus de la moyenne et parfois un peu moins volumineuse. — *Forme :* cylindrique-arrondie ou globuleuse sensiblement comprimée aux pôles; elle a, surtout, presque toujours un côté plus développé que l'autre. — *Pédoncule :* court ou très-court, assez fort ou assez grêle, inséré dans un bassin rarement bien large et généralement de profondeur variable. — *OEil :* petit ou moyen, mi-clos ou fermé, à courtes sépales, à cavité unie, large et plus ou moins profonde. — *Peau :* mince, jaune blafard nuancé de rose terne sur la partie exposée au soleil, tachée de roux dans le bassin pédonculaire et ponctuée de gris. — *Chair :* blanche, fine, tendre et quelque peu croquante. — *Eau :* suffisante, sucrée, agréablement acidulée et possédant un léger parfum de rose.

Maturité. — Décembre-Mars.

Qualité. — Première.

Historique. — Vers 1843 un pommier poussa spontanément dans les vignes dites des Buchannes, appartenant à M. Urseau et situées commune de Sainte-Gemmes-sur-Loire, près Angers. Quand il eut fructifié, son propriétaire en offrit des greffes au sieur Dérouin, cultivateur faubourg Saint-Laud, de notre ville, lequel, tout récemment (1873), en a mis plusieurs rameaux à la disposition des frères Gloria, contre-maîtres, depuis vingt ans, de mes pépinières d'arbres fruitiers. Certain, par l'examen du pied-type, que j'avais là une variété nouvelle, et même encore innommée, il m'a paru, vu son mérite, utile de la propager, et juste aussi — le choix du nom m'étant laissé — de la dédier aux frères Victor et Eugène Gloria, comme souvenir de ce fait, et comme témoignage, surtout, de l'intelligence, de la conscience avec lesquelles ils ont toujours accompli leurs travaux dans mon établissement.

Pomme SOYETTE. — Synonyme de pomme *Chemisette blanche.* Voir ce nom.

Pomme SPADONE DES BELGES. — Synonyme de *Passe-Pomme d'Été.* Voir ce nom.

Pomme SPANISCHER GESTREIFTER GULDERLING. — Synonyme de pomme *Gulderling rayée d'Espagne.* Voir ce nom.

Pommes : SPEACKLED PARMÄNE,

— SPECKLED GOLDEN REINETTE, 〉 Synonymes de *Reinette des Carmes.* Voir ce nom.

Pomme SPICÉ. — Synonyme de *Fenouillet gris.* Voir ce nom.

493. Pomme SPICÉ.

Synonymes. — *Pommes :* 1. Englischer Gewürz (Diel, *Kernobstsorten,* 1809, t. X, p. 34). — 2. Smalley (Charles Downing, *the Fruits and fruit trees of America,* 1863, p. 189; et 1869, p. 354)

Description de l'arbre. — *Bois :* peu fort. — *Rameaux :* nombreux, étalés, assez courts et assez grêles, très-géniculés, sensiblement duveteux et d'un brun olivâtre foncé légèrement lavé de rouge sombre. — *Lenticelles :* arrondies ou allongées, petites, et rapprochées. — *Coussinets :* aplatis. — *Yeux :* moyens et coniques, faiblement plaqués sur l'écorce et très-cotonneux. — *Feuilles :* petites, ovales, rarement acuminées, planes, à bords régulièrement et finement dentés. — *Pétiole :* bien nourri, long et à cannelure apparente. — *Stipules :* étroites et longues.

Pomme Spicé.

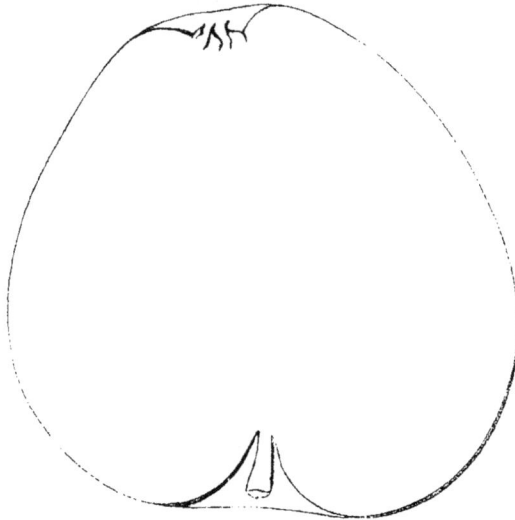

FERTILITÉ. — Satisfaisante.

CULTURE. — Sa chétive croissance ne permet pas qu'il soit greffé ras terre, pour l'élever à tige; il faut donc, quand on le destine au plein-vent, qui du reste lui est peu favorable, le greffer en tête. Les formes naines, sur doucin ou paradis, conviennent infiniment mieux à ce pommier, tant pour la beauté de l'arbre que pour sa plus grande fertilité.

Description du fruit. — *Grosseur :* au-dessus de la moyenne. — *Forme :* conique-allongée, ayant souvent un côté quelque peu moins développé que l'autre. — *Pédoncule :* court, bien nourri, surtout à la base, arqué, obliquement inséré dans un bassin étroit et profond. — *OEil :* assez grand, mi-clos ou fermé, à cavité très-peu prononcée mais sensiblement ondulée ou plissée sur les bords. — *Peau :* épaisse, lisse, unicolore, jaune-citron, amplement maculée de brun autour du pédoncule et toute parsemée de larges points roux. — *Chair :* blanchâtre ou légèrement jaunâtre, fine et tendre. — *Eau :* abondante, complétement douce, très-sucrée et très-aromatisée.

MATURITÉ. — Novembre-Janvier.

QUALITÉ. — Première, pour les amateurs de pommes douces.

Historique. — Ayant été à même, en 1867, de déguster ce beau fruit à l'Exposition horticole universelle de Paris, où il figurait parmi les pommes envoyées de Berlin, je l'introduisis l'année suivante dans mes cultures. Ce fut M. le docteur Lucas, de Reutlingen (Wurtemberg), qui me le procura. L'Angleterre paraît avoir été son berceau, mais cependant depuis longtemps il y est devenu très-rare. Le pomologue Diel, qui l'importa chez les Allemands, l'a décrit en 1809 et nous fournit sur lui quelques renseignements bons à reproduire :

« Cette espèce — dit-il — est signalée dans le Catalogue de William et Joseph Kirke, pépiniéristes à Brompton, près Londres. Les autres arboriculteurs anglais ne la mentionnent pas. Son nom s'applique certainement au parfum dont sa chair est imprégnée. » (*Kernobst-sorten*, 1809, t. X, p. 34.)

Robert Hogg, le plus autorisé des modernes pomologues anglais, s'est également occupé de ce pommier :

« La variété — a-t-il écrit en 1859 — que je viens de caractériser, est bien la Spicé qui fut propagée par Kirke, de Brompton, puis décrite par Diel, sous ce nom; il ne faut donc pas la confondre avec celle de même dénomination du Catalogue du Jardin de la Société horticole de Londres, car celle-ci se rapporte entièrement à la pomme Aromatic Russet. (*The Apple and its varieties*, 1859, p. 186.)

A ces divers renseignements, j'en ajouterai deux : en 1670 dom Claude Saint-Étienne cita chez nous une « pomme d'Espice » dans sa *Nouvelle instruction pour connaître les bons fruits* (p. 211); et, de même, le semeur belge Van Mons en inscrivit une, de 1798 à 1823, sur le *Catalogue général* de ses pépinières (p. 36, n° 464); mais l'absence, pour l'une comme pour l'autre, de toute description, ne permet pas de dire si elles se rattachent ou non à celle qui nous occupe actuellement.

Observations. — Les pommes *Spice Russet* et *Spice Sweet*, caractérisées dans les *Fruits of America* de Charles Downing (1869, p. 358), ne sont nullement identiques avec la présente variété, ainsi que la *Spicé* qui figure parmi les synonymes du Fenouillet gris.

Pommes : SPICE RUSSET,

— SPICE SWEET,

} Voir *Spicé*, au paragraphe Observations.

Pomme de SPITZEMBERG. — Synonyme de *Court-Pendu rouge*. Voir ce nom.

Pomme STAATENPÄRMÄNE. — Synonyme de pomme *Fédérale*. Voir ce nom.

Pomme STAGG'S NONPAREIL. — Synonyme de pomme *Non-Pareille nouvelle*. Voir ce nom.

Pomme STEELE'S RED WINTER. — Synonyme de pomme *Baldwin*. Voir ce nom.

494. Pomme STEPHENSON'S WINTER.

Description de l'arbre. — *Bois :* de moyenne force. — *Rameaux :* peu nombreux, étalés, longs et grêles, à peine géniculés, légèrement duveteux et marron clair lavé de rouge auprès des yeux. — *Lenticelles :* allongées, assez larges, abondantes, mais peu apparentes vers le sommet du rameau. — *Coussinets :* saillants. — *Yeux :* petits, coniques-pointus, collés entièrement sur le bois, aux écailles noirâtres et disjointes. — *Feuilles :* nombreuses, ovales-allongées ou lancéolées, vert clair jaunâtre en dessus, glabres et d'un blanc grisâtre en dessous, très-longuement acuminées, minces, ondulées, à bords finement dentés. — *Pétiole :* de grosseur et longueur moyennes, flasque, rougeâtre en dessous, ayant rarement la cannelure bien accusée. — *Stipules :* étroites, assez longues.

Fertilité. — Satisfaisante.

Culture. — Il fait, sur paradis ou doucin, de jolis arbres nains, et sous cette forme réussit beaucoup mieux qu'en haute-tige, vu sa trop grêle ramification.

Description du fruit. — *Grosseur :* au-dessus de la moyenne. — *Forme :*

ovoïde-arrondie et sensiblement pentagone, surtout près du sommet. — *Pédoncule :* très-long, peu fort à sa partie supérieure, mieux nourri à l'autre extrémité et profondément inséré dans un étroit bassin. — *Œil :* grand, régulier, ouvert, à cavité profonde, plissée et fortement bossuée. — *Peau :* à fond jaune d'or, à peu près entièrement fouettée de rouge lie de vin, maculée de fauve olivâtre autour du pédoncule, puis faiblement ponctuée de gris. — *Chair :* blanche, fine et mi-tendre. — *Eau :* suffisante, sucrée, acidulée, sans parfum bien prononcé.

Pomme Stephenson's Winter.

MATURITÉ. — Janvier-Avril.

QUALITÉ. — Deuxième.

Historique. — Je l'ai reçue d'Augusta (Amérique), il y a une quinzaine d'années, par les soins obligeants de M. Berckmans, pépiniériste en cette localité. Elle est originaire, d'après Charles Downing, du comté de Marshall, au Missouri, et d'assez récente obtention ; mais ce pomologue ne dit pas (1869, p. 361) si le nom sous lequel on la cultive est celui de son obtenteur.

POMME DE STETTIN. — Synonyme de pomme *Rouge de Stettin.* Voir ce nom.

POMME STETTIN PIPPIN. — Synonyme de *Reinette de Caux.* Voir ce nom.

POMME STETTING ROUGE. — Synonyme de pomme *Rouge de Stettin.* Voir ce nom.

495. POMME STETTSON.

Synonyme. — POMME-POIRE STETTSAN (dans l'état de Géorgie [Amérique], en 1858).

Description de l'arbre. — *Bois :* fort. — *Rameaux :* peu nombreux, légèrement étalés à la base, érigés au sommet, gros et longs, bien coudés, rigides, rugueux et duveteux, d'un vert herbacé nuancé de rouge terne et lavé de gris cendré. — *Lenticelles :* assez abondantes, saillantes, arrondies et de grandeur variable. — *Coussinets :* très-développés. — *Yeux :* gros, ovoïdes-obtus, faiblement écartés du bois, parfois même formant éperon, aux écailles très-cotonneuses et disjointes. — *Feuilles :* de grandeur moyenne, épaisses, ovales-allongées, vert terne et jaunâtre en dessus, gris verdâtre en dessous, courtement acuminées et quelque peu contournées pour la plupart et régulièrement dentées sur leurs bords. — *Pétiole* : très-gros, court et roide, carminé à la base et sensiblement cannelé. — *Stipules* : des plus larges et des plus longues.

Pomme Stettson.

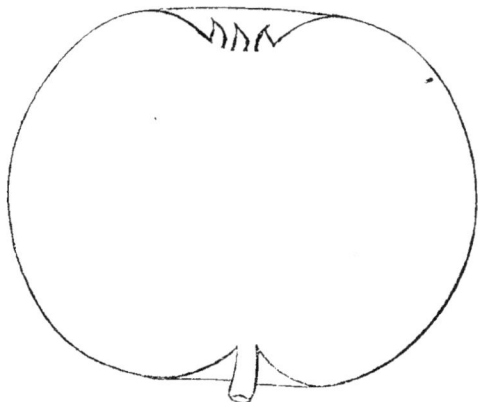

FERTILITÉ. — Convenable.

CULTURE. — On peut avec succès le greffer ras terre, pour plein-vent, car il fait des tiges droites et grosses. Comme arbre nain sa croissance est également très-satisfaisante sur paradis.

Description du fruit. — *Grosseur* : moyenne. — *Forme* : globuleuse plus ou moins comprimée aux extrémités. — *Pédoncule* : court, assez fort, planté dans un bassin étroit et peu profond. — *Œil* : grand ou moyen, mi-clos, à courtes sépales, uni sur ses bords, placé presque à fleur de fruit ou dans une faible cavité. — *Peau* : épaisse, onctueuse, à fond vert jaunâtre, mais presque complétement marbrée et fouettée de carmin terne, puis très-abondamment ponctuée de gris-blanc. — *Chair* : jaunâtre nuancée de vert, fine, croquante et très-ferme. — *Eau* : suffisante, très-sucrée, acidule et possédant un savoureux parfum.

MATURITÉ. — Juillet-Août.

QUALITÉ. — Première.

Historique. — Cette pomme précoce, et vraiment excellente, appartient à l'Amérique, d'où me l'expédiait en 1858 un pépiniériste de la Géorgie, M. Berckmans, habitant Augusta. Je sais qu'elle est d'assez moderne obtention, mais il me devient impossible d'établir son état civil, ne la trouvant décrite ni mentionnée dans aucune Pomologie américaine. En Géorgie on la nomme *Stettson's Pear Apple* [Pomme-Poire de Stettson], appellation que rien ne justifie, ce fruit n'ayant ni la forme, ni la peau, ni la saveur d'une poire. Aussi l'ai-je seulement nommé Stettson, afin de ne pas augmenter encore, chez nous, le nombre déjà trop grand des variétés qui très-improprement y portent la dénomination Pomme-Poire.

---

496. POMME STRAWN.

Synonyme. — *Pomme* STRAWN'S SEEDLING (Charles Downing , *the Fruits and fruit trees of America* , 1869, p. 362).

Description de l'arbre. — *Bois* : peu fort. — *Rameaux* : assez nombreux, érigés, courts et grêles, géniculés, des plus duveteux au sommet et brun clair olivâtre. — *Lenticelles* : blanches, petites, allongées et rapprochées. — *Coussinets* : saillants. — *Yeux* : petits, arrondis, très-cotonneux et plaqués sur l'écorce. — *Feuilles* : petites, ovales-arrondies, épaisses, coriaces et duveteuses, vert terne en dessus, blanc grisâtre en dessous, courtement acuminées, légèrement ondulées puis finement dentées et surdentées. — *Pétiole :* court, assez gros, bien cannelé. — *Stipules :* courtes et des plus larges.

FERTILITÉ. — Abondante.

CULTURE. — Il faut, en raison de sa faible croissance, le greffer sur doucin pour les formes naines buissons, espaliers, cordons ou pyramides. On peut aussi le destiner au plein-vent, mais uniquement en le greffant à hauteur de tige sur une autre espèce très-vigoureuse.

Pomme Strawn.

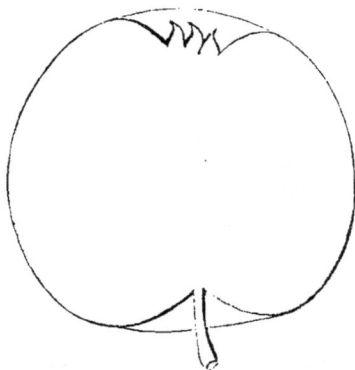

Description du fruit. — *Grosseur :* petite. — *Forme :* globuleuse assez régulière. — *Pédoncule :* long et grêle, planté dans un bassin étroit et de profondeur moyenne. — *OEil :* moyen, ouvert ou mi-clos, à cavité peu développée. — *Peau :* onctueuse, lisse, d'un jaune légèrement verdâtre, amplement striée et réticulée de rose terne, surtout à l'insolation, puis abondamment et très-finement ponctuée de gris. — *Chair :* jaunâtre, compacte, fine et ferme. — *Eau :* suffisante, plus ou moins sucrée, acidulée, assez savoureuse.

MATURITÉ. — Janvier-Mai.

QUALITÉ. — Deuxième.

Historique. — Gagnée de semis chez les Américains, par M. James Strawn, dont elle porte le nom, cette pomme provient de la Virginie et date environ de 1850. Son premier descripteur me semble avoir été Charles Downing (1869, p. 362). Je l'ai inscrite sur mon Catalogue en 1873; mais c'est erronément qu'on l'y relègue au troisième rang; elle mérite le deuxième.

POMME STRAWN'S SEEDLING. — Synonyme de pomme *Strawn.* Voir ce nom.

POMME STREIMLING. — Synonyme de pomme *Striée de Prague.* Voir ce nom.

POMME STRIÉE D'ÉTÉ. — Synonyme de pomme *Pearmain d'Été.* Voir ce nom.

497. POMME STRIÉE DE PRAGUE.

Synonymes. — *Pommes :* 1. HASSLECHER (Jean Bauhin, *Historia fontis et balnei Bollensis Admirabilis,* 1598, p. 88; et *Historia plantarum universalis,* 1613-1650, t. 1, p. 16). — 2. STREIMLING (*Id. ibid.*). — 3. ROTHER SPECIAL (Diel, *Kernobstsorten,* 1804, t. VI, p. 160). — 4. BUNTER PRAGER (*Id. ibid.,* 1816, t. XII, p. 98).

Description de l'arbre. — *Bois :* fort. — *Rameaux :* assez nombreux, érigés, très-longs, de grosseur moyenne, peu géniculés, duveteux et brun ardoisé. — *Lenticelles :* petites, arrondies, clair-semées. — *Coussinets :* presque nuls. — *Yeux* : petits, ovoïdes, aplatis, collés sur le bois, aux écailles cotonneuses, grises et mal soudées. — *Feuilles* : petites, nombreuses, coriaces, ovales ou ovales-arrondies, vert clair, acuminées, planes ou légèrement canaliculées, ayant les bords régulièrement crénelés. — *Pétiole* : assez long, bien nourri, très-roide, rougeâtre à la base et plus ou moins cannelé. — *Stipules* : faisant généralement défaut.

Pomme Striée de Prague,

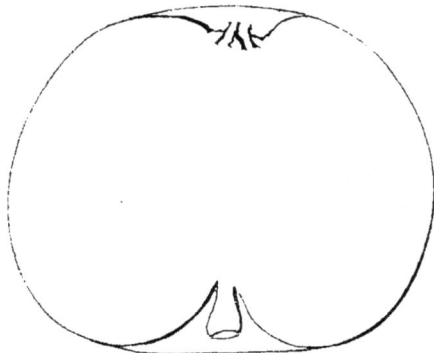

FERTILITÉ. — Ordinaire.

CULTURE. — On peut le greffer sur toute espèce de sujet; il se prête aussi à toutes les formes.

Description du fruit. — *Grosseur* : au-dessous de la moyenne. — *Forme* : globuleuse légèrement comprimée aux pôles, ou conique très-arrondie. — *Pédoncule* : court, des plus nourris, profondément inséré dans un vaste bassin. — *OEil* : moyen, mi-clos ou fermé, à cavité plissée et peu développée. — *Peau* : lisse, à fond jaunâtre, lavée presqu'entièrement de rouge-brun clair, striée de carmin vif et brillant, surtout à l'insolation, tachée de brun autour du pédoncule, puis faiblement ponctuée de gris. — *Chair* : blanche, fine, assez ferme. — *Eau* : suffisante, sucrée, agréablement acidulée et parfumée.

MATURITÉ. — Février-Mai.

QUALITÉ. — Première.

Historique. — Le naturaliste français Jean Bauhin fut le premier descripteur de cette pomme, d'abord en 1598, dans son *Historia fontis et balnei Bollensis Admirabilis* (pp. 88 et 93), puis vers 1613, dans l'*Historia plantarum universalis* (t. I, p. 16), dernier ouvrage qui soit sorti de sa plume. A ces époques elle était déjà bien connue en Suisse, tant à Boll, dans le canton de Fribourg, qu'à Zell, près Zurich, contrées où, selon Bauhin, se trouvait son berceau. Enfin il affirme aussi qu'on la cultivait à Montbéliard (Doubs); et parmi les différents noms dont on l'avait déjà revêtue, en ces diverses localités, il cite celui de *Streimling*, répondant exactement à notre terme strié. A quelle cause, maintenant, attribuer son présent surnom : *Striée de Prague?*.... A ce motif que probablement, aux environs de Prague, on la rencontre plus abondamment qu'ailleurs. Du reste, ce fruit est devenu assez commun chez les Allemands, tandis qu'en France on ne l'y connaît plus, du moins sous la dénomination que je lui donne ici. Son introduction dans mes pépinières date seulement de 1868, et j'en suis redevable au docteur Lucas, de Reutlingen (Wurtemberg).

POMME STRIEPING. — Synonyme de pomme *Belle-Fleur de Brabant*. Voir ce nom.

POMME STRIPED BEAUFIN. — Synonyme de pomme *Beaufin strié*.

Pomme STRIPED BELLE-FLEUR. — Synonyme de pomme *Belle-Fleur longue.* Voir ce mot.

Pommes : STRIPED JUNEATING,

— STRIPED QUARRENDEN,

} Synonymes de pomme *Marguerite.* Voir ce nom.

498. Pomme STURMER PIPPIN.

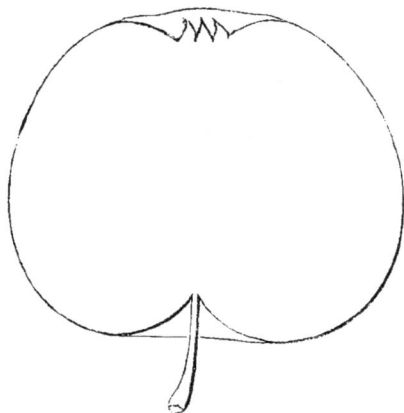

Description de l'arbre. — *Bois :* fort. — *Rameaux :* très-nombreux, étalés à la base, érigés au sommet, longs, assez gros, coudés, duveteux et d'un jaune grisâtre. — *Lenticelles :* allongées, petites, grises et des plus clair-semées. — *Coussinets :* ressortis. — *Yeux :* gros, ovoïdes-obtus, très-cotonneux, plaqués sur le bois, ayant les écailles disjointes et rosées. — *Feuilles :* de grandeur moyenne, ovales-arrondies, épaisses et coriaces, vert jaunâtre en dessus, vert grisâtre en dessous, courtement acuminées, planes ou quelque peu canaliculées, à bords plus ou moins largement crénelés. — *Pétiole :* gros, long, rigide, carminé à la base et faiblement cannelé. — *Stipules :* étroites et assez courtes.

FERTILITÉ. — Satisfaisante.

CULTURE. — La greffe ras terre, pour plein-vent, convient à ce pommier, dont la tige, très-droite, devient forte et la tête régulière et touffue. Sous formes naines il prospère non moins bien, mais réclame pour sujet le paradis plutôt que le doucin.

Description du fruit. — *Grosseur :* au-dessous de la moyenne. — *Forme :* conique-arrondie, ayant généralement une face moins renflée que l'autre. — *Pédoncule :* long, grêle, mais assez nourri à son point d'attache, planté dans un bassin de largeur et profondeur moyennes. — *OEil :* moyen, ouvert ou mi-clos, faiblement enfoncé dans une petite cavité à bords plissés ou bossués. — *Peau :* jaune-citron nuancé de vert, surtout près et dans le bassin pédonculaire, amplement tachée et réticulée de brun-roux plus ou moins squammeux, ponctuée de gris et parfois, à bonne exposition solaire, faiblement lavée ou mouchetée de rouge-brique. — *Chair :* jaunâtre, fine, compacte, ferme et croquante. — *Eau :* assez abondante, douce, bien sucrée, possédant une légère et délicieuse saveur fenouillée.

MATURITÉ. — Février-Juin.

QUALITÉ. — Première.

Historique. — Originaire d'Angleterre, où elle fut gagnée vers 1839, cette pomme, d'abord signalée par Thompson, en 1842, dans le Catalogue des arbres fruitiers de la Société horticole de Londres (p. 42, n° 808), se vit décrite plus tard (1859) par le docteur Hogg, qui fournit sur son obtention les renseignements ci-après :

« La pomme *Sturmer Pippin* — dit-il — est un gain de M. Dillistone, pépiniériste à Sturmer, près Haverhill, comté de Suffolk; elle vient d'un Ribston Pippin fécondé par le pollen d'un pommier de Non-Pareille. » (*The Apple and its varieties*, pp. 189-190, n° 345.)

Introduite depuis six ou sept ans dans les pépinières françaises, la Sturmer Pippin n'ayant pas obtenu en 1872 (*Procès-Verbaux*, p. 17) les suffrages du Congrès pomologique aujourd'hui dissous, a disparu chez nous de presque tous les Catalogues. Pour moi, je l'ai maintenue sur le mien, car si je reconnais, avec l'ancien Congrès, que son volume laisse à désirer, j'affirme, par contre, que c'est une délicieuse pomme et d'une tardiveté exceptionnelle, car le 15 juin 1873 j'en avais encore, au fruitier, plusieurs qui eussent pu s'y conserver jusqu'en juillet.

Pomme SUCRÉE D'HIVER. — Synonyme de *Reinette musquée*. Voir ce nom.

Pomme SUISSE. — Synonyme de pomme *Suisse panachée*. Voir ce nom.

Pomme DE SUISSE. — Synonyme de *Reinette suisse*. Voir ce nom.

499. Pomme SUISSE PANACHÉE.

Synonymes. — *Pommes* : 1. CRISTATUM (Jean Bauhin, *Historia plantarum universalis*, 1613-1650, t. I, p. 21). — 2. PANACHÉE (*Id. ibid.*). — 3. DE PERROQUET (dom Claude Saint-Étienne, *Nouvelle instruction pour connaître les bons fruits*, 1670, p. 215; — et Mayer, *Pomona franconica*, 1776, t. III, p. 82). — 4. BLANCHE SUISSE PANACHÉE (Nolin et Blavet, *Essai sur l'agriculture*, 1755, p. 283; — et Sickler, *Teutscher Obstgärtner*, 1800, t. XIII, p. 77). — 5. BERGAMOTTE SUISSE (Mayer, *Pomona franconica*, 1776, t. III, p. 82). — 6. DE GRUE (*Id. ibid.*). — 7. RAYÉE DE VERT ET DE JAUNE (*Id. ibid.*). — 8. DE ROMARIN PANACHÉE (*Id. ibid.*). — 9. DE ROSE PANACHÉE (*Id. ibid.*). — 10. DE ZURICH (*Id. ibid.*). — 11. REINETTE SICKLER (Van Mons, *Catalogue descriptif de partie des arbres qui de 1798 à 1823 ont formé sa collection*, p. 21, n° 1450). — 12. CULOTTE SUISSE (*le Bon Jardinier*, 1823, p. 413). — 13. SUISSE (Poiteau, *Pomologie française*, 1846, t. IV, n° 58). — 14. RUBANÉE (Alexandre Bivort, *Album de pomologie*, 1849, t. II, p. 129). — 15. SUISSE VAN MONS (*Id. ibid.*, p. 131). — 16. REINETTE DE SIÈKLER (d'Albret, *Cours théorique et pratique de la taille des arbres fruitiers*, 1851, p. 333). — 17. DE SUISSE ROUGE (*Id. ibid.*). — 18. SICKLER (Couverchel, *Traité des fruits*, 1852, p. 443).

Description de l'arbre. — *Bois* : très-fort. — *Rameaux* : nombreux, étalés et souvent arqués, longs, des plus gros, sensiblement coudés, bien duveteux, d'un brun-rouge violacé amplement lavé de gris blanchâtre et panaché ou rayé de jaune-orange. — *Lenticelles* : allongées, grandes et rapprochées. — *Coussinets* : larges et saillants. — *Yeux* : volumineux, ovoïdes, complétement plaqués sur le bois et couverts d'un épais duvet. — *Feuilles* : grandes ou moyennes, ovales-arrondies, assez longuement acuminées, planes pour la plupart et profondément dentées. — *Pétiole* : gros, long, tomenteux et carminé, à cannelure peu développée. — *Stipules* : larges, très-longues et souvent dentées.

FERTILITÉ. — Abondante.

CULTURE. — Excessivement vigoureux, ce pommier fait de superbes plein-vent, comme grosseur de tige, mais généralement leur tête est trop étalée, ce qui porte atteinte à la beauté de l'arbre. Il réussit admirablement sous toute espèce de formes naines, moyennant qu'on l'ait greffé sur paradis, et non sur doucin.

Pomme Suisse panachée.

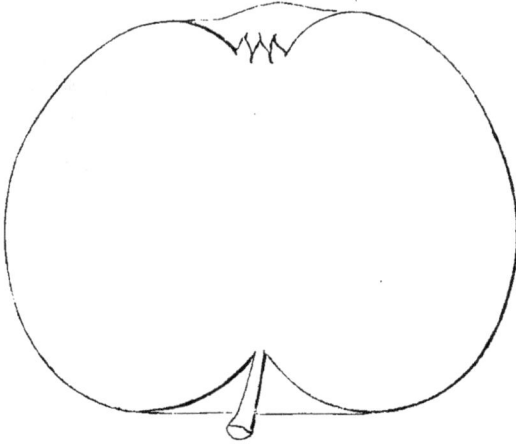

Description du fruit.

— *Grosseur :* moyenne et parfois un peu plus volumineuse. — *Forme :* globuleuse ou conique sensiblement arrondie, légèrement pentagone près du sommet. —*Pédoncule :* de grosseur et longueur moyennes, renflé au point d'attache, arqué, inséré dans un large et profond bassin. — *Œil :* moyen, clos ou mi-clos, duveteux, à cavité prononcée, irrégulière et dont les bords sont fortement ondulés ou bossués. — *Peau :* unie, vert clair jaunâtre, panachée de blanc sur le côté de l'ombre, fouettée de rose terne sur celui du soleil, puis finement et abondamment ponctuée de roux. — *Chair :* blanche, fine et mi-tendre. — *Eau :* abondante, sucrée, délicieusement acidulée et parfumée.

MATURITÉ. — Décembre-Mars.

QUALITÉ. — Première.

Historique. — Très-ancienne, la pomme Suisse panachée m'apparaît pour la première fois, en 1613, dans l'*Historia plantarum universalis* de Jean Bauhin, qui la nomme CRISTATUM, c'est-à-dire Panachée. Ce savant s'attacha surtout à l'étude des fruits répandus dans la Suisse et l'ancien comté de Montbéliard (Franche-Comté), et presque toujours en indiqua l'origine, ou du moins cita les localités dans lesquelles on les rencontrait. Ce qu'il a fait pour sa CRISTATUM, qui, assure-t-il, « lui fut envoyée de *Helicuria* (t. 1, p. 21). » Malheureusement aucun Dictionnaire géographique ne parle de ce lieu, dont le vrai nom, latinisé par Bauhin, devient ainsi lettre morte, et ne peut nous prêter le secours historique dont nous avions besoin. Si je ne puis, toutefois, indiquer en quelle contrée se trouve *Helicuria*, je puis cependant, par l'intermédiaire du pomologue allemand Mayer, fournir quelques autres renseignements sur la provenance probable de la pomme *Cristatum*, ou Suisse panachée :

« Je ne la crois pas d'origine helvétique — écrivait Mayer en 1776 — c'est en Bohême et dans les provinces adjacentes qu'elle se rencontre le plus abondamment; j'en ai tiré mes premières greffes d'Ollmüz, en Moravie. » (*Pomona franconica*, t. III, p. 82.)

Observations. — Les pomologues belges, notamment Alexandre Bivort (1849), ont cru à l'existence d'une pomme Suisse panachée, dont ils attribuaient le gain au fameux Van Mons, leur compatriote. Ici, l'erreur est formelle, car j'ai maintes fois acheté en Belgique cette prétendue variété, sans jamais avoir reçu, même de feu Bivort, autre chose que l'antique pomme Suisse panachée. Du reste ce dernier arboriculteur n'avait pu s'empêcher, par la suite, de reconnaître les nombreux points de ressemblance qu'offraient entr'eux ces deux pommiers (voir son *Album de pomologie*, t. II, pp. 129 à 132). — Mayer, cité plus haut, commit aussi certaine inexactitude à l'égard de ce fruit. Il crut (t. III, p. 82) que Bauhin l'avait décrit sous le nom STRIATUM. Je l'ai dit ci-dessus (p. 823), la *Striatum* de Bauhin est uniquement notre Striée de Prague; quant à la pomme Suisse panachée, ce fut, répétons-le, la dénomination *Cristatum*, si bien justifiée, qu'il lui appliqua.

POMMES : DE SUISSE ROUGE,

— SUISSE VAN MONS,

} Synonymes de pomme *Suisse panachée*. Voir ce nom.

POMME SUMMER NONPAREIL. — Synonyme de pomme *Non-Pareille nouvelle*. Voir ce nom.

POMME SUMMER PEARMAIN. — Synonyme de pomme *Pearmain d'Été*. Voir ce nom.

500. POMME SUMMER PIPPIN.

Synonymes. — *Pommes :* 1. SOUR BOUGH (Charles Downing, *the Fruits and fruit trees of America*, 1863, p. 195). — 2. TART BOUGH (*Id. ibid.*). — 3. CHAMPLAIN (*Id. ibid.*, 1869, p. 368). — 4. LARGE GOLDEN PIPPIN (*Id. ibid.*). — 5. PAPER (*Id. ibid.*). — 6. PEARMAIN GENEVA (*Id. ibid.*). — 7. UNDER-DUNT (*Id. ibid.*, p. 368). — 8. WALWORTH (*Id. ibid.*).

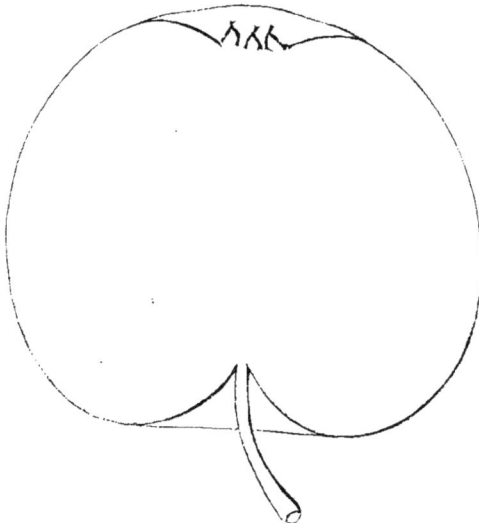

Description de l'arbre.
— *Bois :* fort. — *Rameaux :* très-nombreux, étalés à la base, érigés au sommet, gros et longs, coudés, très-duveteux, jaune grisâtre ou brun verdâtre légèrement lavé de rouge. — *Lenticelles :* arrondies ou allongées, grandes et des plus clair-semées. — *Coussinets :* saillants, très-larges. — *Yeux :* volumineux, ovoïdes-allongés, imparfaitement collés sur le bois, aux écailles bien cotonneuses, disjointes et rosées. — *Feuilles :* assez grandes, ovales-arrondies, épaisses et coriaces, vert jaunâtre en dessus, vert grisâtre en dessous, courtement acuminées, légèrement canaliculées et sensiblement crénelées. — *Pétiole :* long, gros, roide, rosé à la base

et faiblement cannelé. — *Stipules :* de grandeur variable, mais généralement étroites et assez courtes.

FERTILITÉ. — Satisfaisante.

CULTURE. — Il est préférable, malgré sa vigueur, de le greffer en tête, pour plein-vent, plutôt que ras terre, car ses arbres ne laisseront, alors, rien à désirer comme force et régularité. Sur paradis, il se prête avantageusement à toutes les formes naines.

Description du fruit. — *Grosseur :* moyenne et parfois plus volumineuse. — *Forme :* conique-arrondie, un peu moins développée d'un côté que de l'autre. — *Pédoncule :* long, de moyenne force, renflé au point d'attache, profondément inséré dans un assez vaste bassin. — *Œil :* moyen, clos ou mi-clos, à cavité de dimensions variables mais généralement ondulée sur ses bords. — *Peau :* jaune pâle, lavée de rouge vif à l'insolation, abondamment ponctuée de gris et de brun olivâtre, puis légèrement maculée de fauve dans le bassin pédonculaire. — *Chair :* blanche, fine et tendre. — *Eau :* suffisante, sucrée, acidule, assez savoureuse.

MATURITÉ. — Août-Septembre.

QUALITÉ. — Deuxième pour le couteau, première pour les usages culinaires.

Historique. — D'après Warder (1867, *Apples*, pp. 646 et 733) cette pomme serait originaire de l'État de New-York (Amérique); mais je dois ajouter que Charles Downing, lui, affirmait en 1869 n'en pas connaître la provenance :

« Le *Summer Pippin* — disait-il — ancienne variété dont le lieu de naissance reste inconnu, se rencontre abondamment dans les comtés de Rockland et de Westchester (État de New-York); elle est précieuse pour l'alimentation des marchés. » (*The Fruits and fruit trees of America*, 1863, p. 195, et 1869, p. 368.)

POMME SUPSON FRANGÉ. — Synonyme de pomme *Wellington*. Voir ce nom.

---

501. POMME SURPASSE-IMPÉRIALE.

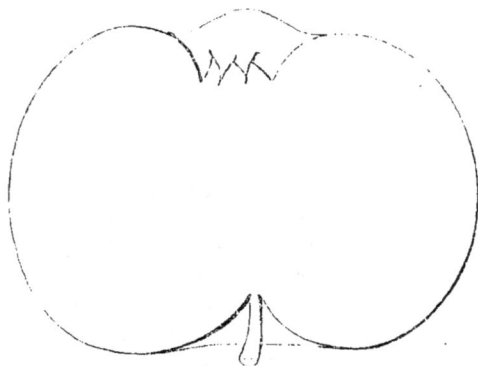

Description de l'arbre. — *Bois :* très-fort. — *Rameaux :* peu nombreux, érigés au sommet, étalés à la base, très-gros et assez longs, bien géniculés, légèrement duveteux au sommet et d'un beau rouge ardoisé. — *Lenticelles :* arrondies, grandes et rapprochées. — *Coussinets :* aplatis. — *Yeux :* assez gros, arrondis, très-duveteux, noyés dans l'écorce. — *Feuilles :* petites, ovales, vert terne en dessus, gris verdâtre en dessous, rarement acuminées, planes ou canaliculées, régulièrement et profondément dentées. — *Pétiole* : long, gros, à peine cannelé. — *Stipules* : de largeur et longueur moyennes.

Fertilité. — Abondante.

Culture. — Le plein-vent lui convient beaucoup, il se montre, sous cette forme, aussi beau que productif, soit qu'on le greffe à hauteur de tige ou ras terre. Comme arbre nain, le sujet sur lequel il prospère le mieux, c'est le doucin.

Description du fruit. — *Grosseur* : moyenne. — *Forme* : globuleuse très-aplatie à ses extrémités et plus ou moins pentagone près du sommet. — *Pédoncule* : de force et longueur moyennes, arqué, profondément planté dans un assez large bassin. — *Œil* : grand, très-enfoncé, bien ouvert, à vaste cavité bordée de gibbosités prononcées. — *Peau* : jaune clair, amplement lavée et fouettée de rouge vif sur la partie frappée par le soleil, puis ponctuée de brun grisâtre. — *Chair* : blanchâtre, fine et compacte, quoique très-tendre. — *Eau* : abondante, bien sucrée, faiblement acidulée, ayant une saveur légèrement amère et plus ou moins herbacée.

Maturité. — Janvier-Mars.

Qualité. — Deuxième pour le couteau, première pour la cuisson.

Historique. — En 1856 l'édition anglaise de mon *Catalogue* signalait cette variété (p. 17, n° 276) comme nouvellement introduite dans mes pépinières; ce qui était exact, puisqu'on l'y cultivait seulement depuis 1854. Je n'en connais aucune description et ne saurais dire, aujourd'hui, de quel endroit on me l'avait adressée. La seule chose que je sache, sur ce fruit, c'est qu'il porte un nom des plus trompeurs, car loin de surpasser en qualité l'Impériale ancienne ou la nouvelle, il leur est inférieur, au contraire, et de beaucoup.

502. Pomme SURPASSE-REINETTE.

Premier Type.

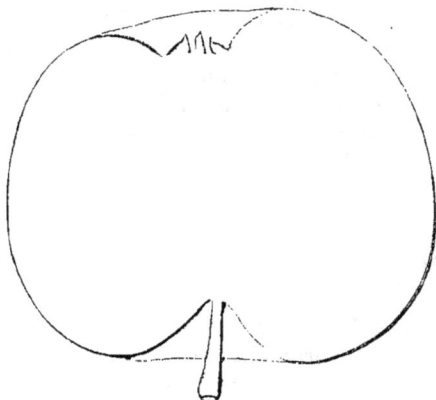

Description de l'arbre. — *Bois* : très-fort. — *Rameaux* : nombreux, étalés, des plus gros, longs et géniculés, sensiblement duveteux et vert olivâtre. — *Lenticelles* : arrondies, clair-semées, assez grandes. — *Coussinets* : peu saillants mais se prolongeant en arête. — *Yeux* : rougeâtres, gros ou très-gros, ovoïdes-allongés, obtus, bombés à leur milieu, collés sur le bois et bien cotonneux. — *Feuilles* : abondantes, excessivement grandes, ovales-allongées, coriaces, épaisses, duveteuses, courtement acuminées, ayant les bords largement et profondément dentés, et, parfois même, surdentés. — *Pétiole* : court, très-nourri, carminé à la base et faiblement cannelé. — *Stipules :* longues et assez larges.

FERTILITÉ. — Médiocre.

CULTURE. — Le plein-vent lui est non moins favorable que la basse-tige, mais il faut, pour cette dernière forme, le greffer uniquement sur paradis, sujet qui en amoindrira l'extrême vigueur et le rendra, par cela même, plus productif.

Pomme Surpasse-Reinette. — *Deuxième Type.*

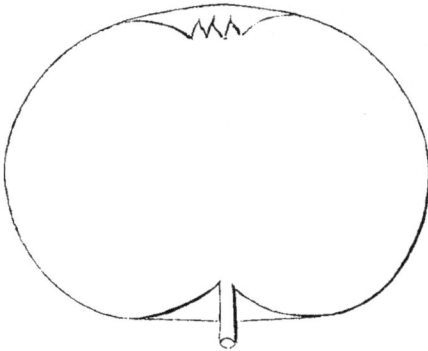

Description du fruit. — *Grosseur :* au-dessous de la moyenne. — *Forme :* sphérique, comprimée aux pôles et souvent ayant un côté moins volumineux que l'autre. — *Pédoncule :* de longueur et de force moyennes, droit ou arqué, inséré dans un bassin habituellement profond et assez large. — *Œil :* moyen, ouvert ou mi-clos, à cavité légèrement ondulée sur les bords et rarement très-développée. — *Peau :* rugueuse, jaune verdâtre, amplement tachée, marbrée et réticulée de fauve, maculée de brun olivâtre et squammeux dans le bassin pédonculaire, puis semée çà et là de quelques points roux. — *Chair :* d'un blanc verdâtre, très-fine, assez ferme. — *Eau :* suffisante, sucrée, possédant une saveur aigrelette des plus agréables.

MATURITÉ. — Décembre-Mars.

QUALITÉ. — Première.

Historique. — La Surpasse-Reinette figurait déjà sur mon Catalogue de 1846 (p. 13), mais sans note de dégustation, indice certain qu'alors je la possédais depuis deux ou trois ans seulement. Il m'est impossible, maintenant, de me rappeler qui m'avait procuré cette excellente petite pomme, que son nom semble rattacher à notre pays, et dont, cependant, aucun de nos recueils horticoles n'a parlé jusqu'ici, sauf les *Procès-Verbaux* de l'ex-Congrès pomologique. J'y vois, en effet, la Surpasse-Reinette signalée en 1857 (p. 4) parmi les variétés mises à l'étude ; puis en 1861 (p. 2) je l'y trouve, avec la qualification « très-bonne, » admise au rang des pommiers recommandés pour la culture. Toutefois, nulle mention de provenance ni d'obtenteur n'accompagne son inscription sur ce document. Voilà donc encore un fruit moderne sans état civil ; chose fort regrettable, car il mérite réellement une place dans les jardins, où, par exemple, s'il surpasse en bonté quelques-uns de ses congénères, ce n'est pas notre antique Reinette franche, que toujours on devra lui préférer.

503. POMME SURPRISE D'ÉTÉ.

Description de l'arbre. — *Bois :* fort. — *Rameaux :* nombreux, érigés, gros et longs, géniculés, légèrement duveteux et d'un brun olivâtre quelque peu lavé de rouge. — *Lenticelles :* assez grandes, arrondies et rapprochées. — *Coussinets :* aplatis. — *Yeux :* gros ou moyens, coniques, très-cotonneux, plaqués sur l'écorce.

— *Feuilles* : de grandeur moyenne, ovales-allongées, minces, vert assez clair en dessus, non acuminées pour la plupart et faiblement crénelées sur leurs bords. —

Pomme Surprise d'Été.

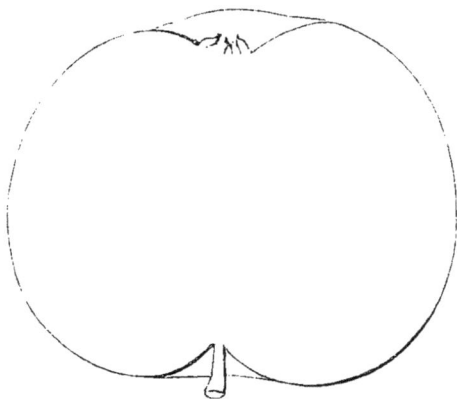

Pétiole : de longueur moyenne, bien nourri, à cannelure peu sensible. — *Stipules* : très-petites et souvent faisant défaut.

FERTILITÉ. — Des plus abondantes.

CULTURE. — Sa prompte croissance et sa riche ramification permettent de le greffer ras terre quand on le destine au plein-vent, forme sous laquelle ce pommier devient très-avantageux pour les pépiniéristes, car il y fait des arbres d'une grande régularité et dont la tige atteint toujours de belles dimensions. Écussonné sur paradis, pour cordons, espaliers ou buissons, il pousse aussi fort convenablement et se montre d'une rare fertilité.

Description du fruit. — *Grosseur* : moyenne. — *Forme* : globuleuse, ayant presque toujours un côté moins développé que l'autre. — *Pédoncule* : court et grêle, légèrement renflé au point d'attache, arqué, planté dans un bassin étroit et peu profond. — *OEil* : petit, clos ou mi-clos, à cavité plus ou moins plissée sur ses bords et rarement bien développée. — *Peau* : jaune clair, amplement lavée et fouettée de carmin foncé, çà et là marbrée de roux squammeux, surtout autour du pédoncule, et ponctuée de gris-brun. — *Chair* : jaunâtre, fine, ferme et croquante. — *Eau* : suffisante, sucrée, un peu vineuse, acidulée, ayant une légère saveur d'anis.

MATURITÉ. — Vers la moitié d'Août.

QUALITÉ. — Deuxième.

Historique. — Ce pommier précoce porte un nom qui peut le faire regarder comme étant né sur notre sol. Déjà même il doit avoir un certain âge, car en 1849 je le signalais dans mon Catalogue parmi les nouveautés (p. 32, n° 167). Mais je ne saurais donner le moindre renseignement sur son obtention ni dire, ayant entièrement oublié ce détail, s'il me vint de France ou de l'étranger. Je ne l'ai vu décrit chez nous dans aucune Pomologie. En Amérique, Downing caractérisa dès 1849 (p. 134) une pomme Surprise, et je la retrouve dans son édition de 1869 (p. 373); seulement elle n'a de commun que la dénomination avec celle dont il s'agit ici, puisqu'on la mange de novembre à janvier, et que, d'après cet auteur, sa chair est sanguinolente. Pour éviter toute confusion entre ces deux fruits, je crois donc utile de nommer désormais Surprise d'Été, la variété hâtive cultivée en France, et qui probablement dut son nom à l'abondance extrême de ses produits. Surprise toujours heureuse, et que voudraient éprouver plus souvent, j'en suis certain, les jardiniers et les amateurs d'arbres fruitiers.

Observations. — La Société horticole de Londres possède aussi dans son Jardin-École un pommier Surprise, inscrit en 1826, sous le n° 1086, au Catalogue général de cet établissement (p. 148), puis en 1849 (p. 42), mais sans la moindre description; d'où suit que je ne sais s'il se rapporte au nôtre ou s'il est identique avec celui des Américains.

Pomme SUSINE. — Synonyme de *Calleville rouge d'Été*. Voir ce nom.

Pommes SÜSS *et* SÜSSLING. — Synonymes de pomme *Doux-Blanc*. Voir ce nom.

Pomme SUSSER HOLAART. — Synonyme de pomme *Holaart doux*. Voir ce nom. .

Pommes : de SUTTON,

— SUTTON BEAUTY, } Synonymes de pomme *Wellington*. Voir ce nom.

504. Pomme SUZANNE.

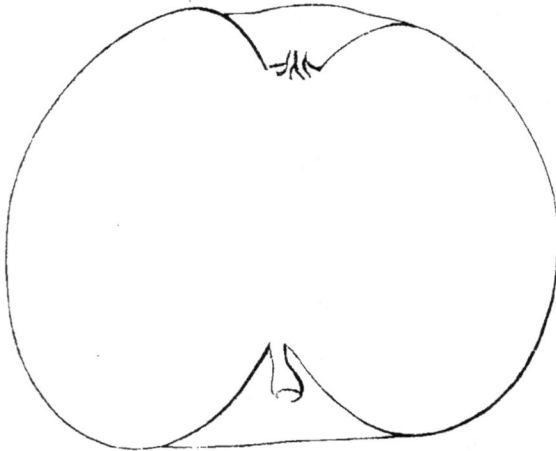

Description de l'arbre. — *Bois* : fort. — *Rameaux* : nombreux, étalés à la base, érigés au sommet, gros et longs, sensiblement coudés, légèrement duveteux et brun clair olivâtre lavé de gris. — *Lenticelles* : arrondies ou allongées, blanches, grandes et très-rapprochées. — *Coussinets:* larges et saillants. — *Yeux* : volumineux, aplatis mais pointus, fortement collés sur l'écorce, aux écailles cotonneuses et disjointes — *Feuilles :* abondantes, grandes ou moyennes, ovales-arrondies, vert jaunâtre en dessus, gris verdâtre en dessous, coriaces, courtement acuminées, ondulées pour la plupart, puis régulièrement et finement dentées et surdentées. — *Pétiole :* gros et long, rigide, lavé de carmin vif, profondément cannelé. — *Stipules :* étroites et courtes.

Fertilité. — Satisfaisante.

Culture. — En le greffant ras terre, pour plein-vent, on en obtient de beaux pommiers à tige droite et grosse; le paradis est le sujet qui lui convient le mieux lorsqu'on veut l'utiliser comme arbre nain.

Description du fruit. — *Grosseur :* au-dessus de la moyenne. — *Forme :*

conique-raccourcie ou conique fortement arrondie. — *Pédoncule* : court, bien nourri, surtout à son point d'attache, obliquement et très-profondément inséré dans un bassin des plus vastes. — *OEil* : moyen, mi-clos ou fermé, très-enfoncé dans une cavité irrégulière, assez large et bossuée sur les bords. — *Peau* : mince, lisse, jaune clair sur le côté placé à l'ombre, amplement lavée de rose tendre sur l'autre face, maculée de brun grisâtre autour du pédoncule, puis abondamment semée de points noirâtres cerclés de carmin foncé à l'insolation. — *Chair* : très-blanche, fine, compacte et tendre. — *Eau* : suffisante, bien sucrée, savoureusement acidulée et possédant un parfum exquis rappelant celui de la rose.

MATURITÉ. — Janvier-Mars.

QUALITÉ. Première.

Historique. — Ce pommier, né dans l'Anjou, porte le nom de son obtenteur, M. Suzanne, pépiniériste à Saint-Jean-des-Mauvrets (Maine-et-Loire). Il provient d'un semis remontant à 1859 et s'est mis à fruit en 1866.

POMME DE SUZE. — Synonyme de *Calleville rouge d'Été*. Voir ce nom.

---

505. POMME SWAAR.

Synonyme. — *Pomme* HARDWICH (Charles Downing, *the Fruits and fruit trees of America*, édit. de 1869, p. 373).

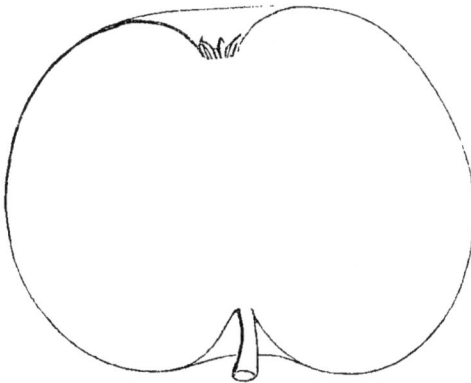

Description de l'arbre. — *Bois* : fort. — *Rameaux* : nombreux, habituellement très-étalés, gros et longs, non géniculés et très-duveteux, brun clair verdâtre nuancé de rouge pâle. — *Lenticelles* : grandes, allongées et très-abondantes. — *Coussinets* : larges et peu saillants. — *Yeux* : moyens, ovoïdes, légèrement cotonneux et complétement plaqués sur l'écorce. — *Feuilles* : de grandeur moyenne, rondes, assez longuement acuminées, à bords largement crénelés. — *Pétiole* : gros, des plus courts, carminé, tomenteux et presque toujours dépourvu de cannelure. — *Stipules* : petites et parfois, même, faisant défaut.

FERTILITÉ. — Ordinaire.

CULTURE. — Le plein-vent greffé ras terre convient beaucoup à ce pommier en raison de ses gros et nombreux rameaux, de son tronc droit et fort. La basse-tige, sur paradis plutôt que sur doucin, peut aussi lui être appliquée.

Description du fruit. — *Grosseur* : moyenne. — *Forme* : globuleuse légèrement comprimée à ses extrémités. — *Pédoncule* : de longueur moyenne, bien nourri, souvent renflé à l'attache, droit ou arqué, assez profondément inséré dans un bassin étroit. — *OEil* : moyen ou petit, mi-clos ou fermé, modérément enfoncé dans une cavité unie ou plissée, cotonneuse et assez vaste. — *Peau :* jaune clair, largement lavée puis fouettée de carmin terne, tachetée çà et là de brun noirâtre et ponctuée de gris-roux. — *Chair :* blanche, fine, quelque peu marcescente et très-compacte quoiqu'assez tendre. — *Eau :* abondante, très-sucrée, à peine acidulée, sans parfum bien prononcé.

Maturité. — Octobre-Février.

Qualité. — Deuxième.

Historique. — Nous trouvons sur l'origine du pommier Swaar, provenu d'Amérique et presque centenaire, diverses assertions au sujet de la localité qui l'a vu naître. En 1825 M. Michael Floy, dans un article inséré au t. VI des *Transactions* de la Société horticole de Londres (p. 417), le déclarait obtenu de semis par un colon hollandais, à North-Jersey. Plus tard (1849) Downing, en sa Pomologie (p. 134), tout en lui donnant ce même obtenteur, voulait qu'il fût sorti des environs d'Esopus sur l'Hudson; opinion s'éloignant peu de celle émise par Warder (1867, *Apples*, p. 632), qui le fait pousser dans l'état de New-York, sur les bords, également, de l'Hudson. Quant au nom de cette variété, les Américains et les Anglais le dérivent du terme hollandais *swaar*, ou du mot allemand *schwer*, signifiant lourd, pesant. Le poids de ce fruit dépasse généralement, en effet, celui de ses congénères de même volume.

Observations. — La pomme Swaar est exquise, assure-t-on, aux Etats-Unis; chez moi je l'ai toujours, depuis une douzaine d'années que je la possède, trouvée de deuxième ordre; et encore, pour cela, m'a-t-il fallu la manger au début de sa maturité — octobre et novembre — plutôt qu'en décembre et janvier, époque où elle devient à peu près douce et sans aucun parfum.

Pommes : SWEET BOUGH,	} Synonymes de pomme *Bough*.
— SWEET HARVEST,	} Voir ce nom.

506. Pomme de SYKE-HOUSE.

Synonymes. — *Pommes :* 1. Roussette de Sykehouse (William Forsyth, *Traité de la culture des arbres fruitiers*, traduction de Pictet-Mallet, 1805, p. 93, nᵒ 38). — 2. Englische Spitalsreinette (Diel, *Kernobstsorten*, 1809, t. X, p. 139). — 3. Syke-House Russet (John Turner, *Transactions of the horticultural Society of London*, 1819, t. III, p. 319). — 4. Prager (George Lindley, *Guide to the orchard and kitchen garden*, 1831, p. 100, nᵒ 190). — 5. Sike-Pouse (Comice horticole d'Angers, *Annales*, 1848, t. III, p. 388).

Description de l'arbre. — *Bois :* très-fort. — *Rameaux :* nombreux, habituellement bien étalés, très-gros et très-longs, légèrement coudés, des plus duveteux et d'un brun verdâtre amplement lavé de rouge ardoisé. — *Lenticelles :* grandes, arrondies, assez abondantes. — *Coussinets :* aplatis. — *Yeux :* gros et arrondis, sensiblement cotonneux, collés incomplétement sur le bois. — *Feuilles :* assez grandes, arrondies, épaisses, courtement acuminées, à bords profondément crénelés. — *Pétiole :* peu long, bien nourri, tomenteux, rarement cannelé. — *Stipules :* très-développées.

Fertilité. — Convenable.

CULTURE. — Il croît parfaitement sous toute espèce de forme, mais pour la basse-tige le sujet qu'on doit lui donner, c'est le paradis.

Pomme de Syke-House.

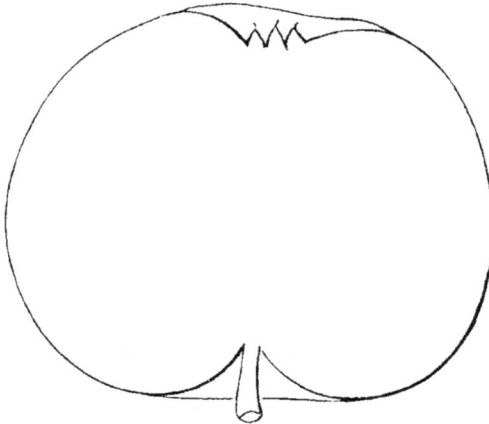

Description du fruit. — *Grosseur :* au-dessous de la moyenne. — *Forme :* globuleuse plus ou moins régulière mais généralement plus ventrue sur une face que sur l'autre. — *Pédoncule :* assez long et bien nourri, arqué, profondément inséré dans un bassin rarement bien large. — *OEil :* grand, mi-clos, légèrement enfoncé, à cavité assez vaste et sensiblement ondulée sur ses bords. — *Peau :* quelque peu rugueuse, jaune-citron, marbrée de roux, plus ou moins lavée de rose pâle à l'insolation, complétement tachée de fauve autour de l'œil et du pédoncule, puis ponctuée de gris clair. — *Chair :* blanche, fine, ferme et croquante. — *Eau :* abondante, bien sucrée, acidulée et très-savoureusement parfumée.

MATURITÉ. — Décembre-Mars.

QUALITÉ. — Première.

Historique. — Cette pomme anglaise, qui fut obtenue vers le commencement de notre siècle, porte le nom de son lieu de naissance, le village de Syke-House, situé dans le Yorkshire. Elle est très-répandue en Angleterre, où les principaux pomologues l'ont tous décrite. Dès 1809 les Allemands la possédaient; on le voit par l'article qu'alors lui consacra Diel, en son *Kernobstsorten* (t. X, p. 139). C'est même à cet auteur qu'elle doit, par une plaisante méprise, le surnom Reinette d'Hôpital, Diel l'ayant crue sortie du jardin d'un hospice, en raison de sa dénomination, qui du reste, orthographiée d'une certaine façon, prête à l'équivoque, puisqu'en anglais *sick* veut dire malade, et *house*, maison.

Observations. — Chez les Hollandais, la pomme Syke-House est souvent appelée *Prager,* nom que les Anglais, au contraire, donnent parfois à notre Reinette grise. De cette discordance synonymique il pourrait donc résulter quelque confusion, si l'on n'en prenait bonne note.

POMME SYKE-HOUSE RUSSET. — Synonyme de pomme *Syke-House.* Voir ce nom.

POMME SYLVAN RUSSET. — Synonyme de pomme *Boston Russet.* Voir ce nom.

POMME SYRIQUE. — Synonyme de *Calleville rouge d'Été.* Voir ce nom.

T

Pomme TAFFET. — Synonyme de pomme *Taffetas blanc*. Voir ce nom.

507. Pomme TAFFETAS BLANC.

Synonymes. — *Pommes :* 1. Wals (Diel, *Kernobstsorten*, 1800, t. II, p. 185). — 2. Weisser Winter Taffet (*Id. ibid.*). — 3. Taffet (Lucas, *die Kernobstsorten Württembergs*, 1854, p. 134). — 4. Taffetas d'Oberland (*Id. ibid.*).

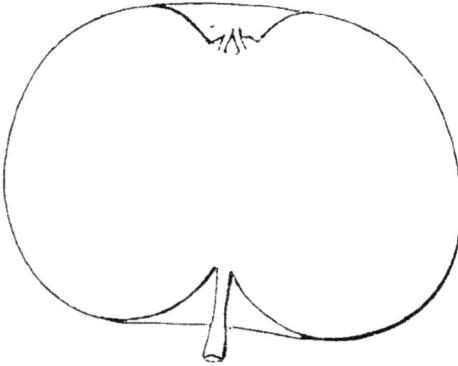

Description de l'arbre. — *Bois :* fort. — *Rameaux :* assez nombreux, presque érigés, gros et de longueur moyenne, légèrement coudés, très-duveteux et brun olivâtre lavé de rouge ardoisé. — *Lenticelles :* petites et arrondies, rapprochées. — *Coussinets :* saillants. — *Yeux :* gros, ovoïdes-obtus, faiblement écartés du bois et couverts de duvet. — *Feuilles :* grandes, ovales ou elliptiques, rarement acuminées, à bords des plus profondément dentés. — *Pétiole :* peu long et gros, bien carminé, généralement dépourvu de cannelure. — *Stipules :* étroites et longues.

Fertilité. — Convenable.

Culture. — Il fait de superbes plein-vent, quel que soit le mode de greffe qu'on lui ait appliqué. Pour la basse-tige, le paradis est le sujet qu'il réclame.

Description du fruit. — *Grosseur :* au-dessous de la moyenne. — *Forme :* globuleuse sensiblement comprimée aux pôles. — *Pédoncule :* assez long et assez fort, profondément inséré dans un bassin de largeur variable. — *OEil :* moyen et fermé, à cavité plissée, peu large, rarement bien profonde. — *Peau :* très-lisse, blanc jaunâtre, légèrement lavée de rouge-brun clair sur la face exposée au soleil, faiblement tachée de fauve autour du pédoncule, puis très-finement ponctuée de blanc et de roux. — *Chair :* blanche, tendre, à grain des plus serrés. — *Eau :* suffisante, sucrée, très-savoureusement acidulée et parfumée.

Maturité. — Janvier-Mars.

Qualité. — Première, cuite ou crue.

Historique. — Je l'ai tirée du Wurtemberg en 1867; elle est aussi connue qu'estimée des Allemands, qui la possèdent depuis un temps immémorial. Son nom lui vient de la couleur toute particulière de sa peau. M. Oberdieck, un de ses plus récents descripteurs, en parlait ainsi il y a quatorze ans :

« La *Weisser Taffetapfel* — disait-il en 1859 — appartient à ces anciennes variétés dont l'origine ne se laisse plus retrouver. On la cultive beaucoup en Allemagne, surtout dans le Hanovre. J'en ai reçu des fruits de Thuringe, de Bohême, de Braunschick et de diverses autres localités, ce qui prouve sa grande valeur. Elle est excellente pour le couteau et non moins bonne pour la cuisson. » (*Kernobstsorten*, t. Ier, p. 549, no 258.)

Pomme TAFFETAS D'OBERLAND. — Synonyme de pomme *Taffetas blanc*. Voir ce nom.

Pomme TAFFETAS ROUGE. — Synonyme de pomme *Cousinotte rouge d'Hiver*. Voir ce nom.

Pomme TAFFITAI. — Synonyme de pomme *d'Astracan blanche*. Voir ce nom.

Pommes : TAPONNE,

—   TAPONNELLE,

—   TAPOUNELLE,

} Synonymes de *Calleville blanc d'Hiver*. Voir ce nom.

Pomme TART BOUGH. — Synonyme de pomme *Summer Pippin*. Voir ce nom.

---

508. Pomme TAUNTON.

Premier Type.

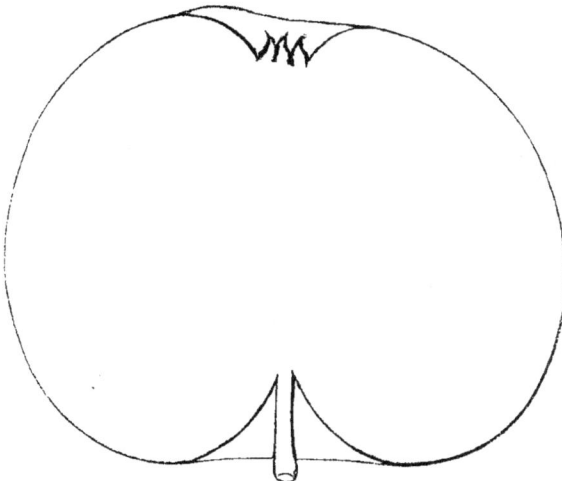

Description de l'arbre. — *Bois* : fort. —*Rameaux :* assez nombreux, habituellement étalés, gros, longs, excessivement coudés, duveteux et d'un brun clair légèrement nuancé de rose et de vert. — *Lenticelles* : arrondies ou allongées, grandes ou moyennes, peu abondantes. — *Coussinets :* aplatis. — *Yeux :* assez volumineux, coniques-obtus, cotonneux, faiblement collés sur le bois. — *Feuilles :* très-grandes, ovales-arrondies, lisses, d'un vert clair en dessus, d'un gris verdâtre en dessous, longuement acuminées, planes et profondément crénelées. — *Pétiole :* très-long, bien nourri, flasque, à large cannelure. — *Stipules :* sensiblement développées.

Fertilité. — Modérée.

Culture. — Comme plein-vent il veut la greffe ras terre et fait des arbres à tige forte et droite, à tête régulière et de grande dimension. Sur paradis, toute forme naine peut lui être avantageuse-ment donnée.

Pomme Taunton. — *Deuxième Type.*

Description du fruit. — *Grosseur :* au-dessus de la moyenne et parfois plus volumi-neuse. — *Forme :* coni-que-arrondie ou conique irrégulière et ventrue, pentagone, contournée. — *Pédoncule :* assez long ou de longueur moyen-ne, fort, souvent renflé au point d'attache, pro-fondément planté dans un bassin étroit. — *OEil :* grand ou moyen, clos ou mi-clos, à cavité peu vaste, bossuée ou plissée sur ses bords. — *Peau :* mince, lisse, à fond jaunâtre, presque complétement lavée de rouge-brun clair abondamment strié de carmin vif, tachée de roux verdâtre dans le bassin pédon-culaire, puis ponctuée de brun grisâtre. — *Chair :* quelque peu jaunâtre, fine et tendre. — *Eau :* abondante, délicieusement acidulée et sucrée, ayant un arome des plus délicats.

Maturité. — Octobre-Janvier.

Qualité. — Première.

Historique. — Ce très-beau et très-bon fruit est originaire des États sud de l'Amérique du Nord, soit de la Géorgie, soit de l'Alabama, dit Downing, l'un de ses descripteurs (1869, p. 380). Je le cultive depuis 1858 et l'ai toujours vu son mérite, propagé le plus qu'il m'a été possible.

Observations. — Ne pas confondre cette pomme avec la *Taunton golden Pippin* des Anglais et des Américains, laquelle est moins volumineuse et beaucoup plus tardive, car on la mange de décembre en avril.

509. Pomme TEINT-FRAIS.

Synonyme. — *Pomme* Kerlivio (en Bretagne, depuis 1760, surtout aux environs de Quimperlé).

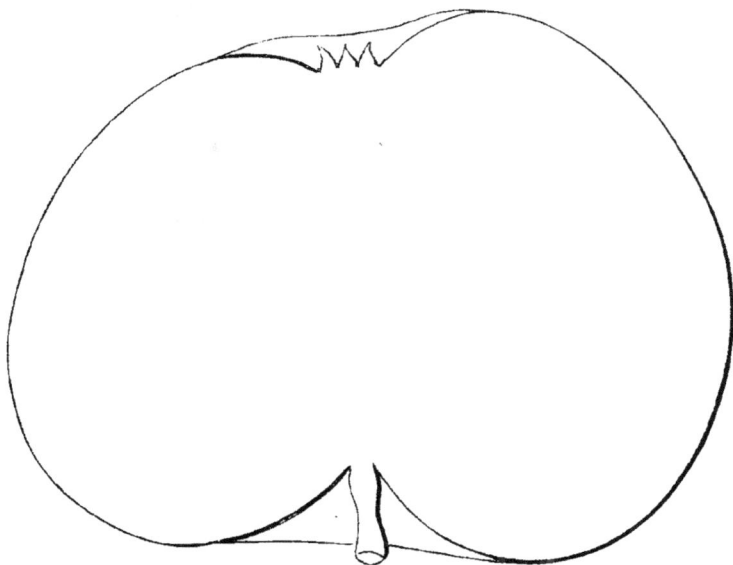

Description de l'arbre. — *Bois* : fort. — *Rameaux* : nombreux, étalés plutôt qu'érigés, gros ou très-gros, longs, coudés, duveteux, d'un brun clair légèrement verdâtre. — *Lenticelles* : blanches, quelque peu proéminentes, allongées, grandes et clair-semées. — *Coussinets* : saillants et se prolongeant en arête. — *Yeux* : petits ou moyens, aplatis, très-pointus au sommet, très-larges à la base, couverts de duvet et complétement collés sur le bois. — *Feuilles* : des plus grandes, ovales ou ovales-arrondies, épaisses, duveteuses, vert sombre en dessus, vert blanchâtre en dessous, longuement acuminées, très-largement et très-profondément dentées. — *Pétiole* : court et gros, rigide, carminé à son point d'attache et régulièrement cannelé. — *Stipules* : étroites et longues.

Fertilité. — Abondante.

Culture. — Toute forme comme toute espèce de greffe et de sujet lui conviennent.

Description du fruit. — *Grosseur* : considérable et parfois énorme. — *Forme* : conique-raccourcie et très-ventrue, ou conique légèrement allongée mais toujours pentagone et moins développée sur une face que sur l'autre. — *Pédoncule* : court ou assez long, très-fort, souvent renflé à ses deux extrémités, profondément inséré dans un vaste bassin. — *Œil* : grand, mi-clos ou des plus ouverts, à larges et courtes sépales, modérément enfoncé dans une cavité plissée, bossuée et assez étendue. — *Peau* : mince, lisse, jaune clair, amplement lavée de rouge-cerise à l'insolation, toute maculée à la base, et parfois aussi dans la cavité ombilicale, de fauve légèrement squammeux, puis ponctuée de brun et de gris.

— *Chair :* blanche, fine, tendre et croquante. — *Eau :* très-abondante, sucrée et des plus savoureuses, quoique fortement acidulée.

MATURITÉ. — Janvier-Juin.

QUALITÉ. — Première.

Historique. — M. Louis le Noc, horticulteur à Quimperlé (Finistère), m'a fait connaître en 1863 cette admirable pomme, que je multiplie depuis 1865. Elle doit à son ravissant coloris le nom Teint-Frais, et le surnom local, Kerlivio, à une D^lle de Kerlivio qui, voilà plus d'un siècle, la propagea dans les environs de Quimperlé, où sa culture est devenue fort commune, m'écrivait M. le Noc au mois d'octobre 1872.

POMME TELLER. — Synonyme de pomme *d'Une Livre*. Voir ce nom.

510. POMME TENDRIER.

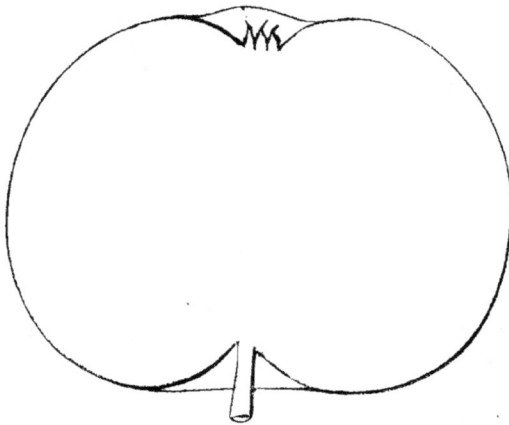

Description de l'arbre. — *Bois :* assez fort. — *Rameaux :* nombreux, érigés, longs, de grosseur moyenne, à peine géniculés, très-duveteux et brun clair. — *Lenticelles :* allongées, des plus petites, clair-semées. — *Coussinets :* saillants et se prolongeant en arête. — *Yeux :* petits, ovoïdes-obtus, très-cotonneux, plaqués sur le bois, aux écailles verdâtres et non disjointes. — *Feuilles :* ovales-arrondies, épaisses sans être coriaces, d'un vert brillant en dessus, tachetées de blanc et vert clair fortement grisâtre en dessous, courtement acuminées, légèrement ondulées, à bords profondément dentés et parfois surdentés. — *Pétiole :* grêle, long, rigide, carminé en dessous et faiblement cannelé. — *Stipules :* étroites et longues.

FERTILITÉ. — Très-grande.

CULTURE. — Malgré la vigueur de ce pommier, mieux vaut, pour plein-vent, le greffer en tête que ras terre. Comme arbre nain on en obtient sur paradis de beaux cordons, espaliers et buissons.

Description du fruit. — *Grosseur :* moyenne et quelquefois beaucoup plus volumineuse. — *Forme :* globuleuse faiblement comprimée aux pôles, triangulaire et côtelée. — *Pédoncule :* mince, de longueur moyenne, assez profondément inséré dans un bassin étroit. — *OEil :* petit ou moyen, fermé, à cavité peu développée et gibbeuse sur les bords. — *Peau :* vert jaunâtre, légèrement rosée à l'insolation, tachée de gris squammeux dans le bassin pédonculaire et finement ponctuée de blanc et de roux. — *Chair* : assez grosse, blanche, très-tendre et quelque peu marcescente. — *Eau* : suffisante, sucrée, acidulée et plus ou moins parfumée.

MATURITÉ. — Janvier-Juin.

QUALITÉ. — Deuxième pour le couteau, mais de toute première pour la cuisson.

Historique. — J'ai pris ce pommier, il y a quelques années, dans la commune du Voide, près Vihiers (Maine-et-Loire). Très-abondamment cultivé partout, en cette contrée, on l'en croit originaire; et de fait on y voit de ces arbres qui comptent au moins un siècle d'existence. Le nom de la pomme Tendrier me paraît venir du fondant de sa chair, l'une des plus tendres que je connaisse.

POMME TESTACÉE. — Synonyme de pomme *de Fer*. Voir ce nom.

POMME TÈTE D'ANGE. — Synonyme de pomme *Tête de Chat*. Voir ce nom.

---

511. POMME TÊTE DE CHAT.

Synonymes. — *Pommes* : 1. ROUND CATSHEAD (Thompson, *Catalogue of fruits cultivated in the garden of the horticultural Society of London*, 1826, p. 113, n° 148; puis édit. de 1842, p. 9, n° 131). — 2. CATSHEAD (Elliott, *Fruit book*, 1854, p. 168). — 3. CATSHEAD GREENING (*Id. ibid.*). — 4. GROSSE-SCHAFNASE (Lucas, *die Kernobstsorten Württembergs*, 1854, p. 34). — 5. SCHAFNASE (*Id. ibid.*). — 6. DE SEIGNEUR D'AUTOMNE (*Id. ibid.*). — 7. TÊTE D'ANGE (*Id. ibid.*).

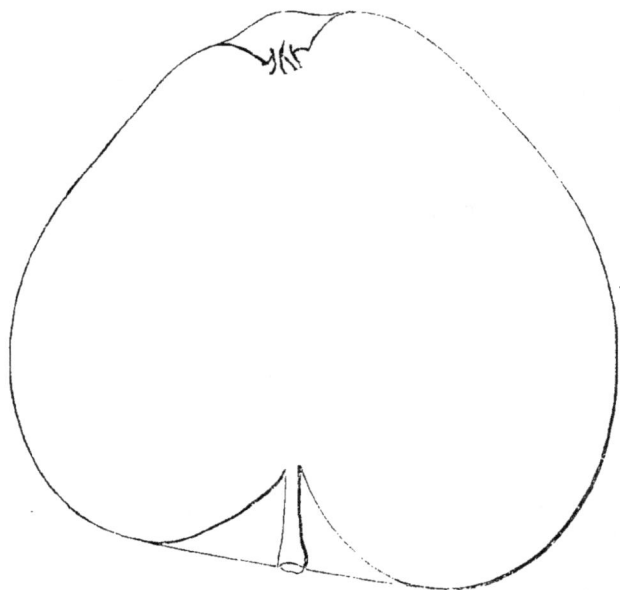

Description de l'arbre. — *Bois* : faible. — *Rameaux* : assez nombreux, étalés, peu forts, courts, à peine géniculés, très-duveteux et d'un brun-rouge ardoisé. — *Lenticelles* : arrondies ou allongées, très-petites et clair-semées. — *Coussinets* : bien accusés. — *Yeux* : moyens, arrondis, peu cotonneux, incomplétement collés sur le bois. — *Feuilles* : moyennes, ovales ou arrondies, courtement acuminées, ayant les bords assez profondément dentés. — *Pétiole* : de grosseur et longueur moyennes, flasque, tomenteux, à cannelure prononcée. — *Stipules* : petites et souvent faisant défaut.

FERTILITÉ. — Abondante.

CULTURE. — Il est mieux, en raison de sa chétive croissance, de l'écussonner sur doucin, pour formes naines, que de le greffer en tête, et sur franc, comme plein-vent.

Description du fruit. — *Grosseur :* considérable. — *Forme :* conique-allongée, ventrue, côtelée et légèrement étranglée près du sommet, ou conique assez régulière, mais ayant toujours une face plus développée que l'autre. — *Pédoncule :* court ou de longueur moyenne, bien nourri, surtout à la base, profondément inséré dans un vaste bassin. — *Œil :* grand ou moyen, fermé, à cavité irrégulière, plissée et généralement peu développée. — *Peau :* épaisse, lisse, jaune clair verdâtre sur le côté de l'ombre, amplement lavée et striée de rouge terne à l'insolation, puis abondamment ponctuée de gris-blanc et de brun clair. — *Chair :* verdâtre ou jaunâtre, demi-fine, assez ferme, croquante et quelque peu marcescente. — *Eau :* suffisante, sucrée, agréablement acidulée et parfumée.

MATURITÉ. — Octobre-Janvier.

QUALITÉ. — Deuxième pour le couteau, première pour la cuisson.

Historique. — Cette pomme si volumineuse, et qui doit son nom à sa forme la plus habituelle, date environ du commencement de notre siècle. Le premier recueil où je la trouve citée, c'est le Catalogue descriptif du Jardin fruitier de la Société horticole de Londres, publié en 1826 (p. 113, n° 148). On l'y inscrivit sous la dénomination *Round Catshead* [Tête de Chat ronde], avec Tête de chat pour synonyme et la mention qu'elle était originaire de l'île de Jersey. Ce beau fruit ne tarda pas à se répandre dans divers pays. Les Allemands et les Américains le possèdent depuis une trentaine d'années; mais il n'a pénétré chez nous que beaucoup plus tard, et très-peu de pépiniéristes ont encore songé à l'y multiplier. Je vois par les Pomologies allemandes, que dans l'Allemagne méridionale, notamment, cette variété compte déjà d'assez bizarres synonymes, puisqu'après l'y avoir primitivement appelée Gros-Nez de Mouton, Tête de Chat, on l'y surnomma presqu'aussitôt Tête d'Ange et Tête de Seigneur!!

POMME TÉTIN. — Synonyme de pomme *Figue d'Été*. Voir ce nom.

---

512. POMME **TILLAQUA.**

Synonyme. — *Pomme* BIG FRUIT (Charles Downing, *the Fruits and fruit trees of America*, 1869, p. 383).

Description de l'arbre. — *Bois :* fort. — *Rameaux :* assez nombreux, gros et longs, étalés, bien coudés, très-duveteux et brun olivâtre. — *Lenticelles :* grandes, des plus abondantes, arrondies ou allongées. — *Coussinets :* généralement peu ressortis. — *Yeux :* petits, arrondis, très-cotonneux, entièrement collés sur le bois. — *Feuilles :* assez grandes, ovales ou elliptiques, vert clair, courtement acuminées, planes pour la plupart et régulièrement dentées. — *Pétiole :* gros et long, à cannelure prononcée. — *Stipules :* longues, assez larges et souvent dentées.

FERTILITÉ. — Abondante.

CULTURE. — Pour le plein-vent ce pommier s'accommode parfaitement de la greffe ras terre et fait de superbes arbres. La basse-tige sur paradis lui est aussi très-profitable.

Description du fruit. — *Grosseur :* considérable. — *Forme :* globuleuse ou conique sensiblement arrondie et plus ou moins côtelée au sommet. — *Pédoncule :* de longueur moyenne, assez fort, renflé légèrement au point d'attache et très-profondément planté dans un bassin peu large. - *Œil :* grand, fermé, à cavité irrégulière, bossuée sur ses bords et rarement bien profonde. — *Peau :* jaune clair verdâtre, presque complétement lavée et fouettée de rouge lie de vin, puis çà et là ponctuée de gris. — *Chair :* verdâtre, grosse et tendre. — *Eau :* peu abondante, sucrée, agréablement acidulée.

Maturité. — Novembre - Février.

Pomme Tillaqua.

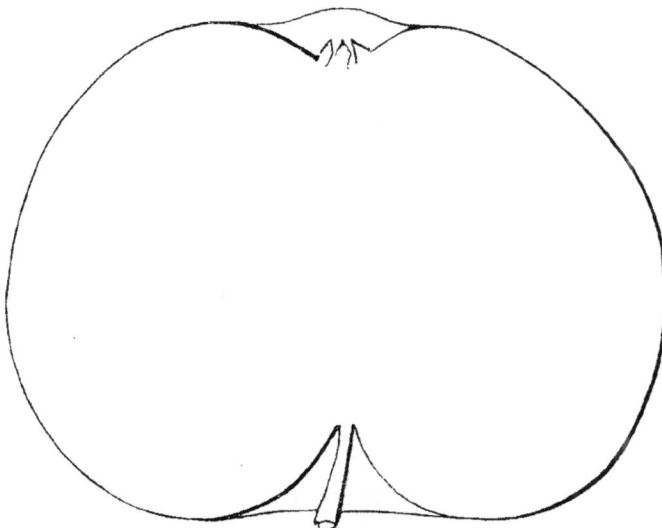

Qualité. — Deuxième.

Historique. — D'assez récente obtention chez les Américains, cette variété me fut envoyée d'Augusta (Etats-Unis) en 1858 par M. Berckmans, pépiniériste fort obligeant. Charles Downing, le seul, croyons-nous, qui l'ait encore décrite, assurait en 1869 qu'elle était originaire de la Caroline du Nord, et lui donnait le surnom *Big Fruit* [Pommier à Gros Fruit], que certes elle mérite parfaitement. Quant à Tillaqua, son nom primitif, on ne dit pas d'où il a pu venir.

Pomme TINSON'S RED. — Synonyme de pomme *Buncombe.* Voir ce nom.

---

513. Pomme TOUR DE GLAMMIS.

Synonymes. — *Pommes :* 1. Tower of Glammis (Thompson, *Catalogue of fruits cultivated in the garden of the horticultural Society of London*, 1826, 1re édition, p. 149, n° 1112). — 2. Glammis Castle (*Id. ibid.*, édition de 1842, p. 43, n° 835). — 3. Late Carse of Gowrie (*Id. ibid.*). — 4. Carse of Gowrie (Robert Hogg, *the Apple and its varieties*, 1859, p. 196). — 5. Gowrie (*Id. ibid.*).

Description de l'arbre. — *Bois :* fort. — *Rameaux :* peu nombreux, érigés, gros, assez longs, non géniculés, légèrement duveteux, rouge ardoisé nuancé de vert. — *Lenticelles :* grandes, arrondies, clair-semées. — *Coussinets :* faiblement accusés. — *Yeux :* gros ou moyens, ovoïdes, aplatis, collés sur l'écorce, cotonneux, aux écailles violettes. — *Feuilles :* de grandeur moyenne, ovales-arrondies, vert foncé en-dessus, vert blanchâtre en-dessous, coriaces, courtement acuminées, ayant les bords finement dentés. — *Pétiole :* court, épais, roide, à cannelure presque nulle. — *Stipules :* des plus petites.

Pomme Tour de Glammis.

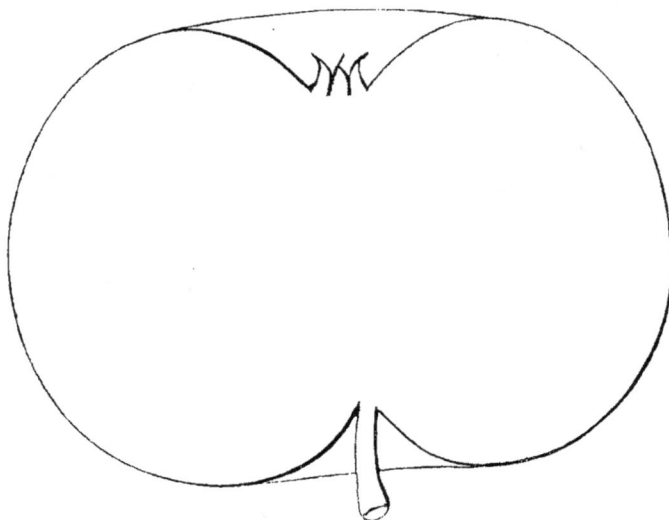

FERTILITÉ. — Abondante.

CULTURE. — Il réussit très-bien comme plein-vent, même greffé ras-terre ; et, sur paradis, toutes les formes naines lui peuvent être appliquées.

Description du fruit. — *Grosseur :* considérable.

— *Forme :* globuleuse sensiblement comprimée aux pôles. — *Pédoncule :* assez long, bien nourri, arqué, profondément planté dans un étroit bassin. — *Œil :* grand, mi-clos, à cavité unie, large et profonde. — *Peau :* unicolore, jaune-paille, abondamment ponctuée de brun squammeux. — *Chair :* blanche, demi-fine, peu compacte et très-tendre. — *Eau :* abondante, bien sucrée, légèrement acidulée, parfumant agréablement la bouche.

MATURITÉ. — Octobre-Janvier.

QUALITÉ. — Première, soit pour le couteau, soit pour la cuisine.

Historique. — C'est une pomme écossaise, portant le nom de son lieu natal, et qui fut, au commencement de ce siècle, spécialement cultivée dans les vergers de Clydesdale et de Carse of Gowrie (Écosse). En 1826 elle faisait déjà partie, sous le n° 1112, de la collection d'arbres fruitiers de la Société horticole de Londres ; et je vois dans le même Catalogue arboricole de cette Société (p. 121, n° 367), qu'alors le pommier *Glammis Castle*, déclaré plus tard identique avec la variété Tour de Glammis, n'était pas encore inscrit au rang des synonymes. Il n'y figura qu'à partir de 1842.

POMME TOWER OF GLAMMIS. — Synonyme de pomme *Tour de Glammis.* Voir ce nom.

POMME TRAGAMONER. — Synonyme de pomme *Rouge de Stettin.* Voir ce nom.

Pomme **TRANSPARENT PIPPIN**. — Synonyme de pomme *Court de Wick*. Voir ce nom.

Pomme **TRANSPARENTE D'ASTRACAN**. — Synonyme de pomme *d'Astracan blanche*. Voir ce nom.

Pomme **TRANSPARENTE BLANCHE**. — Synonyme de pomme *Transparente jaune*. Voir ce nom.

Pomme **TRANSPARENTE D'ÉTÉ**. — Synonyme de pomme *d'Astracan blanche*. Voir ce nom.

Pomme **TRANSPARENTE D'HIVER**. — Synonyme de pomme *de Glace d'Hiver*. Voir ce nom.

---

514. Pomme **TRANSPARENTE JAUNE**.

Synonymes. — *Pommes :* 1. De Revel (en Russie, dans les provinces Baltiques). — 2. Revelstone Pippin (*par erreur*; voir, ci-après, au paragraphe Observations). — 3. Grand-Sultan (Pépinières d'Angers, de 1855 à 1860). — 4. Transparente de Saint-Léger (Édouard Morren, *la Belgique horticole, journal des jardins*, 1863, t. XIII, p. 29).

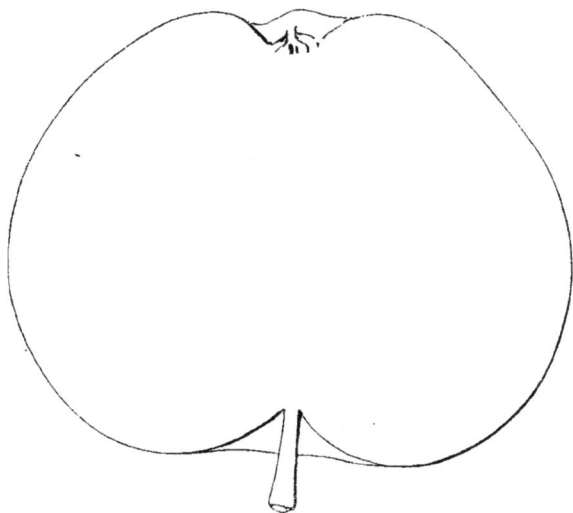

Description de l'arbre. — *Bois :* fort. — *Rameaux :* peu nombreux, érigés, gros, très-longs et bien coudés, légèrement duveteux, d'un brun verdâtre sensiblement lavé de rouge ardoisé. — *Lenticelles :* arrondies ou allongées, petites ou moyennes, assez abondantes. — *Coussinets :* des plus saillants. — *Yeux :* moyens, ovoïdes, plaqués sur l'écorce et couverts de duvet. — *Feuilles :* grandes, ovales-arrondies, vert jaunâtre en dessus, gris verdâtre en dessous, longuement acuminées, planes, ayant les bords finement crénelés. — *Pétiole :* gros, long, flasque et rarement cannelé. — *Stipules :* étroites et très-longues.

Fertilité. — Remarquable.

Culture. — Greffé ras-terre, pour plein-vent, il réussit bien, mais son tronc manque de régularité, étant très-gros à la base et presque grêle au sommet; on doit donc greffer ce pommier à hauteur de tête. Quant aux formes naines, il s'y prête parfaitement, soit sur doucin, soit sur paradis.

Description du fruit. — *Grosseur :* au-dessus de la moyenne. — *Forme :* conique plus ou moins arrondie, sensiblement pentagone et souvent ayant un côté plus renflé que l'autre. — *Pédoncule :* de longueur moyenne, fort, droit ou arqué, inséré dans un bassin de faibles dimensions. — *Œil :* grand ou moyen, légèrement enfoncé, à cavité rarement bien large et toujours bossuée sur les bords. — *Peau :* très-mince et comme transparente, unicolore, blanc verdâtre à l'ombre, blanc jaunâtre à l'insolation, abondamment ponctuée, surtout au sommet, de gris et de roux olivâtre, puis parfois légèrement tachée de fauve autour du pédoncule. — *Chair :* blanche, tendre, croquante et plus ou moins transparente. — *Eau :* abondante ou suffisante, sucrée, délicatement acidulée et parfumée.

Maturité. — Depuis la mi-juillet jusqu'au commencement d'août, et même ayant quelquefois une plus longue durée.

Qualité. — Première.

Historique. — Très-commune, et depuis très-longtemps, sous les noms Transparente jaune, Transparente blanche et Pomme de Revel, dans les provinces russes de la Baltique, cette variété est regardée comme étant là dans son pays natal. Ce fut un pépiniériste fort distingué, M. Wagner, de Riga (Russie), qui me l'offrit en 1852, avec plusieurs autres pommiers précoces, alors également inconnus chez nous.

Observations. — La Transparente jaune n'a de commun que l'époque de maturité avec l'Astracan blanche ou Transparente d'Été décrite page 80 de notre troisième volume; mais elle est, par exemple, complétement la même que certaine *Transparente de Saint-Léger*, ainsi baptisée en Belgique, à la suite du Congrès international de pomologie qui se tint à Namur le 28 septembre 1862. — Ce serait erreur formelle que la croire identique avec le *Revelstone* ou *Ravelstone Pippin* des Anglais, signalé par William Atkinson, en 1820, dans le tome IV des *Transactions* de la Société horticole de Londres. On restera de mon avis, quand on saura que cette Revelstone a la peau presque entièrement lavée de rouge brillant et mûrit seulement au cours de septembre.

Pomme TRANSPARENTE DE MOSCOVIE D'ÉTÉ. — Synonyme de pomme *d'Astracan blanche*. Voir ce nom.

Pomme TRANSPARENTE DE MOSCOVIE D'HIVER. — Synonyme de pomme *de Glace d'Hiver*. Voir ce nom.

Pomme TRANSPARENTE ROUGE. — Synonyme de pomme *Comte Orloff*. Voir ce nom.

Pomme TRANSPARENTE DE SAINT-LÉGER. — Synonyme de pomme *Transparente jaune*. Voir ce nom.

Pomme TRANSPARENTE VERTE. — Synonyme de pomme *Comte Orloff*. Voir ce nom.

Pomme TRANSPARENTE DE ZURICH. — Synonyme de pomme *d'Astracan blanche*. Voir ce nom.

Pomme de TRANSYLVANIE. — Synonyme de pomme *Batullen*. Voir ce nom.

Pomme TRAVER'S. — Synonyme de pomme *Ribston Pippin*. Voir ce nom.

Pomme a TROCHETS D'HIVER. — Synonyme de pomme *Figue d'Hiver*. Voir ce nom.

Pomme TRUE SPITZENBURGH. — Synonyme de pomme *Æsopus Spitzenburgh*. Voir ce nom.

Pommes : TURNER'S CHEESE,

—   TURNER'S GREEN,

} Synonymes de pomme *Green Cheese*. Voir ce nom.

Pomme TWENTY OUNCE. — Synonyme de pomme *de Dix-Huit Onces*. Voir ce nom.

Pommes : TYROLER ROSEN,

—   TYROLESA ROSA,

} Synonymes de pomme *Rose du Tyrol*. Voir ce nom.

U

Pomme UNDERDUND. — Synonyme de pomme *Summer Pippin*. Voir ce nom.

---

515. Pomme UNIQUE.

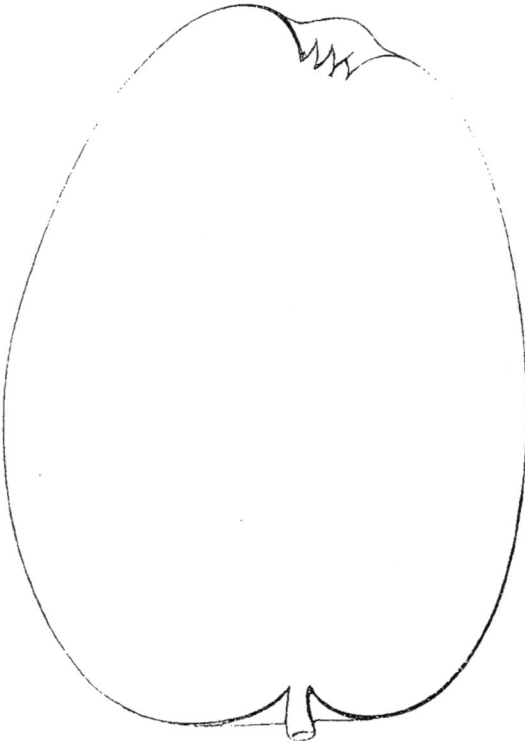

Description de l'arbre. — *Bois :* peu fort. — *Rameaux :* très-nombreux, légèrement étalés, courts. assez grêles, à peine géniculés, des plus duveteux et rouge-brun foncé. — *Lenticelles :* grandes, arrondies, rapprochées. — *Coussinets :* aplatis. — *Yeux :* moyens, coniques-arrondis, très-cotonneux et complétement collés sur le bois. — *Feuilles :* de grandeur moyenne, arrondies, vert mat et foncé en dessus, gris verdâtre en dessous, acuminées, à bords profondément dentés. — *Pétiole :* court et gros, souvent carminé à la base et modérément cannelé. — *Stipules :* courtes et assez larges.

FERTILITÉ. — Satisfaisante.

CULTURE. — Sa croissance est trop lente pour qu'il soit greffé ras-terre, si on le destine au plein-vent; la greffe qu'il lui faut alors, c'est celle à hauteur de tête. Les formes naines cordon, espalier, pyramide et buisson lui profitent beaucoup, mais uniquement sur doucin.

Description du fruit. — *Grosseur :* considérable. — *Forme :* ovoïde très-allongée, pentagone près du sommet et généralement moins développée d'un côté que de l'autre. — *Pédoncule :* court, assez fort, droit ou arqué, planté dans un bassin de très-faibles dimensions. — *OEil :* grand, bien ouvert ou mi-clos, peu enfoncé, à cavité étroite et des plus gibbeuses. — *Peau :* unicolore, jaune-coing, finement ponctuée de roux dans le voisinage de l'œil, puis portant çà et là quelques petites taches brunâtres. — *Chair :* blanc jaunâtre, grosse ou demi-fine, assez tendre et assez croquante. — *Eau :* suffisante, plus ou moins sucrée, faiblement acidulée et parfumée.

MATURITÉ. — Novembre-Janvier.

QUALITÉ. — Deuxième.

Historique. — L'ayant toujours connue dans la collection du Jardin de l'ancien Comice horticole d'Angers, où elle était classée sous le n° 257, je l'y crois provenue de semis faits vers 1838, mais ne puis plus le vérifier, car la nouvelle Société d'horticulture a détruit en 1865 les écoles fruitières créées avec tant de soin par le Comice, aidé de ses nombreux correspondants. Je n'ai, du reste, vu décrite dans aucune Pomologie étrangère ou française, cette singulière variété, dont l'introduction chez moi date de 1850.

Observations. — M. Oudin, pépiniériste à Lisieux, soumettait en 1868 à l'examen de la Société d'Horticulture de Paris, sous le nom pomme Unique, un fruit qui n'est autre que la pomme Lanterne, caractérisée dans mon troisième volume (pp. 421-424). Ces deux variétés ont, il est vrai, un très-grand rapport de forme, mais non de coloris, puisque la pomme Unique est unicolore, jaune-clair, et que la pomme Lanterne, au contraire, a la peau très-amplement lavée et mouchetée de rose strié de rouge foncé; cette dernière est aussi plus précoce que sa congénère.

V

Pomme **VANDEVERE ENGLISH**. — Synonyme de pomme *Smokehouse*. Voir ce nom.

Pomme de **VAUGOYAU**. — Synonyme de *Reinette d'Angleterre*. Voir ce nom.

Pomme **VERMILLON D'ANDALOUSIE**. — Synonyme de *Reinette de Caux*. Voir ce nom.

Pomme **VERMILLON D'ÉTÉ**. — Synonyme de pomme *d'Astracan rouge*. Voir ce nom.

Pomme **VERMILLON D'HIVER**. — Synonyme de pomme *Gros-Api*. Voir ce nom.

Pomme **VERMILLON RAYÉ**. — Synoynme de pomme *Pearmain doré*. Voir ce nom.

Pomme de **VERRE**. — Synonyme de pomme *de Glace d'Hiver*. Voir ce nom.

Pomme de **VERT**. — Synonyme de pomme *Verte à longue queue*. Voir ce nom.

Pomme **VERT (GROS-)**. — Voir *Gros-Vert*.

Pomme **VERT-POIREAU**. — Synonyme de *Pigeonnet blanc d'Hiver*. Voir ce nom.

Pomme **VERTE DE BOLL**. — Synonyme de pomme *Verte à longue queue*. Voir nom.

Pomme **VERTE DE L'ILE DE RHODES**. — Synonyme de pomme *Verte de Rhode-Island*. Voir ce nom.

516. Pomme VERTE A LONGUE QUEUE.

Synonymes. — *Pommes :* 1. VERTE DE BOLL (Jean Bauhin, *Historia fontis et balnei Bollensis Admirabilis*, 1598, p. 99; et *Historia plantarum universalis*, 1613-1650, t. III, p. 18). — 2. GIRODÈLE (dom Claude Saint-Étienne, *Nouvelle instruction pour connaître les bons fruits*, 1670, p. 212). — 3. DE VERT (*Id. ibid.*). — 4. REINETTE VERTE A LONGUE QUEUE (des environs du Havre depuis 1860).

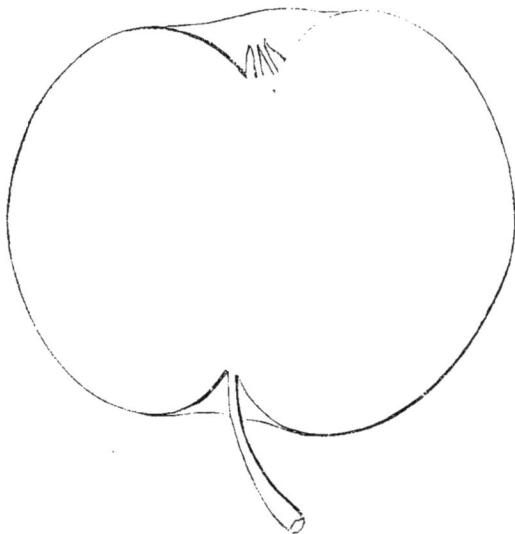

Description de l'arbre. — *Bois :* assez fort. — *Rameaux :* nombreux, érigés, gros et longs, peu géniculés, vert olivâtre du côté de l'ombre, brun clair à l'insolation, légèrement duveteux et à mérithalles inégaux. — *Lenticelles :* grandes, arrondies, des plus clair-semées. — *Coussinets :* aplatis. — *Yeux :* gros ou moyens, ovoïdes, obtus, plaqués sur l'écorce, aux écailles cotonneuses et mal soudées. — *Feuilles :* abondantes, grandes, ovales-allongées, vert jaunâtre en dessus, gris verdâtre en dessous, courtement acuminées, à bords dentés et crénelés. — *Pétiole :* très-long, de grosseur moyenne, flasque, carminé en-dessous, profondément mais étroitement cannelé. — *Stipules :* faisant presque toujours défaut.

FERTILITÉ. — Abondante.

CULTURE. — Il se prête à toutes les formes et croît parfaitement sur tous les sujets.

Description du fruit. — *Grosseur :* moyenne. — *Forme :* irrégulièrement globuleuse, légèrement pentagone près du sommet et très-souvent beaucoup moins volumineuse sur une face que sur l'autre. — *Pédoncule :* très-long, grêle à la partie supérieure, mieux nourri à son point d'attache, assez profondément planté dans un bassin généralement très-étroit. — *Œil :* grand, fermé, à vaste cavité irrégulière et bossuée sur les bords. — *Peau :* mince, assez lisse, unicolore, vert clair, ponctuée de roux et de marron, puis portant quelques macules noirâtre et squammeuses. — *Chair :* blanchâtre, fine, ferme et quelque peu marcescente. — *Eau :* suffisante, faiblement sucrée, très-acidulée, sans aucun parfum.

MATURITÉ. — Janvier-Mai.

QUALITÉ. — Deuxième comme fruit à couteau, première pour la cuisson.

Historique. — Au temps du naturaliste Jean Bauhin (1540-1613), cette pomme était surtout connue à Montbéliard (Franche-Comté), puis à Boll, près Fribourg (Suisse); nous en trouvons la preuve dans deux des ouvrages de ce savant (voir ci-dessus le sommaire synonymique) où elle est fort exactement décrite, puis appelée *Pomum Prasomelon Bollense*, en latin, et *Grüninger Apfel*, en allemand, termes signifiant Pomme Verte de Boll. Selon toute probabilité, elle serait donc originaire de la Suisse, et non de la France, autrement Bauhin, son premier descripteur, l'eût appelée pomme de Montbéliard; ce qu'il n'a pas fait. C'est au reste une variété assez commune, et depuis fort longtemps, chez les Allemands et les Hollandais. En France, dom Claude Saint-Etienne, qui la mentionna un demi-siècle après Bauhin, la caractérisait ainsi :

« Pomme *de Vert*, ou Girodelle — disait-il en 1670 — est ronde, grosse comme une balle, toute verte, dure tout l'hyver. Crue, tres-bonne; excellente à confire. » (*Nouvelle instruction pour connaître les bons fruits*, p. 212.)

Observations. — Dans les environs du Havre ce fruit porte très-improprement le surnom *Reinette verte à longue queue*, sous lequel on me l'avait adressé il y a dix ans, et qui pouvait causer de sérieuses méprises, puisqu'il existe chez nous une excellente et séculaire Reinette verte [voir sa description, p. 742]; que les Belges en possèdent, paraît-il, une moderne, et qu'enfin il semble que les Anglais aient aussi la leur, le nom *Reinette verte d'Angleterre* m'étant parfois apparu, ces dernières années.

Pomme VERTE DE MADÈRE. — Synonyme de Pepin Limon de Galles. Voir *Reinette Limon*, au paragraphe OBSERVATIONS.

Pomme VERTE-REYNE. — Synonyme de pomme *de Neige*. Voir ce nom.

---

517. Pomme VERTE DE RHODE-ISLAND.

Synonymes. — *Pommes* : 1. BURLINGTON GREENING (A. J. Downing, *the Fruits and fruit trees of America*, 1849, p. 128). — 2. JERSEY GREENING (*Id. ibid.*). — 3. VERTE DE L'ILE DE RHODES (André Leroy, *Catalogue descriptif d'arbres fruitiers et d'ornement*, 1849, p. 32, n° 168). — 4. RHODE-ISLAND GREENING (Couverchel, *Traité des fruits*, 1852, p. 451). — 5. HAMPSHIRE GREENING (Elliot, *Fruit book*, 1854, p. 104). — 6. RUSSINE (Charles Downing, *the Fruits and fruit trees of America*, 1869, p. 332). = GREEN NEWTOWN PIPPIN et PEPIN VERT DE NEWTOWN (*par erreur*; voir, ci-après, au paragraphe OBSERVATIONS).

Description de l'arbre. — *Bois* : assez fort. — *Rameaux* : peu nombreux, étalés et souvent arqués, gros et courts, très-duveteux et d'un vert herbacé lavé de rouge ardoisé. — *Lenticelles* : grandes, arrondies ou allongées, bien clair-semées. — *Coussinets* : ressortis. — *Yeux* : moyens, ovoïdes-arrondis, très-cotonneux, plaqués sur l'écorce. — *Feuilles* : de grandeur moyenne, ovales, courtement acuminées, ayant les bords finement dentés. — *Pétiole* : gros, assez court, tomenteux et profondément cannelé. — *Stipules* : très-développées et parfois dentées.

FERTILITÉ. — Ordinaire.

CULTURE. — Comme plein-vent il fait des arbres de belle venue lorsqu'on le greffe en tête; pour les formes naines cordon et buisson, il doit être écussonné sur paradis.

Description du fruit. — *Grosseur* : volumineuse. — *Forme* : globuleuse plus ou moins régulière et généralement pentagone près du sommet. — *Pédoncule* :

de longueur moyenne, arqué, bien nourri, inséré profondément dans un étroit bassin. — *Œil :* grand, très-enfoncé, ouvert ou mi-clos, à vaste cavité dont les bords sont bossués ou côtelés. — *Peau :* unicolore, vert clair légèrement jaunâtre à l'ombre mais brunâtre à l'insolation, ponctuée de roux et quelquefois striée de fauve autour de l'œil. — *Chair :* jaunâtre, fine et ferme, quoique assez tendre. — *Eau :* abondante, bien sucrée, savoureusement acidulée et possédant un parfum particulier des plus délicats.

Pomme Verte de Rhode-Island.

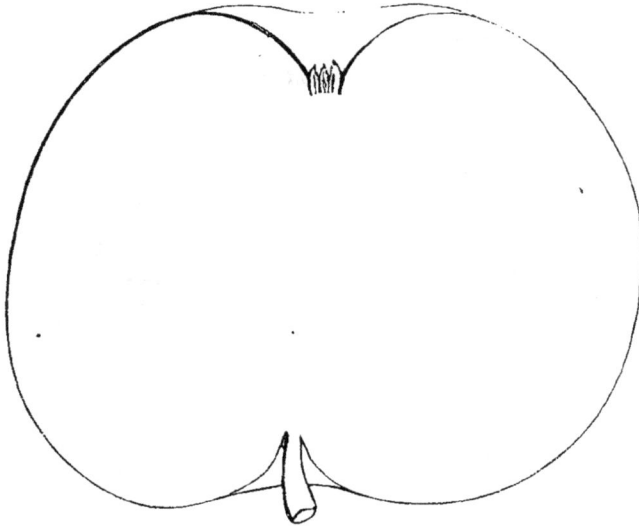

MATURITÉ. — Janvier-Juin.

QUALITÉ. — Première.

Historique. — Voilà, parmi les pommes, la variété favorite des Américains, sur le sol desquels elle a pris naissance, et que tous recherchent comme nous recherchons, en France, notre antique Reinette franche. Sa provenance locale est encore incertaine ; Hovey, dans ses *Fruits of America*, le déclarait en 1856 :

« Peu de pommes — disait-il — sont plus connues que la *Verte de Rhode-Island ;* peu également, si même il s'en trouve, l'emportent sur elle pour l'ensemble des qualités. Je ne sais rien de positif quant à son origine. Coxe, qui le premier la décrivit (1817), fut muet à cet égard. Dans le New-Jersey, puis en quelques lieux, on l'a surnommée Verte de Jersey, mais son nom primitif me fait croire qu'elle a dû sortir de l'État de Rhode-Island. » (Tome II, p. 79.)

Répandue généralement en Europe, cette variété eut chez nous pour importateur feu Alfroy, pépiniériste à Lieusaint (Seine-et-Marne). Elle faisait partie d'une soixantaine d'autres pommes dont il enrichit, en 1830, les jardins français, ainsi que déjà je l'ai constaté, notamment à l'article Non-Pareille de Hubbardston, pages 497 et 498 de ce volume.

Observations. — Le nom *Green Newtown Pippin* et sa traduction française, *Pepin vert de Newtown*, parfois ont été donnés, mais fautivement, comme synonymes de la pomme Verte de Rhode-Island. Cette méprise eut pour source une erreur du pomologue anglais Lindley, qui décrivit en 1831 (p. 50, n° 94) ce dernier fruit sous la dénomination Green Newtown Pippin, maintenant bien connue pour être un des principaux surnoms du pommier Newtown Pippin, dont je me suis occupé beaucoup plus haut (pp. 486-488). — Rhode-Island figurant parmi les synonymes de la variété Belle du Bois, il faut éviter aussi toute confusion sur ce point ; d'autant mieux que Downing, en 1869 (p. 342), a déjà réuni, entraîné par cette similitude de nom, la Belle du Bois à la Verte de Rhode-Island. Et pourtant on sait quelle dissemblance marquée existe entre ces deux fruits.

POMMES : VERTE DE ROSTOCK,

— VERTE DE STETTIN,

} Synonymes de *Reinette suisse.* Voir ce nom.

POMME VEUVE LEROY. — Synonyme de *Court-Pendu rouge.* Voir ce nom.

518. Pomme VICTOR TROUILLARD.

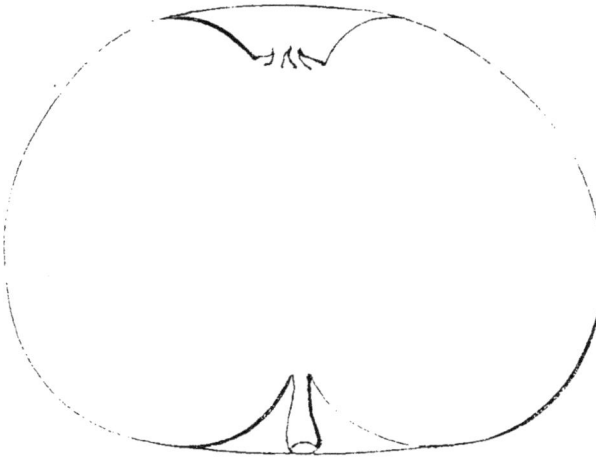

Description de l'arbre. — *Bois :* assez fort. — *Rameaux :* peu nombreux, étalés, gros et de longueur moyenne, à peine géniculés, duveteux et rouge-brun ardoisé. — *Lenticelles :* grandes, arrondies, clair-semées. — *Coussinets :* larges mais aplatis. — *Yeux :* ovoïdes-arrondis, moyens, cotonneux, incomplétement collés sur le bois. — *Feuilles :* grandes, ovales ou elliptiques, courtement acuminées et profondément dentées. — *Pétiole :* de longueur moyenne, gros, très-duveteux, sensiblement cannelé. — *Stipules :* étroites et longues.

FERTILITÉ. — Remarquable.

CULTURE. — Sa végétation est des plus satisfaisantes, soit comme haute, soit comme basse-tige, et toute espèce de greffe et de sujet lui conviennent.

Description du fruit. — *Grosseur :* au-dessus de la moyenne. — *Forme :* conique-arrondie, plus renflée sur un côté que sur l'autre. — *Pédoncule :* gros et court, profondément planté dans un bassin assez étroit. — *OEil :* moyen, enfoncé, à courtes sépales, à cavité unie, vaste et régulière. — *Peau :* unicolore, jaune clair, parfois très-faiblement nuancée de rose terne à bonne exposition solaire, ponctuée de roux, amplement maculée de fauve squammeux à la base et plus ou moins striée de même au sommet. — *Chair :* blanche, fine, tendre. — *Eau :* suffisante, très-sucrée, acidulée, ayant une saveur anisée des plus délicates.

MATURITÉ. — Décembre-Juin.

QUALITÉ. — Première.

Historique. — Poussé spontanément dans le jardin de feu Victor Trouillard, chemin Saint-Léonard, à Angers, ce pommier s'est mis à fruit vers 1845. Resté longtemps inédit, il me fut, en 1866, signalé par le fils de son premier possesseur, qui depuis trente-huit ans est contre-maître de ma pépinière de rosiers et de vignes. J'en fis alors prendre des greffes sur le pied-type, encore existant, le multipliai puis inscrivis cette nouvelle variété sur mon Catalogue de 1868, sous le nom même que me désigna Trouillard fils.

POMME VICTORIA PIPPIN. — Synonyme de pomme *Ben Davis*. Voir ce nom.

POMME VICTORIOUS REINETTE. — Synonyme de *Reinette franche*. Voir ce nom.

519. ·POMME DE VIEILLES-MAISONS.

Synonyme. — *Pomme* BLANCHE DE VIEILLE-MAISON (Pépinière Galopin, à Liége (Belgique), *Catalogue de 1866*, p. 25).

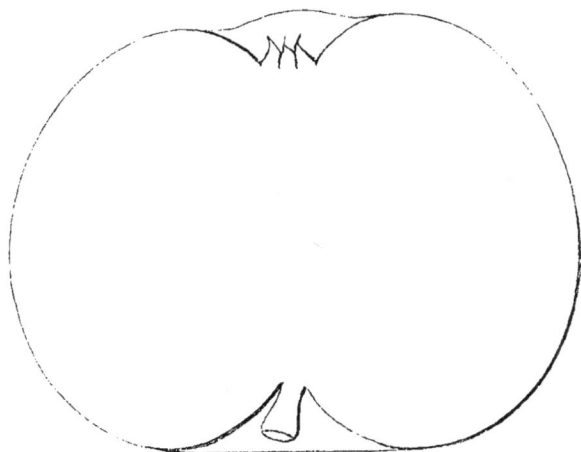

Description de l'arbre. — *Bois :* peu fort. — *Rameaux :* très-nombreux, étalés, grêles, assez courts, légèrement géniculés, des plus duveteux et brun ardoisé. — *Lenticelles :* petites, arrondies, jaunâtres, clair-semées. — *Coussinets :* presque nuls. — *Yeux :* gros, arrondis, très-cotonneux, entièrement plaqués sur le bois. — *Feuilles :* petites, ovales-arrondies ou presque rondes, vert mat en dessus, gris verdâtre en dessous, très-épaisses, courtement acuminées, à bords régulièrement dentés. — *Pétiole :* court et gros, tomenteux et sensiblement cannelé. — *Stipules :* très-petites et souvent faisant défaut.

FERTILITÉ. — Ordinaire.

CULTURE. — Les formes naines, sur doucin ou paradis, sont beaucoup plus avantageuses à ce pommier, que le plein-vent, auquel on ne saurait le destiner qu'en le greffant à hauteur de tête, sans espérer, toutefois, lui voir jamais prendre un beau développement.

Description du fruit. — *Grosseur :* au-dessus de la moyenne. — *Forme :* globuleuse, légèrement comprimée aux pôles. — *Pédoncule :* très-court et très-gros, obliquement et assez profondément inséré dans un bassin de largeur moyenne. — *Œil :* grand, clos ou mi-clos, à cavité irrégulière, peu développée et plus ou moins ondulée sur les bords. — *Peau :* épaisse, unicolore, jaune d'or légèrement verdâtre sur le côté de l'ombre, faiblement maculée de roux autour du pédoncule et très-abondamment ponctuée de gris-blanc et de brun. — *Chair* : jaunâtre, grosse, ferme et quelque peu marcescente. — *Eau* : suffisante, bien sucrée, à peine acidulée et presque sans parfum.

MATURITÉ. — Fin d'août et commencement de septembre.

QUALITÉ. — Deuxième.

Historique. — En 1863 M. Charles Baltet, pépiniériste à Troyes, m'envoyait le pommier de Vieilles-Maisons, sur l'origine duquel je n'ai pu, malgré tous mes efforts, réunir que les renseignements ci-après : — M. Galopin, arboriculteur à Liége (Belgique) et l'un de ses premiers propagateurs, le reçut vers 1860, étiqueté *Blanche de Vieille-Maison*, des pépinières de feu Dauvesse, d'Orléans. Il semble donc sorti de France, mais d'où ?... Quatre localités y sont appelées Vieilles-Maisons, deux dans la Corrèze, une dans l'Aisne, et la quatrième dans le Loiret. M. Dauvesse l'aurait-il tiré de cette dernière? C'est ce qu'il devient difficile de savoir, vu le décès de cet ancien horticulteur.

POMME DE VIGNANCOURT HATIVE. — Synonyme de pomme *de Neige*. Voir ce nom.

POMME DE VIN DU CONNECTICUT. — Synonyme de pomme *de Dix-Huit Onces*. Voir ce nom.

520. POMME VINEUSE BLANCHE.

Synonyme. — *Pomme* BLANCHE D'AUTOMNE (Jean Bauhin, *Historia fontis et balnei Bollensis Admirabilis*, 1598, p. 70 ; et *Historia plantarum universalis*, 1613-1650, t. I, p. 11).

Premier Type.

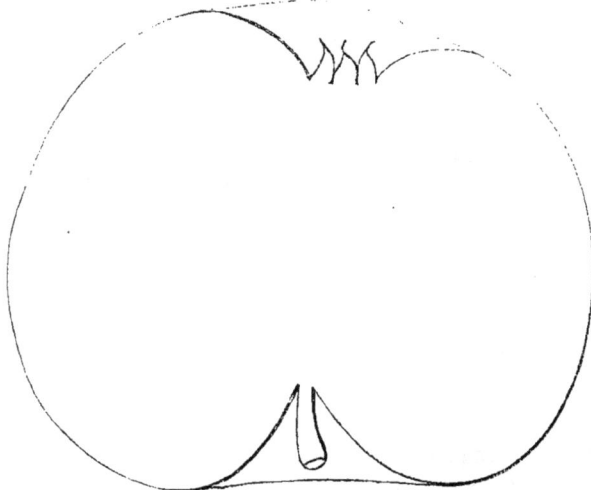

Description de l'arbre. — *Bois* : peu fort. — *Rameaux* : assez nombreux, légèrement étalés, de longueur moyenne, grêles, bien géniculés, duveteux et d'un rouge-brun clair lavé de gris. — *Lenticelles* : petites, allongées, abondantes. — *Coussinets* : ressortis. — *Yeux* : petits, arrondis, cotonneux, plus ou moins collés sur le bois. — *Feuilles* : petites, ovales ou arrondies, acuminées, planes pour la plupart et régulièrement dentées. — *Pétiole* : court, bien nourri, à cannelure profonde. — *Stipules* : étroites et longues.

FERTILITÉ. — Satisfaisante.

CULTURE. — Sa vigueur très-modérée ne le recommande pas pour le plein-vent; il faut, de préférence, le soumettre à la basse-tige, sur doucin ou paradis, car il y fait de beaux et fertiles gobelets, buissons, espaliers ou cordons.

Pomme Vineuse blanche. — *Deuxième Type.*

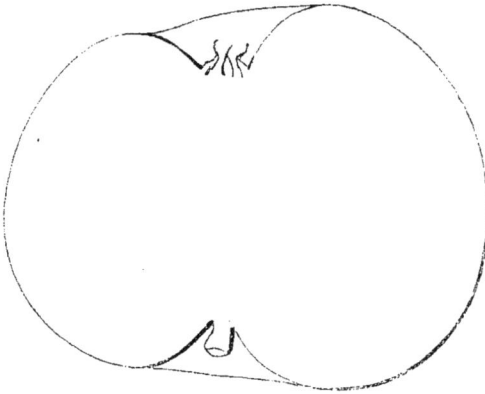

Description du fruit. — *Grosseur :* volumineuse et parfois moyenne. — *Forme :* globuleuse souvent comprimée aux pôles, pentagone près du sommet, ayant toujours un côté moins développé que l'autre. — *Pédoncule :* court ou très-court, gros, arqué, profondément inséré dans un bassin généralement assez vaste. — *Œil :* grand, clos ou mi-clos, des plus enfoncés, à vaste cavité ondulée ou bossuée sur les bords. — *Peau :* d'un blanc jaunâtre à l'ombre, d'un jaune clair et brillant à l'insolation, maculée de brun-roux autour du pédoncule, puis abondamment ponctuée de blanc grisâtre. — *Chair :* blanchâtre, mi-fine, ferme et assez croquante. — *Eau :* suffisante, sucrée, très-vineuse et des plus savoureusement acidulée.

MATURITÉ. — Septembre-Novembre.

QUALITÉ. — Première.

Historique. — La Vineuse blanche doit provenir de la Suisse ou de l'Allemagne. Cordus, botaniste né dans la Hesse électorale, est le premier auteur qui l'ait décrite. Il le fit avant 1544, dans son *Historia stirpium* (cap. Malus, n° 22), la nommant *Weinsürchen* [Vineuse] et déclarant qu'elle abondait chez les Hessois. Un demi-siècle après, le docteur Jean Bauhin figurait et caractérisait aussi cette variété, que son domestique, disait-il, lui avait apportée de Bliensbach (Suisse), et qui dans le duché de Wurtemberg était appelée *Weinling* ou *Vinosum Bliensbachianis* [Vineuse de Bliensbach]. (Voir *Historia fontis et balnei Bollensis Admirabilis*, 1598, p. 70; puis *Historia plantarum universalis*, 1614-1650, t. I, p. 11.) — Je crois ce fruit très-rare en France. Il est dans mes pépinières depuis huit ans seulement et j'en suis redevable au directeur de l'Institut pomologique de Reutlingen (Wurtemberg), M. le docteur Lucas.

———

POMME VINEUSE D'HIVER. — Synonyme de pomme *Coing d'Hiver.* Voir ce nom.

———

POMME VINEUSE ROUGE D'ÉTÉ. — Synonyme de pomme *Comte Orloff.* Voir ce nom.

———

Pomme **VINEUSE ROUGE D'HIVER**. — Synonyme de pomme *Rouge de Stettin*. Voir ce nom.

Pomme **VIOLETTE**. — Synonyme de *Calleville rouge d'Automne*. Voir ce nom.

521. Pomme de VIOLETTE.

Synonymes. — *Pommes :* 1. Violette de Mars (le Lectier, d'Orléans, *Catalogue des arbres cultivés dans son verger et plant*, 1628, p. 22; — et dom Claude Saint-Étienne, *Nouvelle instruction pour connaître les bons fruits*, 1670, p. 218). — 2. Reinette Violette (Van Mons, *Catalogue descriptif de partie des arbres fruitiers qui de 1798 à 1823 ont formé sa collection*, p. 57, n° 276). — 3. De Quatre-Goûts (Louis Bosc, *Dictionnaire d'agriculture*, 1809, t. X, p. 325). — 4. Violette de Quatre-Goûts (Thompson, *Catalogue of fruits cultivated in the garden of the horticultural Society of London*, 1842, p. 44, n° 849). — 5. Reinette des Quatre-Goûts (de quelques pépiniéristes).

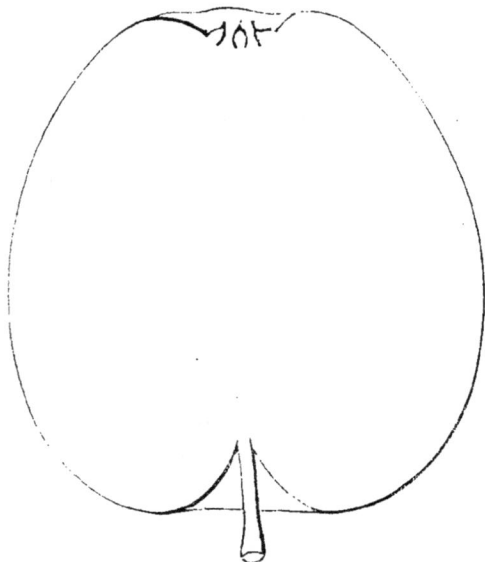

Description de l'arbre. — *Bois :* assez faible. — *Rameaux :* peu nombreux, érigés au sommet, étalés à la base, longs, de moyenne grosseur et légèrement coudés, duveteux, lisses et luisants, brun clair et verdâtre du côté de l'ombre, brun rougeâtre et foncé à l'insolation. — *Lenticelles :* petites, allongées, très-apparentes et rapprochées. — *Coussinets :* ressortis et parfois se prolongeant en arête. — *Yeux :* petits ou moyens, obtus, plaqués sur le bois, ayant les écailles noirâtres et disjointes. — *Feuilles :* grandes, épaisses, coriaces, ovales allongées, vert brillant et jaunâtre en dessus, blanc grisâtre en dessous, courtement acuminées, à bords peu profondément dentés et surdentés. — *Pétiole :* long, assez gros, roide, carminé, rarement bien cannelé. — *Stipules :* grandes et souvent crénelées.

Fertilité. — Convenable.

Culture. — Sa vigueur laisse trop à désirer pour qu'il puisse être, quand on le destine au plein-vent, greffé ras terre, il faut alors qu'on le greffe à hauteur de tige. Généralement les formes naines lui sont très-favorables.

Description du fruit. — *Grosseur :* au-dessus de la moyenne. — *Forme :* ovoïde assez allongée, faiblement côtelée au sommet, ayant presque toujours une face un peu moins développée que l'autre. — *Pédoncule :* long, de moyenne force, très-profondément inséré dans un bassin étroit. — *Œil :* grand, légèrement enfoncé, ouvert ou mi-clos, à petite cavité ondulée ou plissée sur les bords. — *Peau :* à fond jaune clair, amplement lavée de rouge-cerise, fouettée et rubanée, à l'insolation, de rouge lie de vin, et courtement rayée, à l'ombre, de carmin clair; puis çà et là ponctuée de gris. — *Chair* : blanc rosé, très-fine, tendre, verdâtre autour des loges. — *Eau* : suffisante, très-sucrée, à peine acidulée, ayant une saveur délicieuse qui rappelle assez bien le parfum de la violette.

MATURITÉ. — Novembre et parfois atteignant le mois d'avril.

QUALITÉ. — Première.

Historique. — La variété tardive ici caractérisée date au moins, chez nous, des dernières années du XVI° siècle et se trouvait en 1628 dans le verger que le Lectier, procureur du Roi, possédait à Orléans. Inscrite sur le *Catalogue* de cet amateur (p. 22), elle y figure parmi les pommiers à fruit hâtif, mais sous le nom Violette de *Mars*, parfaitement choisi pour indiquer son double privilége de se conserver tout l'hiver quoique mûrissant dès octobre Aussi le moine Saint-Étienne eût-il soin, lorsqu'en 1670 il la cita dans sa *Nouvelle instruction pour connaître les bons fruits*, de dire (p. 218) : « Violette de Mars, déjà mûre au commencement « de l'automne. » Merlet et la Quintinye s'occupèrent également de cette pomme et ne furent pas d'accord sur l'époque de sa maturation. « Elle se mange dès le mois « de novembre, jusqu'en janvier et février, » assurait Merlet en 1675 (pp. 148-149); à quoi la Quintinye répondit en 1690 : « Noël est son point extrême de maturité. » Mais je vais reproduire tout le passage où ce dernier auteur l'a décrite, sa lecture me semblant utile, ne serait-ce que pour démontrer la parfaite identité du fruit dont il y est question, avec celui représenté ci-dessus :

« La pomme *Violette* — écrivait-il — a le fond du coloris blanchâtre, un peu tiqueté aux endroits où le soleil n'a pas donné, mais chargé, ou plûtôt rayé et fouetté d'une assez belle couleur de rouge foncé aux endroits qui en sont veus. La couleur de la chair est fort blanche, et cette chair fort fine et fort délicate; l'eau extrêmement douce et sucrée, ne laissant aucun marc; si bien que seurement c'est une pomme admirable, à commencer d'en manger dès qu'on la cueïlle, jusqu'à Noël, et ne passe plus outre. » (*Instructions pour les jardins fruitiers et potagers*, 1690, t. I°r, p. 391.)

Duhamel, en 1768, fut de l'avis de Claude Saint-Etienne, sur la longue conservation de cette pomme, « une des meilleures — déclara-t-il — et dont il s'en garde « jusqu'en mai. » (T. I°r, p. 285.) Chez les Allemands, où elle jouit d'une grande réputation, Mayer, il y a un siècle (1776), en parla dans les mêmes termes que Duhamel, ajoutant interrogativement :

« Je la mets au rang des Fenouillets à cause de l'odeur de violette qu'on sent en la mangeant. Münchhausen l'avait déjà regardée comme variété de l'Anis, mais Manger prétend qu'il s'est trompé, parce que sa peau est lisse, et non rugueuse. Duhamel la croit Calville, l'arbre, le fruit, sa chair et son eau ayant beaucoup de rapport avec cette famille. Ne serait-ce pas plûtôt un métif de Fenouillet et de Calville ? » (*Pomona franconica*, t. III, pp. 156-157.)

Sur ce dernier point, je partage assez le sentiment de Mayer. Quant à la question, si controversée, de la maturité de la pomme de Violette, elle est très-difficile à trancher. La longue conservation de ce fruit dépend en effet du moment de sa cueillette, qu'on doit faire, pour le garder tout l'hiver, alors seulement qu'il est à moitié mûr. Or, chacun sait combien de causes physiques s'opposent, d'une région à l'autre, à ce qu'un tel moment soit partout le même; et, de plus, quelles incertitudes existent pour le déterminer d'une façon exacte. C'est donc à ces diverses variations qu'il faut attribuer le désaccord qui régna toujours, parmi les pomologues, sur l'époque précise où commence, où finit la maturité de cette ancienne variété française. Dans mes jardins, rarement je l'ai vue mûrir avant novembre, et je ne me souviens pas, au fruitier, d'avoir conservé quelques-uns de ses produits jusqu'en mai.

Observations. — En 1867 le Congrès pomologique a donné dans ses publications (t. IV, n° 22) la description d'une variété assez précoce, à peau fouettée et presque TOUTE ROUGE, qu'il a surnommée *Violette des Quatre-Goûts*, sans songer que ce nom aurait l'inconvénient de la faire doublement confondre avec notre pomme de Violette, dite aussi pomme de Quatre-Goûts. Pourquoi ne pas lui avoir laissé le nom pomme *Framboise*, sous lequel le Hollandais Knoop l'avait signalée en 1771 (p. 16), et qui a cours en Belgique puis en France? Quant à moi, je le lui ai soigneusement conservé; on peut s'en assurer page 311 de mon troisième volume, où ce fruit est étudié. On y verra également quels caractères nombreux et tranchés le différencient de la pomme de Violette. J'ajoute que le Congrès, en invoquant l'autorité de Couverchel pour justifier sa dénomination Violette de Quatre-Goûts, s'est deux fois mépris, car cet écrivain n'a jamais mentionné pareil nom; il a simplement caractérisé une pomme de Quatre-Goûts, ayant la peau *verte* et *roussâtre*, et non la peau fouettée et presque TOUTE ROUGE de la variété du Congrès. Voici du reste le texte même de Couverchel :

« *Pomme de Quatre-Goûts.* — Elle est de grosseur moyenne, déprimée, verte et teintée de roux ; sa chair est tendre, d'un parfum particulier assez suave ; maturité : novembre. » (*Traité des fruits*, 1852, p. 450.)

Que peut être cette pomme de Couverchel? — Très-probablement certaine pomme *de Violette Eyriès* dont Poiteau parlait ainsi en 1830 :

« M. Turpin l'a rapportée du Havre ;..... il en a dû la connaissance à M. Eyriès. Elle y est cultivée sous le nom pomme *de Violette*, venu de sa saveur ou de son parfum..... Sa peau, piquetée de points roussâtres, passe du vert clair au jaune clair..... Sa chair est blanche, très-fine, fondante, sans marc; son eau, sucrée et peu abondante. Maturité : octobre et novembre. » (*Bulletin des sciences agricoles et économiques*, 1830, t. XV, p. 373.)

Depuis, revenant sur ce fruit dans sa *Pomologie française*, Poiteau expliqua pourquoi on l'avait appelé pomme de Violette Eyriès :

« C'est M. Eyriès, négociant au Havre — disait-il — qui l'a fait connaître à Paris; on a donc cru devoir ajouter son nom à celui qu'elle possédait déjà. C'était d'ailleurs une nécessité, car nous cultivons depuis longtemps une pomme Violette (*ainsi nommée de sa couleur*) qui appartient, comme celle-ci, à la section des Calvillacées. » (T. IV, n° 45.)

Ici, Poiteau prouve qu'il n'a pas connu la véritable pomme de Violette; celle à laquelle il fait allusion n'est autre, effectivement, que le Calleville rouge d'Automne, maintes fois erronément appelé, surtout par les Anglais, pomme Violette, en raison de la couleur de sa peau.

———————

POMME DE **VIOLETTE EYRIÈS**. — Voir pomme *de Violette*, au paragraphe OBSERVATIONS.

———————

Pomme VIOLETTE D'HIVER [des Allemands]. — Synonyme de pomme *de Bohémien*. Voir ce nom.

———————

Pommes : VIOLETTE DE MARS,

                                         ⎫
                                         ⎬ Synonymes de pomme *de*
———————   *Violette*. Voir ce nom.

—   VIOLETTE DE QUATRE-GOÛTS,   ⎭

———————

Pomme VIOLETTE DES QUATRE GOÛTS. — Voir pomme *de Violette*, au paragraphe Observations.

———————

Pomme VRAI DRAP D'OR. — Synonyme de pomme *Drap d'Or*. Voir ce nom.

W

Pomme WACHS. — Synonyme de pomme *Taffetas blanc*. Voir ce nom.

Pomme WADDELL HALL. — Synonyme de pomme *Shockley*. Voir ce nom.

Pomme WALL. — Synonyme de pomme *Nickajack*. Voir ce nom.

Pomme WALLISER LIMONEN PEPING. — Synonyme de Pepin Limon de Galles. Voir *Reinette Limon*, au paragraphe Observations.

Pomme WALWORTH. — Synonyme de pomme *Summer Pippin*. Voir ce nom.

Pomme WARREN PIPPIN. — Synonyme de pomme *Linnœus Pippin*. Voir ce nom.

Nota. — Voir aussi plus loin, à l'ERRATA, l'article *Linnœus Pippin*.

Pomme WARTER'S GOLDEN PIPPIN. — Synonyme de pomme *d'Or d'Angleterre*. Voir ce nom.

Pomme WASHINGTON. — Synonyme de pomme *Bough*. Voir ce nom.

Pomme WATERMELON. — Synonyme de pomme *Norton*. Voir ce nom.

Pomme WATTAUGAH. — Synonyme de pomme *Hoover*. Voir ce nom.

Pomme WAXEN. — Voir *Mac Bride's Waxen*, au paragraphe Historique.

Pomme WEIDNERS GOLDREINETTE. — Synonyme de *Reinette Weidner*. Voir ce nom.

Pomme WEISSBROD. — Synonyme de pomme *Présent royal d'Hiver*. Voir ce nom.

Pomme WEISSE VERSAILLER REINETTE. — Synonyme de *Reinette blanche de Champagne*. Voir ce nom.

Pomme WEISSE ZURICH. — Synonyme de *Calleville blanc d'Hiver*. Voir ce nom.

Pomme WEISSER ITALIENISCHER ROSMARIN. — Synonyme de pomme *Romarin blanc*. Voir ce nom.

Pomme WEISSER SOMMERRABAU. — Synonyme de pomme *Rabaü d'Été*. Voir ce nom.

Pomme WEISSER SOMMER-TAUBEN. — Synonyme de *Pigeonnet blanc d'Été*. Voir ce nom.

Pomme WEISSER WINTER TAFFET. — Synonyme de pomme *Taffetas blanc*. Voir ce nom.

522. Pomme WELLINGTON.

Synonymes. — *Pommes :* 1. Dumelow's Pippin (John Turner, *Transactions of the horticultural Society of London*, 1818, t. III, pp. 319, 323, 324; — et Lindley, *Guide to the orchard and kitchen garden*, 1831, p. 44, n° 81). — 2. Dumelow's Crab (*Transactions of the horticultural Society of London*, 1820, t. IV, p. 529; — et Lindley, *ibid.*). — 3. Dumelow's Seedling (Lindley, *ibid.*). — 4. Reinette Wellington (Diel, *Neue Kernobstsorten*, 1832, p. 55). — 5. Duc de Wellington (Thompson, *Catalogue of fruits cultivated in the garden of the horticultural Society of London*, 1842, p. 14, n° 224). — 6. Normanton Wonder (*Id. ibid.*). — 7. Doncklaër et Dunclaers Seedling (Comice horticole d'Angers, *Catalogue de son Jardin fruitier*, 1852, n° 70). — 8. Belle des Vennes (A. Hennau, *Annales de pomologie belge et étrangère*, 1854, t. II, p. 37). — 9. Hawthornden d'Hiver (Lucas, *Illustrirtes Handbuch der Obstkunde*, 1859, t. I, p. 187, n° 78). — 10. Supson frangé (André Leroy, *Catalogue descriptif d'arbres fruitiers et d'ornement*, 1851, p. 5, n° 212). — 11. Beauty (Charles Downing, *the Fruits and fruit trees of America*, 1863, p. 190). — 12. De Sutton (*Id. ibid.*). — 13. Sutton Beauty (*Id. ibid.*).

Description de l'arbre. — *Bois :* fort. — *Rameaux :* nombreux, légèrement étalés à la base, érigés au sommet, gros et longs, géniculés, bien duveteux, d'un vert herbacé lavé de rouge et nuancé de gris cendré. — *Lenticelles :* grandes et allongées, très-abondantes. — *Coussinets :* saillants. — *Yeux :* gros, coniques-obtus, plaqués sur l'écorce, aux écailles mal soudées et des plus cotonneuses. — *Feuilles :* ovales-arrondies, vert terne et jaunâtre en dessus, gris verdâtre en dessous, courtement acuminées et régulièrement dentées. — *Pétiole :* gros ou moyen, court, roide, carminé, à cannelure large et profonde. — *Stipules :* larges mais assez courtes.

Fertilité. — Ordinaire.

Culture. — Écussonné sur doucin ou paradis il fait de beaux cordons, buissons, espaliers ou pyramides ; sa riche végétation permet aussi d'en obtenir de vigoureux et réguliers plein-vent.

Description du fruit. — *Grosseur :* volumineuse ou moyenne. — *Forme :* conique sensiblement arrondie et assez régulière, ou conique-raccourcie, très-irrégulière et beaucoup moins développée d'un côté que de l'autre. — *Pédoncule :* court, bien nourri, renflé à l'attache, planté généralement dans un bassin étroit et profond. — *Œil :* très-grand, mi-clos ou complétement ouvert, à cavité irrégulière, large et rarement bien profonde. — *Peau :* jaune clair sur la face placée à l'ombre, jaune d'or à l'insolation, où elle est en outre lavée, marbrée et rubanée de carmin; maculée fréquemment, dans le bassin pédonculaire, de fauve squammeux, puis assez abondamment parsemée de points bruns ou gris. — *Chair :* blanchâtre, mi-fine, ferme, croquante et quelque peu marcescente. — *Eau :* suffisante ou abondante, toujours fortement acidulée, plus ou moins sucrée et presque complétement dénuée de parfum.

Pomme Wellington. — *Premier Type.*

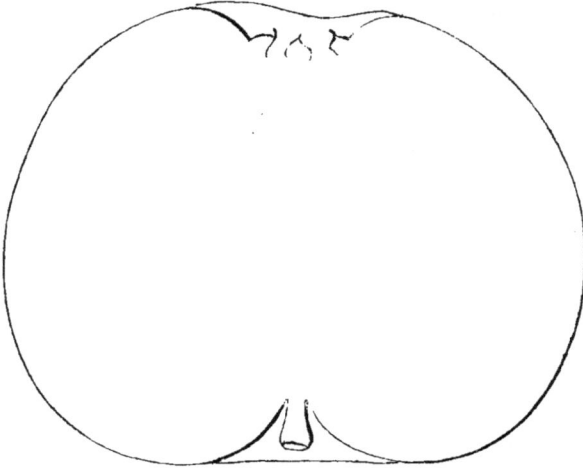

Deuxième Type.

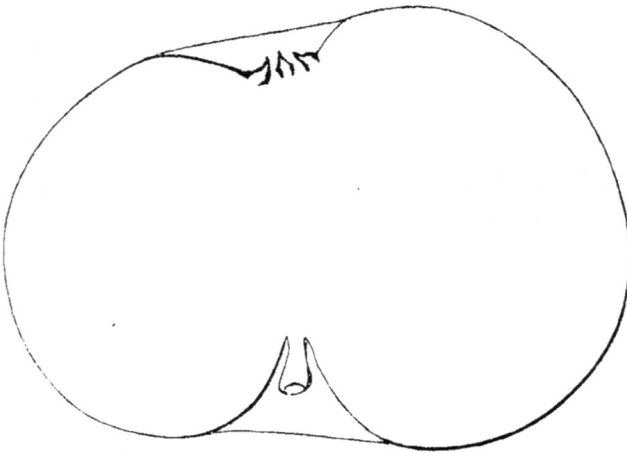

MATURITÉ. — Novembre-Juin.

QUALITÉ. — Deuxième pour le couteau, mais de toute première pour la cuisson.

Historique. — Ce beau fruit provient d'Angleterre, où vers 1812 il fit son apparition sous le nom Dumelow's Crab ou Seedling, ou Pippin, indiquant celui de la personne qui avait gagné de semis le pied-type. Mais il ne le porta pas longtemps, car dès 1819 on l'avait, en maintes contrées de la Grande-Bretagne, remplacé par Wellington, dénomination qui depuis a prévalu. Ces faits sont ainsi consignés dans les Mémoires de la Société horticole de Londres :

« M. Richard Williams — y lisait-on en 1820 — nous a envoyé, cueillie dans son jardin de Turnham-Green, une pomme appelée *Wellington*; elle est fort jolie, de très-longue garde,..... et parfaite pour les usages culinaires. Cette variété offre un exemple de plus des inconvénients qui surgissent quand on donne de nouveaux noms aux fruits déjà baptisés. Ainsi celle dont il s'agit fut obtenue, il y a quelques années, par un M. Dumelow, fermier près Ashby-de-la-Zouch, et maintenant elle est connue dans les comtés de Leicester, de Derby et de Nottingham, comme étant la *Dumelow's Crab* [Egrasseau de Dumelow]; tandis que M. Williams, lui, l'a reçue de Gopsal-Hall, c'est-à-dire des environs mêmes du lieu où elle est née, sous le surnom Wellington, présentement répandu dans les pépinières avoisinant Londres. » (*Transactions*, t. IV, p. 529.)

La pomme Wellington pénétra en France en 1838, mais revêtue de l'étiquette *Hawthornden Apple*, à laquelle, hélas! plusieurs autres furent bientôt substituées, tant par les Anglais que par les Américains et les Belges. Aujourd'hui ce fruit est assez répandu chez nous, sans qu'il y jouisse, cependant, d'une grande estime, vu sa médiocre qualité. Aussi me suis-je souvent demandé comment un horticulteur anglais avait pu donner le nom d'un homme aussi célèbre que le général duc de Wellington, à cette pomme, qui réellement, même en Angleterre, n'a de valeur que pour la cuisine?

Pomme **WESTFIELD SEEK-NO-FURTHER.** — Synonyme de pomme *Linnœus Pippin.* Voir ce nom.

Pomme **WHITE ASTRACAN.** — Synonyme de pomme *d'Astracan blanche.* Voir ce nom.

Pomme **WHITE PARADISE.** — Voir pomme *May*, au paragraphe Observations.

Pomme **WHITE SPANISH REINETTE.** — Synonyme de *Reinette d'Espagne.* Voir ce nom.

Pomme **WICK'S PIPPIN.** — Synonyme de pomme *Court de Wick.* Voir ce nom.

Pomme **WIGWAM.** — Synonyme de pomme *Belle-Fleur longue.* Voir ce nom.

Pomme **WILDCAT.** — Synonyme de pomme *Santouchée.* Voir ce nom.

Pomme **WINTER BELLE-FLEUR.** — Synonyme de pomme *Belle-Fleur de Brabant.* Voir ce nom.

Pomme **WINTER BORSDÖRFFER.** — Synonyme de pomme *de Borsdorf.* Voir ce nom.

Pomme WINTER CHEESE. — Synonyme de pomme *Green Cheese*. Voir ce nom.

Pomme WINTER GOLD PEARMAIN. — Synonyme de pomme *Pearmain dorée*. Voir ce nom.

Pomme WINTER GREENING. — Synonyme de pomme *Green Cheese*. Voir ce nom.

Pomme WINTER MAY. — Synonyme de pomme *May*. Voir ce nom.

Pomme WINTER PEARMAIN. — Synonyme de pomme *Pearmain d'Hiver*. Voir ce nom.

Pomme WINTER POSTOPH. — Synonyme de pomme *Postophe d'Hiver*. Voir ce nom.

Pommes WINTER QUEEN. — Synonymes des pommes *Bachelor* et *Reine Sophie*. Voir ces noms.

Pomme WINTER QUITTEN. — Synonyme de pomme *Coing d'Hiver*. Voir ce nom.

Pomme WINTER STRIEPELING. — Synonyme de pomme *Rayée d'Hiver*. Voir ce nom.

Pomme WITTE KRUID. — Synonyme de pomme *Postophe d'Été*. Voir ce nom.

Pommes : WIZE,

— WOLLATON PIPPIN, } Synonymes de *Court-Pendu rouge*. Voir ce nom.

Pomme WOODPECKER. — Synonyme de pomme *Baldwin*. Voir ce nom.

Pommes : WOOD'S HUNTINGDON,

— WOOD'S TRANSPARENT, } Synonymes de pomme *Court de Wick*. Voir ce nom.

Pomme WOODSTOCK PIPPIN. — Synonyme de pomme *Blenheim*. Voir ce nom.

Pomme WORMSLEY PIPPIN. — Synonyme de *Reinette de Wormsley*. Voir ce nom.

Pommes : WYGERS,

— WYKER PIPPIN, } Synonymes de pomme *Princesse noble*. Voir ce nom.

Y

523. Pomme YAHOOLA.

Synonyme. — *Pomme* Iola (Charles Downing, *the Fruits and fruit trees of America*, 1863, p. 155; et 1869, p. 417).

Premier Type.

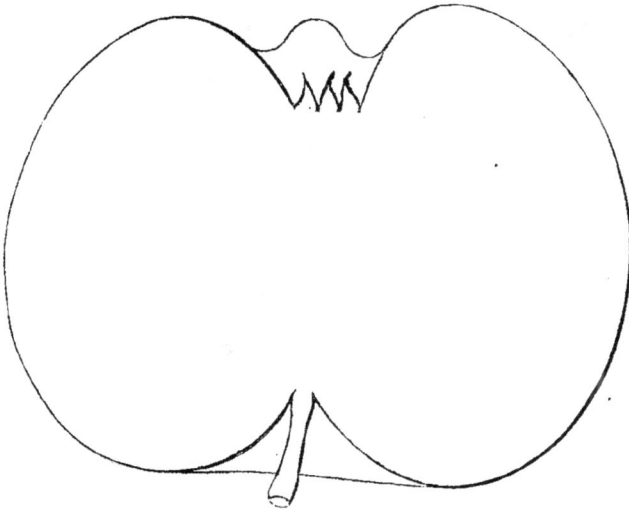

Description de l'arbre. — *Bois :* faible. — *Rameaux :* peu nombreux, étalés, de longueur et grosseur moyennes, bien coudés et des plus duveteux, d'un rouge-brun ardoisé. — *Lenticelles :* très-grandes, allongées et très-abondantes. — *Coussinets :* ressortis. — *Yeux :* petits, arrondis, cotonneux et noyés dans l'écorce. — *Feuilles :* moyennes, ovales, souvent acuminées, ayant les bords assez profondément dentés ou crénelés. — *Pétiole :* gros, long, tomenteux, sensiblement cannelé. — *Stipules :* très-petites.

FERTILITÉ. — Convenable.

CULTURE. — Sa chétive croissance, ses rameaux peu nombreux permettent difficilement d'en obtenir de beaux plein-vent, même en le greffant à hauteur de tige. Les formes naines lui sont beaucoup plus profitables, soit sur doucin, soit sur paradis.

Description du fruit. — *Grosseur :* volumineuse et parfois moyenne. — *Forme :* globuleuse comprimée aux pôles ou arrondie presque cylindrique, mais toujours plus ou moins pentagone, surtout près du sommet. — *Pédoncule :* assez long ou un peu court, bien nourri, souvent renflé au point d'attache, profondément planté dans un large bassin. — *OEil :* ouvert ou mi-clos, grand, généralement très-enfoncé, à vaste cavité dont les bords sont fortement côtelés ou plissés. — *Peau :*

Pomme Yahoola. — *Deuxième Type.*

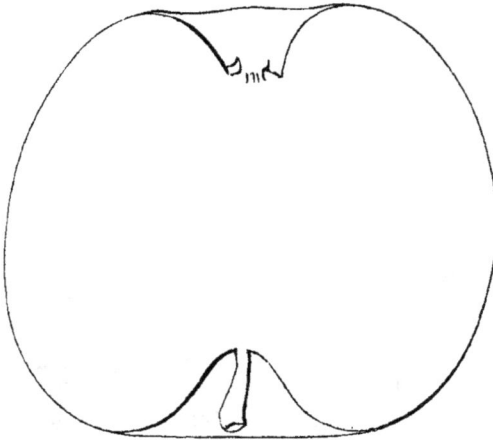

à fond vert clair jaunâtre, amplement lavée et striée de rouge lie de vin, principalement sur la face exposée au soleil, maculée de fauve autour du pédoncule, puis abondamment ponctuée de brun grisâtre. — *Chair :* blanche, fine, compacte et tendre. — *Eau :* abondante, sucrée, acidulée, légèrement parfumée.

MATURITÉ. — Septembre-Décembre.

QUALITÉ. — Deuxième.

Historique. — M. Berckmans, pépiniériste américain habitant Augusta, m'envoyait en 1858 cette variété, qui provient du comté de Lumpkin (Géorgie) et n'est pas encore fort répandue. Charles Downing l'a décrite en 1863 et 1869, dans ses *Fruits and fruit trees of America*, mais il ne donne, sur l'origine de ce pommier, rien de plus que le renseignement ici consigné.

524. Pomme YATES.

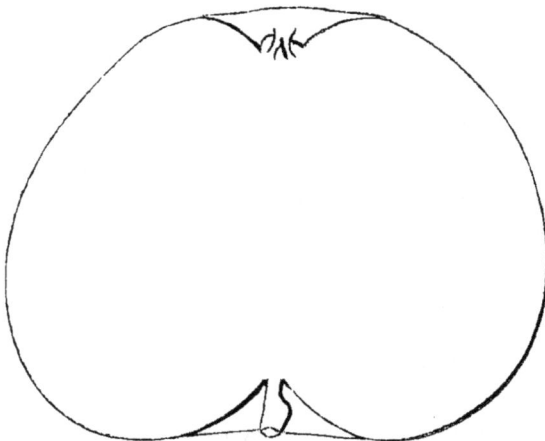

Description de l'arbre. — *Bois :* de moyenne force. — *Rameaux :* nombreux, très-étalés, gros, assez longs, sensiblement géniculés et bien duveteux, brun verdâtre lavé de rouge ardoisé. — *Lenticelles :* grandes, arrondies ou allongées, très-abondantes. — *Coussinets :* ressortis. — *Yeux :* petits et arrondis, cotonneux, entièrement collés sur le bois. — *Feuilles :* de grandeur moyenne, ovales allongées, vert brillant et foncé, longuement acuminées, à bords profondément dentés et plus ou moins ondulés. — *Pétiole :* gros, long, roide, rarement cannelé. — *Stipules :* étroites et longues.

FERTILITÉ. — Modérée.

CULTURE. — Il fait, au moyen de la greffe ras terre, de passables plein-vent, et de très-convenables, quand on l'a greffé en tête. La basse-tige, sur paradis, lui est avantageuse.

Description du fruit. — *Grosseur :* moyenne. — *Forme :* conique-raccourcie ou conique fortement arrondie. — *Pédoncule :* court ou assez long, gros ou de moyenne force, souvent renflé à son point d'attache, inséré dans un bassin généralement de faibles dimensions. — *OEil :* moyen, mi-clos ou fermé, à cavité plissée, peu large et peu profonde. — *Peau :* vert jaunâtre du côté de l'ombre, vert brunâtre amplement strié et marbré de rouge terne à l'insolation, tachée de fauve autour du pédoncule, puis ponctuée de gris et de brun. — *Chair :* légèrement verdâtre, fine, assez ferme. — *Eau :* suffisante, plus ou moins sucrée, agréablement acidulée, faiblement parfumée.

MATURITÉ. — Février-Mai.

QUALITÉ. — Deuxième.

Historique. — La pomme Yates, qui m'était envoyée de Géorgie (Etats-Unis) en 1858, est native du comté de la Fayette, situé dans cette même région. Je la crois âgée d'une soixantaine d'années et dédiée à feu James Yates, riche amateur de plantes et de fruits qui résidait à Woodville (Devonshire) et entretenait au commencement de ce siècle des relations avec les Américains, ainsi qu'il ressort de divers passages des Annales de la Société horticole de Londres (*Transactions*, 1812, t. I, pp. 242-243; 1821, t. IV, pp. 390-391).

POMME YELLOW. — Synonyme de pomme *Court de Wick*. Voir ce nom.

POMMES YELLOW BELLE-FLEUR *et* YELLOW BELLFLOWER. — Synonymes de pomme *Linnæus Pippin*. Voir ce nom.

NOTA. — Voir aussi plus loin, à l'ERRATA, l'article *Linnæus Pippin*.

POMME YELLOW CRANK. — Synonyme de pomme *Green Cheese*. Voir ce nom.

POMME YELLOW ENGLISH CRAB. — Synonyme de pomme *Jaune d'Angleterre*. Voir ce nom.

POMME YELLOW FENOUILLET. — Synonyme de *Fenouillet jaune*. Voir ce nom.

POMME YELLOW GERMAN REINETTE. — Synonyme de pomme *Princesse noble*. Voir ce nom.

POMMES : YELLOW INGESTRIE,

— YELLOW INGESTRIE PIPPIN,

} Synonymes de pomme *Jaune d'Ingestrie*. Voir ce nom.

POMME YELLOW NEWTOWN PIPPIN. — Synonyme de pomme *Yopp's Favorite*. Voir ce nom.

525. POMME YOPP'S FAVORITE.

Synonyme. — *Pomme* YELLOW NEWTOWN PIPPIN (Charles Downing, *the Fruits and fruit trees of America*, 1869, p. 420).

Premier Type.

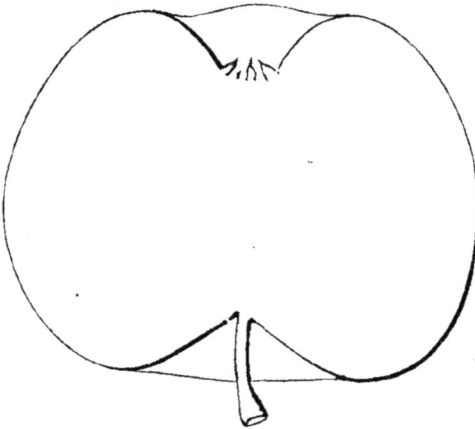

Deuxième Type.

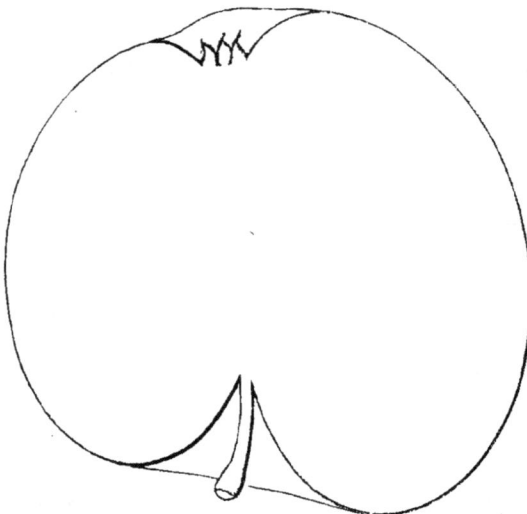

Description de l'arbre.
— *Bois :* fort. — *Rameaux :* assez nombreux, presque érigés, gros, très-longs, légèrement coudés, bien duveteux et rouge-grenat foncé. — *Lenticelles :* grandes, arrondies et clair-semées. — *Coussinets :* peu prononcés. — *Yeux :* petits et arrondis, cotonneux, noyés dans l'écorce. — *Feuilles :* de grandeur moyenne, ovales et courtement acuminées, planes pour la plupart et largement dentées ou crénelées. — *Pétiole :* long, bien nourri, rigide, carminé, à profonde cannelure. — *Stipules :* assez petites.

FERTILITÉ. — Satisfaisante.

CULTURE. — On peut avec succès le greffer ras terre pour l'élever à tige; son tronc est gros et droit; sa tête, érigée, touffue. Sur paradis, comme arbre nain, il fait de très-beaux et très-fertiles pommiers.

Description du fruit.
— *Grosseur :* moyenne et parfois plus volumineuse. — *Forme :* globuleuse sensiblement comprimée aux pôles ou conique-arrondie très-irrégulière et beaucoup moins développée sur une face que sur l'autre. — *Pédoncule :* de gros-

seur et longueur moyennes, renflé habituellement à son point d'attache et planté profondément dans un vaste bassin. — *Œil :* grand ou moyen, mi-clos, souvent bien enfoncé, à cavité large ou très-large, bossuée ou plissée sur les bords. — *Peau :* vert clair du côté de l'ombre, brun verdâtre ou brun-rouge à l'insolation, maculée de fauve autour du pédoncule, çà et là tachée ou mouchetée de roux noirâtre, puis ponctuée de marron et de gris. — *Chair :* blanc verdâtre, fine, mi-tendre et croquante. — *Eau :* abondante, savoureusement acidulée et sucrée, possédant un parfum des plus délicats.

MATURITÉ. — Novembre-Mars.

QUALITÉ. — Première.

Historique. — Originaire du comté de Thomas, dans la Géorgie (États-Unis), cette pomme porte le nom de son obtenteur. Le pomologue américain Charles Downing l'ayant décrite pour la première fois en 1863, et d'après M. Robert Nelson, elle ne doit pas être ancienne. Au reste, en me l'envoyant d'Augusta (Géorgie) en 1858, M. Berckmans, mon obligeant confrère, me l'avait signalée comme une nouveauté.

POMME YORK PIPPIN. — Synonyme de *Reinette d'Espagne.* Voir ce nom.

Z

Pomme ZIEPPEL. — Synonyme de pomme *Oignon de Borsdorf*. Voir ce nom.

Pomme ZIDJEN HEMDJE. — Synonyme de pomme *Chemisette blanche*. Voir ce nom.

Pomme ZIKAD. — Synonyme de pomme *d'Astracan blanche*. Voir ce nom.

Pomme ZITZENREINETTE. — Synonyme de *Reinette de la Chine*. Voir ce nom.

Pomme ZOETE HOLAART. — Synonyme de pomme *Holaart doux*. Voir ce nom.

Pomme ZOETE REINETTE. — Synonyme de *Reinette rouge étoilée*. Voir ce nom.

526. Pomme ZOLLKER ROUGE.

Description de l'arbre. — *Bois :* peu fort. — *Rameaux :* nombreux, étalés, assez courts, grêles, bien géniculés, très-duveteux, rouge-brun foncé lavé de gris. — *Lenticelles :* arrondies ou allongées, des plus petites mais très-abondantes. — *Coussinets :* saillants. — *Yeux :* moyens, ovoïdes, faiblement collés sur le bois et couverts de duvet. — *Feuilles :* de grandeur moyenne, ovales-allongées ou elliptiques, longuement acuminées, planes, ayant les bords légèrement dentés. — *Pétiole :* peu long, assez gros, largement cannelé. — *Stipules :* des plus développées.

Fertilité. — Ordinaire.

Culture. — Pour plein-vent il faut le greffer en tête afin d'avoir des arbres à peu près convenables, mais c'est encore la basse-tige sur doucin qui lui est le plus favorable.

Description du fruit. — *Grosseur :* volumineuse. — *Forme :* ovoïde-allongée ou presque cylindrique. — *Pédoncule :* bien nourri, de longueur moyenne, inséré dans un bassin étroit et peu profond. — *OEil :* grand, mi-clos, à cavité irrégulière, très-vaste, ondulée sur ses bords et souvent quelque peu plissée à l'intérieur. — *Peau :* mince, lisse, à fond jaunâtre, presque entièrement lavée de rouge-brun sombre, légèrement tachée de marron clair autour du pédoncule et ponctuée de gris-blanc et de jaune sale. — *Chair :* jaunâtre, ferme, assez fine. — *Eau :* suffisante, très-acide, plus ou moins sucrée, à peine parfumée.

Pomme Zollker rouge.

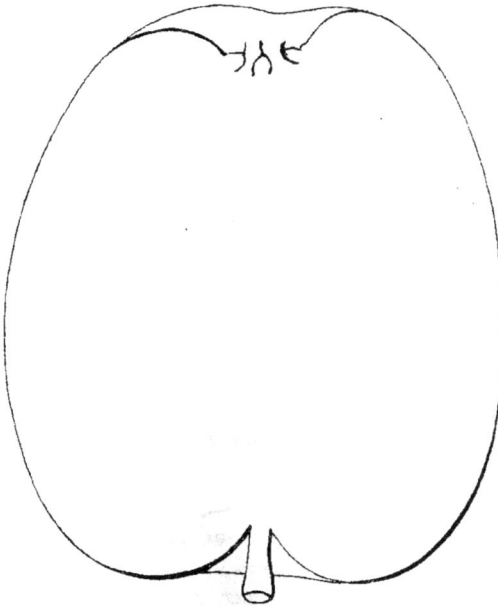

MATURITÉ. — Janvier.

QUALITÉ. — Deuxième pour le couteau, première pour la cuisson.

Historique. — Les Allemands ayant exposé cette pomme à Paris, en 1867, lors du concours horticole international, sa beauté, surtout, m'engagea à la propager chez nous, où elle était complétement inconnue. On semble, en Allemagne, la regarder comme originaire de la haute Souabe ; c'est du moins le sentiment du docteur Lucas, auquel j'en suis redevable :

« La *Rother Zollker* — dit ce pomologue — est communément cultivée sur l'Alb, dans le district d'Ehingen, et par toute la haute Souabe..... C'est un fruit très-acide, dont la principale utilité consiste en ce que la chair de ses quartiers, une fois séchée, provoque chez nos fileuses, par sa grande acidité, une abondante salivation ; aussi ces dernières ont-elles soin d'en manger pendant leur travail. » (*Württemberg's Kernobstsorten*, 1854, p. 33 ; et *Monatshefte*, 1867, pp. 17-18.)

POMME DE ZURICH. — Synonyme de pomme *Suisse panachée*. Voir ce nom.

POMMES ZWIEBEL. — Synonymes de pommes *Oignon de Borsdorf* et *Rouge de Stettin*. Voir ce nom.

POMME ZWIEBELBORSTORFER. — Synonyme de pomme *Oignon de Borsdorf*. Voir ce nom.

Nota. — En publiant plus haut, pages 649 et 650, la *Reinette Coing de Credé*, j'ai dit au paragraphe Observations, « que n'ayant pu caractériser à son rang alphabétique, la « Reinette Amande, je le ferais à la fin du volume, car le premier de ces fruits avait eu « pour dénomination primitive *Reinette Amande*, et pouvait, par là, prêter à de sérieuses « méprises, si l'on ne donnait une exacte description de la véritable Reinette Amande. » Je vais donc remplir ma promesse.

527. Pomme REINETTE AMANDE.

Synonymes. — *Pommes* : 1. Dietzer Mandelreinette (Diel, *Kernobstsorten*, 1819, t. XXI, p. 126). — 2. Mandelreinette (Van Mons, *Catalogue descriptif de partie des arbres fruitiers qui de 1798 à 1823 ont formé sa collection*, p. 26, n° 141).

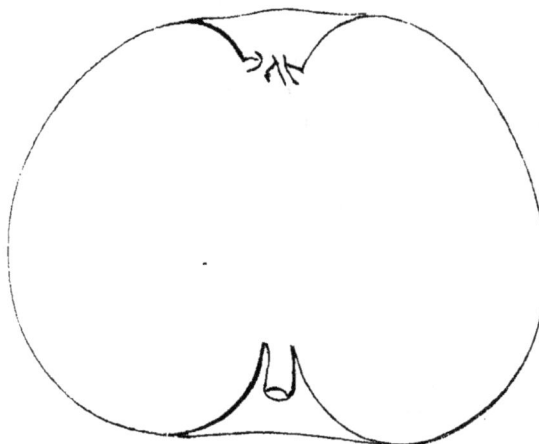

Description de l'arbre. — *Bois :* fort. —; *Rameaux :* assez nombreux, légèrement étalés, longs, un peu grêles, géniculés, rouge-brun foncé à l'insolation, mais rouge-brun clair du côté de l'ombre. — *Lenticelles :* grandes, arrondies, très-apparentes et très-rapprochées. — *Coussinets :* bien ressortis. — *Yeux :* moyens, ovoïdes, faiblement écartés du bois. — *Feuilles :* de grandeur moyenne, ovales, courtement acuminées, finement et régulièrement dentées. — *Pétiole :* de longueur moyenne, assez gros, à peine canaliculé. — *Stipules :* étroites et longues.

Fertilité. — Abondante.

Culture. — Le greffer en tête, plutôt que ras terre, pour le plein-vent ; et, pour la basse-tige, lui donner comme sujet soit le doucin, soit le paradis.

Description du fruit. — *Grosseur :* moyenne et parfois plus volumineuse. — *Forme :* conique sensiblement arrondie et quelque peu pentagone près du sommet. — *Pédoncule :* court et très-nourri, souvent charnu, droit ou arqué, profondément inséré dans un bassin assez étroit. — *Œil :* grand, mi-clos, enfoncé, à cavité rarement bien large, ayant les bords fortement ondulés. — *Peau :* jaune sale, amplement lavée puis rubanée de rouge sombre et finement et abondamment ponctuée de gris. — *Chair :* verdâtre, fine et mi-tendre. — *Eau :* suffisante, sucrée, des plus savoureusement acidulée et parfumée.

MATURITÉ. — Janvier - Mai.

QUALITÉ. — Première.

Historique. — Diel fut, en Allemagne, le premier descripteur de ce pommier, qu'il signala en 1819 dans le tome XXI de son *Kernobstsorten* (p. 126). Beaucoup plus tard (1862) M. Oberdieck, parlant de cette variété, s'exprimait ainsi, quant à l'origine qu'on lui supposait :

« Très-précieuse — dit-il — à cause de sa fertilité, de son goût exquis et de sa longue durée, la *Reinette Amande* est encore bien peu répandue, quoique sa culture mérite une grande extension. Ce fruit fut offert à Diel par le propriétaire du pommier, M. Kaempfer, ébéniste à Dietz (duché de Nassau), et dont le père en avait pris des greffes sur un très-vieil arbre. Or, Diel n'ayant jamais, même dans les environs de Dietz, rencontré cette pomme, crut que ce vieil arbre devait être un sauvageon ; et cela nous paraît aussi fort probable. » (*Illustrirtes Handbuch der Obstkunde*, 1862, t. IV, p. 143, n° 334.)

SUPPLÉMENT SYNONYMIQUE

Ces différents Synonymes ont été reconnus depuis la description de la variété à laquelle ils se rapportent, ou puisés dans des ouvrages récemment entrés dans ma bibliothèque. Tous figurent dans ce *Dictionnaire*, sous le nom de la pomme à laquelle ils appartiennent, mais aucun d'eux n'a pu y trouver place à son rang général alphabétique.

A

Pomme :

AUBERIVE. — Voir *Postophe d'Hiver*, au paragraphe Observations.

B

Pommes :

BÉDANGUE,	**Synonyme de** *Bédane*.	Voir t. III, p. 21.
BEAU-ROUGE,	— *Hollandbury*.	Voir ce nom.
BELL FLOWER, (1)	— *Linnœus Pippin*.	—
BELLE-FLAVOISE,	— *Linnœus Pippin*.	—

BELLE-FLEUR. — Voir *Postophe d'Hiver*, au paragraphe Observations.

BELLE-FLEUR, (1)	**Synonyme de** *Linnœus Pippin*.	Voir ce nom.
BELLE-FLEUR YELLOW, (1)	— *Linnœus Pippin*.	—

BELMONT. — Voir *Mac Bride's Waxen*, au paragraphe Historique.

BIG FRUIT,	**Synonyme de** *Tillaqua*.	Voir ce nom.
BISHOP'S PIPPIN OF NOVA SCOTIA, (1)	— *Linnœus Pippin*.	—
BONDY OU GROS-BONDY,	— *P. de Râteau*.	—

Nota. — C'est par oubli que ce synonyme, qui dans le corps de l'ouvrage figure à son rang alphabétique, lettre G, n'a pas été porté dans le sommaire synonymique de la pomme de Râteau.

BONNE-ROUGE,	— *Hollandbury*.	—

---

(1) Voir ci-après, au sujet de ces quatre synonymes, l'article *Linnœus Pippin*, de l'ERRATA.

C

POMMES :

CHAMPAGNER REINETTE, **Synonyme de** *Reinette blanche de Champagne.* V. ce nom.
CHAMPAIGNE REINETTE,   — *Reinette blanche de Champagne.* —
COASTRESSE,   — *Reinette du Luxembourg.*   —
CONNECTICUT SEEK--NO-FURTHER,   — *Linnœus Pippin.*   —
CRISTATUM,   — *Suisse panachée.*   —
CRÔTE. — Voir *Postophe d'Hiver*, au paragraphe OBSERVATIONS.

D

POMMES :

DAME DE MÉNAGE,   **Synonyme de** *P. de Livre.*   Voir ce nom.
DOBBELEN PARADYS,   — *Reinette d'Angleterre.*   —

E

POMME :

EARLY NONPAREIL [des Américains]. — Voir *Non-Pareille Nouvelle*, au paragraphe
OBSERVATIONS.

F

POMMES :

FALLAWATER. — Voir *Molly*, au paragraphe OBSERVATIONS.
FEMME DE MÉNAGE,   **Synonyme de** *P. de Livre.*   Voir ce nom.

G

POMMES :

DE GEORGE,   **Synonyme de** *P. de Châtaignier.*   Voir ce nom,
GIRODETA,   — *Pomme-Poire.*   —
GREEN NEWTON PIPPIN,   — *Verte de Rhode-Island.*   —
GRELOT,   — *Lanterne.*   —
GRILLOT. — Voir *Séminaire de Vesoul*, au paragraphe OBSERVATIONS.
GROENE FRANSCHE RENETT, **Synonyme de** *Reinette verte.*   Voir ce nom.
GROENE RENETTEN,   — *Reinette d'Angleterre.*   —
GROS-PEPIN D'OR. — Voir *P. d'Or d'Angleterre*, au paragraphe OBSERVATIONS.
GROSSE-POMME D'OR.   id.   id.   id.
GROSSE-REINETTE GRISE PLATE, **Syn. de** *Reinette grise d'Automne.* V. ce nom.

H

Pomme :

HASSLECHER,   Synonyme de *Striée de Prague*.   Voir ce nom.

K

Pommes :

KANNETJES,   **Synonyme de** *Oignon de Borsdorf*.   Voir ce nom.
KÖNIGIN DER RENETTEN,   — *Reinette de la Couronne*.   —
KÖNIGLICHER ROTHBRAUNER,   — *Royal Russet*.   —
KÖNIGLICHER RÖTHLING,   — *Royal Russet*.   —
KÖNIGLICHER RUSSET,   — *Royal Russet*.   —
KÖNIGS-RUSSLING,   — *Royal Russet*.   —
KRUIS ROUGE DE GUELDRE,   — *Postophe d'Hiver*.   —

L

Pommes :

LADY WASHINGTON, (1)   **Synonyme de** *Linnæus Pippin*. Voir ce nom.
LEATHER COAT,   — *Royal Russet*.   —
LEATHER COAT RUSSET,   — *Royal Russet*.   —
LEMON,   — *Reinette Limon*.   —
LOSKRIEGER,   — *Reinette blanche de Champagne*. —

M

Pommes :

MÉLAPIE,   **Synonyme de** *Poire-Pomme*.   Voir ce nom.
MÉNAGÈRE,   — *P. de Livre*.   —
MOLLY WOPPER. — Voir *Molly*, au paragraphe Observations.
MONSIEUR. — Voir *Postophe d'Hiver*, au paragraphe Observations.

N

Pommes :

NEUER ENGLISCHER PIGEON,   **Synonyme de** *Pigeonnet anglais*. Voir ce nom.
NIEDERLÄNDISCHE WEISSE REINETTE, — *Reinette blanche de Hollande*. —
NORMANTON WONDER,   — *Wellington*.   —

(1) Voir ci-après, au sujet de ce synonyme, l'article *Linnæus Pippin*, de l'ERRATA.

O

POMME :

ORANGE DE RHODES,   **Synonyme de** *Rhode's Orange.*   Voir ce nom.

P

POMMES :

DE PALESTINE,   **Synonyme de** *Postophe d'Eté.*   Voir ce nom.
DE PINON,   —   *Royale d'Angleterre.*   —

R

POMMES :

REINETTE AMANDE. — Voir *Reinette Coing de Credé,* au paragraphe OBSERVATIONS.

REINETTE BLANCHE (de Merlet). — Voir *Reinette jaune hâtive* puis *Reinette franche,* au paragraphe OBSERVATIONS.

REINETTE DEMOISELLE,   **Synonyme de** *Royale d'Angleterre.* Voir ce nom.
REINETTE DOUCE MUSQUÉE,   —   *Reinette musquée.*   —
REINETTE RAYÉE D'ANGLETERRE,   —   *Royale d'Angleterre.*   —
REINETTE SAFRANÉE,   —   *Safranée.*   —

REINETTE DE SAINT-LAURENT. — Voir *P. Saint-Laurent,* au paragraphe OBSERVATIONS.

ERRATA

Tome IIIe, page 260, *au lieu de :*

POMMES : DIELS GROSSE ENGLISCHE REINETTE,

— DIETZER GOLDREINETTE,

Synonymes de *Reinette de Dietz.*
Voir ce nom.

Lire :

POMME DIELS GROSSE ENGLISCHE REINETTE. — Synonyme de *Reinette de Diel.* Voir ce nom.

POMME DIETZER GOLDREINETTE. — Synonyme de *Reinette de Dietz.* Voir ce nom.

Tome IIIe, page 323, *au lieu de :*

POMME GIRODÈLE. — Synonyme de *Reinette verte.* Voir ce nom.

Lire :

POMME GIRODÈLE. — Synonyme de pomme *Verte à longue queue.* Voir ce nom.

Tome IIIe, page 432 :

LINNŒUS PIPPIN. — Depuis la publication de l'article consacré à cette pomme, j'ai reçu une prétendue variété appelée *Belle-Fleur jaune*, et pourvue de nombreux synonymes, laquelle n'est autre que le LINNŒUS PIPPIN. Aux six synonymes déjà portés sous le nom de ce dernier fruit, on devra donc ajouter les suivants : 7. *Belle-Flower.* — 8. *Belle-Fleur.* — 9. *Belle-Fleur Yellow.* — 10. *Bishop's Pippin of Nova Scotia.* — 11. *Lady Washington.* — 12. *Warren Pippin.* — 13. *Yellow Belle-Fleur.* — 14. *Yellow Bellflower.*

FIN DU TOME QUATRIÈME ET DE L'HISTOIRE DU POMMIER.

Angers, imprimerie P. Lachèse, Belleuvre et Dolbeau.

www.ingramcontent.com/pod-product-compliance
Lightning Source LLC
Chambersburg PA
CBHW060530220326
41599CB00022B/3480